"十二五"普通高等教育本科国家级规划教材

面向21世纪课程教材

新概念物理教程

量子物理

（第二版）

赵凯华　罗蔚茵

高等教育出版社·北京

内容简介

本书是教育部"高等教育面向21世纪教学内容和课程体系改革计划"的研究成果，是面向21世纪课程教材和"十二五"普通高等教育本科国家级规划教材。从教学顺序上看，本书是《新概念物理教程》中的第五本，全套书各本的编写和改革思路是一脉相承的，但根据内容的特点，本卷更加强调用普通物理课的风格讲述量子物理。本书取材覆盖所有量子物理的各个重要方面和前沿课题，远超出传统普通物理教材中的"原子物理"部分；本书也不是"量子力学"教材，因书中只介绍量子力学的基本概念和理论框架，而不涉及量子力学中较深的数学和许多重要的计算方法。本书只要求读者学过普通物理的光学部分、微积分和线性代数。本书共分实验基础与基本原理，双态系统，从一维系统到凝聚态物质，原子、分子，原子核、粒子，量子力学的新进展等六章和线性代数、高斯函数与高斯积分、物理常量等三个附录。

本书可作为高等学校物理类专业、电子信息专业的教科书或参考书，特别适合物理学基础人才培养基地选用。对于其他理工科专业，本书也是教师备课时很好的参考书和优秀学生的辅助读物。

图书在版编目(CIP)数据

新概念物理教程. 量子物理 / 赵凯华，罗蔚茵. —2 版. —北京：高等教育出版社，2008.1（2024.12重印）

ISBN 978-7-04-022637-9

Ⅰ. 新… Ⅱ. ①赵…②罗… Ⅲ. 量子论-高等学校-教材 Ⅳ. O413

中国版本图书馆 CIP 数据核字(2007)第 161529 号

策划编辑 高 建　　责任编辑 王文颖　　封面设计 张 志

版式设计 王艳红　　责任印制 存 怡

出版发行	高等教育出版社	网　址	http://www.hep.edu.cn
社　址	北京市西城区德外大街4号		http://www.hep.com.cn
邮政编码	100120	网上订购	http://www.landraco.com
印　刷	肥城新华印刷有限公司		http://www.landraco.com.cn
开　本	787×960　1/16		
印　张	29.75	版　次	2003年12月第1版
字　数	510 000		2008年1月第2版
购书热线	010-58581118	印　次	2024年12月第24次印刷
咨询电话	400-810-0598	定　价	49.00元

物 料 号　22637-00

第 二 版 序[1]

本书第一版出版到现在已有六年。本次改版，我们对第二章的量子共振部分作了较大的改动和补充，第四章的精细结构部分也重新组织过了。第六章补充了关于量子交缠态的一些新进展。原书附录C里的同位素数据表有许多错误，这次不仅改正了，还按2003年的最新文献作了全面更新。最后，书中增补了习题答案。

北京师范大学胡镜寰教授在本次修订中给予了很大的帮助，华南师范大学王笑君教授是本书最积极的使用者，提供了本书第一版的勘误表，我们对此深表谢忱。

作者

2007年5月

[1] 本书的修改得到“国家基础科学人才培养资助”J0630311.

序

从教学顺序上看，本书是《新概念物理教程》中的第五卷，全套书各卷的编写和改革思路是一脉相承的，但根据内容的特点，本卷更加强调用普通物理课的风格讲述量子物理。

本书不是“量子力学”教材。本书由实验事实出发，从特殊到一般引入一些概念，较多地注重形象化和直观性，不追求逻辑上的严格性和理论上的完整性和系统性。在数学工具上，本书几乎从头起就运用狄拉克符号和矩阵来表示，采用了与通常量子力学中以偏微分方程为基础所不同的甚至颠倒了的讲述体系。书中只介绍量子力学的基本概念和架构，不涉及量子力学中许多基本而重要的计算方法。所以，物理专业的学生在学习了本卷教材之后，必须再学习作为理论物理课的“量子力学”。在制订物理专业的教学计划时，我们往往遇到一个困难，即有些重要课程，如固体物理、原子核物理等，需要等待量子力学课先行而不得不排得相当靠后。我们相信，在学生读了本卷教材之后，上述课程就不必等量子力学之后再开设了，这将给教学计划的制订带来相当大的灵活性。此外，本卷教材的学习，也对物理类专业的学生做近代物理实验大有帮助。

传统上普通物理课的第五部分是“原子物理”，本书与原子物理教材也大有区别。本书一改国内多年来原子物理教材以原子光谱和玻尔旧量子论为主线的模式，而是从头起就用量子力学的基本概念和语言，较全面地介绍了当代量子物理的方方面面，除原子物理课程传统内容外，还介绍了诸如量子共振、势垒隧穿、能带、半导体、声子与元激发、超导体、AB效应、约瑟夫森结、分子轨函及其杂化等，并作为窗口，简单介绍了量子态交缠、薛定谔猫态的实验实现、贝尔不等式实验检验、量子超空间传态与量子计算等近年来量子物理的最新进展。但是从课程的衔接来说，本书只要求读者学过普通物理的光学部分、微积分和线性代数。对学时的要求和原子物理课程大致相仿。

20世纪是科学技术空前迅猛发展的世纪，在此世纪内，人类社会在科技进步上经历了一个又一个划时代的变革。继19世纪的物理学把人类社会带进“电气化时代”以后，20世纪40年代物理学又使人类掌握了核能的奥秘，把人类社会带进“原子时代”。今天核技术的应用远不止于为社会提供长久可靠的能源，放射性与核磁共振在医学上的诊断与治疗作用，已几乎家喻户晓。20世纪五六十年代物理学家又发明了激光，现在激光已广泛应用于尖端科学研究、工业、农业、医学、通讯、计算、军事和家庭生活。20世纪科学技术给人类社会所带来的最大冲击，莫过于以现代计算机为基础发展起来的电子信息技术。号称“信息时代”的到来被誉为“第三次产业革命”。的确,计算机给人类社会带来如此深刻的变化,是二三十年前任何有远见的科学家都不可能预见到的。现代计算机的硬件基础是半导体集成电路，PN结是核心。1947年晶体管的发明,标志着信息时代的发端。所有上述一切,无不建立在量子物理的基础上，或是在量子物理的概念中衍生出来的。此外,众多交叉学科的领域,像量子化学、量子生物学、量子宇宙学,也都立足于量子物理这块奠基石上。我们可以毫不夸大地说,没有量子物理,就没有我们今天的生活方式。

今年是普朗克的量子论诞生100周年,从1925年或1926年算起量子力学的建立也近3/4个世纪了。然而时至今日,我们的基础物理课中量子物理的内容在许多地方只一带而过,即使在“原子物理”部分,如何处理旧量子论与真正的量子力学之争,迄今未尝休止。人们说“近代物理”早已不“近代”了。像量子物理这样重要的内容,在基础物理课程中应占有适当的地位。这个问题之所以迟迟不能解决,是因为以偏微分方程为基础的那套量子力学理论体系,对学生预备知识的要求实在太高了。固然准备学物理的学生可以等到高年级再学量子力学,但是对于大多数非物理专业的学生来说,基础物理课是他们的最后一门物理课。科学家预言,在21世纪中,对于我们的孩子和孩子的孩子来说,量子力学的概念将成为一种常识。若上述情况长此以往,那怎么可能？话又说回来,考入大学物理系的学生,许多是中学里的佼佼者,他们对物理,特别是近代物理的各种激动人心的成就,满怀激情和兴趣。如果进得大学大门来，两年之内尽和一些滑轮、斜面和经典电路之类的东西打交道,他们会不会感到失望？兴趣是最好的老师,如果量子物理课程能激发和保持学生的兴趣,将有助于他们克服学习量子力学的困难。

对于多数需要懂点量子物理的人(包括实验物理工作者、电子学工程师和化学家)来说，需要的只是量子力学的基本概念和架构,而那套用微分方程处理问题的方法并不真正用得着。能否绕过传统的那套以偏微分方程为主线的量子力学教学体系,使量子力学的基本概念和架构能为低年级学生所接受？20世纪60年代物理大师费曼迈出了第一步,❶《费曼物理学讲

---

❶ 应该说,狄拉克的《量子力学》(1930年第一版,1956第四版)是用符号方法代替偏微分方程来阐述量子力学原理的第一本教材。不过那本书不是为初学者写的,但我们还是从中吸取了不少营养。

义》第三卷成了我们编写此书时的启蒙课本。

费曼胆识过人之处，在于他敢于把传统的量子力学教学顺序倒过来。他一开头就介绍量子力学最基本、最普遍的特征，从概率幅和量子态的概念切入，讲它们的叠加、分解和干涉，并用非常普遍但有点抽象的狄拉克符号来描述它们。他从矩阵代数入手，代替通常的微分方程体系。对于从中学出来不久的学生来说，矩阵运算比偏微分方程容易多了。这样一来，自旋的概念就可以从通常排在较后的地方提到前面，为进一步讨论双态系统提供重要的实例。我们认为，费曼的书最精彩的地方是他引用了大量的双态系统。从微分方程的体系看，最简单的量子系统是一维系统，但双态系统却是更简单的量子系统。处理这类系统用不着微分方程，但要用矩阵代数。从氨分子翻转分裂到苯分子的共振能和染料分子的共轭双键，从氨分子钟到核磁共振，费曼能够为双态系统找到那么多有趣而富有实际意义的例子，颇令我们惊叹和折服。并非自然界本来就有许多现成的双态系统，而是费曼一反量子力学教学顺序的常规。通常在量子力学中讲原子能级的顺序是从主量子数到角量子数，再到磁量子数（塞曼分裂），从能级的精细结构到超精细结构；讲分子能级的顺序是从电子能级到振动能级，然后再到转动能级。费曼却从级差最小的能级（如氨分子特定的转动能级，或氢原子的塞曼分裂能级和超精细结构能级）开始，然后再在以后章节里逐渐扩展到大级差的基本能级。由于能级钜细有多个数量级之差，把一对级差细微的能级孤立出来研究就成为可能。这便是费曼书中双态系统的由来。我们体会，从双态系统入手，一方面可以使学生较早地建立起态矢空间和表象变换等概念，这些量子力学的基本架构本来是很抽象的，在微分方程的体系中只能放在课程中比较靠后的地方讲，有些量子力学的简明教程甚至略去不讲。但对于双态系统来说，希尔伯特空间约化成二维，无论态基的变换还是本征值、本征矢的求得，在数学上都没有什么困难。另一方面，从双态系统入手，可使学生在本课程中尽早地接触到量子物理里激动人心的最新成果，有助于激发学生学习的热情。

费曼的书远非完美无瑕。费曼坦率地承认，对于教本科生基础课，他是没有经验的，他在加州理工学院唯一的这次为大学本科二年级学生的讲授并不理想。我们也感到，他这本书中许多地方教学上的处理大有可斟酌之处。不仅如此，在我们较深入地钻研了他这本教材之后，发现其中科学性的欠妥和失误之处，并不是个别的。总起来看，当然是瑕不掩瑜。但如果我们东施效颦，就会弄巧成拙，到头来自己吃苦头。所以我们为编写自己的这本教材，在借用费曼光辉思想的同时，花了很大的工夫进行了一番艰苦的再创造,其中还包含了与同行们认真切磋的成果。

在《新概念物理教程》已完成的力学卷、热学卷和本卷中,作者自认为改革的力度一卷大过一卷,这卷量子物理是峰值,编写的难度也是最大的。以后将完成的电磁学和光学两卷,内容比较成熟,预计不再会有这样大幅度的变革了。本卷整体由赵凯华构思,分工罗蔚茵执笔写第二章,中经多次研讨,反复修改,正式出版前在清华大学试用一遍后定稿。这本《量子物理》涉及的知识面很广,写作过程中作者常常自惭浅陋。好在我们有很好的学术环境,同辈的学友和往日的学生中各方面的专家大有人在。写作时每有不详之处,拿起电话就可请教。在此我们向所有给过我们指教的同仁,表示由衷的谢意。作者要特别感谢喀兴林教授。由于全书在体系上的重大变化,最难写的是第一章。作者对该章垦殖经年,四易其稿。喀先生每次都悉心披阅,直言不讳地指出其中的谬误,为保证本书基本上站得住脚,起了关键的作用。

作 者

2000 年烟花三月

目 录

第一章 实验基础与基本原理

本章是全书开宗明义第一章，如果说全书将带领读者到量子王国去游览的话，本章是一张导游图。量子王国地处微观世界，那里的一切对于我们这些生活在宏观世界的人是那样的陌生，理解那里的"语言"、"法制"和"风土人情"是相当困难的。我们必须"入邦问俗"，最好先粗通量子物理的术语和理论架构，再进入各个具体问题的讨论时，会感到主动一些。

本章的前两节介绍量子论的实验基础。这些实验表明，经典物理中一些熟知的概念行不通了。本来光已被公认为电磁波，却在一些场合表现得像"粒子"。于是有人猜测，电子是公认的粒子，会不会也有"波动性"？果真被他猜着了，电子可以发生干涉和衍射。"波粒二象性"这个奇特(甚至令人感到荒诞和神秘)的概念，导致了量子力学的建立。从本章 §3 起我们逐步引入量子力学最基本的概念和理论架构。

在经典物理中物理量具有确定的量值，服从一定的规律。而量子力学中物理量(称为"动力学变量")却是"态矢空间"里的"算符"，一般说来，一个动力学变量有多个"本征值"，测量它们时并不得到确定的量值，而是以一定的概率得到它们的某个本征值。概率是用"概率幅"来描述的，概率幅是复数，它的模方才是概率。概率幅具有模量和相角，叠加时可以产生干涉。够了，这些名词和概念已经是经典物理中闻所未闻、见所未见的，且不说其它一些更奥妙的东西了。我们将在本章 §3 中初步引入"概率幅"的概念，本章 §4 ~ §6 引入"算符"的概念，§7 引入"态矢"和"态矢空间"的概念。在本章 §8 ~ §10 中介绍一些后面几章将用到的概念之后，最后在 §11 里为本章学到的量子力学基本原理做一个小结。这样，我们就取得了进入后面各章的"入场券"。

§1. 热辐射与普朗克的量子假说

1.1 一般特征与辐射场的定量描述

把铁条插在炉火中，它会被烧得通红。起初在温度不太高时，我们看不到它发光，却可感到它辐射出来的热量。当温度达到 500 °C 左右时，铁条开始发出可见的光辉。随着温度的升高，不但光的强度逐渐增大，颜色也由暗红转为橙红。以上是我们日常生活中熟知的现象，它们反映了热辐射的一般特征，即随着温度的升高，(1) 辐射的总功率增大；(2) 强度在光谱中的分布由长波向短波转移。热辐射不一定需要高温，实际上，任何温度(室温或更低)的物体都发出一定的热辐射，只不过在低温下辐射不强，且其中包含的主要是波长较长的红外线。用红外夜视仪侦查军事目标,就是利用了这个原理。

按照热力学原理,热量从高温物体自发地流向低温物体。热量传递的方式有多种,热辐射是其中的一种。在物体和物体之间的空间里总存在着一定的辐射场,即各种频率的电磁波。每个物体通过发射和吸收的过程与周围的辐射场交换能量。在非平衡态下,温度较高的物体失大于得,温度较低的物体得大于失,能量便这样通过辐射场由前者传递给后者。

为了定量地描述辐射场和它与物体间发生的各种能量转移过程,下面我们将引入一系列物理量。辐射场中包含各种频率和沿各个方向传播的电磁波。最细致地描述辐射场,需要用一个辐射能的分布函数 $f(\nu,\hat{\boldsymbol{k}},\boldsymbol{r},t)$,其中 $\hat{\boldsymbol{k}}$ 代表沿传播方向的单位矢量,$\boldsymbol{r}$ 是空间场点的位矢,t 是时间。这个函数的物理意义是:在 t 时刻、空间 $\boldsymbol{r}$ 点附近单位体积内的辐射场中,分布在① 以 ν 为中心的频段 $\mathrm{d}\nu$ 内,② 以 $\hat{\boldsymbol{k}}$ 方向为轴的立体角元 $\mathrm{d}\Omega$ 内的能量为

$$f(\nu,\hat{\boldsymbol{k}},\boldsymbol{r},t)\,\mathrm{d}\nu\mathrm{d}\Omega. \tag{1.1}$$

若辐射场是均匀的,f 与 $\boldsymbol{r}$ 无关;若辐射场是恒定的,f 与 t 无关;若辐射场是各向同性的,f 与 $\hat{\boldsymbol{k}}$ 无关。❶

利用分布函数 f 可导出许多物理量,它们各自以不同的细致程度描述着辐射场某些方面的性质。描述辐射场本身的物理量有:

(1) 辐射场的能量密度 U(单位体积内的辐射能)及其谱密度 $u(\nu)$:

$$U(\boldsymbol{r},t) = \int u(\nu,\boldsymbol{r},t)\,\mathrm{d}\nu, \tag{1.2}$$

$$\begin{aligned} u(\nu,\boldsymbol{r},t) &= \oint f(\nu,\hat{\boldsymbol{k}},\boldsymbol{r},t)\,\mathrm{d}\Omega \\ &\xlongequal{\text{取球坐标}} \int_0^{2\pi}\mathrm{d}\varphi\int_0^{\pi}\mathrm{d}\theta\sin\theta f(\nu,\theta,\varphi,\boldsymbol{r},t) \qquad (1.3)\\ &= 4\pi f(\nu,\boldsymbol{r},t)\quad(\text{各向同性情形}). \qquad (1.3')\end{aligned}$$

上面我们用了球坐标系中的 θ、φ 来表示传播方向 $\hat{\boldsymbol{k}}$,立体角元 $\mathrm{d}\Omega=\sin\theta\,\mathrm{d}\theta\,\mathrm{d}\varphi$. $u(\nu,\boldsymbol{r},t)$ 的单位是 $\mathrm{J/(m^3\cdot Hz)}$[焦耳/(米^3·赫)]或 $\mathrm{erg/(cm^3\cdot Hz)}$[尔格/(厘米^3·赫)];$U(\boldsymbol{r},t)$ 的单位是 $\mathrm{J/m^3}$(焦耳/米^3)或 $\mathrm{erg/cm^3}$(尔格/厘米^3)。

---

❶ 我们可以拿气体分子的速度分布函数 $f(\boldsymbol{v},\ \boldsymbol{r},\ t)$ 和这里的辐射能分布函数 $f(\nu,\ \hat{\boldsymbol{k}},\ \boldsymbol{r},\ t)$ 作一比较。这里的 $\hat{\boldsymbol{k}}$ 相当于速度的方向,ν 相当于速度的大小,或者更确切地说,相当于分子动量的大小或动能。如果我们把辐射场看成光子气的话,以上类比的意义就更清楚了,因为光子动量的大小 $p=h\nu/c$,能量 $\varepsilon=h\nu$,但速度的大小永远是 c,没有分布。

（2）通过面元 $\Delta\boldsymbol{S}$ 的辐射通量 $\Delta\Psi$ 及其谱密度 $\Delta\psi(\nu)$：

$$\Delta\Psi(\boldsymbol{r},t) = \int\Delta\psi(\nu,\boldsymbol{r},t)\,\mathrm{d}\nu, \tag{1.4}$$

$$\Delta\psi(\nu,\boldsymbol{r},t) = \iint\limits_{(2\pi)} cf(\nu,\hat{\boldsymbol{k}},\boldsymbol{r},t)\hat{\boldsymbol{k}}\cdot\Delta\boldsymbol{S}\mathrm{d}\Omega$$

$$\xlongequal{\text{取球坐标}} \int_0^{2\pi}\mathrm{d}\varphi\int_0^{\pi/2}\mathrm{d}\theta\,\sin\theta\cos\theta\, cf(\nu,\theta,\varphi,\boldsymbol{r},t) \tag{1.5}$$

$$= \pi cf(\nu,\boldsymbol{r},t)\Delta\boldsymbol{S}\quad（各向同性情形）. \tag{1.5'}$$

上式中的 c 是辐射能流动的速率，对立体角的积分限于面元 $\Delta\boldsymbol{S}$ 的一侧（2π）。积分时取以面元的法线方向 $\Delta\boldsymbol{S}$ 为极轴的球坐标系，用 θ、φ 来表示传播方向 $\hat{\boldsymbol{k}}$，于是 $\hat{\boldsymbol{k}}\cdot\Delta\boldsymbol{S}=\Delta S\cos\theta$，$\mathrm{d}\Omega=\sin\theta\mathrm{d}\theta\mathrm{d}\varphi$（见图 1－1）。若辐射场分布各向同性，在 2π 立体角内积分后即得（1.5′）式。$\Delta\psi(\nu,\boldsymbol{r},t)$ 的单位为 W/Hz（瓦／赫）；$\Delta\Psi(\boldsymbol{r},t)$ 的单位为 W（瓦）。

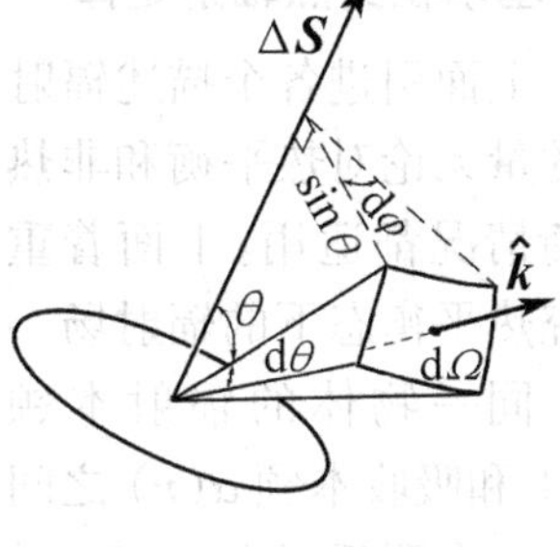

图 1－1 用球坐标表示立体角

描述辐射场与物体间能量交换关系的物理量有：

（1）辐射本领 R（从物体单位表面积发出的辐射通量）及其谱密度 $r(\nu)$：

$$R = \int r(\nu)\,\mathrm{d}\nu, \tag{1.6}$$

$$r(\nu) = \frac{\mathrm{d}\psi(\nu)}{\mathrm{d}S}, \tag{1.7}$$

这里 $\mathrm{d}\psi(\nu)$ 是从面元 ΔS 发出的辐射通量谱密度。$r(\nu)$ 的单位为 $\mathrm{W/(m^2\cdot Hz)}$［瓦／（米^2·赫）］或 $\mathrm{W/(cm^2\cdot Hz)}$［瓦／（厘米^2·赫）］；$R$ 的单位为 $\mathrm{W/m^2}$（瓦／米^2）或 $\mathrm{W/cm^2}$（瓦／厘米^2）。

（2）辐射照度 E（照射在物体表面单位面积上的辐射通量）及其谱密度 $e(\nu)$：

$$E = \int e(\nu)\,\mathrm{d}\nu, \tag{1.8}$$

$$e(\nu) = \frac{\mathrm{d}\psi'(\nu)}{\mathrm{d}S}, \tag{1.9}$$

这里 $\mathrm{d}\psi'(\nu)$ 是照射在面元 ΔS 上的辐射通量谱密度。$e(\nu)$ 的单位亦为 $\mathrm{W/(m^2\cdot Hz)}$［瓦／（米^2·赫）］或 $\mathrm{W/(cm^2\cdot Hz)}$［瓦／（厘米^2·赫）］；$E$ 的单位为 $\mathrm{W/m^2}$（瓦/米^2）或 $\mathrm{W/cm^2}$（瓦/厘米^2）。

比较一下（1.3′）式和（1.5′）式可以看出，在各向同性情形里我们有[1]

[1] 这里的1/4因子与热学中泻流速率表式里的1/4因子［参见《新概念物理教程·热学》（第二版）第二章1.6节］出自同一根源，都是半球内各方向的流动积分的结果。

$$e(\nu)=\frac{c}{4}u(\nu). \tag{1.10}$$

(3) 吸收本领 $\alpha(\nu)$：

$$\alpha(\nu)=\frac{\mathrm{d}\psi''(\nu)}{\mathrm{d}\psi'(\nu)}, \tag{1.11}$$

这里 $\mathrm{d}\psi'(\nu)$ 和 $\mathrm{d}\psi''(\nu)$ 分别是照射在物体上和被它吸收的辐射通量谱密度。$\alpha(\nu)$ 是无量纲的量。按定义显然有

$$0\leqslant\alpha(\nu)\leqslant 1.$$

1.2 基尔霍夫热辐射定律

上面引进各个描述辐射场的量无论对热平衡和非热平衡情况都适用。下面着重研究热平衡态下的辐射场。

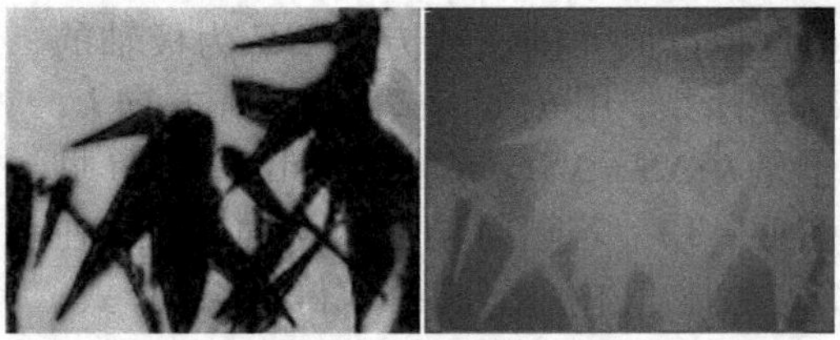

a b

图 1－2 辐射本领与吸收本领的关系

同一物体的辐射本领 $r(\nu)$ 和吸收本领 $\alpha(\nu)$ 之间有着内在联系。图 1－2a 是一块白底黑花瓷片的照片，图 1－2b 是它在高温下发出辐射的情况。可以看出，原来是黑花纹的地方 [$\alpha(\nu)$ 大] 发的光强 [$r(\nu)$ 也大]，原来的白底 [$\alpha(\nu)$ 小] 发的光弱 [$r(\nu)$ 也小]。上面比较的是不同温度下的 $r(\nu)$ 和 $\alpha(\nu)$，在此情况下二者之间无普遍的定量关系。然而在同一温度下它们是严格成正比的，这规律称为基尔霍夫定律（G. Kirchhoff, 1859 年）。定律的表述如下：

任何物体在同一温度 T 下的辐射本领 $r(\nu)$ 与吸收本领 $\alpha(\nu)$ 成正比，比值只与 ν 和 T 有关，即

$$\frac{r(\nu,T)}{\alpha(\nu)}=F(\nu,T), \tag{1.12}$$

$F(\nu,T)$ 是一个与物质无关的普适函数。

基尔霍夫的热辐射定律可通过图 1－3 所示的思想实验从热力学原理导出。设想在密封容器 C 内放置若干物体 A_1，A_2，…，它们可以是不同质料做成的。将容器内部抽成真空，从而各物体间只能通过热辐射来交换能量。设容器壁为理想反射体，如是则包含在其中的物体 A_1，A_2，… 和辐射场一起组成一个体系，按照热力学原理，这体系

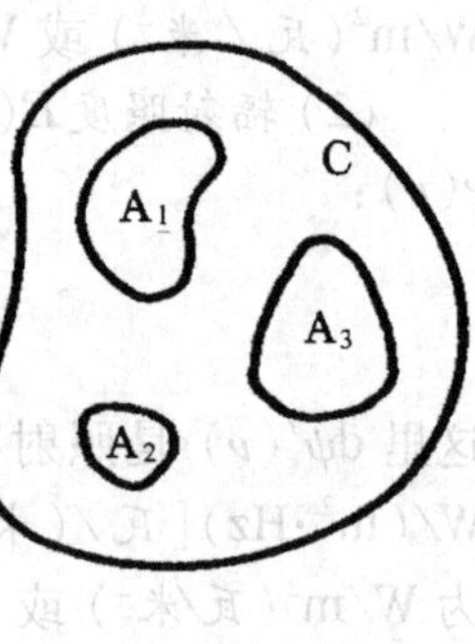

图 1－3 基尔霍夫定律的推导

的总能量守恒，且经过内部热交换，最后各物体一定趋于同一温度 T，即达到热力学平衡态。

首先看热平衡态下的辐射场，此时它应是均匀、恒定和各向同性的，其能谱密度 $u_T(\nu)$ 在各处应具有相同的函数形式和数值，亦即 $u_T(\nu)$ 必为 ν、T 唯一地决定，不可能因与之平衡的物体质料而异，否则这辐射场是不可能与不同质料的物体共处于热平衡状态的。这就是说，$u_T(\nu)$ 是一个与物质无关的普适函数。它称为热辐射的标准能谱。

其次看各物体与辐射场之间的能量交换。在平衡态下从每个物体单位面积上发出的能量 $r(\nu,T)$ 和吸收的能量 $\alpha(\nu)e(\nu,T)$ 相等，即

$$\begin{aligned} r_1(\nu,T) &= \alpha_1(\nu)e_1(\nu,T), \\ r_2(\nu,T) &= \alpha_2(\nu)e_2(\nu,T), \\ &\cdots\cdots\cdots\cdots. \end{aligned}$$

此外，按(1.10)式我们有

$$e_1(\nu,T) = e_2(\nu,T) = \cdots = \frac{c}{4}u_T(\nu),$$

于是

$$\frac{r_1(\nu,T)}{\alpha_1(\nu,T)} = \frac{r_2(\nu,T)}{\alpha_2(\nu,T)} = \cdots = \frac{c}{4}u_T(\nu). \tag{1.13}$$

这便是基尔霍夫定律。(1.13)式告诉我们，(1.12)式中的普适函数 $F(\nu,T)$ 就是热辐射标准能谱 $u_T(\nu,T)$ 的 $c/4$ 倍。

1.3 绝对黑体和黑体辐射

上面的讨论告诉我们，在平衡态下热辐射的能谱具有标准形式 $u_T(\nu)$. 此普适函数的具体形式是怎样的?这是下面我们要研究的中心问题。首先是如何用实验方法来测量它，然后是如何从理论上来说明实验的结果。

我们设想这样一种物体，它在任何温度下都把照射在其上所有频率的辐射完全吸收，亦即这物体的吸收本领 $\alpha(\nu,T)$ 与 ν、T 无关，恒等于1. 这种物体称为绝对黑体。令基尔霍夫定律[(1.13)式]中的 $\alpha(\nu,T)=1$，得绝对黑体的辐射本领 $r_0(\nu,T)$为

$$r_0(\nu,T) = \frac{c}{4}u_T(\nu). \tag{1.14}$$

即$r_0(\nu,T)$与标准能谱$u_T(\nu)$之间只差一个常量因子$c/4$. 若能测得$r_0(\nu,T)$，即可知道 $u_T(\nu)$. 问题是怎样获得绝对黑体。

绝对黑体是理想化的物体，实际中任何物质都不是真正的绝对黑体。譬如我们可以做这样一个实验，用墨将一个纸盒子的表面涂黑，然后用各种

颜色的光照射它，我们或多或少地还能够分辨出照射在上面的光的颜色。这表明盒子表面还是反射了一些光。此外，即使我们用肉眼看起来是黑色的物体，只表明它对可见光强烈吸收，并不能说它对不可见光（红外线、紫外线）都强烈吸收。实际上很多看起来是“黑色”的物体在红外、紫外波段并不全吸收。这是否说我们就没办法制造一个绝对黑体了呢？办法还是有的。仍拿上面谈到的那个纸盒来说吧，我们在盒子上开个小孔，看上去这是漆黑的一个洞。再用颜色光照上去，它比周围涂了墨的盒子表面显得“黑”得多，这里再也不能分辨出入射光的颜色了。这说明，用任何物体做的空腔，在它很小的开口处就是一个相当理想的“绝对黑体”。这是因为当光线射进这个小孔后，需经过内壁的很多次反射，才有一些光可能从小孔重新射出（见图 1 – 4）。这样，不管内壁的吸收本领怎样，经过多次反射，重新射出小孔的光是十分微弱的，孔愈小愈是这样。为了加强吸收的效果，人们还可在空腔器壁上装一些带孔的横壁（见图 1 – 5 中的空腔辐射器），使得自小孔射入的光线更不容易直接反射出去。用这种办法人们可以制造出非常理想的“绝对黑体”。当我们维持这样的辐射器在一定的温度 T 时，由此容器内壁发出的辐射也是经过多次反射才从小孔射出的。这样，在小孔处观察到的已不是器壁材料的辐射谱 $r(\nu,T)$，按照基尔霍夫定律，它应是绝对黑体的辐射谱 $r_0(\nu,T)$。

图 1 – 4 空腔小孔

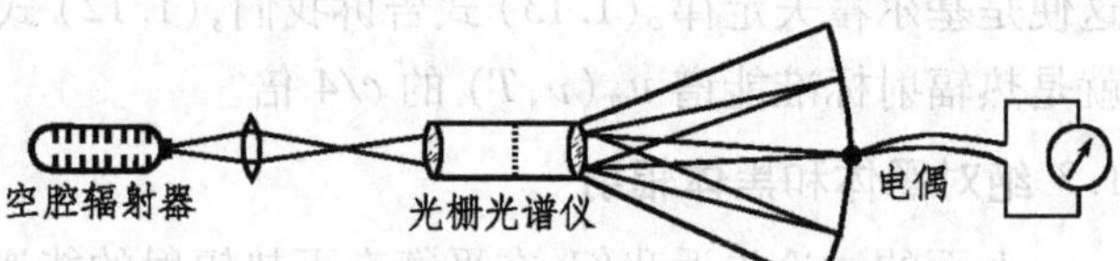

图 1 – 5 空腔辐射的测量装置

实际测量装置如图 1 – 5 所示，空腔辐射器是用耐火材料做成的，可以用电炉加热到各种温度。由小孔发出的辐射经分光系统（光栅）按频率（或者说按波长）分开，用涂黑的热电偶探测各频段辐射能的强度，并记录下来。因为实际测量黑体辐射时用的都是空腔辐射器，黑体辐射又称空腔辐射。

在光谱学中习惯于用真空中的波长 λ 而不用频率 ν 来描述光波，因而我们把上述谱表示都改写一下。例如将 $R=\int r(\nu)\,\mathrm{d}\nu$ 改写成 $R=\int r(\lambda)\,\mathrm{d}\lambda$. 因 $\nu=c/\lambda$, $\mathrm{d}\nu=-(c/\lambda^2)\,\mathrm{d}\lambda$，将 $r(\nu)$ 换算成 $r(\lambda)$ 时，除宗量代换外，还应乘以 c/λ^2.

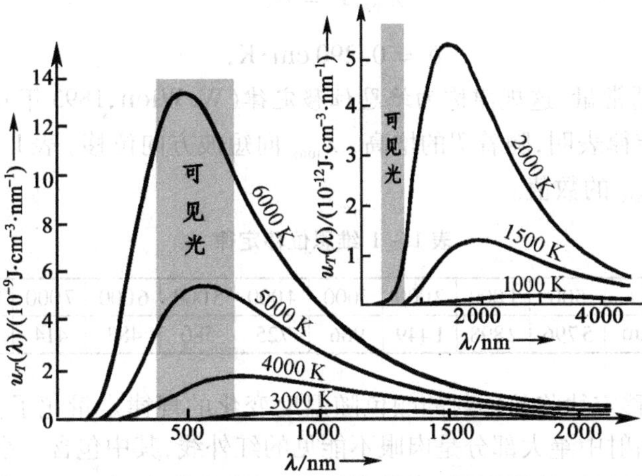

图 1－6 黑体辐射谱

图1－6是各种温度下实测的热辐射标准能谱 $u_T(\lambda,T)$，它们都是用 λ 来表示的。曲线下的面积乘以 $c/4$ 代表辐射本领 R. 可以看出，它们是符合1.1节中所总结的一般特征的，即 ① R 随着 T 单调地增加；② T 增高时，光谱中能量的分布由长波向短波转移。下面的两条定律定量地概括了这两个特征。

1.4 斯特藩-玻耳兹曼定律和维恩位移定律

在实际测得黑体辐射谱后，建立其函数表达式的问题，在历史上是逐步得到解决的。

维恩根据热力学原理证明，黑体辐射谱必有如下的函数形式：

$$r_0(\nu,T)=c\nu^3\psi\left(\frac{\nu}{T}\right)\quad \text{或}\quad r_0(\lambda,T)=\frac{c^5}{\lambda^5}\varphi\left(\frac{c}{\lambda T}\right),\qquad(1.15)$$

其中 ψ 和 φ 的函数形式尚不能最终确定。利用(1.15)式可得以下两条定律（习题1－1）：

(1) 黑体的辐射本领 $R_T=\int r_0(\lambda,T)\,\mathrm{d}\lambda$ 与热力学温度 T 的四次方成正比，即

$$R_T=\sigma T^4,\qquad(1.16)$$

实验测得上式中的比例常量为

$$\sigma=5.669\times10^{-12}\,\mathrm{W/(cm^2\cdot K^4)},$$

它是个普适常量。这规律叫做斯特藩-玻耳兹曼定律(J. Stefan，1879年；L.

Boltzmann,1884 年),σ 叫做斯特藩-玻耳兹曼常量。

(2) 图 1-6 中的曲线表明,任何温度下 $r_0(\lambda, T)$-λ 曲线都有一极大值。令这极大值所对应的波长为 λ_{max},则 λ_{max} 与 T 成反比:

$$\lambda_{max}T = b, \tag{1.17}$$

实验测得

$$b = 0.290\,\mathrm{cm\cdot K},$$

b 也是个普适常量。这规律称为维恩位移定律(W. Wien,1893 年),b 称为维恩常量。此定律表明,随着 T 的增高,λ_{max} 向短波方向位移。表 1-1 给出不同温度下 λ_{max} 的数值。

表 1-1 维恩位移定律

T/K	500	1000	2000	3000	4000	5000	6000	7000	8000
λ_{max}/nm	5796	2898	1449	966	725	580	483	414	362

维恩位移定律将热辐射的颜色随温度变化的规律定量化了。在温度不太高时,热辐射中绝大部分是肉眼不能见的红外线,其中包含一小部分长波的可见光,即红光。计算表明,当温度达到 3800 K 左右时,λ_{max} 达到可见光谱红端的边缘 760 nm. 当温度在 5000~6000 K 范围内时,λ_{max} 位于可见光波段的中部,这时热辐射中全部可见光都较强,它引起人眼的感觉是白色,照明技术中把具有这种光谱的光叫做白光。太阳光谱中的连续部分极大值位于 λ_{max} = 460 nm(青色)的地方,这约相当于 T = 6000 K 的黑体辐射光谱,❶所以太阳光是白光。通常白炽灯丝的温度只有 2000 多 K,λ_{max} 还在红外波段,所发的光与日光相比,颜色黄得多。用白炽灯产生接近日光的热辐射是不可能的,必须另寻途径。日光灯管是靠气体放电和荧光等非热平衡的辐射过程来产生接近日光的白光的。

1.5 维恩公式和瑞利-金斯公式

单纯从热力学原理出发,而不对辐射机制作任何具体的假设,是不能将(1.15)式中 ψ 和 φ 的函数形式进一步具体化的。历史上在这个问题获得最终正确答案之前,有过下列两个公式,它们对揭露经典物理的矛盾起了重大的作用。

(1) 维恩从特殊的假设导出一个黑体辐射谱的公式公式:

$$u_T(\nu) = \frac{\alpha\nu^3}{c^2}\mathrm{e}^{-\beta\nu/T} \quad 或 \quad u_T(\lambda) = \frac{\alpha c^2}{\lambda^5}\mathrm{e}^{-\beta c/\lambda T}, \tag{1.18}$$

式中 α、β 为常量,此公式称为维恩公式(W. Wien, 1896 年)。

---

❶ 由于大气的散射和吸收,地面上看到太阳的表面温度比这要低些。

(2) 瑞利从能量按自由度均分定律出发,得到如下公式:

$$u_T(\nu) = \frac{8\pi}{c^3}\nu^2 k_B T$$

或 $$u_T(\lambda) = \frac{8\pi}{\lambda^4}k_B T, \quad (1.19)$$

式中 $k_B = 1.38\times10^{-23}$ J/K 为玻耳兹曼常量。此公式称为瑞利-金斯公式(Lord Rayleigh,1900 年; J. Jeans,1905 年)。

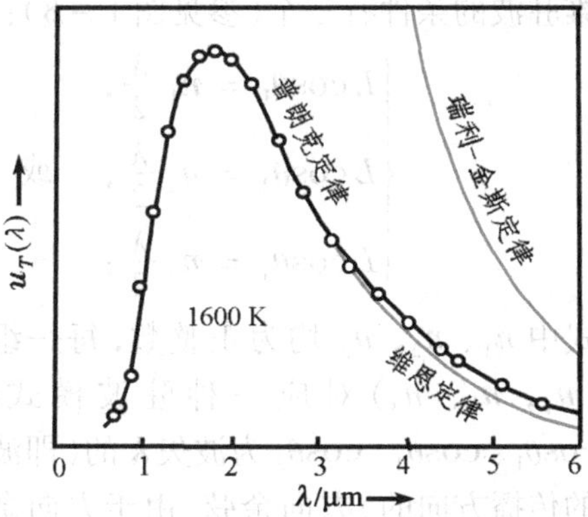

图 1-7 各黑体辐射公式与实验的比较

以上两个公式都符合普遍形式的(1.15)式。与实验数据比较,在短波区维恩公式符合得很好,但在长波范围则有虽不太大但系统的偏离。瑞利公式与之相反,长波部分符合得较好,但在短波波段偏离非常大(见图 1-7)。由(1.19)式可见,当 $\lambda\to0$ 时,$r_0(\lambda,T)=cu_T(\lambda)/4\to\infty$,亦即波长极短的辐射(光谱的紫外部分)能量 $\to\infty$,从而总辐射本领 R_T 也趋于 ∞,这显然是荒谬的。然而下面我们将看到,这是经典理论不可回避的结果。

1.6 辐射场的态密度和能均分定理

由于与任何物体系处于热平衡的辐射场,其能谱皆为标准谱 $u_T(\nu)$,为了推导简单,我们选择由大量包含各种固有频率 ν 的谐振子组成的系统。❶ 通过发射和吸收,谐振子与辐射场交换能量。仔细计算辐射场与谐振子之间的能量交换,可以证明它们达到热平衡的条件为

$$u_T(\nu) = g(\nu)\,\bar{\varepsilon}(\nu,T), \quad (1.20)$$

式中 $g(\nu)$ 是单位体积、单位频率区间的电磁驻波模式数,$\bar{\varepsilon}(\nu,T)$ 是频率为 ν 的谐振子在温度为 T 的平衡态中能量的平均值。

(1) 态密度 $g(\nu)$ 的计算

我们知道,对于一维波动来说,在长度为 L 的区间形成驻波的条件是

$$L = n\frac{\lambda}{2} \quad 或 \quad k\equiv\frac{2\pi}{\lambda}=\frac{n\pi}{L}, \quad (1.21)$$

式中 λ 为波长,n 为正整数。与此类似,在一个边长为 L 的立方体内形成三

---

❶ 这里的谐振子不一定代表自然界中某种现实的物体,如分子、原子等。既然在这里可以选取任何物体,我们也可以选取抽象化的模型,只要假定它们遵从的物理规律(力学的、热力学的、电磁学的,等等)与现实物体相同即可。

维驻波的条件有三个(参见图 1－8)：

$$\begin{cases} L\cos\theta_1 = n_1\dfrac{\lambda}{2}, \\ L\cos\theta_2 = n_2\dfrac{\lambda}{2}, \\ L\cos\theta_3 = n_3\dfrac{\lambda}{2}; \end{cases} \quad 或 \quad \begin{cases} k_1 = k\cos\theta_1 = \dfrac{n_1\pi}{L}, \\ k_2 = k\cos\theta_2 = \dfrac{n_2\pi}{L}, \\ k_3 = k\cos\theta_3 = \dfrac{n_3\pi}{L}. \end{cases} \qquad (1.22)$$

式中 n_1、n_2、n_3 均为正整数，每一组 (n_1, n_2, n_3) 对应一种驻波模式；$\cos\theta_1$、$\cos\theta_2$、$\cos\theta_3$ 为波矢 $\boldsymbol{k}$ 的(即波的传播方向的)方向余弦。由于方向余弦满足：

$$\cos^2\theta_1+\cos^2\theta_2+\cos^2\theta_3 = 1,$$

由(1.22)式得

$$k^2=\left(\frac{\pi}{L}\right)^2(n_1^2+n_2^2+n_3^2). \qquad (1.23)$$

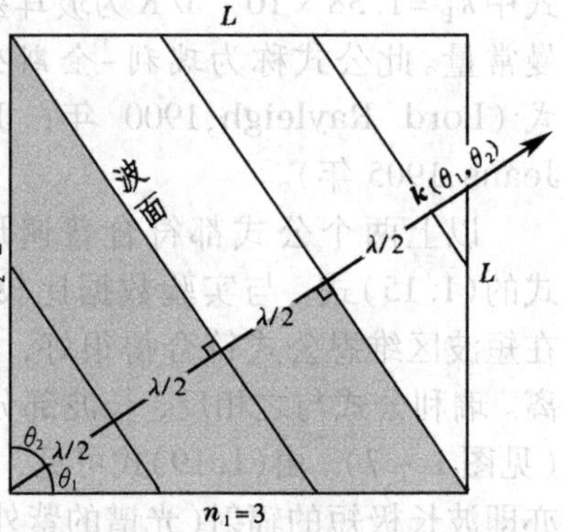

图 1－8 驻波条件

上式可这样来理解：以 k_1、k_2、k_3 为直角坐标架起一个空间($\boldsymbol{k}$ 空间❶)以 π/L 为间隔作三组坐标面，将 $\boldsymbol{k}$ 空间分割成许多小立方 —— 相格(phase cell)，每相格的体积为$(\pi/L)^3$，它代表一个可能的驻波模式。更确切地说，由于电磁波是横波，对应一定的 $\boldsymbol{k}$ 有两个独立的偏振状态，所以每一相格相当于电磁波的两个独立的自由度。❷ 所以，在 0 到 k 区间的驻波模式数等于以 k 为半径的球体内包含的相格数 $N(k)$，即球体的体积除以相格的体积(参见图 1－9)：

$$N(k) = \frac{1}{8}\cdot\frac{4\pi k^3}{3}\cdot\left(\frac{L}{\pi}\right)^3 = \frac{k^3L^3}{6\pi^2},$$

上式里的 1/8 因子来源于 n_1、n_2、n_3(从而 k_1、k_2、k_3)都取正值，故只取球体在第一卦限内的体积。因 $k = 2\pi\nu/c$，换成以 ν 为变量，上式化为

$$N(\nu) = \frac{4\pi\nu^3L^3}{3c^3}, \qquad (1.24)$$

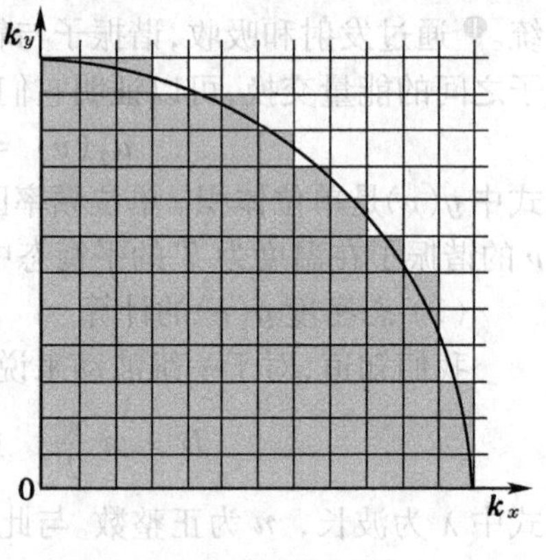

图 1－9 $\boldsymbol{k}$ 空间里的相格

❶ $\hbar\boldsymbol{k}$ 是光子的动量，$\boldsymbol{k}$ 空间相当于光子的动量空间。

❷ 即每一相格对应于光子的两个量子态。

单位体积、ν 附近单位频率区间电磁波独立自由度数目为

$$g(\nu) = \frac{2}{L^3}\frac{\mathrm{d}N(\nu)}{\mathrm{d}\nu} = \frac{8\pi\nu^2}{c^3}, \tag{1.25}$$

式中的因子 2 来源于偏振自由度。

有了 $g(\nu)$ 的表达式,(1.20)式化为

$$u_T(\nu) = \frac{8\pi\nu^2}{c^3}\bar{\varepsilon}(\nu,T), \tag{1.26}$$

(2) 平均能量 $\bar{\varepsilon}(\nu,T)$ 的计算

在热平衡态中能量为 ε 的概率正比于 $\mathrm{e}^{-\varepsilon/k_BT}$(玻耳兹曼正则分布)。按照经典物理学的观念, 谐振子的能量 ε 在 0 到 ∞ 区间连续取值,从而

$$\bar{\varepsilon} = \frac{\int_0^\infty \varepsilon\mathrm{e}^{-\varepsilon/k_BT}\mathrm{d}\varepsilon}{\int_0^\infty \mathrm{e}^{-\varepsilon/k_BT}\mathrm{d}\varepsilon} = k_BT,$$

这就是能量按自由度均分的结果。将此式代入(1.20)式,得到的就是瑞利-金斯公式(1.19)。

瑞利之后,金斯做过各种努力,企图绕过瑞利的结论。然而他发现,只要坚持经典的统计理论(能均分定律),瑞利公式(1.19)以及短波波段能量趋于 ∞ 的荒谬结论就是不可避免的。经典物理的这一错误预言如此严重,历史上被人们称为“紫外灾难”。

1.7 普朗克公式与能量子假说

正确的黑体辐射公式是普朗克给出的:

$$u_T(\nu) = \frac{8\pi h}{c^3}\frac{\nu^3}{\mathrm{e}^{h\nu/k_BT}-1}, \tag{1.27a}$$

或

$$u_T(\lambda) = \frac{8\pi hc}{\lambda^5}\frac{1}{\mathrm{e}^{hc/k_BT\lambda}-1}, \tag{1.27b}$$

式中 k_B 是玻耳兹曼常量, $h=6.626\times10^{-34}\,\mathrm{J\cdot s}$ 为一普适常量, 称为*普朗克常量*, (1.27a)式和(1.27b)式称为*普朗克公式*(M. Planck,1900 年)。普朗克公式也符合(1.15)式给出的普遍形式。此外, 对于短波, $h\nu\gg k_BT$, $\mathrm{e}^{h\nu/k_BT}\gg1$,普朗克公式蜕化为维恩公式(1.18); 对于长波, $h\nu\ll k_BT$, $\mathrm{e}^{h\nu/k_BT}\approx1+h\nu/k_BT$,普朗克公式过渡到瑞利-金斯公式(1.19)。在所有的波段里,普朗克公式与实验符合得很好(见图 1-7)。

普朗克公式的得来,起初是半经验的,即利用内插法将适用于短波的维恩公式和适用于长波的瑞利-金斯公式衔接起来。在得到了上述公式之后,普朗克才设法从理论上去论证它。

为了摆脱困难,普朗克提出如下一个非同寻常的假设:谐振子能量的值

只取某个基本单元的整数倍,即

$$\varepsilon = \varepsilon_0, 2\varepsilon_0, 3\varepsilon_0, \cdots,$$

这样一来,

$$\bar{\varepsilon}(\nu,T) = \frac{\sum_{n=0}^{\infty} n\varepsilon_0 \mathrm{e}^{-n\varepsilon_0/k_{\mathrm{B}}T}}{\sum_{n=0}^{\infty} \mathrm{e}^{-n\varepsilon_0/k_{\mathrm{B}}T}} = -\left[\frac{\partial}{\partial\beta}\ln\left(\sum_{n=0}^{\infty}\mathrm{e}^{-n\varepsilon_0\beta}\right)\right]_{\beta=\frac{1}{k_{\mathrm{B}}T}},$$

利用等比级数的求和公式,可得

$$\sum_{n=0}^{\infty}\mathrm{e}^{-n\varepsilon_0\beta} = \frac{1}{1-\mathrm{e}^{-\varepsilon_0\beta}},$$

代入前式,不难求得

$$\bar{\varepsilon}(\nu,T) = \frac{\varepsilon_0}{\exp(\varepsilon_0/k_{\mathrm{B}}T)-1},$$

将上式代入(1.26)式,得

$$u_T(\nu) = \frac{8\pi\nu^2}{c^3}\frac{\varepsilon_0}{\exp(\varepsilon_0/k_{\mathrm{B}}T)-1},$$

要使此式符合(1.15)式给出的普遍形式,必须令 ε_0 正比于 ν, 即 $\varepsilon_0 = h\nu$, 这里 h 是一个应由实验来确定的比例系数。这样, 上式化为

$$u_T(\nu) = \frac{8\pi h}{c^3}\frac{\nu^3}{\mathrm{e}^{h\nu/k_{\mathrm{B}}T}-1},$$

这便是普朗克公式(1.27),其中的 h 就是前面已提到的普朗克常量。

综合上述, 我们看到, 为了推导出与实验相符的黑体辐射公式, 人们不得不作这样的假设: *频率为 ν 的谐振子, 其能量取值为 $\varepsilon_0 = h\nu$ 的整数倍, $h\nu$ 称为能量子*(quantum of energy), 这假设称为*普朗克量子假说*。从经典物理学的眼光来看, 这个假设是如此的不可思议, 就连普朗克本人也感到难以置信。他曾想尽量缩小与经典物理学之间的矛盾, 宣称只假设谐振子的能量是量子化的(即不连续取值), 而不必认为辐射场本身有具有不连续性。然而正如我们将在 §2 中看到的, 更多的实验事实将迫使我们承认, 辐射场也是量子化的。

普朗克因阐明光量子论而获得 1918 年诺贝尔物理奖。

§2. 光的粒子性和电子的波动性

2.1 光电效应

当光束照射在金属表面上时,使电子从金属中脱出的现象,叫做*光电效应*。利用光电效应做成的器件,叫做*光电管*。图 1-10 所示是一种最简单的真空光电管。在一个不大的抽空玻璃容器中装有阴极 K 和阳极 A. 阴极 K 的表面敷有感光金属层。在两极之间加数百伏的电压。平时 K、A 之间绝缘,电

路中没有电流。当光束照射在阴极 K 上时，电路中就出现电流(称为光电流)，这是因为阴极 K 在光束照射下发射出电子来(称为光电子)。用于不同波段的光电管，阴极敷有不同材料的感光层，如用于可见光的敷碱金属 Li、K、Na 等，用于紫外线的敷 Hg、Ag、Au 等。光电管往往充有某种低压的惰性气体。由于光电子使气体电离，增大管内的导电性，所以充气光电管的灵敏度较真空光电管高。真空光电管的灵敏度约为 10 μA/mW 光功率，而充气光电管的灵敏度可大 6 ~7 倍。

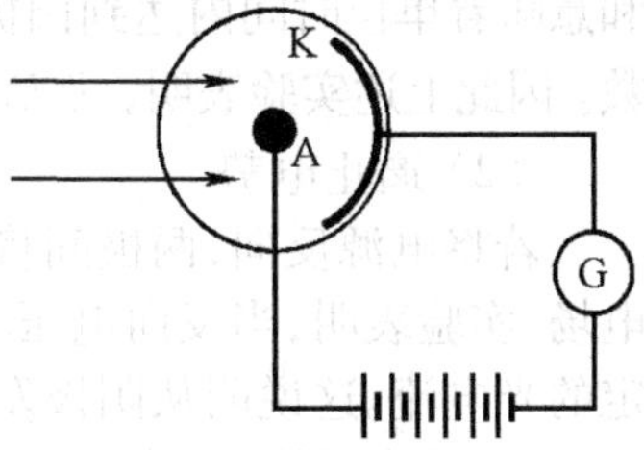

图 1 – 10 光电管

在上述光电效应中电子逸出金属，所以这种光电效应可以叫做外光电效应。除此之外还有一类“内光电效应”，目前的应用更为广泛。半导体材料的内光电效应较为明显，当光照射在某些半导体材料上时将被吸收，并在其内部激发出导电的载流子(电子–空穴对)，从而使得材料的电导率显著增加(所谓“光电导”)；或者由于这种光生载流子的运动所造成的电荷积累，使得材料两面产生一定的电势差(所谓“光生伏特”)。这些现象统称内光电效应。硫化镉光敏电阻、硫化铅光敏电阻、硒光电池、硅光电池、硅光二极管等就是利用这种内光电效应制成的器件。

光电效应已在生产、科研、国防中有广泛的应用。在有声电影、电视和无线电传真技术中都用光电管或光电池把光信号转化为电信号，在光度测量、放射性测量时也常常用光电管或光电池把光变为电流并放大后进行测量，光计数器、光电跟踪、光电保护等多种装置在生产自动化方面的应用更为广泛。

研究光电效应的实验装置如图 1 – 11 所示，K 是光电阴极，A 是阳极，二者封在真空玻璃管内。光束通过窗口照射在阴极上(如果用紫外线，窗口必须用石英来做)。实验结果表明，光电效应有如下基本规律：

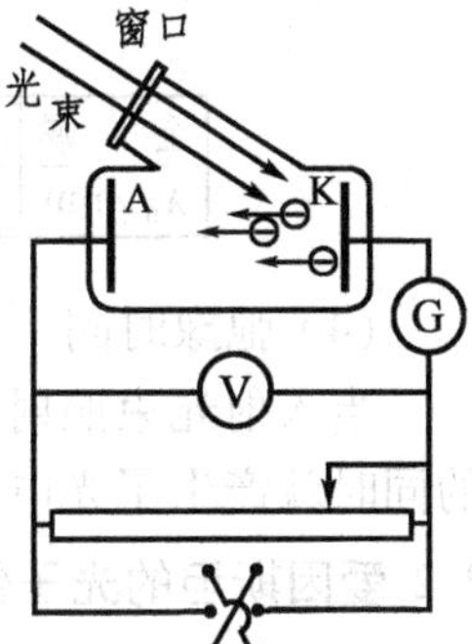

图 1 – 11 研究光电效应的实验装置

(1) 饱和电流

光电流 I 随加在光电管两端电压 V 变化的曲线，叫做光电伏安特性曲线。在一定光强照射下，随着 V 增大，光电流 I 趋近一个饱和值(参见图 1–12)。实验表明，饱和电流与光强成正比，例如图 1–12 中曲线 a 比曲线 b 对应的光强大。电流达到饱和意味着单位时间内达到阳极的电子数等于单位时间内由阴极发出的电子数。因此上述实验表明，单位时间内由阴极发出的光电子数与光强成正比。

（2）遏止电势

若将电源反向，两极间将形成使电子减速的电场。实验表明，当反向电压不太大时，仍存在一定的光电流。这说明从阴极发出的光电子有一定的初速，它们可以克服减速电场的阻碍到达阳极。当反向电压大到一定数值 V_0 时，光电流减少到零。V_0 叫做遏止电势。实验还表明，遏止电势 V_0 与光强无关，例如图1－12中曲线a、b对应的光强虽不同，但光电流在同一反向电压 V_0 下被完全遏止。

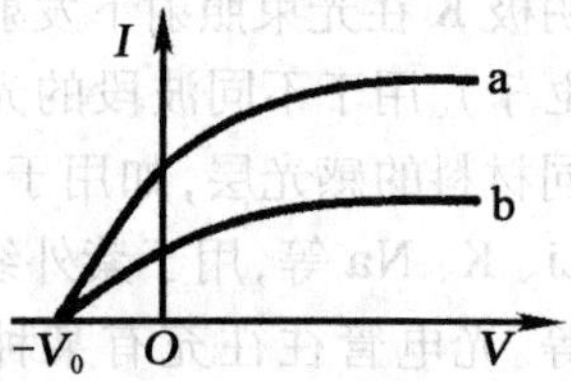

图 1－12 光电伏安特性曲线

遏止电势的存在，表明光电子的初速垂直于阳极板的分量有一上限 $v_{\perp 0}$，与此相应地动能也有一上限，它等于

$$\frac{1}{2}mv_{\perp 0}^2 = eV_0, \tag{1.28}$$

其中 m 是电子的质量，$e>0$ 是电子电荷的绝对值。

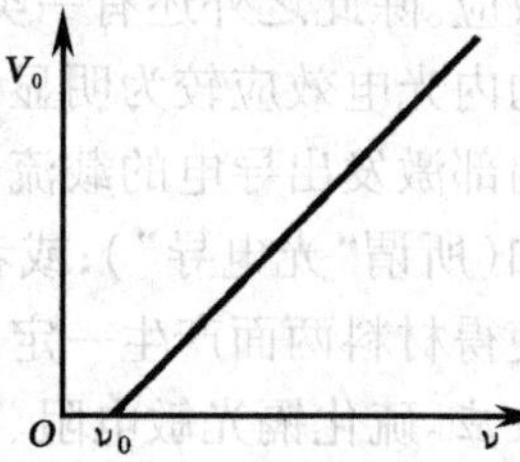

图 1－13 截止频率

（3）截止频率（红限）

当我们改变入射光束的频率 ν 时，遏止电势 V_0 随之改变。实验表明，V_0 与 ν 成线性关系（图1－13）。当 ν 减小时，V_0 也减小；当 ν 低于某频率 ν_0 时，V_0 减到0. 这时不论光强多大，光电效应不再发生。频率 ν_0 称为光电效应的截止频率或频率的红限。❶ 截止频率 ν_0 是光电阴极上感光物质的属性，与光强无关。有时用波长来表示红限，波长的红限 $\lambda_0 = c/\nu_0$.

表 1－2 光电效应的红限

金　属	钾	钠	锂	汞	铁	银	金
λ_0 /nm	550	540	500	273.5	262	261	265

（4）弛豫时间

当入射光束照射在光电阴极上时，无论光强怎样微弱，几乎在开始照射的同时就产生了光电子，弛豫时间最多不超过 10^{-9}s.

2.2 爱因斯坦的光子假说与光电效应的解释

上述光电效应的实验规律是光的波动理论完全不能解释的。为了说明两

❶ 红色光是可见光中波长最长、频率最低的光，人们习惯用“红”字代表长波或低频，“红限”的意思是长波或低频一端的界限，它不一定真在红色可见光波段内。

者之间的矛盾，我们先分析一下光电子的能量。每种金属有一定的逸出功A，电子从金属内部逸出表面，至少要耗费数量上等于A的能量。如果电子从光束中吸收的能量是W，则它在逸出金属表面后具有垂直阳极运动的动能$mv_{\perp 0}^2/2 < W-A$，❶ 或者说，垂直阳极运动的动能不超过$mv_{\perp 0}^2/2 = W-A$. 根据(1.28)式，$mv_{\perp 0}^2/2$可由测量的遏止电势V_0算出，故W可根据下式来估算：

$$W = \frac{1}{2}mv_{\perp 0}^2 + A = eV_0 + A. \tag{1.29}$$

下面我们将看到,光电效应的很多现象根本无法用光的波动理论来解释。

(1) 按照光的电磁理论,当金属受到光束照射时,其中电子作受迫振动,直到电子的振幅足够大时脱离金属而逸出。电子每单位时间内吸收的能量应与光强I成正比。设光开始照射时间t后电子的能量积累到W并逸出金属,则W应该与It成正比。我们暂且假设光电效应的弛豫时间t都一样,则W应与光强I成正比。但是实验证明V_0与光强无关,根据(1.29)式，W也与光强无关。这是一个矛盾。

(2) 按照光的波动理论,不论入射光的频率ν多少,只要光强I足够大,总可以使电子吸收的能量W超过A,从而产生光电效应。但实验表明,光频$\nu <$ 红限ν_0时，无论光强多大,也没有光电效应。这又是一个矛盾。

(3) 如果放弃弛豫时间t不变的假设,而认为光强大时电子能量积累的时间短,光强小时,能量积累的时间长。那么就来估计一下所需的时间吧!有人以光强为0.1 pW/cm^{2}的极弱紫色光(波长400 nm)做实验,根据实测的V_0求出W,并按照波动理论来估算,得$t = 50$ min. ❷ 但实验中几乎在光束照射的同时(最多不超过10^{-9}s)即观察到了光电效应。

可以看出,光的波动理论与光电效应的实验结果之间存在着多么尖锐的矛盾!

为了说明上述所有关于光电效应的实验结果,爱因斯坦于1905年提出了如下假设：当光束在和物质相互作用时,其能流并不像波动理论所想象的那样,是连续分布的,而是集中在一些叫做光子(photon)[或光量子(light quantum)]的粒子上。但这种粒子仍保持着频率(及波长)的概念,光子的能量ε正比于其频率ν,即

---

❶ 这里我们完全忽略了电子的热运动动能,因为逸出功A的数量级是1 eV，而室温下电子的平均热运动动能只有10^{-2}eV的数量级。

❷ 按照电动力学原理,电子能吸收光能的有效截面为波长平方的量级,这里就是这样估算的。

$$\varepsilon = h\nu, \tag{1.30}$$

其中 h 是普朗克常量。爱因斯坦的这个假说,是普朗克假说的发展。普朗克起初把能量量子化的概念局限于谐振子及其发射或吸收的机制,而爱因斯坦却建议,辐射能本身一粒一粒地集中存在。

按照爱因斯坦光子假说,当光束照射在金属上时,光子一个个地打在它上面。金属中电子要么吸收一个光子,要么完全不吸收。吸收时(1.2)式中的 W 总等于 $h\nu$, 从而

$$h\nu = \frac{1}{2}mv_0^2 + A = eV_0 + A. \tag{1.31}$$

上式称为*爱因斯坦公式*。这公式全部解释了上述所有实验结果：入射光的强弱意味着光子流密度的大小。光强大表明光子流密度大,在单位时间内金属吸收光子的电子数目多,从而饱和电流大。但不管光子流的密度如何,每个电子只吸收一个光子,所有电子获得的能量 $W=h\nu$ 与光强无关,但与频率 ν 成正比。于是根据(1.31)式便可说明,为什么遏止电势与频率成线性关系。此外，当 ν 趋于红限 ν_0 时，V_0 趋于0，这时 $h\nu_0=A$；而当 $\nu<\nu_0$ 时，每个光子的能量 $h\nu<A$，电子吸收后获得的能量小于逸出功，所以光电效应不能发生。值得提起的是，爱因斯坦 1921 年获得诺贝尔物理奖，并非由于他在相对论方面的伟大贡献，而主要是因为光电效应方面的工作。

在爱因斯坦公式提出后 10 余年,1916 年它被密立根(R. A. Milikan)的精密实验光辉地证明了,密立根研究了 Na、Mg、Al、Cu 等金属,得到了 V_0 与 ν 之间严格的线性关系,由直线的斜率测得普朗克常量 h 的精密数值,并与热辐射或其它实验中测得的 h 值很好地符合。密立根因他在测量电子电荷和光电效应方面的研究而获得 1923 年诺贝尔物理奖。

2.3 康普顿效应

光子不仅有能量，也有动量。光子的动量 p 与能量 ε 之间的关系为

$$p = \frac{\varepsilon}{c}, \tag{1.32}$$

此式可从相对论或电磁理论导出。因 $\varepsilon=h\nu$，故

$$p = \frac{h\nu}{c} = \frac{h}{\lambda}. \tag{1.33}$$

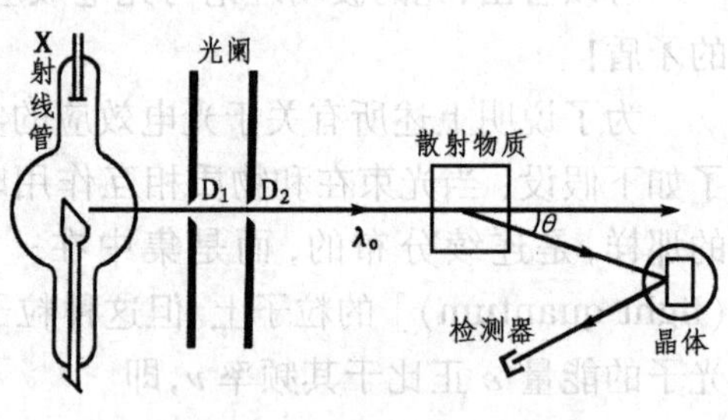

图 1－14 康普顿效应实验装置

虽然经典的电磁理论也预言有光压存在,但光压可更直接地用光子具有动量来解释。

除光电效应外，光量子理论的另一重要实验证据是康普顿效应，对此效应的理论解释涉及光子在电子上散射时能量和动量的守恒定律。

观察康普顿效应的实验装置如图1－14，经过光阑D_1、D_2射出的一束单色X射线为某种物质所散射。散射线的波长用布拉格晶体的反射来测量，散射线的强度用检测器（如电离室）来测量。实验结果归结如下：

（1）设入射线的波长为λ_0，沿不同方向的散射线中，除原波长外都出现了波长$\lambda>\lambda_0$的谱线。

（2）波长差$\Delta\lambda=\lambda-\lambda_0$随散射角$\theta$的增加而增加；原波长谱线的强度随$\theta$的增加而减小，波长为$\lambda$的谱线强度随$\theta$的增加而增加（参见图1－15）。

（3）若用不同元素作散射物质，则在同一角度θ下$\Delta\lambda$与散射物质无关；原波长λ_0谱线的强度随散射物质原子序数的增加而增加，波长λ的谱线强度随原子序数的增加而减小（参见图1－16）。

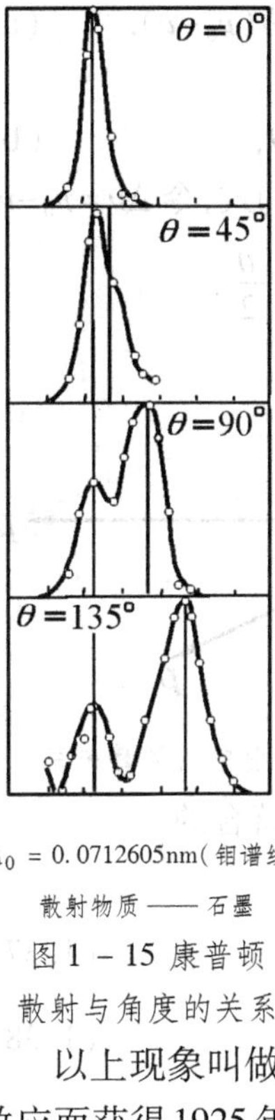

λ_0 = 0.0712605nm（钼谱线）

散射物质——石墨

图1－15 康普顿散射与角度的关系

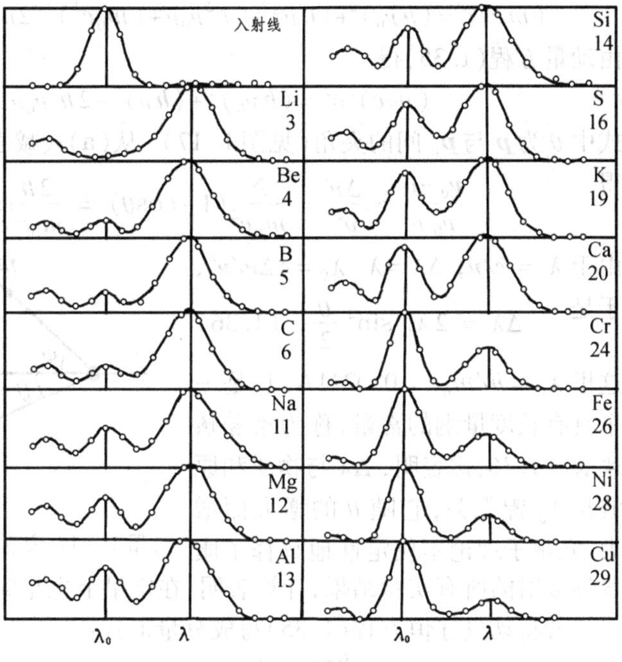

λ_0 = 0.056267nm（银谱线），元素符号下的数字为原子序数

图1－16 康普顿散射与原子序数的关系

以上现象叫做康普顿效应（A. H. Compton，1923年），康普顿因发现此效应而获得1925年诺贝尔物理奖。这种X射线的散射效应与光学中的瑞利散射很不同。按照经典理论，瑞利散射是一种共振吸收和再发射的过程，散射波的频率（波长）总与入射波相同。但在这里，散射线中出现了不同的频率

（波长）。康普顿散射无法用经典理论来解释，但很容易用光量子理论加以解释。❶

首先我们把散射原子中的电子看成是自由的和静止的。康普顿散射可看做是X射线中的光子和自由电子间的弹性碰撞过程。在此过程中能量和动量守恒的方程（相对论形式）为

$$\begin{cases} h\nu_0 + m_0c^2 = h\nu + mc^2, & (1.34) \\ \boldsymbol{p}_0 = \boldsymbol{p} + m\boldsymbol{v}, & (1.35) \end{cases}$$

式中ν_0和ν分别是碰撞前后光子的频率，$\boldsymbol{p}_0$和$\boldsymbol{p}$分别是碰撞前后光子的动量，它们的大小分别为$p_0=|\boldsymbol{p}_0|=h\nu_0/c$，$p=|\boldsymbol{p}|=h\nu/c$，$m_0$为电子的静质量，$m=m_0/\sqrt{1-(v/c)^2}$，$\boldsymbol{v}$为碰撞后电子的反冲速度，$v=|\boldsymbol{v}|$. 由上述能量方程（1.34）得

$$mc^2=h(\nu_0-\nu)+m_0c^2,$$

取两端平方，得

$$(mc^2)^2=(h\nu_0)^2+(h\nu)^2-2h^2\nu_0\nu+(m_0c^2)^2+2m_0c^2h(\nu_0-\nu), \qquad (a)$$

由动量方程（1.35）得

$$(mv)^2c^2=(h\nu_0)^2+(h\nu)^2-2h^2\nu_0\nu\cos\theta, \qquad (b)$$

式中θ为$\boldsymbol{p}$与$\boldsymbol{p}_0$间的夹角（见图1-17）。从（a）式减去（b）式，令$\Delta\nu=\nu_0-\nu$，得

$$\frac{\nu_0-\nu}{\nu_0\,\nu}\approx\frac{\Delta\nu}{\nu^2}=\frac{h}{m_0c^2}(1-\cos\theta)=\frac{2h}{m_0c^2}\sin^2\frac{\theta}{2},$$

由于$\lambda=c/\nu$，$\Delta\lambda=\lambda-\lambda_0=c\Delta\nu/\nu^2$，于是

$$\Delta\lambda=2\lambda_C\sin^2\frac{\theta}{2}, \qquad (1.36)$$

这里$\lambda_C=h/m_0c=0.0241\text{Å}$，它是一个具有长度量纲的常量，称为康普顿波长。（1.36）式表明，$\Delta\lambda$与物质和原波长λ_0皆无关，它随θ的增大而增大。光量子理论不仅定性地解释了康普顿散射的所有实验结果，计算表明，在定量上也是完全符合的。

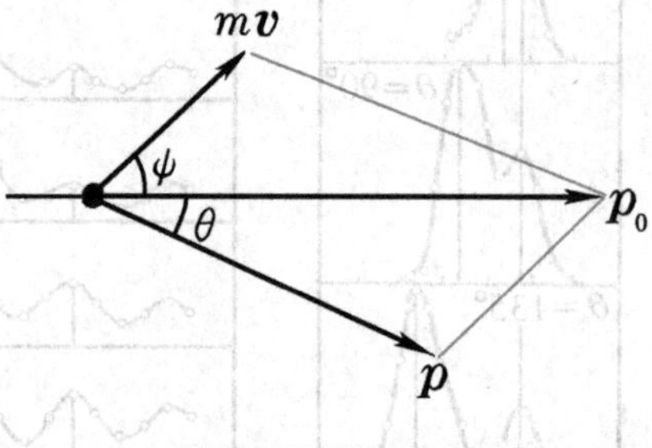

图1-17 康普顿散射中的动量关系

若将动量守恒方程（1.35）写成分量形式：

$$\frac{h\nu_0}{c}=\frac{h\nu}{c}\cos\theta+mv\cos\psi, \qquad (1.37)$$

$$\frac{h\nu}{c}\sin\theta=mv\sin\psi, \qquad (1.38)$$

❶ 在拉曼效应中，散射光谱里也出现了不同频率的光（伴线），但该现象仍可用经典理论做一定的解释。可是康普顿效应里的频移只能用量子理论解释。

这里ψ是电子反冲的方向与入射线方向之间的夹角(见图1－17)。由以上两式可以解得

$$\tan\psi=\frac{\nu\sin\theta}{\nu_0-\nu\cos\theta}=\frac{2\sin\dfrac{\theta}{2}\cos\dfrac{\theta}{2}}{\dfrac{\nu_0}{\nu}-\cos\theta}=\left[\left(1+\frac{\lambda_C\,\nu_0}{c}\right)\tan\frac{\theta}{2}\right]^{-1}, \quad (1.39)$$

此式在云室实验中得到证实。

在以上的计算中假定了电子是自由的,实际上并不尽然,特别是重原子中内层电子被束缚得较紧。光子同这种电子碰撞时,实际上是在和一个质量很大的原子交换动量和能量,从而光子的散射只改变方向,几乎不改变能量。这便是散射光里总存在原波长λ_0这条谱线的缘故。

波长λ_0和λ的两条谱线强度随原子序数消长的情况,也不难解释:如前所述,谱线λ_0是原子实里内层电子的贡献。原子序数愈大,内层电子愈多,它们对光子散射的贡献也就愈大,谱线λ_0就愈强。

光电效应和康普顿效应鲜明地揭示了光具有粒子性的一面,❶这种粒子叫做“光子”。光电效应揭示了光子能量与频率的关系,康普顿效应则进一步揭示了光子动量与波长的关系。

光的粒子性主要反映在光和物质的相互作用中,特别反映在对光的检测过程中。当我们使用各种仪器(如光电管、计数器、云室)去检测可见光、X射线、γ射线时,在强度足够弱的情况下,只要仪器的时空分辨率足够高,我们接收到的总是一个个离散的电脉冲信号或径迹。即光总是同检测器工作物质的单个电子、原子或分子起作用,检测器对光的响应总是发生在短促的时间间隔和微小的空间区域内。这便是常说的光的粒子性。

2.4 德布罗意波

在经典物理中光(电磁场)和实物(由静质量$m_0\neq 0$的粒子组成的物质)是两类不同的物质。从1900年普朗克的量子假说到1923年康普顿散射实验,对光的粒子性的揭露,显示了场和实物的界限不是那么绝对的。在此期间有关实物的量子性研究的进展,主要是1913年玻尔的原子模型以及在此基础上建立的所谓“经典量子论”。本书不打算按历史顺序叙述,有关原

---

❶ 光电效应与康普顿效应有共同性,也有区别,区别源于两者的能量范围大不相同。光电效应中的光子波长在光学范围,能量的数量级是几个eV,而康普顿效应里的光子在X射线波段,能量具有10^4eV数量级。所以,在康普顿效应里逸出功等因素一律不必考虑,原子的外层电子可以看成是自由的,径直用能量守恒定律和动量守恒定律去处理问题,但对待光电效应我们不能这样做。

子结构的问题将放到第四章去讨论。经典量子论的主要缺点是保留了粒子“轨道”的概念。长达11年的时间里在这个问题上没有重大的突破和实质性的进展。1924年德布罗意(L. de Broglie)在他的博士论文里大胆地提出了实物粒子(如电子)具有波动性的概念,把光的“波粒二象性”推广到一切物质,为量子力学的创建开辟了道路。❶

德布罗意假设,与任何实物粒子相联系都存在一列波。譬如,与一个具有确定能量 ε 和动量 p 的粒子相联系的是一列平面波 $e^{-i(\omega t-\boldsymbol{k}\cdot\boldsymbol{r})}$,借用光子的关系式,其中

$$\begin{cases} \omega = 2\pi\nu = \dfrac{2\pi\varepsilon}{h} = \dfrac{\varepsilon}{\hbar}, & (1.40) \\ k = |\boldsymbol{k}| = \dfrac{2\pi}{\lambda} = \dfrac{2\pi p}{h} = \dfrac{p}{\hbar}, \quad 即 \quad \boldsymbol{k} = \dfrac{\boldsymbol{p}}{\hbar}, & (1.41) \end{cases}$$

式中能量、动量的关系采用相对论形式:

$$\varepsilon = c\sqrt{p^2 + m_0^2 c^2}. \tag{1.42}$$

于是

$$德布罗意波 \sim e^{-i(\varepsilon t-\boldsymbol{p}\cdot\boldsymbol{r})/\hbar}, \tag{1.43}$$

德布罗意提出上述假设时并没有任何实验基础,但他提出预言:当一束电子穿过非常小的孔时,会发生衍射现象。1927年戴维孙等(C. J. Davisson & L. H. Germer)和汤姆孙(G. P. Thomson)分别用类似X射线的劳埃法和德拜法成功地获得电子在晶体上的衍射图样。德布罗意获得1929年的诺贝尔物理奖,汤姆孙和戴维孙则分享了1937年的诺贝尔物理奖。

应当指出,电子衍射实验只验证了德布罗意的波长关系式(1.41),而频率关系式(1.40)并不在任何实验中表现出来,表现出来的只是两能级之

---

❶ 当时这位年轻的博士生德布罗意的工作能为科学界所知,其中爱因斯坦起了重要作用。据德布罗意自己回忆;“1923年我写了博士论文,需要申请学位,我打印了三份,送了一份给朗之万,让他决定是否可以作为博士论文接受。朗之万也许对我的新思想有点吃惊,拿不定主意,要我再提供一份由他送给爱因斯坦,请爱因斯坦评定。爱因斯坦认为这篇论文很有价值。促使朗之万决定接受我的论文。”[A. Pais, *Rev. Mod. Phys.*, (1979), **151**(4), 866. 译文:何祚庥、侯德彭主编. 量子力学的丰碑. 桂林:广西师范大学出版社,1994. 3] “……不久后,1925年1月,这位伟大的科学家(指爱因斯坦)向柏林科学院递交了一篇论文,文中他强调了我的博士论文中的思想基础的重要性。并且演绎出许多推论。爱因斯坦的这篇论文引起了科学家对我的工作的注意。在这以前,我的工作很少为人所知。”(A. P. French, *EINSTEIN A Centenary Volume*, Harvard University Press, 1979,14. 中译文:同上,270)

1925年爱因斯坦发表了提出玻色-爱因斯坦凝聚思想的论文,文中提到了德布罗意物质波的假说,启发和引导了奥地利物理学家薛定谔,使他于1926年创立了量子力学的两个版本之一——波动力学。

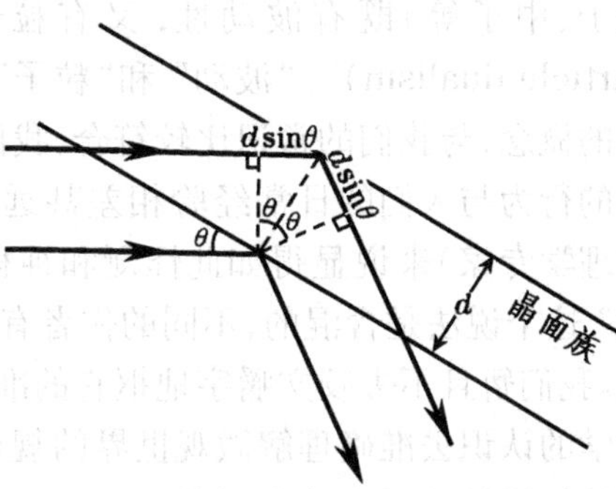

图 1－18 布拉格条件

间的频率差。所以，只有德布罗意波长具有物理意义，德布罗意频率本身不是一个可观测量。

我们知道，射线在晶体中衍射服从布拉格条件，[1]

$$2d\sin\theta = \lambda,$$

式中 d 是某一晶面族里的晶面间隔，θ 是主极强的衍射角（见图 1－18），λ 是 X 射线的波长。用连续谱的 X 射线照射在单晶上，在每个晶面族的衍射主极强方向上给出一个亮斑，称为劳厄斑；用单色 X 射线照射在多晶粉末上，我们得到的是环状的德拜相。电子衍射的情况是一样的。图 1－19 是电子衍射的劳厄相和德拜相。不是任何速度的电子都能满足某个晶面族的布拉格条件的。电子的速度小意味着它们的德布罗意波长大，当电子的速度太小，其德布罗意波长 λ 之半大于晶面间隔 d 时，任何晶面的布拉格条件都得不到满足，这样的电子在晶体中长驱直入，不发生衍射。

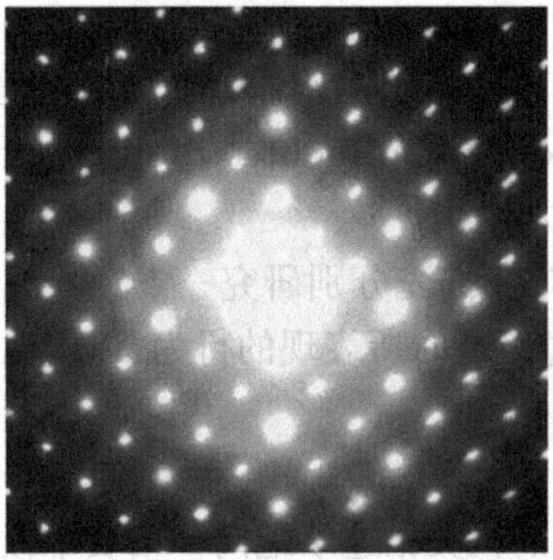

a. MoO_3 单晶的劳埃相

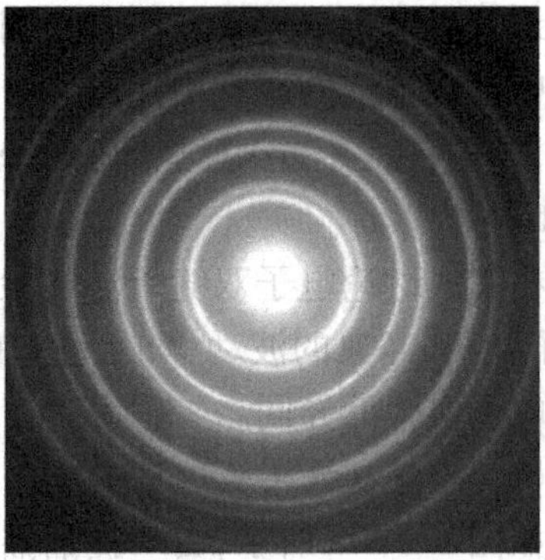

b. Au 多晶的德拜相

图 1－19 电子的衍射像

（北京大学物理系近代物理实验室供稿）

§3. 电子干涉实验 概率幅及其叠加

3.1 电子的双缝干涉实验

如前所述，在 20 世纪的前 1/4 中，人们逐渐发现微观客体（光子、电子、

---

[1] 参见《新概念物理教程·光学》第四章 7.2 节。

质子、中子等)既有波动性,又有粒子性,即所谓"波粒二象性(wave-particle dualism)"。"波动"和"粒子"都是经典物理学中从宏观世界里获得的概念,与我们的常识比较符合,我们容易直观地理解它们。然而,微观客体的行为与人们的日常经验相差甚远,对每个人(不管是新手还是老练的物理学专家)来说显得如此怪诞和神秘,让人一下子很难接受。"波粒二象性"这个说法是含混的,不同的作者有不同的理解,在历史上有过长期的混乱。我们暂且不去咬文嚼字地抠它的准确含义,问题的关键是按照现代量子力学的认识去准确理解微观世界的规律本身。下面我们通过电子双缝干涉实验较详细地讨论这个问题。

杨氏双缝干涉本是一个经典性的波动光学实验,早在1927年玻尔、爱因斯坦就以电子双缝干涉实验为例来讨论量子力学的基本原理,后来这一例子曾被数不清的教材引用过。可是由于技术上的困难,直到20世纪70年代,它还只是一个"思想实验(gedanken experiment或thought experiment)"。

在正式讨论电子双缝干涉实验之前,我们先分别研究一下经典的粒子(如子弹)和经典的波动(如水波)在通过双缝时所表现的行为,以资比较它们与电子实验的异同。

(1) 子弹双缝实验

如图1-20a所示,由一挺摇摇晃晃的机关枪连续地向一堵装甲板墙胡乱地发射子弹。墙上开有双缝,每缝的宽度能让一颗子弹通过。墙的后面是一道后障(譬如一块厚木板),它能把打上去的子弹吸收掉。为了测得打在后障各处子弹的多少,后障上布满了"检测器"(譬如收集子弹的小沙箱)。由于子弹与缝的边缘碰撞,它们打在后障上的位置是分散的,有一定的概率分布。做实验时,我们先将缝2遮住,让子弹只从缝1通过,我们得到后障上子弹沿 x 方向的概率分布曲线 $P_1(x)$(见图1-20b)。现将缝1遮住,打开缝2让子弹通过,我们得到概率分布曲线 $P_2(x)$(见图1-20b)。最后将两缝都打开让子弹通过,我们得到双

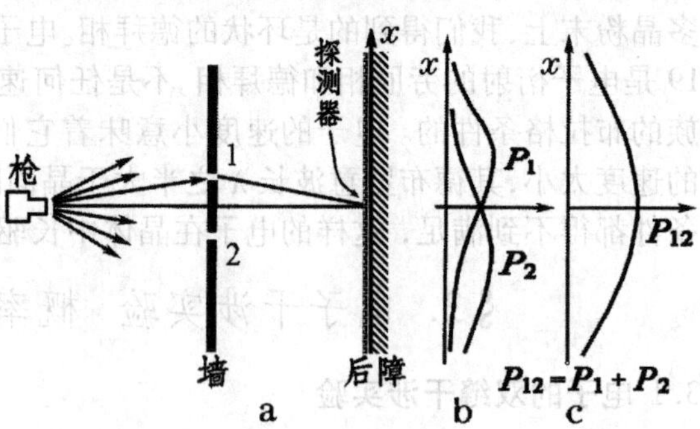

图1-20 子弹双缝实验

缝的概率分布曲线 $P_{12}(x)$(见图 1 – 20c). 实验结果将表明:❶

$$P_{12}(x)=P_1(x)+P_2(x), \tag{1.44}$$

亦即子弹通过两缝的事件相互独立,实验显示出"无干涉"的结果。

(2) 水波双缝实验

如图 1 – 21a 所示,在一浅水槽中由一马达带动振源上下振动发出水波,后面也有一堵开有双缝的墙,其后又是一道能吸收波的后障(如倾斜的沙滩),其上布满了"检测器",可测出到达后障各处波的强度 I. 做实验时,我们先将缝 2 遮住,让水波只从缝 1 通过,我们得到后障上振幅沿 x 方向的分布 $I_1(x)$(见图 1 – 21b). 现将缝 1 遮住,打开缝 2 让水波通过,我们得到强度分布 $I_2(x)$(见图 1 – 21b). 最后将两缝都打开让水波通过,我们得到双缝情形的强度分布 $I_{12}(x)$(见图 1 – 21c),它随位置坐标 x 高度振荡着,一般说来 $I_{12}(x)\neq I_1(x)+I_2(x)$. 我们从波动光学里应当学会如何计算后障上强度的分布,这需要知道复振幅的概念。❷ 令 $A_1(x)=|A_1(x)|\mathrm{e}^{\mathrm{i}\varphi_1(x)}$ 和 $A_2(x)=|A_2(x)|\mathrm{e}^{\mathrm{i}\varphi_2(x)}$ 分别为缝 1 和缝 2 单独开放时在后障 x 处波的复振幅,则强度

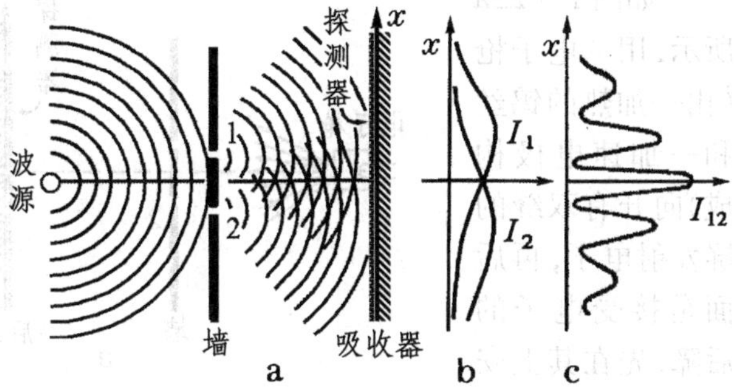

图 1 – 21 水波双缝实验

$$I_1(x)=A_1^*(x)A_1(x)=|A_1(x)|^2;\quad I_2(x)=A_2^*(x)A_2(x)=|A_2(x)|^2;$$

两缝同时开放时

$$\begin{aligned}I_{12}(x)&=|A_1(x)+A_2(x)|^2\\&=[A_1^*(x)+A_2^*(x)]\cdot[A_1(x)+A_2(x)]\\&=A_1^*(x)A_1(x)+A_2^*(x)A_2(x)+A_1^*(x)A_2(x)+A_1(x)A_2^*(x)\\&=|A_1(x)|^2+|A_2(x)|^2+2|A_1(x)|\cdot|A_2(x)|\cos[\varphi_1(x)-\varphi_2(x)]\\&=I_1(x)+I_2(x)+2\sqrt{I_1(x)I_2(x)}\cos[\varphi_1(x)-\varphi_2(x)],\end{aligned} \tag{1.45}$$

在同相位的地方[$\varphi_1(x)-\varphi_2(x)=2n\pi$, $n=$整数], $\cos[\varphi_1(x)-\varphi_2(x)]=1$,

---

❶ 这里概率是以发射子弹总数来归一化的。

❷ 参见《新概念物理教程·光学》第三章 §1.

强度 $I_{12}(x)=[|A_1(x)|+|A_2(x)|]^2$ 极大；在反相位的地方$[\varphi_1(x)-\varphi_2(x)=2(n+1/2)\pi$，$n=$ 整数$]$，$\cos[\varphi_1(x)-\varphi_2(x)]=-1$，强度 $I_{12}(x)=[|A_1(x)|-|A_2(x)|]^2$ 极小。这便是我们在图 1 – 21c 中看到的干涉现象。

(3) 电子双缝实验

如图 1 – 22a 所示,用一电子枪(由一加热的钨丝和一加速电极构成)向开有双缝的屏发射电子,再后面是接受电子的后障,先在其上安装一个可移动的检测器,它可以是盖革计数器,或者更好一点,与扩音器相连的电子倍增器,每当电子到来的时候,检测器发出咔哒的声响。

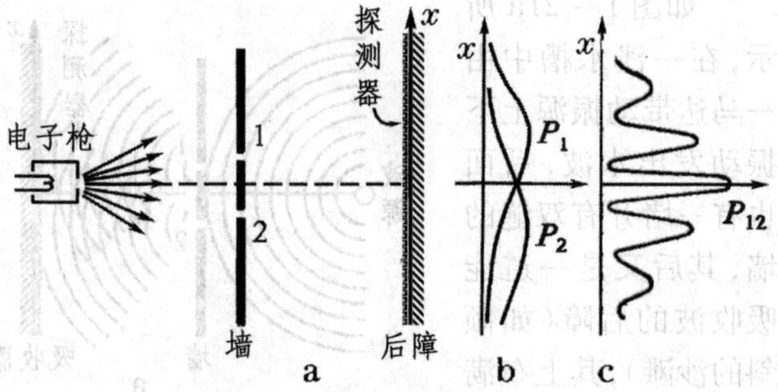

图 1 – 22 电子双缝实验

在实验中我们会发现,咔哒声出现的节奏是不规则的,但在每处较长时间内的平均次数是近似不变的,它与电子枪发出的电子流强成正比。为了避免咔哒声过分密集，不好计数,我们可以把电子枪的加热电流减弱,以减少电子的流强。我们甚至可以设想,电子流强如此之弱,当前一个电子从电子枪出发通过双缝屏到达后障之前,后一个电子不出发。每次只有单个电子通过仪器。这时如果我们在后障上各处布满检测器,则会发现,每次只有一个检测器发出咔哒声。所有的咔哒声都一样强,从来不会发生两个或两个以上的检测器同时发出哪怕是较弱的咔哒声。这就是说,犹如上述子弹实验,电子是以“粒子” 的形式被检测到的。

现在我们把缝 2 遮住,只允许电子从缝 1 通过。记录后障上各处检测到电子的数目。经过长时间的数据积累,我们得到如图 1 – 22b 所示的概率分布曲线 $P_1(x)$. 遮住缝 1,打开缝 2,重复上述实验,我们得到如图 1 – 22b 所示的概率分布曲线 $P_2(x)$. 这里得到的曲线 $P_1(x)$和 $P_2(x)$，与子弹实验图 1 – 20b 中的曲线很相似。

最后打开两缝做实验,起初后障上各处咔哒声此起彼落,貌似无规。经过长时间的数据积累,我们得到如图 1 – 22c 所示的概率分布曲线 $P_{12}(x)$，它看起来很像水波实验中得到的强度分布 $I_{12}(x)$（见图1 – 21c),具有明显的干涉效应特征。

以上描述的是思想实验。直到1970年代才有人发表真实实验的结果，❶图1－23是他们拍摄的电子双棱镜干涉(与双缝干涉是等价的)图样。从图a到图f电子流强从很微弱逐步增大，图样也从离散的随机斑点过渡到连续分布的干涉条纹。

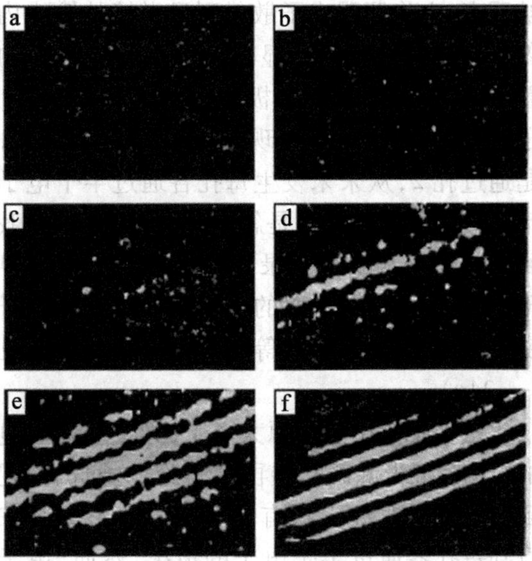

图1－23 真实实验中获得的电子干涉图样

3.2 追踪电子

怎样理解电子在上述双缝干涉实验中的行为？如果说电子是"粒子"，我们能否说：每个电子不是通过缝1，就是通过缝2，两者必居其一。那么，干涉效应是怎样产生的呢？也许电子在通过双缝时分成了两半，每缝通过一半。为什么检测器接受的总是整个的电子，从未发现半个？会不会两半电子在通过双缝后又合而为一？

最终还得由实验事实来裁判。为了装置上的简明，我们把双缝改为双孔。为侦察电子究竟是怎样通过双孔的，我们在双孔屏后适当的位置放置照明光源，并在垂直于图1－24图面的上方设置一显微镜，如图1－25所示，哪种答案对，以监视双孔后面电子的行径为准。电子一通过某个孔出来后立即

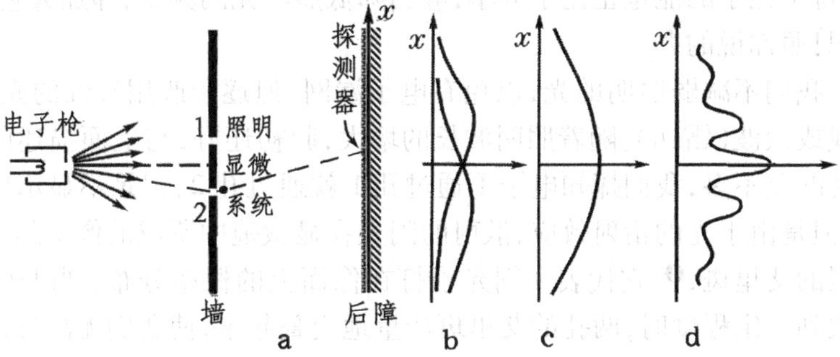

图1－24 追踪电子的双孔实验

❶ P. G. Merli, G. F. Missiroli, G. Pozzi, *Am. J. Phys.*, **44**(1976), 306.

被照亮，它将照明光子散射到显微镜的镜头内成像。这样，我们就能从显微镜内观察到电子的位置。我们仍让电子流强极弱，以避免一个以上电子同时到达。实验中发现，电子不是通过孔 1，就是通过孔 2，从来未发生每孔各通过半个电子的情况。那么，干涉现象是怎样产生的呢？现在我们回过头来检查一下记录下来的 $P_{12}(x)$ 曲线，啊，干涉条纹不见了！这时的 $P_{12}(x)$ 竟表现得与子弹实验中的结果相似，它等于 $P_1(x)+P_2(x)$（见图 1－24c）。

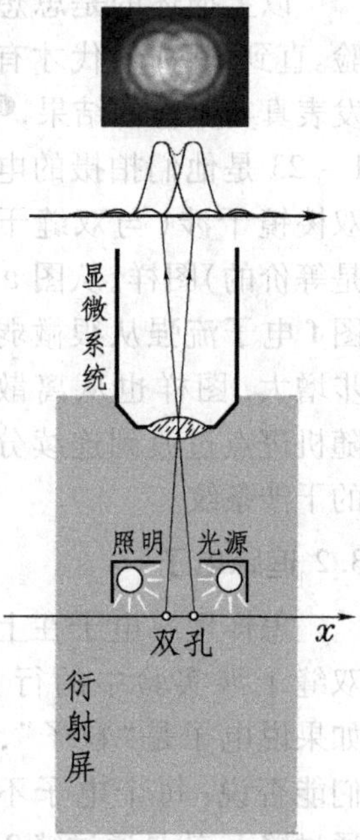

图 1－25　监视电子行踪的照明和显微系统

是否我们用的光源太亮了，光子干扰了电子的行为？把光源调暗些再做实验。这回仍旧观察到有的电子通过孔 1，有的电子通过孔 2，从来未看到每孔各通过半个电子的情况。然而，由于灯泡发出的光子稀疏了，有的电子未与光子碰撞，漏过了我们的侦察。对于这些"漏网"的电子，我们不知道它们是怎么通过双孔屏的。回过来看记录，后障上出现的是部分相干的情况，即这时 $P_{12}(x)$ 的曲线介于子弹实验图 1－20c 中的 $P_{12}(x)$ 曲线和水波实验图 1－21c 中的 $I_{12}(x)$ 曲线之间，相当于两者的混合（见图 1－24d）。

有人说了，你们这个办法不对！像康普顿散射那样，电子是与个别光子碰撞的，光源调暗只能减少光子的个数，并不减弱对碰上它们的电子的干扰。每个光子的能量正比于频率，应当降低照明光的频率，即加大它的波长。好吧！照你说的办。

我们不减弱照明的光，以免有电子漏网。但逐步改用较红的光，甚至红外线或微波（雷达）。随着照明波长的增大，起初还好，与上面描述的强光照明情况差不多，我们探知电子不通过孔 1 就通过孔 2，记录不显示出干涉现象。但是由于光的衍射效应，散射的闪光在显微镜中所成的像实际上是一个扩展的艾里斑，❶ 它代表个别光子打在像面上的概率分布。当照明光的波长大到一定程度时，两孔的艾里斑严重地交叠起来，使我们无法分辨电子散射的光子来自哪个孔附近（见图 1－25 上部）。这样一来，我们再次丧失了电子怎样通过双孔的信息。回过头来看记录，啊，干涉条纹又恢复了！

❶　参见《新概念物理教程·光学》第四章 4.1 节。

总之,要设计出一种仪器,它既能判断电子通过哪个孔[这种仪器可称为"哪条路检测器(which-way detector)"]又不干扰干涉图样的出现,是绝对做不到的。这是微观世界里的客观规律,并非我们现在的实验手段不够高明。有关哪条路检测器如何退相干的实验,近来有很大的进展,我们将在第六章 §1 里作些介绍。

3.3 用概率幅来描述

用经典物理学的头脑去思考上述电子双缝或双孔干涉实验的结果,实在无法理解,但是用数学工具去描绘它并不犯难。波动光学早已为我们准备了必要的概念,即"复振幅"。在光学里复振幅 A 绝对值的平方等于光的强度 I,在量子力学里也需建立某种类似复振幅的概念(通常用 ψ 表示),但它的绝对值的平方等于粒子出现的概率 P:

$$P(x) = \psi^*(x)\psi(x) = |\psi(x)|^2, \tag{1.46}$$

ψ 称为概率幅(probability amplitude),它是量子力学里最基本、最重要的概念。

与光波的复振幅一样,量子力学里的概率幅 $\psi(x)$ 也是复数,它也含模 $|\psi(x)|$ 和相位 $\varphi(x)$ 两部分:

$$\psi(x) = |\psi(x)|\mathrm{e}^{\mathrm{i}\varphi(x)}. \tag{1.47}$$

仿照3.1节里对水波双缝干涉实验的分析,令 $\psi_1(x) = |\psi_1(x)|\mathrm{e}^{\mathrm{i}\varphi_1(x)}$ 和 $\psi_2(x) = |\psi_2(x)|\mathrm{e}^{\mathrm{i}\varphi_2(x)}$ 分别为孔1和孔2单独开放时在后障 x 处电子的概率幅,则一孔开放时的概率分别为 $P_1(x) = \psi_1^*(x)\psi_1(x) = |\psi_1(x)|^2$; $P_2(x) = \psi_2^*(x)\psi_2(x) = |\psi_2(x)|^2$; 两孔同时开放时的概率幅叠加:

$$\psi(x) = \psi_1(x) + \psi_2(x) \tag{1.48}$$

于是概率为

$$\begin{aligned} P_{12}(x) &= |\psi(x)|^2 = |\psi_1(x) + \psi_2(x)|^2 \\ &= |\psi_1(x)|^2 + |\psi_2(x)|^2 + 2|\psi_1(x)|\cdot|\psi_2(x)|\cos[\varphi_1(x) - \varphi_2(x)] \\ &= P_1(x) + P_2(x) + 2\sqrt{P_1(x)P_2(x)}\cos[\varphi_1(x) - \varphi_2(x)], \end{aligned} \tag{1.49}$$

上式很好地描述了电子双孔实验里概率幅干涉的现象。

我们看到,概率幅 ψ 往往是某个或某些变量(例如 x)的函数,故与光学类比,概率幅亦称为*波函数*(wave function)。概率幅是量子系统经特定装置制备出来的量子状态的描述,它不一定具有波的形式,故称之为*量子态函数*(或简称*态函数*)❶

---

❶ "态函数"一词易与热力学中那些与过程无关的态函数(如内能、熵)混淆,我们尽可能不用此简称,而按传统习惯,称之为"波函数",或全称"量子态函数",更确切。

§4. 海森伯不确定度关系 动力学变量算符

4.1 海森伯不确定性原理

德布罗意波 $\sim e^{-i(\varepsilon t-\boldsymbol{p}\cdot\boldsymbol{r})/\hbar}$ 代表的是一列无穷长的平面波，它有确定的能量和动量，但分布于全空间，即以它为波函数所描述的粒子处于空间坐标完全不确定的状态。按经典力学的眼光看来，这当然是很难理解的。如果你对用这种方式描述粒子不喜欢的话，我们可以把它换成有限长的波列。把无限长的波列压缩成有限长的波列，一般如附录 B 第 3 节所述，在波函数上乘一个在有限长范围内不为 0 的包络函数。这种包络函数可以有不同形式，如方垒型、指数型、高斯型等，但它们有个共性，即做傅里叶分析后，频谱宽度 Δk 和波列长度 Δx 的乘积都是一个数量级为 1 的常数。高斯型的函数有些优点，一是它的傅里叶变换式也是高斯函数，二是能够作严格的微积分运算。下面我们就以高斯型波包来讨论不确定度关系。

高斯型的波函数可写成

$$\psi(x) = Ae^{-ax^2/2}e^{ip_0x/\hbar}, \tag{1.50}$$

式中归一化因子 $A=(\pi/a)^{-1/4}$（见习题1－18），时间振荡因子 $e^{-i\varepsilon t/\hbar}$ 在这里无关紧要，略去不写。将(1.50)式作傅里叶分解。按德布罗意关系，粒子的动量 p 与波矢 k 的关系为 $p=\hbar k$，故傅里叶变换也可用 p 来表达：

$$\psi(x) = \int_{-\infty}^{\infty} C(p)e^{ipx/\hbar}\frac{dp}{\sqrt{2\pi\hbar}}, \tag{1.51}$$

其中
$$C(p) = \int_{-\infty}^{\infty}\psi(x)e^{-ipx/\hbar}\frac{dx}{\sqrt{2\pi\hbar}} = \sqrt{\frac{1}{a\hbar}}Ae^{-(p-p_0)^2/2a\hbar^2}. \tag{1.52}$$

上述逆变换式(1.52)的具体运算参见附录 B(B.13)式。(1.51)式的物理意义是：有限长的波列(1.50)式可看作是波长为 $\lambda=h/p$、振幅为 $C(p)$ 的一系列单色波的叠加，所以它又叫做*波包*(wave packet)。高斯波包及其频谱见图1－26，计算给出(见4.2节和习题1－20和习题1－21) x 和 p 的方差：

$$\Delta x = \sqrt{\overline{x^2}} = \sqrt{\frac{1}{2a}}, \tag{1.53}$$

$$\Delta p = \sqrt{\overline{(p-p_0)^2}} = \hbar\sqrt{\frac{a}{2}}. \tag{1.54}$$

于是我们得到

$$\Delta x\Delta p = \frac{\hbar}{2}, \tag{1.55}$$

上式称为*海森伯不确定度关系*(Heisenberg uncertainty relation)，它在量子力学里具有普遍的意义。

其实，(1.50)式中的波函数 $\psi(x)$ 与(1.51)式中的 $C(p)$ 描述同一量子

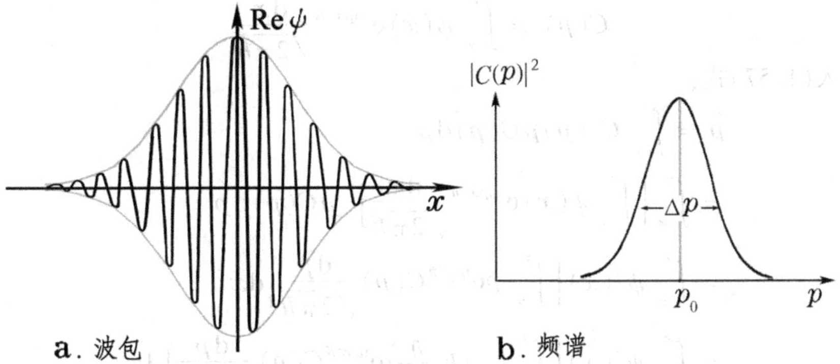

图 1－26 高斯波包及其傅里叶谱

态的概率幅，只不过$\psi(x)$绝对值的平方给出粒子的概率按坐标x的分布，而$C(p)$绝对值的平方则给出粒子的概率按动量p的分布。我们说，二者属于不同的表象(representation)，前者是波函数的x表象，后者是波函数的p表象。在经典统计物理学中人们给出同时按x、p两者分布的分布函数[如玻耳兹曼－麦克斯韦分布，见《新概念物理教程·热学》(第二版)第二章2.3节]，在量子力学中这是不可能的，因为存在海森伯不确定度关系，x和p不可能同时精确给出。

4.2 动量的平均值与动量算符

给定了波函数$\psi(x)$，它代表一个波包，如何计算一个物理量的平均值？如果该物理量纯粹是x的函数，比如上面计算的方差就是x^2的平均值$\overline{x^2}$，由于$|\psi(x)|^2=\psi^*(x)\psi(x)$代表找到粒子在$x$处的概率，故

$$\overline{x^2}=\int_{-\infty}^{\infty}\psi^*(x)x^2\psi(x)\,\mathrm{d}x. \tag{1.56}$$

4.1 节里高斯波包x的方差就是这样算出的。然而动量函数的平均值怎么算？以下算法行吗？

$$\overline{p}\overset{?}{=\!=\!=}\int_{-\infty}^{\infty}\psi^*(x)p(x)\psi(x)\,\mathrm{d}x,$$

显然不行，因为$p(x)$代表坐标取x值时的p值，由于海森伯不确定度关系，这是没有意义的。怎么办？变换到p表象去计算！

$$\overline{p}=\int_{-\infty}^{\infty}C^*(p)pC(p)\,\mathrm{d}p \tag{1.57}$$

这是可以的。然而，若有一个物理量，既是动量p的函数，又是坐标x的函数，比如能量$E=\dfrac{p^2}{2m}+V(x)$就是这样的量，怎样求它们的平均？请看下面的计算技巧。先演示在x表象中计算$\overline{p}$的办法。将表象变换公式

$$C(p)=\int_{-\infty}^{\infty}\psi(x)\mathrm{e}^{-\mathrm{i}px/\hbar}\frac{\mathrm{d}x}{\sqrt{2\pi\hbar}}$$

代入(1.57)式:

$$\begin{aligned}\bar{p}&=\int_{-\infty}^{\infty}C^*(p)pC(p)\mathrm{d}p\\&=\int_{-\infty}^{\infty}\left[\int_{-\infty}^{\infty}\psi(x)\mathrm{e}^{-\mathrm{i}px/\hbar}\frac{\mathrm{d}x}{\sqrt{2\pi\hbar}}\right]^*pC(p)\mathrm{d}p\\&=\int_{-\infty}^{\infty}\psi^*(x)\left[\int_{-\infty}^{\infty}p\mathrm{e}^{\mathrm{i}px/\hbar}C(p)\frac{\mathrm{d}p}{\sqrt{2\pi\hbar}}\right]\mathrm{d}x\\&=\int_{-\infty}^{\infty}\psi^*(x)\left[\int_{-\infty}^{\infty}\left(-\mathrm{i}\hbar\frac{\partial}{\partial x}\right)\mathrm{e}^{\mathrm{i}px/\hbar}C(p)\frac{\mathrm{d}p}{\sqrt{2\pi\hbar}}\right]\mathrm{d}x\\&=\int_{-\infty}^{\infty}\psi^*(x)\left(-\mathrm{i}\hbar\frac{\partial}{\partial x}\right)\left[\int_{-\infty}^{\infty}\mathrm{e}^{\mathrm{i}px/\hbar}C(p)\frac{\mathrm{d}p}{\sqrt{2\pi\hbar}}\right]\mathrm{d}x\\&=\int_{-\infty}^{\infty}\psi^*(x)\left(-\mathrm{i}\hbar\frac{\partial}{\partial x}\right)\psi(x)\mathrm{d}x,\end{aligned}$$

上面最后一步利用了傅里叶逆变换式:

$$\psi(x)=\int_{-\infty}^{\infty}C(p)\mathrm{e}^{\mathrm{i}px/\hbar}\frac{\mathrm{d}p}{\sqrt{2\pi\hbar}}.\tag{1.58}$$

这里关键的一步是利用下式

$$-\mathrm{i}\hbar\frac{\partial}{\partial x}\mathrm{e}^{\mathrm{i}px/\hbar}=p\mathrm{e}^{\mathrm{i}px/\hbar}\tag{1.59}$$

把动量 p 换成了微分算符 $-\mathrm{i}\hbar\frac{\partial}{\partial x}$. 由此可见，在 x 表象中动量表现为一个算符(operator)。

上面为了简单,我们只考虑了 x 方向一维的情况,这里的动量实为动量的 x 分量 p_x. 在三维空间里其它两维也应有类似的情况。总结起来,量子力学里在坐标表象里动量的各分量应有如下的对应关系:

$$\left.\begin{aligned}p_x&\to\hat{p}_x=-\mathrm{i}\hbar\frac{\partial}{\partial x},\\p_y&\to\hat{p}_y=-\mathrm{i}\hbar\frac{\partial}{\partial y},\\p_z&\to\hat{p}_z=-\mathrm{i}\hbar\frac{\partial}{\partial z},\end{aligned}\right\}\tag{1.60}$$

以及矢量式

$$\boldsymbol{p}\to\hat{\boldsymbol{p}}=-\mathrm{i}\hbar\boldsymbol{\nabla},\tag{1.61}$$

式中字母上面加“∧”表示算符。由此还可得到与动能对应的算符:

$$\frac{\boldsymbol{p}^2}{2m}=\frac{{p_x}^2+{p_y}^2+{p_z}^2}{2m}$$

$$\rightarrow -\frac{\hbar^2}{2m}\left(\frac{\partial^2}{\partial x^2}+\frac{\partial^2}{\partial y^2}+\frac{\partial^2}{\partial z^2}\right)=-\frac{\hbar^2}{2m}\nabla^2 ,\tag{1.62}$$

式中 ∇^2 是拉普拉斯算符。

例题 1 已知局限在 $x=0$ 到 a 范围内运动的粒子的归一化波函数为

$$\psi_n(x)=\begin{cases}\sqrt{\dfrac{2}{a}}\sin\left(\dfrac{n\pi x}{a}\right), & 0<x<a,\\ 0, & \text{其余地方。}\end{cases}$$

计算其动量和动能平均值。

解: 动量算符为 $\hat{p}=-\mathrm{i}\hbar\dfrac{\partial}{\partial x}$，动能算符为 $\dfrac{\hat{p}^2}{2m}=-\dfrac{\hbar^2}{2m}\dfrac{\partial^2}{\partial x^2}$，动量的平均值为

$$\begin{aligned}\overline{p}&=-\mathrm{i}\hbar\int_0^a\psi_n^*(x)\frac{\partial}{\partial x}\psi_n(x)\mathrm{d}x\\&=-\mathrm{i}\frac{2\hbar}{a}\int_0^a\sin\left(\frac{n\pi x}{a}\right)\frac{\partial}{\partial x}\sin\left(\frac{n\pi x}{a}\right)\mathrm{d}x\\&=\mathrm{i}\frac{2\hbar}{a}\left(\frac{n\pi}{a}\right)\int_0^a\sin\left(\frac{n\pi x}{a}\right)\cos\left(\frac{n\pi x}{a}\right)\mathrm{d}x=0.\end{aligned}$$

动能的平均值为

$$\begin{aligned}\overline{\frac{p^2}{2m}}&=-\frac{\hbar^2}{2m}\int_0^a\psi_n^*(x)\frac{\partial^2}{\partial x^2}\psi_n(x)\mathrm{d}x\\&=-\frac{\hbar^2}{ma}\int_0^a\sin\left(\frac{n\pi x}{a}\right)\frac{\partial^2}{\partial x^2}\sin\left(\frac{n\pi x}{a}\right)\mathrm{d}x\\&=\frac{\hbar^2}{ma}\left(\frac{n\pi}{a}\right)^2\int_0^a\sin^2\left(\frac{n\pi x}{a}\right)\mathrm{d}x=\frac{\hbar^2\pi^2n^2}{2ma^2}.\end{aligned}$$ ▌

例题 2 简谐振子的能量算符为

$$\hat{H}=\frac{1}{2m}\hat{p}^2+\frac{1}{2}\kappa\hat{x}^2=\frac{1}{2m}(\hat{p}^2+m^2\omega_0{}^2\hat{x}^2),$$

式中 $\omega_0=\sqrt{\dfrac{\kappa}{m}}$ 为谐振子的经典固有角频率。基态的归一化波函数为

$$\psi_0(\xi)=\left(\frac{m\omega_0}{\pi\hbar}\right)^{1/4}\mathrm{e}^{-\xi^2/2},$$

其中 $\xi=(\sqrt{m\omega_0/\hbar})x$. 计算其动量和能量的平均值。

解: 动量的平均值为

$$\overline{p}=-\mathrm{i}\hbar\int_{-\infty}^{\infty}\psi_0^*(x)\frac{\partial}{\partial x}\psi_0(x)\mathrm{d}x=\frac{-\mathrm{i}\hbar}{\sqrt{\pi}}\int_{-\infty}^{\infty}\mathrm{e}^{-\xi^2/2}\frac{\partial}{\partial x}\mathrm{e}^{-\xi^2/2}\mathrm{d}\xi=\mathrm{i}\left(\frac{m\omega_0\hbar}{\pi}\right)^{1/2}\int_{-\infty}^{\infty}\xi\mathrm{e}^{-\xi^2}\mathrm{d}\xi=0.$$

能量的平均值为

$$\begin{aligned}\overline{E}&=\int_{-\infty}^{\infty}\psi_0^*(x)\hat{H}\psi_0(x)\mathrm{d}x=\frac{1}{2m}\int_{-\infty}^{\infty}\psi_0^*(x)\left(-\hbar^2\frac{\partial^2}{\partial x^2}+m^2\omega_0^2\hat{x}^2\right)\psi_0(x)\mathrm{d}x\\&=\frac{\hbar^2}{2m\sqrt{\pi}}\frac{m\omega_0}{\hbar}\int_{-\infty}^{\infty}\mathrm{e}^{-\xi^2/2}\left(-\frac{\partial^2}{\partial\xi^2}+\xi^2\right)\mathrm{e}^{-\xi^2/2}\mathrm{d}\xi=\frac{\hbar\omega_0}{2\sqrt{\pi}}\int_{-\infty}^{\infty}\mathrm{e}^{-\xi^2}\mathrm{d}\xi=\frac{1}{2}\hbar\omega_0.\end{aligned}$$ ▌

4.3 算符的本征值

上面我们强调了(1.59)式的关键作用,现在我们来发掘它的普遍含义。把算符 $-\mathrm{i}\hbar\dfrac{\partial}{\partial x}$ 写作 $\hat{p}$, 波函数 $\mathrm{e}^{\mathrm{i}px/\hbar}$ 写作 $\psi_p(x)$, 则该式成为

$$\hat{p}\psi_p(x)=p\psi_p(x). \tag{1.63}$$

一般说来, 把一个算符作用在一个函数上,会把它变成另一个函数。而这里把算符 $\hat{p}$ 作用在函数 $\psi_p(x)$上的后果,仅仅是乘上一个常量 p. 这样的函数叫做该算符的本征函数(eigen function),而常量 p 则称为本征值(eigen value)。以上定义适用于所有的线性算符 $\hat{A}$,若

$$\hat{A}\psi_a(x)=a\psi_a(x), \tag{1.64}$$

则 $\psi_a(x)$是 $\hat{A}$ 对应本征值 a 的本征函数。

例题 3 例题 1 中的波函数是否动量的本征函数? 是否动能的本征函数? 如果是,本征值为多少?

解:

(1) $\hat{p}\psi_n(x)=-\mathrm{i}\hbar\dfrac{\partial}{\partial x}\psi_n(x)=-\mathrm{i}\hbar\sqrt{\dfrac{2}{a}}\dfrac{\partial}{\partial x}\sin\left(\dfrac{n\pi x}{a}\right)=-\mathrm{i}\hbar\sqrt{\dfrac{2}{a}}\dfrac{n\pi x}{a}\cos\left(\dfrac{n\pi}{a}\right)$,

——不是本征函数。

(2) $\dfrac{\hat{p}^2}{2m}\psi_n(x)=-\dfrac{\hbar^2}{2m}\dfrac{\partial^2}{\partial x^2}\psi_n(x)=-\dfrac{\hbar^2}{2m}\sqrt{\dfrac{2}{a}}\dfrac{\partial^2}{\partial x^2}\sin\left(\dfrac{n\pi x}{a}\right)$

$=\dfrac{\hbar^2}{2m}\sqrt{\dfrac{2}{a}}\left(\dfrac{n\pi}{a}\right)^2\sin\left(\dfrac{n\pi x}{a}\right)=\dfrac{\hbar^2\pi^2n^2}{2ma^2}\psi_n(x)$,—— 是本征函数, 本征值为 $\dfrac{\hbar^2\pi^2n^2}{2ma^2}$. ▍

4.4 动量与位置算符的对易关系

令 $\psi(x)$为任意波函数,试将动量算符 $\hat{p}_x$ 作用在 $x\psi(x)$ 上:

$$\hat{p}_x[x\psi(x)]=-\mathrm{i}\hbar\frac{\partial}{\partial x}[x\psi(x)]=-\mathrm{i}\hbar\left[\psi(x)+x\frac{\partial\psi(x)}{\partial x}\right]$$

$$=-\mathrm{i}\hbar\left(1+x\frac{\partial}{\partial x}\right)\psi(x),$$

或 $$[\hat{p}_x x-x\hat{p}_x]\psi(x)=-\mathrm{i}\hbar\psi(x).$$

一般说来,位置变量 x 也可看作是一个算符 $\hat{x}$. 因上式里的 $\psi(x)$是任意函数,也可略去不写,于是上式变成如下算符式:

$$\hat{p}_x\hat{x}-\hat{x}\hat{p}_x=-\mathrm{i}\hbar\neq0, \tag{1.65}$$

这就是说,算符的"乘积"一般不服从交换律,或者说,算符的顺序一般是不可对易的。

由于在量子力学中物理量表示成算符,一般说来物理量彼此是不对易的!这是量子力学有别于经典力学的一个非常重要的特征。为了刻画这一特

征，人们引进对易式的概念。算符 $\hat{A}$ 和 $\hat{B}$ 的对易式(commutator)定义为

$$[\hat{A},\hat{B}] \equiv \hat{A}\hat{B} - \hat{B}\hat{A}. \tag{1.66}$$

用对易式的概念来表达，(1.65)式作

$$[\hat{p}_x, \hat{x}] = -\mathrm{i}\hbar, \tag{1.67}$$

此式称为算符 $\hat{p}_x$ 和 $\hat{x}$ 的对易关系(commutation relation)。显然，y、z 方向的动量和位置算符也满足类似的对易关系，而不同方向的动量和位置算符是对易的。归结起来，各方向的动量和位置算符之间的对易关系为

$$\begin{cases} [\hat{p}_x,\hat{x}] = [\hat{p}_y,\hat{y}] = [\hat{p}_z,\hat{z}] = -\mathrm{i}\hbar, & (1.68) \\ [\hat{p}_x,\hat{y}] = [\hat{p}_x,\hat{z}] = [\hat{p}_y,\hat{z}] = [\hat{p}_y,\hat{x}] = [\hat{p}_z,\hat{x}] = [\hat{p}_z,\hat{y}] = 0. & (1.69) \end{cases}$$

此外，不同方向的位置和位置、动量分量和动量分量都是对易的：

$$\begin{cases} [\hat{x}, \hat{y}] = [\hat{y}, \hat{z}] = [\hat{z}, \hat{x}] = 0, & (1.70) \\ [\hat{p}_x, \hat{p}_y] = [\hat{p}_y, \hat{p}_z] = [\hat{p}_z, \hat{p}_x] = 0. & (1.71) \end{cases}$$

今后我们将看到，在量子力学中对易关系起着关键性的作用，它们几乎决定了一个量子系统的一切。

例题 4 证明 $\left[\hat{\boldsymbol{p}}, \frac{1}{r}\right] = \mathrm{i}\hbar\frac{\boldsymbol{r}}{r^3}$.

解： $\left[\hat{\boldsymbol{p}}, \frac{1}{r}\right] = -\mathrm{i}\hbar\left[\boldsymbol{\nabla}\left(\frac{1}{r}\cdots\right) - \frac{1}{r}\boldsymbol{\nabla}(\cdots)\right] = -\mathrm{i}\hbar\boldsymbol{\nabla}\left(\frac{1}{r}\right) = \mathrm{i}\hbar\frac{\boldsymbol{r}}{r^3}$. ▌

§5. 轨道角动量

5.1 轨道角动量算符

现在我们着手讨论角动量的量子理论，在这里所有物理量都是算符。

在经典力学中轨道角动量定义为

$$\boldsymbol{l} = \boldsymbol{r} \times \boldsymbol{p},$$

按照对应关系(1.61)式，在量子力学里我们有

$$\boldsymbol{l} \to \hat{\boldsymbol{l}} = -\mathrm{i}\hbar\boldsymbol{r} \times \boldsymbol{\nabla}, \tag{1.72}$$

写成分量形式，有

$$\left.\begin{aligned} l_x &= yp_z - zp_y \to \hat{l}_x = -\mathrm{i}h\left(y\frac{\partial}{\partial z} - z\frac{\partial}{\partial y}\right), \\ l_y &= zp_x - xp_z \to \hat{l}_y = -\mathrm{i}\hbar\left(z\frac{\partial}{\partial x} - x\frac{\partial}{\partial z}\right), \\ l_z &= xp_y - yp_x \to \hat{l}_z = -\mathrm{i}\hbar\left(x\frac{\partial}{\partial y} - y\frac{\partial}{\partial x}\right). \end{aligned}\right\} \tag{1.73}$$

一般是在中心力场问题里才需要讨论角动量,我们最好用球坐标(r,θ,φ)来表达各种公式。利用变换关系:

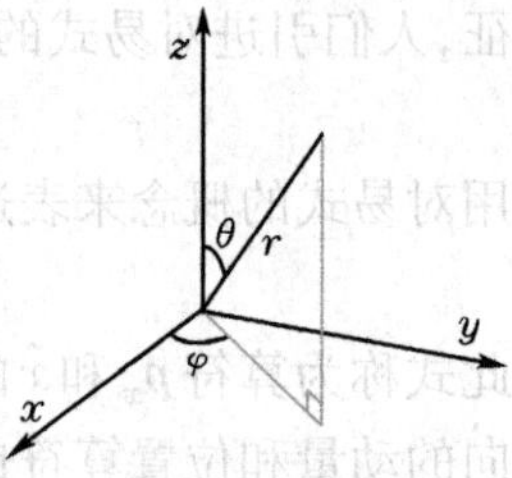

图1-27 球坐标

$$\begin{cases} r=\sqrt{x^2+y^2+z^2}, \\ \theta=\arctan\dfrac{\sqrt{x^2+y^2}}{z}, \\ \varphi=\arctan\dfrac{y}{x}. \end{cases} \quad \begin{cases} x=r\sin\theta\cos\varphi, \\ y=r\sin\theta\sin\varphi, \\ z=r\cos\theta. \end{cases}$$

可得

$$\begin{cases} \dfrac{\partial}{\partial x}=\sin\theta\cos\varphi\dfrac{\partial}{\partial r}+\dfrac{\cos\theta\cos\varphi}{r}\dfrac{\partial}{\partial\theta}-\dfrac{\sin\varphi}{r\sin\theta}\dfrac{\partial}{\partial\varphi}, \\ \dfrac{\partial}{\partial y}=\sin\theta\sin\varphi\dfrac{\partial}{\partial r}+\dfrac{\cos\theta\sin\varphi}{r}\dfrac{\partial}{\partial\theta}+\dfrac{\cos\varphi}{r\sin\theta}\dfrac{\partial}{\partial\varphi}, \\ \dfrac{\partial}{\partial z}=\cos\theta\dfrac{\partial}{\partial r}-\dfrac{\sin\theta}{r}\dfrac{\partial}{\partial\theta}. \end{cases}$$

代入(1.73)式,可得到轨道角动量各分量的算符:

$$\begin{cases} \hat{l}_x=\mathrm{i}\hbar\left(\sin\varphi\dfrac{\partial}{\partial\theta}+\cot\theta\cos\varphi\dfrac{\partial}{\partial\varphi}\right), \\ \hat{l}_y=\mathrm{i}\hbar\left(-\cos\varphi\dfrac{\partial}{\partial\theta}+\cot\theta\sin\varphi\dfrac{\partial}{\partial\varphi}\right), \\ \hat{l}_z=-\mathrm{i}\hbar\dfrac{\partial}{\partial\varphi}. \end{cases} \tag{1.74}$$

另外一个重要的算符是角动量平方,它的定义为

$$\hat{\boldsymbol{l}}^2\equiv\hat{l}_x^{\,2}+\hat{l}_y^{\,2}+\hat{l}_z^{\,2}. \tag{1.75}$$

不难验算,它在球坐标系中的表达式为

$$\hat{\boldsymbol{l}}^2=-\hbar^2\left[\frac{1}{\sin\theta}\frac{\partial}{\partial\theta}\left(\sin\theta\frac{\partial}{\partial\theta}\right)+\frac{1}{\sin^2\theta}\frac{\partial^2}{\partial\varphi^2}\right]. \tag{1.76}$$

例题5 氢原子具有下列形式的波函数:

$$\begin{cases} \psi_{2p_x}(r,\theta,\varphi)=R(r)\sin\theta\cos\varphi, \quad \psi_{2p_y}(r,\theta,\varphi)=R(r)\sin\theta\sin\varphi, \\ \psi_{2p_z}(r,\theta,\varphi)=-R(r)\cos\theta. \end{cases}$$

它们分别是轨道角动量哪个分量算符$\hat{l}_x$、$\hat{l}_y$、$\hat{l}_z$的本征函数?本征值为多少?

解:

(1) $$\hat{l}_x\psi_{2p_x}(r,\theta,\varphi)=\mathrm{i}\hbar\left(\sin\varphi\frac{\partial}{\partial\theta}+\cot\theta\cos\varphi\frac{\partial}{\partial\varphi}\right)R(r)\sin\theta\cos\varphi$$

$$=\mathrm{i}\hbar R(r)\left(\sin\varphi\cos\theta\cos\varphi-\cot\theta\cos\varphi\sin\theta\sin\varphi\right)=0,$$

ψ_{2p_x}是$\hat{l}_x$的本征函数,本征值为0.

(2) $\hat{l}_y \psi_{2p_y}(r,\theta,\varphi) = \mathrm{i}\hbar\left(-\cos\varphi \dfrac{\partial}{\partial\theta} + \cot\theta\sin\varphi \dfrac{\partial}{\partial\varphi}\right) R(r)\sin\theta\sin\varphi$

$$= \mathrm{i}\hbar R(r)\left(-\cos\varphi\cos\theta\sin\varphi + \cot\theta\sin\varphi\sin\theta\cos\varphi\right) = 0,$$

ψ_{2p_y} 是 $\hat{l}_y$ 的本征函数,本征值为 0.

(3) $\hat{l}_z \psi_{2p_z}(r,\theta,\varphi) = \mathrm{i}\hbar \dfrac{\partial}{\partial\varphi} R(r)\cos\theta = 0$, ψ_{2p_z} 是 $\hat{l}_z$ 的本征函数,本征值为 0.

可以验算:

$$\begin{cases} \psi_{2p_x} \text{ 不是 } \hat{l}_y、\hat{l}_z \text{ 的本征函数;} \\ \psi_{2p_y} \text{ 不是 } \hat{l}_z、\hat{l}_x \text{ 的本征函数;} \\ \psi_{2p_z} \text{ 不是 } \hat{l}_x、\hat{l}_y \text{ 的本征函数。} \end{cases}$$ ▌

例题 6 ψ_{2p_x}、ψ_{2p_y}、ψ_{2p_z} 是不是 $\hat{\boldsymbol{l}}^2$ 的本征函数?若是,本征值为多少?

解:

(1) $\hat{\boldsymbol{l}}^2 \psi_{2p_x} = -\hbar^2\left[\dfrac{1}{\sin\theta}\dfrac{\partial}{\partial\theta}\left(\sin\theta\dfrac{\partial}{\partial\theta}\right) + \dfrac{1}{\sin^2\theta}\dfrac{\partial^2}{\partial\varphi^2}\right] R(r)\sin\theta\cos\varphi$

$$= 2\hbar^2 R(r)\sin\theta\cos\varphi = 2\hbar^2\psi_{2p_x},$$

(2) $\hat{\boldsymbol{l}}^2 \psi_{2p_y} = -\hbar^2\left[\dfrac{1}{\sin\theta}\dfrac{\partial}{\partial\theta}\left(\sin\theta\dfrac{\partial}{\partial\theta}\right) + \dfrac{1}{\sin^2\theta}\dfrac{\partial^2}{\partial\varphi^2}\right] R(r)\sin\theta\sin\varphi$

$$= 2\hbar^2 R(r)\sin\theta\sin\varphi = 2\hbar^2\psi_{2p_y},$$

(3) $\hat{\boldsymbol{l}}^2 \psi_{2p_z} = -\hbar^2\left[\dfrac{1}{\sin\theta}\dfrac{\partial}{\partial\theta}\left(\sin\theta\dfrac{\partial}{\partial\theta}\right) + \dfrac{1}{\sin^2\theta}\dfrac{\partial^2}{\partial\varphi^2}\right] R(r)\cos\theta$

$$= 2\hbar^2 R(r)\cos\theta = 2\hbar^2\psi_{2p_z}.$$

所以,ψ_{2p_x}、ψ_{2p_y}、ψ_{2p_z} 都是 $\hat{\boldsymbol{l}}^2$ 的本征函数,本征值皆为 $2\hbar^2 = l(l+1)\hbar^2$,其中 $l=1$. ▌

以上两题的结果表明,$\hat{\boldsymbol{l}}^2$ 与 $\hat{l}_x$、$\hat{l}_y$、$\hat{l}_z$ 三者中的每个都有共同的本征函数,但三者彼此之间没有共同的本征函数。

5.2 轨道角动量的对易关系

根据角动量算符的定义(1.73)式和 §4 导出的对易关系(1.68)式 ~(1.71)式,我们可将下列重要对易关系

$$\hat{\boldsymbol{l}} \times \hat{\boldsymbol{l}} = \mathrm{i}\hbar\hat{\boldsymbol{l}}, \quad 即 \quad \begin{cases} [\hat{l}_x, \hat{l}_y] = \mathrm{i}\hbar\hat{l}_z, \\ [\hat{l}_y, \hat{l}_z] = \mathrm{i}\hbar\hat{l}_x, \\ [\hat{l}_z, \hat{l}_x] = \mathrm{i}\hbar\hat{l}_y. \end{cases} \tag{1.77}$$

直接推导出来。[1] 我们看到,角动量算符与动量算符不同,它们的三个分量

---

[1] 对易关系(1.77)式的梗概如下:

$$[\hat{l}_z, \hat{x}] = [\hat{x}\hat{p}_y - \hat{y}\hat{p}_x, \hat{x}] = -\hat{y}[\hat{p}_x, \hat{x}] = \mathrm{i}\hbar\hat{y},$$
$$[\hat{l}_z, \hat{y}] = [\hat{x}\hat{p}_y - \hat{y}\hat{p}_x, \hat{y}] = \hat{x}[\hat{p}_y, \hat{y}] = -\mathrm{i}\hbar\hat{x},$$
$$[\hat{l}_z, \hat{z}] = [\hat{x}\hat{p}_y - \hat{y}\hat{p}_x, \hat{z}] = 0.$$

类似地有

$$[\hat{l}_z, \hat{p}_x] = \mathrm{i}\hbar\hat{p}_y, \quad [\hat{l}_z, \hat{p}_y] = -\mathrm{i}\hbar\hat{p}_x, \quad [\hat{l}_z, \hat{p}_z] = 0.$$

以及 $\hat{l}_y$、$\hat{l}_z$ 对应的关系式。由此我们有

$$[\hat{l}_y, \hat{l}_z] = [\hat{z}\hat{p}_x - \hat{x}\hat{p}_z, \hat{l}_z] = \hat{z}[\hat{p}_x, \hat{l}_z] - [\hat{x}, \hat{l}_z]\hat{p}_z = \mathrm{i}\hbar\left(-\hat{z}\hat{p}_y + \hat{y}\hat{p}_z\right) = \mathrm{i}\hbar\hat{l}_x,$$

同理可得(1.77)式中另外两个关系式。

互不对易。然而不难验算，角动量平方算符与角动量的三个分量算符都是对易的：❶

$$[\hat{\boldsymbol{l}}^2, \hat{l}_x] = [\hat{\boldsymbol{l}}^2, \hat{l}_y] = [\hat{\boldsymbol{l}}^2, \hat{l}_z] = 0. \tag{1.78}$$

5.3 轨道角动量的本征值及本征态的简并度

由轨道角动量 z 分量 $\hat{l}_z$ 的本征方程

$$-i\hbar \frac{\partial}{\partial \varphi}\psi_m(\varphi) = m\hbar\psi_m(\varphi) \tag{1.79}$$

立刻可以解得

$$\psi_m(\varphi) \propto e^{im\varphi} \tag{1.80}$$

是本征值等于 m 的本征函数。然而在物理上不是所有的 m 值都是被允许的，因为对于角变量 φ 来说，当它等于 0 和 2π 时，在物理上相当同一位置，波函数是否应有同样取值？这要求稍高了一点，因为波函数不是可直接观测的量，可直接观测的是它们绝对值的平方，所以它们的相位还有一定的任意性。不过，不同 m 的本征函数之间的相对相位还是要确定的，即

$$\frac{\psi_m(2\pi)}{\psi_m(0)} = e^{2m\pi i} \tag{1.81}$$

必须与 m 无关。本征方程(1.79)表明，本征值 $m=0$ 是可能的。如果是这样，则

$$\frac{\psi_0(2\pi)}{\psi_0(0)} = 1.$$

于是(1.81)式要求对于任何 m 都有 $e^{2m\pi i} = 1$，即 m 只能是包括 0 在内的正负整数：

$$m = 0, \pm1, \pm2, \pm3, \cdots. \tag{1.82}$$

亦即，轨道角动量 z 分量 $\hat{l}_z$ 的本征值（磁量子数）是量子化的，它取以 $\hbar$ 为单位的整数值。

下面我们直接利用附录 A §5 里的现成结果。该处要求我们所讨论的算符 $\hat{\boldsymbol{\kappa}}$ 满足一定的对易关系(A.98)式和(A.100)式，而 5.2 节里导出的对易关系(1.77)式和(1.78)式正好与它们符合。亦即，算符 $\hat{\boldsymbol{l}}/\hbar$ 刚好与附录 A 中的 $\hat{\boldsymbol{\kappa}}$ 对应，我们可以把该处有关的结论全部搬过来。

按附录 A 的结论，$\hat{\boldsymbol{l}}^2/\hbar^2$ 的本征值为 $l(l+1)$，其中 l 应是 m 的最大值 m_{max}. 附录 A 中没有明确，它们该不该是整数。上面的讨论告诉我们，轨道

---

❶ 例如，

$$\begin{aligned}[\hat{\boldsymbol{l}}^2, \hat{l}_x] &= [\hat{l}_x^2, \hat{l}_x] + [\hat{l}_y^2, \hat{l}_x] + [\hat{l}_z^2, \hat{l}_x] \\ &= 0 + \hat{l}_y[\hat{l}_y, \hat{l}_x] + [\hat{l}_y, \hat{l}_x]\hat{l}_y + \hat{l}_z[\hat{l}_z, \hat{l}_x] + [\hat{l}_z, \hat{l}_x]\hat{l}_z \\ &= i\hbar(-\hat{l}_y\hat{l}_z - \hat{l}_z\hat{l}_y) + i\hbar(\hat{l}_z\hat{l}_y + \hat{l}_y\hat{l}_z) = 0.\end{aligned}$$

其余同理。

运动的磁量子数 m 是整数，所以轨道运动的角量子数 l 也应是整数。在没有外磁场或磁相互作用可忽略时，角量子数为 l 的量子态是 $2l+1$ 重简并的。

以上按量子理论所得的结论，下面作两点解释：

(1) 经典物理认为，一个矢量在某方向上最大的投影 l 就是它的大小，该矢量平方为 l^2；而量子理论告诉我们，角动量 $\boldsymbol{l}$ 在某方向的最大投影为 $m=l$，但它的平方却是 $l(l+1)$。照此画出空间取向量子化图来（见图1-28）。费曼曾经对此有过解释，❶ 这是空间量子化的后果。因 m 只取 $2l+1$ 个离散值 $-l$、$-l+1$、…、$l-1$、l，从而 ${l_z}^2$ 的平均值为❷

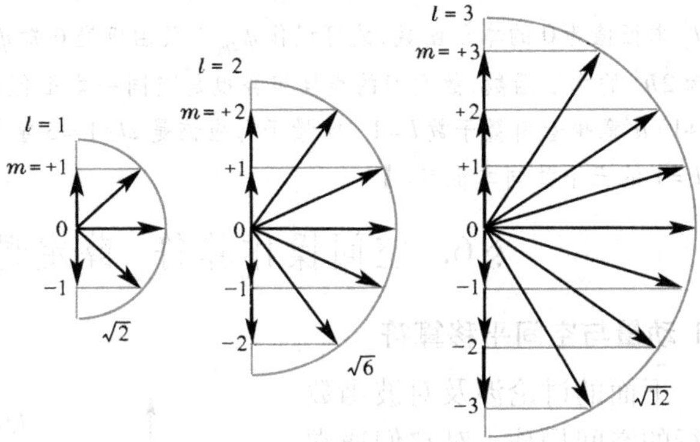

图1-28 角动量的空间取向量子化

$$\overline{{l_z}^2} = \frac{1}{2l+1}\sum_{m=-l}^{l} m^2 = \frac{1}{3}l(l+1),$$

由各向同性知 $\overline{\boldsymbol{l}^2} = 3\overline{{l_z}^2} = l(l+1)$.

(2) $l=0$ 意味着电子沿一条通过原点的直线振荡，原子核的不可入性不允许电子这样运动。但量子理论中摈弃了轨道的概念，❸ 认为 $l=0$ 是概率球对称分布的量子态，完全可能。

例题7　由例题5所给的三个波函数 ψ_{2p_x}、ψ_{2p_y}、ψ_{2p_z} 组成 $\hat{\boldsymbol{l}}^2$ 和 $\hat{l}_z$ 的三个共同本征函数。

解：取

$$\psi_{2p_{\pm 1}} = \frac{1}{\sqrt{2}}(\psi_{2p_x} \pm \mathrm{i}\psi_{2p_y}) = \frac{1}{\sqrt{2}}R(r)\sin\theta\,\mathrm{e}^{\pm\mathrm{i}\varphi},$$

---

❶ R. P. Feynman, R. B. Leighton & M. Sands, *The Feynman Lectures on Physics*, Addison-Wesley, Readings, MA, vol. Ⅱ, 1965, pp. 34-11；中译本：费曼物理学讲义，第二卷．王子辅译．上海：上海科学技术出版社，1981．432

❷ 这里需要用到一个有限级数求和的公式

$$\sum_{n=1}^{N} n^2 = \frac{1}{6}N(N+1)(2N+1).$$

❸ 在量子力学中粒子"轨道"的概念虽已被摈弃，但轨道角动量、轨道磁矩、轨道量子数等名词继续沿用。在量子化学中"轨道"在名词中保留得更多了，如分子轨道函数、轨道杂化等。只要我们不照本意去刻板地理解，亦无伤大雅。

它们显然是 $\hat{l}_z=-\mathrm{i}\hbar\dfrac{\partial}{\partial\varphi}$ 本征值为 $\pm\hbar$ 的本征函数。此外，由例题5已知

$$\psi_{2p_z}=-R(r)\cos\theta$$

是 $\hat{l}_z$ 本征值为0的本征函数，故可记作 ψ_{2p_0}. 又由例题6知 ψ_{2p_x}、ψ_{2p_y}、ψ_{2p_z} 都是 $\hat{\boldsymbol{l}}^2$ 本征值为 $2\hbar^2$ 的本征函数，故它们的线性组合也是它同一本征值的本征函数。本征值 $2\hbar^2=l(l+1)\hbar^2$ 意味着角量子数 $l=1$，即量子态应该是 $2l+1=3$ 重简并的，$\psi_{2p_{\pm1,0}}$ 就是 $\hat{\boldsymbol{l}}^2$ 和 $\hat{l}_z$ 的 $l=1$ 的三个共同本征态。▌

§6. 空间操作算符 薛定谔方程

6.1 动量与空间平移算符

下面的讨论涉及对波函数进行的空间操作，对它们通常有两种不同的观点——主动观点和被动观点。以平移操作为例，设 $f(x)$ 是空间坐标 x 的某个函数。主动观点如图1－29a所示，坐标不动，将函数曲线向前平移一个距离 Δ. 于是新函数 $\overline{f}(x)$ 与旧函数 $f(x)$ 数值之间的关系为

$$\overline{f}(x+\Delta)=f(x). \quad (1.83)$$

被动观点如图1－29b所示，函数曲线不动，将坐标轴向后移动距离 Δ，空间同一位置的新坐标 $\overline{x}$ 与旧坐标 x 之间的关系为 $\overline{x}=x+\Delta$，于是有

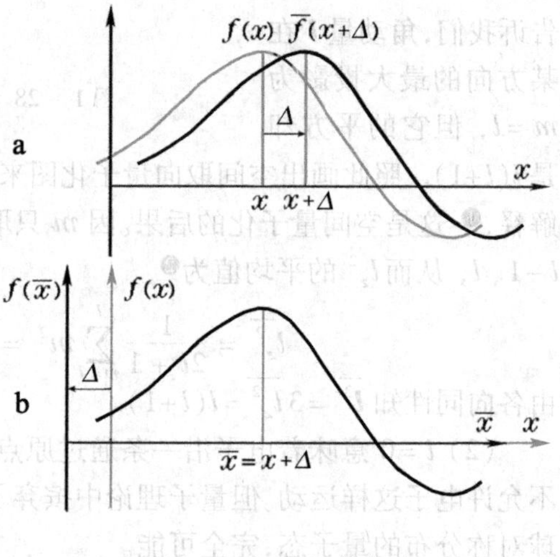

图1－29 空间操作的主动观点和被动观点

$$f(\overline{x})=f(x+\Delta). \quad (1.84)$$

两种观点在数学上是等价的，不过在物理上给人的感觉不同。从被动观点看来，空间操作似乎是纯几何问题；从主动观点看来，空间操作执行了物理的位移。如果一个物理系统在某种空间操作下具有不变性，即它具有某种空间对称性，就意味着存在某个守恒量。这从主动观点看比较好理解，但在数学上按被动观点运算较方便。下面我们将采用被动观点运算，需要的时候，我们可以再按主动观点去理解它的物理意义。

坐标沿 $-x$ 方向平移，则空间同一点的坐标变换为 $x\rightarrow\overline{x}=x+\Delta x$，用如下算符来表示此操作：

$$\hat{D}(\Delta x)\psi(x)=\psi(\overline{x})=\psi(x+\Delta x), \tag{1.85}$$

从而沿 x 方向的微分平移算符为

$$\hat{\mathscr{D}}_x \equiv \frac{\partial}{\partial x} = \lim_{\Delta x\to 0}\frac{\hat{D}(\Delta x)-1}{\Delta x}. \tag{1.86}$$

故由(1.60)式知动量算符为

$$\begin{cases} \hat{p}_x = -\mathrm{i}\hbar\,\hat{\mathscr{D}}_x, & (1.87x)\\ \hat{p}_y = -\mathrm{i}\hbar\,\hat{\mathscr{D}}_y, & (1.87y)\\ \hat{p}_z = -\mathrm{i}\hbar\,\hat{\mathscr{D}}_z. & (1.87z)\end{cases}$$

亦即，量子力学里的动量算符相当于微分位移算符。

6.2 角动量与空间转动算符

绕 z 轴转动角度 $-\Delta\varphi$,则空间固定方向的方向角 $\varphi\to\overline{\varphi}=\varphi+\Delta\varphi$,用如下算符来表示此操作:

$$\hat{R}_z(\Delta\varphi)\psi(\varphi)=\psi(\overline{\varphi})=\psi(\varphi+\Delta\varphi), \tag{1.88}$$

从而绕 z 轴的微分转动算符为

$$\hat{\mathscr{R}}_z \equiv \frac{\partial}{\partial \varphi} = \lim_{\Delta \varphi\to 0}\frac{\hat{R}_z(\Delta\varphi)-1}{\Delta\varphi}. \tag{1.89}$$

故由(1.74)式中最后一式知角动量 z 分量的算符为

同理

$$\begin{cases} \hat{l}_z = -\mathrm{i}\hbar\,\hat{\mathscr{R}}_z, & (1.90z)\\ \hat{l}_x = -\mathrm{i}\hbar\,\hat{\mathscr{R}}_x, & (1.90x)\\ \hat{l}_y = -\mathrm{i}\hbar\,\hat{\mathscr{R}}_y. & (1.90y)\end{cases}$$

亦即，量子力学里的角动量算符相当于微分转动算符。因此，微分转动算符应与角动量算符满足同样的对易关系(1.77)式:

$$\begin{cases} [\hat{\mathscr{R}}_x,\hat{\mathscr{R}}_y] = \mathrm{i}\hbar\,\hat{\mathscr{R}}_z,\\ [\hat{\mathscr{R}}_y,\hat{\mathscr{R}}_z] = \mathrm{i}\hbar\,\hat{\mathscr{R}}_x,\\ [\hat{\mathscr{R}}_z,\hat{\mathscr{R}}_x] = \mathrm{i}\hbar\,\hat{\mathscr{R}}_y.\end{cases} \tag{1.91}$$

6.3 薛定谔方程

一个系统的量子态是用波函数 ψ 来描述的。迄今为止,我们只强调了 ψ 在空间里的分布,其实它还要随时间演化。波函数按怎样的规律随时间演化?

仿前,引入时间平移算符 $\hat{T}(\Delta t)$和微分时间平移算符 $\hat{\mathscr{T}}$:

$$\hat{T}(\Delta t)\psi(t)=\psi(t+\Delta t), \tag{1.92}$$

$$\hat{\mathscr{T}} \equiv \frac{\partial}{\partial t} = \lim_{\Delta t\to 0}\frac{\hat{T}(\Delta t)-1}{\Delta t}. \tag{1.93}$$

现在的问题是 $\hat{\mathscr{T}}\psi(t)=?$

在相对论中动量-能量和位置-时间四维矢量的分量分别为

$$(p_x, p_y, p_z, \mathrm{i}E/c) \qquad (x, y, z, \mathrm{i}ct)$$

受到动量与空间平移算符的关系(1.87x)、(1.87y)、(1.87z)式的启发,我们可以假设,有一个代表系统能量的算符 $\hat{H}$,它与微分时间平移算符有如下关系:

$$\frac{\mathrm{i}}{c}\hat{H} = -\mathrm{i}\hbar\frac{\partial}{\partial(\mathrm{i}ct)}, \tag{1.94}$$

从而

$$\mathrm{i}\hbar\frac{\partial\psi(t)}{\partial t} = \hat{H}\psi(t). \tag{1.95}$$

然而算符式(1.94)是不成立的,只有当我们把它作用到量子系统的波函数上时,得到的方程式(1.95)才是成立的。换句话说,能量算符 $\hat{H}$ 与微分时间平移算符之间的关系(1.94)不是恒等式,而(1.95)式是一条描述波函数演化的动力学规律,其正确性是要由实验来检验的。算符 $\hat{H}$ 称为哈密顿算符(Hamilton operator),(1.95)式称为薛定谔方程(Schrödinger equation)。薛定谔方程在量子力学中的地位,就像牛顿三定律之于经典力学,麦克斯韦方程之于电磁学一样,是最基本的方程。[1]

给定一个量子系统,哈密顿算符具有怎样的形式?亦即,它与其它动力学变量(如动量、角动量)有怎样的关系?回答这个问题,我们可以借鉴经典理论。但由于量子算符不对易,有时不能得到唯一的答案,甚至有的动力学变量(如自旋)没有经典的对应物,这时我们就得大胆假设了。假设得正确与否,由实验来检验。总之,找到正确的哈密顿形式,从而列出正确的薛定谔方程,是解决量子力学问题的出发点。

6.4 定 态

如果 ψ_E 是哈密顿算符 $\hat{H}$ 的本征波函数,相应的本征值等于 E, 即

---

[1] 1926 年初,在瑞士苏黎世联邦理工学院(E. T. H)的一次学术报告会的末尾,德拜对薛定谔说:你现在研究的问题不很重要,你为什么不给我们讲讲德布罗意的论文?在下一次的学术讨论会上,薛定谔介绍了德布罗意如何将一个粒子和一列波联系起来,并得出玻尔的量子化规则和索末菲定态轨道的驻波条件。德拜随便地说了一句:这样的报告相当孩子气,认真地讨论波动,必须有波动方程。几个星期以后,薛定谔又做了一次报告。他开头说:“我的朋友德拜要求有一个波动方程,喏,我找到了一个。”于是,鼎鼎大名的薛定谔方程诞生了。

当时物理学界,包括那些学生,纷纷议论薛定谔神秘的 ψ(psi)。年轻的讲师许克耳(E. Hückel) 对大教授颇为不恭地编了一首打油诗:

欧文(Erwin,薛定谔的名字)用他的 psi,计算起来真灵通;

但 psi 真正代表什么,没人能够说得清。

问题是薛定谔自己也说不清,两年以后玻恩才给 psi 一个统计诠释。

$$\hat{H}\psi_E = E\psi_E, \tag{1.96}$$

代入薛定谔方程(1.95),有

$$\mathrm{i}\hbar\frac{\partial}{\partial t}\psi_E = E\psi_E, \tag{1.97}$$

由此得

$$\psi_E \propto \mathrm{e}^{-\mathrm{i}Et/\hbar} \quad 和 \quad \psi_E^* \propto \mathrm{e}^{\mathrm{i}Et/\hbar}, \tag{1.98}$$

它的模方(概率分布)$|\psi_E|^2=\psi_E^*\psi_E$ 将不随时间而变。这样的量子态叫做定态(stationary state),其波函数 ψ_E 叫定态波函数。即哈密顿算符的本征波函数都是定态波函数。

§7. 态矢和态矢空间

7.1 从光子线偏振态的分解说起

如图 1 – 30a 所示,两偏振片 P_1、P_2 的透振方向之间成夹角 θ,则通过 P_2 的光的强度 I_2 与通过 P_1 的光的强度 I_1 之比为 $\cos^2\theta$(马吕斯定律)。❶按照经典的光学理论,此现象可理解如下:取直角坐标 xOy, x 轴沿 P_2 的透振方向,则通过 P_1 后的线偏振光的振动分解为 x 和 y 两个分量(见图 1 – 30b)。y 分量被 P_2 吸收,振幅为原来的 $\cos\theta$ 的 x 分量通过,故强度变为原来的 $\cos^2\theta$. 然而如何从量子理论来理解这个现象?

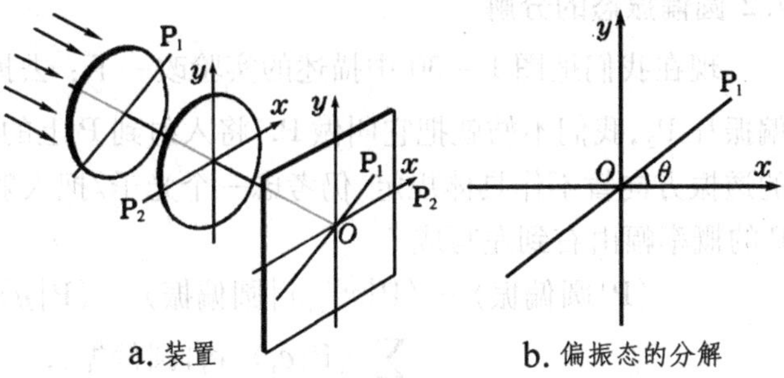

图 1 – 30 线偏振态的分解

我们考虑通过 P_1 的一个光子,它要么全部通过 P_2,要么全部被 P_2 所吸收,不会部分通过、部分被吸收。问题是两者的概率各多少?和所有量子力学问题一样,我们不能直接讨论概率,而应先讨论概率幅。❷下面我们采用与上节不同的符号来代表概率幅,把从

---

❶ 参见《新概念物理教程·光学》第六章 1.4 节。

❷ 光子的问题比较复杂。严格地说,光子与电子(或其它实物粒子)不同,光子的问题不属于量子力学问题,只有在量子场论(量子电动力学)中才能处理。在非相对论的量子力学中,光子的概率幅和态矢是描述经典电磁场的量。然而正因如此,由光子的情形引入概率幅和态矢的概念反而比较直观。本书是一本量子物理的入门读物,易接受性要优先考虑。只要不伤大体,理论上稍欠严谨,未尝不可。好在这不是我们的杜撰,物理大师狄拉克的《量子力学》也是这样处理的。

P_1 出来的光子通过 P_2 的概率幅由右到左写成

$$\langle P_2|P_1\rangle=\langle P_2|x\rangle\langle x|P_1\rangle+\langle P_2|y\rangle\langle y|P_1\rangle=\sum_{e_i=x,y}\langle P_2|e_i\rangle\langle e_i|P_1\rangle. \quad (1.99)$$

式中 $\langle x|P_1\rangle$、$\langle y|P_1\rangle$ 分别是偏振态沿 P_1 方向的光子分解到沿 x、y 方向偏振态的概率幅，$\langle P_2|x\rangle$、$\langle P_2|y\rangle$ 分别是偏振态沿 x、y 方向的光子分解到沿 P_2 方向偏振态的概率幅。在这个例子里 P_2 沿 x 方向，故

$$\langle P_2|x\rangle = \langle x|x\rangle = 1, \quad \langle P_2|y\rangle = \langle x|y\rangle = 0.$$

而

$$\langle x|P_1\rangle = e^{i\alpha}\cos\theta, \quad \langle y|P_1\rangle = e^{i\alpha}\sin\theta.$$

这里的共同相因子 $e^{i\alpha}$ 是无关紧要的，可以不写。代入前式，得

$$\langle P_2|P_1\rangle = \cos\theta,$$

$$\text{光子通过 } P_2 \text{ 的概率} = |\langle P_2|P_1\rangle|^2 = \cos^2\theta,$$

从而 $$\text{光子被 } P_2 \text{ 吸收的概率} = 1-\cos^2\theta = \sin^2\theta.$$

这就是说，大量光子给出的平均强度比 $I_2/I_1 = \cos^2\theta$.

7.2 圆偏振态的分解

现在我们把图 1－30 中描述的实验改一下：去掉偏振片 P_1，只剩一块偏振片 P_2，我们不妨就把它叫做 P. 将入射到 P 上的光换为圆偏振光，对 P 的透振方向暂不作具体规定。仍考虑一个光子。把入射的圆偏振态光子通过 P 的概率幅由右到左写成

$$\begin{aligned}\langle P|\text{圆偏振}\rangle &= \langle P|x\rangle\langle x|\text{圆偏振}\rangle + \langle P|y\rangle\langle y|\text{圆偏振}\rangle \\ &= \sum_{e_i=x,y}\langle P|e_i\rangle\langle e_i|\text{圆偏振}\rangle. \end{aligned} \quad (1.100)$$

式中 $\langle x|\text{圆偏振}\rangle$、$\langle y|\text{圆偏振}\rangle$ 分别是圆偏振态的光子分解为沿 x、y 方向线偏振态的概率幅，$\langle P|x\rangle$、$\langle P|y\rangle$ 分别是处于沿 x、y 方向线偏振态的光子分解为沿 P 方向线偏振态的概率幅。

按照经典光学理论，[1] 圆偏振光可看作振幅分别是 $A_x=A\cos45°$，$A_y=A\sin45°$，相位差为 $\pm\pi/2$ 的一对垂直线偏振光合成的。套用这个结果，我们有

$$\langle x|\text{圆偏振}\rangle = e^{i\alpha}\cos45° = \frac{e^{i\alpha}}{\sqrt{2}},$$

$$\langle y|\text{圆偏振}\rangle = e^{i(\alpha\pm\pi/2)}\sin45° = \frac{\pm i e^{i\alpha}}{\sqrt{2}}.$$

略去共同相因子 $e^{i\alpha}$ 不写，代入前式，得

---

[1] 参见《新概念物理教程 · 光学.》第六章 4.4 节。

$$\langle \mathrm{P}|\text{圆偏振}\rangle = \frac{1}{\sqrt{2}}(\langle \mathrm{P}|x\rangle \pm \mathrm{i}\langle \mathrm{P}|y\rangle). \qquad (1.101)$$

式中 +、- 号分别对应于右旋和左旋圆偏振态。

7.3 态矢和态矢空间

从(1.99)式和(1.100)式可以看出，对于入射偏振态 ψ 和出射偏振态 χ 可写为

$$\langle\chi|\psi\rangle = \langle\chi|x\rangle\langle x|\psi\rangle + \langle\chi|y\rangle\langle y|\psi\rangle = \sum_{e_i=x,y}\langle\chi|e_i\rangle\langle e_i|\psi\rangle. \qquad (1.102)$$

迄今为止像$\langle\cdot|\cdot\rangle$一类的括号是当作一个整体使用的，既然上式中偏振态 ψ 和 χ 是任意的，我们可以分别将属于它们的那一半括号略去不写，即

$$|\psi\rangle = |x\rangle\langle x|\psi\rangle + |y\rangle\langle y|\psi\rangle = \sum_{e_i=x,y}|e_i\rangle\langle e_i|\psi\rangle, \qquad (1.103)$$

和
$$\langle\chi| = \langle\chi|x\rangle\langle x| + \langle\chi|y\rangle\langle y| = \sum_{i=x,y}\langle\chi|e_i\rangle\langle e_i|. \qquad (1.104)$$

于是出现了左边的半个括号$\langle\chi|$和右边的半个括号$|\psi\rangle$之类的符号，这应如何理解？无疑，在物理上它们都代表光子的某种偏振态（即光子的量子状态）。写成这种形式，在数学上好有一比，即比作某种抽象空间里的“矢量”（参见附录 A §1）。请看下文。

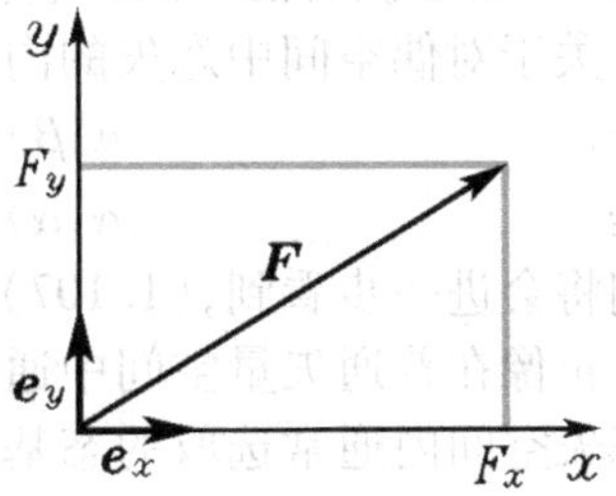

图 1 - 31 矢量在坐标架上的分解

如图 1 - 31 所示，在平面上取直角坐标 xOy，沿坐标轴取单位基矢 $\boldsymbol{e}_x$ 和 $\boldsymbol{e}_y$. 在此平面上任一矢量 $\boldsymbol{F}$ 可沿此坐标架分解：

$$\boldsymbol{F} = (\boldsymbol{F}\cdot\boldsymbol{e}_x)\boldsymbol{e}_x + (\boldsymbol{F}\cdot\boldsymbol{e}_y)\boldsymbol{e}_y = \sum_{i=x,y}(\boldsymbol{F}\cdot\boldsymbol{e}_i)\boldsymbol{e}_i, \qquad (1.105)$$

其中 $\boldsymbol{F}\cdot\boldsymbol{e}_i \equiv F_i$ 是矢量 $\boldsymbol{F}$ 的 i 分量。对比一下不难看出(1.103)、(1.104)二式与(1.105)式相似之处：$\langle\chi|$或$|\psi\rangle$ 相当于矢量 $\boldsymbol{F}$；$|e_j\rangle = |x\rangle$ 和 $|y\rangle$，$\langle e_i| = \langle x|$ 和 $\langle y|$相当于沿 x、y 取向的坐标架上的基矢，$\langle x|\psi\rangle$、$\langle y|\psi\rangle$、$\langle\chi|x\rangle$、$\langle\chi|y\rangle$ 相当于“矢量”$|\psi\rangle$ 和$\langle\chi|$在该坐标架上的投影，即它们的“分量”。所以完整的尖括号$\langle\beta|\alpha\rangle$ 具有左右两个“矢量”$\langle\beta|$、$|\alpha\rangle$ 标积［或称“内积（inner product）”］的含意。

把代表概率幅的尖括号拆成两半，这种作法是狄拉克（P. A. M. Dirac）发明的。[1] 英文中括号叫 braket，狄拉克把它也拆成两半：bra 和 ket，分别

[1] P. A. M. Dirac, *The Principles of Quantum Mechanics*, 4th ed,. Oxford University Press, 1956.

用来称呼括号的左右两半$\langle\beta|$和$|\alpha\rangle$. bra 和 ket 中文分别译作*左矢*和*右矢*。[1] 因左右矢都代表微观系统的量子状态,统称*态矢*(state vector)。在由态矢架构的空间(*态矢空间*)中可选取某种坐标架。坐标架上的基矢(如上面的$\langle x|$、$\langle y|$或$|x\rangle$、$|y\rangle$)称为*态基*。态矢空间是个抽象的空间,它与普通的矢量空间是有差别的。正如我们已看到,态矢空间由左右两个对偶空间(dual space)组成,这是普通矢量空间所没有的。此外,态矢的"分量"一般是复数,这也和普通的矢量不同。

在普通矢量空间里$\boldsymbol{F}$代表矢量本身,而$F_x=(\boldsymbol{F}\cdot\boldsymbol{e}_x)$、$F_y=(\boldsymbol{F}\cdot\boldsymbol{e}_y)$则是该矢量在特定坐标系中的分量,$\boldsymbol{F}$矢量本身与坐标选择无关,而数组($F_x$,$F_y$)则是该矢量在特定坐标系中的表示式。不过人们经常把后者也叫做"矢量",在不涉及坐标变换时一般不会混淆,但在必要时我们要能够理解这两个概念的区别。在量子力学中(1.103)式和(1.104)式里的左矢$\langle\chi|$和右矢$|\psi\rangle$都相当于矢量$\boldsymbol{F}$本身,是与态基的选择无关的;$\langle\chi|i\rangle$和$\langle i|\psi\rangle$则相当于矢量在特定坐标系里的分量(F_x, F_y),不过有时人们也笼统地把它们叫做"态矢"。希望读者能注意到它们之间的区别。

关于对偶空间中态矢的内积$\langle\beta|\alpha\rangle$,狄拉克作了如下规定:

$$\langle\alpha|\beta\rangle^*=\langle\beta|\alpha\rangle, \tag{1.106}$$

于是

$$\langle\alpha|\alpha\rangle^*=\langle\alpha|\alpha\rangle=\text{实数}, \tag{1.107}$$

我们将会进一步看到,(1.107)式中的实数恒正。

正像在普通矢量空间中通常选取正交的坐标架和单位基矢一样,在量子态矢空间内通常选取的态基满足如下*正交归一*(orthonormality)条件:

$$\langle e_i|e_j\rangle=\delta_{ij}\equiv\begin{cases}0, & i\neq j, \quad (\text{正交性})\\ 1, & i=j. \quad (\text{归一性})\end{cases} \tag{1.108}$$

式中δ_{ij}称为*克罗内克符号*(Kronecker symbol),其定义已在上式中给出。

取左、右矢按态基展开式(1.103)、(1.104)的内积,再利用态基的正交归一性,得

$$\langle\chi|\psi\rangle=\sum_{i,j}\langle\chi|e_i\rangle\langle e_i|e_j\rangle\langle e_j|\psi\rangle=\sum_{i,j}\langle\chi|e_i\rangle\delta_{ij}\langle e_j|\psi\rangle=\sum_i\langle\chi|e_i\rangle\langle e_i|\psi\rangle. \tag{1.109}$$

在$\chi=\psi$的特殊情形里,上式化为

$$\langle\psi|\psi\rangle=\sum_i\langle\psi|e_i\rangle\langle e_i|\psi\rangle=\sum_i\langle e_i|\psi\rangle^*\langle e_i|\psi\rangle=\sum_i|\langle e_i|\psi\rangle|^2\geqslant 0. \tag{1.110}$$

上式的物理意义如下:$\langle e_i|\psi\rangle$是处于$|\psi\rangle$的量子系统处在$|e_i\rangle$态的概率幅,$|\langle e_i|\psi\rangle|^2$为该量子系统处在$|e_i\rangle$态的概率。上式表明,$\langle\psi|\psi\rangle$等于量

[1] 曾译作"刁矢"和"刃矢",现废。

子系统处于所有基矢状态概率之和。设态基是完备的，即它们架构了所有可能量子状态的态矢空间，则可看出，态矢应满足如下归一化条件：

$$\langle\psi|\psi\rangle = 1, \tag{1.111}$$

用态矢来表示，薛定谔方程的形式为

$$\mathrm{i}\hbar\frac{\partial}{\partial t}|\psi(t)\rangle = \hat{H}|\psi(t)\rangle. \tag{1.112}$$

与之共轭的方程为

$$-\mathrm{i}\hbar\frac{\partial}{\partial t}\langle\psi(t)| = \langle\psi(t)|\hat{H}^{\dagger},$$

式中 $\hat{H}^{\dagger}$ 是 $\hat{H}$ 的厄米共轭。厄米共轭等于自己的算符叫厄米算符（见附录A 2.4 节），厄米算符的所有本征值都是实数（见附录 A3.2 节）。故一切动力学变量所对应的算符都是厄米算符。作为一个特例，与能量对应的哈密顿算符是厄米算符，即 $\hat{H}^{\dagger} = \hat{H}$. 于是上式可写为

$$-\mathrm{i}\hbar\frac{\partial}{\partial t}\langle\psi(t)| = \langle\psi(t)|\hat{H}. \tag{1.113}$$

7.4 基矢变换

正像普通矢量空间内基矢的选择不是唯一的一样，量子态矢空间内态基的选择也不是唯一的。

以光子的偏振态为例，在 7.1 节和 7.2 节里我们是以沿 x、y 方向的线偏振态矢 $|x\rangle$、$|y\rangle$ 为态基的。按这组态基，左、右圆偏振态矢 $|L\rangle$、$|R\rangle$ 展开为［见(1.101)式］

$$\left.\begin{aligned} |R\rangle &= \frac{1}{\sqrt{2}}(|x\rangle + \mathrm{i}|y\rangle), \\ |L\rangle &= \frac{1}{\sqrt{2}}(|x\rangle - \mathrm{i}|y\rangle). \end{aligned}\right\} \tag{1.114}$$

和

$$\left.\begin{aligned} \langle R| &= \frac{1}{\sqrt{2}}(\langle x| - \mathrm{i}\langle y|), \\ \langle L| &= \frac{1}{\sqrt{2}}(\langle x| + \mathrm{i}\langle y|). \end{aligned}\right\} \tag{1.115}$$

如果态基 $|x\rangle$、$|y\rangle$ 是正交归一的，即

$$\left.\begin{aligned} \langle x|x\rangle &= \langle y|y\rangle = 1, \\ \langle x|y\rangle &= \langle y|x\rangle = 0. \end{aligned}\right\} \tag{1.116}$$

则不难验证，态矢 $|R\rangle$、$|L\rangle$ 也是正交归一的：

$$\left.\begin{aligned} \langle R|R\rangle &= \langle L|L\rangle = 1, \\ \langle R|L\rangle &= \langle L|R\rangle = 0. \end{aligned}\right\} \tag{1.117}$$

所以我们也可以选圆偏振态矢 $|R\rangle$、$|L\rangle$ 为基，反过来将线偏振态 $|x\rangle$、$|y\rangle$

按它们展开：

$$\left.\begin{aligned} |x\rangle &= \frac{1}{\sqrt{2}}(|R\rangle + |L\rangle), \\ |y\rangle &= \frac{-\mathrm{i}}{\sqrt{2}}(|R\rangle - |L\rangle). \end{aligned}\right\} \tag{1.118}$$

和

$$\left.\begin{aligned} \langle x| &= \frac{1}{\sqrt{2}}(\langle R| + \langle L|), \\ \langle y| &= \frac{\mathrm{i}}{\sqrt{2}}(\langle R| - \langle L|). \end{aligned}\right\} \tag{1.119}$$

一般说来，设$|a_i\rangle$和$|b_i\rangle$($i=1,2,\cdots$)是两套不同的正交归一基矢：

$$\langle a_i|a_j\rangle = \delta_{ij}, \quad \langle b_i|b_j\rangle = \delta_{ij}.$$

它们之间的变换关系为

$$|b_i\rangle = \sum_j |a_j\rangle\langle a_j|b_i\rangle, \tag{1.120}$$

逆变换为

$$|a_i\rangle = \sum_j |b_j\rangle\langle b_j|a_i\rangle, \tag{1.121}$$

其中

$$\langle b_j|a_i\rangle = \langle a_i|b_j\rangle^*. \tag{1.122}$$

7.5 算符的本征矢和本征值

在量子力学中物理量，如能量、动量、角动量、粒子的坐标[统称动力学变量(dynamical variable)]，都对应于态矢空间里的一个算符。在4.3节里已引入动力学变量算符的本征函数和本征值的概念，现在我们将此概念进一步展开。

若算符$\hat{A}$作用在某个态矢$|a_i\rangle$上，其结果只是将此态矢乘上一个数值系数a_i：

$$\hat{A}|a_i\rangle = a_i|a_i\rangle, \tag{1.123}$$

则a_i称为该算符的一个本征值(eigen value)，相应的态矢$|a_i\rangle$称为本征矢(eigen vector)。一般说来，一个算符的本征值和本征矢不止一个，所以上面用下标i来区分它们。

有关本征值与本征矢的数学问题，在附录A§3中有详细的介绍，读者可以参阅。[1]

---

[1] 在4.3节里介绍本征值问题时，我们说的是"本征函数"，而这里则说的是"本征矢"。那里用的是x表象，即选用坐标算符$\hat{x}$的本征矢$\langle x|$和$|x\rangle$为态基。波函数$\psi_a(x)$实际上是态矢$|\psi_a\rangle$在x表象里的分量，即

$$\psi_a(x) = \langle x|\psi_a\rangle.$$

用态矢和波函数都可以表征一个量子态，不过前者与表象无关，后者则依赖于表象。

应注意，本征值是算符本身的性质，与表象无关。表象变换是幺正变换，附录A的2.4节里证明了，在幺正变换下本征值是不变的。

7.6 动力学变量的测量与平均值

在量子力学中动力学变量都是算符。量子力学的一个基本假设是：对某个变量进行测量时，每次得到的数值只能是它的某个本征值。如果待测系统处在该变量的本征态中，我们测到的肯定是此态的本征值。如果系统所处的量子态$|\psi\rangle$原不属于待测量A的本征态，则应将它按A的正交归一本征矢$|a_i\rangle$展开：

$$|\psi\rangle = \sum_i C_i |a_i\rangle, \tag{1.124}$$

其中

$$C_i = \langle a_i|\psi\rangle \tag{1.125}$$

是测量到本征值a_i的概率幅。这就是说，每次测量的结果仍是A的某个本征值，不可能是其它值。不过各次测量以一定的概率分布得到不同的本征值。对同样的系统进行多次测量的结果，得到的平均值为

$$\overline{a} = \langle\psi|\hat{A}|\psi\rangle = \sum_{i,j}\langle a_i|C_i^* C_j\, a_j|a_j\rangle = \sum_{i,j} C_i^* C_j\, a_j\, \delta_{ij} = \sum_i |C_i|^2 a_i. \tag{1.126}$$

上式表明，在个别测量中出现本征值a_i的概率为概率幅的模方$|C_i|^2$.

量子力学有关测量的基本假设还认为：测量后被测的量子态立即坍缩到相应的本征态。举例来说，如果一个原子的角动量原处在角量子数$l=1$而磁量子数$m=+1$, 0, -1各1/3的量子态，即

$$|\psi\rangle = \frac{1}{\sqrt{3}}\big(|+1\rangle + |0\rangle + |-1\rangle\big),$$

则对它进行第一次测量时，我们得到$m=+1$, 0, -1中三者之一，它们的概率各1/3。但在第一次测量我们得到一定的结果（譬如$m=-1$）后，若紧跟着进行第二次测量，我们将以100%的概率得到$m=-1$的结果，再没有可能得到$m=+1$或0的数值了，因为在第一次测量时系统的量子态已从$|\psi\rangle$坍缩到了$|m=-1\rangle$态。

如果对于上面的例子还感抽象的话，我们不妨再举一个光子的例子。冰洲石是一种双折射晶体，[1] 如图1-32a所示，当一束自然光垂直入射到冰洲石表面时，它将分解为两束折射光，一条叫寻常光（o光），一条叫非常光（e光），它们都是线偏振光，振动方向如图1-32b所示，是相互垂直的。在晶体内，寻常光不发生偏折，沿入射线原来的路径射出晶体；而非常光

[1] 参见《新概念物理教程·光学》第六章3.1节。

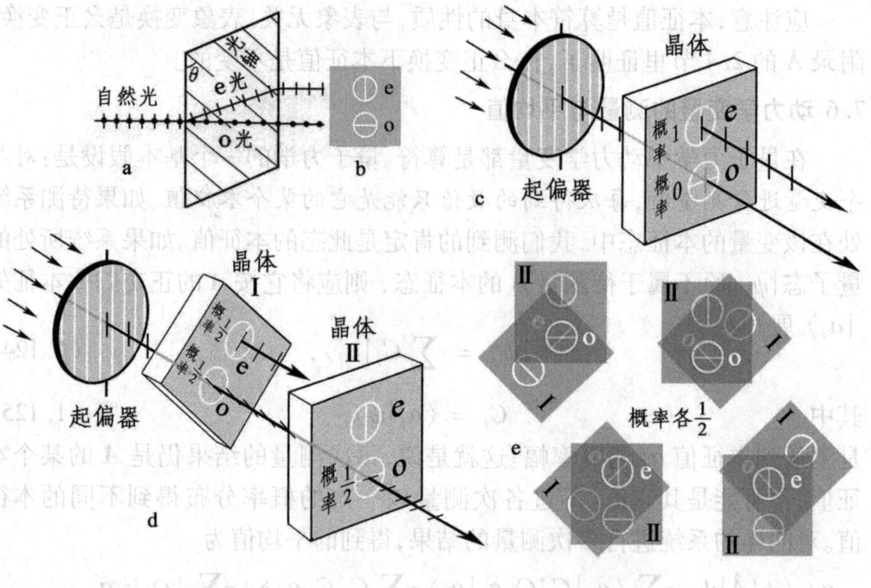

图 1－32 测量光子偏振态引起的坍缩

在晶体内折射，出来后有侧向平移。这样一块冰洲石用作检测光线偏振状态的仪器，其本征态是 o 光和 e 光的偏振态。譬如入射光是在竖直方向线偏振的，与检测仪器的 e 光偏振态吻合，则光子通过 e 通道的概率为 100%，通过 o 通道的概率为 0（图 1－32c）。如果我们在此冰洲石（称做冰洲石 Ⅱ）之前插入另一 以光线为轴绕 45°的冰洲石 Ⅰ（图 1－32d），光子通过它的 o、e 两通道概率各 50%。如果我们从波动光学的观点看，这本来是不难理解的，然而若我们做单光子实验，让光子一个一个地通过。那么经过冰洲石 Ⅰ 后的光子究竟是 o 光子还是 e 光子？如前所述，经过冰洲石 Ⅰ 后 e 光有侧向平移而 o 光没有，即两光束走的是不同通道。因此我们是可以探测光子是走哪条通道出来的，从而得知它是 o 光子还是 e 光子。单光子实验中只能测得二者之一，决不会发生两通道同时有光子出来的情况。通过冰洲石 Ⅰ 某通道的光子其偏振态即坍缩到该通道的偏振状态，即 ±45°的斜方向，不再保留其原来竖直方向的偏振态。这些光子都将以 50% 的概率通过冰洲石 Ⅱ 的 o、e 两通道（图 1－32e）。我们看到，如果没有冰洲石 Ⅰ 的插入，光子本来是不能通过冰洲石 Ⅱ 的 o 通道的。由于冰洲石 Ⅰ 的“测量”，光子的偏振态经过一次坍缩，就可以有一定的概率通过此通道了。

上述例子显示了，中间是否经过测量而引起坍缩的区别。

7.7 守恒量

一般说来，因态矢随时间变化，动力学变量 $\hat{A}$ 的平均值 $\bar{a}=\langle\psi(t)|\hat{A}|\psi(t)\rangle$

也随时间变化。按薛定谔方程(1.112)和(1.113),

$$\frac{\partial}{\partial t}\langle\psi(t)|\hat{A}|\psi(t)\rangle=\frac{\partial\langle\psi(t)|}{\partial t}\hat{A}|\psi(t)\rangle+\langle\psi(t)|\hat{A}\frac{\partial|\psi(t)\rangle}{\partial t}$$
$$=\frac{\mathrm{i}}{\hbar}\langle\psi(t)|(\hat{H}\hat{A}-\hat{A}\hat{H})|\psi(t)\rangle. \qquad (1.127)$$

如果算符 $\hat{A}$ 与哈密顿算符 $\hat{H}$ 对易,则它在任何量子态中的平均值都不随时间变化:

$$\frac{\partial}{\partial t}\langle\psi(t)|\hat{A}|\psi(t)\rangle=0. \qquad (1.128)$$

在这种意义下我们说, $\hat{A}$ 是一个守恒量。所以,与哈密顿算符对易的动力学变量都是守恒量。

例题 8 氢原子的哈密顿算符为

$$\hat{H}=\frac{\hat{\boldsymbol{p}}^2}{2m}-\frac{e^2}{r},$$

其中第一项是电子的动能,第二项是它在核电场中的库仑势能。试证明:轨道角动量 $\hat{\boldsymbol{l}}$ 与此哈密顿算符对易,从而是个守恒量。

解: 计算表明(见习题 1-30 和习题 1-31),

$$[\hat{\boldsymbol{l}},\hat{\boldsymbol{p}}^2]=0 \quad 和 \quad \left[\hat{\boldsymbol{l}},\frac{1}{r}\right]=0,$$

故

$$[\hat{\boldsymbol{l}},\hat{H}]=0.$$

按(1.128)式这意味着

$$\frac{\partial}{\partial t}\langle\psi(t)|\hat{\boldsymbol{l}}|\psi(t)\rangle=0.$$

$\hat{\boldsymbol{l}}$ 是一个守恒量。▌

7.8 对易算符的共同本征态与动力学变量完全集问题

附录 A 的 3.3 节里证明了,相互对易算符有共同的本征态。由 5.2 节知,轨道角动量的模方 $\hat{\boldsymbol{l}}^2$ 与任何一个分量(譬如 $\hat{l}_z$),都是对易的,它们有共同的本征态。5.3 节进一步指出,算符 $\hat{\boldsymbol{l}}^2$ 角量子数为 l 的本征态有 $2l+1$ 个,它们分别对应算符 $\hat{l}_z$ 的 $2l+1$ 个本征值 $m=-l,\ -l+1,\ \cdots,\ l-1,\ l.$ 本章例题 5 和例题 6 为我们提供了具体的例子。以后(第四章)我们还会看到,中心场情形(如氢原子)的哈密顿算符 $\hat{H}$ 与 $\hat{\boldsymbol{l}}^2$、$\hat{l}_z$ 都对易,它的一个本征值 E_n 有角量子数分别为 $l=0,1,\cdots,n-1$ 的 n 个本征态,每个 l 还有 $2l+1$ 个磁量子数 m 不同的本征态。因而对于给定的 n,共有 $\sum\limits_{l=0}^{n-1}(2l+1)=n^2$ 个本征态。

	1		3				5						7				
n	4																
l	0	1			2					3							16
m	0	−1	0	+1	−2	−1	0	+1	+2	−3	−2	−1	0	+1	+2	+3	
n	3																
l	0	1			2					9							
m	0	−1	0	+1	−2	−1	0	+1	+2								
n	2																
l	0	1			4												
m	0	−1	0	+1													
n	1																
l	0	1															
m	0																

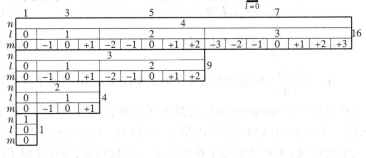

所以完整地刻画一个能级(即哈密顿算符的本征态),往往需要若干个相互对易的守恒量。对于一个特定的系统,究竟需要多少个守恒量才构成一个完全集?这问题没有先验的解答。人们一度认为,对于氢原子,有 $\hat{H}$、$\hat{\boldsymbol{l}}^2$、$\hat{l}_z$ 三个动力学变量就够了。后来的实验事实表明,电子还有一个内禀的运动自由度 —— 自旋(参见下节),在动力学变量完全集内还得添加这个成员,结果本征态的数目增加了一倍。此是后话,在这里我们只想指出问题的存在,暂不去深究。

§8. 电子的自旋

8.1 角动量和磁矩的关系

电荷的旋转运动构成一定的磁矩 $\boldsymbol{\mu}$,磁矩与角动量成正比。电子轨道磁矩 $\boldsymbol{\mu}_l$ 与轨道角动量 $\boldsymbol{l}$ 的关系可推导如下。

按照经典模型,电子的轨道运动相当于一个闭合电路中的电流,而一载流回路的磁矩 $\mu = IS$,其中 I 为电流, S 为回路包围的面积。在轨道上任一点电子每周期 T 通过一次,故 $I = -e/T$,其中 $-e$ 为电子电荷。设轨道是椭圆的,如图 1 – 33 所示。则

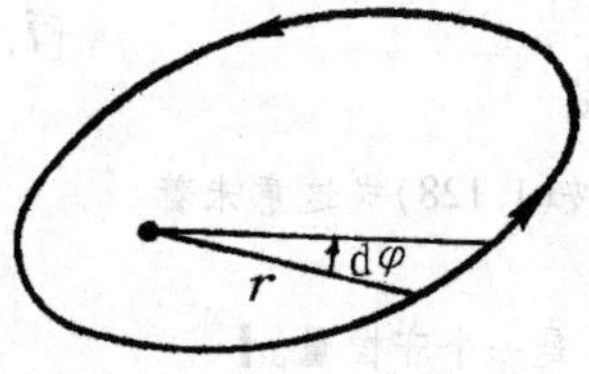

图 1 – 33 电子轨道所包围面积的计算

$$S = \frac{1}{2}\int_0^{2\pi} r^2 \mathrm{d}\varphi = \frac{1}{2}\int_0^{2\pi} r^2 \omega \mathrm{d}t$$

$$= \frac{1}{2m_e}\int_0^T m_e r^2 \omega \mathrm{d}t = \frac{l}{2m_e}\int_0^T \mathrm{d}t = \frac{lT}{2m_e},$$

式中 ω 为角速度, $l = m_e r^2 \omega$ 为角动量,它是守恒量,故可从积分号内提出来。将推出结果代入 $\mu = IS/c$ 式,得

$$\boldsymbol{\mu}_l = \frac{-e}{2m_e c}\boldsymbol{l}\text{(高斯单位制)},$$

式中 $-e$ 和 m_e 分别为电子的电荷和质量。鉴于角动量的取值是以 $\hbar$ 为单位量子化的,可在(1.129)式中在角动量的数值上除以 $\hbar$ 使它化为整数,同时在比例系数 $-e/2m_e$ 上乘 $\hbar$,于是我们有

$$\boldsymbol{\mu}_l = -\mu_B \boldsymbol{l}/\hbar, \tag{1.129}$$

式中

$$\mu_B = \frac{e\hbar}{2m_e c}\text{(高斯单位制)}, \tag{1.130G}$$

或

$$\mu_B \equiv \frac{e\hbar}{2m_e}\text{(国际单位制)} = 9.2740154 \times 10^{-24}\ \mathrm{J/T} \tag{1.130SI}$$

称为*玻尔磁子*(Bohr magneton),它是电子磁矩的量子化单位。对于核磁矩,玻尔磁子表达式(1.130)分母中的电子质量 m_e 要换为核子质量 m_N,数量大了三个数量级,于是玻尔磁子单位小了三个数量级,在计算原子磁矩时

核磁矩可忽略不计。

8.2 施特恩–格拉赫实验

为了验证角动量量子化的概念，施特恩(O. Stern)和格拉赫(W. Gerlach)于 1922 年完成了下列实验。实验的原理是让银原子束通过不均匀磁场，由于原子的磁矩取向不同，在磁场梯度内受到不同大小和方向的力而产生不同的偏转，最后淀积在接收板上不同的地方。如图 1 – 34a 和图 1 – 34b 所示，在电炉 O 内使银蒸发，银原子通过狭缝 S_1 和 S_2 后形成细束，经过不对称的刃 – 槽形磁极产生的不均匀磁场区域，最后撞在玻璃板 P 上形成淀积物分布。银原子束所通过的整个区域被抽成真空。

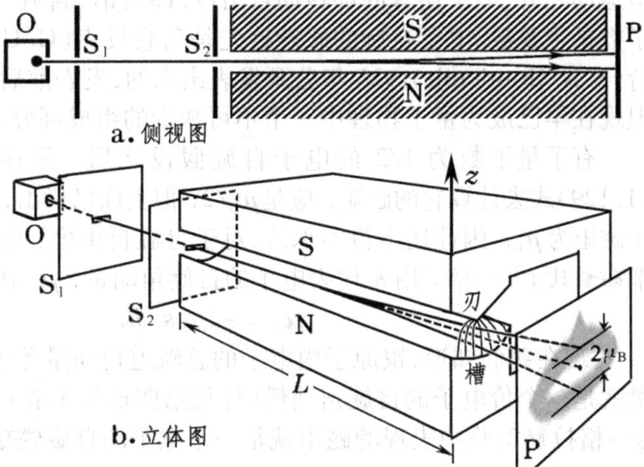

图 1 – 34 施特恩–格拉赫实验装置与结果

下面对实验原理作些理论推演。设磁场及其梯度的方向为 z，一个具有磁矩 $\boldsymbol{\mu}$ 的原子的磁场梯度中感受如下的力：

$$f = \mu_z \frac{\mathrm{d}B}{\mathrm{d}z}, \tag{1.131}$$

式中 μ_z 是磁矩的 z 分量。设原子通过磁场梯度区域的纵向距离为 L，v 是它们的纵向速度，则通过磁场梯度区域的时间 $t = L/v$，横向加速度 $a = f/m$ 使原子束最后在底板 P 上产生的横向位移为

$$S = \frac{1}{2}at^2 = \frac{1}{2}\frac{f}{m}\left(\frac{L}{v}\right)^2 = \frac{1}{2m}\frac{\mathrm{d}B}{\mathrm{d}z}\left(\frac{L}{v}\right)^2\mu_z. \tag{1.132}$$

实验的结果如下：银原子束在磁场中分裂为朝相反方向偏转的两束，没有不偏转的原子。每束原子在玻璃板 P 上留下一条有一定宽度的黑带，这是因为原子的速度有一定的分布。根据计算，每束原子磁矩的大小为一个玻尔磁子 μ_B. 这表明，银原子角动量 z 分量的本征值只有正负一对，不包括 0.

8.3 原子的磁矩

如果原子里的电子只有轨道角动量的话，则原子的磁矩是各电子轨

道磁矩的矢量和，它也按(1.129)式，正比于电子轨道角动量的矢量和$\boldsymbol{L}=\sum_{\text{电子}i}\boldsymbol{l}_i$. 按照角动量合成的法则(参阅附录A5.4节)总轨道角量子数L和总轨道磁量子数m_L都应该是整数,从而其简并度$2L+1$为奇数。银原子束在磁场中分裂的两条,若套用公式$2L+1=2$，则意味着$L=1/2$. 按量子力学的轨道角动量理论,这是不可能的。1920年代,从碱金属光谱的双重态和施特恩-格拉赫实验，到反常塞曼效应等,许多实验事实迫使人们猜想,在轨道运动之外,电子还有内部转动自由度,即所谓“自旋”(spin),并假定其量子数是半整数。电子自旋的假设首先是乌仑贝克(G. Uhlenbeck)和古兹米特(S. A. Goudsmit)1925年公开发表出来的,发表前后曾有过激烈的争论,但现在早已成为量子物理中一个不可缺少的组成部分。

有了量子数为1/2的电子自旋假设之后，还存在一个问题。若按(1.129)式去计算它的磁矩，应是$\mu_{\mathrm{B}}/2$，但上面已指出,银原子束的裂距相当于磁矩为μ_{B}. 因此还不得不承认,对于自旋自由度,磁矩与角动量之比(所谓磁旋比)大一倍。用$\boldsymbol{s}$代表电子的自旋角动量，$\boldsymbol{\mu}_s$代表自旋磁矩,则有

$$\boldsymbol{\mu}_s=-2\mu_{\mathrm{B}}\boldsymbol{s}/\hbar. \tag{1.133}$$

现在我们知道,银原子内电子的总轨道角动量等于0,整个原子的角动量就是一个价电子的自旋角动量(详见第四章3.3节)。所以银原子在施特恩-格拉赫实验中表现的磁矩就是一个电子的自旋磁矩。

8.4 电子自旋 泡利矩阵

在建立轨道角动量的量子理论时,我们是从经典的角动量和动量的关系$\boldsymbol{l}=\boldsymbol{r}\times\boldsymbol{p}$对应过来的,从而找到了轨道角动量算符的对易关系(1.77)式和(1.78)式。然而自旋角动量是纯量子力学和相对论的概念,没有经典的对应物,❶ 为了建立自旋角动量的量子理论,我们径直假设,自旋角动量算符$\hat{\boldsymbol{s}}$与轨道角动量一样,也与微分空间转动算符满足相同的对易关系:

$$\hat{\boldsymbol{s}}\times\hat{\boldsymbol{s}}=\mathrm{i}\hbar\hat{\boldsymbol{s}},\quad \text{即}\quad \begin{cases}[\hat{s}_x,\hat{s}_y]=\mathrm{i}\hbar\hat{s}_z,\\ [\hat{s}_y,\hat{s}_z]=\mathrm{i}\hbar\hat{s}_x,\\ [\hat{s}_z,\hat{s}_x]=\mathrm{i}\hbar\hat{s}_y,\end{cases} \tag{1.134}$$

和

$$[\hat{\boldsymbol{s}}^2,\hat{s}_x]=[\hat{\boldsymbol{s}}^2,\hat{s}_y]=[\hat{\boldsymbol{s}}^2,\hat{s}_z]=0, \tag{1.135}$$

---

❶ 从经典物理的观点看,如果电子是个没有大小的质点,则不可能有角动量;如果把电子视为一个具有经典半径$r_{\mathrm{c}}=2.8\times10^{-15}\,\mathrm{m}$的小球，若要它的旋转产生$\hbar$数量级的角动量,其表面的线速度将比光速$c$大两个数量级。此外,电子自旋比轨道角动量大一倍的磁旋比,对经典物理始终是个谜。最后是狄拉克给出了正确描述电子的相对论量子力学方程(参见第五章8.2节),在其中自旋的概念自然涌现出来,但其物理意义很不直观。

式中
$$\hat{\boldsymbol{s}}^2=\hat{s}_x^2+\hat{s}_y^2+\hat{s}_z^2. \tag{1.136}$$

有了这些对易关系,附录 A §5 中的全部结论就都适用了。具体地说,

(1) 自旋角量子数 $s=1/2$, $\hat{\boldsymbol{s}}^2$ 的本征值为 $s(s+1)\hbar^2=3\hbar^2/4$;

(2) 自旋磁量子数 $m_s=\pm1/2$, $\hat{s}_z$ 的本征值为 $\pm\hbar/2$;

(3) $2s+1=2$, 即自旋态是二重态。

令$|\uparrow\rangle$和$|\downarrow\rangle$为 $\hat{s}_z$ 的正交归一本征矢,即
$$\hat{s}_z|\uparrow\rangle=+\frac{\hbar}{2}|\uparrow\rangle,\qquad \hat{s}_z|\downarrow\rangle=-\frac{\hbar}{2}|\downarrow\rangle.$$
下面以它们为基求各自旋分量算符的矩阵表示。为了书写方便,令
$$\hat{\sigma}_i=\frac{2}{\hbar}\hat{s}_i\quad(i=x,\ y,\ z), \tag{1.137}$$
它们满足的对易关系为
$$\begin{cases}\hat{\sigma}_x\hat{\sigma}_y-\hat{\sigma}_y\hat{\sigma}_x=2\mathrm{i}\hat{\sigma}_z,\\ \hat{\sigma}_y\hat{\sigma}_z-\hat{\sigma}_z\hat{\sigma}_y=2\mathrm{i}\hat{\sigma}_x,\\ \hat{\sigma}_z\hat{\sigma}_x-\hat{\sigma}_x\hat{\sigma}_z=2\mathrm{i}\hat{\sigma}_y,\end{cases} \tag{1.138}$$
和
$$[\hat{\boldsymbol{\sigma}}^2,\ \hat{\sigma}_x]=[\hat{\boldsymbol{\sigma}}^2,\ \hat{\sigma}_y]=[\hat{\boldsymbol{\sigma}}^2,\ \hat{\sigma}_z]=0, \tag{1.139}$$
其中
$$\hat{\boldsymbol{\sigma}}^2=\hat{\sigma}_x^2+\hat{\sigma}_y^2+\hat{\sigma}_z^2.$$
$\hat{\sigma}_z$ 的本征值为 ±1(注意:差值已增为2), $\hat{\boldsymbol{\sigma}}^2$ 的本征值为3, 即
$$\hat{\sigma}_z|\uparrow\rangle=+|\uparrow\rangle,\quad \hat{\sigma}_z|\downarrow\rangle=-|\downarrow\rangle;$$
$$\hat{\boldsymbol{\sigma}}^2|\uparrow\rangle=3|\uparrow\rangle,\quad \hat{\sigma}^2|\downarrow\rangle=3|\downarrow\rangle.$$
这就是说,它们的矩阵表达式为
$$\sigma_z=\begin{pmatrix}\langle\uparrow|\hat{\sigma}_z|\uparrow\rangle & \langle\uparrow|\hat{\sigma}_z|\downarrow\rangle\\ \langle\downarrow|\hat{\sigma}_z|\uparrow\rangle & \langle\downarrow|\hat{\sigma}_z|\downarrow\rangle\end{pmatrix}=\begin{pmatrix}1 & 0\\ 0 & -1\end{pmatrix},$$
$$\sigma^2=\begin{pmatrix}\langle\uparrow|\hat{\sigma}^2|\uparrow\rangle & \langle\uparrow|\hat{\sigma}^2|\downarrow\rangle\\ \langle\downarrow|\hat{\sigma}^2|\uparrow\rangle & \langle\downarrow|\hat{\sigma}^2|\downarrow\rangle\end{pmatrix}=\begin{pmatrix}3 & 0\\ 0 & 3\end{pmatrix}.$$
我们可以像附录 A §5 中那样引入升降算符
$$\hat{\sigma}_\pm=\hat{\sigma}_x\pm\mathrm{i}\hat{\sigma}_y.$$
升算符意味着
$$\hat{\sigma}_+|\downarrow\rangle=C|\uparrow\rangle,\qquad \hat{\sigma}_+|\uparrow\rangle=0.$$
即
$$\sigma_+=\begin{pmatrix}\langle\uparrow|\hat{\sigma}_+|\uparrow\rangle & \langle\uparrow|\hat{\sigma}_+|\downarrow\rangle\\ \langle\downarrow|\hat{\sigma}_+|\uparrow\rangle & \langle\downarrow|\hat{\sigma}_+|\downarrow\rangle\end{pmatrix}=\begin{pmatrix}0 & C\\ 0 & 0\end{pmatrix}.$$
降算符意味着
$$\hat{\sigma}_-|\uparrow\rangle=C^*|\downarrow\rangle,\qquad \hat{\sigma}_-|\downarrow\rangle=0.$$

即　$$\sigma_+ = \begin{pmatrix} \langle\uparrow|\hat{\sigma}_-|\uparrow\rangle & \langle\uparrow|\hat{\sigma}_-|\downarrow\rangle \\ \langle\downarrow|\hat{\sigma}_-|\uparrow\rangle & \langle\downarrow|\hat{\sigma}_-|\downarrow\rangle \end{pmatrix} = \begin{pmatrix} 0 & 0 \\ C^* & 0 \end{pmatrix}.$$

式中 C、C^* 是某个归一化常量，它可利用下式来定：

$$\hat{\sigma}_-\hat{\sigma}_+ = \hat{\boldsymbol{\sigma}}^2 - \hat{\sigma}_z^2 - 2\hat{\sigma}_z.$$

[此式相当于附录 A 里的(A. 109)式。] 写成矩阵形式，则有

$$\begin{pmatrix} 0 & 0 \\ C^* & 0 \end{pmatrix}\cdot\begin{pmatrix} 0 & C \\ 0 & 0 \end{pmatrix} = \begin{pmatrix} 3 & 0 \\ 0 & 3 \end{pmatrix} - \begin{pmatrix} 1 & 0 \\ 0 & -1 \end{pmatrix}\cdot\begin{pmatrix} 1 & 0 \\ 0 & -1 \end{pmatrix} - 2\begin{pmatrix} 1 & 0 \\ 0 & -1 \end{pmatrix},$$

由此得　$$\begin{pmatrix} 0 & 0 \\ 0 & CC^* \end{pmatrix} = \begin{pmatrix} 3-1-2 & 0 \\ 0 & 3-1+2 \end{pmatrix} = \begin{pmatrix} 0 & 0 \\ 0 & 4 \end{pmatrix},$$

即 $CC^*=4$，$C=2$. 从而

$$\sigma_+ = \begin{pmatrix} 0 & 2 \\ 0 & 0 \end{pmatrix},\quad \sigma_- = \begin{pmatrix} 0 & 0 \\ 2 & 0 \end{pmatrix}.$$

于是

$$\sigma_x = \frac{1}{2}(\sigma_+ + \sigma_-) = \begin{pmatrix} 0 & 1 \\ 1 & 0 \end{pmatrix},\qquad \sigma_y = \frac{1}{2\mathrm{i}}(\sigma_+ - \sigma_-) = \begin{pmatrix} 0 & -\mathrm{i} \\ \mathrm{i} & 0 \end{pmatrix}.$$

将以上结果归纳起来，我们有

$$\sigma_x = \begin{pmatrix} 0 & 1 \\ 1 & 0 \end{pmatrix},\ \sigma_y = \begin{pmatrix} 0 & -\mathrm{i} \\ \mathrm{i} & 0 \end{pmatrix},\ \sigma_z = \begin{pmatrix} 1 & 0 \\ 0 & -1 \end{pmatrix}. \tag{1.140}$$

这组矩阵称为泡利矩阵(Pauli matrices)。

例题 9　计算 s_x 在 $|\uparrow\rangle$ 态上的平均值

解:　$$\overline{s_x} = \langle\uparrow|\hat{s}_x|\uparrow\rangle = \frac{\hbar}{2}\left[(1,0)\begin{pmatrix} 0 & 1 \\ 1 & 0 \end{pmatrix}\begin{pmatrix} 1 \\ 0 \end{pmatrix}\right] = 0.$$ ▌

例题 10　求 σ_y 的本征值和本征矢，以及在这些本征态中测量 s_z 时得到其各本征值的概率。

解:　本征方程　$$\begin{vmatrix} 0-\lambda & -\mathrm{i} \\ \mathrm{i} & 0-\lambda \end{vmatrix} = \lambda^2 - 1 = 0,$$

本征值 $\lambda = \pm1$，相应的归一化本征矢为

$$|\pm1\rangle \simeq \frac{1}{\sqrt{2}}\begin{pmatrix} 1 \\ \pm\mathrm{i} \end{pmatrix},$$

即在这些态中测量 s_z 得本征值 $+\hbar/2$ 的概率幅为 $1/\sqrt{2}$，概率为 1/2；得本征值 $-\hbar/2$ 的概率幅为 $\pm\mathrm{i}/\sqrt{2}$，概率为 1/2。 ▌

例题 11　如果在 $\hat{s}_z$ 的本征态 $|\uparrow\rangle \simeq \begin{pmatrix} 1 \\ 0 \end{pmatrix}$ 中测量 s_y，得数值 $-\hbar/2$ 后立即测量 s_z，会得到什么结果。

答: 测量 s_y 后量子态已坍缩到 $\frac{1}{\sqrt{2}}\begin{pmatrix} 1 \\ -\mathrm{i} \end{pmatrix}$，再测量 s_z 时得到 $\pm\hbar/2$ 的概率各为 1/2。▌

§9. 光子的角动量

9.1 光子自旋角动量

7.4 节(1.114)式给出圆偏振光的态矢按正交线偏振光态矢的展开：

$$\left.\begin{aligned}|R\rangle &= \frac{1}{\sqrt{2}}(|x\rangle + \mathrm{i}|y\rangle),\\ |L\rangle &= \frac{1}{\sqrt{2}}(|x\rangle - \mathrm{i}|y\rangle).\end{aligned}\right\}$$

下面我们来进行空间旋转操作。

如 6.1 节所述,这样的操作有主动观点和被动观点之分。按被动观点,将坐标架(x, y)旋转角度 $-\varphi$,变为新坐标架$(\bar{x}, \bar{y})$; 按主动观点,坐标架不动,态矢旋转角度 φ. 二者的效果是一样的。过去我们采用被动观点,现在改用主动观点。如图 1－35 所示,旋转角度 φ 后,新旧线偏振态矢之间的关系为

$$\left\{\begin{aligned}|\bar{x}\rangle &= \cos\varphi|x\rangle + \sin\varphi|y\rangle,\\ |\bar{y}\rangle &= -\sin\varphi|x\rangle + \cos\varphi|y\rangle,\end{aligned}\right. \tag{1.141}$$

从而新旧右旋圆偏振态矢之间的关系为

$$\begin{aligned}|\bar{R}\rangle &= \frac{1}{\sqrt{2}}(|\bar{x}\rangle+\mathrm{i}|\bar{y}\rangle)=\frac{1}{\sqrt{2}}(\cos\varphi|x\rangle+\sin\varphi|y\rangle-\mathrm{i}\sin\varphi|y\rangle+\mathrm{i}\cos\varphi|y\rangle)\\ &=\frac{\mathrm{e}^{-\mathrm{i}\varphi}}{\sqrt{2}}(|x\rangle+\mathrm{i}|y\rangle),\end{aligned}$$

即 $$|\bar{R}\rangle = \mathrm{e}^{-\mathrm{i}\varphi}|R\rangle; \tag{1.142}$$

同理 $$|\bar{L}\rangle = \mathrm{e}^{+\mathrm{i}\varphi}|L\rangle. \tag{1.143}$$

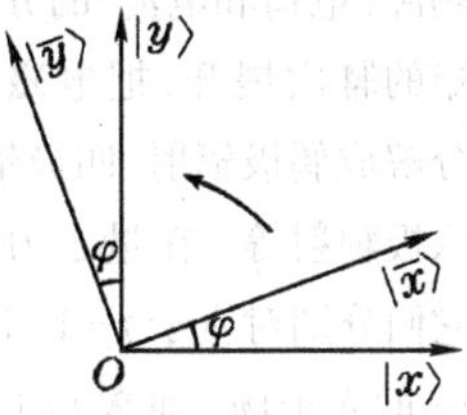

图 1－35 对光子态进行旋转操作

光子具有动量 $\boldsymbol{p}=\hbar\boldsymbol{k}$, 式中 $\boldsymbol{k}$ 为波矢,它沿光线传播的方向。所以对于某个选定的坐标原点,光子具有轨道角动量 $\hat{\boldsymbol{l}}=\boldsymbol{r}\times\hat{\boldsymbol{p}}=\hbar\boldsymbol{r}\times\hat{\boldsymbol{k}}$. 此外光子也具有自旋角动量 $\hat{\boldsymbol{s}}$,故而光子的总角动量为

$$\hat{\boldsymbol{j}} = \hat{\boldsymbol{l}} + \hat{\boldsymbol{s}}, \tag{1.144}$$

在任意选取的 z 方向上角动量的分量为

$$\hat{j}_z = \hat{l}_z + \hat{s}_z. \tag{1.145}$$

然而沿 $\boldsymbol{k}$ 方向轨道角动量的分量恒等于 0,即 $\hat{l}_k \equiv 0$,于是

$$\hat{j}_k = \hat{s}_k. \tag{1.146}$$

上述旋转操作是以 $\boldsymbol{k}$ 方向为轴的,其微分算符是与 $\hat{j}_k$ 或 $\hat{s}_k$ 对应的,即

$$\hat{j}_k = \hat{s}_k = -\mathrm{i}\hbar\frac{\partial}{\partial\varphi}. \tag{1.147}$$

可以看出,左、右圆偏振态都是它们的本征态,本征值分别为 $\pm\hbar$:

$$-\mathrm{i}\hbar\frac{\partial}{\partial\varphi}|\overline{L}\rangle=-\mathrm{i}\hbar\frac{\partial}{\partial\varphi}\mathrm{e}^{+\mathrm{i}\varphi}|L\rangle=+\hbar|\overline{L}\rangle,$$

同理
$$-\mathrm{i}\hbar\frac{\partial}{\partial\varphi}|\overline{R}\rangle=-\mathrm{i}\hbar\frac{\partial}{\partial\varphi}\mathrm{e}^{-\mathrm{i}\varphi}|R\rangle=-\hbar|\overline{R}\rangle.$$

线偏振态$|\overline{x}\rangle$和$|\overline{y}\rangle$都不是$\hat{j}_k$或$\hat{s}_k$的本征态,它们是左、右圆偏振态的叠加。

既然光子自旋角动量在$\boldsymbol{k}$方向的本征值有$\pm\hbar$,则可推论光子的自旋角量子数$s=1$(通常就简单地说,光子的自旋等于1),即$\hat{\boldsymbol{s}}^2/\hbar^2$的本征值为$s(s+1)=2$. 如果是这样,$\hat{s}_k$还应该有一个本征值为0的本征态。实际上这个本征态在物理上不能实现,因为它代表纵波,而电磁波是横波。把投影的方向换到另外的方向z,$\hat{s}_z$的三个本征态都是“物理的”横波与“非物理的”纵波的叠加,所以它的本征值已不是“好量子数”。

9.2 电偶极辐射和磁偶极辐射

原则上光子的总角量子数j可以等于任何的正整数,但最重要的是$j=1$的状态。在经典的电动力学中,将场源(电荷和电流)的分布按矩的幂次展开,把电磁辐射分解成偶极辐射、四极辐射、八极辐射等,在量子力学中它们分别对应于$j=1,2,3,\cdots$的光子场。通常$j=1$的偶极辐射最强,其它多极辐射随着级次j的增高而急剧减少,从而可以忽略不计。

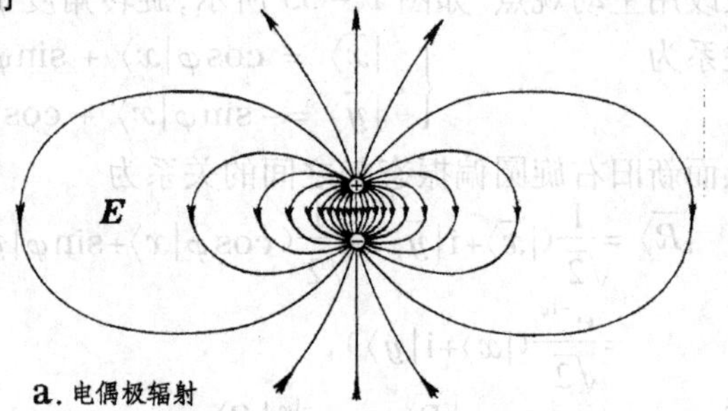

a. 电偶极辐射

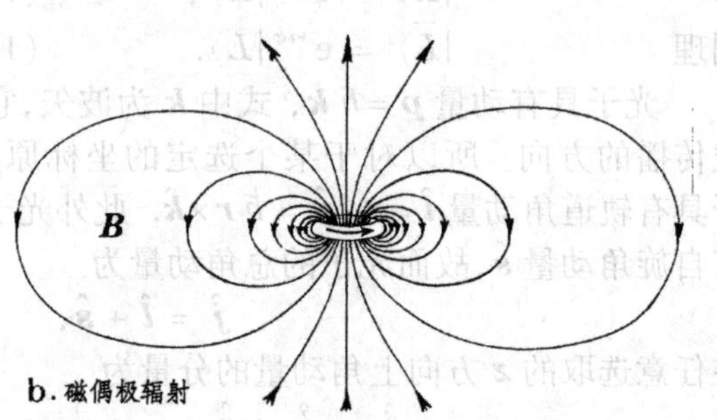

b. 磁偶极辐射

图1-36 电偶极辐射和磁偶极辐射

偶极辐射又分电偶极辐射和磁偶极辐射两种,它们的产生机制分别见图1-36a和图1-36b。一个电偶极子在自己的周围产生电场,当它的电偶极矩做周期性振荡时,就有电磁波辐射出去。这就是电偶极辐射。一个磁偶极子(等效于一个电流环)在自己的周围产生磁场,当它的磁偶极矩做周期性振荡时,也有电磁波辐射出去。这就是磁偶极辐射。在非相对论性的情形下,磁偶极辐射比电偶极辐射小一个$(v/c)^2$的数量级(v为电荷运动速度)。

对于电偶极辐射与磁偶极辐射,光子的角量子数j都等于1,用什么量子数去区分它们?

我们知道,电场 $\boldsymbol{E}$ 是极矢量,磁场 $\boldsymbol{B}$ 是轴矢量。亦即,在空间反射变换 $(x, y, z) \to (-x, -y, -z)$ 中电场: $\boldsymbol{E} \to -\boldsymbol{E}$,而磁场不变: $\boldsymbol{B} \to \boldsymbol{B}$. 上述空间反射变换可用一个算符 $\hat{P}$ 来表示,它有 ±1 两个本征值,电偶极辐射光子态是它本征值为 $P=-1$ 本征态,磁偶极辐射光子态是它本征值为 $P=+1$ 的本征态。在电磁相互作用中空间反射算符 $\hat{P}$ 的本征值 P 是个好量子数,这个量子数称为宇称(parity)。

综上所述,描述电偶极辐射光子的量子数为 $j=1$, $P=-1$; 描述磁偶极辐射光子的量子数为 $j=1$, $P=+1$. 任何时候光子的自旋 $s=1$. 总角动量在任意选定的 z 方向上投影 $\hat{j}_z$ 都是有意义的,但自旋角动量只在波矢 $\boldsymbol{k}$ 方向上的投影 $\hat{s}_k$ 才有意义。这时它有三个本征值,本征值 +1 对应左旋圆偏振态,本征值 −1 对应右旋圆偏振态,二者的不同线性组合构成各种线偏振态和椭圆偏振态。本征值 0 对应非物理的纵波,应当舍去,不予考虑。

9.3 电偶极辐射光子的角动量矩阵

任意选定空间直角坐标架 (x, y, z),光子态的角动量算符 $\hat{\boldsymbol{j}}^2$ 与 $\hat{j}_z$ 对易,可用它们共同的本征矢为基来刻画光子的量子态。对于电偶极光子 $j=1$, $j(j+1)=2$, 这时 $\hat{j}_z$ 有三个本征值 $m_j=+1, 0, -1$, 令相应的本征矢为 $|+1\rangle$、$|0\rangle$、$|-1\rangle$. 在此表象中以上算符的矩阵为

$$\frac{\hat{\boldsymbol{j}}^2}{\hbar^2} = \begin{pmatrix} 2 & 0 & 0 \\ 0 & 2 & 0 \\ 0 & 0 & 2 \end{pmatrix}, \quad \frac{\hat{j}_z}{\hbar} = \begin{pmatrix} +1 & 0 & 0 \\ 0 & 0 & 0 \\ 0 & 0 & -1 \end{pmatrix}. \tag{1.148}$$

与任何角动量算符一样,光子角动量也满足如下对易关系:

$$\hat{\boldsymbol{j}} \times \hat{\boldsymbol{j}} = \mathrm{i}\hbar \hat{\boldsymbol{j}},$$

凡满足此对易关系的算符 $\hat{j}_\pm = \hat{j}_x \pm \mathrm{i}\hat{j}_y$ 都是升降算符: $\hat{j}_\pm |m_j\rangle = C|m_j \pm 1\rangle$, 这里 C 是个待定常量。仿照 8.4 节求泡利矩阵的办法,我们可以得到角动量另外两个分量的矩阵:

$$\frac{\hat{j}_x}{\hbar} = \frac{1}{\sqrt{2}} \begin{pmatrix} 0 & 1 & 0 \\ 1 & 0 & 1 \\ 0 & 1 & 0 \end{pmatrix}, \quad \frac{\hat{j}_y}{\hbar} = \frac{1}{\sqrt{2}} \begin{pmatrix} 0 & -\mathrm{i} & 0 \\ \mathrm{i} & 0 & -\mathrm{i} \\ 0 & \mathrm{i} & 0 \end{pmatrix}. \tag{1.149}$$

详细的推导请读者自己补出(见思考题 1 − 29)。

设在此坐标中波矢 $\boldsymbol{k}$ 的方向由球坐标极角 θ 和方位角 φ 给出, 则

$$\begin{aligned} \frac{\hat{j}_k}{\hbar} = \frac{\hat{s}_k}{\hbar} &= \frac{\hat{j}_x}{\hbar}\sin\theta\cos\varphi + \frac{\hat{j}_y}{\hbar}\sin\theta\sin\varphi + \frac{\hat{j}_z}{\hbar}\cos\theta \\ &= \frac{1}{\sqrt{2}} \begin{pmatrix} \sqrt{2}\cos\theta & \sin\theta\,\mathrm{e}^{-\mathrm{i}\varphi} & 0 \\ \sin\theta\,\mathrm{e}^{+\mathrm{i}\varphi} & 0 & \sin\theta\,\mathrm{e}^{-\mathrm{i}\varphi} \\ 0 & \sin\theta\,\mathrm{e}^{+\mathrm{i}\varphi} & -\sqrt{2}\cos\theta \end{pmatrix}. \end{aligned} \tag{1.150}$$

§10. 光子的发射与吸收

10.1 爱因斯坦的受激辐射理论

原子发射和吸收电磁辐射的量子理论是玻尔(N. Bohr)1913 年提出来的。他假设:

(1) 原子存在一系列定态,定态的能量取离散值 E_1、E_2、E_3、…(能级),原子在定态中不发射也不吸收电磁辐射能。

(2) 当原子在能级 E_1、E_2 之间跃迁时,以发射或吸收特定频率 ν 光子的形式与电磁辐射场交换能量。光子的频率满足下式:

$$\nu = \frac{E_2 - E_1}{h}, \tag{1.151}$$

上式称为玻尔频率条件,式中 h 为普朗克常量。

一个孤立的光子体系,在 $k_B T \ll m_e c^2$(m_e 为电子的静质量)时,由于光子与光子之间无直接相互作用,不会趋向热平衡。所以只有存在与光子发生相互作用的其它实物体系,如原子体系时,光子系统才能达到平衡分布。

1916 年爱因斯坦提出,[1]原子与辐射场相互作用的过程有三:

(1) 自发发射(spontaneous emission)

在没有外部光子的情况下处在高能级 E_2 的原子自发地向低能级 E_1 跃迁,发出光子的过程(见图 1-37a)。单位时间内此类跃迁的次数 N_{21} 正比于始态上原子布居数 N_2:

$$\left(\frac{dN_{21}}{dt}\right)_{\text{自发}} = A_{21} N_2. \tag{1.152}$$

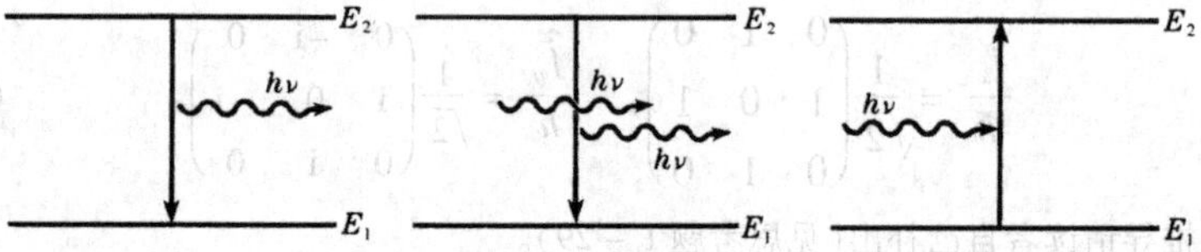

a. 自发辐射　　b. 受激辐射　　c. 受激吸收

图 1-37 三种跃迁过程

(2) 受激发射(stimulated emission)

在外部相同频率光子的激励下处在高能级 E_2 的原子向低能级 E_1 跃

[1] A. Einstein, *Mittelung der Physikalischen Gesellschaft Zürich*, **18**(1916), 47~62; *Physikalische Zeitschrift*, **18**(1917), 121~128; 中译本:爱因斯坦文集. 第二卷. 范岱年, 赵中立, 许良英编译. 北京:商务印书馆, 1977. 335.

迁，发出光子的过程（见图 1－37b）为受激辐射。单位时间内此类跃迁的次数 N_{21} 正比于辐射场的能量谱密度 $u(\nu)$和始态上原子布居数 N_2：

$$\left(\frac{\mathrm{d}N_{21}}{\mathrm{d}t}\right)_{受激}=B_{21}u(\nu)N_2. \tag{1.153}$$

（3）受激吸收（stimulated absorbtion）

处在低能级 E_1 的原子吸收一个光子向高能级 E_2 跃迁的过程（见图 1－37c）为受激吸收。显然，吸收总在外部有符合玻尔频率条件的光子时发生。单位时间内此类跃迁的次数 N_{12} 正比于辐射场的能量谱密度 $u(\nu)$和始态上原子布居数 N_1：

$$\left(\frac{\mathrm{d}N_{12}}{\mathrm{d}t}\right)_{吸收}=B_{12}u(\nu)N_1. \tag{1.154}$$

（1.152）、（1.153）、（1.154）三式中的比例系数 A_{21}、B_{21} 和 B_{12} 称为**爱因斯坦系数**。

在同一对能级 E_1、E_2 之间三种跃迁过程达到细致平衡时

$$\left(\frac{\mathrm{d}N_{21}}{\mathrm{d}t}\right)_{自发}+\left(\frac{\mathrm{d}N_{21}}{\mathrm{d}t}\right)_{受激}=\left(\frac{\mathrm{d}N_{12}}{\mathrm{d}t}\right)_{吸收},$$

即

$$A_{21}N_2+B_{21}u(\nu)N_2=B_{12}u(\nu)N_1.$$

由此可解出辐射场的平衡谱分布：

$$u(\nu)=\frac{A_{21}}{B_{12}\dfrac{N_1}{N_2}-B_{21}}. \tag{1.155}$$

热平衡辐射场（即黑体辐射场）能量谱密度 $u_T(\nu)$的形式，最终取决于与之相互作用的原子系统的布居 N_1/N_2. 如果原子系统已达到热平衡，即其布居服从玻耳兹曼分布：

$$\frac{N_2}{N_1}=\frac{g_2}{g_1}\exp\left(-\frac{E_2-E_1}{k_\mathrm{B}T}\right)=\frac{g_2}{g_1}\mathrm{e}^{-h\nu/k_\mathrm{B}T}, \tag{1.156}$$

代入（1.155）式，我们得到热平衡辐射场的能量密度谱

$$u_T(\nu)=\frac{g_2A_{21}}{g_1B_{12}\mathrm{e}^{h\nu/k_\mathrm{B}T}-g_2B_{21}}. \tag{1.157}$$

对于上式中的三个系数 A_{21}、B_{21}、B_{12} 之间的关系，爱因斯坦是这样论述的：

（1）对于给定的 ν，如果 $u_T(\nu)$必须随着 T 的无限增大而增大（实验事实如此，见本章1.3节图1－6），这时 $h\nu/k_\mathrm{B}T\to0$，$\mathrm{e}^{h\nu/k_\mathrm{B}T}\to1$，$B_{21}$ 和 B_{12} 之间必有下列关系：

$$g_1B_{12}=g_2B_{21}, \tag{1.158}$$

于是（1.157）式化为

$$u_T(\nu)=\frac{A_{21}/B_{21}}{\mathrm{e}^{h\nu/k_\mathrm{B}T}-1}. \tag{1.159}$$

(2) 按照维恩根据热力学原理导出的普遍公式(1.15)，$u_T(\nu)$必须具有 $\nu^3\psi(\nu/T)$的函数形式，于是我们必须有

$$\frac{A_{21}}{B_{21}} \propto \nu^3, \tag{1.160}$$

从而

$$u_T(\nu) \propto \frac{\nu^3}{e^{h\nu/k_BT}-1}. \tag{1.161}$$

在长波(低频)极限下

$$u_T(\nu) \propto \frac{\nu^2 k_B T}{h}.$$

与瑞利公式(1.19)

$$u_T(\nu) = \frac{8\pi}{c^3}\nu^2 k_B T$$

比较可知(1.161)式中的比例系数。[1] 于是我们最终得到

$$u_T(\nu) = \frac{8\pi h\nu^3}{c^3}\frac{1}{e^{h\nu/k_BT}-1}. \tag{1.162}$$

这便是普朗克黑体辐射公式(1.27)。由此，爱因斯坦 A、B 系数之间的关系就完全确定下来了：

$$\frac{8\pi h\nu^3}{c^3}B_{21} = A_{21}. \tag{1.163}$$

以上是爱因斯坦 1916 年发表的一则对普朗克公式既简捷又漂亮的推导，这推导更重要的意义在于首次提出了“受激发射”的概念。受激发射出来的光，不仅在强度上正比于辐射场中该振荡模式的强度，而且在振荡的频率、相位、传播方向和偏振态诸方面都与辐射场中原有该模式的振荡一致。这就使相干光的取得和放大成为可能。激光是 20 世纪最重大的物理学成就之一，其应用范围之广，从测距、通讯、精密加工、外科手术，到信息存储（CD ROM)、条码判读，几乎遍及所有高科技领域，并进入了家庭和日常生活。“激光”是什么？英文是 laser，它是“**l**ight **a**mplification by **s**timulated **e**mission of **r**adiation”词组中各字第一个字母组成的缩写，这词组的意思是“用辐射的受激发射产生光的放大”。[2] 所以，爱因斯坦提出的“受激发射”概念是激光的理论基础，虽然真正实现激光(首先是微波激射器)是在约 40 年之后。

量子概念萌生于 20 世纪初，但完整的量子理论建立于 20 年代。在此过程中间的那个时代，物理大师们常采用半经典、半量子的思维方式来处理问题。爱因斯坦对自发发射和受激发射的机制也是这样考虑的。自发发射的机制类似于天然放射性元素的衰变，无需外界激励，可以自发地进行。原子吸收光的概率正比于辐射场光的能量密度，这是可以理解的。为什么还有一种

---

[1] 在爱因斯坦的原始推导中是与维恩公式[(1.18)式]作比较的，这无关宏旨。

[2] 有关激光的原理，参见《新概念物理教程·光学》第七章 §5。

光的发射机制,也正比于外界光场的能量密度呢?爱因斯坦使用普朗克喜爱的经典谐振子模型,说由于相位的不同,外场(驱动力)对受迫振子作功可正可负。作正功时振子吸收能量,做负功时振子发射能量。所以受激发射和受激吸收是同一事物的两面,它们应遵循同样的规律。这算是受激发射的半经典解释,其量子力学解释有待10年之后。

下面我们看受激发射的量子力学解释。在本章1.6节我们曾导出光子量子态密度的公式(1.25):

$$g(\nu)=\frac{8\pi\nu^2}{c^3},$$

单位体积内有$g(\nu)$个量子态,每个量子态上有n个光子,每个光子的能量为$h\nu$,从而

$$u(\nu)=g(\nu)\,nh\nu=\frac{8\pi h\nu^3}{c^3}n. \tag{1.164}$$

从(1.152)式和(1.153)式看,单个原子受激发射跃迁的次数为$B_{21}u(\nu)$,自发发射跃迁的次数为A_{21}. 上式告诉我们,爱因斯坦A、B系数之间的关系式(1.163)意味着

$$B_{21}\,u(\nu)=\frac{8\pi h\nu^3}{c^3}B_{21}n=nA_{21}. \tag{1.165}$$

(1.152)式告诉我们,N_2个原子的自发发射率为$A_{21}N_2$,即A_{21}代表单个原子的自发发射率。(1.153)式告诉我们,N_2个原子的受激发射率为$B_{21}u(\nu)N_2$,即$B_{21}u(\nu)$代表单个原子的受激发射率。(1.165)式告诉我们,后者是前者的n倍,即单个原子的总发射率为$B_{21}u(\nu)+A_{21}=(n+1)A_{21}$.

如果空间原没有光子,把光子数从0增加到1的概率记作$P(0\to1)$. 若空间已存在n个光子,把光子数从n增加到$n+1$的概率记作$P(n\to n+1)$. 实际上$P(0\to1)$就是自发发射率A_{21},$P(n\to n+1)$就是总发射率,它等于前者的$n+1$倍:

$$P(n\to n+1)=(n+1)P(0\to1). \tag{1.166}$$

以上结果可用文字表述为:

> 假如在某个特定量子态中已经有了n个光子,原子再发射一个光子到此状态的概率,比没有光子时大了$n+1$倍。

人们常常喜欢把这件事说成:

> 假如在某个特定量子态中已经有了n个光子,原子再发射一个光子到此状态的概率幅,比没有光子时大了$\sqrt{n+1}$倍。

10.2 光子的产生算符和消灭算符

辐射场中处于同一量子态的光子是没有区别的,所以有意义的只是某

个量子态上有多少个光子。令某量子态的光子数是个动力学变量,它应该是一个算符,我们将它记作 $\hat{n}$,其本征值 $n=0, 1, 2, \cdots$, 相应的本征矢为 $|n\rangle=|0\rangle, |1\rangle, |2\rangle, \cdots$, 即

$$\hat{n}|n\rangle = n|n\rangle. \tag{1.167}$$

在自己的本征表象中算符的矩阵表现为对角的:

$$\langle n|\hat{n}|n'\rangle = n\delta_{nn'}. \tag{1.168}$$

$\hat{n}$ 的矩阵表示为

$$n = \begin{pmatrix} 0 & & & & \\ & 1 & & & \\ & & 2 & & \\ & & & 3 & \\ & & & & \ddots \end{pmatrix}, \tag{1.169}$$

其余未写出的矩阵元皆为0.

上节论证了,发射光子到一个已有 n 个光子占据的量子态上的概率幅正比于 $\sqrt{n+1}$. 这概率幅实际上是两因子的乘积:一个因子是发射光子的原子的跃迁矩阵元 $\langle E_1|$原子$|E_2\rangle$,与辐射场中量子态上的光子数 n 无关;另一个因子是描述辐射场中量子态上的光子数 $n\to n+1$ 过程的矩阵元。这是什么算符的矩阵元?

在附录A的 §4 里引进了一种叫做"升降算符"的概念,它们是一对厄米共轭算符 $\hat{\eta}^\dagger$ 和 $\hat{\eta}$,作用在另一个算符 $\hat{A}$ 的本征态上,使它们变换到本征值增减一个常量 λ 的本征态上。这里我们需要构造的就是算符 $\hat{n}$ 的升降算符,它们的作用应使态矢的本征值增减1. 令 $\hat{a}^\dagger$ 和 $\hat{a}$ 代表这一对升降算符,并分别称之为产生算符和消灭算符。产生算符 $\hat{a}^\dagger$ 使粒子数本征态 $|n\rangle$ 变到 $|n+1\rangle$, 描述粒子的发射过程;消灭算符 $\hat{a}$ 使粒子数本征态 $|n\rangle$ 变到 $|n-1\rangle$, 描述粒子被吸收的过程。用公式来表达,有

$$\begin{cases} \hat{a}^\dagger|n\rangle = C|n+1\rangle, \\ \hat{a}|n\rangle = C'|n-1\rangle, \end{cases}$$

式中 C 和 C' 是比例常量。要反映出上述发射概率幅正比于 $\sqrt{n+1}$ 的特点,常量 C 应取为 $\sqrt{n+1}$, 即

$$\hat{a}^\dagger|n\rangle = \sqrt{n+1}|n+1\rangle, \tag{1.170}$$

或

$$\langle n+1|\hat{a}^\dagger|n\rangle = \sqrt{n+1}. \tag{1.171}$$

作为它的厄米共轭算符, $\hat{a}$ 的矩阵元应为

$$\langle n|\hat{a}|n+1\rangle = \sqrt{n+1},$$

将上式里的 $n+1$ 写作 n, n 写作 $n-1$, 则有

$$\langle n-1|\hat{a}|n\rangle = \sqrt{n}, \tag{1.172}$$

或

$$\hat{a}|n\rangle=\sqrt{n}|n-1\rangle, \tag{1.173}$$

所有上面未给出的矩阵元皆等于0. $\hat{a}^{\dagger}$ 和 $\hat{a}$ 的矩阵形式为

$$a^{\dagger}=\begin{pmatrix} 0 & & & & \\ \sqrt{1} & 0 & & & \\ & \sqrt{2} & 0 & & \\ & & \sqrt{3} & 0 & \\ & & & \ddots & \ddots \end{pmatrix},\quad a=\begin{pmatrix} 0 & \sqrt{1} & & & \\ & 0 & \sqrt{2} & & \\ & & 0 & \sqrt{3} & \\ & & & 0 & \ddots \\ & & & & \ddots \end{pmatrix}, \tag{1.174}$$

其余未写出的矩阵元皆为0.

将算符 $\hat{a}^{\dagger}$ 作用在(1.185)式上:

$$\hat{a}^{\dagger}\hat{a}|n\rangle=\sqrt{n}\hat{a}^{\dagger}|n-1\rangle=n|n\rangle, \tag{1.175}$$

与(1.167)式比较即可看出,算符的乘积 $\hat{a}^{\dagger}\hat{a}$ 就是粒子数算符 $\hat{n}$:

$$\hat{a}^{\dagger}\hat{a}=\hat{n}. \tag{1.176}$$

将算符 $\hat{a}$ 作用在(1.170)式上:

$$\hat{a}\hat{a}^{\dagger}|n\rangle=\sqrt{n+1}\hat{a}|n+1\rangle=(n+1)|n\rangle, \tag{1.177}$$

即算符的乘积 $\hat{a}\hat{a}^{\dagger}$ 相当于 $\hat{n}+1$:

$$\hat{a}\hat{a}^{\dagger}=\hat{n}+1. \tag{1.178}$$

从(1.176)和(1.178)两式可得 $\hat{a}^{\dagger}$ 和 $\hat{a}$ 的对易关系:

$$[\hat{a}^{\dagger},\hat{a}]=\hat{a}^{\dagger}\hat{a}-\hat{a}\hat{a}^{\dagger}=1. \tag{1.179}$$

由此不难得到 $\hat{a}^{\dagger}$、$\hat{a}$ 和 $\hat{n}$ 的对易关系:

$$\begin{cases}[\hat{n},\hat{a}^{\dagger}]=\hat{a}^{\dagger}, & (1.180)\\ [\hat{n},\hat{a}]=-\hat{a}. & (1.181)\end{cases}$$

(1.179)式是玻色子产生算符、消灭算符最基本的对易关系,而(1.180)式和(1.181)式则是升降算符必然的结果。实际上若我们把逻辑倒过来,只从厄米共轭算符 $\hat{a}^{\dagger}$、$\hat{a}$ 满足对易关系(1.179)式出发,并定义 $\hat{n}\equiv\hat{a}^{\dagger}\hat{a}$,则可推论出上面所有其余的结果(详见附录A的4.2节)。这种方式的推理我们以后用得着。

§11. 量子力学基本原理小结

本书与一般量子力学的书不同,没有按一定的逻辑体系讲述量子力学的基本原理,许多重要概念和基本假设是通过特例引入的。这样做的好处是使读者不大感到它们太抽象难懂,缺点是对量子力学的基本原理缺乏系统的认识，容易感到杂乱无章。所以在这里作为一章之末，有必要对量子力学的基本原理整理出个头绪来，作为小结。

11.1 基本概念[1]

量子力学理论和任何自然科学理论一样,都是不能彻底公理化的。在陈述量子力学的基本假设之前,需要先引入一些未加确切定义的原始概念。

(1) 粒 子

量子力学研究的对象是由微观粒子组成的物理系统。粒子,英文是 particle，在经典力学中也译作“质点”,不过质点和粒子的概念稍有区别,前者是个物理模型,后者更强调它的实体性。经典的粒子,有时叫做“微粒(corpuscle)”,需要一系列属性来描写,例如质量、电荷、能量、动量、角动量，以及运动轨道等。量子力学里的粒子继承经典粒子的某些属性,如质量、电荷、能量、动量、角动量等,但摈弃其中一些概念,特别是运动轨道的概念,并赋予它们一些新的属性,如德布罗意波长、概率幅(波函数),以及自旋、同位旋、宇称等。微观粒子有些方面像经典的粒子,有些方面像经典的波动,但它们两者都不是。

(2) 动力学变量

动力学变量,英文是 dynamical variable，经常被译作“力学量”。不过此概念绝不限于力学范围,粗略地说,它就是通常我们说的“物理量”。但不是所有经典物理学里的物理量都可作为量子力学里的动力学变量,例如在牛顿力学和相对论力学里粒子的空间坐标和时间都是物理量,可是在量子力学中空间坐标是动力学变量,时间则不是。

(3) 量子态

在量子力学中确切定义一个量子态,需要一套动力学变量的“完全集”,用它们的本征值来规定一个特定的量子态。怎样的动力学变量集合对规定一个量子态才算是“完全的”?这问题没有先验的解答,它随着经验事实的积累和人们认识的发展而改变着。

在经典物理学中物理系统的状态是用态参量或态函数的取值来描述的,态参量和态函数都是可测的物理量。量子态是用概率幅(或称量子态函数、波函数)描述。概率幅是复数,其模方代表概率,是可测量。但各概率幅有一个可任意设定的公共的相角,这是没有物理意义的。然而概率幅之间的相角差有着可测的物理效应。

[1] 参考：关洪．量子力学的基本概念．北京：高等教育出版社，1990．第二章．

11.2 基本公设

(1) 每个动力学变量对应于一个作用在波函数上的线性算符。

我们说,算符 $\hat{A}$ 是线性的,就是说它必须具有如下性质:

① $\hat{A}(c\psi) = c\hat{A}\psi.$

② $\hat{A}(\psi_1 + \psi_2) = \hat{A}\psi_1 + \hat{A}\psi_2.$

式中 c 是某个复数, ψ、ψ_1、ψ_2 等是波函数。

在本征值连续时算符取微分或乘子形式,离散时取矩阵形式。

(2) 线性算符有一系列本征值。每次测量一个动力学变量所得到的结果,只可能是与它对应的算符的本征值之一。测量后量子态立即坍缩到相应的本征态。

(3) 当物理系统处在量子态 ψ 时,对与算符 $\hat{A}$ 对应的动力学变量进行测量,得到的某一本征值 a_i 的概率 P_i 等于 ψ 按 $\hat{A}$ 本征态展开式中对应本征值 a_i 那项的系数 $\langle a_i|\psi\rangle$ 的模方。

由此我们得到一条推论: $\hat{A}$ 的平均值 $\overline{A}$ 等于 $\langle\psi|$ 与 $\hat{A}|\psi\rangle$ 的内积:

$$\overline{A} = \langle\psi|\hat{A}|\psi\rangle.$$

(4) 波函数(概率幅)随时间的演化,遵从薛定谔方程

$$\mathrm{i}\hbar \frac{\partial}{\partial t}|\psi\rangle = \hat{H}|\psi\rangle,$$

式中 $\hat{H}$ 是系统的哈密顿算符,其本征态 ψ_E 是定态,满足定态薛定谔方程:

$$\hat{H}|\psi_E\rangle = E|\psi_E\rangle.$$

本章提要

1. 量子假说的实验基础

(1) 热辐射 ⇨ 普朗克量子假说:谐振子能级是离散的。

$$\varepsilon = nh\nu \quad (n = 0, 1, 2, \cdots),$$

普朗克常量 $h = 6.62606876(52) \times 10^{-34}\,\mathrm{J \cdot s}.$

(2) 光电效应 ⇨ 爱因斯坦光子假说:

光和物质相互作用时表现出粒子性。

光子能量 $\varepsilon = h\nu = \hbar\omega.$

(3) 康普顿效应 ⇨ 光子动量 $\boldsymbol{p} = \hbar\boldsymbol{k}.$

2. 波粒二象性

(1) 德布罗意物质波假说:物质粒子也有波动性。

$$\begin{cases} 角频率\ \omega = \varepsilon/\hbar, \\ 波\ 矢\ \boldsymbol{k} = \boldsymbol{p}/\hbar. \end{cases}$$

实验验证：电子衍射。

(2)“波”还是“粒子”？—— 依赖于测量：

哪条路检测器与干涉是相互排斥的。

(3) 海森伯不确定度关系：波粒二象性导致

$$\Delta x \Delta p = \hbar/2.$$

3. **量子力学的基本框架**

(1) **量子态**：由概率幅(态矢)描述 $\begin{cases} 模：模方=概率； \\ 相位。 \end{cases}$

态叠加原理：概率幅叠加 ⇨ 相干性。

态矢空间：左态矢 $\langle\psi|$ 和右态矢 $|\psi\rangle$ 构成的复数对偶的线性矢量空间。

任意态矢 $|\psi\rangle$ 按正交归一态基 $|e_i\rangle$ 展开：

$$|\psi\rangle = \sum_i |e_i\rangle\langle e_i|\psi\rangle.$$

态矢的表示 $\begin{cases} 连续表象中：波函数，如\ \psi(x)； \\ 离散表象中：行矩阵(左矢)和列矩阵(右矢)。 \end{cases}$

(2) **动力学变**量 ⇨ 态矢空间中的算符

$$\begin{cases} 连续表象中：微分，如动量\ \hat{\boldsymbol{p}} = -\mathrm{i}\hbar\boldsymbol{\nabla}，轨道角动量\ \hat{\boldsymbol{l}} = -\mathrm{i}\hbar\boldsymbol{r}\times\boldsymbol{\nabla}. \\ 离散表象中：厄米矩阵，如自旋分量\ s_x = \dfrac{\hbar}{2}\begin{pmatrix} 0 & 1 \\ 1 & 0 \end{pmatrix},\quad s_y = \dfrac{\hbar}{2}\begin{pmatrix} 0 & -\mathrm{i} \\ \mathrm{i} & 0 \end{pmatrix}. \end{cases}$$

算符一般是不对易的 ⇨ 对易关系 $[\hat{A}, \hat{B}] \equiv \hat{A}\hat{B} - \hat{B}\hat{A}$.

基本对易关系：$[\hat{p}_i, \hat{r}_j] = -\mathrm{i}\hbar\delta_{ij}$，

算符 $\hat{A}$ 的本征值 a_i 和本征矢 $|a_i\rangle$：

$$\hat{A}|a_i\rangle = a_i|a_i\rangle,$$

厄米算符的本征值为实数，对应不同本征值的本征矢相互正交。

对易算符有共同本征矢。

(3) **测量假设**

量子态以动力学量算符 $\hat{A}$ 的本征矢展开：

$$|\psi\rangle = \sum_i |a_i\rangle\langle a_i|\psi\rangle,$$

每次测量只能得到它的某个本征值 a_i，相应的概率为 $|\langle a_i|\psi\rangle|^2$.

测量后 $|\psi\rangle$ 坍缩为 $|a_i\rangle$.

测量的数学期望值为

$$\overline{A} = \langle\psi|\hat{A}|\psi\rangle = \sum_i a_i |\langle a_i|\psi\rangle|^2.$$

$|a_i\rangle$ 正交归一。

(4) **动力学规律**：薛定谔方程

$$\mathrm{i}\hbar\frac{\partial}{\partial t}|\psi\rangle = \hat{H}|\psi\rangle,$$

定态：哈密顿算符的本征态

$$\hat{H}|\psi_E\rangle = E|\psi_E\rangle.$$

守恒量：与哈密顿算符对易的动力学量

$$\frac{\partial}{\partial t}\langle\psi(t)|\hat{A}|\psi(t)\rangle = -\mathrm{i}\hbar\langle\psi(t)|[\hat{H},\hat{A}]|\psi(t)\rangle = 0.$$

4. 角动量

(1) 对易关系：$\hat{\boldsymbol{j}}\times\hat{\boldsymbol{j}} = \mathrm{i}\hbar\hat{\boldsymbol{j}}$，$[\hat{\boldsymbol{j}}^2, \hat{j}_i] = 0 \quad (i = x, y, z)$.

(2) 量子数

角量子数 j {轨道角动量：非负整数；自旋角动量：正半奇数(费米子)，或非负整数(玻色子)。

磁量子数 $m = -j, -j+1, \cdots, j-1, j$，共 $2j+1$ 个值。

(3) 本征值：$\hat{\boldsymbol{j}}^2$ 的本征值为 $j(j+1)\hbar^2$，$\hat{j}_z$(或 $\hat{j}_x$、$\hat{j}_y$) 的本征值为 $m\hbar$.

(4) 本征态矢空间

$\hat{\boldsymbol{j}}^2$ 与 $\hat{j}_z$(或 $\hat{j}_x$、$\hat{j}_y$) 对易，它们有共同的本征态 $|jm\rangle$。

给定 j 值，与 $2j+1$ 个不同 m 值对应的本征矢架起一个 $2j+1$ 维的态矢空间。

5. 光子的产生算符、消灭算符

粒子数表象 $\hat{n}|n\rangle = n|n\rangle$，$\hat{n} = \hat{a}^\dagger\hat{a}$

$$\begin{cases} \text{产生算符} & \hat{a}^\dagger|n\rangle = \sqrt{n+1}\,|n+1\rangle, \\ \text{消灭算符} & \hat{a}|n\rangle = \sqrt{n}\,|n-1\rangle. \end{cases}$$

对易关系：$\hat{a}^\dagger\hat{a} - \hat{a}\hat{a}^\dagger = 1$.

思考题

1-1. 一块金属在 1100 K 下发出红色光辉，而在同样温度下，一块石英却不发光。这是为什么？

1-2. 猎户 α 和猎户 β 是猎户座中最亮的两颗星，看起来前者是橘红色，后者白中略带蓝色。它们的温度比太阳高还是低？

1-3. 天狼星是天空中最亮的星，温度大约是 11000 °C，你能设想它的颜色是怎样的吗？

1－4. 估计一下人体热辐射最强的波长。人眼不能感受红外线，你可设想一下，若能感受，会有怎样的后果。

1－5. 如果计算一下不同温度下热辐射中可见光所占的百分比，就会发现在太阳的温度（～6000 K）下比例最高。此外，太阳光谱中辐射能最大的波长与人眼最灵敏的波长大体相符。你认为这些都是偶然的巧合吗？其间有什么因果关系？

1－6. 在图 1－12 的光电伏安特性曲线中，当外电压稍微正于遏止电压 $-V_0$ 时，光电流为什么不垂直地上升到它的饱和值？

1－7. 为什么即使入射光是单色的，射出的光电子却有一定的速率分布？

1－8. 为什么光电测量对于光电极的表面性质非常敏感？

1－9. 今有如下一些材料（括号内是其功函数值）：钽（4.2 eV）、钨（4.5 eV）、铝（4.2 eV）、钡（2.5 eV）、锂（2.3 eV），如果要制造用于可见光的光电池，应选取哪种材料？

1－10. 可以用可见光来做康普顿散射实验吗？

1－11. 在光电效应中电子可以只吸收而不发射光子，在康普顿散射中的自由电子能这样吗？为什么？

1－12. 金属经典电子论认为，电子在晶格上散射是形成电阻的主要机制。按量子理论的观点，这看法对吗？试估算一下，电子在晶格中满足布拉格条件发生衍射所需最低速度的数量级。

1－13. 在核裂变反应堆里用石墨棒将中子慢化（见第五章 4.3 节）。其原理如本题图所示，中子源发出的中子进入石墨棒后，快速中子从侧面散射出来，只有速度低于某个极限速度的中子不被散射，从远端跑出。试用德布罗意波的观点加以解释。

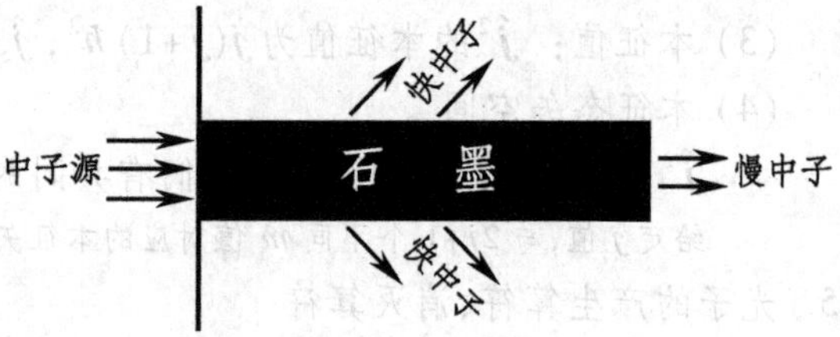

思考题 1－13

1－14. 气体中粒子热运动平均速率所对应的德布罗意波长，称为*德布罗意热波长*或*热波长*。试估算室温下大气中分子热波长的数量级，并与分子平均间距和分子平均自由程作一比较。由此你对气体的量子简并性能得到什么看法？

1－15. 计算质量 40 g、速率 450 m/s 的子弹的德布罗意波长。

1－16. 非相对论性粒子的德布罗意波有无色散？它的相速和群速各多少？试证明，群速（即波包的速度）就等于粒子本身的速度。

1－17. 如本题图，一束单色光射在半反射分束器后，一半能流反射到光电池 1 上，另一半能流透射到光电池 2 上。令两光电池的截止频率皆为 ν_0，且 $\nu < \nu_0 < \nu/2$. 现在设想我们利用这一装置做微弱光流实验，即光源如此之弱，同时只有一个光子通过仪器

到达光电池。试问:

(1) 到达每个光电池的光子能量是多少($h\nu$ 还是 $h\nu/2$)? 频率是 ν 还是 $\nu/2$?

(2) 如果把图中的光电池换为反射镜,以组成一台迈克耳孙干涉仪,仍让光子一个个地通过仪器,在照相底版上能否记录到干涉条纹?

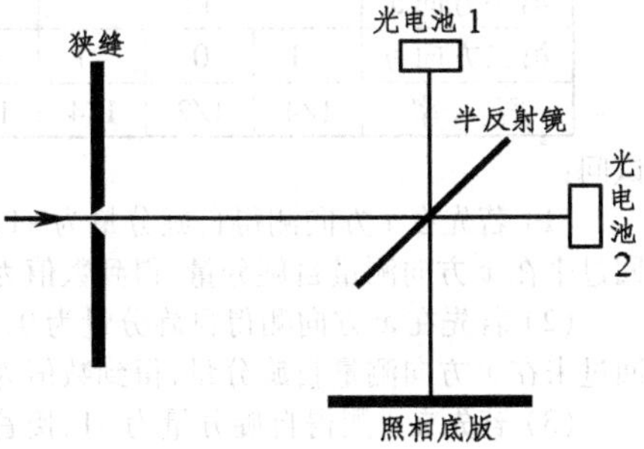

思考题 1 - 17

1 - 18. 设想用杨氏双缝装置做微弱光流干涉实验,即光源如此之弱,同时只有一个光子通过仪器到达接收屏。如果我们又想知道每个光子是从哪条缝通过的,又不干扰该光子的动量,可以采用一对正交的偏振片来做哪条路检测器,每缝后各置一片,从最后接收到光子的偏振方向就可知道它的来路。在此装置的长时间记录中我们可以看到干涉条纹吗?

1 - 19. 试从海森伯不确定度关系的角度来发掘康普顿波长的物理意义:如果电子的活动范围局限于康普顿波长的限度以内,它的动量不确定度是相对论性的,还是非相对论性的? 你知道吗,康普顿波长与原子或原子核的线度相比孰大孰小?

1 - 20. 从海森伯不确定度关系看,原子中的电子运动是相对论性的,还是非相对论性的? 原子核里的质子和中子呢?

1 - 21. 试用海森伯不确定度关系说明:(1) 在原子中电子轨道的概念是没有意义的;(2) 汤姆孙用阴极射线测电子的荷质比时,电子的轨道概念还可以是有意义的。(阴极射线中电子束截面的线度 10^{-4}m, 加速电子的电压 10V.)

1 - 22. 威耳孙云室是用一串小雾滴来显示带电粒子的径迹的。雾滴的线度为 μm 数量级,所观测电子的能量至少多少 eV 才有意义?

1 - 23. 在经典物理中一个矢量 $\boldsymbol{a}$ 与自身的矢积恒为0:

$$\boldsymbol{a}\times\boldsymbol{a}\equiv 0,$$

量子力学中这一性质仍普遍成立吗? 试就 $\hat{\boldsymbol{a}}=\hat{\boldsymbol{r}}$, $\hat{\boldsymbol{p}}$, $\hat{\boldsymbol{l}}(=\hat{\boldsymbol{r}}\times\hat{\boldsymbol{p}})$三种情况考虑此问题。

1 - 24. 数学中有个大家熟悉的恒等式

$$(a+b)(a-b)=a^2-b^2,$$

在量子力学中 a、b 成为算符 $\hat{a}$ 和 $\hat{b}$, 上式仍普遍成立吗?

1 - 25. 在5.3节里证明了轨道磁量子数 m 为整数,从而绕 z 轴旋转一周时,波函数的相位改变2π,没有物理效果。但是应注意到,在那里曾用到一个条件,即 $m=0$ 的本征值是可能的。然而这一条对于自旋角动量不成立,请设想一下,绕 z 轴旋转一周时,自旋的波函数相位改变多少? 有没有物理效果?

1 - 26. 仿照图 1 - 28 画出自旋1/2 的空间量子化图。这时自旋角动量矢量与 z 轴间的夹角为多少?

1 - 27. 对于自旋为1 的粒子,自旋沿任何方向分量的本征值皆为 +1、0、-1. 对于任何两个相互垂直的方向(譬如 x 和 y),在第一个方向自旋分量的本征态中测量第二个方向自旋分量时,获得它的各个本征值的概率列于下表(见习题 1 - 39):

第一方向 x	+1			0			−1		
第二方向 y	+1	0	−1	+1	0	−1	+1	0	−1
概　率	1/4	1/2	1/4	1/2	0	1/2	1/4	1/2	1/4

试问:

(1) 若先在 x 方向测得自旋分量为 +1，接着又在 y 方向测得自旋分量为 −1，再接着回过来在 x 方向测量自旋分量，得到数值为 +1 的概率是多少?

(2) 若先在 x 方向测得自旋分量为 0，接着又在 y 方向测得自旋分量为 −1，再接着回过来在 x 方向测量自旋分量，得到数值为 +1 的概率是多少?

(3) 若先在 x 测得自旋分量为 −1，接着又在 y 方向测得自旋分量为 −1，再接着回过来在 x 方向测量自旋分量，得到数值为 + 1 的概率是多少?

1 – 28. 上题中测量粒子自旋分量的装置，可设计如本题图 a，它相当于三个施特恩–格拉赫装置串联，其中两端两对磁极的长度和极性相同，中间一对磁极长度大一倍，极性相反。令粒子束相继通过这三对磁极产生的高梯度磁场。自旋为 1 的未极化粒子束通过第一对磁极时，按自旋分量的不同分成 +1、0、−1 三股。这三股发散的原子束通过第二对磁极时轨道曲率反转，通过第三对磁极后轨道曲率再反转，汇集起来，复归为一股。如果粒子束中缺哪个自旋极化分量，在中间区域里就不出现那一股。以上装置可抽象成本题图 b 所示的平面示意图，磁场梯度的方向平行于此平面。

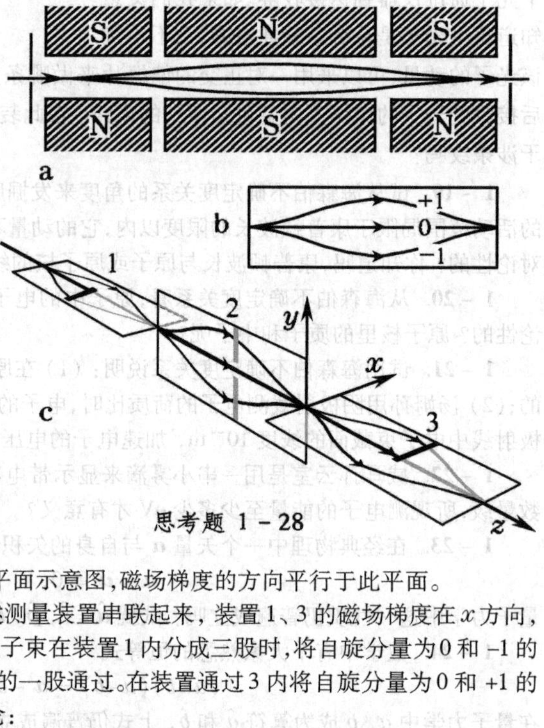

思考题 1 – 28

如本题图 c 所示，将三个上述测量装置串联起来，装置 1、3 的磁场梯度在 x 方向，装置 2 的磁场梯度在 y 方向。当粒子束在装置 1 内分成三股时，将自旋分量为 0 和 −1 的两股遮挡掉，只让自旋分量为 +1 的一股通过。在装置通过 3 内将自旋分量为 0 和 +1 的两股遮挡掉。下面分两种情况讨论:

(1) 在装置 2 内将自旋分量为 ±1 的两股遮挡掉(见图 c 中灰色挡板)。通过装置 1 的粒子还能通过装置 3 的概率有多少?

(2) 将图 c 中灰色挡板拆除，通过装置 1 的粒子还能通过装置 3 的概率有多少?

1 – 29. 仿效 8.4 节求泡利矩阵的方法，推导 9.3 节中 $j=1$ 的角动量分量矩阵表达式(1.149)。

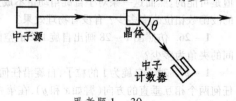

思考题 1 – 30

1 – 30. 如本题图，非单能中子束在单晶上散射会生成劳厄相，即在满足布拉格条件的一些方向上可以探测到衍射主极强。但有时出现例外,若组成晶体的原子具有自旋,往往除尖锐的衍射峰之外还有一个接近各向同性的散射本底。你能理解这是什么原因吗?

1-31. 在上题中,你能知道劳厄相是中子在晶体中哪个原子上散射的结果吗?我们知道,中子的自旋为1/2。假设晶体中每个原子的自旋也是1/2,且原来的方向一致向上。如果我们发现,一个自旋向下的中子被散射后自旋方向变为向上,这时你能知道它是被哪个原子散射的吗?你能否想象,这个中子朝各方向散射的概率是怎样分布的?

1-32. 算符和态矢运算的代数关系不因表象而异。下表给出轨道角量子数$l=1$的3个本征矢和角动量算符的两种表示:球坐标表示和矩阵表示。

$\vert p+\rangle$	$\psi_{p+}=\frac{1}{\sqrt{2}}R(r)\sin\theta e^{+i\varphi}$	$\begin{pmatrix}1\\0\\0\end{pmatrix}$
$\vert p0\rangle$	$\psi_{p0}=-R(r)\cos\theta$	$\begin{pmatrix}0\\1\\0\end{pmatrix}$
$\vert p-\rangle$	$\psi_{p-}=-\frac{1}{\sqrt{2}}R(r)\sin\theta e^{-i\varphi}$	$\begin{pmatrix}0\\0\\1\end{pmatrix}$
$\frac{\hat{l}_z}{\hbar}$	$-i\frac{\partial}{\partial\varphi}$	$\begin{pmatrix}1&0&0\\0&0&0\\0&0&-1\end{pmatrix}$
$\frac{\hat{l}_x}{\hbar}$	$i\left(\sin\varphi\frac{\partial}{\partial\theta}+\cot\theta\cos\varphi\frac{\partial}{\partial\varphi}\right)$	$\frac{1}{\sqrt{2}}\begin{pmatrix}0&1&0\\1&0&1\\0&1&0\end{pmatrix}$
$\frac{\hat{l}_y}{\hbar}$	$i\left(-\cos\varphi\frac{\partial}{\partial\theta}+\cot\theta\sin\varphi\frac{\partial}{\partial\varphi}\right)$	$\frac{1}{\sqrt{2}}\begin{pmatrix}0&-i&0\\i&0&-i\\0&i&0\end{pmatrix}$
$\frac{\hat{l}_+}{\hbar}$	$e^{+i\varphi}\left(\frac{\partial}{\partial\theta}+i\cot\theta\frac{\partial}{\partial\varphi}\right)$	$\sqrt{2}\begin{pmatrix}0&1&0\\0&0&1\\0&0&0\end{pmatrix}$
$\frac{\hat{l}_-}{\hbar}$	$-e^{-i\varphi}\left(\frac{\partial}{\partial\theta}-i\cot\theta\frac{\partial}{\partial\varphi}\right)$	$\sqrt{2}\begin{pmatrix}0&0&0\\1&0&0\\0&1&0\end{pmatrix}$
$\frac{\hat{l}^2}{\hbar^2}$	$-\left[\frac{1}{\sin\theta}\frac{\partial}{\partial\theta}\left(\sin\theta\frac{\partial}{\partial\theta}\right)+\frac{1}{\sin^2\theta}\frac{\partial^2}{\partial\varphi^2}\right]$	$2\begin{pmatrix}1&0&0\\0&1&0\\0&0&1\end{pmatrix}$

试用这两种表示验算下列关系式:

(1) $\frac{\hat{l}_+}{\hbar}\vert p-\rangle=\sqrt{2}\vert p0\rangle$　(2) $\frac{\hat{l}_+}{\hbar}\vert p0\rangle=\sqrt{2}\vert p+\rangle$　(3) $\frac{\hat{l}_+}{\hbar}\vert p+\rangle=0$

(4) $\frac{\hat{l}_-}{\hbar}|p+\rangle=\sqrt{2}|p0\rangle$ (5) $\frac{\hat{l}_-}{\hbar}|p0\rangle=\sqrt{2}|p-\rangle$ (6) $\frac{\hat{l}_-}{\hbar}|p-\rangle=0$

1－33. 光的受激发射、自发发射与光子是玻色子有什么关系？

1－34. 试用矩阵式(1.174)验算 $a^\dagger a=n$, $aa^\dagger=n+1$.

习 题

1－1. 用(1.15)式导出斯特藩－玻耳兹曼定律(1.16)式和维恩位移定律(1.17)式。

1－2. 太阳常量(太阳在单位时间内垂直照射在地球表面单位面积上的能量)为 1.94 cal/(cm^2·min)，日地距离约为 1.50×10^8 km，太阳的角半径为 0.00465 rad，用这些数据来估算一下太阳的温度。

1－3. 设空腔处于某温度时 $\lambda_{max}=650.0$ nm，如果腔壁的温度增加，以致总辐射加倍时，λ_{max} 变为多少？

1－4. 热核爆炸中火球的瞬时温度为 10^7 K，求

(1) 辐射最强的波长；

(2) 这种波长的能量子 $h\nu$ 是多少？

1－5. 利用普朗克公式证明斯特藩－玻耳兹曼常量

$$\sigma=2\pi^5k_B{}^4/15c^2h^3.$$

$\left[\text{提示：}\int_0^\infty\frac{x^3\mathrm{d}x}{e^x-1}=\frac{\pi^4}{15}.\right]$

1－6. 利用普朗克公式证明维恩常量

$$b=0.2014hc/k_B.$$

[提示： $e^{-x}+x/5=1$ 的解为 $x=4.965$.]

1－7. 从钠中取去一个电子所需的能量为 2.3 eV.

(1) 钠是否会对 $\lambda=680.0$ nm 的橙黄色光产生光电效应？

(2) 从钠表面光电发射的截止波长是多少？

1－8. 波长为 200.0 nm 的光照到铝的表面，对铝来说，移去一个电子所需的能量为 4.2 eV，试问：

(1) 出射最快的光电子能量是多少？

(2) 遏止电压为多少？

(3) 铝的截止波长为多少？

(4) 如果入射光强度为 2.0 W/m^2，单位时间打到单位面积上的平均光电子数为多少？

1－9. 某光电阴极对于 $\lambda=491.0$ nm 的光，发射光电子的遏止电压为 0.71 V. 当改变入射光波长时，其遏止电压变为 1.43 V，问此时入射光的波长为多少？

1－10. 有光照射到照相底版上，如果在版上分解出 AgBr 分子，则光就被记录下来。分解一个 AgBr 分子所需的最小能量约为 10^{-19} J，求截止波长(即大于该波长的光子将不被记录)。

1－11. 一个空腔辐射器处于6000 K 的温度，它壁上小圆孔的直径是0.10 mm，计算每秒从此孔发出的波长在550.0 ~551.0 nm 之间的光子数。

1－12. 太阳光以每秒1340 W/m^2 的辐射率照射到垂直于入射线的地球表面上，假如入射光的平均波长为550.0 nm，求每秒每平方米上的光子数。

1－13. 在理想条件下正常人的眼睛接收到550.0 nm 的可见光时，每秒光子数达100 个时就有光感，与此相当的功率是多少？

1－14. 单色电磁波的强度是$Nh\nu$，其中N是单位时间通过单位面积的光子数。照射在全反射镜面上的辐射压强是多少？

1－15. 试由(1.37)式、(1.38)式推导出康普顿散射的角分布公式(1.39)。

1－16. 试证明，康普顿散射中反冲电子的动能E_k 和入射光子能量E之间的关系为

$$\frac{E_k}{E}=\frac{\Delta\lambda}{\lambda+\Delta\lambda}=\frac{2\lambda_C\sin^2(\theta/2)}{\lambda+2\lambda_C\sin^2(\theta/2)},$$

其中$\lambda_C=h/mc$为康普顿波长，θ角见图1－17.

1－17. 今有：① 波长为0.100 nm 的X 射线束；② 从^{137}Cs 样品得到的波长为0.0188 nm 的γ射线束，用两者分别去与自由电子碰撞，从与入射方向成90°角的方向去观察散射线。问每种情况的

(1) 康普顿波长偏移是多少？

(2) 给予反冲电子的动能为多少？

(3) 入射光在碰撞时失去的能量占总能量的百分之几？

1－18. 按归一化条件

$$\int_{-\infty}^{\infty}\psi^*(x)\psi(x)\,\mathrm{d}x=1$$

求出(1.50)式中高斯型波函数的归一化因子$A=(\pi/a)^{-1/4}$.

1－19. 验算一下，(1.52)式中给出的p表象波函数$C(p)$也是归一化的，即

$$\int_{-\infty}^{\infty}C^*(p)C(p)\,\mathrm{d}p=1.$$

1－20. 用(1.56)式

$$\overline{x^2}=\int_{-\infty}^{\infty}\psi^*(x)x^2\psi(x)\,\mathrm{d}x$$

验算一下(1.53)式的结果，即$\overline{x^2}=1/2a$.

1－21. 试在x、p两种表象中计算(1.54)式的结果，即$\overline{(p-p_0)^2}=\hbar^2a/2$. 在$x$表象中

$$\overline{(p-p_0)^2}=\int_{-\infty}^{\infty}\psi^*(x)(\hat{p}-p_0)^2\psi(x)\,\mathrm{d}x,$$

式中$\hat{p}=-\mathrm{i}\hbar\mathrm{d}/\mathrm{d}x$. 在$p$表象中

$$\overline{(p-p_0)^2}=\int_{-\infty}^{\infty}C^*(p)(p-p_0)^2C(p)\,\mathrm{d}p.$$

1－22. 一个粒子自身的动量与位置变量之间有对易关系(1.67)式，但不同粒子之间的变量是对易的。故对于两个粒子1 和2 来说，有

$$[\hat{p}_i,\hat{x}_j]=-\mathrm{i}\hbar\delta_{ij}\quad(i,j=1,2),$$

试证明算符$\hat{x}_1-\hat{x}_2$和$\hat{p}_1+\hat{p}_2$是对易的。

1－23. 试论证,在 p 表象中位矢 $\boldsymbol{r}=x\boldsymbol{i}+y\boldsymbol{j}+z\boldsymbol{k}$ 对应下列算符:

$$\left.\begin{aligned} x \to \hat{x} = \mathrm{i}\hbar\frac{\partial}{\partial p_x}, \\ y \to \hat{y} = \mathrm{i}\hbar\frac{\partial}{\partial p_y}, \\ z \to \hat{z} = \mathrm{i}\hbar\frac{\partial}{\partial p_z}, \end{aligned}\right\} \text{即} \quad \boldsymbol{r} \to \hat{\boldsymbol{r}} = \mathrm{i}\hbar\boldsymbol{\nabla}_p.$$

1－24. 计算对易关系$[\hat{\boldsymbol{r}}, \hat{\boldsymbol{p}}^2]$.

1－25. 试证明

$$[\hat{\boldsymbol{p}}, F(\boldsymbol{r})] = -\mathrm{i}\hbar\boldsymbol{\nabla}F(\boldsymbol{r}),$$

式中 $F(\boldsymbol{r})$是 $\boldsymbol{r}$ 的任意函数。

1－26. 试证明

$$[\hat{\boldsymbol{r}}, F(\boldsymbol{p})] = \mathrm{i}\hbar\boldsymbol{\nabla}_p F(\boldsymbol{p}),$$

式中 $F(\boldsymbol{p})$是 $\boldsymbol{p}$ 的任意函数。

1－27. 在经典力学中沿径矢 $\boldsymbol{r}$ 方向动量的分量为 $p_r=\boldsymbol{p}\cdot\frac{\boldsymbol{r}}{r}$ 或 $\frac{\boldsymbol{r}}{r}\cdot\boldsymbol{p}$,但在量子力学中 $\boldsymbol{p}$ 与 $\boldsymbol{r}$ 不对易,以上两表达式不等价。故在量子力学中 p_r 的定义取它们的平均:

$$\hat{p}_r \equiv \frac{1}{2}\left(\boldsymbol{p}\cdot\frac{\boldsymbol{r}}{r}+\frac{\boldsymbol{r}}{r}\cdot\boldsymbol{p}\right).$$

证明: (1) $\hat{p}_r = -\mathrm{i}\hbar\left(\frac{\partial}{\partial r}+\frac{1}{r}\right)$; (2) $[\hat{p}_r, \hat{r}] = -\mathrm{i}\hbar$.

1－28. 逐步详细推导角动量算符的所有对易关系(1.77)式和(1.78)式。

1－29. 试证明

$$\left[\hat{\boldsymbol{l}}, \frac{1}{\boldsymbol{r}}\right] = 0 \quad \text{和} \quad [\hat{\boldsymbol{l}}, \hat{\boldsymbol{p}}^2] = 0,$$

式中 $\hat{\boldsymbol{l}}$ 为轨道角动量算符。

1－30. 证明:

$$\hat{\boldsymbol{p}}\times\hat{\boldsymbol{l}}+\hat{\boldsymbol{l}}\times\hat{\boldsymbol{p}} = 2\mathrm{i}\hbar\hat{\boldsymbol{p}}.$$

1－31. 证明 $\hat{\boldsymbol{r}}\cdot\hat{\boldsymbol{l}}=\hat{\boldsymbol{l}}\cdot\hat{\boldsymbol{r}}=0$ 和 $\hat{\boldsymbol{p}}\cdot\hat{\boldsymbol{l}}=\hat{\boldsymbol{l}}\cdot\hat{\boldsymbol{p}}=0$.

1－32. 处在一般有心力场中粒子的哈密顿算符为

$$\hat{H} = \frac{\hat{\boldsymbol{p}}^2}{2m}+V(r),$$

其中第一项是粒子的动能,第二项是它在有心力场中的势能。试证明:轨道角动量 $\hat{\boldsymbol{l}}$ 与此哈密顿算符对易,从而是个守恒量。

1－33. 谐振子的哈密顿算符为

$$\hat{H} = \frac{1}{2m}\hat{p}^2+\frac{1}{2}\kappa\hat{x}^2 = \frac{1}{2m}(\hat{p}^2+m^2\omega_0{}^2\hat{x}^2),$$

式中 $\omega_0=\sqrt{\kappa/m}$ 为谐振子的经典固有角频率。已知它的前三个本征态波函数为

$$\begin{cases} \psi_0(\xi) = A_0\,\mathrm{e}^{-\xi^2/2}, \\ \psi_1(\xi) = 2A_1\xi\,\mathrm{e}^{-\xi^2/2}, \\ \psi_2(\xi) = 2A_2(2\xi^2-1)\,\mathrm{e}^{-\xi^2/2}, \end{cases}$$

式中 $\xi=(\sqrt{m\omega_0/\hbar})\,x$. 试确定归一化因子 A_0、A_1 和 A_2,并计算能量的平均值

$$\overline{E_n} = \int_{-\infty}^{\infty} \psi_n^*(x)\hat{H}\psi_n(x)\,\mathrm{d}x \quad (n=0,1,2).$$

1－34. 在上题中动能和势能的平均值各占多少比例？

1－35. 如本题图，$|\nearrow\rangle$和$|\searrow\rangle$分别代表沿 ±45°方向振动的线偏振态，试将它们以$|x\rangle$和$|y\rangle$为基矢展开。

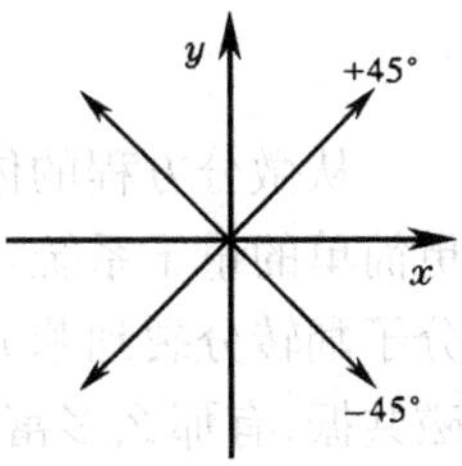

习题 1－35

1－36. 接上题，反过来以$|\nearrow\rangle$和$|\searrow\rangle$为基矢将$|x\rangle$和$|y\rangle$展开。

1－37. 以$|\nearrow\rangle$和$|\searrow\rangle$为基矢将左右旋圆偏振态$|L\rangle$和$|R\rangle$展开。

1－38. 已知电子自旋三个分量的本征矢为

$$\begin{cases} |x+\rangle \simeq \frac{1}{\sqrt{2}}\begin{pmatrix}1\\1\end{pmatrix}, \\ |x-\rangle \simeq \frac{1}{\sqrt{2}}\begin{pmatrix}1\\-1\end{pmatrix}. \end{cases} \quad \begin{cases} |y+\rangle \simeq \frac{1}{\sqrt{2}}\begin{pmatrix}1\\ \mathrm{i}\end{pmatrix}, \\ |y-\rangle \simeq \frac{1}{\sqrt{2}}\begin{pmatrix}1\\-\mathrm{i}\end{pmatrix}. \end{cases} \quad \begin{cases} |z+\rangle \simeq \begin{pmatrix}1\\0\end{pmatrix}, \\ |z-\rangle \simeq \begin{pmatrix}0\\1\end{pmatrix}. \end{cases}$$

试以$|y\pm\rangle$为基矢将$|x\pm\rangle$展开。在$|x\pm\rangle$中测量自旋y分量可能获得哪些值，它们各自的概率是多少？平均值是多少？

1－39. 已知角量子数$J=1$的角动量$\hat{\boldsymbol{J}}$的三个分量$\hat{J}_x$、$\hat{J}_y$、$\hat{J}_z$的本征矢为

$$\begin{cases} |x+\rangle \simeq \frac{1}{2}\begin{pmatrix}1\\ \sqrt{2}\\ 1\end{pmatrix}, \\ |x0\rangle \simeq \frac{1}{\sqrt{2}}\begin{pmatrix}1\\0\\-1\end{pmatrix}, \\ |x-\rangle \simeq \frac{1}{2}\begin{pmatrix}1\\-\sqrt{2}\\1\end{pmatrix}. \end{cases} \quad \begin{cases} |y+\rangle \simeq \frac{1}{2}\begin{pmatrix}1\\ \mathrm{i}\sqrt{2}\\ -1\end{pmatrix}, \\ |y0\rangle \simeq \frac{1}{\sqrt{2}}\begin{pmatrix}1\\0\\1\end{pmatrix}, \\ |y-\rangle \simeq \frac{1}{2}\begin{pmatrix}1\\-\mathrm{i}\sqrt{2}\\-1\end{pmatrix}. \end{cases} \quad \begin{cases} |z+\rangle \simeq \begin{pmatrix}1\\0\\0\end{pmatrix}, \\ |z0\rangle \simeq \begin{pmatrix}0\\1\\0\end{pmatrix}, \\ |z-\rangle \simeq \begin{pmatrix}0\\0\\1\end{pmatrix}. \end{cases}$$

试以$|x\pm\rangle$和$|x0\rangle$为基矢将$|y\pm\rangle$和$|y0\rangle$展开。在$|y\pm\rangle$和$|y0\rangle$中测量$\hat{J}_x$分量可能获得哪些值，它们各自的概率是多少？平均值是多少？

1－40. 下列光子的量子态称为相干态(coherent state)：

$$|\alpha\rangle = \mathrm{e}^{-\alpha^*\alpha/2}\sum_{n=0}^{\infty}\frac{\alpha^n}{\sqrt{n!}}|n\rangle,$$

式中$|n\rangle$粒子数算符$\hat{n}$的本征态，α是一个常量。试证明：相干态是消灭算符$\hat{a}$的本征态。此外，其本征值为多少？

1－41. 在某种玻色子的$\hat{n}$表象中谐振子的哈密顿算符可以写成（见第三章 2.4 节）

$$\hat{H} = \left(\hat{a}^\dagger\hat{a} + \frac{1}{2}\right)\hbar\omega_0,$$

式中ω_0是谐振子的固有角频率，其本征值为多少？

1－42. 接上两题，求谐振子能量在相干态中的平均值。

第二章 双态系统

从微分方程的体系看,最简单的量子系统是一维系统,但双态系统却是更简单的量子系统。处理这类系统用不着微分方程,但要用矩阵代数。从氨分子翻转分裂到苯分子的共振能和染料分子的共轭双键,从氨分子钟到核磁共振,有那么多富有实际意义的双态系统例子。本书对具体量子系统的讨论从这里开始,这使我们能够较早地接触到量子物理里许多激动人心的新成果,学习的兴趣将油然而生。一般量子系统不会只有两个能级,不过往往在其中有两靠得很近的能级,它们到其它能级的间隔都要大几个数量级,在特定的问题中它们与其它能级之间的跃迁无需考虑。本章讨论的就是这类问题。

§1. 等价双态系统

1.1 能级离散系统中薛定谔方程的矩阵形式

量子系统的能级有时是连续的(自由粒子或散射态,见第三章1.1节),在更多的情况下是离散的。能级离散时用狄拉克符号和矩阵来表述很方便。

用右矢$|\psi(t)\rangle$代表系统的量子态,将薛定谔方程写为

$$\mathrm{i}\hbar\frac{\partial}{\partial t}|\psi(t)\rangle = \hat{H}|\psi(t)\rangle. \tag{2.1}$$

现取一套任意正交归一态基$|j\rangle$ $(j = 1, 2, \cdots)$,将$|\psi(t)\rangle$在其上分解:

$$|\psi(t)\rangle = \sum_j |j\rangle\langle j|\psi(t)\rangle = \sum_j C_j|j\rangle,$$

式中

$$C_j = \langle j|\psi(t)\rangle.$$

代入(2.1)式右端,得

$$\mathrm{i}\hbar\frac{\partial}{\partial t}|\psi(t)\rangle = \sum_j \hat{H}|j\rangle\langle j|\psi(t)\rangle.$$

以左矢$\langle i|$乘上式两端:

$$\mathrm{i}\hbar\frac{\partial}{\partial t}\langle i|\psi(t)\rangle = \sum_j \langle i|\hat{H}|j\rangle\langle j|\psi(t)\rangle,$$

即

$$\mathrm{i}\hbar\frac{\partial C_i}{\partial t} = \sum_j H_{ij}C_j, \tag{2.2}$$

式中

$$H_{ij} = \langle i|\hat{H}|j\rangle. \tag{2.3}$$

这便是薛定谔方程在离散能级情况下的形式。上式可写成矩阵的形式。为了

简单,我们假定只有两个能级 1 和 2,上式的矩阵形式为

$$\mathrm{i}\hbar\frac{\partial}{\partial t}\begin{pmatrix}C_1\\C_2\end{pmatrix}=\begin{pmatrix}H_{11} & H_{12}\\H_{21} & H_{22}\end{pmatrix}\begin{pmatrix}C_1\\C_2\end{pmatrix}. \tag{2.4}$$

向更多能级的情况推广是直截了当的。以上便是薛定谔方程的矩阵形式,在其中哈密顿算符变成了哈密顿矩阵。

如果我们所选的基矢 $|\beta\rangle$ ($\beta=\mathrm{I},\mathrm{II}$) 刚好是哈密顿算符的本征矢:

$$\begin{cases}\hat{H}|\mathrm{I}\rangle=E_{\mathrm{I}}|\mathrm{I}\rangle,\\ \hat{H}|\mathrm{II}\rangle=E_{\mathrm{II}}|\mathrm{II}\rangle.\end{cases}$$

以这套态矢为基的表象是能量表象。由于本征矢的正交归一性,有

$$H_{\alpha\beta}=\langle\alpha|\hat{H}|\beta\rangle=E_{\alpha}\delta_{\alpha\beta}\quad(\alpha,\beta=\mathrm{I},\mathrm{II}), \tag{2.5}$$

亦即在能量表象中哈密顿矩阵是对角的:

$$\begin{pmatrix}H_{\mathrm{I\,I}} & H_{\mathrm{I\,II}}\\H_{\mathrm{II\,I}} & H_{\mathrm{II\,II}}\end{pmatrix}=\begin{pmatrix}E_{\mathrm{I}} & 0\\0 & E_{\mathrm{II}}\end{pmatrix}. \tag{2.6}$$

在一般表象和能量表象之间哈密顿矩阵存在着如下转换关系:

$$\begin{pmatrix}H_{11} & H_{12}\\H_{21} & H_{22}\end{pmatrix}=\begin{pmatrix}T^{\dagger}_{1\mathrm{I}} & T^{\dagger}_{1\mathrm{II}}\\T^{\dagger}_{2\mathrm{I}} & T^{\dagger}_{2\mathrm{II}}\end{pmatrix}\begin{pmatrix}E_{\mathrm{I}} & 0\\0 & E_{\mathrm{II}}\end{pmatrix}\begin{pmatrix}T_{\mathrm{I}1} & T_{\mathrm{I}2}\\T_{\mathrm{II}1} & T_{\mathrm{II}2}\end{pmatrix},$$

其中 $T_{\beta j}=\langle\beta|j\rangle,\ T^{\dagger}_{i\alpha}=\langle i|\alpha\rangle=(T_{\alpha i})^*$,

即 $T^{\dagger}_{i\alpha}$ 是 $T_{\alpha i}$ 的厄米共轭矩阵。作为能量的本征值,E_{I}、E_{II} 都是实数,从上列矩阵转换公式的展开式读者自己可以验证,H_{11} 和 H_{22} 也是实数,而 $H_{21}=(H_{12})^*$,亦即,此矩阵的厄米共轭等于自身。这种矩阵称为厄米的(Hermitian),上面的论述表明,在任何表象中哈密顿矩阵总是厄米的,其原因是能量本征值总为实数。

在能量表象中哈密顿矩阵是对角的,薛定谔方程具有如下形式:

$$\mathrm{i}\hbar\frac{\partial}{\partial t}\begin{pmatrix}C_{\mathrm{I}}\\C_{\mathrm{II}}\end{pmatrix}=\begin{pmatrix}E_{\mathrm{I}} & 0\\0 & E_{\mathrm{II}}\end{pmatrix}\begin{pmatrix}C_{\mathrm{I}}\\C_{\mathrm{II}}\end{pmatrix},$$

即

$$\mathrm{i}\hbar\frac{\partial C_{\alpha}}{\partial t}=E_{\alpha}C_{\alpha}\quad(\alpha=\mathrm{I},\mathrm{II}),$$

由此解得

$$C_{\alpha}(t)=C_{\alpha}(0)\mathrm{e}^{-\mathrm{i}E_{\alpha}t/\hbar}\quad(\alpha=\mathrm{I},\mathrm{II}),$$

它们的模方(即概率)$|C_{\alpha}|^2$ 是不随时间变化的常量。若态矢 $|\psi(t=0)\rangle$ 是哈密顿矩阵的一个本征态 $|\alpha\rangle$,则概率幅 $C_{\beta}(t=0)=\delta_{\alpha\beta}$,$C_{\beta}(t)=\delta_{\alpha\beta}\,\mathrm{e}^{-\mathrm{i}E_{\alpha}t/\hbar}$,于是 $|\psi(t)\rangle=\mathrm{e}^{-\mathrm{i}E_{\alpha}t/\hbar}|\alpha\rangle$,其模方也是不变的。如第一章 6.4 节所述,这种态叫做定态,能量的本征态都是定态。

1.2 氨分子概率幅的振荡与能级的分裂

下面我们将通过一些既有趣又简单的例子，来展示如何用薛定谔方程来处理具体的物理问题。在讨论中我们将特别强调那些经典物理理论解释不了的现象和得不出来的结论。氨分子是我们选中的第一个例子。

氨分子的结构如图 2-1 所示，三个氢原子和一个氮原子排列在四面体的顶点上，整个分子呈金字塔形。相对于氢原子组成的平面，氮原子有一对镜象对称的可能位置。我们称这两种结构的量子态分别是$|1\rangle$和$|2\rangle$，它们是等价的，具有相同的能量E_0. 这意味着，在哈密顿矩阵中的对角元$H_{11}=H_{22}=E_0$. 如果非对角元H_{12}、H_{21}等于0的话，$|1\rangle$和$|2\rangle$将是能量的本征态。但这不是氨分子的真实情况。实际上，虽然氮原子从氢原子平面的一侧跑到另一侧要穿过一定的势垒，即使从经典的观点能量不够，也会有不等于 0 的概率发生量子隧穿（见第三章 1.2 节）。所以我们假定矩阵元H_{12}、H_{21}不等于0. 因为哈密顿矩阵是厄米的，$H_{21}=(H_{12})^*$，不失一般性，我们不妨假定它们是负的实数，即$H_{12}=H_{21}=A$（A 是小于 0 的实数），❶于是我们得到氨分子翻转的薛定谔方程：

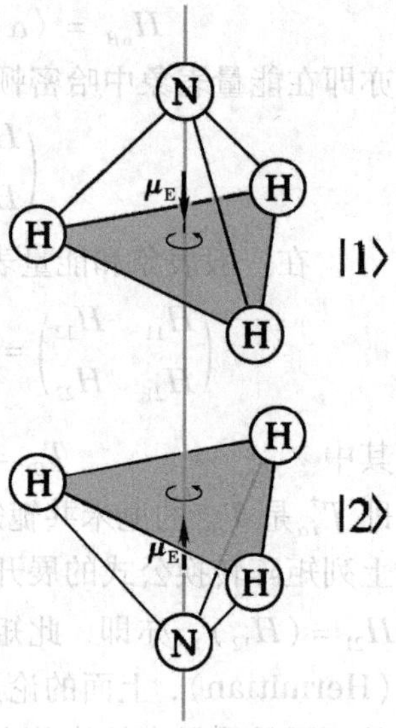

图 2-1 氨分子的两种等价的几何构形

$$\mathrm{i}\hbar\frac{\partial}{\partial t}\begin{pmatrix}C_1\\C_2\end{pmatrix}=\begin{pmatrix}E_0 & A\\A & E_0\end{pmatrix}\begin{pmatrix}C_1\\C_2\end{pmatrix}. \tag{2.7}$$

或写成分量形式：

$$\begin{cases}\mathrm{i}\hbar\dfrac{\partial C_1}{\partial t}=E_0C_1+AC_2, & (2.7\text{a})\\[2mm] \mathrm{i}\hbar\dfrac{\partial C_2}{\partial t}=E_0C_2+AC_1. & (2.7\text{b})\end{cases}$$

解以上两个微分方程并不难，只需将它们相加和相减：

$$\mathrm{i}\hbar\frac{\partial}{\partial t}(C_1\pm C_2)=(E_0\pm A)(C_1\pm C_2),$$

令

$$C_\pm\equiv\frac{1}{\sqrt{2}}(C_1\pm C_2), \tag{2.8}$$

则

$$\mathrm{i}\hbar\frac{\partial C_\pm}{\partial t}=(E_0\pm A)C_\pm. \tag{2.9±}$$

---

❶ 我们不妨试探一下，令$H_{12}=A\mathrm{e}^{\mathrm{i}\varphi}$，$H_{21}=A\mathrm{e}^{-\mathrm{i}\varphi}$（$A$ 是大于 0 的实数），看看有什么不同的物理后果（见思考题 2-1）。

即

$$\mathrm{i}\hbar\frac{\partial}{\partial t}\begin{pmatrix}C_+\\C_-\end{pmatrix}=\begin{pmatrix}E_0+A & 0\\0 & E_0-A\end{pmatrix}\begin{pmatrix}C_+\\C_-\end{pmatrix}. \tag{2.9}$$

由(2.9)式可见,哈密顿矩阵的本征值为 $E_0\mp A$,由(2.8)式知,它相应的本征矢为

$$|\pm\rangle=\frac{1}{\sqrt{2}}\big(|1\rangle\pm|2\rangle\big), \tag{2.10}$$

这是因为(2.8)式中的概率幅 $C_\pm$ 和 C_1、C_2 是任意态矢 $\langle\psi|$ 与新旧态基 $|\pm\rangle$、$|1\rangle$、$|2\rangle$ 的内积,即(2.8)式实际上是

$$\langle\psi|\pm\rangle=\frac{1}{\sqrt{2}}\big(\langle\psi|1\rangle\pm\langle\psi|2\rangle\big),$$

任意左矢 $\langle\psi|$ 可略去不写,上式就成了(2.10)式。

有时我们需要从(2.8)式将 C_1、C_2 反解出来:

$$C_1=\frac{1}{\sqrt{2}}(C_++C_-),\quad C_2=\frac{1}{\sqrt{2}}(C_+-C_-). \tag{2.11}$$

现在看概率幅的时间演化。(2.9±)式积分后得

$$C_\pm(t)=C_\pm(0)\,\mathrm{e}^{-\mathrm{i}(E_0\pm A)t/\hbar}, \tag{2.12}$$

这里 $C_\pm(0)$ 是由初始条件决定的积分常量。代入(2.11)式,得

$$\left.\begin{aligned}C_1(t)&=\frac{1}{\sqrt{2}}\Big[C_+(0)\mathrm{e}^{-\mathrm{i}(E_0+A)t/\hbar}+C_-(0)\mathrm{e}^{-\mathrm{i}(E_0-A)t/\hbar}\Big],\\C_2(t)&=\frac{1}{\sqrt{2}}\Big[C_+(0)\mathrm{e}^{-\mathrm{i}(E_0+A)t/\hbar}-C_-(0)\mathrm{e}^{-\mathrm{i}(E_0-A)t/\hbar}\Big].\end{aligned}\right\} \tag{2.13}$$

由以上各式可以看出,$C_\pm(t)$ 是定态概率幅,其模方不变,而 $C_1(t)$ 和 $C_2(t)$ 则不是。我们假定 $t=0$ 时系统处于纯 C_1 态,即

$$C_1(0)=\frac{1}{\sqrt{2}}[C_+(0)+C_-(0)]=1,\quad C_2(0)=\frac{1}{\sqrt{2}}[C_+(0)-C_-(0)]=0;$$

由此得

$$C_+(0)=C_-(0)=1/\sqrt{2}.$$

代入(2.13)式,得

$$\left.\begin{aligned}C_1(t)&=\mathrm{e}^{-\mathrm{i}E_0t/\hbar}\cos\frac{At}{\hbar},\\C_2(t)&=-\mathrm{i}\,\mathrm{e}^{-\mathrm{i}E_0t/\hbar}\sin\frac{At}{\hbar}.\end{aligned}\right\} \tag{2.14}$$

它们的模方,系统处于态 1、2 的概率分别为

$$\left\{\begin{aligned}P_1(t)&=|C_1(t)|^2=\cos^2\frac{At}{\hbar},\\P_2(t)&=|C_2(t)|^2=\sin^2\frac{At}{\hbar}.\end{aligned}\right. \tag{2.15}$$

概率 P_1、P_2 随时间变化的曲线如图 2－2 所示,它们以 $2\pi\hbar/|A|$ 为周期在

态 1 和态 2 之间交替振荡。

在经典物理中有一种复合振荡系统，叫耦合摆，即两个相同的摆1 和2 通过某种方式耦合在一起（譬如挂在同一根横线上的两个等长的单摆）。若起初我们推动摆 1 使之摆动，摆 2 静止。我们发现，摆 1 的振幅会逐渐减小，而摆2 逐渐摆动起来。过一定时间，摆 1 停止摆动，摆 2 的振幅达到最大。以后的情况反过来，摆 2 逐渐减幅而摆1 增幅，直到摆2 停下来，摆 1 振幅达到最大。如此周而复始，能量在两摆之间交互传递。上述概率在等效量子双态之间传递的情况，与经典物理中的耦合摆有些类似，但统一的能级分裂为二（$E_0 \to E_0 \pm A$）的情况是量子物理里独有的现象。诚然，从（2.10）式看 $|\pm\rangle$ 两量子态可类比于经典物理中耦合摆以同相位和反相位运动的情况，但这种类比并没有反映出量子物理中定态的特点。在量子物理中统一能级分裂为两个定态的现象，比概率在两等效量子态之间振荡的现象更为典型。

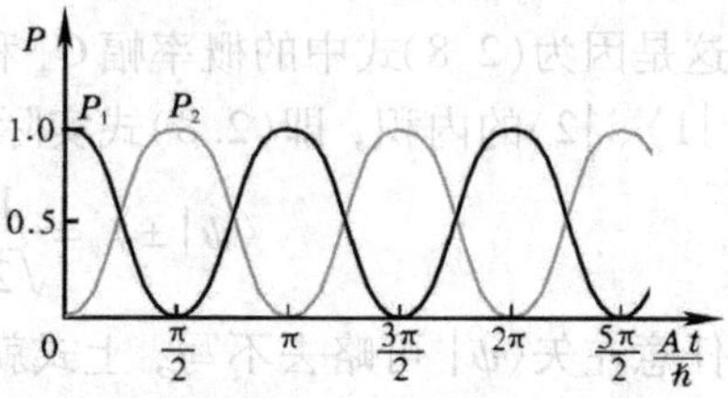

图 2－2 P_1 和 P_2 的振荡曲线

最后我们看看哈密顿矩阵中非对角元 A 的意义。如果把（2.15）式中的概率表达式取短时间的近似，则有

$$\begin{cases} P_1(t) \approx 1 - \left(\dfrac{At}{\hbar}\right)^2, \\ P_2(t) \approx \left(\dfrac{At}{\hbar}\right)^2. \end{cases} \tag{2.16}$$

此式表明，$(At/\hbar)^2$ 是量子系统从状态 1 转出的概率，也是它转入状态 2 的概率。或者说，$At/\hbar$ 是在量子态 1、2 之间转移的概率幅，$A/\hbar$ 是单位时间量子跃迁的概率幅。

1.3 苯分子的“共振能”

本节讨论的是等价双态系统，氨分子是第一个例子，下面我们提供另一个有趣的例子，它也是化学中的例子。碳氢化合物是最基本的有机化合物之一，在碳与氢和碳与碳原子之间都靠共价键结合。下面是烷烃属化合物的分子结构式：

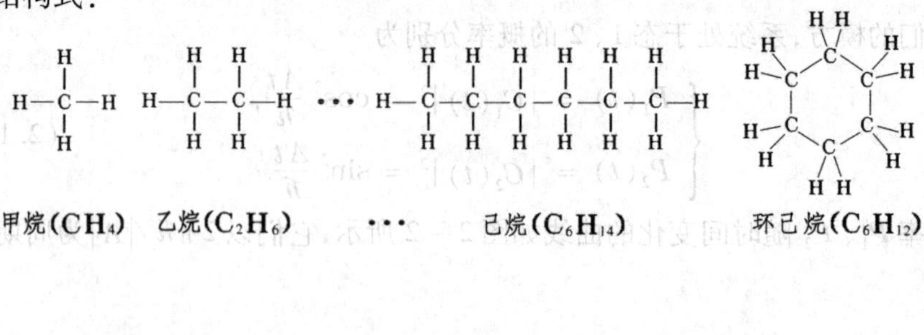

甲烷（CH_4） 乙烷（C_2H_6） … 己烷（C_6H_{14}） 环己烷（C_6H_{12}）

烷烃链的分子通式是 C_nH_{2n+2}，其中碳原子之间都是单键，它们最大限度地与氢原子结合，故称为"饱和碳氢化合物"。平面碳键倾向于成 120° 角，如果 $n=6$ 的已烷首尾相接，连成六角环状，此化合物叫做环已烷（C_6H_{12}）。

碳原子之间除单键结合外，还可以双键结合。典型的例子是乙烯（C_2H_4），其结构式如下：

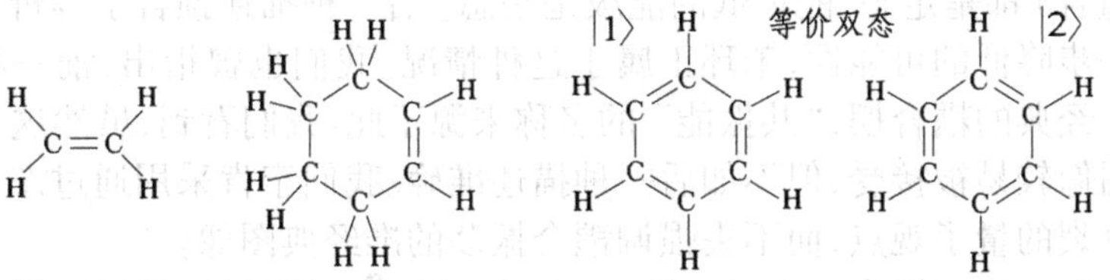

乙烯(C_2H_4)　　环已烯(C_6H_{10})　　苯(C_6H_6)

由于碳原子间是双键，它比乙烷（C_2H_6）就少了两个氢，属不饱和碳氢化合物。如果在环已烷的六个单键中有一个替换成双键，就成了环已烯（C_6H_{10}），比环已烷也少了两个氢。如果环已烷碳原子间 6 个单键中 3 个换成双键，就成了苯（C_6H_6）。苯相对来说是最稳定的分子，我们通过一系列数据来说明。

化合物	分子式	燃烧热（实验值）/（$kJ \cdot mol^{-1}$）
环已烷	C_6H_{12}	3953.0
环已烯	C_6H_{10}	3786.6
苯 环	C_6H_6	3301.6

前两行相减，(3953.0 − 3786.6) kJ/mol = 166.4 kJ/mol，这是替换一个双键降低的能量。因此，替换 3 个双键共降低能量 166.4 kJ/mol × 3 = 499.2 kJ/mol，这样估算苯分子的结合能（即燃烧热）应为（3 953.0 − 499.2） kJ/mol = 3453.8 kJ/mol，而上面给出苯的燃烧热实验值只有 3301.6 kJ/mol，比估算值还低（3453.8 − 3301.6） kJ/mol = 152.2 kJ/mol. 能量愈低愈稳定，这说明苯分子的结构是很稳定的。然而这在理论上如何解释？

如前图像面给出的分子结构式所示，苯环中的 3 个双键有两种不同的配置，二者是等价的。这又是一个等价双态问题！设它们的能量都是 E_0（这相当于前面的 3453.8 kJ/mol），二者之间有一定的概率幅 $-A$ 过渡。于是又得到了我们熟悉的哈密顿矩阵形式：

$$H = \begin{pmatrix} E_0 & A \\ A & E_0 \end{pmatrix},$$

它的本征值为 $E_0 \pm A$，即能级发生了分裂，基态能量为 $E_0 + A$，降低了 $|A|$.

这就解释了苯环能量再降低 152.2 kJ/mol 的事实。化学家把这部分能量叫“共振能”或“离域能”。

在 1.2 节中我们曾给等价双态系统的行为两种描述。如果系统起初处在等价的双态之一,它们都不是定态,系统将在两态之间振荡。另一种描述侧重于系统能级的分裂,新能级的本征态(它们的态矢为原有双态态矢的重新组合)都是定态,能量低的能级是基态。后一种描述预言了等价双态能量进一步降低的可能性,苯环正属于这种情况。我们也曾指出,前一种描述类似于经典的耦合摆,“共振能”的名称来源于此。我们看到,虽然这种描述物理图像较易被接受,但不如后一种描述准确。我们宁肯采用通过态叠加使能级分裂的量子观点,而不去强调耦合振荡的准经典图像。

碳原子的双键中一个是σ键,一个是π键。[1] σ键总是定域的,等价双态的叠加将π键离域化了,所以“共振能”又叫“离域能”,这名称更准确些。由于参与离域π键的电子可以在整个苯环中运动,磁场变化时可以形成较大的抗磁电流,这就是为什么苯分子具有较强抗磁性的原因。

1.4 染料分子的共轭双键

像苯环中碳原子单键双键等价态翻转造成能级分裂的现象,在有机分子中是很典型的。另一个有趣的例子是染料。图 2-3 是一种称为品红(magenta)的染料的分子结构式,这染料呈紫红色。它的分子有三个环结构,其中两个是苯环,第三个环跟苯环完全不同,因为环中只有两个双键。图中画出了它的等价双态 $|1\rangle$ 和 $|2\rangle$,它们的能量 E_0 是相同的。两态之间有一定的翻转概率幅 A,翻转时发生电荷转移。与苯环同样的道理,品红离子的能级将分裂为 $E_0 \pm A$,相应的定态态矢为

$$|\pm\rangle = \frac{1}{\sqrt{2}}\big(|1\rangle \pm |2\rangle\big).$$

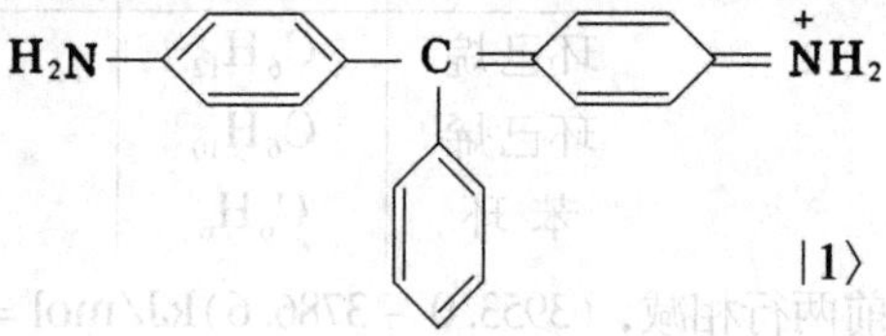

$|1\rangle$

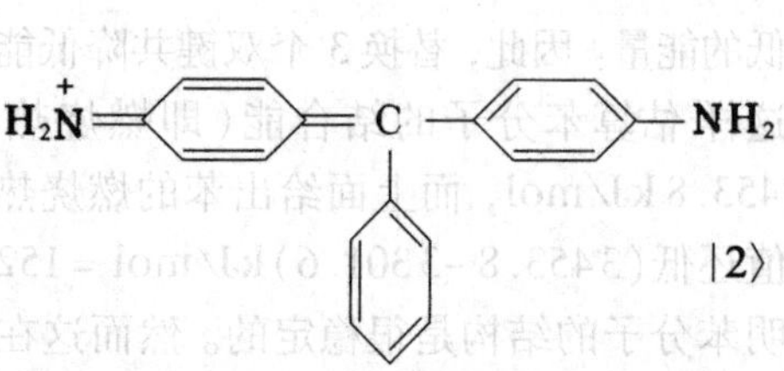

$|2\rangle$

图 2-3 品红染料分子的等价双态

能级差 $2|A|$ 应在可见光的黄绿区,210 kJ/mol 左右,小于苯环的 304.4 kJ/mol。白光照射在染料物质上时,在相应的频率上被吸收,从而显示出与之互补的色彩来。在下节里我们将看到,在分裂能级之间跃迁的概率幅正比于分子的电偶极矩 μ_E. 像品红之类分子等价双态之间的翻转伴随着电荷的大幅度位移,亦即,它们有较大的电

[1] 见《新概念物理教程·热学》(第二版)第一章 6.2 节和本书第四章 §8。

偶极矩,从而该材料对特征频率光的吸收概率比较大。少量的染料就能吸收大量的光,呈现出非常鲜明的色彩。这就是染料之所以成为染料!

染料分子能级的裂距 $2A$ 对分子的结构非常敏感。此外,分子也不必是完全对称的,即使有某种小的不对称,我们仍会看到同样的基本现象以略有修正的形式存在着。通过在分子中造成一点非对称性,就可以稍微改变 A,使染料的颜色发生某种变化。例如,另一种重要的染料 —— 品绿(malachite green)的分子结构就与品红很相似,只是其中两个 H 原子被 CH_3 代替了。

将染料溶于一些有机溶剂里,可做为液体激光器的工作物质。染料激光器的重要特点是其频率能在宽广的范围内连续调谐,目前有着广泛的应用。

1.5 氢分子离子

现在我们来讨论另外一个可归结为等效双态的例子 —— 氢分子离子。不过此例与上述各例有些不同的情况,即其态矢是不正交的。要想纳入上述框架,还得履行一下正交化手续。

19 世纪化学家们明白了分子由原子组成,分子中的原子是通过化学键结合的,化学键的本质是化学中最基本的理论问题。在 1926 年量子力学建立以前,人们主要用静电力和一些唯象的解释来说明化学键,对于氢分子这种最简单的对称分子中的共价键,没人能给出令人满意的解释。量子力学一诞生,这个问题就迎刃而解了。原来化学键本质上是量子效应,在经典物理的框架内是不能解释的。

氢分子 H_2 由两个氢原子组成。一个氢原子由氢原子核(质子)和一个电子组成,所以我们也可以说,氢分子是由两个质子和两个电子组成的。如果氢分子因电离而失去一个电子,就成为氢分子离子 H_2^+,它包含两个质子、一个电子,是最简单的分子。

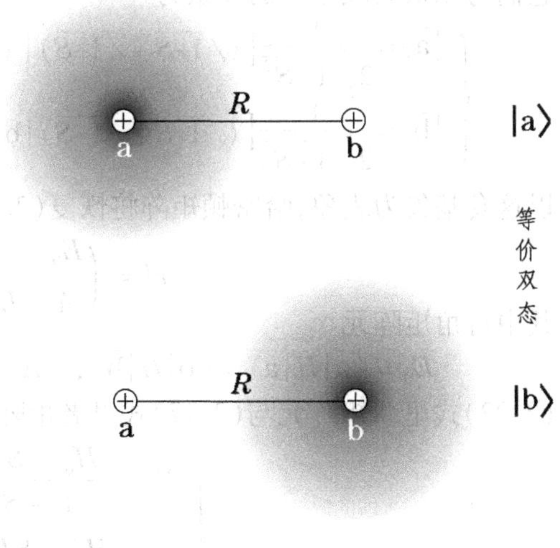

图 2-4 H_2^+ 离子的两个等价的态基

H_2^+ 离子中的两个质子 a、b 共享一个电子,这电子是怎样把它们结合在一起的?我们先从两质子离得较远时说起,这时电子有两个等价的状态:一个是在 a 的周围,另一个是在 b 的周围,如图 2-4 所示。我们将这两个状态分别写作 $|a\rangle$ 和 $|b\rangle$. 显然,它们具有相

同的能量 H_0. 与此同时，电子有一定的概率穿透中间的势垒，从一个状态过渡到另一个状态。按照与 1.2 节里分析氨分子相同逻辑，以 $|a\rangle$、$|b\rangle$ 为态基 H_2^+ 的哈密顿算符 $\hat{H}$ 具有下列矩阵形式：

$$H = \begin{pmatrix} H_{aa} & H_{ab} \\ H_{ba} & H_{bb} \end{pmatrix} = \begin{pmatrix} H_0 & H' \\ H' & H_0 \end{pmatrix}. \tag{2.17}$$

其中 $H_{ij} = \langle i|\hat{H}|j\rangle$，$(i, j = a, b)$。由于 $|a\rangle$、$|b\rangle$ 的等价性，$H_{aa} = H_{bb}$（记作 H_0），$H_{ab} = H_{ba}^{\dagger}$（如果是实数，二者相等，记作 H'）。这矩阵看起来与(2.7)式里的矩阵在形式上一样，但由于波函数有交叠，两态矢不正交：

$$\langle a|b\rangle = S \neq 0, \tag{2.18}$$

我们不能像从(2.7)式到(2.9)式那样把矩阵对角化，但是我们能够通过类似于(2.10)式的变换，得到一组新态基：

$$|\pm\rangle = \frac{1}{\sqrt{2(1 \pm S)}}\big(|a\rangle \pm |b\rangle\big). \tag{2.19}$$

读者可以验证，若 $|a\rangle$ 和 $|b\rangle$ 已归一化，且它们的内积 S 是实数的话（实际情况如此），$|\pm\rangle$ 是正交归一的。在这组态基所描述的状态里电子的运动遍及整个分子，不再局域于某个原子核附近。如果我们还希望有局域的且正交归一化的态基，可以再作一次变换：

$$\begin{cases} |\bar{a}\rangle = \dfrac{1}{\sqrt{2}}\big(|+\rangle + |-\rangle\big), \\ |\bar{b}\rangle = \dfrac{1}{\sqrt{2}}\big(|+\rangle - |-\rangle\big). \end{cases} \tag{2.20}$$

它们与原来局域基矢的关系为

$$\begin{cases} |\bar{a}\rangle = \dfrac{1}{2\sqrt{1-S^2}}\left[(\sqrt{1+S} + \sqrt{1-S})\,|a\rangle - (\sqrt{1+S} - \sqrt{1-S})\,|b\rangle\right], \\ |\bar{b}\rangle = \dfrac{1}{2\sqrt{1-S^2}}\left[(\sqrt{1+S} + \sqrt{1-S})\,|b\rangle - (\sqrt{1+S} - \sqrt{1-S})\,|a\rangle\right]. \end{cases} \tag{2.21}$$

以这套基矢为表象，哈密顿矩阵将恢复(2.7)式里矩阵的形式：

$$H = \begin{pmatrix} E_0 & A \\ A & E_0 \end{pmatrix}. \tag{2.22}$$

其中对角矩阵元

$$E_0 = \langle \bar{a}|\hat{H}|\bar{a}\rangle = \langle \bar{b}|\hat{H}|\bar{b}\rangle, \quad A = \langle \bar{a}|\hat{H}|\bar{b}\rangle = \langle \bar{b}|\hat{H}|\bar{a}\rangle.$$

(2.22)式里新矩阵元与(2.17)式里老矩阵元的关系为：

$$\begin{cases} E_0 = \dfrac{H_0 - SH'}{1 - S^2}, \\ A = \dfrac{H' - SH_0}{1 - S^2}. \end{cases} \tag{2.23}$$

如果变回到非局域化的基矢

$$|\pm\rangle=\frac{1}{\sqrt{2}}\left(|\mathrm{a}\rangle\pm|\mathrm{b}\rangle\right). \tag{2.24}$$

哈密顿矩阵就对角化了：

$$H=\begin{pmatrix}E_+ & 0\\ 0 & E_-\end{pmatrix}=\begin{pmatrix}E_0+A & 0\\ 0 & E_0-A\end{pmatrix}. \tag{2.25}$$

$E_\pm=E_0\pm A$ 就是 H_2^+ 离子从两个等价量子态分裂出来的能级。

在 H_2^+ 离子这个问题里，我们关心的是哈密顿量各矩阵元随两质子之间距离 R 怎样变化。我们先回避一个事实，就是当一个裸质子挤进一个中性氢原子的电子云时，两质子间将会出现库仑排斥力。排斥力意味着势能的增加，这能量是应计算在 E_0 之内的。我们把扣除了库仑势 $E_{库仑}=e^2/R$（静电单位）的 E_0 叫 E_0'，即 $E_0'=E_0-e^2/R$. 粗略地说，R 很大时，E_0' 是一个质子加一个电子，即一个氢原子的能量。如图 2－5a 中下面一条曲线所示，当 R 减小时，另一个原子核对电子的吸引势起愈来愈大的作用。吸引势是负的，E_0' 将随 R 单调下降。A 代表电子从一个质子近旁跃迁到另一个质子近旁的概率幅，它也是负的，其绝对值亦随 R 的减小而单调增加（见图 2－5a 中上面一条曲线）。$E_\pm'=E_0'\pm A$ 两能级在 E_0' 两侧张开（见图 2－5b）。

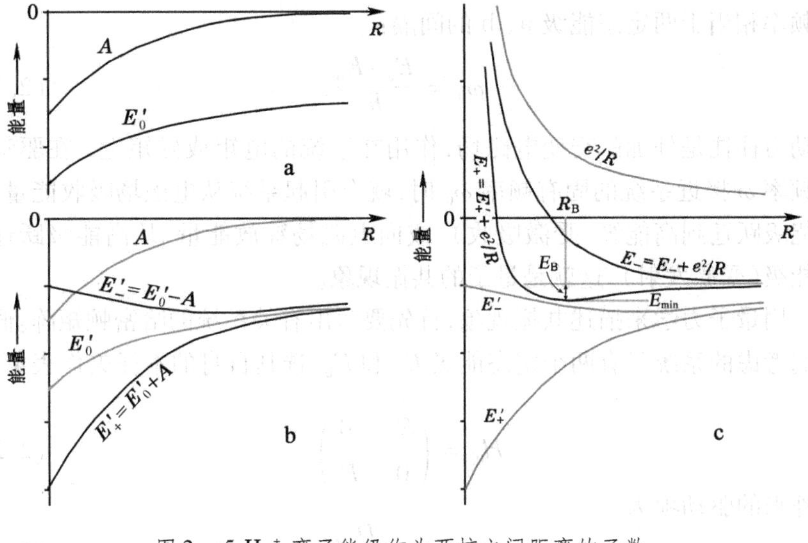

图 2－5 H_2^+ 离子能级作为两核之间距离的函数

现在把两质子间的库仑势 $E_{库仑}=e^2/R$ 考虑进来。它在 $R\to0$ 时正比于 $1/R$ 地趋于 ∞，叠加到 $E_\pm'$ 上，使 $E_\pm$ 也会在质子间距离很小时急剧地增加。

当质子间距趋于0时，A 和 $E_\pm'$ 趋于有限值，库仑排斥势如图2－5c中灰色线所示，将趋于无穷。将 $E_\pm'$ 和库仑排斥势叠加起来，就得到如图2－5c所示的两根黑色线曲线。上能级的能量 E_- 是单调变化的，这表示在任何距离下都是排斥力，不可能形成 H_2^+ 离子。下能级的能量 E_+ 在某个距离 R_B 上出现一个极小值 E_{min}，这里是两质子的稳定平衡位置，它们在这里键合成 H_2^+ 离子。以上便是由一个电子形成化学键的大致图像，其中 R_B 是键长，$E_B = |E_{min} - E(R=\infty)|$ 是键能。

此处给出了 H_2^+ 键合的一个定性的说明，在第四章§7里我们还要回到这个问题上来，对它作进一步的讨论。

§2. 量子共振

2.1 问题的提出

在经典物理中，共振（resonance）是非常普遍而重要的现象。经典的共振模型大意如下：一个振动系统有自己的固有频率 ω_0，外部有个频率为 ω 的驱动力，当 ω 非常接近 ω_0 时，振动的速度与驱动力相位一致，振动系统与驱动系统之间有效地交换能量，振动的振幅趋于极大。在量子系统中，固有频率相当于两定态能级 a、b 的间隔：

$$\omega_0 = \frac{E_a - E_b}{\hbar}, \tag{2.26}$$

驱动力往往是外加的交变电磁场，作用在系统的电矩或磁矩上。在驱动力的频率 ω 接近系统的固有频率 ω_0 时，就会引起系统从电磁场吸收能量，从低能级跃迁到高能级（受激吸收），或向电磁场释放能量，从高能级跃迁到低能级（受激发射）。这就是量子的共振现象。

用量子力学来描述共振现象，首先要写出有关系统的哈密顿矩阵。假定我们考虑的系统只有两个定态能级 E_a 和 E_b，选其自身的本征矢作表象，则有

$$H_0 = \begin{pmatrix} E_a & 0 \\ 0 & E_b \end{pmatrix}, \tag{2.27}$$

设外来的驱动项为

$$D(t) = D_0 \cos\omega t = \frac{D_0}{2}\left(e^{i\omega t} + e^{-i\omega t}\right), \tag{2.28}$$

把它加在矩阵的什么部位？在下面几节里我们将看到，它总是出现在非对角元的位置上。于是包括驱动项的哈密顿算符为

$$H=\begin{pmatrix} E_a & -\frac{D_0}{2}(e^{i\omega t}+e^{-i\omega t}) \\ -\frac{D_0^*}{2}(e^{i\omega t}+e^{-i\omega t}) & E_b \end{pmatrix}, \tag{2.29}$$

薛定谔方程为

$$i\hbar\frac{\partial}{\partial t}\begin{pmatrix} C_a \\ C_b \end{pmatrix}=\begin{pmatrix} E_a & -\frac{D_0}{2}(e^{i\omega t}+e^{-i\omega t}) \\ -\frac{D_0^*}{2}(e^{i\omega t}+e^{-i\omega t}) & E_b \end{pmatrix}\begin{pmatrix} C_a \\ C_b \end{pmatrix}, \tag{2.30}$$

写成分量形式，有

$$\begin{cases} i\hbar\dfrac{\partial C_a}{\partial t}=E_aC_a-\dfrac{D_0}{2}(e^{i\omega t}+e^{-i\omega t})C_b, & (2.30a) \\ i\hbar\dfrac{\partial C_b}{\partial t}=E_bC_b-\dfrac{D_0^*}{2}(e^{i\omega t}+e^{-i\omega t})C_a, & (2.30b) \end{cases}$$

没有外场时 $C_a(t)$ 和 $C_b(t)$ 本来都是定态概率幅：

$$C_a(t)=C_{a0}e^{-iE_at/\hbar},\quad C_b(t)=C_{b0}e^{-iE_bt/\hbar}. \tag{2.31}$$

有了外场，我们仍把它们写成这种形式，不过认为 $C_{a0}=C_{a0}(t)$ 和 $C_{b0}=C_{b0}(t)$ 都是随时间变化的，并观察它们怎样随时间变化。因

$$\begin{cases} i\hbar\dfrac{\partial C_a}{\partial t}=i\hbar\dfrac{\partial C_{a0}}{\partial t}e^{-iE_at/\hbar}+C_{a0}E_a\,e^{-iE_at/\hbar}, & (2.32a) \\ i\hbar\dfrac{\partial C_b}{\partial t}=i\hbar\dfrac{\partial C_{b0}}{\partial t}e^{-iE_bt/\hbar}+C_{b0}E_b\,e^{-iE_bt/\hbar}. & (2.32b) \end{cases}$$

将(2.31)、(2.32a)、(2.32b)式代入(2.30a)、(2.30b)式后经化简，得

$$\begin{cases} i\hbar\dfrac{\partial C_{a0}}{\partial t}=-\dfrac{D_0}{2}\left[e^{-i(\omega-\omega_0)t}+e^{i(\omega+\omega_0)t}\right]C_{b0}, & (2.33a) \\ i\hbar\dfrac{\partial C_{b0}}{\partial t}=-\dfrac{D_0^*}{2}\left[e^{i(\omega-\omega_0)t}+e^{-i(\omega+\omega_0)t}\right]C_{a0}, & (2.33b) \end{cases}$$

式中 $\omega_0=(E_b-E_a)/\hbar$ 为定态能级 E_a、E_b 之间的共振频率。上式右端的两项中按频率 $\omega+\omega_0$ 振荡的是反共振项，由于它振荡得非常快，在较长时间内平均的效果趋于0；按频率 $\omega-\omega_0$ 振荡的是共振项，在共振状态附近是个缓变项。舍去反共振项，保留共振项，得

$$\begin{cases} i\hbar\dfrac{\partial C_{a0}}{\partial t}=-\dfrac{D_0}{2}e^{-i(\omega-\omega_0)t}C_{b0}=-\dfrac{D_0}{2}e^{-i\Delta\omega t}C_{b0}, & (2.34a) \\ i\hbar\dfrac{\partial C_{b0}}{\partial t}=-\dfrac{D_0^*}{2}e^{i(\omega-\omega_0)t}C_{a0}=-\dfrac{D_0^*}{2}e^{i\Delta\omega t}C_{a0}, & (2.34b) \end{cases}$$

式中

$$\Delta\omega=\omega-\omega_0 \tag{2.35}$$

称为频率的失谐量。(2.34a)、(2.34b)式是 C_{a0} 和 C_{b0} 的一阶联立微分方程。

2.2 拉比严格解

设 C_{a0} 具有 $e^{\lambda t}$ 形式的解，则按(2.34a)式 C_{b0} 解的形式为 $e^{(\lambda+i\Delta\omega)t}$. 代入(2.34a)、(2.34b)式，得

$$\begin{cases} i\hbar\lambda C_{a0}+\dfrac{D_0}{2}C_{b0}=0, & (2.36a)\\ \dfrac{D_0^*}{2}C_{a0}+(\lambda+i\Delta\omega)C_{b0}=0. & (2.36b)\end{cases}$$

由方程组可解条件得 λ 的特征方程：

$$\begin{vmatrix} i\hbar\lambda & D_0/2 \\ D_0^*/2 & i\hbar(\lambda+i\Delta\omega)\end{vmatrix}=-\hbar^2\lambda(\lambda+i\Delta\omega)-\frac{D_0^*D_0}{4}=0. \quad (2.37)$$

λ 有两个特征根：$\lambda_{\pm}=\dfrac{i}{2}(\pm\omega_R-\Delta\omega)$，其中

$$\omega_R=\sqrt{(\Delta\omega)^2+\frac{D_0^*D_0}{\hbar^2}} \quad (2.38)$$

称为拉比(Rabi)频率。

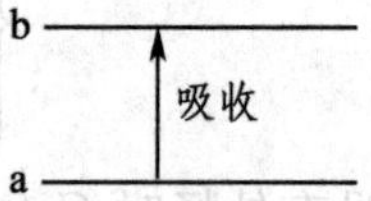

图2－6 共振吸收

概率幅的通解是两特征指数项的叠加，譬如

$$C_{b0}=C_+e^{\lambda_+t}+C_-e^{\lambda_-t}.$$

设 E_a 为低能级，E_b 为高能级，考虑从下能级到上能级的跃迁，即共振吸收问题(图2－6)。我们的初始条件是 $t=0$ 时 $C_{a0}=1$，$C_{b0}=0$. 因此上式中的 $C_+=-C_-=0$，于是

$$C_{b0}=C(e^{\lambda_+t}-e^{\lambda_-t}),\quad \left(\frac{\partial C_{b0}}{\partial t}\right)_{t=0}=C(\lambda_+-\lambda_-)=iC\omega_R.$$

将上式和 $C_{a0}=1$ 代入 $t=0$ 时刻的(2.34b)式，有

$$-\hbar C\omega_R=-\frac{D_0^*}{2},\quad 得\quad C=\frac{D_0^*}{2\hbar\omega_R}.$$

最后我们得到

$$C_{b0}=\frac{D_0^*}{2\hbar\omega_R}(e^{\lambda_+t}-e^{\lambda_-t})=\frac{D_0^*}{2\hbar\omega_R}e^{-i\Delta\omega t/2}(e^{i\omega_Rt/2}-e^{-i\omega_Rt/2})$$

$$=\frac{iD_0^*}{\hbar\omega_R}e^{-i\Delta\omega t/2}\sin\frac{\omega_Rt}{2}. \quad (2.39)$$

在 $0\to t$ 时间间隔内，系统从 $|a\rangle$ 态跃迁到 $|b\rangle$ 态的概率为 $P_b=|C_{b0}|^2$. 按照概率的归一化条件

$$P_a+P_b=|C_{a0}|^2+|C_{b0}|^2=1, \quad (2.40)$$

由(2.39)得

$$\begin{cases} P_a=|C_{a0}|^2=1-|C_{b0}|^2=1-\left|\dfrac{D_0}{\hbar\omega_R}\right|^2\sin^2\dfrac{\omega_Rt}{2}. & (2.41a)\\ P_b=|C_{b0}|^2=\left|\dfrac{D_0}{\hbar\omega_R}\right|^2\sin^2\dfrac{\omega_Rt}{2}. & (2.41b)\end{cases}$$

以上是微分方程(2.35a)、(2.35b)式的严格解，它们首先由拉比(I. I. Rabi)导出。

2.3 共振与失谐

现在我们讨论外场严格符合共振条件(即$\omega=\omega_0$)情形。这时$\Delta\omega=0$，$\omega_{\mathrm{R}}=|D_0|/\hbar$，(2.41a)、(2.41b)式简化为

$$\begin{cases} P_{\mathrm{a}}=\cos^2\left(\dfrac{|D_0|}{2\hbar}t\right), & (2.42\mathrm{a}) \\ P_{\mathrm{b}}=\sin^2\left(\dfrac{|D_0|}{2\hbar}t\right). & (2.42\mathrm{b}) \end{cases}$$

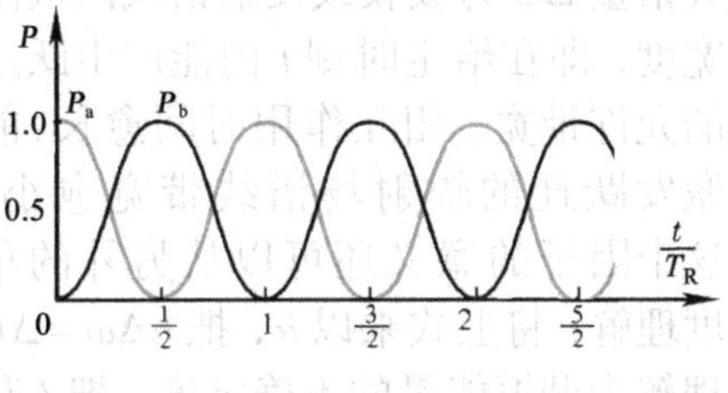

图 2 -7 概率在两能级间振荡

亦即，系统在$|a\rangle$和$|b\rangle$之间以拉比周期往复振荡。此时拉比频率简化为$|D_0|/\hbar$，拉比周期$T_{\mathrm{R}}=2\pi\hbar/|D_0|$，如图2-7所示。$P_{\mathrm{b}}$第一次于$t=T_{\mathrm{R}}/2=\pi\hbar/|D_0|$时达到峰值1，即系统于此刻完全跃迁到高能态$|b\rangle$.

在失谐的情况下，$\Delta\omega\neq0$，$\omega_{\mathrm{R}}>|D_0|/\hbar$，跃迁概率已由(2.41a)、(2.41b)式给出。两式表明，在失谐情况下跃迁概率仍周期式地变化着，与共振的情形相比，其周期与幅度都随频率失谐量$\Delta\omega=|\omega-\omega_0|$的增大而减小(见图2-8)。因$P_{\mathrm{a}}+P_{\mathrm{b}}=1$，$P_{\mathrm{b}}$振荡的幅度小于1意味着系统处于低能级的概率$P_{\mathrm{a}}$不会减少到0，系统总有一定的概率停留在a态上。

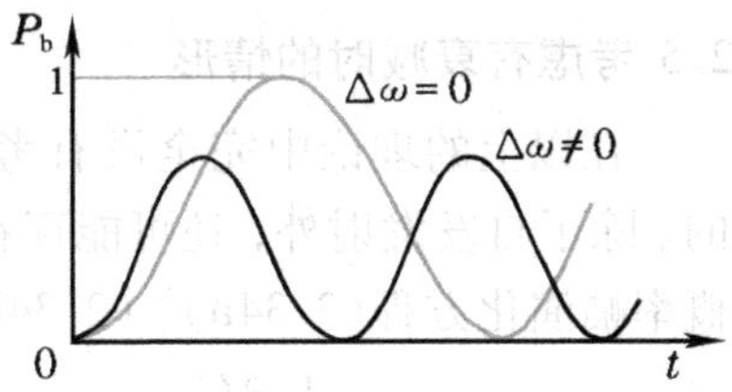

图 2 -8 跃迁概率随失谐量的变化

2.4 弱场近似

此情形是指所加的电磁场如此之弱，作用时间t又不长，以致

$$\frac{|D_0|t}{2\hbar}\ll1.$$

在这种情况下系统将始终偏离$P_{\mathrm{a}}=1$，$P_{\mathrm{b}}=0$的初始状态不远。将(2.41b)式中的拉比频率取如下近似：

$$\omega_{\mathrm{R}}=\sqrt{(\Delta\omega)^2+\left|\frac{D_0}{\hbar}\right|^2}\approx\Delta\omega.$$

则有

$$P_{\mathrm{b}}=|C_{\mathrm{b0}}|^2=\left|\frac{D_0}{\hbar\Delta\omega}\right|^2\sin^2\frac{\Delta\omega t}{2}=\left|\frac{D_0t}{2\hbar}\right|^2\left[\frac{\sin(\Delta\omega t/2)}{\Delta\omega t/2}\right]^2. \quad (2.43)$$

式中第一个因子表明，跃迁的概率正比于相互作用时间t的平方，第二个

因子是 sinc 函数的平方，它与光学中单缝衍射因子具有同样的形式。如图 2－9 所示，此函数在宗量

$$\Delta\omega t/2=\pi \tag{2.44}$$

时趋于 0. 我们可以认为满足此式的失谐量 $\Delta\omega$ 为吸收或发射谱线的极限宽度，即在给定时刻 t 内能产生跃迁的允许带宽。相互作用时间愈长，能激发跃迁的辐射场谱线带宽愈小。这个因子的意义还可以从另外的角度理解：将上式乘以 $\hbar$，把 $\hbar\Delta\omega=\Delta E$ 理解为谐振能量的不确定度，把 t 写成 Δt 理解为跃迁时刻的不确定度，于是我们就得到一个能量和时间的不确定度关系：

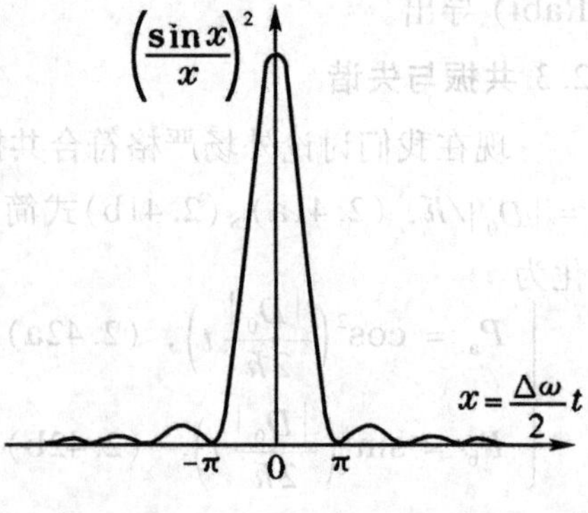

图 2－9 共振的频率响应因子

$$\Delta E\cdot\Delta t=2\pi\hbar=h, \tag{2.45}$$

此式称为*海森伯能量－时间不确定度关系*。此式与海森伯动量－位置不确定度关系在形式上很类似，但在意义上不完全一样。❶

2.5 考虑有衰减时的情形

在以上的理论中完全没有考虑衰减，实际上衰减总是或多或少存在的。除了自发发射外，还可能存在各种其它衰减因素。处理这类问题可在概率幅演化方程(2.34a)、(2.34b)式中唯象地引入衰减项：

$$\begin{cases}\dfrac{\partial C_{a0}}{\partial t}=-\dfrac{\gamma}{2}C_{a0}+\dfrac{iD_0}{2\hbar}e^{-i\Delta\omega t}C_{b0}, & (2.46a)\\[2ex] \dfrac{\partial C_{b0}}{\partial t}=-\dfrac{\gamma}{2}C_{b0}+\dfrac{iD_0^*}{2\hbar}e^{-i\Delta\omega t}C_{a0}, & (2.46b)\end{cases}$$

式中 γ 是阻尼系数。作变量代换

$$C'_{a0}=C_{a0}e^{\gamma t/2},\qquad C'_{b0}=C_{b0}e^{\gamma t/2},$$

上式化为

$$\begin{cases}\dfrac{\partial C'_{a0}}{\partial t}=\dfrac{iD_0}{2\hbar}e^{-i\Delta\omega t}C'_{b0}\\[2ex] \dfrac{\partial C'_{b0}}{\partial t}=\dfrac{iD_0^*}{2\hbar}e^{-i\Delta\omega t}C'_{a0}\end{cases}$$

这和无阻尼的概率幅演化方程(2.34a)、(2.34b)式一模一样，所以它的解

❶ 对海森伯能量－时间不确定度关系有几种不同的解释，涵义不尽相同，这里只是它的一种解释。不同解释各有各的推导方法，且相互之间并不等价。在这一点上它与动量－位置不确定度关系是不相同的。

也和(2.40)式一样：

$$C'_{\mathrm{b0}} = \frac{\mathrm{i}D_0^*}{\hbar\omega_{\mathrm{R}}}\mathrm{e}^{-\mathrm{i}\Delta\omega t/2}\sin\frac{\omega_{\mathrm{R}}t}{2}.$$

从而

$$C_{\mathrm{b0}} = C'_{\mathrm{b0}}\mathrm{e}^{-\gamma t/2} = \frac{\mathrm{i}D_0^*}{\hbar\omega_{\mathrm{R}}}\mathrm{e}^{-\gamma t/2}\mathrm{e}^{-\mathrm{i}\Delta\omega t/2}\sin\frac{\omega_{\mathrm{R}}t}{2}. \tag{2.47}$$

$$P_{\mathrm{b}} = |C_{\mathrm{b0}}|^2 = \left|\frac{D_0}{\hbar\omega_{\mathrm{R}}}\right|^2\mathrm{e}^{-\gamma t}\sin^2\frac{\omega_{\mathrm{R}}t}{2}. \tag{2.48}$$

这是一个指数衰减的振荡。

§3. 受激发射理论中的爱因斯坦 A、B 系数

3.1 问题的提出

第一章 10.1 节讲爱因斯坦受激发射理论时曾引进 B_{ab}、B_{ba}、A_{ba} 三个系数：在两能级 E_{a}、E_{b}($E_{\mathrm{b}} > E_{\mathrm{a}}$)间单位时间内粒子跃迁次数

$$\left(\frac{\mathrm{d}N_{\mathrm{ba}}}{\mathrm{d}t}\right)_{\text{自发}} = A_{\mathrm{ba}}N_{\mathrm{b}}, \tag{1.152}$$

$$\left(\frac{\mathrm{d}N_{\mathrm{ba}}}{\mathrm{d}t}\right)_{\text{受激}} = B_{\mathrm{ba}}u(\nu)N_{\mathrm{b}}, \tag{1.153}$$

$$\left(\frac{\mathrm{d}N_{\mathrm{ab}}}{\mathrm{d}t}\right)_{\text{吸收}} = B_{\mathrm{ab}}u(\nu)N_{\mathrm{a}}, \tag{1.154}$$

式中 N_{a}、N_{b} 是两能级上粒子的布居数，$u(\nu)$应理解为共振频率 ν_0 处的辐射场能量谱密度。当初爱因斯坦是作为经验系数把 B_{ab}、B_{ba}、A_{ba} 引进的，在与普朗克黑体辐射公式的拟合中确定了三个系数之间的关系：

$$g_{\mathrm{a}}B_{\mathrm{ab}} = g_{\mathrm{b}}B_{\mathrm{ba}}, \tag{1.158}$$

$$\frac{8\pi h\nu^3}{c^3}B_{\mathrm{ba}} = A_{\mathrm{ba}}. \tag{1.163}$$

能否用量子力学导出它们的表达式？

3.2 外电场对原子系统的微扰

设外电场是角频率为 ω 的周期场，

$$\mathscr{E} = \mathscr{E}_0\cos\omega t = \frac{\mathscr{E}_0}{2}(\mathrm{e}^{\mathrm{i}\omega t}+\mathrm{e}^{-\mathrm{i}\omega t}), \tag{2.49}$$

方向沿 z 轴。以坐标原点(原子核)为零点电子的势能 V 可写作

$$\hat{V} = -e\hat{\boldsymbol{r}}\cdot\mathscr{E} = -\frac{e\hat{\boldsymbol{r}}\cdot\mathscr{E}_0}{2}(\mathrm{e}^{\mathrm{i}\omega t}+\mathrm{e}^{-\mathrm{i}\omega t}). \tag{2.50}$$

为简化起见，只考虑 E_a、E_b 两个能级。未受外场微扰的哈密顿算符 $\hat{H}_0$ 可表作矩阵

$$\hat{H}_0 \doteq H_0 = \begin{pmatrix} E_a & 0 \\ 0 & E_b \end{pmatrix}, \tag{2.51}$$

加外场后哈密顿算符 $\hat{H}=\hat{H}_0+\hat{V}$ 表作

$$\hat{H} \doteq H = H_0 + V = \begin{pmatrix} E_a - e\hat{\boldsymbol{r}}_{aa}\cdot\boldsymbol{\mathscr{E}} & -e\hat{\boldsymbol{r}}_{ab}\cdot\boldsymbol{\mathscr{E}} \\ -e\hat{\boldsymbol{r}}_{ba}\cdot\boldsymbol{\mathscr{E}} & E_b - e\hat{\boldsymbol{r}}_{bb}\cdot\boldsymbol{\mathscr{E}} \end{pmatrix}, \tag{2.52}$$

式中 $\hat{\boldsymbol{r}}_{mn}=\langle m|\,\hat{\boldsymbol{r}}\,|n\rangle$ $(m, n=\mathrm{a, b})$. 薛定谔方程为

$$\mathrm{i}\hbar\frac{\partial}{\partial t}\begin{pmatrix} C_a \\ C_b \end{pmatrix} = \begin{pmatrix} E_a - e\hat{\boldsymbol{r}}_{aa}\cdot\boldsymbol{\mathscr{E}} & -e\hat{\boldsymbol{r}}_{ab}\cdot\boldsymbol{\mathscr{E}} \\ -e\hat{\boldsymbol{r}}_{ba}\cdot\boldsymbol{\mathscr{E}} & E_b - e\hat{\boldsymbol{r}}_{bb}\cdot\boldsymbol{\mathscr{E}} \end{pmatrix}\begin{pmatrix} C_a \\ C_b \end{pmatrix}, \tag{2.53}$$

写成分量形式，有

$$\begin{cases} \mathrm{i}\hbar\dfrac{\partial C_a}{\partial t} = (E_a - e\hat{\boldsymbol{r}}_{aa}\cdot\boldsymbol{\mathscr{E}})C_a - e\hat{\boldsymbol{r}}_{ab}\cdot\boldsymbol{\mathscr{E}}C_b, & (2.53a) \\ \mathrm{i}\hbar\dfrac{\partial C_b}{\partial t} = (E_b - e\hat{\boldsymbol{r}}_{bb}\cdot\boldsymbol{\mathscr{E}})C_b - e\hat{\boldsymbol{r}}_{ba}\cdot\boldsymbol{\mathscr{E}}C_a. & (2.53b) \end{cases}$$

没有外场时 $C_a(t)$ 和 $C_b(t)$ 本来都是定态概率幅：

$$C_a(t) = C_{a0}\mathrm{e}^{-\mathrm{i}E_a t/\hbar}, \quad C_b(t) = C_{b0}\mathrm{e}^{-\mathrm{i}E_b t/\hbar}. \tag{2.54}$$

有了外场，我们仍把它们写成这种形式，不过认为 $C_{a0}=C_{a0}(t)$ 和 $C_{b0}=C_{b0}(t)$ 都是随时间变化的，并观察它们怎样随时间变化。因

$$\begin{cases} \mathrm{i}\hbar\dfrac{\partial C_a}{\partial t} = \mathrm{i}\hbar\dfrac{\partial C_{a0}}{\partial t}\mathrm{e}^{-\mathrm{i}E_a t/\hbar} + C_{a0}E_a\mathrm{e}^{-\mathrm{i}E_a t/\hbar}, & (2.55a) \\ \mathrm{i}\hbar\dfrac{\partial C_b}{\partial t} = \mathrm{i}\hbar\dfrac{\partial C_{b0}}{\partial t}\mathrm{e}^{-\mathrm{i}E_b t/\hbar} + C_{b0}E_b\mathrm{e}^{-\mathrm{i}E_b t/\hbar}. & (2.55b) \end{cases}$$

将(2.54)、(2.55a)、(2.55b)式代入(2.53a)、(2.53b)式后得

$$\begin{cases} \mathrm{i}\hbar\dfrac{\partial C_{a0}}{\partial t} = -e\hat{\boldsymbol{r}}_{aa}\cdot\boldsymbol{\mathscr{E}}C_{a0} - e\hat{\boldsymbol{r}}_{ab}\cdot\boldsymbol{\mathscr{E}}C_{b0}\mathrm{e}^{-\mathrm{i}(E_b-E_a)t/\hbar}, & (2.56a) \\ \mathrm{i}\hbar\dfrac{\partial C_{b0}}{\partial t} = -e\hat{\boldsymbol{r}}_{bb}\cdot\boldsymbol{\mathscr{E}}C_{b0} - e\hat{\boldsymbol{r}}_{ba}\cdot\boldsymbol{\mathscr{E}}C_{a0}\mathrm{e}^{\mathrm{i}(E_b-E_a)t/\hbar}. & (2.56b) \end{cases}$$

令 $\omega_0=(E_b-E_a)/\hbar$ 代表定态能级 E_a、E_b 之间的共振频率。将 $\mathscr{E}$ 的具体形式(2.49)代入，

$$\begin{cases} \mathrm{i}\hbar\dfrac{\partial C_{a0}}{\partial t} = -\dfrac{e\hat{\boldsymbol{r}}_{aa}\cdot\boldsymbol{\mathscr{E}}_0}{2}(\mathrm{e}^{\mathrm{i}\omega t}+\mathrm{e}^{-\mathrm{i}\omega t})C_{a0} - \dfrac{e\hat{\boldsymbol{r}}_{ab}\cdot\boldsymbol{\mathscr{E}}_0}{2}[\mathrm{e}^{\mathrm{i}(\omega-\omega_0)t}+\mathrm{e}^{-\mathrm{i}(\omega+\omega_0)t}]C_{b0}, \\ \mathrm{i}\hbar\dfrac{\partial C_{b0}}{\partial t} = -\dfrac{e\hat{\boldsymbol{r}}_{bb}\cdot\boldsymbol{\mathscr{E}}_0}{2}(\mathrm{e}^{\mathrm{i}\omega t}+\mathrm{e}^{-\mathrm{i}\omega t})C_{b0} - \dfrac{e\hat{\boldsymbol{r}}_{ba}\cdot\boldsymbol{\mathscr{E}}_0}{2}[\mathrm{e}^{\mathrm{i}(\omega+\omega_0)t}+\mathrm{e}^{-\mathrm{i}(\omega-\omega_0)t}]C_{a0}. \end{cases}$$

上式右端的两项中按频率 ω、$\omega+\omega_0$ 振荡的都是非共振项，由于它们振荡得

非常快，在较长时间内平均的效果趋于0；按频率 $\omega-\omega_0$ 振荡的是共振项，在共振状态附近是个缓变项。舍去非共振项，保留共振项，得

$$\begin{cases} \mathrm{i}\hbar\dfrac{\partial C_{\mathrm{a}0}}{\partial t}=-\dfrac{e\hat{\boldsymbol{r}}_{\mathbf{ab}}\cdot\boldsymbol{\mathscr{E}}_0}{2}\mathrm{e}^{\mathrm{i}\Delta\omega t}C_{\mathrm{b}0}=-\dfrac{\boldsymbol{\mu}_{\mathrm{E}}\cdot\boldsymbol{\mathscr{E}}_0}{2}\mathrm{e}^{\mathrm{i}\Delta\omega t}C_{\mathrm{b}0}, & (2.57\mathrm{a}) \\ \mathrm{i}\hbar\dfrac{\partial C_{\mathrm{b}0}}{\partial t}=-\dfrac{e\hat{\boldsymbol{r}}_{\mathbf{ba}}\cdot\boldsymbol{\mathscr{E}}_0}{2}\mathrm{e}^{-\mathrm{i}\Delta\omega t}C_{\mathrm{a}0}=-\dfrac{\boldsymbol{\mu}_{\mathrm{E}}^{*}\cdot\boldsymbol{\mathscr{E}}_0}{2}\mathrm{e}^{-\mathrm{i}\Delta\omega t}C_{\mathrm{a}0}. & (2.57\mathrm{b}) \end{cases}$$

式中 $\Delta\omega=\omega-\omega_0$ 频率的失谐量，$\boldsymbol{\mu}_{\mathrm{E}}=e\hat{\boldsymbol{r}}_{12}$ 和 $\boldsymbol{\mu}_{\mathrm{E}}^{*}=e\hat{\boldsymbol{r}}_{21}$ 是电子对原子中心的电偶极矩矩阵元。这组方程与2.1节里的(2.34a)、(2.34b)式形式完全一样，其中 D_0 和 D_0^{*} 分别对应这里的 $\boldsymbol{\mu}_{\mathrm{E}}\cdot\boldsymbol{\mathscr{E}}_0$ 和 $\boldsymbol{\mu}_{\mathrm{E}}^{*}\cdot\boldsymbol{\mathscr{E}}_0$. 所以§2里后面的公式都可以直接套用。现在我们引用弱场近似下的吸收概率公式(2.43)。作相应的符号替换，我们有

$$P_{\mathrm{b}}=|C_{b0}|^2=\left|\frac{\boldsymbol{\mu}_{\mathrm{E}}\cdot\boldsymbol{\mathscr{E}}_0 t}{2\hbar}\right|^2\left[\frac{\sin(\Delta\omega t/2)}{\Delta\omega t/2}\right]^2. \tag{2.58}$$

3.3 爱因斯坦 A、B 系数

下面我们设法与黑体辐射问题联系起来，以取得爱因斯坦 A、B 系数的表达式。黑体辐射不是单色谱，$\boldsymbol{\mathscr{E}}_0$ 的取向各向同性。原子电偶极矩 $\boldsymbol{\mu}_{\mathrm{E}}$ 取向是随机的，概率也各向同性分布。所以要把(2.58)式用到黑体辐射问题上，式中的 $|\boldsymbol{\mu}_{\mathrm{E}}\cdot\boldsymbol{\mathscr{E}}_0|^2=|\mu_{\mathrm{E}}\mathscr{E}_0\cos\theta|^2$ 要对 $\boldsymbol{\mu}_{\mathrm{E}}$ 和 $\boldsymbol{\mathscr{E}}_0$ 的所有方向取平均：

$$\overline{\cos^2\theta}=\frac{1}{4\pi}\int\cos^2\theta\,\mathrm{d}\Omega=\frac{1}{4\pi}\int_0^{2\pi}\mathrm{d}\varphi\int_0^{\pi}\cos^2\theta\sin\theta\,\mathrm{d}\theta=\frac{1}{3}.$$

此外，单色的 $\mathscr{E}_0^2$ 要代换成黑体辐射谱密度并对频率积分。具体地说，电磁波的能量密度为 $\dfrac{\varepsilon_0\overline{\mathscr{E}^2}}{2}+\dfrac{\mu_0\overline{\mathscr{H}^2}}{2}=\varepsilon_0\overline{\mathscr{E}^2}$❶，而对于简谐波 $\overline{\mathscr{E}^2}=\dfrac{\mathscr{E}_0^2}{2}$，故能量密度为 $\dfrac{\varepsilon_0\mathscr{E}_0^2}{2}$，此量应代之以黑体辐射谱密度 $u(\nu)$ 并对频率 ν 积分。综上所述，(2.58)式要作如下改变：

$$\begin{aligned} P_{\mathrm{b}}&=\overline{\left|\frac{\boldsymbol{\mu}_{\mathrm{E}}\cdot\boldsymbol{\mathscr{E}}_0 t}{2\hbar}\right|^2}\left[\frac{\sin(\Delta\omega t/2)}{\Delta\omega t/2}\right]^2=\overline{\left|\frac{\mu_{\mathrm{E}}\mathscr{E}_0\cos\theta\, t}{2\hbar}\right|^2}\left[\frac{\sin(\Delta\omega t/2)}{\Delta\omega t/2}\right]^2 \\ &=\left|\frac{\mu_{\mathrm{E}}t}{2\hbar}\right|^2\mathscr{E}_0^2\,\overline{\cos^2\theta}\left[\frac{\sin(\Delta\omega t/2)}{\Delta\omega t/2}\right]^2=\frac{1}{3}\left|\frac{\mu_{\mathrm{E}}t}{2\hbar}\right|^2\mathscr{E}_0^2\left[\frac{\sin(\Delta\omega t/2)}{\Delta\omega t/2}\right]^2 \\ &\xrightarrow{\text{代之以}}\ \frac{1}{3}\left|\frac{\mu_{\mathrm{E}}t}{2\hbar}\right|^2\frac{2}{\varepsilon_0}\int_0^{\infty}u(\nu)\left[\frac{\sin(\pi\Delta\nu t)}{\pi\Delta\nu t}\right]^2\mathrm{d}\nu. \end{aligned} \tag{2.59}$$

---

❶ 参见《新概念物理教程·电磁学》(第二版)第六章2.2节。

下面仔细看一下上式里的积分 $\int_0^\infty u(\nu)\left[\frac{\sin(\pi\Delta\nu t)}{\pi\Delta\nu t}\right]^2 d\nu$. 虽然弱场近似要求作用时间不太长，即远比拉比周期短：$\omega_R t \ll 2\pi$，但 $\omega_0 t$ 还是很大的，可以认为 $\omega_0 t/2 \gg 2\pi$，或者说，$\nu_0 t \gg 2$. 在被积函数中的 sinc 平方因子带宽为 2π，即可近似地认为它只在下列范围内不为0：

$$-\pi < \pi\Delta\nu t = \pi(\nu-\nu_0)t < \pi$$

或

$$\nu_0 - \frac{2}{t} < \nu < \nu_0 + \frac{2}{t}.$$

可以认为,以共振频率 ν_0 为中心 $\pm\frac{2}{t}$ 的很小范围内 $u(\nu)$ 变化不大，它基本上等于常量 $u(\nu_0)$，可以从积分号里提出来。然后作变量代换：

$$\pi\Delta\nu t = \pi(\nu-\nu_0)t = x, \quad d\nu = \frac{dx}{\pi t}.$$

积分下限 $\nu=0$ 对应 $x=-x_0$，而 $x_0 = \pi\nu_0 t \gg$ 半带宽 2π. 于是上述积分

$$\int_0^\infty u(\nu)\left[\frac{\sin(\pi\Delta\nu t)}{\pi\Delta\nu t}\right]^2 d\nu = \frac{u(\nu_0)}{\pi t}\int_{-x_0}^\infty \left[\frac{\sin x}{x}\right]^2 dx \approx \frac{u(\nu_0)}{\pi t}\int_{-\infty}^\infty \left[\frac{\sin x}{x}\right]^2 dx.$$

定积分有现成的公式：

$$\int_{-\infty}^\infty \left[\frac{\sin x}{x}\right]^2 dx = \pi,$$

于是

$$\int_0^\infty u(\nu)\left[\frac{\sin(\pi\Delta\nu t)}{\pi\Delta\nu t}\right]^2 d\nu = \frac{u(\nu_0)}{t}.$$

代入(2.59)式,得

$$P_b = \frac{1}{3}\left|\frac{\mu_E t}{2\hbar}\right|^2 \frac{2}{\varepsilon_0}\int_0^\infty u(\nu)\left[\frac{\sin(\pi\Delta\nu t)}{\pi\Delta\nu t}\right]^2 d\nu = \frac{t}{6\varepsilon_0}\left|\frac{\mu_E}{\hbar}\right|^2 u(\nu_0). \quad (2.60)$$

$$\frac{dP_b}{dt} = \frac{1}{6\varepsilon_0}\left|\frac{\mu_E}{\hbar}\right|^2 u(\nu_0). \quad (2.61)$$

与(1.154)式比较，$\frac{dP_b}{dt}$ 相当于 $\frac{1}{N_a}\left(\frac{dN_{ab}}{dt}\right)_{吸收} = B_{ab}u(\nu_0)$，从而得到爱因斯坦系数的表达式

$$B_{ab} = \frac{1}{6\varepsilon_0}\left|\frac{\mu_E}{\hbar}\right|^2, \quad (2.62)$$

再从(1.158)式、(1.163)式求得

$$B_{ba} = \frac{g_a}{g_b}B_{ab} = \frac{g_a}{g_b}\frac{1}{6\varepsilon_0}\left|\frac{\mu_E}{\hbar}\right|^2, \quad (2.63)$$

$$A_{ba} = \frac{8\pi h\nu_0^3}{c^3}B_{ba} = \frac{g_a}{g_b}\frac{8\pi^2\nu_0^3}{3\varepsilon_0\hbar c^3}|\mu_E|^2. \quad (2.64)$$

上式表明，自发发射系数 $A_{ba} \propto \nu_0^3$，$\frac{A_{ba}}{\nu_0} \propto \nu_0^2$. 在可见光波段 $\nu_0 \sim 10^{14}$Hz，$A_{ba} \sim 10^8 s^{-1}$，$A_{ba}/\nu_0 \sim 10^{-6}$，它决定着光谱线的自然宽度。然而在微波波段 $\nu_0 \sim 10^9$Hz，$A_{ba} \sim 10^{-7} s^{-1}$，$A_{ba}/\nu_0 \sim 10^{-16}$；在射频波段 $\nu_0 \sim 10^6$Hz，$A_{ba} \sim$

$10^{-16}\mathrm{s}^{-1}$，$A_{ba}/\nu_0 \sim 10^{-22}$。自发发射是完全不需要考虑的。

§4. 氨分子微波激射

4.1 静电场中的氨分子

我们在 1.2 节里讲过氨分子的翻转能级分裂。显然分裂前氨分子并不只有一个能级，那里所说的能级 E_0 指的是某个转动能级。由于各转动能级间的距离远大于翻转分裂级差 $2A$，我们可以当作单一能级的分裂来处理。

氨分子的结构如图 2－1 所示，呈金字塔形，其中氢原子带正电，氮原子带负电，整个分子具有一定的电偶极矩 $\boldsymbol{\mu}_E$，方向从氮原子指向氢原子构成的平面，如图 2－1 所示。氨分子翻转时偶极矩随之反向，然而在无外电场的情况下能量与偶极矩的方向无关，翻转态 $|1\rangle$、$|2\rangle$ 的能量 E_0 相等。现加外场 $\mathscr{E}$ 于 $|1\rangle$ 态的偶极矩方向，从而它与 $|2\rangle$ 态的偶极矩方向向反。于是两态增减静电能 $\pm\mu_E\mathscr{E}$，(2.7)式化为

$$\mathrm{i}\hbar\frac{\partial}{\partial t}\begin{pmatrix}C_1\\C_2\end{pmatrix}=\begin{pmatrix}E_0-\mu_E\mathscr{E} & -A\\ -A & E_0+\mu_E\mathscr{E}\end{pmatrix}\cdot\begin{pmatrix}C_1\\C_2\end{pmatrix}. \tag{2.65}$$

或写成分量形式：

$$\begin{cases}\mathrm{i}\hbar\dfrac{\partial C_1}{\partial t}=(E_0-\mu_E\mathscr{E})C_1-AC_2, & (2.65\mathrm{a})\\[2ex] \mathrm{i}\hbar\dfrac{\partial C_2}{\partial t}=(E_0+\mu_E\mathscr{E})C_2-AC_1. & (2.65\mathrm{b})\end{cases}$$

仿照 1.2 节里的办法将它们相加和相减：

$$\mathrm{i}\hbar\frac{\partial}{\partial t}(C_1\pm C_2)=(E_0\mp A)(C_1\pm C_2)-\mu_E\mathscr{E}(C_1\mp C_2),$$

令

$$C_\pm\equiv\frac{1}{\sqrt{2}}(C_1\pm C_2), \tag{2.66}$$

则

$$\mathrm{i}\hbar\frac{\partial C_\pm}{\partial t}=(E_0\mp A)C_\pm-\mu_E\mathscr{E}C_\mp. \tag{2.67}$$

即

$$\mathrm{i}\hbar\frac{\partial}{\partial t}\begin{pmatrix}C_+\\C_-\end{pmatrix}=\begin{pmatrix}E_0-A & -\mu_E\mathscr{E}\\ -\mu_E\mathscr{E} & E_0+A\end{pmatrix}\cdot\begin{pmatrix}C_+\\C_-\end{pmatrix}. \tag{2.68}$$

上式是以能级分裂态 $|\pm\rangle=\frac{1}{\sqrt{2}}(|1\rangle\pm|2\rangle)$ 为表象的。可以看出，有了外场，它

们就不再是哈密顿矩阵的本征态,亦即,它们不再是定态。要找到哈密顿矩阵的本征态,我们需要进一步作态基变换,使它对角化。

求本征值和本征态的标准办法如下:设本征值等于 E 的本征态为 $|E\rangle = a_+|+\rangle + a_-|-\rangle$,则按本征态的定义,

$$\begin{pmatrix} E_0-A & -\mu_E\mathscr{E} \\ -\mu_E\mathscr{E} & E_0+A \end{pmatrix}\cdot\begin{pmatrix} a_+ \\ a_- \end{pmatrix} = E\begin{pmatrix} a_+ \\ a_- \end{pmatrix},$$

或

$$\begin{pmatrix} E_0-A-E & -\mu_E\mathscr{E} \\ -\mu_E\mathscr{E} & E_0+A-E \end{pmatrix}\cdot\begin{pmatrix} a_+ \\ a_- \end{pmatrix} = 0, \quad (2.69)$$

这是求未知量 a_+、a_- 的一组齐次线性代数方程,其可解条件是矩阵的行列式等于0:

$$\det\begin{pmatrix} E_0-A-E & -\mu_E\mathscr{E} \\ -\mu_E\mathscr{E} & E_0+A-E \end{pmatrix} = 0, \quad (2.70)$$

即 $(E_0-A-E)(E_0+A-E)-(\mu_E\mathscr{E})^2=0$,

或 $E^2-2E_0E+E_0^2-A^2-(\mu_E\mathscr{E})^2=0. \quad (2.71)$

它的两个根为

$$\begin{cases} E_{\mathrm{I}} = E_0 - \sqrt{A^2+(\mu_E\mathscr{E})^2}, \\ E_{\mathrm{II}} = E_0 + \sqrt{A^2+(\mu_E\mathscr{E})^2}. \end{cases} \quad (2.72)$$

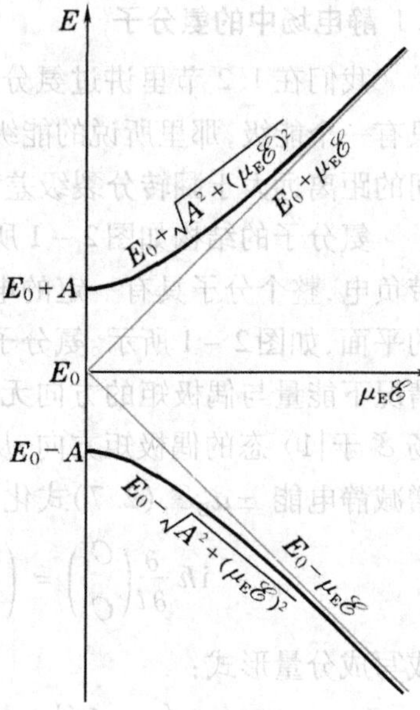

图 2-10 处于电场中氨分子的能级

这就是能量的两个本征值,即两个定态的能级。两能级随场强 $\mathscr{E}$ 变化的曲线示于图 2-10,它们是一对双曲线。当电场趋于0时,两能级正好是 $E_0 \mp A$. 随着场强 $\mathscr{E}$ 的增加,能级裂距加大。当 $\mu_E\mathscr{E} \ll A$ 时,(2.72)式可近似写成

$$\begin{cases} E_{\mathrm{I}} = E_0 - A - \dfrac{(\mu_E\mathscr{E})^2}{2A}, \\ E_{\mathrm{II}} = E_0 + A + \dfrac{(\mu_E\mathscr{E})^2}{2A}. \end{cases} \quad (2.73)$$

当场强非常大时,E_{I} 和 E_{II} 趋于与 $\mathscr{E}$ 成线性关系的渐近值 $E_0 \mp \mu_E\mathscr{E}$.

4.2 微波场中的氨分子

上节讨论氨分子在静电场中的情况,现在我们讨论它在微波场中的振荡。设微波场的角频率为 ω,则

$$\mathscr{E}(t) = \mathscr{E}_0\cos\omega t = \frac{\mathscr{E}_0}{2}(e^{i\omega t} + e^{-i\omega t}), \quad (2.74)$$

代入(2.68)式，其中的哈密顿矩阵化为

$$\hat{H}=\begin{pmatrix} E_0-A & -\dfrac{\mu_E\mathscr{E}_0}{2}(e^{i\omega t}+e^{-i\omega t}) \\ -\dfrac{\mu_E\mathscr{E}_0}{2}(e^{i\omega t}+e^{-i\omega t}) & E_0+A \end{pmatrix}, \tag{2.75}$$

薛定谔方程为

$$i\hbar\frac{\partial}{\partial t}\begin{pmatrix} C_+ \\ C_- \end{pmatrix}=\begin{pmatrix} E_0-A & -\dfrac{\mu_E\mathscr{E}_0}{2}(e^{i\omega t}+e^{-i\omega t}) \\ -\dfrac{\mu_E\mathscr{E}_0}{2}(e^{i\omega t}+e^{-i\omega t}) & E_0+A \end{pmatrix}\cdot\begin{pmatrix} C_+ \\ C_- \end{pmatrix}, \tag{2.76}$$

令

$$C_\pm(t)=C_{\pm0}e^{-iE_\mp t/\hbar}, \tag{2.77}$$

可以看出(2.76)式与2.2节里的(2.30)式的数学形式完全一样，这里的$\mu_E\mathscr{E}_0$与该式里的D_0相当，这里的C_+和C_-分别与C_a和C_b相当，E_0-A和E_0+A分别与E_a和E_b相当。现在我们就把那里的结果直接搬用过来。令

$$C_\pm(t)=C_{\pm0}e^{-i(E_0\mp A)t/\hbar}, \tag{2.78}$$

氨分子激射器属弱场情形，这里关心的是从上能级跃迁到下能级E_0-A的概率，相当于(2.44)式中终态的概率：

$$P_-=|C_{-0}|^2=\left(\frac{\mu_E\mathscr{E}_0 t}{2\hbar}\right)^2\left[\frac{\sin[(\omega-\omega_0)t/2]}{(\omega-\omega_0)t/2}\right]^2. \tag{2.79}$$

4.3 氨分子频标

时间或频率是基本的物理量之一。计时方法和计时标准的准确与稳定，随着科学技术的进步而不断地改进和提高。反过来，计时方法和计时标准的准确与稳定，又大大促进了现代高科技的发展。过去传统的计时方法是以天体运行的周期为标准的，不仅手续繁杂，而且准确度有限(10^{-8}~10^{-9}数量级)，远不能满足现代科技发展的需要。实验表明，微观量子态之间的跃迁会产生频率高度稳定的信号，以此为基础的频率标准称为量子频标。计量标准从宏观到微观的转变，为现代科技史写下了光辉的一页。

量子频标萌芽于20世纪40年代末，诞生于20世纪50年代。氨分子频标是第一个获得成功的量子频标，虽然它现在早已不是最先进的而被其它量子频标所取代，但它的基本工作原理还是有代表性的。下面我们对氨分子激射振荡器的结构和工作原理作一简要介绍。

氨分子激射振荡器利用的是$^{14}NH_3$分子转动量子数为$J=3$，$K=3$的振动基态能级的翻转分裂，裂距的能量相当于2.387 011 × 10^4 MHz(波长1.255 932 cm)波段，所以它是一种微波激射器(maser)。微波激射器的工作原理与激光器相似，首先得把粒子抽运到较高的能级上，形成所谓“粒

子布居反转”。一种办法类似于第一章8.2节中讲的施特恩-格拉赫实验，不过用不均匀电场取代那里的不均匀磁场。如图2-11所示，让氨气由细小的喷嘴射出后通过一对准直狭缝使之成一细束，然后让细束通过一个横向电场区，电场强度的平方$\mathscr{E}^2$在横方向有很大的梯度。在经过横向电场区的时候，处于低能态$E_{\mathrm{I}}=E_0-\sqrt{A^2+(\mu_{\mathrm{E}}\mathscr{E})^2}$(见图2-10中下面的曲线)的氨分子偏向$\mathscr{E}^2$较大的区域，处于高能态$E_{\mathrm{II}}=E_0+\sqrt{A^2+(\mu_{\mathrm{E}}\mathscr{E})^2}$(见图2-10中上面的曲线)的氨分子偏向$\mathscr{E}^2$较小的区域，两束氨分子分开了。❶

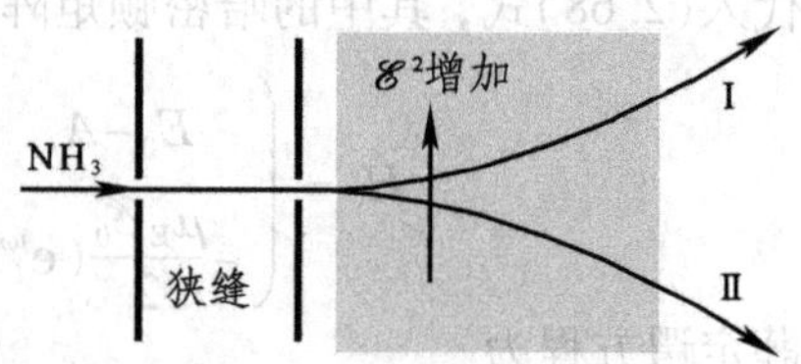

图2-11 用电场分离氨分子束

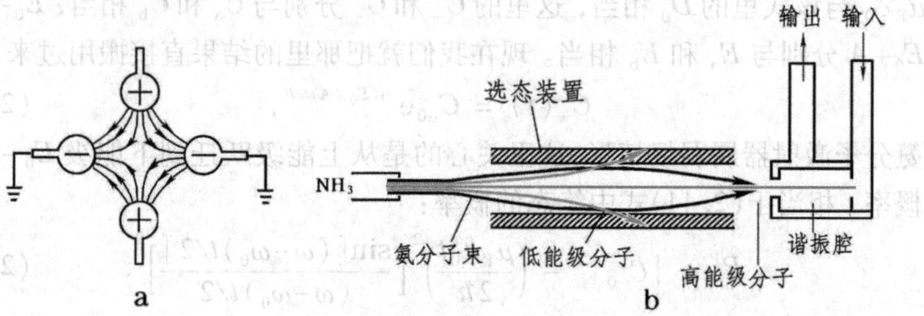

图2-12 氨分子微波激射器示意图

为了形成粒子布居反转，下一步需要把处于低能级的氨分子束偏转到一边，弃之不顾，而把高能级的氨分子束送入共振腔，使之与频率ω_0相当的微波作用，产生受激辐射，将微波放大。实际上使用的分子束分离装置与施特恩-格拉赫实验不同，如图2-12a所示，是四极或六极的。在这种装置里中心$\mathscr{E}^2$小，周围四个电极附近$\mathscr{E}^2$大。于是低能级分子偏向四外，高能级的分子束沿中心轴线径直进入共振腔，如图2-12b所示。在腔内分子向低能级跃迁，产生受激发射，把满足共振条件的能量输入辐射场。

氨分子激射器属于弱场情形，分子束飞越谐振腔的时间也有限。按能量-时间不确定度关系(2.45)式，受激发射带宽的数量级反比于分子在共振腔内渡越时间τ. 若τ具有10^{-4}s的数量级，则$\Delta\nu$的数量级为10 kHz，而氨分子共振中心频率$\nu_0\approx 24000$ MHz，相对带宽$\Delta\nu/\nu_0\approx 10^{-7}$. 但应指出，这并不是微波激射器最终输出信号的频谱宽度。在各种因素的影响下，采取

❶ 偶极子受力的情况可用虚功原理来分析。按此原理，物体受力沿势能负梯度的方向。偶极子平行于电场时势能为负，$\mathscr{E}^2$愈大，势能愈低；反之，偶极子反平行于电场时势能为正，$\mathscr{E}^2$愈大，势能愈高。

稳频措施后，整个装置最后输出的信号带宽仅为 10^{-3}Hz 量级，而相对宽度则为 10^{-13} 量级。

氨分子激射器是汤斯(C. H. Towns)于 1954 年研制成的第一个量子电子学器件。由于其振荡信号具有极窄的带宽和频率稳定性，很快就被用作频率标准。这是量子频标的创始。汤斯本人为此与其他二人分享了 1964 年度诺贝尔物理奖。后面的 §6 还要讨论另一个量子频标——氢原子微波激射器，我们将在那里进一步评介量子频标。

§5. 拉莫尔进动与磁共振

5.1 拉莫尔进动的经典模型

旋转的陀螺在重力矩的作用下产生进动，磁矩在磁力矩的作用下中产生拉莫尔进动。微观世界中电子、质子或其它磁性原子核的自旋在磁场中的拉莫尔进动是个很重要的现象，在物理、化学、生命科学中有着广泛的应用。

磁矩 $\boldsymbol{\mu}_{\mathrm{M}}$ 在外磁 $\boldsymbol{\mathscr{B}}$ 中受到力矩 $\boldsymbol{\mu}_{\mathrm{M}}\times\boldsymbol{\mathscr{B}}$，其运动方程为

$$\frac{\mathrm{d}\boldsymbol{J}}{\mathrm{d}t}=\boldsymbol{\mu}_{\mathrm{M}}\times\boldsymbol{\mathscr{B}}, \tag{2.80}$$

式中 $\boldsymbol{J}$ 为角动量。磁矩与角动量之比叫做旋磁比(gyromagnetic ratio)，记作 γ：

$$\gamma=\frac{\mu_{\mathrm{M}}}{J}. \tag{2.81}$$

γ 正比于电荷，对于电子 $\gamma<0$；对于质子 $\gamma>0$. (2.80)式乘以 γ，得只含磁矩的方程

$$\frac{\mathrm{d}\boldsymbol{\mu}_{\mathrm{M}}}{\mathrm{d}t}=\gamma\boldsymbol{\mu}_{\mathrm{M}}\times\boldsymbol{\mathscr{B}}. \tag{2.82}$$

若外磁场场是沿 z 方向的恒磁场：$\boldsymbol{\mathscr{B}}=\mathscr{B}_0\hat{\boldsymbol{z}}$，令 μ_x、μ_y、μ_z 代表 $\boldsymbol{\mu}_{\mathrm{M}}$ 的三个分量，将上式写成分量形式：

$$\begin{cases}\dfrac{\mathrm{d}\mu_x}{\mathrm{d}t}=\gamma\mu_y\mathscr{B}, & (2.82x)\\[2mm] \dfrac{\mathrm{d}\mu_y}{\mathrm{d}t}=-\gamma\mu_x\mathscr{B}, & (2.82y)\\[2mm] \dfrac{\mathrm{d}\mu_z}{\mathrm{d}t}=0. & (2.82z)\end{cases}$$

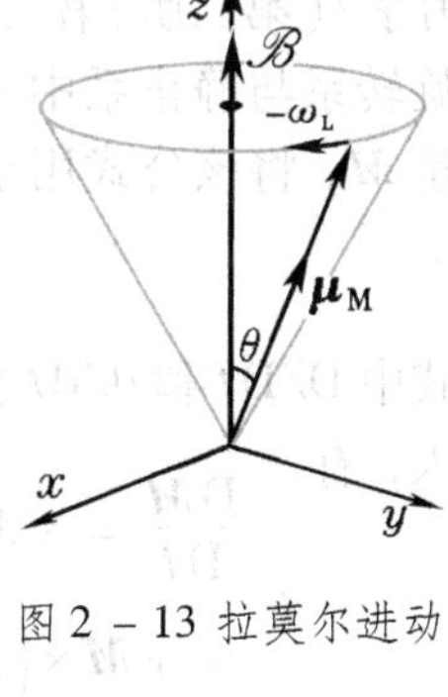

图 2-13 拉莫尔进动

其解为

$$\begin{cases}\mu_x=\mu_\perp\cos(-\omega_{\mathrm{L}}t+\varphi_0),\\ \mu_y=\mu_\perp\sin(-\omega_{\mathrm{L}}t+\varphi_0),\\ \mu_z=\text{常量}。\end{cases}\qquad \begin{aligned}&\mu_\perp=\sqrt{\mu_x^2+\mu_y^2},\\ &\omega_{\mathrm{L}}=\gamma\mathscr{B}\text{——拉莫尔角频率。}\end{aligned}$$

此解的物理图像如图2 - 13所示，$\boldsymbol{\mu}_{\mathrm{M}}$与$z$轴的夹角$\theta$不变，以$\omega_{\mathrm{L}}$的角速度绕着$z$轴旋转。这就是所谓拉莫尔进动(Larmor precession)。

5.2 布洛赫方程

为了描述核磁共振，1946年布洛赫(F. Bloch)引入一个经典方程。他的方程描述的不是个别原子核的磁矩，而是单位体积内的核磁矩，即电磁学里的磁化强度$\boldsymbol{M}$. 此矢量所服从的方程与个别核磁矩所满足的运动方程(2.82)形式完全一样，不过磁场要分为$\mathscr{B}_0$和$\mathscr{B}_1$两部分：

$$\frac{\mathrm{d}\boldsymbol{M}}{\mathrm{d}t}=\gamma\boldsymbol{M}\times(\mathscr{B}_0+\mathscr{B}_1),\tag{2.83}$$

$\mathscr{B}_0$就是前面说的沿z方向的恒磁场，$\mathscr{B}_1$是一个横方向的射频场，用以激发核磁共振。图2 - 13里的θ角实际上代表着磁矩在外场$\mathscr{B}_0$中能量的大小，$\theta=0$时，磁矩与$\mathscr{B}_0$方向一致，能量最低；$\theta=\pi$时，磁矩与$\mathscr{B}_0$方向相反，能量最高。没有$\mathscr{B}_1$时，磁矩作拉莫尔进动时保持θ角不变，即能量不变。$\mathscr{B}_1$场可以与磁矩交换能量，从而改变θ角。这在经典力学中叫做“章动”[参见《新概念物理教程·力学》(第二版)第四章7.4节]。如果射频场的角频率ω与拉莫尔角频率ω_{L}相等或十分接近时，会发生共振，此时能量的交换特别有效。下面我们就来较详细地讨论这一情况。

射频场是个角频率为ω的交变场，而沿某一方向(譬如x方向)的交变场可分解为一对旋转角速度为$\pm\omega$的旋转磁场，它们相对于拉莫尔进动的角速度为$\Delta\omega=\pm\omega-\omega_{\mathrm{L}}$，其中$\Delta\omega=\omega-\omega_{\mathrm{L}}$一支是共振的，$\Delta\omega=-\omega-\omega_{\mathrm{L}}$一支是反共振的。略去反共振的一支，射频场$\mathscr{B}_1$就可看成旋转方向与拉莫尔进动一致的旋转磁场。

有了射频场以后运动变得十分复杂，不过若我们到与它共转的参考系中去看，问题将大为简化。旋转参考系是非惯性系，在《新概念物理教程·力学》(第二版)第二章§4中有所讨论。在那里导出一个公式(2.48)，给出旋转系与静止系中一个矢量的时间导数的关系。这里讨论的是磁化强度矢量$\boldsymbol{M}$，将该公式用于它，则有

$$\frac{\mathrm{D}\boldsymbol{M}}{\mathrm{D}t}=\frac{\mathrm{d}\boldsymbol{M}}{\mathrm{d}t}+\boldsymbol{\omega}\times\boldsymbol{M},$$

式中$\mathrm{D}/\mathrm{D}t$和$\mathrm{d}/\mathrm{d}t$分别是在旋转系和静止系中的时间导数。将(2.83)式代入，有

$$\begin{aligned}\frac{\mathrm{D}\boldsymbol{M}}{\mathrm{D}t}&=\gamma\boldsymbol{M}\times(\mathscr{B}_0+\mathscr{B}_1)+\boldsymbol{\omega}\times\boldsymbol{M}=\gamma\boldsymbol{M}\times\left(\mathscr{B}_1+\frac{\gamma\boldsymbol{B}_0-\boldsymbol{\omega}}{\gamma}\right)\\&=\gamma\boldsymbol{M}\times\left(\mathscr{B}_1+\frac{\boldsymbol{\omega}_{\mathrm{L}}-\boldsymbol{\omega}}{\gamma}\right)=\gamma\boldsymbol{M}\times\left(\mathscr{B}_1-\frac{\Delta\boldsymbol{\omega}}{\gamma}\right)=\gamma\boldsymbol{M}\times\mathscr{B}_{\mathrm{eff}},\end{aligned}\tag{2.84}$$

式中

$$\mathscr{B}_{\mathrm{eff}}=\mathscr{B}_1-\frac{\Delta\boldsymbol{\omega}}{\gamma}$$

是旋转参考系中的有效磁场。因旋转参考系与旋转磁场$\mathscr{B}_1$共动，所以$\mathscr{B}_1$从而$\mathscr{B}_{\text{eff}}$成了恒磁场，如图2－14所示，$\boldsymbol{M}$将绕$\mathscr{B}_{\text{eff}}$做拉莫尔进动，其结果是$\boldsymbol{M}$与z方向的夹角做周期性变化，这在静止参考系看来，就是章动。在$\Delta\omega\neq0$时章动的范围达不到$-z$方向，共振时($\Delta\omega=0$)$\boldsymbol{M}$在整个$\pm z$范围内章动，能量得到充分交换。

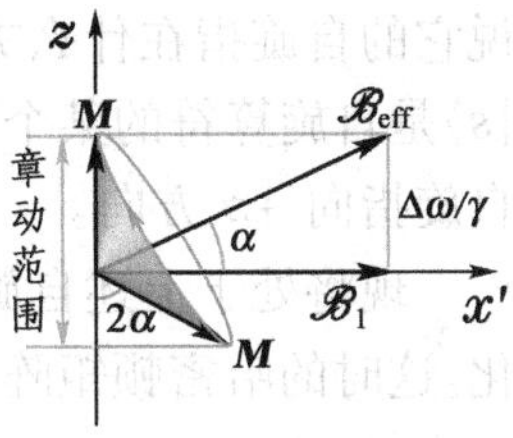

图2－14 在旋转参考系中绕$\mathscr{B}_{\text{eff}}$进动相当于在静止参考系里的章动

由裸原子核组成的样品是不存在的，自旋系统与周围的环境(如晶格、其它自旋等)必有一定程度的能量交换，从而使已经激发了的自旋能量耗散掉，此即所谓“弛豫”过程。在核磁共振中弛豫过程是很重要的。能量最低的静态磁化强度$\boldsymbol{M}$沿$\mathscr{B}_0$方向，即z方向。在射频场$\mathscr{B}_1$撤除后，M_z分量趋于最大值M_0，横分量$M_\perp$趋于0，这两个恢复平衡的过程快慢是不一样的。布洛赫在他的方程中唯象地引进两个弛豫时间T_1和T_2，把(2.83)式修改成：

$$\frac{\mathrm{d}\boldsymbol{M}}{\mathrm{d}t}=\gamma\boldsymbol{M}\times(\mathscr{B}_0+\mathscr{B}_1)-\frac{M_z-M_0}{T_1}\hat{\boldsymbol{z}}-\frac{M_x\hat{\boldsymbol{x}}+M_y\hat{\boldsymbol{y}}}{T_2}. \tag{2.85}$$

关闭射频场后的解

$$\begin{cases}M_z=M_0\left(1-\mathrm{e}^{-t/T_1}\right),\\ M_\perp=M_{\perp0}\mathrm{e}^{-t/T_2}\end{cases} \tag{2.86}$$

描述着纵横两方向的不同弛豫过程。

5.3 拉莫尔进动的量子描述

本节将考虑一个自旋为1/2的粒子在磁场中的行为。对于这个粒子所处的自旋态$|s\rangle$，通常是取z方向的自旋分量$\hat{s}_z$的本征矢$|\uparrow\rangle$、$|\downarrow\rangle$为态基来表示的，亦即将自旋态$|s\rangle$按它们展开：

$$|s\rangle=C_\uparrow|\uparrow\rangle+C_\downarrow|\downarrow\rangle, \tag{2.87}$$

其中

$$C_\uparrow=\langle\uparrow|s\rangle,\quad C_\downarrow=\langle\downarrow|s\rangle, \tag{2.88}$$

或者说，在$\hat{s}_z$表象中

$$|s\rangle\simeq\begin{pmatrix}C_\uparrow\\C_\downarrow\end{pmatrix}. \tag{2.89}$$

这里使用了在附录A一开头就引进的符号$\simeq$而不用$=$，我们是想强调，狄拉克右矢符号代表态矢本身，而列矩阵只是它在特定表象中的表示式，两者不容等同。显然，在以自身为表象时，

$$|\uparrow\rangle\simeq\begin{pmatrix}1\\0\end{pmatrix},\quad|\downarrow\rangle\simeq\begin{pmatrix}0\\1\end{pmatrix}.$$

在量子力学中，我们一般只能说，一个粒子处在哪个自旋态$|s\rangle$，不能

说它的自旋指在什么方向，因为$|s\rangle$不一定是自旋算符的本征态。然而当$|s\rangle$是自旋算符的某个本征态时，譬如$|s\rangle=|\uparrow\rangle$，我们就可以说，该粒子的自旋指向 $+z$ 方向。

现将处于上述自旋的粒子置于沿z方向的磁场$\mathscr{B}$中观察其概率幅的变化。这时的哈密顿矩阵为❶

$$H=-\boldsymbol{\mu}_{\mathrm{M}}\cdot\boldsymbol{\mathscr{B}}\sigma_z=-\mu_{\mathrm{M}}\mathscr{B}\sigma_z=\begin{pmatrix}-\mu_{\mathrm{M}}\mathscr{B} & 0\\ 0 & \mu_{\mathrm{M}}\mathscr{B}\end{pmatrix},\tag{2.90}$$

式中$\sigma_z=\begin{pmatrix}1 & 0\\ 0 & -1\end{pmatrix}$是泡利矩阵，$\mu_{\mathrm{M}}$ 为粒子的磁矩。从而薛定谔方程为

$$\mathrm{i}\hbar\frac{\partial}{\partial t}\begin{pmatrix}C_\uparrow\\ C_\downarrow\end{pmatrix}=\begin{pmatrix}-\mu_{\mathrm{M}}\mathscr{B} & 0\\ 0 & \mu_{\mathrm{M}}\mathscr{B}\end{pmatrix}\cdot\begin{pmatrix}C_\uparrow\\ C_\downarrow\end{pmatrix},$$

即

$$\begin{cases}\mathrm{i}\hbar\dfrac{\partial C_\uparrow}{\partial t}=-\mu_{\mathrm{M}}\mathscr{B}C_\uparrow,\\ \mathrm{i}\hbar\dfrac{\partial C_\downarrow}{\partial t}=\mu_{\mathrm{M}}\mathscr{B}C_\downarrow.\end{cases}\tag{2.91}$$

积分后得

$$\begin{cases}C_\uparrow(t)=\mathrm{e}^{\mathrm{i}\mu_{\mathrm{M}}\mathscr{B}t/\hbar}C_\uparrow(0)=\mathrm{e}^{\mathrm{i}\omega_{\mathrm{L}}t/2}C_\uparrow(0),\\ C_\downarrow(t)=\mathrm{e}^{-\mathrm{i}\mu_{\mathrm{M}}\mathscr{B}t/\hbar}C_\downarrow(0)=\mathrm{e}^{-\mathrm{i}\omega_{\mathrm{L}}t/2}C_\downarrow(0).\end{cases}\tag{2.92}$$

式中

$$\omega_{\mathrm{L}}=\frac{2\mu_{\mathrm{M}}\mathscr{B}}{\hbar}=\gamma\mathscr{B}\tag{2.93}$$

是拉莫尔角频率（由自旋角动量为$\hbar/2$，$2\mu_{\mathrm{M}}/\hbar$ 就是旋磁比γ）。

为了与经典拉莫尔进动的物理图像进行对比，我们设想一束自旋 1/2 的粒子在磁场沿 x 方向的施特恩-格拉赫装置里选出自旋沿$+x$ 的一束，在 $t=0$ 时刻射入沿 z 方向的磁场$\boldsymbol{\mathscr{B}}$中，过时间 t 后再令此束粒子射入磁场沿 x 方向或沿 y 方向的施特恩-格拉赫装置，以测量其自旋沿$\pm x$ 或$\pm y$ 方向的概率。在 $\hat{s}_z$ 表象中沿$+x$ 的本征态为$|x+\rangle\doteq\frac{1}{\sqrt{2}}\begin{pmatrix}1\\ 1\end{pmatrix}$（见第一章习题 1-39），这就是$t=0$时刻的初始态$\begin{pmatrix}C_\uparrow(0)\\ C_\downarrow(0)\end{pmatrix}$. 按 (2.92)式，在$z$方向磁场$\boldsymbol{\mathscr{B}}$中过了时间 t 后，

$$|x+(t)\rangle\doteq\begin{pmatrix}C_\uparrow(t)\\ C_\downarrow(t)\end{pmatrix}=\begin{pmatrix}\mathrm{e}^{\mathrm{i}\omega_{\mathrm{L}}t/2}C_\uparrow(0)\\ \mathrm{e}^{-\mathrm{i}\omega_{\mathrm{L}}t/2}C_\downarrow(0)\end{pmatrix}=\frac{1}{\sqrt{2}}\begin{pmatrix}\mathrm{e}^{\mathrm{i}\omega_{\mathrm{L}}t/2}\\ \mathrm{e}^{-\mathrm{i}\omega_{\mathrm{L}}t/2}\end{pmatrix}.$$

---

❶ 质子带正电，其自旋磁矩$\boldsymbol{\mu}_{\mathrm{M}}$与角动量$\boldsymbol{s}$ 的方向相同；电子带负电，$\boldsymbol{\mu}_{\mathrm{M}}$与$\boldsymbol{s}$方向相反。下面我们形式上按带正电的粒子推导，不过我们设想公式中的μ_{M}可正可负。

沿 x、y 方向的本征右矢为(见第一章习题 1-39):

$$\langle x\pm| \simeq \frac{1}{\sqrt{2}}(1 \quad \pm 1), \quad \langle y\pm| \simeq \frac{1}{\sqrt{2}}(1 \quad \mp \mathrm{i}). \tag{2.94}$$

t 时刻测量粒子束自旋沿 x、y 方向的概率幅为

$$\begin{aligned} \langle x\pm|x+(t)\rangle &= \frac{1}{2}\left(\mathrm{e}^{\mathrm{i}\omega_{\mathrm{L}}t/2} \pm \mathrm{e}^{-\mathrm{i}\omega_{\mathrm{L}}t/2}\right), \\ \langle y\pm|x+(t)\rangle &= \frac{1}{2}\left(\mathrm{e}^{\mathrm{i}\omega_{\mathrm{L}}t/2} \mp \mathrm{i}\,\mathrm{e}^{-\mathrm{i}\omega_{\mathrm{L}}t/2}\right). \end{aligned} \tag{2.95}$$

概率为

$$\begin{aligned} |\langle x\pm|x+(t)\rangle|^2 &= \frac{1}{2}(1 \pm \cos\omega_{\mathrm{L}}t), \\ |\langle y\pm|x+(t)\rangle|^2 &= \frac{1}{2}(1 \mp \sin\omega_{\mathrm{L}}t). \end{aligned} \tag{2.96}$$

而

$$|x+(t)\rangle = |x+\rangle\langle x+|x+(t)\rangle + |x-\rangle\langle x-|x+(t)\rangle,$$

$$|x+(t)\rangle = |y+\rangle\langle y+|x+(t)\rangle + |y-\rangle\langle y-|x+(t).$$

自旋的 x、y 分量在 $|x+(t)\rangle$ 态中的平均值为

$$\begin{aligned} &\langle x+(t)|\hat{s}_x|x+(t)\rangle \\ &= \langle x+(t)|x+\rangle\langle x+|\hat{s}_x|x+\rangle\langle x+|x+(t)\rangle + \langle x+(t)|x-\rangle\langle x-|\hat{s}_x|x-\rangle\langle x-|x+(t)\rangle \\ &= \frac{\hbar}{2}|\langle x+|x+(t)\rangle|^2 - \frac{\hbar}{2}|\langle x-|x+(t)\rangle|^2 = \frac{\hbar}{2}\cos\omega_{\mathrm{L}}t = \frac{\hbar}{2}\cos(-\omega_{\mathrm{L}}t), \\ &\langle x+(t)|\hat{s}_y|x+(t)\rangle \\ &= \langle x+(t)|y+\rangle\langle y+|\hat{s}_y|y+\rangle\langle y+|x+(t)\rangle + \langle x+(t)|y-\rangle\langle y-|\hat{s}_y|y-\rangle\langle y-|x+(t)\rangle \\ &= \frac{\hbar}{2}|\langle y+|x+(t)\rangle|^2 - \frac{\hbar}{2}|\langle y-|x+(t)\rangle|^2 = -\frac{\hbar}{2}\sin\omega_{\mathrm{L}}t = \frac{\hbar}{2}\sin(-\omega_{\mathrm{L}}t). \end{aligned}$$

归结起来,有

$$\begin{cases} \langle x+(t)|\hat{s}_x|x+(t)\rangle = \dfrac{\hbar}{2}\cos(-\omega_{\mathrm{L}}t), \\ \langle x+(t)|\hat{s}_y|x+(t)\rangle = \dfrac{\hbar}{2}\sin(-\omega_{\mathrm{L}}t). \end{cases} \tag{2.97}$$

即从平均值来看,我们得到自旋矢量在 xy 平面内以角速度 $-\omega_{\mathrm{L}}$ 旋转的经典图像(图 2-15)。

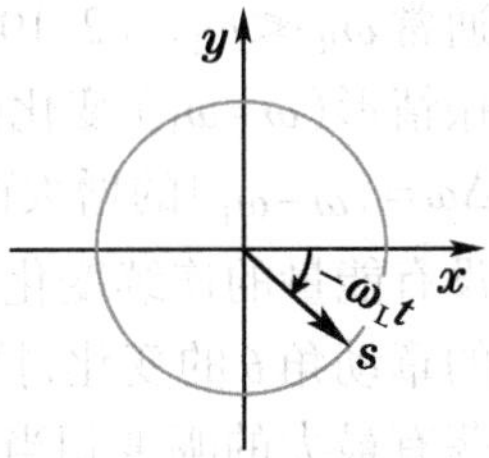

图 2-15 自旋矢量在 xy 平面内以角速度 $-\omega_{\mathrm{L}}$ 旋转

5.4 核磁共振的量子描述

除在 z 轴上加恒磁场 $\mathscr{B}_z$ 外,现于 x 方向上再加一个交变磁场 $\mathscr{B}_x = \mathscr{B}_1\cos\omega t = \dfrac{\mathscr{B}_1}{2}(\mathrm{e}^{\mathrm{i}\omega t} + \mathrm{e}^{-\mathrm{i}\omega t})$. 这时哈密顿矩阵为

$$H = \mu_{\mathrm{M}}[\mathscr{B}_z\sigma_z + \mathscr{B}_x\sigma_x] = \mu_{\mathrm{M}}\begin{pmatrix} -\mathscr{B}_z & \dfrac{\mathscr{B}_1}{2}(\mathrm{e}^{\mathrm{i}\omega t} + \mathrm{e}^{-\mathrm{i}\omega t}) \\ \dfrac{\mathscr{B}_1}{2}(\mathrm{e}^{\mathrm{i}\omega t} + \mathrm{e}^{-\mathrm{i}\omega t}) & \mathscr{B}_z \end{pmatrix}. \tag{2.98}$$

薛定谔方程为

$$
\mathrm{i}\hbar\frac{\partial}{\partial t}\begin{pmatrix}C_\uparrow\\C_\downarrow\end{pmatrix}=\mu_{\mathrm{M}}\begin{pmatrix}-\mathscr{B}_z & \frac{\mathscr{B}_1}{2}\left(\mathrm{e}^{\mathrm{i}\omega t}+\mathrm{e}^{-\mathrm{i}\omega t}\right)\\ \frac{\mathscr{B}_1}{2}\left(\mathrm{e}^{\mathrm{i}\omega t}+\mathrm{e}^{-\mathrm{i}\omega t}\right) & \mathscr{B}_z\end{pmatrix}\cdot\begin{pmatrix}C_\uparrow\\C_\downarrow\end{pmatrix},\tag{2.99}
$$

写成分量形式，有

$$
\begin{cases}
\mathrm{i}\hbar\dfrac{\partial C_\uparrow}{\partial t}=-\mu_{\mathrm{M}}\left[\mathscr{B}_z C_\uparrow-\dfrac{\mathscr{B}_1}{2}\left(\mathrm{e}^{\mathrm{i}\omega t}+\mathrm{e}^{-\mathrm{i}\omega t}\right)C_\downarrow\right], & (2.99\mathrm{a})\\
\mathrm{i}\hbar\dfrac{\partial C_\downarrow}{\partial t}=\mu_{\mathrm{M}}\left[\mathscr{B}_z C_\downarrow+\dfrac{\mathscr{B}_1}{2}\left(\mathrm{e}^{\mathrm{i}\omega t}+\mathrm{e}^{-\mathrm{i}\omega t}\right)C_\uparrow\right]. & (2.99\mathrm{b})
\end{cases}
$$

可以看出，这里得到的哈密顿矩阵(2.98)式和薛定谔方程(2.99)式，与2.1节中得到的(2.29)、(2.30)式形式完全一样。我们只需作下列变量代换，就可将该节及其后的结果直接搬过来：

$$
E_{\mathrm{a}}\to-\mu_{\mathrm{M}}\mathscr{B}_z,\quad E_{\mathrm{b}}\to\mu_{\mathrm{M}}\mathscr{B}_z,\quad D_0\to-\mu_{\mathrm{M}}\mathscr{B}_1,
$$
$$
C_{\mathrm{a}}\to C_\uparrow\quad,\quad C_{\mathrm{b}}\to C_\downarrow\ .
$$

此处可以从2.2节接收过来的结论有如下几点：设系统在 $t=0$ 时刻处于 $|\uparrow\rangle$，在 $0\to t$ 时间间隔内系统从 $|\uparrow\rangle$ 态跃迁到 $|\downarrow\rangle$ 的概率为

$$
P_\downarrow=|C_\downarrow|^2=\left|\frac{\mu_{\mathrm{M}}\mathscr{B}_1}{\hbar\,\omega_{\mathrm{R}}}\right|^2\sin^2\frac{\omega_{\mathrm{R}}t}{2},\tag{2.100}
$$

其中拉比角频率 $\omega_{\mathrm{R}}=\sqrt{(\omega-\omega_{\mathrm{L}})^2+\left|\dfrac{\mu_{\mathrm{M}}\mathscr{B}_1}{\hbar}\right|^2}\quad\left(\omega_{\mathrm{L}}=\dfrac{2\mu_{\mathrm{M}}\mathscr{B}_z}{\hbar}\right)$，

通常 $\omega_{\mathrm{R}}\ll\omega_{\mathrm{L}}$. (2.100)式表明，跃迁概率以拉比角频率周期式地变化着，共振情形（$\omega=\omega_{\mathrm{L}}$）变化的幅度为1；非共振情形下周期与幅度都随频率失谐量 $\Delta\omega=|\omega-\omega_{\mathrm{L}}|$ 的增大而减小（见图2－8）。在量子图像里只有上下两个能级，没有能量的连续变化，在两能级之间跃迁概率 $P_\downarrow$、$P_\uparrow$ 的变化代替了经典的章动角 θ 的变化，拉比角频率 ω_{R} 相当于经典的章动角频率。共振时 $P_\downarrow$ 振荡有最大的幅度相当于章动角 θ 有从0到 π 的最大的幅度；偏离共振时 $P_\downarrow$ 振荡的幅度小于1，相当于章动角 θ 从0出发到不了 π 就返回了。这就是量子图像与经典图像的对应关系。

5.5 核磁共振的应用

在第一章8.3节里简单地介绍了原子的磁矩，它们是由电子的轨道磁矩和自旋磁矩贡献的。原子核是由质子和中子组成的，质子和中子都是自旋角动量为 $\hbar/2$ 的费米子，它们也都有磁矩。原子的磁矩通常是以玻尔磁子 $\mu_{\mathrm{B}}=e\hbar/2m_{\mathrm{e}}=9.2740154\times10^{-24}$ J/T 为单位来衡量的，核磁矩则以核磁子 μ_{N} 来衡量。核磁子与玻尔磁子的区别仅在于将电子的质量 m_{e} 换成质子的质量 m_{p}：

$$\mu_{\mathrm{N}} = \frac{e\hbar}{2m_{\mathrm{p}}} = \frac{1}{1836}\mu_{\mathrm{B}}. \tag{2.101}$$

核磁矩一般要比原子或分子的磁矩小三个数量级。实验测定，质子p和中子n的磁矩分别为

$$\mu_{\mathrm{p}} = 2.793\mu_{\mathrm{N}}, \quad \mu_{\mathrm{n}} = -1.9135\mu_{\mathrm{N}}. \tag{2.102}$$

精确地测定各种原子核的磁矩，对于核力的研究和原子核结构模型的建立都有重要的意义。1938年拉比(I. I. Rabi)首先用分子束核磁共振法研究并精确地测量了原子核的磁矩，为此他获得了1944年诺贝尔物理奖。核磁共振的实现是让分子束(或原子束)通过强度可变的磁场$\mathscr{B}$，使核能级因核自旋不同的取向而分裂。在数千高斯下核能级的裂距一般在射频波段，令固定频率的射频无线电波通过束流，波场的能量被粒子吸收，用以产生能级的跃迁。检测无线电波的强度随磁场的改变，在共振处因能量吸收显著而观察到吸收峰，如图2－16所示。这一方法曾经用来测量过很多原子核的磁矩，测量误差只有0.01%至0.1%，而在目前精确度还要更高。

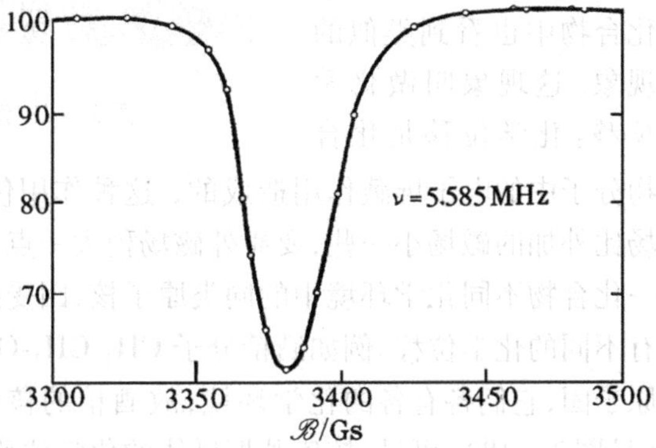

图2－16　^{7}Li原子束的核磁共振吸收峰

束流的方法有其不便之处，布洛赫(F. Bloch)和珀塞尔(E. M. Purcell)发现，固体、液体中也能观察到核磁共振吸收的现象。在磁场中能级分裂后，粒子按玻耳兹曼分布律分布在各能级上，上能级粒子少下能级粒子多，在与波场交换能量时吸取大于付出，二者之间的差额表现为共振吸收。图2－17是目前常用的核磁共振仪的示意图。布洛赫和珀塞尔二人因发展了核磁共振的新方法和有关的新发现，分享了1952年诺贝尔物理奖。

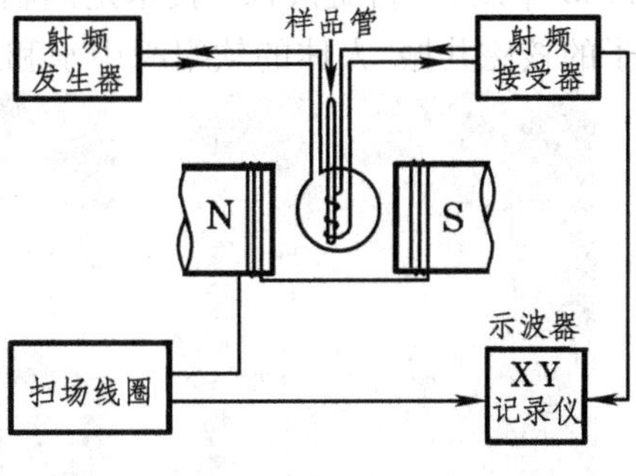

图2－17　核磁共振仪装置示意图

已知核磁矩的精确值，就可以反过来用核磁共振法作为精确测量或灵

敏自动控制磁场的手段。巨型回旋加速器、航空探矿，以至精密的科学实验和太空测量中，都使用了质子核磁共振的方法。

1950 年普洛克特(W. G. Proctor)和虞福春在一次精密测量^{14}N核磁矩的实验中发现，对不同的^{14}N化合物，它的共振磁场值有微小的移动，同时狄更孙(W. C. Dickinson)在^{19}F的化合物中也看到类似的现象。这现象叫做化学位移。化学位移是化合物分子中的电子屏蔽作用造成的，这种作用使各原子核实际“感受”的磁场比外加的磁场小一些，要靠外磁场稍大一点来补偿。处在不同化合物或同一化合物不同化学环境中的同类原子核，因受到电子屏蔽作用强弱不同，具有不同的化学位移。例如酒精分子 CH_3-CH_2-OH 中 6 个氢原子分属于三个原子团，它们各有各的化学环境，故酒精的核磁共振曲线中有三个吸收峰(见图 2 – 18)。可见，核磁共振谱线的化学位移提供了某种原子在分子中位置的信息，它成为研究分子结构很有效的工具。

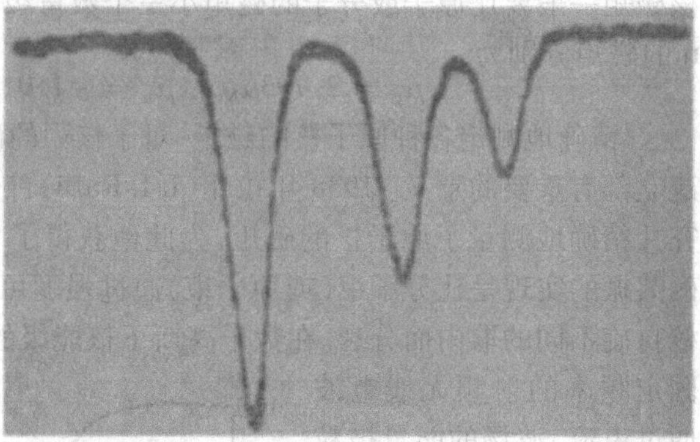

图 2 – 18 酒精的核磁共振曲线

过去诊断人体内部的病变只能靠计算机辅助 X 射线层析技术(CT)，1980 年以后“自旋成像”技术走向临床应用阶段。“自旋成像”的原理是质子的核磁共振。人体的软组织中水和脂肪都含有氢，各点的质子密度及质子

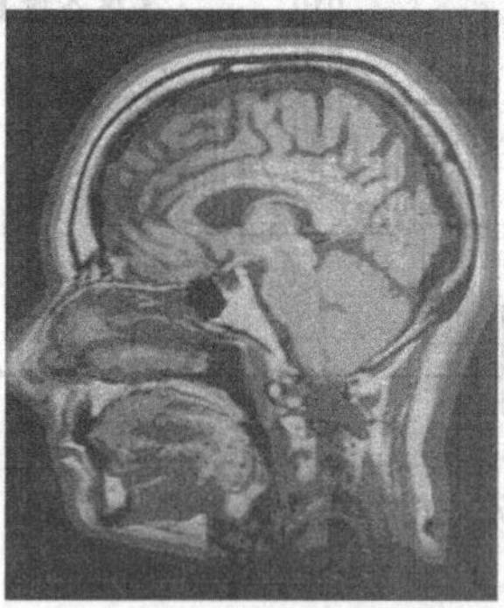

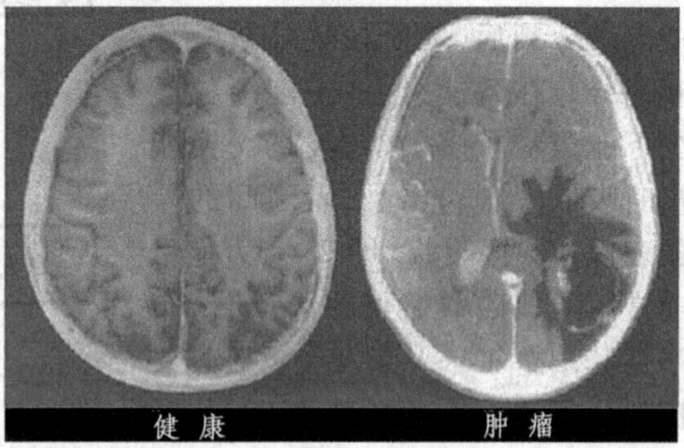

a. 纵截面　　　　b. 横截面

图 2 – 19 用核磁共振层析术“拍摄”的脑截面图像

周围环境的不同,使核磁共振信号的强度和弛豫时间等特征不同。若按空间的位置逐点做出共振信号,则能反映人体组织结构的形状。但逐点测量信号太麻烦,所以实际上是逐片扫描。将患者的躯体放到一个大线圈内,线圈产生一个高度均匀的磁场,然后再加上一个强度随空间位置均匀改变的"梯度场"进行扫描。当躯体的某一截面上磁场值达到与质子共振的条件时,就产生共振信号。这些信号经过计算机整理,即可组成该截面的图像(见图2-19)。今天,核磁共振层析术已成为医学上一种普遍使用的重要诊断手段。

§6. 氢原子基态的超精细结构

6.1 两个自旋1/2粒子态矢空间的直积

氢原子由一个电子e和一个质子p(氢原子核)组成,它们都是自旋为1/2的费米子。电子和质子各自有一套表述自旋算符和自旋态的方法,即电子有电子的本征态矢和泡利矩阵:

$$|\uparrow\rangle \simeq \begin{pmatrix}1\\0\end{pmatrix}, \qquad |\downarrow\rangle \simeq \begin{pmatrix}0\\1\end{pmatrix}; \tag{2.103e}$$

$$\hat{\sigma}_{ex} \simeq \begin{pmatrix}0 & 1\\1 & 0\end{pmatrix}, \quad \hat{\sigma}_{ey} \simeq \begin{pmatrix}0 & -i\\i & 0\end{pmatrix}, \quad \hat{\sigma}_{ez} \simeq \begin{pmatrix}1 & 0\\0 & -1\end{pmatrix}. \tag{2.104e}$$

质子有质子的本征态矢和泡利矩阵:

$$|\Uparrow\rangle \simeq \begin{pmatrix}1\\0\end{pmatrix}, \qquad |\Downarrow\rangle \simeq \begin{pmatrix}0\\1\end{pmatrix}; \tag{2.103p}$$

$$\hat{\sigma}_{px} \simeq \begin{pmatrix}0 & 1\\1 & 0\end{pmatrix}, \quad \hat{\sigma}_{py} \simeq \begin{pmatrix}0 & -i\\i & 0\end{pmatrix}, \quad \hat{\sigma}_{pz} \simeq \begin{pmatrix}1 & 0\\0 & -1\end{pmatrix}. \tag{2.104p}$$

按照矩阵的乘法,我们可以计算出任何一个算符作用到任何一个态矢的结果,譬如

$$\hat{\sigma}_{ex}|\uparrow\rangle = |\downarrow\rangle, \quad \hat{\sigma}_{py}|\Downarrow\rangle = -i|\Uparrow\rangle, \quad \cdots.$$

电子的泡利算符对质子的态矢没有作用,反之亦然。

电子有两个本征态,质子有两个本征态,合起来有四种组合:

$$|\uparrow\Uparrow\rangle, \quad |\uparrow\Downarrow\rangle, \quad |\downarrow\Uparrow\rangle, \quad |\downarrow\Downarrow\rangle. \tag{2.105}$$

知道了电子、质子各自的算法,我们可以计算它们泡利矩阵的乘积对各组合态矢的作用。譬如

$$\hat{\sigma}_{ex}\hat{\sigma}_{py}|\uparrow\Downarrow\rangle = \hat{\sigma}_{ex}(\hat{\sigma}_{py}|\uparrow\Downarrow\rangle) = \hat{\sigma}_{ex}(-i|\uparrow\Uparrow\rangle) = -i|\downarrow\Uparrow\rangle. \tag{2.106}$$

不过这样算比较罗嗦,不如矩阵的计算一目了然。两个二维的态矢空间乘

起来，变成一个四维的态矢空间。怎么乘？下面我们就来提供这类乘法的规则。与其用文字来叙述，不如给出算例。

首先演示态矢的乘法：

$$|\uparrow\Uparrow\rangle \doteq \begin{pmatrix} 1\times\begin{pmatrix}1\\0\end{pmatrix} \\ 0\times\begin{pmatrix}1\\0\end{pmatrix}\end{pmatrix} = \begin{pmatrix}1\\0\\0\\0\end{pmatrix}, \quad |\uparrow\Downarrow\rangle \doteq \begin{pmatrix} 1\times\begin{pmatrix}0\\1\end{pmatrix} \\ 0\times\begin{pmatrix}0\\1\end{pmatrix}\end{pmatrix} = \begin{pmatrix}0\\1\\0\\0\end{pmatrix},$$

$$|\downarrow\Uparrow\rangle \doteq \begin{pmatrix} 0\times\begin{pmatrix}1\\0\end{pmatrix} \\ 1\times\begin{pmatrix}1\\0\end{pmatrix}\end{pmatrix} = \begin{pmatrix}0\\0\\1\\0\end{pmatrix}, \quad |\downarrow\Downarrow\rangle \doteq \begin{pmatrix} 0\times\begin{pmatrix}0\\1\end{pmatrix} \\ 1\times\begin{pmatrix}0\\1\end{pmatrix}\end{pmatrix} = \begin{pmatrix}0\\0\\0\\1\end{pmatrix}.$$

再看泡利算符的乘法：

$$\hat{\sigma}_{ex}\,\hat{\sigma}_{py} \doteq \begin{pmatrix} 0\times\begin{pmatrix}0&-i\\i&0\end{pmatrix} & 1\times\begin{pmatrix}0&-i\\i&0\end{pmatrix} \\ 1\times\begin{pmatrix}0&-i\\i&0\end{pmatrix} & 0\times\begin{pmatrix}0&-i\\i&0\end{pmatrix}\end{pmatrix} = \left(\begin{array}{cc|cc} 0&0&0&-i\\ 0&0&i&0\\ \hline 0&-i&0&0\\ i&0&0&0\end{array}\right).$$

若用矩阵来表达(2. 106)式中的运算，则有

$$\left(\begin{array}{cc|cc} 0&0&0&-i\\ 0&0&i&0\\ \hline 0&-i&0&0\\ i&0&0&0\end{array}\right)\cdot\begin{pmatrix}0\\1\\0\\0\end{pmatrix} = \begin{pmatrix}0\\0\\-i\\0\end{pmatrix} = -i\begin{pmatrix}0\\0\\1\\0\end{pmatrix}. \tag{2. 106′}$$

把以上的算法概括成文字，就是将代表质子态矢或算符的矩阵，乘到代表电子态矢或算符的矩阵中每个矩阵元上，从而得到一个以矩阵为矩阵元的大矩阵。这种乘法叫做直乘(direct product)，记作 ⊗. 以上是两个粒子自旋态矢空间的直乘，所用的态基也是两自旋空间态基的直乘：

$$\begin{cases} |\uparrow\Uparrow\rangle = |\uparrow\rangle\otimes|\Uparrow\rangle, \\ |\uparrow\Downarrow\rangle = |\uparrow\rangle\otimes|\Downarrow\rangle, \\ |\downarrow\Uparrow\rangle = |\downarrow\rangle\otimes|\Uparrow\rangle, \\ |\downarrow\Downarrow\rangle = |\downarrow\rangle\otimes|\Downarrow\rangle, \end{cases} \tag{2. 107}$$

为了以后说话方便，我们把这组态基叫做 ss 态基，以它们为基的表象称为 ss 表象。也许多做些练习能够更好地帮助读者理解矩阵的直积，下面我们给出一些演算的结果，供读者检验自己的运算(见习题 2 - 6)。

$$\hat{\sigma}_{ex}\,\hat{\sigma}_{px} = \hat{\sigma}_{ex}\otimes\hat{\sigma}_{px} \doteq \left(\begin{array}{cc|cc} 0 & 0 & 0 & 1 \\ 0 & 0 & 1 & 0 \\ \hline 0 & 1 & 0 & 0 \\ 1 & 0 & 0 & 0 \end{array}\right), \tag{2.108x}$$

$$\hat{\sigma}_{ey}\,\hat{\sigma}_{py} = \hat{\sigma}_{ey}\otimes\hat{\sigma}_{py} \doteq \left(\begin{array}{cc|cc} 0 & 0 & 0 & -1 \\ 0 & 0 & 1 & 0 \\ \hline 0 & 1 & 0 & 0 \\ -1 & 0 & 0 & 0 \end{array}\right), \tag{2.108y}$$

$$\hat{\sigma}_{ez}\,\hat{\sigma}_{pz} = \hat{\sigma}_{ez}\otimes\hat{\sigma}_{pz} \doteq \left(\begin{array}{cc|cc} 1 & 0 & 0 & 0 \\ 0 & -1 & 0 & 0 \\ \hline 0 & 0 & -1 & 0 \\ 0 & 0 & 0 & 1 \end{array}\right). \tag{2.108z}$$

6.2 总自旋角动量算符的本征态

若两个粒子的自旋之间没有相互作用时，ss 态基是很好的。不过当两粒子的自旋有相互作用时，它们各自的自旋 $\hat{\boldsymbol{s}}_e$ 和 $\hat{\boldsymbol{s}}_p$ 都不是守恒量，只有总自旋角动量

$$\hat{\boldsymbol{F}} = \hat{\boldsymbol{s}}_e + \hat{\boldsymbol{s}}_p \tag{2.109}$$

才守恒，它的本征矢才是好的态基。

按照附录 A §5 所讲的，合成角动量的量子数 F 的取值范围为

$$F = s_e + s_p,\ \cdots,\ |s_e - s_p|.$$

因 $s_e = s_p = 1/2$，故 F 只有两个本征值：

$$F = 1,\ 0. \tag{2.110}$$

再按照附录 A §5 所讲的，对于量子数为 F 的子空间，$\hat{F}_z$ 的本征值，即磁量子数 m_F 的取值范围为

$$m_F = -F,\ -F+1,\ \cdots, F-1,\ F.$$

所以

$$\begin{cases} F = 1\ \text{时}, & m_F = -1,\ 0,\ 1; \\ F = 0\ \text{时}, & m_F = 0. \end{cases} \tag{2.111}$$

按量子数 (F, m_F) 来分类，我们也有四个本征态：

$$\begin{cases} F = 1,\ m_F = +1\ \text{的本征态}\ |1\uparrow\rangle, \\ F = 1,\ m_F = \ \ 0\ \text{的本征态}\ |1\,0\rangle, \\ F = 1,\ m_F = -1\ \text{的本征态}\ |1\downarrow\rangle, \\ F = 0,\ m_F = \ \ 0\ \text{的本征态}\ |0\,0\rangle. \end{cases} \tag{2.112}$$

为了以后说话方便，我们把这组态基叫做 F 态基。现在先给出 ss 态基和 F 态基的对应关系：

$$
\begin{cases}
|1\uparrow\rangle = |\uparrow\Uparrow\rangle, \\
|1\,0\rangle = \dfrac{1}{\sqrt{2}}\left[|\uparrow\Downarrow\rangle + |\downarrow\Uparrow\rangle\right], \\
|1\downarrow\rangle = |\downarrow\Downarrow\rangle, \\
|0\,0\rangle = \dfrac{1}{\sqrt{2}}\left[|\uparrow\Downarrow\rangle - |\downarrow\Uparrow\rangle\right],
\end{cases}
\tag{2.113}
$$

将这些式子的推导用小字排印在下面。读者不妨先把它们接受下来，跳到 5.3 节继续往下读。以后再回过来耐心地将推导读懂。

【(2.113)式的推导】总角动量的模方为

$$
\begin{aligned}
\hat{\boldsymbol{F}}^2 &= \hat{\boldsymbol{s}}_e^2 + \hat{\boldsymbol{s}}_p^2 + 2\hat{\boldsymbol{s}}_e\cdot\hat{\boldsymbol{s}}_p \\
&= \hat{\boldsymbol{s}}_e^2 + \hat{\boldsymbol{s}}_p^2 + 2\left(\hat{s}_{ex}\,\hat{s}_{px} + \hat{s}_{ey}\,\hat{s}_{py} + \hat{s}_{ez}\,\hat{s}_{pz}\right).
\end{aligned}
\tag{2.114}
$$

而泡利算符的模方（无论电子还是质子）为

$$
\hat{\boldsymbol{\sigma}}^2 = \hat{\sigma}_x^2 + \hat{\sigma}_y^2 + \hat{\sigma}_z^2 = 3. \tag{2.115}
$$

用泡利算符来表示，因 $\hat{\boldsymbol{s}}_e/\hbar = \hat{\boldsymbol{\sigma}}_e/2$, $\hat{\boldsymbol{s}}_p/\hbar = \hat{\boldsymbol{\sigma}}_p/2$, 于是

$$
\begin{aligned}
\hat{\boldsymbol{F}}^2/\hbar^2 &= \hat{\boldsymbol{\sigma}}_e^2/4 + \hat{\boldsymbol{\sigma}}_p^2/4 + (\hat{\sigma}_{ex}\,\hat{\sigma}_{px} + \hat{\sigma}_{ey}\,\hat{\sigma}_{py} + \hat{\sigma}_{ez}\,\hat{\sigma}_{pz})/2 \\
&= 3/4 + 3/4 + (\hat{\sigma}_{ex}\,\hat{\sigma}_{px} + \hat{\sigma}_{ey}\,\hat{\sigma}_{py} + \hat{\sigma}_{ez}\,\hat{\sigma}_{pz})/2 \\
&= 3/2 + (\hat{\sigma}_{ex}\,\hat{\sigma}_{px} + \hat{\sigma}_{ey}\,\hat{\sigma}_{py} + \hat{\sigma}_{ez}\,\hat{\sigma}_{pz})/2.
\end{aligned}
\tag{2.116}
$$

在 ss 表象里有关算符的矩阵表示式如下。首先由(2.108x)、(2.108y)、(2.108z)诸式知

$$
\sigma_e\cdot\sigma_p = \hat{\sigma}_{ex}\,\hat{\sigma}_{px} + \hat{\sigma}_{ey}\,\hat{\sigma}_{py} + \hat{\sigma}_{ez}\,\hat{\sigma}_{pz} = \begin{pmatrix} 1 & 0 & 0 & 0 \\ 0 & -1 & 2 & 0 \\ 0 & 2 & -1 & 0 \\ 0 & 0 & 0 & 1 \end{pmatrix}. \tag{2.117}
$$

其次，由(2.116)式和(2.117)式得

$$
\frac{F^2}{\hbar^2} = \frac{1}{2}\left[\begin{pmatrix} 3 & 0 & 0 & 0 \\ 0 & 3 & 0 & 0 \\ 0 & 0 & 3 & 0 \\ 0 & 0 & 0 & 3 \end{pmatrix} + \begin{pmatrix} 1 & 0 & 0 & 0 \\ 0 & -1 & 2 & 0 \\ 0 & 2 & -1 & 0 \\ 0 & 0 & 0 & 1 \end{pmatrix}\right] = \begin{pmatrix} 2 & 0 & 0 & 0 \\ 0 & 1 & 1 & 0 \\ 0 & 1 & 1 & 0 \\ 0 & 0 & 0 & 2 \end{pmatrix}. \tag{2.118}
$$

另外 σ_{ez} 可理解为 $\sigma_{ez}\otimes I$, σ_{pz} 可理解为 $I\otimes\sigma_{pz}$, 这里 $I = \begin{pmatrix} 1 & 0 \\ 0 & 1 \end{pmatrix}$ 是单位矩阵，因此

$$
\begin{aligned}
\frac{F_z}{\hbar} &= \frac{1}{2}(\sigma_{ez} + \sigma_{pz}) \\
&= \frac{1}{2}\left[\begin{pmatrix} 1 & 0 & 0 & 0 \\ 0 & 1 & 0 & 0 \\ 0 & 0 & -1 & 0 \\ 0 & 0 & 0 & -1 \end{pmatrix} + \begin{pmatrix} 1 & 0 & 0 & 0 \\ 0 & -1 & 0 & 0 \\ 0 & 0 & 1 & 0 \\ 0 & 0 & 0 & -1 \end{pmatrix}\right] = \begin{pmatrix} 1 & 0 & 0 & 0 \\ 0 & 0 & 0 & 0 \\ 0 & 0 & 0 & 0 \\ 0 & 0 & 0 & -1 \end{pmatrix}.
\end{aligned}
\tag{2.119}
$$

现在来看这些算符与 ss 态矢的关系。

$$\frac{F^2}{\hbar^2}\begin{pmatrix}1\\0\\0\\0\end{pmatrix}=\begin{pmatrix}2&0&0&0\\0&1&1&0\\0&1&1&0\\0&0&0&2\end{pmatrix}\cdot\begin{pmatrix}1\\0\\0\\0\end{pmatrix}=2\begin{pmatrix}1\\0\\0\\0\end{pmatrix},\tag{a}$$

$$\frac{F^2}{\hbar^2}\begin{pmatrix}0\\1\\0\\0\end{pmatrix}=\begin{pmatrix}2&0&0&0\\0&1&1&0\\0&1&1&0\\0&0&0&2\end{pmatrix}\cdot\begin{pmatrix}0\\1\\0\\0\end{pmatrix}=\begin{pmatrix}0\\1\\1\\0\end{pmatrix},\tag{b}$$

$$\frac{F^2}{\hbar^2}\begin{pmatrix}0\\0\\1\\0\end{pmatrix}=\begin{pmatrix}2&0&0&0\\0&1&1&0\\0&1&1&0\\0&0&0&2\end{pmatrix}\cdot\begin{pmatrix}0\\0\\1\\0\end{pmatrix}=\begin{pmatrix}0\\1\\1\\0\end{pmatrix},\tag{c}$$

$$\frac{F^2}{\hbar^2}\begin{pmatrix}0\\0\\0\\1\end{pmatrix}=\begin{pmatrix}2&0&0&0\\0&1&1&0\\0&1&1&0\\0&0&0&2\end{pmatrix}\cdot\begin{pmatrix}0\\0\\0\\1\end{pmatrix}=2\begin{pmatrix}0\\0\\0\\1\end{pmatrix}.\tag{d}$$

(a)、(d) 两式表明，$|\uparrow\Uparrow\rangle \simeq \begin{pmatrix}1\\0\\0\\0\end{pmatrix}$ 和 $|\downarrow\Downarrow\rangle \simeq \begin{pmatrix}0\\0\\0\\1\end{pmatrix}$ 都是算符 $\hat{\boldsymbol{F}}^2/\hbar^2$ 本征值 $F(F+1)=2$ (即 $F=1$) 的本征矢；而(b)、(c) 两式表明，$|\uparrow\Downarrow\rangle \simeq \begin{pmatrix}0\\1\\0\\0\end{pmatrix}$ 和 $|\downarrow\Uparrow\rangle \simeq \begin{pmatrix}0\\0\\1\\0\end{pmatrix}$ 都不是算符 $\hat{\boldsymbol{F}}^2/\hbar$ 的本征矢。但我们可以把这两式相加和相减，得到下面两式：

$$\frac{F^2}{\hbar^2}\left[\begin{pmatrix}0\\1\\0\\0\end{pmatrix}+\begin{pmatrix}0\\0\\1\\0\end{pmatrix}\right]=\begin{pmatrix}2&0&0&0\\0&1&1&0\\0&1&1&0\\0&0&0&2\end{pmatrix}\cdot\begin{pmatrix}0\\1\\1\\0\end{pmatrix}=2\begin{pmatrix}0\\1\\1\\0\end{pmatrix},\tag{e}$$

$$\frac{F^2}{\hbar^2}\left[\begin{pmatrix}0\\1\\0\\0\end{pmatrix}-\begin{pmatrix}0\\0\\1\\0\end{pmatrix}\right]=\begin{pmatrix}2&0&0&0\\0&1&1&0\\0&1&1&0\\0&0&0&2\end{pmatrix}\cdot\begin{pmatrix}0\\1\\-1\\0\end{pmatrix}=0.\tag{f}$$

(e)式表明，$|\uparrow\Downarrow\rangle+|\downarrow\Uparrow\rangle \simeq \begin{pmatrix}0\\1\\1\\0\end{pmatrix}$ 是算符 $\hat{\boldsymbol{F}}^2/\hbar^2$ 的本征值为 $F(F+1)=2$ (即 $F=1$)的本征矢；(f)式表明，$|\uparrow\Downarrow\rangle-|\downarrow\Uparrow\rangle \simeq \begin{pmatrix}0\\1\\-1\\0\end{pmatrix}$ 是算符 $\hat{\boldsymbol{F}}^2/\hbar^2$ 的本征值为 $F(F+1)=0$ (即 $F=0$) 的本征矢。将(2.119)式中的矩阵 $F_z/\hbar$ 分别乘在(a)、(d)、(e)、(f) 诸式内的态矢上，不难得出样的结论：它们都是此算符的本征矢，本征值依次为 1，−1，0，0. 至此，我们得到了总自旋算符所有的本征矢：

$$\begin{cases} |1\uparrow\rangle = |\uparrow\Uparrow\rangle, \\ |1\,0\rangle = \dfrac{1}{\sqrt{2}}\left[|\uparrow\Downarrow\rangle + |\downarrow\Uparrow\rangle\right], \\ |1\downarrow\rangle = |\downarrow\Downarrow\rangle, \\ |0\,0\rangle = \dfrac{1}{\sqrt{2}}\left[|\uparrow\Downarrow\rangle - |\downarrow\Uparrow\rangle\right], \end{cases}$$

式中 $1/\sqrt{2}$ 是归一化因子。以上便是 F 态矢与 ss 态矢之间的换算关系(2.113)式。

6.3 氢原子基态的超精细结构

氢原子的基本能级的公式为[见第四章(4.21)式]

$$E_n = -\frac{2\pi^2 m e^4}{h^2 n^2} \quad (n = 1, 2, 3, \cdots),$$

按此公式计算，基态的能量 $E_1 = -13.6\,\text{eV}$，最低的激发态能量 $E_2 = -3.4\,\text{eV}$，能级差 $\Delta E = E_2 - E_1 = 10.2\,\text{eV}$，相应的跃迁谱线波长 $\lambda = 121.6\,\text{nm}$，远在紫外区(图 2－20)。20 世纪 20 年代光谱学家们陆续发现了光谱线(或者说原子能级)的精细结构(能级间隔 10^{-1}~10^{-4} eV 数量级)和超精细结构(能级间隔 10^{-4} ~ 10^{-7} eV 数量级)。氢原子基态并不是单一能级，它实际上是由相隔约 6×10^{-6} eV 的两个能级组成(见图 2－20)，这就是所谓氢原子基态的超精细结构。现在我们知道，这是核磁矩与电子自旋磁矩相互作用造成的。对于氢原子，核就是质子，核磁矩就是质子的自旋磁矩。氢原子基态中电子的轨道角动量等于 0，它的分裂可用电子和质子自旋磁矩的耦合来解释。❶

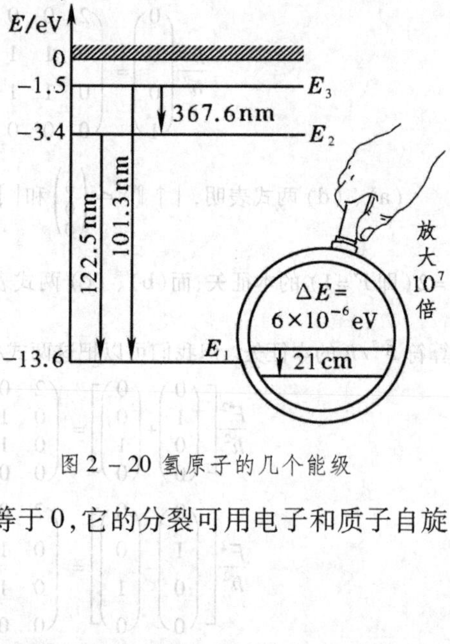

图 2－20 氢原子的几个能级

---

❶ 首先把光谱的超精细结构与原子核的角动量联系起来的是泡利，这是在乌仑贝克和古兹米特 1925 年公开发表自旋假说的前一年，即 1924 年。他二人关于电子自旋的思想在发表之前就遭到泡利的尖锐批评。后来，古兹米特和其他人于 1927 年宣称，铋原子光谱的超精细结构与核角动量有关。但据古兹米特自己回忆，他直到 30 年代中期才知道泡利 1924 年的文章。荷兰物理学家厄任费斯特大惑不解：曾坚决反对自旋假说的泡利，怎么会在一年前先发表了核角动量的思想？我们设想，当时并未涉及氢原子的超精细结构问题，泡利关于核角动量的思想并没有和单个粒子(如质子)的自旋联系在一起。这看法或可解决厄任费斯特的疑窦。有关回忆参见 S. Goudsmit, *Phys. Today*, **14**(June 1961), 18.

下面来看自旋磁矩耦合的哈密顿算符该怎么写？

磁矩为$\boldsymbol{\mu}$的粒子在磁场$\boldsymbol{\mathscr{B}}$里的磁能为$-\boldsymbol{\mu}\cdot\boldsymbol{\mathscr{B}}$，电子的自旋磁矩$\boldsymbol{\mu}_e$在原子核处产生的磁场$\mathscr{B}$正比于$\boldsymbol{\mu}_e$，从而质子在电子磁场中的磁能

$$\Delta E_{磁} \propto -\boldsymbol{\mu}_p\cdot\boldsymbol{\mathscr{B}} \propto -\boldsymbol{\mu}_p\cdot\boldsymbol{\mu}_e, \tag{2.120}$$

在量子理论中自旋磁矩正比于泡利算符$\hat{\boldsymbol{\sigma}}$，不过对于电子和质子比例系数的正负号相反，所以在哈密顿算符中反映电子和质子自旋耦合磁能的一项正比于$\hat{\boldsymbol{\sigma}}_e\cdot\hat{\boldsymbol{\sigma}}_p$，比例系数$A$是正的。

对于超精细结构问题，其它能级的级差在数量级上相差甚远，它们的存在可以不予考虑。我们把氢原子的哈密顿算符写成常量E_0（基态能量）加自旋耦合磁能：

$$\hat{H} = E_0 + A\hat{\boldsymbol{\sigma}}_e\cdot\hat{\boldsymbol{\sigma}}_p, \tag{2.121}$$

式中
$$\hat{\boldsymbol{\sigma}}_e\cdot\hat{\boldsymbol{\sigma}}_p = \hat{\sigma}_{ex}\hat{\sigma}_{px} + \hat{\sigma}_{ey}\hat{\sigma}_{py} + \hat{\sigma}_{ez}\hat{\sigma}_{pz}. \tag{2.122}$$

在ss表象中哈密顿算符的矩阵形式为

$$H = \begin{pmatrix} E_0+A & 0 & 0 & 0 \\ 0 & E_0-A & 2A & 0 \\ 0 & 2A & E_0-A & 0 \\ 0 & 0 & 0 & E_0+A \end{pmatrix}, \tag{2.123}$$

它没有完全对角化，也就是说，四个ss态矢不都是定态。未对角化的是$|\uparrow\Downarrow\rangle$和$|\downarrow\Uparrow\rangle$为基的子空间。在这子空间里的子哈密顿矩阵为

$$\begin{pmatrix} E_0-A & 2A \\ 2A & E_0-A \end{pmatrix}, \tag{2.124}$$

它和任何等价双态的哈密顿矩阵都具有相同的形式。譬如，将(2.22)式中的矩阵元做如下代换：

$$E_0 \to E_0-A, \qquad -A \to 2A,$$

它就化做(2.124)式里的矩阵。(2.22)式中的矩阵本征值为E_0+A和E_0-A，所以(2.124)式里矩阵的本征值为E_0+A和E_0-3A，相应的本征矢是原来基矢的和与差。如5.2节已分析的，它们正好是F表象的基矢$|1\,0\rangle$和$|0\,0\rangle$.

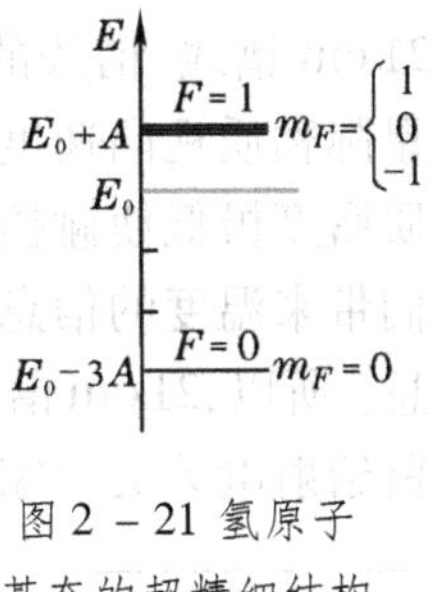

图2－21 氢原子基态的超精细结构

总之，F表象的四个本征矢$|1\uparrow\rangle$、$|1\,0\rangle$、$|1\downarrow\rangle$、$|0\,0\rangle$正好也是(2.123)式里哈密顿算符的本征矢，相应的本征值依次为E_0+A，E_0+A，E_0+A，E_0-3A，如图2－21所示．这里只有上下两个能级：上能级是三重简并的，它的总自旋量

子数$F=1$；下能级是单态，总自旋量子数$F=0$. 两能级之差为$4A$，与电磁波相互作用的共振频率为

$$\nu=\frac{4A}{h}. \tag{2.125}$$

这便是氢原子基态的超精细分裂。

在以上的讨论中，系数A(从而ν)是当作经验参量引入的。用量子力学的理论可在一定近似下将它的数值算出来，但决不是轻而易举的事。可是实验物理学家已将此频率ν测得非常精确，1980 年代公布的数值为

$$\nu_{实验}=1.420\,405\,751\,766\,7(10)\ \mathrm{GHz}. \tag{2.126}$$

请注意，这里竟有 14 位有效数字，给出的不确定度仅有7×10^{-13}！当代物理学实验手段之精确，实在令人叹为观止。理论的情况怎样呢？早先用量子力学的理论计算值与实验值只符合到第三位有效数字，显然这里有较重大的原因未被发现。后来发现电子有反常磁矩，理论物理学家们新发展起一门量子电动力学，考虑电子的反常磁矩和其它各种修正因素，才获得较好的理论计算值。1987 年发表的理论值为❶

$$\nu_{理论}=1.420\,403\,4(13)\ \mathrm{GHz}, \tag{2.127}$$

它与实验值已符合到第六位有效数字。

与上述共振频率ν对应的电磁波波长约21 cm，属微波波段。这条21 cm谱线在天文学上有着特殊的重要意义，现代射电天文学是从发现和观测这条谱线开始的。宇宙中氢的丰度约占 3/4。通过 21 cm 谱线对银河系的研究表明，氢确实是星系物质中最丰富的元素。星际空间大部分是低温、低压、低密度区域，这里绝大部分原子、分子都处在最低的基态上。在这种条件下几乎不可能发射可见光。况且诸如尘埃、暗云、黑云一类星际物质对可见光是不透明的，因此，用光学手段研究星际区域很困难。但是，这些区域物质非常稀薄，氢元素多以原子形式存在，它们可以发射不被那些星际物质吸收的21 cm 谱线。谱线的强度带来星际物质密度的信息，谱线的多普勒频移带来星际物质视向速度的信息。21 cm 谱线的特点是它的自然线宽极小，星际物质密度极低使碰撞展宽也可以忽略。主要的展宽机制是多普勒展宽，它给我们带来温度的信息。此外，谱线的塞曼分裂(见下节)给我们带来磁场的信息。所以，21 cm谱线是研究星际物质的有力武器。国际协议把21 cm波段保留给射电天文学家做为专用波段。1960 年美国国立射电天文台的天文学家

❶ V. W. Hughe, in *Atomic Physics*, ed. H. Narumi & I. Shimamura, Elsevier Sci. Pub. 1987.

们把一台直径 26 m 的射电望远镜对准鲸鱼座 τ，连续搜索 21 cm 波段，企图发现地外文明发来有意义的讯号。他们设想，外星人若想进行宇宙通讯，一定会和我们的天文学家一样，首先想到利用这条普天共享的谱线。

6.4 超精细塞曼分裂

谱线因加磁场而分裂的现象，叫做塞曼效应（Zeeman effect）。有关塞曼效应的始末，详见第四章§6。这里我们只谈氢原子基态超精细能级的塞曼分裂。

磁场$\boldsymbol{\mathscr{B}}$加在 $-z$ 方向。这时在（2.121）式的哈密顿算符$\hat{H}$（现改称$\hat{H}_0$）上要加以下两项：

$$\Delta\hat{H} = -\mu_e\hat{\boldsymbol{\sigma}}_e\cdot\boldsymbol{\mathscr{B}} - \mu_p\hat{\boldsymbol{\sigma}}_p\cdot\boldsymbol{\mathscr{B}}, \tag{2.128}$$

这里 μ_e 是负的，μ_p 是正的，后者比前者在数值上小三个数量级。于是，总的哈密顿算符为

$$\hat{H} = \hat{H}_0 + \Delta\hat{H} = E_0 + A\hat{\boldsymbol{\sigma}}_e\cdot\hat{\boldsymbol{\sigma}}_p - \mu_e\hat{\boldsymbol{\sigma}}_e\cdot\boldsymbol{\mathscr{B}} - \mu_p\hat{\boldsymbol{\sigma}}_p\cdot\boldsymbol{\mathscr{B}}. \tag{2.129}$$

在 ss 表象中它的矩阵形式为

$$H = \begin{pmatrix} E_0+A-\mu\mathscr{B} & 0 & 0 & 0 \\ 0 & E_0-A-\mu'\mathscr{B} & 2A & 0 \\ 0 & 2A & E_0-A+\mu'\mathscr{B} & 0 \\ 0 & 0 & 0 & E_0+A+\mu\mathscr{B} \end{pmatrix}, \tag{2.130}$$

式中 $\mu=\mu_e+\mu_p$，$\mu'=\mu_e-\mu_p$，因 $\mu_p \ll |\mu_e|$，两者相差甚微，几乎都等于 μ_e.

下面采用附录A3.2节所述的标准办法求上面矩阵的本征值。设本征值为 λ，它满足以下本征方程：

$$\begin{vmatrix} E_0+A-\mu\mathscr{B}-\lambda & 0 & 0 & 0 \\ 0 & E_0-A-\mu'\mathscr{B}-\lambda & 2A & 0 \\ 0 & 2A & E_0-A+\mu'\mathscr{B}-\lambda & 0 \\ 0 & 0 & 0 & E_0+A+\mu\mathscr{B}-\lambda \end{vmatrix} = 0, \tag{2.131}$$

展开后，有

$$(E_0+A-\mu\mathscr{B}-\lambda)(E_0+A+\mu\mathscr{B}-\lambda)$$
$$\times[(E_0-A-\mu'\mathscr{B}-\lambda)(E_0-A+\mu'\mathscr{B}-\lambda)-4A^2]=0,$$

它的四个根为

$$\begin{cases} \lambda_{\mathrm{I},\mathrm{II}} = E_0 + A \pm \mu\mathscr{B}, \\ \lambda_{\mathrm{III},\mathrm{IV}} = E_0 - A[1 \pm 2\sqrt{1+(\mu'\mathscr{B})^2/4A^2}]. \end{cases}$$

按照从低到高的顺序,四个定态能级的能量为

$$\begin{cases} E_{\mathrm{I}} = E_0 - A\left[1 + 2\sqrt{1 + (\mu'\mathscr{B})^2/4A^2}\right], & (2.132\,\mathrm{I}) \\ E_{\mathrm{II}} = E_0 + A - \mu\mathscr{B}, & (2.132\,\mathrm{II}) \\ E_{\mathrm{III}} = E_0 - A\left[1 - 2\sqrt{1 + (\mu'\mathscr{B})^2/4A^2}\right], & (2.132\,\mathrm{III}) \\ E_{\mathrm{IV}} = E_0 + A + \mu\mathscr{B}. & (2.132\,\mathrm{IV}) \end{cases}$$

能级随磁场变化的曲线示于图 2 - 22。

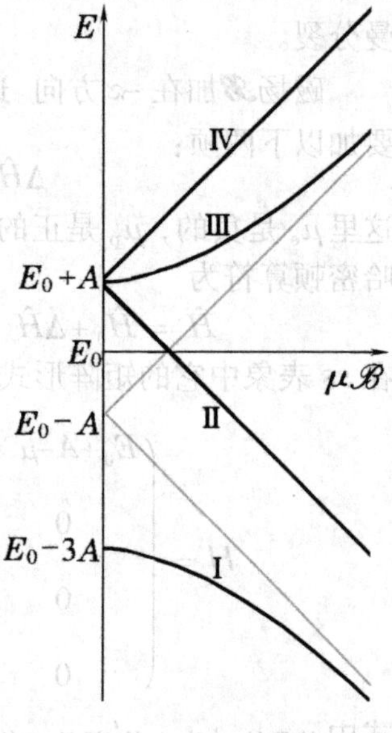

图 2 - 22 氢原子基态能级的超精细塞曼分裂

在实际问题中(例如下面要讲的氢激射器和氢原子钟),人们关心的是弱磁场下(譬如远小于 1 Gs) 塞曼分裂的行为。此时上式的近似表达式为

$$\begin{cases} E_{\mathrm{I}} = E_0 - 3A - (\mu'\mathscr{B})^2/A, & (2.133\,\mathrm{I}) \\ E_{\mathrm{II}} = E_0 + A - \mu\mathscr{B}, & (2.133\,\mathrm{II}) \\ E_{\mathrm{III}} = E_0 + A + (\mu'\mathscr{B})^2/A, & (2.133\,\mathrm{III}) \\ E_{\mathrm{IV}} = E_0 + A + \mu\mathscr{B}. & (2.133\,\mathrm{IV}) \end{cases}$$

从这里可以明显看出, 这四个量子态和 F 表象基矢之间的对应关系:

$$\begin{cases} |\mathrm{I}\rangle \to |0\,0\rangle, \\ |\mathrm{II}\rangle \to |1\downarrow\rangle, \\ |\mathrm{III}\rangle \to |1\,0\rangle, \\ |\mathrm{IV}\rangle \to |1\uparrow\rangle. \end{cases}$$

当然,这种对应只在弱磁场的条件下才成立。

以上四个能级俩俩之间的各种跃迁都是可能的,但就共振频率与磁场的关系而言,跃迁可分为两类:跃迁中磁量子数 m_F 不变的,叫做 σ 跃迁; 跃迁中磁量子数 m_F 改变的,叫做 π 跃迁。实际上只有两个 $m_F=0$ 的能级 $|1\,0\rangle$ 和 $|0\,0\rangle$ 之间的跃迁是 σ 跃迁, 其余都是 π 跃迁(见图 2 - 23)。磁场对两个 $m_F=0$ 能级的影响是平方项, 对 $m_F=\pm1$ 能级的影响是线性项。在弱磁场的条件下,对前者的影响比对后者小多了。所以 σ 跃迁的频率最少受磁场的影响,是量子频标里唯一选中的跃迁,其它跃迁都要设法避免。

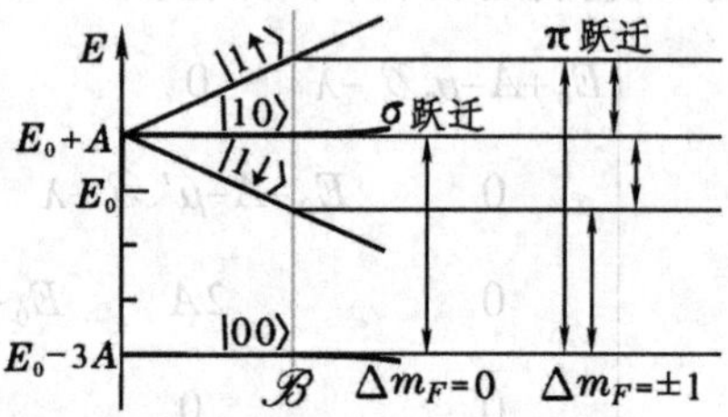

图 2 - 23 弱磁场下的能级和跃迁

6.5 氢原子激射器

氢原子激射器与氨分子激射器基本原理很类似，但也有重要区别。如图2－24所示，氢原子从发射源出来后进入六极或四极的选态磁场。与氨分子有两个翻转能级不同，这里有四个塞曼能级，其中 $F=1$，$m_F=1$，0两个上能级的能量随磁场的加大而升高，$F=1$，$m_F=-1$ 和 $F=0$ 两个下能级的能量随磁场的加大而降低。所以经过一次非均匀磁场的选择，只能把两个下能级上的粒子滤掉，两个上能级上的粒子仍旧分不开。对于 σ 跃迁只有 $F=1$，$m_F=0$ 态上的粒子束是需要的，将无用的 $F=1$，$m_F=1$ 的粒子束保留下来问题并不大。不过在高要求的激射器中采用两次磁选态系统，将这一束也滤掉，以消除它的有害干扰。

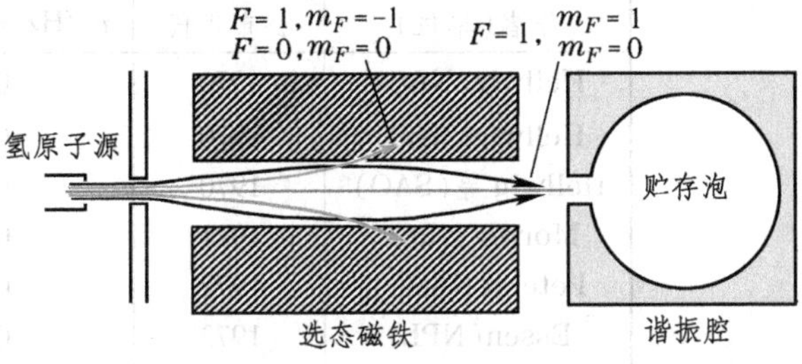

图2－24 氢原子微波激射器示意图

与氨分子激射器的重要区别是谐振腔里的贮存泡。氨分子翻转能级之间的跃迁属电偶极跃迁，而氢原子超精细能级之间的跃迁属磁偶极跃迁，后者的跃迁概率比前者小四个数量级。因此，在粒子束与辐射场同样的相互作用时间内，后者的受激发射能量太小，除非以同样的倍数增大束强，否则难以产生振荡。此外，氢原子很轻，速率高，通过谐振腔的时间太短，这进一步减少了受激发射能量，并使共振谱线变宽。所以，在氢原子激射器里发展了贮存泡技术，用来克服上述困难。处于上能级的粒子进入贮存泡后，与泡壁多次碰撞（次数多达 10^4 ~10^5 的数量级），长时间（譬如1s的数量级）逗留在泡内，以便与谐振腔里的辐射场进行充分的相互作用，最后从小孔中逃逸。与泡壁的碰撞必须是“软碰撞”，即碰撞时不引起能级的跃迁和化学反应。为此需要找到合适的材料涂敷泡的内壁。

氢原子激射器频率的准确度受到许多因素的影响，其中最主要的误差来源于壁移。尽管原子与泡壁碰撞引起能级跃迁的可能性几乎没有，但碰撞会产生相移并导致频移。各种频移引起频率的总不确定度为 10^{-12} 的数量级。对各种频移修正以后，就可以从氢激射器的振荡频率求出氢原子基态超精细跃迁频率的绝对值。这数值对确定某些物理常量很有意义。表2－1给出各个国家的研究小组20世纪80年代前公布的数据。[1]

表2-1 氢原子超精细跃迁频率 ν_0 的测量数据

作者(单位)	公布年代	ν_0/Hz = 1420405751 +
Hellwig(NBS)	1970	0.768 ± 0.002
Hellwig(NBS)	1970	0.767 ± 0.002
Hellwig 等(SAO)	1970	0.769 ± 0.002
Morris(NRC)	1971	0.770 ± 0.002
Peters(NASA)	1972	0.7755 ± 0.0031
Essen(NPL)	1973	0.766 ± 0.003
Reinhardt(H. V)	1974	0.768 ± 0.002
Petit(LHA)	1974	0.770 ± 0.003
Vanier	1976	0.771 ± 0.006
Демидов	1977	0.770 ± 0.005
郑裕民(上海计量局)	1980	0.769 ± 0.002
Petit(LHA)	1980	0.773 ± 0.001

氢激射器主要的应用是做氢原子钟。氢激射器可以提供频率极其稳定的微波信号，但它本身直接用作实用的时间频率标准，还不能胜任。这是因为①它的频率太高，②频率数值不是整数，③功率太小。所以一般都采用锁相接收机接收激射器的振荡信号，用以锁定石英晶体振荡器的频率，作为标准频率使用。

在一定测量取样时间内，不同取样之间相对频率变化的大小是频标频率稳定性的量度。取样一天以内的稳定度，叫短期稳定度；取样在一天以上的稳定度，叫长期稳定度。造成频率短期不稳的主要因素是频标内部的噪声，频率长期不稳主要是由环境因素的变化和频标内部参量衰变引起的。氢激射器有极好的短期稳定度和长期稳定度(10^{-14})，但准确度比铯束频标稍差。

6.6 量子频标综述

量子频标起源于波谱学研究。20世纪40年代，在气体波谱学研究中人们发现某些物质的波谱谱线不仅频率稳定，而且线宽很窄，可用以鉴别信号源频率的微小变动。于是开始以氨分子的翻转吸收线(23870 MHz)来控制无线电振荡频率。1954年汤斯发明氨分子激射器，1955年出现用铯原子基态超精细跃迁谱线来自动锁定石英晶体振荡器的铯原子频标。1960年激

[1] 取自：王义遒，王吉庆，傅济时，董太乾. 量子频标原理. 北京：科学出版社，1986. 453.

光问世以后,高性能的光频频率标准有了可能。

量子频标作为既准确又精密的频率、时间测量手段,在现代科学技术中的应用十分重要和广泛。1967 年第 13 届国际计量大会决定,以无干扰的^{133}Cs 原子基态超精细跃迁的辐射周期的 9192631770 倍持续时间为国际时间单位 1s. 这个自然秒长由铯束原子频标来实现。连续运转的量子频标(原子钟)已作为主要的守时工具,与天文守时手段互相补充。在物理学的基础研究中,原子频标对精确测定物理常量,确定原子分子能级,检验量子电动力学和相对论理论都有重要贡献。在其它科学技术领域,如天文观察、大地测量、导航、通信、电视、卫星跟踪、电网调节、精密仪器校准、高速交通管制等方面,量子频标都发挥了重要作用。

依靠量子频标进行的频率、时间测量,所能达到的准确度和精密度是现代一切物理量测量中最高的。因此,人们倾向于把其它各种物理量,如长度、电压、温度、电流强度、磁场强度等,通过一定关系转换为频率来测量。规定光速 c 为一个确定的数值,就把长度和时间的计量基准统一起来,这一点已经实现了。因此,量子频标在现代计量学中占有特殊重要的地位。

主要的量子频标有铯原子束频标、铷光抽运气泡式频标、氨分子激射器、铷光抽运激射器、氢原子激射器频标等。

作为量子频标应用的一个最生动的例子,我们介绍一下卫星全球定位系统(global positioning system,缩写 GPS)。这系统是美国建立的,它由 24 颗导航卫星组成(见图 2 - 25),卫星向地球上任何地点的用户发布导航信号。接收器可以将自己的位置确定到几米以内,甚至更短,并实时地向用户显示出来。GPS 可以指挥部队夜间行动,可以让汽车驾驶员在显示屏上

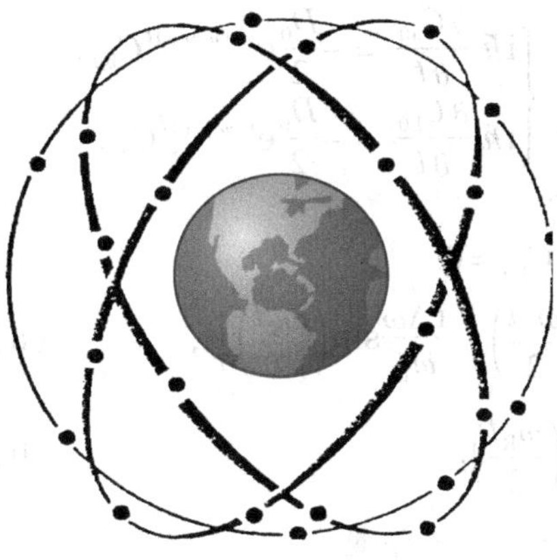

图 2 - 25 全球定位系统导航卫星

图 2 - 26 GPS 的使用者

看到自己在地图上的位置,可以观察地球板块的移动和监测地震区,它还可以帮助迷路的地质勘探人员或旅游者向救援者发报自己的坐标。1984 年第一台 GPS 接收器价值 15 万美元,需要两个人抬着走。今天的接收器就和手提电话机差不多,可以别在腰间,或放在汽车驾驶室里(见图 2-26)。随时向用户在液晶屏上显示所在位置的坐标。全球定位系统所以有如此神奇的功能,精密的量子频标功不可没,每颗卫星的心脏部分都离不开高度精确和稳定的原子钟——铷钟、铯钟和氢钟。

本章提要

1. 等价双态系统

$$H=\begin{pmatrix}E_0 & -A\\ -A & E_0\end{pmatrix}\Rightarrow\begin{pmatrix}E_0-A & 0\\ 0 & E_0+A\end{pmatrix},$$

特点:定态能级分裂

$$\text{本征矢}\ |\pm\rangle=\frac{1}{\sqrt{2}}(|1\rangle\pm|2\rangle),\quad \text{本征值}\begin{cases}E_0-A,\\ E_0+A.\end{cases}$$

例:氨分子翻转分裂,苯分子离域共振,染料分子,氢分子离子,等。

2. 量子共振

$$\mathrm{i}\hbar\frac{\partial}{\partial t}\begin{pmatrix}C_{\mathrm{a}}\\ C_{\mathrm{b}}\end{pmatrix}=\begin{pmatrix}E_{\mathrm{a}} & \frac{D_0}{2}(\mathrm{e}^{\mathrm{i}\omega t}+\mathrm{e}^{-\mathrm{i}\omega t})\\ \frac{D_0}{2}(\mathrm{e}^{\mathrm{i}\omega t}+\mathrm{e}^{-\mathrm{i}\omega t}) & E_{\mathrm{b}}\end{pmatrix}\begin{pmatrix}C_{\mathrm{a}}\\ C_{\mathrm{b}}\end{pmatrix}.$$

其中

$$D_0=\frac{\mu_{\mathrm{E}}\mathscr{E}_0}{2}\quad\text{或}\quad\frac{\mu_{\mathrm{M}}\mathscr{B}_0}{2}$$

$$\text{令}\begin{cases}C_{\mathrm{a}}(t)=C_{a0}\mathrm{e}^{-\mathrm{i}E_{\mathrm{a}}t/\hbar},\\ C_{\mathrm{b}}(t)=C_{\mathrm{b}0}\mathrm{e}^{-\mathrm{i}E_{\mathrm{b}}t/\hbar}.\end{cases}\Rightarrow\begin{cases}\mathrm{i}\hbar\dfrac{\partial C_{\mathrm{a}0}}{\partial t}=-\dfrac{D_0}{2}\mathrm{e}^{-\mathrm{i}(\omega-\omega_0)t}C_{\mathrm{b}0},\\ \mathrm{i}\hbar\dfrac{\partial C_{\mathrm{b}0}}{\partial t}=-\dfrac{D_0}{2}\mathrm{e}^{\mathrm{i}(\omega-\omega_0)t}C_{\mathrm{a}0}.\end{cases}$$

拉比严格解

初始条件:$t=0$ 时 $C_{\mathrm{a}0}=1$, $C_{\mathrm{b}0}=0$.

$$\begin{cases}C_{\mathrm{a}0}(t)=\mathrm{e}^{-\mathrm{i}\Delta\omega t/2}\left[\cos\left(\dfrac{\omega_{\mathrm{R}}t}{2}\right)+\dfrac{\mathrm{i}\Delta\omega}{\omega_{\mathrm{R}}}\sin\left(\dfrac{\omega_{\mathrm{R}}t}{2}\right)\right], & \text{(a)}\\ C_{\mathrm{b}0}(t)=\dfrac{\mathrm{i}D_0}{\hbar\omega_{\mathrm{R}}}\mathrm{e}^{\mathrm{i}\Delta\omega t/2}\sin\left(\dfrac{\omega_{\mathrm{R}}t}{2}\right). & \text{(b)}\end{cases}$$

其中 $\Delta\omega=\omega-\omega_0$——频率失谐量

$\omega_{\mathrm{R}}=\sqrt{(\Delta\omega)^2+(D_0/\hbar)^2}$——拉比频率(Rabi frequency)

概率

$$
\begin{cases}
P_{\mathrm{a}}(t)=|C_{\mathrm{a}0}(t)|^2=1-\left(\dfrac{D_0}{\hbar\omega_{\mathrm{R}}}\right)^2\sin^2\left(\dfrac{\omega_{\mathrm{R}}t}{2}\right), & \text{(a)}\\
P_{\mathrm{b}}(t)=|C_{\mathrm{b}0}(t)|^2=\left(\dfrac{D_0}{\hbar\omega_{\mathrm{R}}}\right)^2\sin^2\left(\dfrac{\omega_{\mathrm{R}}t}{2}\right); & \text{(b)}
\end{cases}
$$

$$P_{\mathrm{a}}(t)+P_{\mathrm{b}}(t)=1.$$

(1) 共振情形

$$
\begin{cases}
P_{\mathrm{a}}=|C_{\mathrm{a}0}|^2=\cos^2\left(\dfrac{D_0}{2\hbar}t\right),\\
P_{\mathrm{b}}=|C_{\mathrm{b}0}|^2=\sin^2\left(\dfrac{D_0}{2\hbar}t\right).
\end{cases}
$$

(2) 弱场情形

$$P_{\mathrm{b}}=|C_{\mathrm{b}0}|^2=\left(\frac{D_0t}{2\hbar}\right)^2\left[\frac{\sin(\Delta\omega t/2)}{\Delta\omega t/2}\right]^2.$$

海森伯能量 -时间不确定度关系

$$\Delta E\cdot\Delta t=2\pi\hbar=h,$$

3. 氨分子激射器

静电选态：　造成粒子布居反转

$$
\begin{cases}
E_{\mathrm{I}}=E_0-A,\\
E_{\mathrm{II}}=E_0+A.
\end{cases}
\Rightarrow
\begin{cases}
E_{\mathrm{I}}=E_0-\sqrt{A^2+(\mu_{\mathrm{E}}\mathscr{E})^2},\\
E_{\mathrm{II}}=E_0+\sqrt{A^2+(\mu_{\mathrm{E}}\mathscr{E})^2}.
\end{cases}
$$

谐振腔：　受激发射概率　$P\propto\mu_{\mathrm{E}}^2tI(\omega_0)$.

4. 拉莫尔进动

$$
\mathrm{i}\hbar\frac{\partial}{\partial t}\begin{pmatrix}C_\uparrow\\C_\downarrow\end{pmatrix}=\begin{pmatrix}-\mu_{\mathrm{M}}\mathscr{B} & 0\\0 & \mu_{\mathrm{M}}\mathscr{B}\end{pmatrix}\begin{pmatrix}C_\uparrow\\C_\downarrow\end{pmatrix},\qquad \begin{pmatrix}C_\uparrow(t)\\C_\downarrow(t)\end{pmatrix}=\begin{pmatrix}C_\uparrow(0)\,\mathrm{e}^{\mathrm{i}\omega_{\mathrm{L}}t)/2}\\C_\downarrow(t)\,\mathrm{e}^{-\mathrm{i}\omega_{\mathrm{L}}t)/2}\end{pmatrix},
$$

式中　$\omega_{\mathrm{L}}=\dfrac{2\mu_{\mathrm{M}}\mathscr{B}}{\hbar}$—— 拉莫尔角频率。

磁共振：　z 方向恒磁场 垂直方向交变磁场(或旋转磁场)

$$
\mathrm{i}\hbar\frac{\partial}{\partial t}\begin{pmatrix}C_\uparrow\\C_\downarrow\end{pmatrix}=\mu_{\mathrm{M}}\begin{pmatrix}-\mathscr{B}_z & \dfrac{\mathscr{B}_1}{2}(\mathrm{e}^{\mathrm{i}\omega t}+\mathrm{e}^{-\mathrm{i}\omega t})\\ \dfrac{\mathscr{B}_1}{2}(\mathrm{e}^{\mathrm{i}\omega t}+\mathrm{e}^{-\mathrm{i}\omega t}) & \mathscr{B}_z\end{pmatrix}\begin{pmatrix}C_\uparrow\\C_\downarrow\end{pmatrix}.
$$

向高能级跃迁概率

$$P(\uparrow\Rightarrow\downarrow)=\left(\frac{\omega_{\mathrm{L}}}{2\omega_{\mathrm{R}}}\right)^2\sin^2\left(\frac{\omega_{\mathrm{R}}t}{2}\right),$$

其中　$\omega_{\mathrm{R}}=\sqrt{(\omega-\omega_{\mathrm{L}})^2+(\mu_{\mathrm{M}}\mathscr{B}_1/\hbar)^2}$.

重要应用：　核磁共振分析，　核磁共振层析术。

5. 氢原子基态的超精细结构——核(质子)与电子自旋相互作用引起

从 ss 表象到 F 表象的变换：

ss 表象态基—— $|\uparrow\rangle\otimes|\Uparrow\rangle=|\uparrow\Uparrow\rangle$，　F 表象态基—— $|F,m_F\rangle$.

$$\begin{cases} |1\uparrow\rangle = |\uparrow\Uparrow\rangle, \\ |1\,0\rangle = \dfrac{1}{\sqrt{2}}\left[|\uparrow\Downarrow\rangle + |\downarrow\Uparrow\rangle\right], \\ |1\downarrow\rangle = |\downarrow\Downarrow\rangle, \\ |0\,0\rangle = \dfrac{1}{\sqrt{2}}\left[|\uparrow\Downarrow\rangle - |\downarrow\Uparrow\rangle\right]. \end{cases}$$

超精细结构：

$$\hat{H} = E_0 + A\hat{\boldsymbol{\sigma}}_e\cdot\hat{\boldsymbol{\sigma}}_p.$$

式中 $\hat{\boldsymbol{\sigma}}_e\cdot\hat{\boldsymbol{\sigma}}_p = \hat{\sigma}_{ex}\,\hat{\sigma}_{px} + \hat{\sigma}_{ey}\,\hat{\sigma}_{py} + \hat{\sigma}_{ez}\,\hat{\sigma}_{pz}.$

能级 $\begin{cases} \text{三重态}\ E_0 + A \quad (F=1,\ m_F=1,0,-1), \\ \text{单 态}\ E_0 - 3A \quad (F=0, m_F=0). \end{cases}$

共振频率 $\nu = 4A/h\begin{cases} \text{实验 } 1.420\,405\,751\,766\,7(10)\ \text{GHz}, \\ \text{理论 } 1.420\,403\,4(13)\ \text{GHz}. \end{cases}$

21 cm 谱线——天文学专用波段。

超精细塞曼分裂：

$$\hat{H} = \hat{H}_0 + \Delta\hat{H} = E_0 + A\hat{\boldsymbol{\sigma}}_e\cdot\hat{\boldsymbol{\sigma}}_p - \mu_e\hat{\boldsymbol{\sigma}}_e\cdot\boldsymbol{\mathscr{B}} - \mu_p\hat{\boldsymbol{\sigma}}_p\cdot\boldsymbol{\mathscr{B}},$$

能级

$$\begin{cases} E_{\mathrm{I}} = E_0 - A\left[1 + 2\sqrt{1 + (\mu'\mathscr{B})^2/4A^2}\right], \\ E_{\mathrm{II}} = E_0 + A - \mu\mathscr{B}, \\ E_{\mathrm{III}} = E_0 - A\left[1 - 2\sqrt{1 + (\mu'\mathscr{B})^2/4A^2}\right], \\ E_{\mathrm{IV}} = E_0 + A + \mu\mathscr{B}. \end{cases}$$

式中 $\mu = |\mu_e + \mu_p|, \quad \mu' = |\mu_e - \mu_p|.$

重要应用：氢原子激射器。

思考题

2－1. 在本章 1.2 节中讨论氨分子的等价双态时，令 $H_{12}=A\mathrm{e}^{\mathrm{i}\varphi}$, $H_{21}=A\mathrm{e}^{-\mathrm{i}\varphi}$（$A$ 是大于 0 的实数），我们将得到怎样的分裂能级，$C_\pm$ 与 C_1、C_2 之间的关系（2.8）式应作何改动？

2－2. 氨分子翻转分裂的裂距在厘米波段，而苯分子的共振能在紫外波段，其间差几个数量级？这样大的差别是什么原因造成的？

2－3. 染料分子等价双态翻转分裂在可见光波段，导致对可见光的强烈共振吸收；但苯分子等价双态的共振分裂在紫外波段，却对相应的紫外线吸收很弱。这是为什么？

2－4. 若在苯分子里相邻两个氢原子被溴原子所取代（见本题图），就成为正二溴苯。与苯分子不同，正二溴苯的环状分子中单键、双键对调时并不完全等价，因为这两个溴原子之间在一种情况下是单键，在另一种情况下是双键。不等价就意味着两种情况的能量不等。我们设 $|1\rangle$ 代表能量较高的态，$|2\rangle$ 代表能量较低的态，两态之间有一定的概率相互过渡，它们都不是定态。设 $|-\rangle$、$|+\rangle$ 分别是能量高、低两个定态，它们都可按原态矢 $|1\rangle$ 和 $|2\rangle$ 展开。你猜想，概率幅 $\langle 1|+\rangle$ 和 $\langle 2|+\rangle$ 中哪个模量大？$\langle 1|-\rangle$ 和

$\langle 2|-\rangle$呢？此外，能量E_-比E_1较低还是更高？E_+与E_2比呢？（可用习题2－2来印证。）

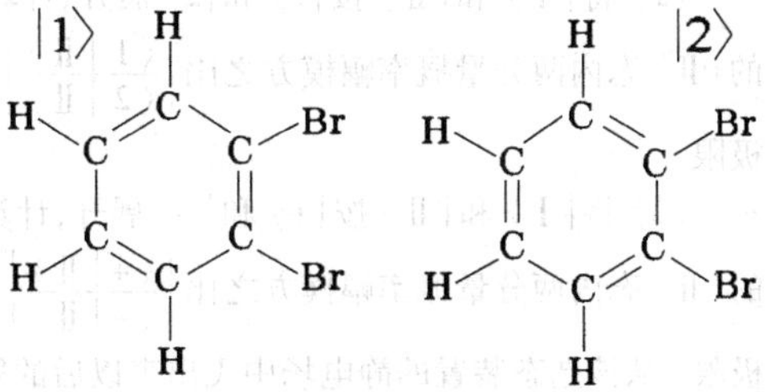

思考题2－4

2－5. 设氨分子激射器中分子束的速率就是室温的热速率，谐振腔长12 cm，试估算一下从它射出受激辐射的谱带宽度，并与共振频率ω_0作比较。

2－6. 核磁共振的共振频率是质子在外磁场中的拉莫尔频率$\omega_L = 2\mu_p\mathscr{B}/\hbar$，化学位移效应表明，此频率会受到质子周围化学环境的影响。你能否设想，上式中哪个物理量会受到影响？

2－7. 有时需要用共振激光把一个处在低能级的双态系统部分地激发到高能级上去。如果希望系统处在上能级的概率为1/4、1/2或3/4，激光作用的时间应分别为多少个拉比周期T_R？

习　题

2－1. 用正规求本征值的办法求1.2节中等价双态系统哈密顿矩阵

$$H = \begin{pmatrix} E_0 & -A \\ -A & E_0 \end{pmatrix}$$

的本征值和本征矢，以及使之对角化的幺正变换。

2－2. 如果双态不等价，即$H_{11} \neq H_{22}$，则哈密顿矩阵可写成

$$H = \begin{pmatrix} E_1 & -A \\ -A & E_2 \end{pmatrix},$$

取$(E_1+E_2)/2 = E_0$，$(E_1-E_2)/2 = \sqrt{3}A$，两定态能级间隔比原来加大还是减少？定态态矢$|\pm\rangle$与原态矢$|1\rangle$、$|2\rangle$之间的关系若何？任意态矢在新表象中的概率幅$C_\pm$与在旧表象中的概率幅C_1、C_2之间的关系若何？

2－3. 在4.1节里先后曾用过三套不同的正交归一基矢来描述氨分子的量子态：

电场	态基		描　述
$\mathscr{E}=0$	等价双态	$\lvert 1\rangle$ $\lvert 2\rangle$	非能量本征态 $\begin{cases}\boldsymbol{\mu}_E \text{ 向上} \\ \boldsymbol{\mu}_E \text{ 向下}\end{cases}$
	定态	$\lvert +\rangle$ $\lvert -\rangle$	本征值 $\begin{cases}E_0 - A \text{（下能级）} \\ E_0 + A \text{（上能级）}\end{cases}$
$\mathscr{E}$向上	定态	$\lvert \mathrm{I}\rangle$ $\lvert \mathrm{II}\rangle$	本征值 $\begin{cases}E_{\mathrm{I}} = E_0 - \sqrt{A^2+(\mu_E\mathscr{E})^2} \\ E_{\mathrm{II}} = E_0 + \sqrt{A^2+(\mu_E\mathscr{E})^2}\end{cases}$

(1) 将$|\mathrm{I}\rangle$和$|\mathrm{II}\rangle$按$|1\rangle$和$|2\rangle$展开，计算一下被图2－12b中选态装置分离出来的$|\mathrm{II}\rangle$态内两分量概率幅模方之比$\left|\frac{\langle 1|\mathrm{II}\rangle}{\langle 2|\mathrm{II}\rangle}\right|^2$，并考察$\mu_{\mathrm{E}}\mathscr{E}/A\to\infty$和$\mu_{\mathrm{E}}\mathscr{E}/A\to 0$时的极限。

(2) 将$|\mathrm{I}\rangle$和$|\mathrm{II}\rangle$按$|+\rangle$和$|-\rangle$展开，计算一下被图2－12b中选态装置分离出来的$|\mathrm{II}\rangle$态内两分量概率幅模方之比$\left|\frac{\langle +|\mathrm{II}\rangle}{\langle -|\mathrm{II}\rangle}\right|^2$，并考察$\mu_{\mathrm{E}}\mathscr{E}/A\to\infty$和$\mu_{\mathrm{E}}\mathscr{E}/A\to 0$时的极限。从该选态装置的静电场中飞出来以后的氨分子处在什么量子态？

2－4. 在5.4节中研究磁共振时，我们假定外加的交变磁场在x方向的线偏振场。试将它改为旋转磁场：

$$\begin{cases}\text{左旋：}\ \mathscr{B}_x=\dfrac{\mathscr{B}_1}{\sqrt{2}}\cos\omega t,\quad \mathscr{B}_y=\dfrac{\mathscr{B}_1}{\sqrt{2}}\sin\omega t;\\[2ex] \text{右旋：}\ \mathscr{B}_x=\dfrac{\mathscr{B}_1}{\sqrt{2}}\cos\omega t,\quad \mathscr{B}_y=-\dfrac{\mathscr{B}_1}{\sqrt{2}}\sin\omega t.\end{cases}$$

这里左、右旋是迎着$\mathscr{B}_z$方向看的。

(1) 导出哈密顿矩阵

$$H=-\mu_{\mathrm{M}}\begin{pmatrix}\mathscr{B}_z & \dfrac{\mathscr{B}_1}{\sqrt{2}}\mathrm{e}^{\mp\mathrm{i}\omega t}\\ \dfrac{\mathscr{B}_1}{\sqrt{2}}\mathrm{e}^{\pm\mathrm{i}\omega t} & -\mathscr{B}_z\end{pmatrix},$$

并注明式中各正负号与左右旋怎样对应。

(2) 导出跃迁概率幅和概率的公式。

(3) 讨论旋转磁场的左右旋与磁矩的正负（即粒子电荷的正负）之间的匹配关系。

2－5. 计算

$$\begin{pmatrix}a_1 & b_1\\ c_1 & d_1\end{pmatrix}\otimes\begin{pmatrix}a_2 & b_2\\ c_2 & d_2\end{pmatrix}.$$

2－6. 验算(2.108x)、(2.108y)、(2.108z)式组出的泡利矩阵的直积。

2－7. 以下各式是氢原子基态电子、质子自旋在ss表象中的矩阵表示：

$$\begin{cases}\boldsymbol{\sigma}_{z\mathrm{e}}+\boldsymbol{\sigma}_{z\mathrm{p}}=\begin{pmatrix}2&0&0&0\\0&0&0&0\\0&0&0&0\\0&0&0&-2\end{pmatrix},\\[2ex] \boldsymbol{\sigma}_{x\mathrm{e}}+\boldsymbol{\sigma}_{x\mathrm{p}}=\begin{pmatrix}0&1&1&0\\1&0&0&1\\1&0&0&1\\0&1&1&0\end{pmatrix},\\[2ex] \boldsymbol{\sigma}_{y\mathrm{e}}+\boldsymbol{\sigma}_{y\mathrm{p}}=\begin{pmatrix}0&-\mathrm{i}&-\mathrm{i}&0\\\mathrm{i}&0&0&-\mathrm{i}\\\mathrm{i}&0&0&-\mathrm{i}\\0&\mathrm{i}&\mathrm{i}&0\end{pmatrix};\end{cases}\quad \begin{cases}(\boldsymbol{\sigma}_{z\mathrm{e}}+\boldsymbol{\sigma}_{z\mathrm{p}})^2=\begin{pmatrix}4&0&0&0\\0&0&0&0\\0&0&0&0\\0&0&0&4\end{pmatrix},\\[2ex] (\boldsymbol{\sigma}_{x\mathrm{e}}+\boldsymbol{\sigma}_{x\mathrm{p}})^2=\begin{pmatrix}2&0&0&2\\0&2&2&0\\0&2&2&0\\2&0&0&2\end{pmatrix},\\[2ex] (\boldsymbol{\sigma}_{y\mathrm{e}}+\boldsymbol{\sigma}_{y\mathrm{p}})^2=\begin{pmatrix}2&0&0&-2\\0&2&2&0\\0&2&2&0\\-2&0&0&2\end{pmatrix}.\end{cases}$$

右边三平方项之和应等于下式的 4 倍：

$$\frac{\boldsymbol{F}^2}{\hbar^2}=\begin{pmatrix}2&0&0&0\\0&1&1&0\\0&1&1&0\\0&0&0&2\end{pmatrix}.$$

试验算它们的正确性。

第三章　从一维系统到凝聚态物质

§1. 散射态

1.1 直角势垒和直角势阱的散射态

第二章我们在本征值离散的表象中处理问题，算符呈矩阵形式。本章我们要在本征值连续的表象中工作，算符将呈微分形式。例如一维运动粒子的哈密顿算符在 x 表象中的形式为

$$\hat{H} = \frac{\hat{p}^2}{2m} + V(x) = \frac{-\hbar^2}{2m}\frac{\partial^2}{\partial x^2} + V(x), \tag{3.1}$$

从而薛定谔方程为

$$\mathrm{i}\hbar\frac{\partial\psi(x,t)}{\partial t} = \hat{H}\psi(x,t) = \left[\frac{-\hbar^2}{2m}\frac{\partial^2}{\partial x^2} + V(x)\right]\psi(x,t), \tag{3.2}$$

本节里我们将对一些较简单的问题作定量的处理。考虑定态问题，令

$$\psi(x,t) = \psi(x)\mathrm{e}^{-\mathrm{i}Et/\hbar},$$

代入上式，则得定态薛定谔方程：

$$\frac{\hbar^2}{2m}\frac{\mathrm{d}^2\psi(x)}{\mathrm{d}x^2} = [V(x) - E]\psi(x). \tag{3.3}$$

首先考虑直角势垒情形，其势能函数见图 3 - 1，表达式由下式给出：

$$V(x) = \begin{cases} 0, & x < 0 \ (\text{Ⅰ 区}), \\ V_0, & 0 < x < a \ (\text{Ⅱ 区}), \\ 0, & x > a \ (\text{Ⅲ 区}). \end{cases} \tag{3.4}$$

显然，在三个区波函数的解都是平面波。从物理上考虑，我们设波是从左边（即 $x = -\infty$ 处）的Ⅰ区入射的，它的一部分将在势垒面前反射，另一部分透射到势垒内部（即Ⅱ区）。在Ⅱ区内既有前行波，又有势垒后界面的反射波。最后，有一部分波穿透势垒到达Ⅲ区。所以，在三个区域内波函数具有如下形式：

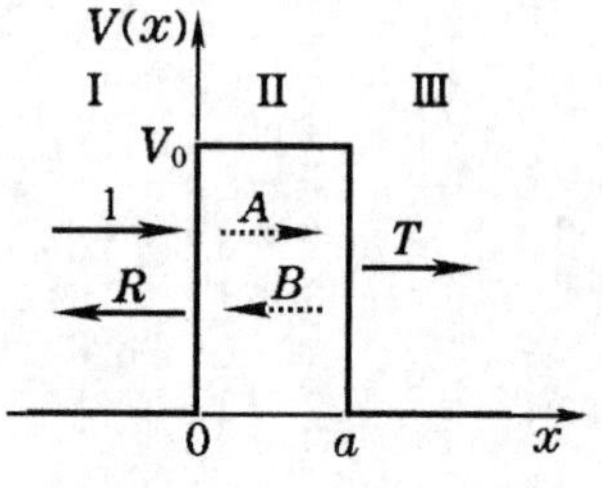

图 3 - 1 直角势垒

$$\begin{cases} \psi_{\text{Ⅰ}}(x) = \mathrm{e}^{\mathrm{i}px/\hbar} + R\mathrm{e}^{-\mathrm{i}px/\hbar}, & (3.5\text{Ⅰ}) \\ \psi_{\text{Ⅱ}}(x) = A\mathrm{e}^{\mathrm{i}p'x/\hbar} + B\mathrm{e}^{-\mathrm{i}p'x/\hbar}, & (3.5\text{Ⅱ}) \\ \psi_{\text{Ⅲ}}(x) = T\mathrm{e}^{\mathrm{i}px/\hbar}, & (3.5\text{Ⅲ}) \end{cases}$$

式中
$$p = \sqrt{2mE}, \quad p' = \sqrt{2m(E - V_0)}. \tag{3.6}$$

（3.5Ⅰ）式的第一项是入射波，第二项是反射波；（3.5Ⅱ）式的两项分别是势

垒区内的前行波和反射波；(3.5Ⅲ)式中只有一项，它是穿过势垒的透射波。我们把入射波的振幅规定为1，则$|R|^2$为整个势垒的反射系数，$|T|^2$为整个势垒的透射系数。R、T、A、B都是待定系数，它们的表达式要由势垒两侧($x=0$和a处)波函数的衔接条件来确定。

在势垒边界上波函数应满足怎样的衔接条件？显然，在势函数连续的地方，波函数应具有很好的解析性。在势函数发生阶跃的地方怎么样？可以证明，只要阶跃不是无穷大，在势函数阶跃处波函数本身$\psi(x)$和它的一阶导数$\psi'(x)$都应该连续。譬如势函数$V(x)$在$x=a$处有阶跃，将定态薛定谔方程(3.3)

$$\psi''(x)=\frac{2m}{\hbar^2}[V(x)-E]\psi(x)$$

在$x=a-\varepsilon$到$a+\varepsilon$区间积分，得

$$\psi'(a+\varepsilon)-\psi'(a-\varepsilon)=\frac{2m}{\hbar^2}\int_{a-\varepsilon}^{a+\varepsilon}[V(x)-E]\psi(x)\,\mathrm{d}x,$$

只要$V(x)-E$不是无穷大，在$\varepsilon\to 0$的极限下上面的积分趋于0，即$\psi'(x)$在$x=a$处连续，而$\psi'(x)$连续是以波函数$\psi(x)$本身连续和可微为前提的，即

在势函数有限阶跃处波函数及其一阶导数连续。

这便是方势垒问题里界面处波函数应满足的衔接条件。

将以上衔接条件具体写出，我们有

$$\psi_{\text{I}}(0)=\psi_{\text{II}}(0)\to 1+R=A+B, \tag{3.7a}$$

$$\psi_{\text{I}}'(0)=\psi_{\text{II}}'(0)\to \mathrm{i}p(1-R)=\mathrm{i}p'(A-B); \tag{3.7b}$$

$$\psi_{\text{II}}(a)=\psi_{\text{III}}(a)\to A\mathrm{e}^{\mathrm{i}p'a/\hbar}+B\mathrm{e}^{-\mathrm{i}p'a/\hbar}=T\mathrm{e}^{\mathrm{i}pa/\hbar}, \tag{3.8a}$$

$$\psi_{\text{II}}'(a)=\psi_{\text{III}}'(a)\to \mathrm{i}p'[A\mathrm{e}^{\mathrm{i}p'a/\hbar}-B\mathrm{e}^{-\mathrm{i}p'a/\hbar}]=\mathrm{i}pT\mathrm{e}^{\mathrm{i}pa/\hbar}. \tag{3.8b}$$

由(3.7a)式和(3.7b)式得

$$\begin{cases} A=\dfrac{1}{2}\left(1+\dfrac{p}{p'}\right)+\dfrac{1}{2}\left(1-\dfrac{p}{p'}\right)R,\\ B=\dfrac{1}{2}\left(1-\dfrac{p}{p'}\right)+\dfrac{1}{2}\left(1+\dfrac{p}{p'}\right)R. \end{cases}$$

将上式代入(3.8a)式和(3.8b)式，经整理得下列R、T的线性代数方程：

$$\begin{pmatrix} p'\cos\left(\dfrac{p'a}{\hbar}\right)-\mathrm{i}p\sin\left(\dfrac{p'a}{\hbar}\right) & -p'\mathrm{e}^{\mathrm{i}pa/\hbar}\\ -\mathrm{i}p'\sin\left(\dfrac{p'a}{\hbar}\right)+p\cos\left(\dfrac{p'a}{\hbar}\right) & p\mathrm{e}^{\mathrm{i}pa/\hbar} \end{pmatrix}\begin{pmatrix} R\\ T \end{pmatrix}=\begin{pmatrix} -p'\cos\left(\dfrac{p'a}{\hbar}\right)-\mathrm{i}p\sin\left(\dfrac{p'a}{\hbar}\right)\\ \mathrm{i}p'\sin\left(\dfrac{p'a}{\hbar}\right)+p\cos\left(\dfrac{p'a}{\hbar}\right) \end{pmatrix}, \tag{3.9}$$

由此解得

$$\begin{cases} R = \dfrac{(p^2-p'^2)\sin\left(\dfrac{p'a}{\hbar}\right)}{(p^2+p'^2)\sin\left(\dfrac{p'a}{\hbar}\right)+2\mathrm{i}pp'\cos\left(\dfrac{p'a}{\hbar}\right)}, & (3.10) \\ T = \dfrac{2\mathrm{i}pp'\mathrm{e}^{-\mathrm{i}pa/\hbar}}{(p^2+p'^2)\sin\left(\dfrac{p'a}{\hbar}\right)+2\mathrm{i}pp'\cos\left(\dfrac{p'a}{\hbar}\right)}. & (3.11) \end{cases}$$

最后得到

$$\begin{cases} \text{反射系数} \quad |R|^2 = \dfrac{(p^2-p'^2)^2\sin^2\left(\dfrac{p'a}{\hbar}\right)}{(p^2-p'^2)^2\sin^2\left(\dfrac{p'a}{\hbar}\right)+4(pp')^2}, & (3.12) \\ \text{透射系数} \quad |T|^2 = \dfrac{4(pp')^2}{(p^2-p'^2)^2\sin^2\left(\dfrac{p'a}{\hbar}\right)+4(pp')^2}. & (3.13) \end{cases}$$

二者显然满足❶

$$|R|^2 + |T|^2 = 1. \tag{3.14}$$

下面分三个特殊情形来讨论，三情形中粒子能量 E 与势函数 $V(x)$ 的关系示于图 3－2。

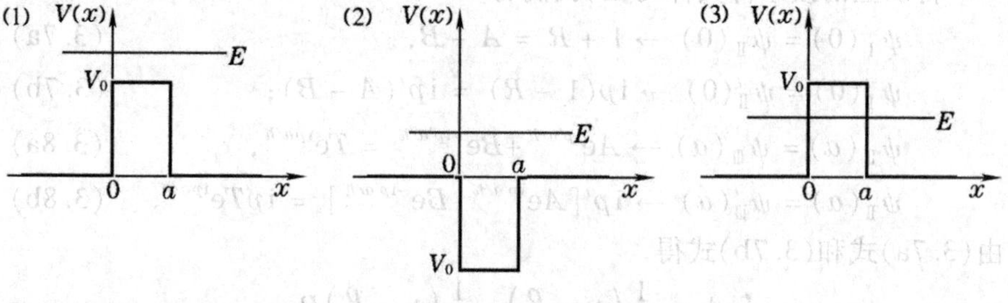

图 3－2 粒子能量 E 与势函数 $V(x)$ 关系的三种情形

(1) $E > V_0$ 情形（直角势垒上的散射）

这时在所有区域动量皆实，按(3.12)式和(3.13)式

---

❶ (3.14)式仅适用于势函数 $V(x=\infty)=V(x=-\infty)$ 的情况。否则 $x=\pm\infty$ 处粒子动量 $p_\pm$ 不等（如习题 3－2 情形），(3.14)式应作

$$|R|^2 + |T|^2 p_+/p_- = 1. \tag{3.14'}$$

$$
\begin{cases}
\text{反射系数} \quad |R|^2 = \dfrac{(p^2-p'^2)^2\sin^2\left(\dfrac{p'a}{\hbar}\right)}{(p^2-p'^2)^2\sin^2\left(\dfrac{p'a}{\hbar}\right)+4(pp')^2} \\
\qquad = \dfrac{V_0{}^2\sin^2\left(\dfrac{\sqrt{2m(E-V_0)}a}{\hbar}\right)}{V_0{}^2\sin^2\left(\dfrac{\sqrt{2m(E-V_0)}a}{\hbar}\right)+4E(E-V_0)}, \qquad (3.15) \\
\text{透射系数} \quad |T|^2 = \dfrac{4(pp')^2}{(p^2-p'^2)^2\sin^2\left(\dfrac{p'a}{\hbar}\right)+4(pp')^2} \\
\qquad = \dfrac{4E(E-V_0)}{V_0{}^2\sin^2\left(\dfrac{\sqrt{2m(E-V_0)}a}{\hbar}\right)+4E(E-V_0)}. \qquad (3.16)
\end{cases}
$$

由上式可以看出，透射系数 $|T|^2$ 随波数 $p'/\hbar$ 的增大有些振荡，其数值一般小于 1，但在

$$
\frac{p'a}{\hbar} = \left(\frac{\sqrt{2m(E-V_0)}a}{\hbar}\right) = n\pi \quad (n=1,\ 2,\ \cdots) \qquad (3.17)
$$

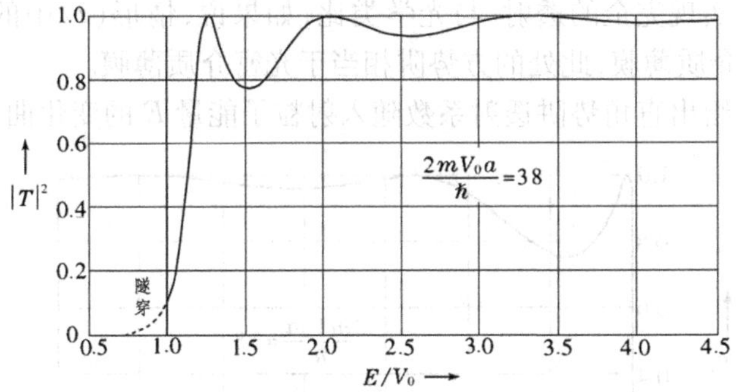

图 3－3 直角势垒透射系数随入射粒子能量 E 的变化

时等于1，即实现完全的透射。因 $p'/\hbar=2\pi/\lambda'$（λ' 为粒子在 Ⅱ 区内的德布罗意波长），上式相当于 $a=n\lambda'/2$，这一点与光的薄膜干涉效应本质上是一样的。

图 3－3 给出直角势垒透射系数随入射粒子能量 E 的变化曲线。

（2）$V_0<0, E>0$ 情形（直角势阱上的散射）

若粒子的能量 E 是负的，它将被束缚在势阱中，此类问题将在 §2 里讨论。现在讨论正能的情况，这仍是一个散射态问题。与情形(2)类似，我们有

$$
\begin{cases}
\text{反射系数}\quad |R|^2 = \dfrac{(p^2-p'^2)^2\sin^2\left(\dfrac{p'a}{\hbar}\right)}{(p^2-p'^2)^2\sin^2\left(\dfrac{p'a}{\hbar}\right)+4(pp')^2} \\
\qquad = \dfrac{V_0{}^2\sin^2\left(\dfrac{\sqrt{2m(E+|V_0|)}\,a}{\hbar}\right)}{V_0{}^2\sin^2\left(\dfrac{\sqrt{2m(E+|V_0|)}\,a}{\hbar}\right)+4E(E+|V_0|)}, \qquad (3.18) \\
\text{透射系数}\quad |T|^2 = \dfrac{4(pp')^2}{(p^2-p'^2)^2\sin^2\left(\dfrac{p'a}{\hbar}\right)+4(pp')^2} \\
\qquad = \dfrac{4E(E+|V_0|)}{V_0{}^2\sin^2\left(\dfrac{\sqrt{2m(E+|V_0|)}\,a}{\hbar}\right)+4E(E+|V_0|)}. \qquad (3.19)
\end{cases}
$$

可以看出,与情形(2)类似,透射系数$|T|^2$也随波数$p'/\hbar$的增大有些振荡,在

$$\frac{p'a}{\hbar}=\frac{\sqrt{2m(E+|V_0|)}\,a}{\hbar}=n\pi \quad (n=1,2,\cdots) \qquad (3.20)$$

时等于1,即实现完全的透射。与光学类比,如果说,情形(2)中的直角势垒相当于光疏介质薄膜,此处的方势阱相当于光密介质薄膜。

图3-4给出直角势阱透射系数随入射粒子能量E的变化曲线。

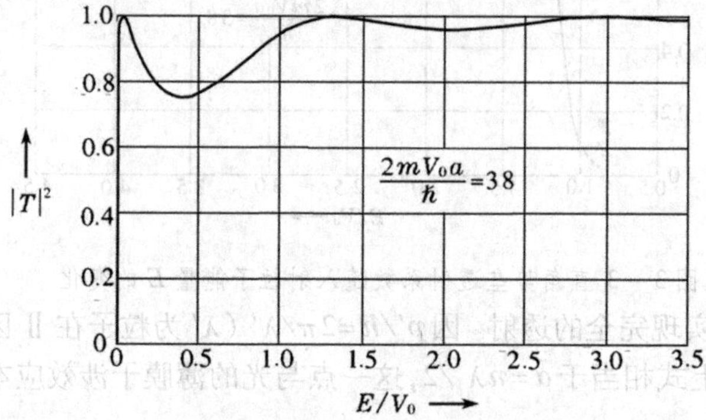

图3-4 直角势阱透射系数随入射粒子能量E的变化

(3) $E<V_0$情形(直角势垒隧穿)

这时在势垒区Ⅱ内部的动量$p'=\sqrt{2m(E-V_0)}$纯虚,令

$$
\begin{cases} k = \dfrac{p}{\hbar} = \dfrac{\sqrt{2mE}}{\hbar}, \\ \beta = \dfrac{|p'|}{\hbar} = \dfrac{\sqrt{2m(V_0 - E)}}{\hbar}, \end{cases} \tag{3.21}
$$

则

$$
\begin{cases} \dfrac{p'}{\hbar} = \mathrm{i}\beta, \\ \sin\left(\dfrac{p'a}{\hbar}\right) = \mathrm{i}\sinh\beta a, \end{cases}
$$

(3.12)式和(3.13)式化为

$$
\begin{cases} \text{反射系数} \quad |R|^2 = \dfrac{(k^2+\beta^2)^2\sinh^2\beta a}{(k^2+\beta^2)^2\sinh^2\beta a + 4(k\beta)^2} \\ \qquad = \dfrac{V_0{}^2\sinh^2\left(\dfrac{\sqrt{2m(V_0-E)}a}{\hbar}\right)}{V_0{}^2\sinh^2\left(\dfrac{\sqrt{2m(V_0-E)}a}{\hbar}\right) + 4E(V_0-E)}, & (3.22) \\ \text{透射系数} \quad |T|^2 = \dfrac{4(k\beta)^2}{(k^2+\beta^2)^2\sinh^2\beta a + 4(k\beta)^2} \\ \qquad = \dfrac{4E(V_0-E)}{V_0{}^2\sinh^2\left(\dfrac{\sqrt{2m(V_0-E)}a}{\hbar}\right) + 4E(V_0-E)}. & (3.23) \end{cases}
$$

当 $\beta a \gg 1$ 时

$$
|T|^2 \approx \frac{16E(V_0-E)}{V_0{}^2}\mathrm{e}^{-2\beta a}, \tag{3.24}
$$

即粒子的隧穿概率随势垒厚度 a 的增加按指数律递减。

图3－5给出隧穿直角势垒的透射系数随入射粒子能量 E 的变化曲线。

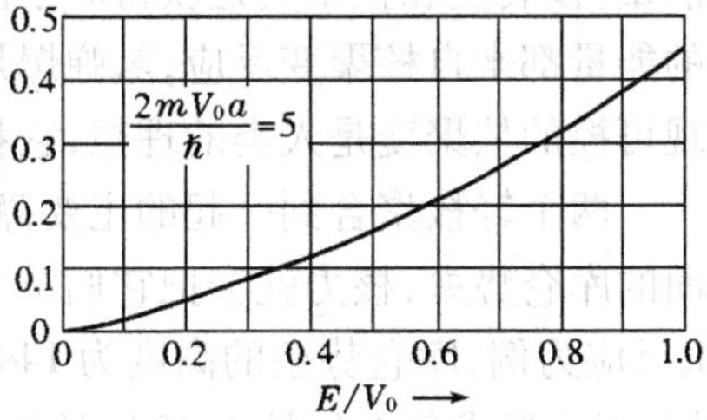

图3－5 直角势垒隧穿粒子透射系数随入射能量 E 的变化

1.2 量子隧穿效应的实例

在微观领域里隧穿效应的实例很多,近年来它在技术上还获得许多重要的应用,现略举数则。

(1) α 衰变

天然或人工放射性元素可以通过释放 α 粒子(氦核)进行蜕变反应(参见第五章2.4节),为 α 衰变。α 衰变放出的 α 粒子来自原子核内。在核内 α 粒子受到核力的吸引,处于负势阱中;在核外 α 粒子受到静电力的排斥,库仑势在核表面形成一个势垒，如图3-6所示。从经典物理考虑，能量低于势垒的α粒子既不能从核内跑出来，也不能从核外射进去，它们都将被势垒弹回。势垒的高度取决于母核所带的电荷 Ze 和它的半径 R. 以 ^{212}Po 核为例，$Z=84$，$R\approx 5\,\mathrm{fm}$，库仑势垒的高度 $E_B\approx 26\,\mathrm{MeV}$，但 ^{212}Po 核蜕变时释放的α粒子动能为 $E_\alpha=8.78\,\mathrm{MeV}$，远低于势垒的高度。这只有用量子的隧穿效应来解释了。用量子力学的理论计算出α粒子穿透势垒的概率，能很好地解释α衰变半衰期的长短。

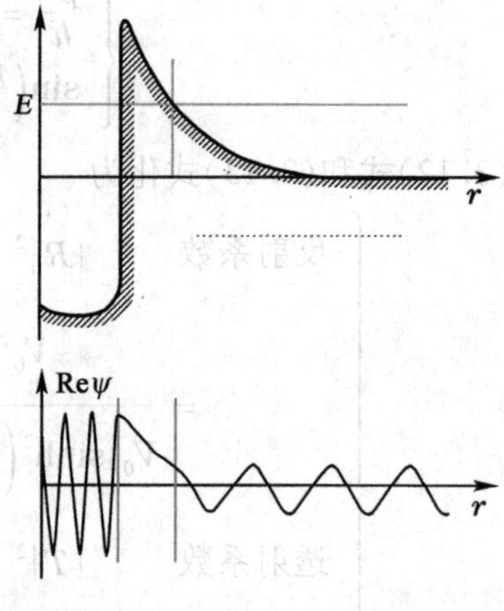

图3-6 α粒子在核内外势能的分布

（2）热核聚变

在各种原子核中具有中等质量数的原子核（譬如铁核）的核子平均结合能较大，而质量数小的原子核（如氢、氘、氚、氦核）和质量数大的（如铀核）里核子的平均结合能较小。结合能是负的势能，所以重原子核发生分裂成为中等质量数的原子核时会释放出能量，轻原子核聚合成较重的原子核时也释放能量。核裂变和核聚变是获得原子能的两种途径。太阳和所有其它恒星释放的能量都来自核聚变反应，氢弹爆炸的能量也是聚变能。在地球的条件下实现可控的核聚变是人类的理想，它将一劳永逸地解决我们对能源的需求。

两个轻核聚合到一起的主要障碍是库仑斥力，一旦它们能够穿越核表面的库仑势垒，核力就会把它们结合在一起，将多余的能量释放出来。以氘-氘反应为例，库仑势垒的高度为 144 keV，若两核对撞，按经典物理的理论计算，至少要求每个氘核有 72 keV 的动能。有效的核聚变要靠高温来实现，故称热核聚变。如果要求粒子（在这里是氘核）的平均平动动能 $\frac{3}{2}kT$ 达到这数值，则 $kT=48\,\mathrm{keV}$，即 $T=5.6\times10^8\,\mathrm{K}$. 然而理论上估算，聚变的温度可降为 10 keV，即 $10^8\,\mathrm{K}$. 这里有两点考虑：一是粒子有一定的量子隧穿概率，二是粒子服从麦克斯韦分布，不少粒子的动能比平均动能 $\frac{3}{2}kT$ 大。这些考虑是符合实际的。

（3）扫描隧穿显微镜

扫描隧穿显微镜（scanning tunneling microscope，缩写为STM）是一种新型的表面分析仪器，它可以在真空、大气或液体中工作，并且具有原子尺度的分辨本领，它的出现使人类第一次能够实时地观察单个原子在物质表面排列的情况和与表面电子行为有关的物理、化学性质，在表面科学、材料科学、生命科学等领域的研究有着重大的意义和广阔的应用前景，被国际科学界公认为20世纪80年代世界十大科技成就之一。STM的发明者G. Binnig，H. Rohrer和发明电子显微镜的E. Ruskás分享了1986年诺贝尔物理奖。

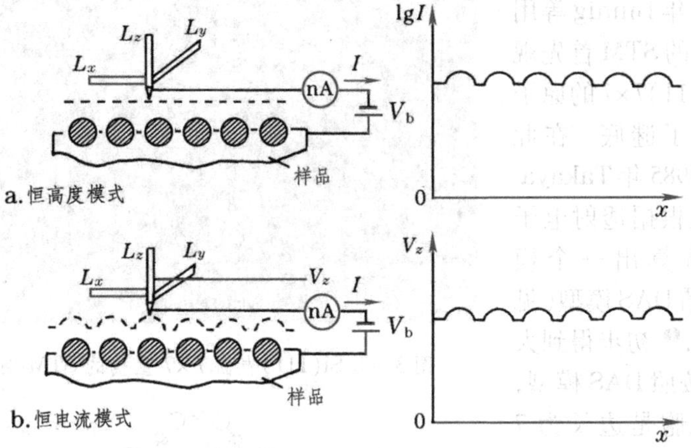

图3－7 扫描隧穿显微镜工作原理

STM的工作原理如图3－7所示，以针尖为一电极，被测固体表面为另一电极，两极间加偏压V_b. 当它们之间的距离小到nm数量级时，电子可以因量子隧穿效应从一个电极穿过空间势垒到达另一电极，形成电流。电流I的大小取决于针尖与表面的间距和表面的电子状态。当针尖在被测表面的上方恒定的高度上扫描时，由于隧穿电流与间距成指数关系，即使固体表面有原子尺度的起伏，隧穿电流也会有超出10倍的变化。这样，通过现代电子技术测出电流的变化即可知道表面的结构。STM的这种工作模式叫"恒高度模式"(见图3－7a)。

当样品表面起伏较大时，恒高度模式扫描有可能使针尖在样品上碰坏，此时可将针尖安装在压电陶瓷上，控制压电陶瓷上的电压，使针尖在扫描时随样品表面的起伏上下移动，以保持电流不变。这时压电陶瓷上的电压变化即反映了表面的起伏。STM的这种工作模式叫"恒电流模式"(见图3－7b)。目前STM大都采用此种工作模式。

扫描隧穿显微镜一出现就作出重大的贡献，我们举Si(111)表面7×7结构问题为例。由于晶体表面原子处于体结构的中断面上，三维的对称性在这里遭到破坏，表面几层原子的排列往往与体内不同，产生所谓重构，情况的复杂使人感到变化莫测。硅晶属金刚石结构，Si(111)表面有所谓7×7

超晶格结构,即平面元胞在每个方向上都比体内大 7 倍。Si(111)表面 7×7 重构早在 1959 年就已被观察到,但具体情况 20 多年来众说纷纭,成为表面科学里的老大难问题。1982 年 Binnig 等用自己发明的 STM 首先观察到 Si(111)7×7 的原子象,揭开了谜底。在此基础上,1985 年 Takayanagi 等人根据透射电子衍射谱推算出一个模型,即所谓 DAS 模型(见图 3 -9),❶ 初步得到大家公认。按照 DAS 模型,超晶格元胞是边长为 7 个原子距离的菱形,其中最突出的是 12 个原子,它们的位置高出元胞平面,对应着 STM 图像里的 12 个亮点。菱形的顶点处各有一个 6 度旋转对称的大暗点,这里的原子低于元胞平面。

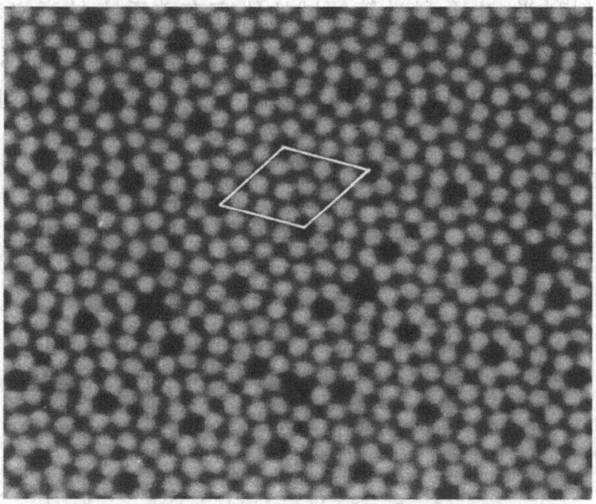

图 3 -8 Si(111)表面 7×7 重构的 STM 图像

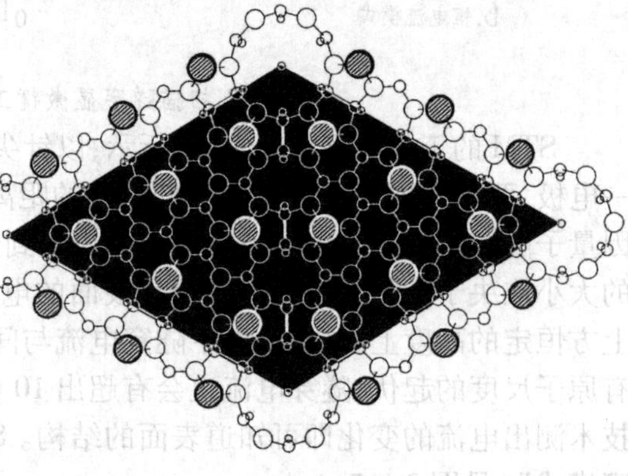

图 3 -9 Si(111)表面 7×7 重构的 DAS 模型

任何一种仪器都不是万能的,STM 只适用于导体和半导体。以 STM 的发明为契机,人们发展了许多其它仪器和技术,形成了一个"扫描探针显微术"的大家族。为了避免太偏离本课的主题,下面我们只把这家族一些成员的名称列一下,不再做任何解释。

原子力显微术(atomic force microscopy, AFM),

激光力显微术(laser force microscopy, LFM),

---

❶ DAS 模型的全称是 dimer adatom stacking-fault model,即二聚物-增原子-层错模型。

磁力显微术(magnetic force microscopy, MFM),

扫描近场光学显微术(scanning near-field optical microscopy, SNOM),

…………。

§2. 束缚态

2.1 束缚态能级的量子化

自现在起我们讨论势阱中的束缚态问题。由定态的薛定谔方程出发我们将导出一个从经典物理看来是惊人的结果,即连续势函数 $V(x)$竟导致离散的量子能级!

如图 3 – 10 所示,粒子处在一维势阱中。定态薛定谔方程(3.3)写成

$$\psi''(x) = \frac{2m}{\hbar^2}[V(x) - E]\psi(x). \tag{3.25}$$

这方程告诉我们,在每个 x 处,$\psi(x)$的二阶导数与它本身成正比,比例系数的正负随 $V(x)-E$ 而变。如图 3 – 10a 所示,作一能量值为 E 的水平线,它与势能曲线交于x_0和x_0'两处。在 $-\infty$ 到x_0和x_0'到 $+\infty$ 两区间$V(x) > E$,$\psi(x)$的曲线总是凸向横坐标轴的,即在横坐标之上向上弯,横坐标之下向下弯(见图 3 – 10b 左右两侧);反之,在 x_0 到 x_0' 区间 $V(x) < E$,$\psi(x)$的曲线总是凹向横坐标轴的,即在横坐标之上向下弯,横坐标之下向上弯(见图 3 – 10b 中部)。$E = V(x)$的地方是 $\psi(x)$曲线的拐点。

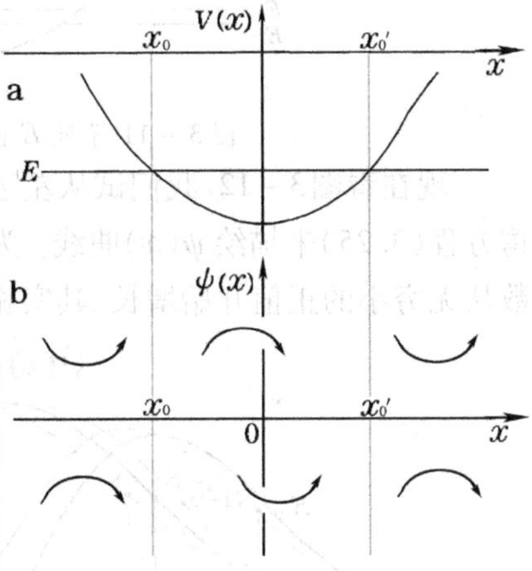

图 3 – 10 波函数曲线的凹凸

从经典物理的眼光看,粒子只能在总能量 $E \geqslant V(x)$的范围内存在。取无穷远处为势能的零点,若 $E < 0$,粒子的活动范围是有界的,这便是束缚态。从量子的观点看,粒子有一定的概率幅超出经典的活动范围,但随着距离的增加,概率幅趋于0. 这便是量子力学中束缚态的概念。所以在量子力学中,束缚态的波函数满足

$$\lim_{x\to\pm\infty}\psi(x) = 0. \tag{3.26}$$

现在我们论证,只当能量 E 取某些离散数值时,才存在束缚态。

首先,图 3 – 11 展示了求波函数拐点的方法:作能量 $E=E_1, E_2, E_3, E_4, E_5$ 等各水平线,它们与势能 $V(x)$ 曲线相交的位置 $x=x_1, x_1', x_2, x_2', x_3, x_3', x_4, x_4', x_5, x_5'$ 等,即波函数的一类拐点的位置。波函数的另一类拐点出现在它们的曲线与横坐标轴相交的地方。下面我们将用 S_i, S_i' 代表第一类拐点,用 T_i 代表第二类拐点,下标 $i=1, 2, 3, 4, 5$ 等与相应能量值 E_i 的下标一致。拐点 S_i 和 S_i' 把整个 x 轴分成左、中、右三个区域。

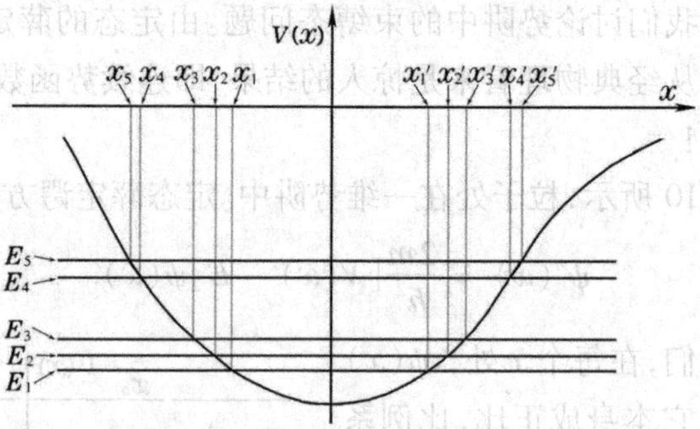

图 3 – 11　不同 E 值下波函数的拐点位置

现在看图 3 – 12。我们试从左边很远的地方(即 $x=-\infty$ 处)出发,按薛定谔方程(3.25)来描绘 $\psi(x)$ 曲线。为了讨论时说话比较确定,我们假定波函数从无穷小的正值开始增长。其实相反的情况讨论起来也差不多。

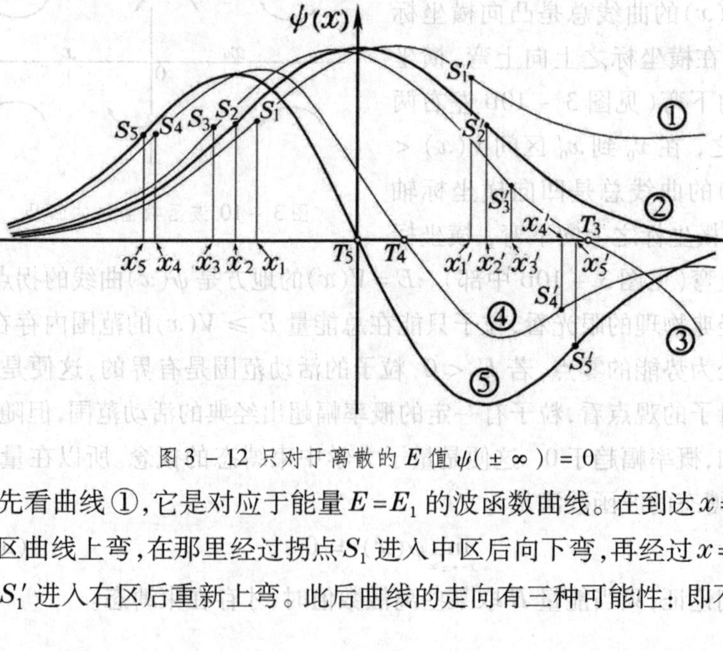

图 3 – 12　只对于离散的 E 值 $\psi(\pm\infty)=0$

先看曲线①,它是对应于能量 $E=E_1$ 的波函数曲线。在到达 $x=x_1$ 之前的左区曲线上弯,在那里经过拐点 S_1 进入中区后向下弯,再经过 $x=x_1'$ 处的拐点 S_1' 进入右区后重新上弯。此后曲线的走向有三种可能性:即不与横坐标轴相交，与横坐标轴相交，或渐近地趋于横坐标轴。我们假定曲线 ① 属第一种情况。因此曲线不断上弯，最终波函数在右边趋于$+\infty$.

选稍高的能量$E=E_3$,对应的曲线是③。从(3.25)式可以看出，E增大意味着左、右两区里$|\psi''(x)|$减小，中区$\psi''(x)$增大。这就是说，在左、右两区曲线上弯的程度小了，在中区曲线下弯的程度大了。加之以拐点S_3，S_3'向两边移，压缩了左、右两区，扩大了中区，所有这些因素都是使曲线少上弯，多下弯，最后导致在右区里走到第二种可能性，即曲线与横坐标轴交于T_3. 这又是一个拐点，过此点后曲线下弯，最终波函数在右边趋于$-\infty$.

我们看到,对于稍低的能量E_1,波函数在右边趋于$+\infty$；对于稍高的能量E_3,波函数在右边趋于$-\infty$. 曲线在右边的归宿十分敏感地依赖能量的取值,中间是怎样过渡的？实际上在E_1和E_3之间有一个非常特殊的能量值E_2，它所对应的曲线 ② 恰好走中间道路,实现了上述第三种可能性,即曲线渐近地趋于横坐标轴。这时波函数满足了束缚态的边界条件(3.26)式,它是定态薛定谔方程(3.2)式的一个合乎要求的解,故E_2是哈密顿算符(即能量)的一个本征值。向大小两侧无穷小偏离E_2的能量都没有这样的性质,即E_2是孤立的,本征值是离散的。

束缚态的离散能量本征值是不是唯一的？那要看势阱有多深。我们假定势阱足够深，让能量从E_3起有一定幅度的增加,达到E_4，这时对应的曲线是 ④。此曲线在左区上弯的程度更小,在中区下弯的程度更大。由于曲线在中区下弯得如此厉害,在它未到达拐点S_4'之前就与横坐标轴相交了。设此交点为T_4，它也是一个拐点。过了T_4后曲线上弯,然后再过拐点S_4'曲线重新下弯,最终波函数在右边趋于$-\infty$. 如果在E_4的基础上仔细调节能量,使之缓缓增长。这时中区下弯和上弯的程度都在增加，而右区下弯的程度缓和下来。在某个特定的能量值$E=E_5$下,曲线 ⑤ 将从下面渐近地趋于横坐标轴。这便是能量的另一个本征态和本征值。

在一个势阱内存在束缚态能级的多寡与势阱的深度有关,势阱愈深束缚态能级愈多,太浅的势阱内也许一个束缚态能级也没有。$\psi(x)$曲线与横坐标轴的交点[即该处$\psi(x)=0$]称为节点。如果在一势阱中有多个束缚态的话，能级愈高，则阱内$E-V(x)$数值愈大，曲线的曲率愈大，振荡得愈激烈，从而节点愈多。例如，在上面的讨论中，本征态曲线 ② 没有节点，本征态曲线 ⑤ 有一个节点。一般的规律是：能级自下到上节点的数目从0逐次增加一个。下面我们将看到一些具体的例子。

2.2 直角势阱

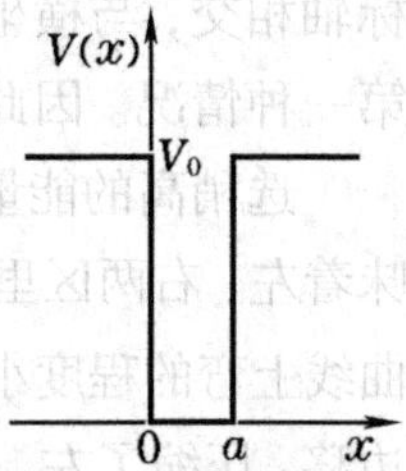

图 3 - 13 直角势阱

作为束缚态的第一个例子，我们选数学上最简单的——无限深直角势阱中的束缚态。无限深的势阱在图上是无法表示出来的，图3 - 13所示为一个深度等于V_0、宽度等于a的直角势阱。我们设想，图中的V_0将趋于无穷大。为了讨论无限深势阱，我们不得不把势能零点的选择改变一下，从阱外无穷远处改到阱底。用数学公式来描述，则有

$$V(x)=\begin{cases}V_0\to\infty, & x<0 \text{ 和 } x>a,\\ 0, & 0<x<a.\end{cases} \tag{3.27}$$

势阱无限深带来的好处是，粒子在阱外的概率严格等于0，而且边界条件也变得非常简单：

$$x=0 \text{ 和 } a \text{ 处} \quad \psi(x)=0. \tag{3.28}$$

在阱内定态薛定谔方程为

$$-\frac{\hbar^2}{2m}\frac{\mathrm{d}^2}{\mathrm{d}x^2}\psi(x)=E\psi(x), \tag{3.29}$$

它的解一般可写为

$$\psi(x)=A\sin(kx+\varphi), \quad k=\sqrt{2mE}/\hbar. \tag{3.30}$$

边界条件(3.29)式对k和φ都提出要求，即$\varphi=0$，k满足下式：

$$k=\frac{n\pi}{a}, \quad n=1,2,3,\cdots \tag{3.31}$$

对k的要求也就是对能量E的要求：

$$E=E_n=\frac{\hbar^2\pi^2n^2}{2ma^2}, \quad n=1,2,3,\cdots \tag{3.32}$$

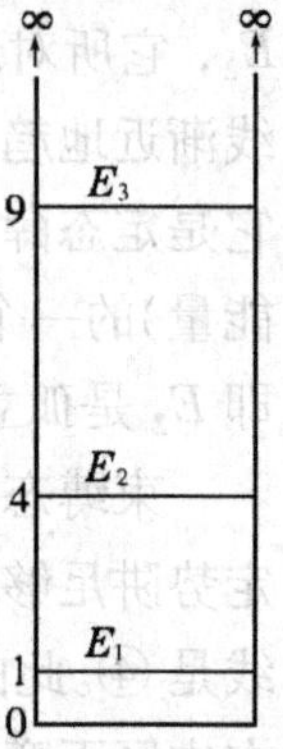

图 3 - 14 无限深直角势阱内的束缚态能级

这就是说，能量的本征值是离散的；或者用量子力学的语言说，能量是量子化的(quantized)。无限深直角势阱内的量子化能级如图3 - 14所示，$E_n\propto n^2$.

波函数表达式(3.30)里的常量A要由下列归一化条件来定：

$$\int_0^a|\psi(x)|^2\mathrm{d}x=1. \tag{3.33}$$

由此定出$|A|=\sqrt{2/a}$. 不妨取A为实数，于是有

$$\psi_n(x)=\begin{cases}\sqrt{\dfrac{2}{a}}\sin\left(\dfrac{n\pi x}{a}\right), & 0<x<a,\\ 0, & \text{其余地方。}\end{cases} \tag{3.34}$$

前几个能级的波函数及其模方的曲线示于图 3 – 15，它们的节点数符合上节所述的一般规律，即对于 $n = 1, 2, 3, \cdots$ 的量子态，节点数分别为 0，1，2，…。

现在对以上的计算回味一下，从物理上作一些注释，讨论一些问题。

(1) 只从上节的论证，读者也许还不大能体会，为什么束缚态的能级是离散的？在本节得到的量子化条件(3.31)式里，$k=2\pi/\lambda$ 是波数，用波长 λ 来表示，则是

$$\frac{\lambda}{2} = \frac{a}{n},$$

这就是经典物理中的驻波条件。所以，能级的量子化是由微观粒子的波动性造成的。

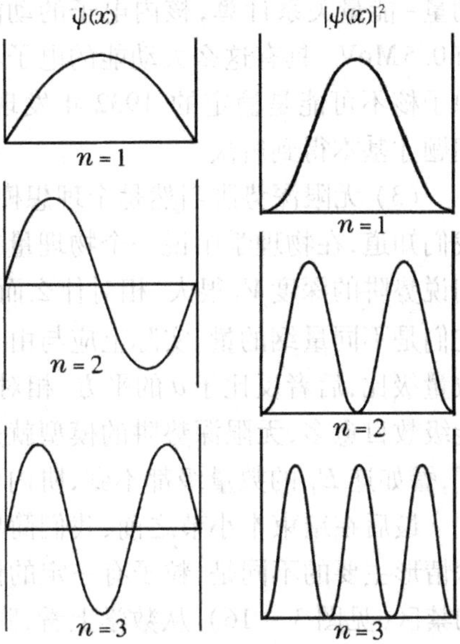

图 3 – 15 无限深直角势阱内束缚态的波函数和概率分布

(2) 上面取能级时 n 从 1 开始，为什么排除 $n=0$ 的态？当然，从波函数的表达式(3.30)或(3.34)看，$n=0$ 时波函数恒等于 0，这是没有物理意义的。那么，从物理上看，为什么不存在 $n=0$ 量子态？要知道，从经典物理的眼光看，$n=0$ 意味着粒子静止不动，这没有什么不可以的。但量子力学不允许！原因是海森伯不确定性原理。在宽度为 a 的势阱中一个粒子坐标的不确定度 $\Delta x = a$. 它的最小波数(即 $n=1$ 态的波数)$k=\pi/a$，从而动量的最小数值为 $p=\hbar k=\hbar\pi/a$. 处在 $n=1$ 态粒子的动量在$\pm p$ 之间来回振荡，它的不确定度为 $\Delta p = 2p = 2\pi\hbar/a$. 所以

$$\Delta p \Delta x = 2\pi\hbar = h,$$

即 Δp 和 Δx 满足海森伯不确定度关系。能量低于此，海森伯不确定度关系不可能成立。

所以，囚禁在盒子里的粒子不可能是静止的，它有一个起码的能量。盒子愈小，起码的能量就愈大。

早年卢瑟福提出原子的有核模型时，人们只知道电子和质子两种粒子。加以人们已探测清楚，从放射性原子发出的 β 射线是电子束，人们很自然地假设，原子核是由质子和电子组成的。然而，有了量子力学以后，用海森伯

不确定性原理重新考虑这个问题：原子核的直径为 10^{-14} m 的数量级，核内如果有电子的话，它的动量和能量起码达到相对论性的数量级。用相对论的动量-能量关系计算，核内电子的动能起码有 20 MeV，而电子的静质能只有0.5 MeV. 具有这么大动能的电子不可能被束缚在原子核里，这样组成的原子核不可能是稳定的。1932 年发现中子以后，原子核由什么粒子组成的问题才基本得到解决。

（3）无限深势阱当然是个理想模型，它近似地反映了势阱很深的情况。我们知道，在物理学中说一个物理量很大或很小，都是相对而言的。这里我们说势阱的深度 V_0 很大，相对什么而言？当然不是和势阱的宽度 a 比，因为它们是不同量纲的量。实际上应与由 a 所决定的基态能量 $E_1 = \hbar^2\pi^2/a^2$ 的数量级比，后者反比于 a 的平方。相对于 E_1 势阱的深度 V_0 愈大，阱内允许的能级数目愈多，无限深势阱的模型就是愈好的近似。反之，势阱的深度太小了，譬如连 E_1 的数量级都不到，阱内就可能一个束缚态也容不下。

最后在结束本小节之前，我们简单介绍一下有限深势阱的情况。与无限深情形主要的不同是，粒子有一定的概率幅渗出阱壁之外，即经典物理认为的禁区（见图 3 - 16）。从数学上看，阱内的波函数仍是三角函数，渗入阱壁

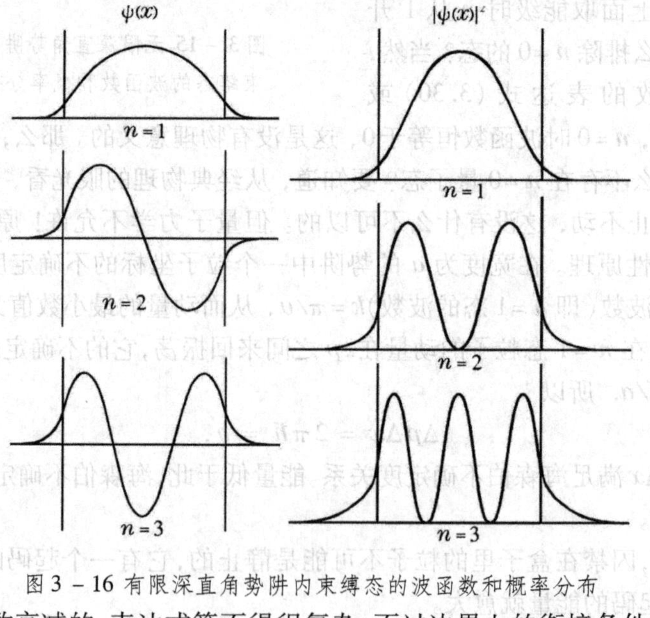

图 3 - 16 有限深直角势阱内束缚态的波函数和概率分布

部分是指数衰减的，表达式算不得很复杂。不过边界上的衔接条件使能级不能有简单的表达式。本课对此的细节不再过多讨论，只以图 3 - 16 给出一个定性的概念作为了结。

2.3 量子围栏 —— 实现波函数的测量

量子力学建立半个多世纪以来,实验中测量到的基本上是能级和跃迁概率,而定态波函数一直停留在理论概念上,未曾受到实际的观测。1993 年人们第一次看到了波函数,这要归功于 M. F. Crommie 等人用扫描隧穿显微镜(STM)所做的量子围栏工作。[1]温度 4 K,超高真空,在清洁的单晶 Cu(111)表面上蒸镀一层 Fe 原子,然后用 STM 针尖操纵,让48 个铁原子围成一个平均半径为713 nm 的圆圈。表面电子在铁原子上强烈反射,被禁锢在这个量子围栏(quantum corral)中,它们的波函数形成同心圆形驻波。STM 针尖与样品间的隧穿电流正比于样品该处的电子局域表面态密度,这实际上就是该处电子波函数的模方。于是用恒电流模式就可将电子波函数的模方描绘出来,如图 3 - 17 所示。

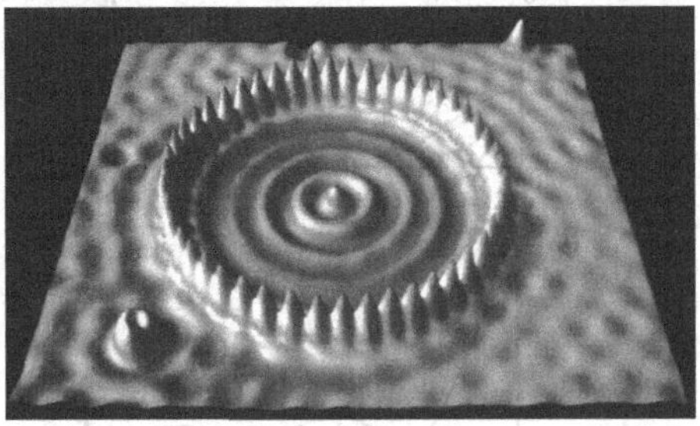

图 3 - 17 量子围栏

电子以围栏为边界条件把定态薛定谔方程解出来了,我们会吗? 一个很自然的做法,就是把量子围栏看做是个二维的无限深圆直角势阱(见图 3 - 18)。解这个问题所需要的数学比一维直角势阱问题稍深一些,要用到一种叫做贝塞尔函数(Bessel function)的特殊函数。在这里我们不去深究,只给出一些定性的描述,最后把曲线画出来与实验对比。

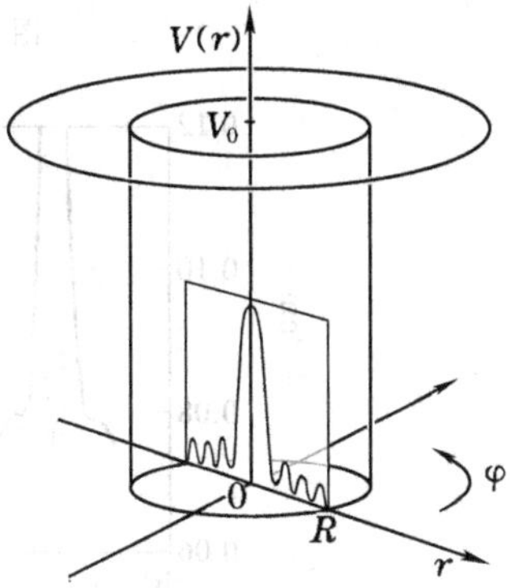

图 3 - 18 二维圆直角势阱

二维的能量本征态要用两个量子数 n、l 来刻画, n 是波函数径向的节点数, l 是角量子数,它反映轨道角动量的大小。取平面极坐标(r,φ)如图3 - 18,则满足无限深圆直角势阱边界条件($r=R$ 处 $\psi=0$)的本征波函数为

$$\psi(r,\varphi) \propto \mathrm{e}^{\mathrm{i}l\varphi}\mathrm{J}_l(z_{nl}\, r/R) \quad (l=0,1,2,3,\cdots), \qquad (3.35)$$

式中 J_l 是 l 阶贝塞尔函数。贝塞尔函数与三角函数类似,也是振荡型的,它们的曲线与横坐标轴多次相交,有一系列零点(即节点), $z=z_{nl}$ 是$\mathrm{J}_l(z)$ 的

[1] M. F. Crommie, C. P. Lutz, D. M. Eiger, *Science*, **262**(1993), 218; 或见: *Phys. Today*, Nov. 1993, p. 17 的报导; 中文见: 蒋平等. 物理. 1994. **23**(10): 582.

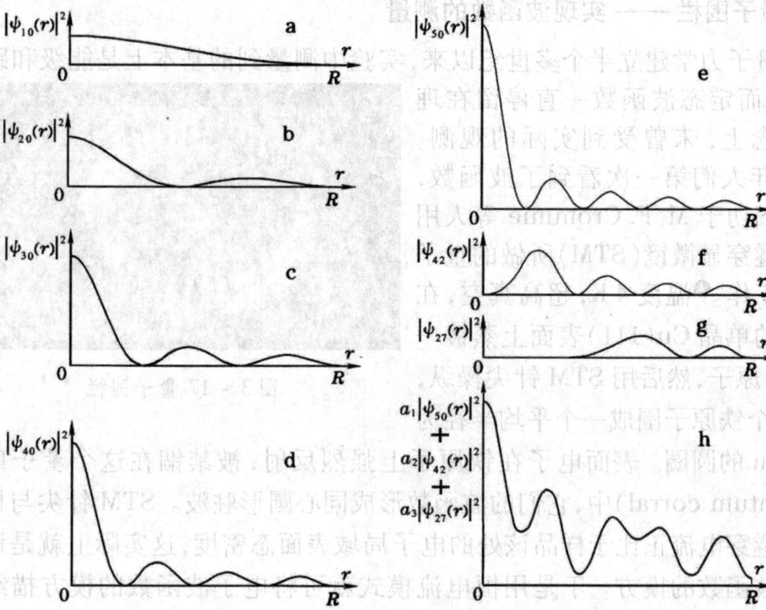

图 3 － 19 本征波函数的模方

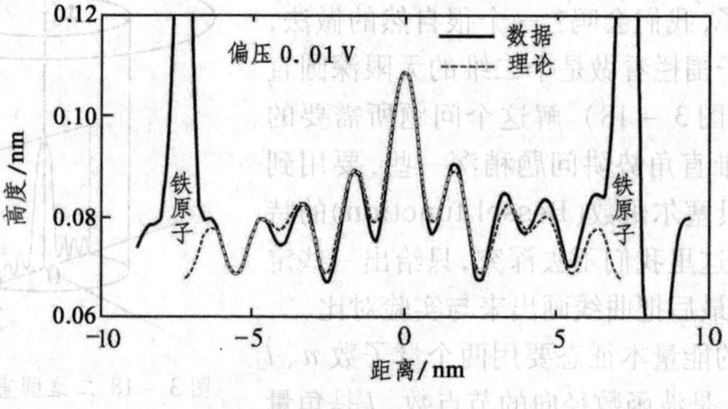

图 3 － 20 与实验线的拟合

第 n 个零点。可以看出,取波函数的模方后,与 φ 有关的相因子消掉了,概率的二维分布是各向同性的,等概率线是同心圆。

图 3 － 19a、b、c、d、e 给出了角动量 $l=0$ 的前五个波函数模方的曲线,它们是按下列条件归一化了的:

$$2\pi\int_0^R r|\psi(r)|^2\mathrm{d}r=1. \tag{3.36}$$

图3 － 19f、g 给一些角动量 $l\neq0$ 情况波函数的模方,它们的共同特点是在中心 $r=0$ 处等于 0,这可看成是惯性离心力所致。

图3－20中的实线是量子围栏实验数据的曲线，虚线是理论的拟合线。计算表明，在电子表面态的费米面上主要有$|n,l\rangle=|5,0\rangle$，$|4,2\rangle$，$|2,7\rangle$三个态，将这三个态波函数模方适当地组合起来（见图3－19h），的确可以较好地把实验曲线拟合出来。于是我们更加相信，电子的波函数的确是满足薛定谔方程的。

2.4 谐振子

无论在经典力学还是在量子力学的理论中，谐振子都是重要的例子，它是为数很少的几个有严格解的问题之一。谐振子问题本可用解定态薛定谔方程的办法来处理，但狄拉克创造了一种非常漂亮的算符方法解决了谐振子问题。下面我们将遵循他的方法。

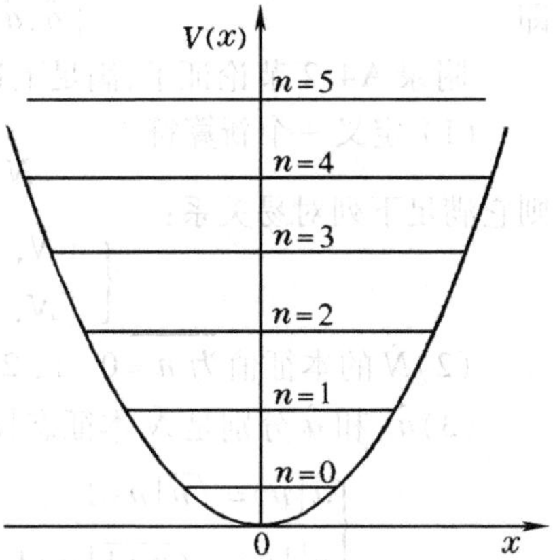

图3－21 谐振子势阱和能级

谐振子的势函数可写为

$$V(x)=\frac{1}{2}\kappa x^2,\qquad(3.37)$$

从而哈密顿算符为

$$\begin{aligned}\hat{H}&=\frac{1}{2m}\hat{p}^2+\frac{1}{2}\kappa\hat{x}^2=\frac{1}{2m}(\hat{p}^2+m^2\omega_0{}^2\hat{x}^2)\\&=\frac{1}{2m}\left[\left(\hat{p}+\mathrm{i}m\omega_0\hat{x}\right)\left(\hat{p}-\mathrm{i}m\omega_0\hat{x}\right)-\mathrm{i}m\omega_0\left(\hat{x}\hat{p}-\hat{p}\hat{x}\right)\right],\end{aligned}\qquad(3.38)$$

式中$\omega_0=\sqrt{\dfrac{\kappa}{m}}$为谐振子的经典固有角频率。

在x表象中$\hat{x}=x$，$\hat{p}=-\mathrm{i}\hbar\dfrac{\partial}{\partial x}$，第一章4.3节已导出它们的对易关系［见(1.68)式］：

$$[\hat{x},\hat{p}]\equiv\hat{x}\hat{p}-\hat{p}\hat{x}=\mathrm{i}\hbar.$$

将此式代入(3.38)式右端最后一项，得

$$\begin{aligned}\hat{H}&=\frac{1}{2m}(\hat{p}^2+m^2\omega_0{}^2\hat{x}^2)\\&=\frac{1}{2m}\left(\hat{p}+\mathrm{i}m\omega_0\hat{x}\right)\left(\hat{p}-\mathrm{i}m\omega_0\hat{x}\right)+\frac{1}{2}\hbar\omega_0,\end{aligned}$$

定义一对厄米共轭算符：

$$\left\{\begin{aligned}\hat{a}^{\dagger}&=-\mathrm{i}\sqrt{\frac{1}{2m\hbar\omega_0}}(\hat{p}+\mathrm{i}m\omega_0\hat{x}),\\\hat{a}&=\mathrm{i}\sqrt{\frac{1}{2m\hbar\omega_0}}(\hat{p}-\mathrm{i}m\omega_0\hat{x}),\end{aligned}\right.\qquad(3.39)$$

则可将哈密顿算符写成

$$\hat{H} = \left(\hat{a}^{\dagger}\hat{a} + \frac{1}{2}\right)\hbar\omega_0. \tag{3.40}$$

现在来看算符 $\hat{a}$、$\hat{a}^{\dagger}$ 的对易关系：

$$[\hat{a},\hat{a}^{\dagger}] = \hat{a}\hat{a}^{\dagger} - \hat{a}^{\dagger}\hat{a} = \frac{-\mathrm{i}}{\hbar}[\hat{x},\hat{p}],$$

即

$$[\hat{a},\hat{a}^{\dagger}] = 1. \tag{3.41}$$

附录 A4.2 节论证了，满足上述对易关系的算符有如下性质：

(1) 定义一个新算符

$$\hat{N} = \hat{a}^{\dagger}\hat{a}, \tag{3.42}$$

则它满足下列对易关系：

$$\begin{cases} [\hat{N},\ \hat{a}] = -\hat{a}, \\ [\hat{N},\ \hat{a}^{\dagger}] = \hat{a}^{\dagger}. \end{cases} \tag{3.43}$$

(2) $\hat{N}$ 的本征值为 $n=0,\ 1,\ 2,\ 3,\ \cdots$.

(3) $\hat{a}^{\dagger}$ 和 $\hat{a}$ 分别是 $\hat{N}$ 本征态 $|n\rangle$ 的升降算符，即

$$\begin{cases} \hat{a}|n\rangle = \sqrt{n}|n-1\rangle, \\ \hat{a}^{\dagger}|n\rangle = \sqrt{n+1}|n+1\rangle; \end{cases} \quad \begin{cases} \langle n|\hat{a} = \langle n+1|\sqrt{n+1}, \\ \langle n|\hat{a}^{\dagger} = \langle n-1|\sqrt{n}. \end{cases} \tag{3.44}$$

从而这些本征矢都可以由基态的态矢 $|0\rangle$，$\langle 0|$ 导出：

$$\begin{cases} |n\rangle = \dfrac{\hat{a}^{\dagger n}}{\sqrt{n!}}|0\rangle, \\ \langle n| = \dfrac{\hat{a}^{n}}{\sqrt{n!}}\langle 0|. \end{cases} \tag{3.45}$$

$\hat{a}^{\dagger}$ 和 $\hat{a}$ 分别称为 $|n\rangle$ 的*产生算符*和*消灭算符*。

现在我们回到谐振子问题。(3.40)式中的哈密顿算符可通过 $\hat{N}$ 表成：

$$\hat{H} = \left(\hat{N} + \frac{1}{2}\right)\hbar\,\omega_0, \tag{3.46}$$

故 $\hat{N}$ 的本征态也就是 $\hat{H}$ 的本征态，哈密顿算符 $\hat{H}$ 的本征值为

$$E_n = \left(n + \frac{1}{2}\right)\hbar\,\omega_0 \quad (n=0,\ 1,\ 2,\ 3,\ \cdots). \tag{3.47}$$

我们应注意到，谐振子的基态能量 $E_0 = \frac{1}{2}\hbar\omega_0 > 0$. 在经典物理中谐振子能量最低的状态是静止状态，此状态的能量等于0. 在量子理论中 $E_0 \neq 0$ 的根源，与直角势阱情形一样，在于海森伯不确定性原理。谐振子的最低能量 $E_0 = \frac{1}{2}\hbar\omega_0$ 叫做*零点能*，它所反映的运动叫做*零点振动*。零点振动是经典物理中没有的独特量子现象。在量子场论中零点能和零点振动有非常深远的

意义:场的零点能与场的相互作用使真空态中不断地有各种虚粒子偶对产生和湮没,形成真空涨落。与此相应地,当空间存在真实粒子时,真空背景场对它的作用表现为所谓辐射修正和真空极化效应。这些效应会导致一些重要的可观测后果,最有名的是氢原子能级的兰姆移位和电子的反常磁矩。有关这些问题,本书将在后面适当的地方提及。

最后,我们考察波函数在 x 表象中的形式,为此将 $\hat{a}|0\rangle=0$ 式中的算符 $\hat{a}$ 根据(3.40)式还原为 $\hat{p}$ 和 $\hat{x}$ 来表示:

$$(\hat{p}-\mathrm{i}m\omega_0\hat{x})|0\rangle=0, \tag{3.48}$$

在 x 表象中 $|0\rangle \doteq \psi_0(x)$, $\hat{p}\doteq -\mathrm{i}\hbar\frac{\mathrm{d}}{\mathrm{d}x}$, 上式应写为

$$\left(\frac{\mathrm{d}}{\mathrm{d}x}+\frac{m\omega_0}{\hbar}x\right)\psi_0(x)=0. \tag{3.49}$$

其解为

$$\psi_0(x)=C\mathrm{e}^{-m\omega_0x^2/2\hbar},$$

用归一化条件

$$\int_{-\infty}^{\infty}\psi_0^*(x)\psi_0(x)\mathrm{d}x=1,$$

定出归一化常量 $C=(m\omega_0/\pi\hbar)^{1/4}$, 得基态波函数的最后表达式

$$\psi_0(x)=\left(\frac{m\omega_0}{\pi\hbar}\right)^{1/4}\mathrm{e}^{-m\omega_0x^2/2\hbar}. \tag{3.50}$$

谐振子激发态的波函数可以从(3.45)式得到:

$$\begin{aligned}\psi_n(x)&=\langle x|n\rangle=\frac{1}{\sqrt{n!}}\langle x|\hat{a}^{\dagger n}|0\rangle\\&=\frac{1}{\sqrt{2^n n!}}\left(-\sqrt{\frac{\hbar}{m\omega_0}}\frac{\mathrm{d}}{\mathrm{d}x}+\sqrt{\frac{m\omega_0}{\hbar}}x\right)^n\psi_0(x)\\&=\frac{1}{\sqrt{2^n n!}}\left(\frac{m\omega_0}{\pi\hbar}\right)^{1/4}\left(-\sqrt{\frac{\hbar}{m\omega_0}}\frac{\mathrm{d}}{\mathrm{d}x}+\sqrt{\frac{m\omega_0}{\hbar}}x\right)^n\mathrm{e}^{-m\omega_0x^2/2\hbar}.\end{aligned} \tag{3.51}$$

将上式运算展开,即可得谐振子波函数的具体表达式。详细步骤就不在这里给出了,下面只给出结果:

$$\psi_n(\xi)=\left[\frac{1}{2^n n!}\left(\frac{m\omega_0}{\pi\hbar}\right)^{1/2}\right]^{1/2}\mathrm{e}^{-\xi^2/2}\mathrm{H}_n(\xi), \tag{3.52}$$

其中 $\xi=\sqrt{m\omega_0/\hbar}\,x$, $\mathrm{H}_n(\xi)$称为厄米多项式(Hermite polynomial),现将其中的前几个列于下面:

$$
\left.\begin{aligned}
H_0(\xi) &= 1,\\
H_1(\xi) &= 2\xi,\\
H_2(\xi) &= 4\xi^2-2,\\
H_3(\xi) &= 8\xi^3-12\xi,\\
H_4(\xi) &= 16\xi^4-48\xi^2+12,\\
H_5(\xi) &= 32\xi^5-160\xi^3+120\xi,\\
H_6(\xi) &= 64\xi^6-480\xi^4+720\xi^2-120,\\
&\cdots\cdots\cdots\cdots.
\end{aligned}\right\} \tag{3.53}
$$

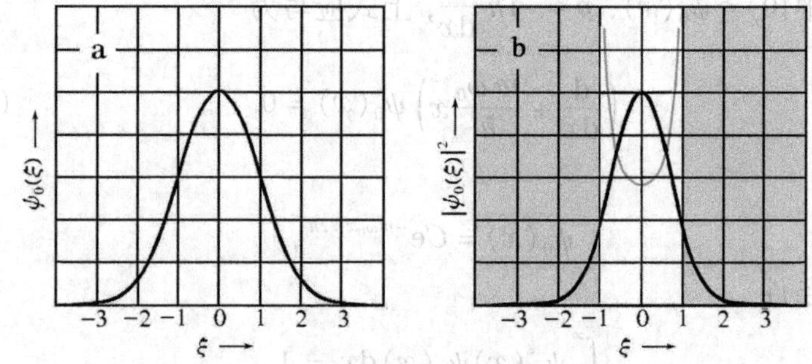

图 3－22 谐振子基态的波函数及概率分布

图3–22a、b分别给出基态波函数$\psi_0(\xi)$及其模方$|\psi_0(\xi)|^2=\psi_0^*(\xi)\psi_0(\xi)$的曲线，图 b 中的灰色曲线代表经典的概率分布。[1] 图 3–23 中给出 $n=1\sim6$ 的波函数$\psi_n(\xi)$曲线，图 3－24 给出 $n=10$ 量子态的概率分布$|\psi_{10}(\xi)|^2=\psi_{10}^*(\xi)\psi_{10}(\xi)$曲线及相应的经典概率分布曲线(灰色曲线)。可以看出，波函数 ψ_n 具有 n 个节点(即等于0的点)。对空间反演来说，n 为偶数的波函数是对称的，n 为奇数的波函数是反对称的。量子数 n 愈大，概率分布的振荡愈厉害，但将振荡平滑化后就愈接近于经典的概率分布。

---

[1] 经典概率分布的计算如下：粒子的位置 x 和速度 v 的表达式为

$$
\begin{cases}
x = A\cos\omega_0 t,\\
v = \dfrac{dx}{dt} = -\omega_0 A\sin\omega_0 t.
\end{cases}
$$

由于概率分布的对称性，我们只需考虑从 $x=-A$ 到 A 的半个周期内的概率分布。粒子在 Δx 区间的概率 $P(x)\Delta x$ 等于粒子通过此区间的时间间隔 Δt 除以 $T/2$，即

$$
P(x)=\frac{2\Delta t}{T\Delta x}=\frac{2}{Tv}=\frac{2}{T\omega_0 A\sin\omega_0 t}
$$

$$
=\frac{1}{\pi A\sin[\arccos(x/A)]}=\frac{1}{\pi A\sqrt{1-(x/A)^2}}=\frac{1}{\pi\sqrt{A^2-x^2}}.
$$

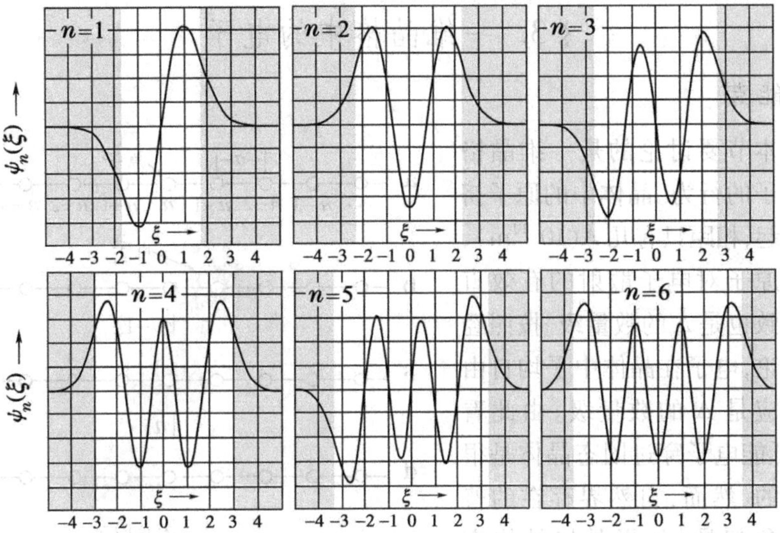

图 3－23 谐振子激发态的波函数

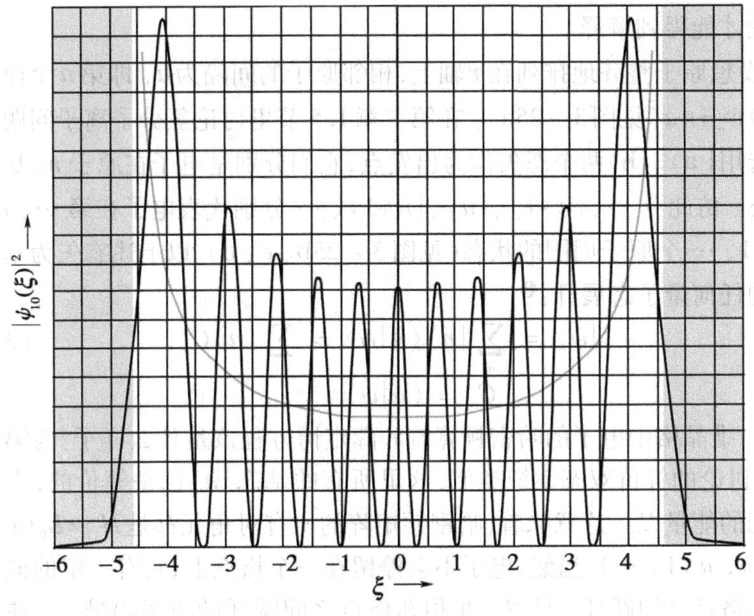

图 3－24 谐振子高激发态的概率分布及其与经典概率分布的比较

§3. 一维晶格中的电子

3.1 能带

本节要讨论的是一维晶格里电子的行为。晶体中的原子挤在一起，相距只有几 Å(10^{-10}m)，而且原子对电子散射的有效直径大致也是 Å 的数量级。按照经典理论，电子在晶体中平均自由程亦应是 Å 的数量级。由此看来，低能电子穿过固态晶体是很困难的。然而，自然界存在的普遍现象却是：如果晶格结构完美，金属中的自由电子就能通过它而不发生散射。这正是金属具有良好导电性能的原因。以上现象只有用量子理论才能得到解释。

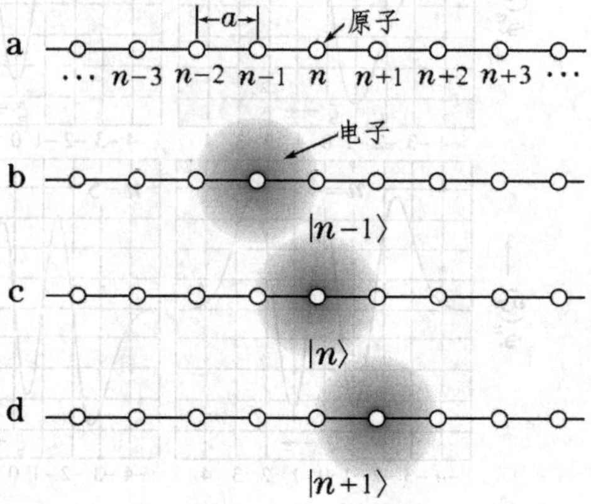

图 3 - 25　一维晶格及电子在其中的状态

设想原子整齐地排列在 x 轴上，相邻原子的间隔为 a，即第 n 个原子的坐标为 $x_n=na$(见图 3 - 25a)。在第二章 1.5 节里讨论氢分子离子问题时我们曾选用 $|a\rangle$、$|b\rangle$ 两个态矢作为出发点，它们分别是电子在原子 a、b 周围的状态。仿此令 …、$|n-1\rangle$、$|n\rangle$、$|n+1\rangle$、… 分别代表电子在第 …、$n-1$、n、$n+1$、… 个原子周围的状态(见图 3 - 25b、c、d)。以上述态矢为基可将电子的任何量子态展开：❶

$$|\psi\rangle = \sum_n |n\rangle\langle n|\psi\rangle = \sum_n |n\rangle C_n, \tag{3.54}$$

式中

$$C_n = \langle n|\psi\rangle.$$

一维晶格中电子的哈密顿算符和薛定谔方程该是什么样子？与第二章 §1 里讨论的等价双态系统类似，这里所有的基态 $|n\rangle$ 都是等价的，它们具有相同的能量 E_0. 这意味着，哈密顿矩阵的所有对角元都是 $H_{ii}=E_0$($i=\cdots, n-1, n, n+1, \cdots$)。当然，电子不会停留在一个格点上，它有一定的概率幅在不同格点之间跃迁。显然，在相邻格点之间跃迁的概率幅最大，往往远大于较远格点之间的跃迁，因此我们可以把后者略去。这意味着，哈密顿

---

❶ 我们假定，如第一章 1.5 节那样，这些态矢已履行过某种正交归一化手续。

矩阵的非对角元中除 $H_{ij}=-A(|i-j|=1)$外，其余的皆为0. 于是薛定谔方程为

$$
\mathrm{i}\hbar\frac{\mathrm{d}}{\mathrm{d}t}\begin{pmatrix}\vdots\\ C_{n-2}\\ C_{n-1}\\ C_n\\ C_{n+1}\\ C_{n+2}\\ \vdots\end{pmatrix}=\begin{pmatrix}\ddots & \ddots & & & & & \\ \ddots & E_0 & -A & & & & \\ & -A & E_0 & -A & & & \\ & & -A & E_0 & -A & & \\ & & & -A & E_0 & -A & \\ & & & & -A & E_0 & \ddots \\ & & & & & \ddots & \ddots\end{pmatrix}\begin{pmatrix}\vdots\\ C_{n-2}\\ C_{n-1}\\ C_n\\ C_{n+1}\\ C_{n+2}\\ \vdots\end{pmatrix},\quad(3.55)
$$

未写出的矩阵元皆为0. 上式写成分量式，有

$$
\begin{cases}\cdots\cdots\cdots\cdots\\ \mathrm{i}\hbar\dfrac{\mathrm{d}C_{n-1}}{\mathrm{d}t}=E_0C_{n-1}-AC_{n-2}-AC_n,\\ \mathrm{i}\hbar\dfrac{\mathrm{d}C_n}{\mathrm{d}t}=E_0C_n-AC_{n-1}-AC_{n+1},\\ \mathrm{i}\hbar\dfrac{\mathrm{d}C_{n+1}}{\mathrm{d}t}=E_0C_{n+1}-AC_n-AC_{n+2},\\ \cdots\cdots\cdots\cdots\end{cases}\quad(3.56)
$$

下面我们寻求薛定谔方程的定态解，即哈密顿矩阵的本征态和相应的本征值。设哈密顿量的本征值为 E，其本征态的概率幅具有如下的形式：

$$
C_n(t)=C_n(0)\mathrm{e}^{-\mathrm{i}Et/\hbar},
$$

代入上式，得本征方程

$$
\begin{cases}\cdots\cdots\cdots\cdots\\ EC_{n-1}(0)=E_0C_{n-1}(0)-AC_{n-2}(0)-AC_n(0),\\ EC_n(0)=E_0C_n(0)-AC_{n-1}(0)-AC_{n+1}(0),\\ EC_{n+1}(0)=E_0C_{n+1}(0)-AC_n(0)-AC_{n+2}(0),\\ \cdots\cdots\cdots\cdots\end{cases}\quad(3.57)
$$

对于宏观的晶体，上述联立方程式的数目，即原子的数目，具有 10^{23} 的数量级，几乎可看成是无穷大。这样庞大的联立方程组怎样解？我们用平面波形式的解去试探。$C_n(0)$是原子坐标 $x_n=na$ 的函数，令

$$
C_n(0)=C\mathrm{e}^{\mathrm{i}kx_n}=C\mathrm{e}^{\mathrm{i}nka},\quad(3.58)
$$

于是(3.57)式里的任何一个方程化为

$$
E=E(k)=E_0-A\mathrm{e}^{-\mathrm{i}ka}-A\mathrm{e}^{\mathrm{i}ka}=E_0-2A\cos ka.\quad(3.59)
$$

我们发现，任意选一个波数 k 都可以得到一个解，其能量由上式决定。k 的

取值在$-\pi/a$到π/a区间内的能量变化曲线示于图3－26。在此波数区间能量E从E_0-2A到E_0+2A取值，即单一的原子能级E_0展成宽度为$4A$的连续能带(energy band)。

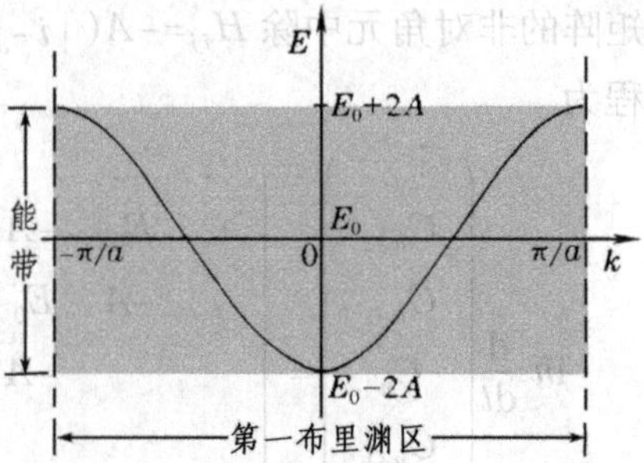

图3－26 能带内能量E与波数k的关系

(3.59)式表明，能带的谱$E(k)$是以$2\pi/a$为周期的周期性函数。k的每个周期范围叫做一个布里渊区(Brillouin zone)，上述从$-\pi/a$到π/a的范围叫做第一布里渊区。从一个布里渊区到另一个布里渊区，不但能量重复取值，波函数也无新意。例如如图3－27所示，$k=\pi/3a$和$k=7\pi/3a$的两条余弦曲线在所有格点$x_n=na$处的取值完全一样，而波函数(3.58)式只在格点上的数值才是有意义的。所以，对于一个能带，把波数k的取值范围限制在一个布里渊区就够了。

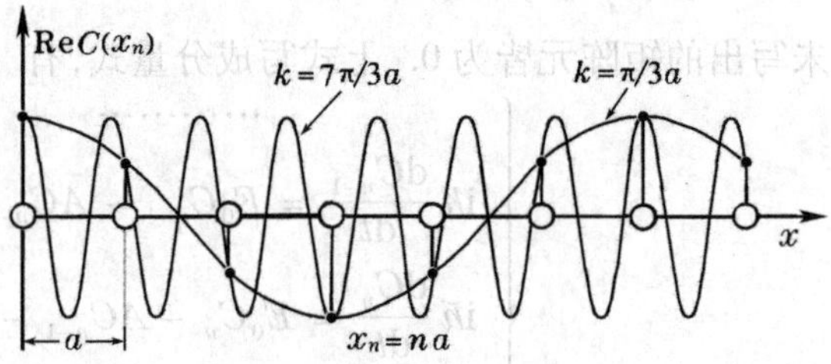

图3－27 k与$k+2\pi/a$的波函数代表同一量子态

最后对上述结果指出几点：

(1) 如果次近邻格点之间的跃迁矩阵元(譬如是$-B$)不应忽略的话，则(3.59)式化为

$$E=E(k)=E_0-2A\cos ka-2B\cos 2ka. \tag{3.60}$$

若计及所有格点之间的跃迁矩阵元，则上式将呈傅里叶级数形式。

(2) 上面我们只考虑了一个原子能级E_0，实际上原子中的电子当然不止一个能级。每个能级E_0、E_1、E_2、…都将展宽成为一个能带(见图3－28)。对于这些能带，以上各式中的E_0都应换为相应的E_α($\alpha=0,1,2,\cdots$)，其它参数，如A等，当然也要做相应地调整。

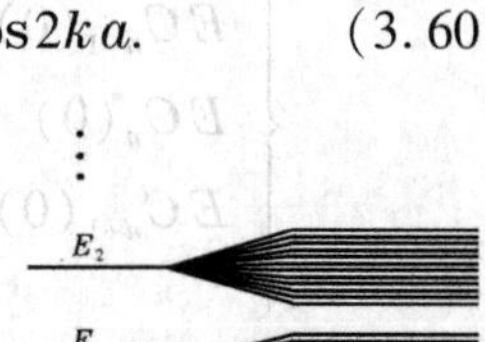

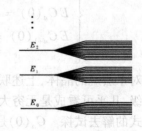

图3－28 每个原子能级展开成为一个能带

(3) 如果能带之间有重叠或有跃迁概率，情况将更为复杂，我们将不再这里讨论。

3.2 电子在有缺陷晶格上的散射

我们看到，电子的波函数在完美的晶体中无阻碍地传播，就像在真空中一样。使电子波函数受到干扰的因素是晶格结构的不完整性和不规则性，晶体的缺陷是其中的一种。为简单计，仍考虑一维情形，设第0号原子与其它原子不同，是“杂质”原子。

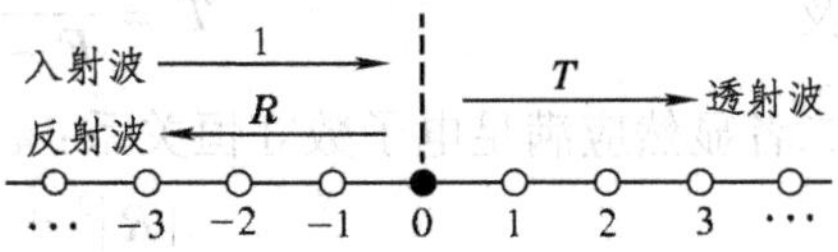

图3－29 电子在杂质原子上散射

在数学上反映在它的能级与众不同：$E_0'=E_0+F$，F 或正或负。一般说来，跳向和跳离 0 号原子的跃迁矩阵元 $-A'$ 也与众不同。这样一来，本征方程(3.57)化为

$$\begin{aligned}
&\cdots\cdots\cdots\cdots \\
EC_{-2}(0) &= E_0C_{-2}(0) - AC_{-3}(0) - AC_{-1}(0), \\
EC_{-1}(0) &= E_0C_{-1}(0) - AC_{-2}(0) - A'C_0(0), \\
EC_0(0) &= (E_0+F)C_0(0) - A'C_{-1}(0) - A'C_1(0), \\
EC_1(0) &= E_0C_1(0) - A'C_0(0) - AC_2(0), \\
EC_2(0) &= E_0C_2(0) - AC_1(0) - AC_3(0), \\
&\cdots\cdots\cdots\cdots
\end{aligned} \tag{3.61}$$

本章 1.1 节讨论了一维势垒或势阱上散射问题，此处所遇的问题其实就是该问题在离散空间里翻版。我们假定入射波从左边来，遇到杂质原子时一部分反射，一部分透射（见图 3－29）：

$$\begin{cases} C_n(t) = e^{-iEt/\hbar}(e^{inka} + Re^{-inka}) \quad (n \leqslant 0), & (3.62a) \\ C_n(t) = Te^{-iEt/\hbar}e^{inka} \quad (n \geqslant 0), & (3.62b) \end{cases}$$

在 $n=0$ 处的衔接条件是

$$C_0(t) = (1+R)e^{iEt/\hbar} = Te^{iEt/\hbar},$$

即

$$1 + R = T. \tag{3.63}$$

为简单计，设 $A'=A$（这假设虽不尽合理，但仍能让我们看到发生过程的主要面貌），则

$$E = E_0 - 2A\cos ka \tag{3.64}$$

可使本征方程(3.61)中除 0 号方程外都得到满足。而 0 号方程要求

$$(E - E_0 - F)(1+R) = -A\left(e^{-ika} + Re^{-ika} + Te^{ika}\right),$$

考虑到(3.64)式和(3.63)式，得

$$(-2A\cos ka - F)(1+R) = -2A\left(\cos ka + Re^{ika}\right),$$

由此解得
$$R=\frac{-F}{F-2\mathrm{i}A\sin ka},\tag{3.65}$$
及
$$T=\frac{-2\mathrm{i}A\sin ka}{F-2\mathrm{i}A\sin ka}.\tag{3.66}$$
二者显然应满足电子数守恒关系：
$$|R|^2+|T|^2=1.\tag{3.67}$$

3.3 电子被晶格的不完整性俘陷

当F为负数时，电子在杂质上不仅有散射态，还可能出现束缚态。直接从3.2节的散射解是得不出束缚态解来的，但是我们可以把束缚态在形式上看成是如下的散射态：没有入射波，反射波和透射波具有虚波数$k=\mathrm{i}\kappa$. 这样一来，$\cos ka\to\cosh\kappa a$，$-\mathrm{i}\sin ka\to\sinh\kappa a$，而$R$和$T\to\infty$. 或者说(3.65)式和(3.66)式右端的分母(相当于入射波幅)等于0：
$$F-2\mathrm{i}A\sin ka=F+2A\sinh\kappa a=0,$$
由此得
$$\sinh\kappa a=\frac{-F}{2A},$$
即
$$\kappa a=\operatorname{arsinh}\left(\frac{-F}{2A}\right)=\ln\left(\frac{-F+\sqrt{4A^2+F^2}}{2A}\right),\tag{3.68}$$
波函数为
$$C(x_n)=C\mathrm{e}^{-\kappa|x_n|}.\tag{3.69}$$
上式给出束缚态波函数分布的大致范围。随着F和$2A$的比值不同，κa可以大于1，也可以小于1. 在后一情形下波函数的有效范围将跨越若干个格点(见图3－30)。这就是说，电子并不严格地被俘陷在杂质原子上，它可以在若干个近邻原子间的势垒中隧穿。

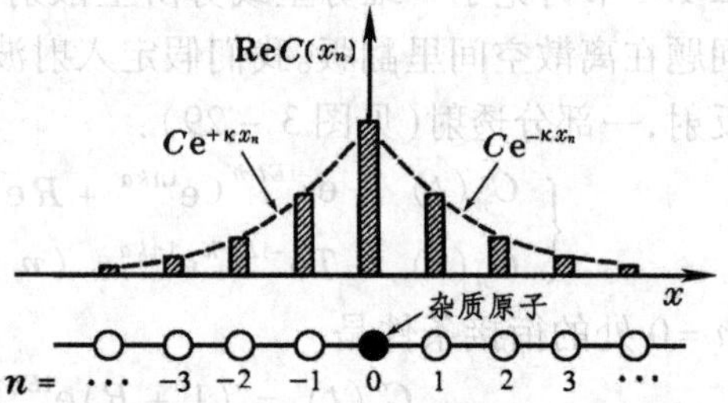

图3－30　俘陷在杂质原子上电子的波函数

由(3.64)式得束缚态能量
$$E=E_0-2A\cos ka=E_0-2A\cosh\kappa a=E_0\pm 2A\sqrt{1+\sinh^2\kappa a},$$
即
$$E=E_0\pm\sqrt{4A^2+F^2}.\tag{3.70}$$
束缚态能级E显然超出了E_0-2A到E_0+2A的能带范围，处在能带边缘之外。

§4. 半导体

4.1 导体、绝缘体和半导体的区别

既然电子的波函数可以在完美的晶格里自由传播，何以有导体和绝缘体的区别？这又是量子力学在起作用。原来电子是费米子，它们服从泡利不相容原理。

自由电子气能级是连续分布的。在远低于简并温度的室温下，可按 $T=0$ 处理。这时电子以能量大小为序，从基态开始每个量子态上一个电子向上填充，一直填到费米能 ε_F 为止，再上面的能级都是空的。[1] 然而在晶体中能级组成一个个能带，能带与能带之间或者有一定的间隔，或者相互重叠。能带之间的间隔叫做带隙(band gap)，在完美的晶格中带隙里没有能级，不允许有电子存在，故带隙又称禁带(forbidden band)。完全被电子填满的能带称为满带(filled band)，全部空着的能带称为空带(empty band)。晶体的导电性能与费米能级在能带中的相对位置密切相关。

满带中所有 $\pm k$ 量子态同时被电子填充，总电流抵消。即使有外场的存在也不能改变这种情况。所以满带是不导电的。

如果费米能级在一能带的中央，则该能带就被部分地填充(见图 3－31a)。这时只需无穷小的能量(譬如加一外电场)就可把电子激发到空的能级上，使 $\pm k$ 量子态上电子的分布不再对称，形成定向流动(电流)。这样的物质便是导体。导体中这种被电子部分填充的能带起导电作用，故称为导带(conduction band)。

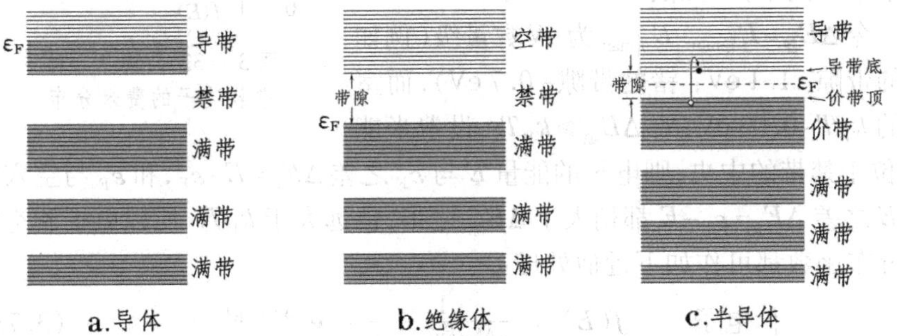

图 3－31 导体和非导体的能带模型

如果某一能带刚好被填满，它与上面的空带相隔一个禁带，这时只有

[1] 参阅《新概念物理教程·热学》(第二版)第二章 §5.

大于能隙宽度的能量才能把电子激发到空带中去。带隙较宽的物质(譬如10 eV 的数量级)为绝缘体(见图3 －31b),带隙较窄的物质(譬如1 eV 或更小的数量级)为半导体(见图3 －31c)。

半导体的费米能级位于满带与空带之间的禁带内。这时它下边的满带就成了一系列满带中最上面的一个,此能带称为价带(valence band);它上边的空带就成了一系列空带中最下面的一个,它是半导体中的导带。满带和空带都是不导电的,如果由于某种原因(譬如热激发)价带顶部的一些电子被激发到导带底部,在价带顶部留下一些空穴(hole),从而使得导带和价带二者都变得可以导电了(参见图3 －31c)。这些被激发的电子和空穴都是载流子。

4.2 内禀半导体中载流子的统计分布和浓度

固体中电子和自由电子一样遵从费米－狄拉克统计分布:[1]

$$f(E)=\frac{1}{e^{(E-\varepsilon_F)/k_BT}+1},\tag{3.71}$$

从而空穴的分布函数为

$$1-f(E)=\frac{1}{1+e^{(\varepsilon_F-E)/k_BT}},\tag{3.72}$$

式中$f(E)$是电子处于能量为E的量子态上的概率,k_B为玻耳兹曼常量,ε_F是费米能(化学势)。在纯净的半导体内,载流子由价带到导带的热激发产生,一个电子对应一个空穴,二者的数目总是相等的。这时费米能级大致位于禁带的中央,如图3 －32 所示。

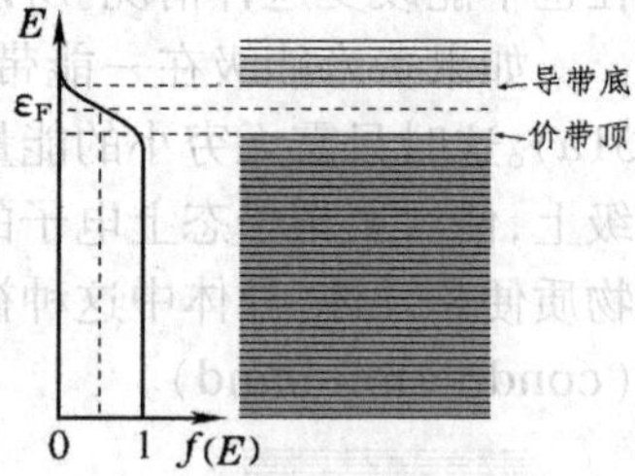

图3 －32 内禀半导体中载流子的费米分布

令$\Delta E_{隙}=E_{导min}-E_{价max}$为eV数量级(例如硅的带隙~1.1 eV,锗的带隙~0.7 eV),而室温的k_BT~0.03 eV,故$\Delta E_{隙}\gg k_BT$. 设费米能ε_F位于禁带的中央,则电子的能量E与ε_F之差$\Delta E_n=E-\varepsilon_F$,和$\varepsilon_F$与空穴能量$E$之差$\Delta E_p=\varepsilon_F-E$都稍大于$\Delta E_{隙}$之半,也远大于$k_BT$. 所以电子和空穴的分布函数都可作如下近似处理:

$$\begin{cases}\text{电子}\quad f(E)=\dfrac{1}{e^{\Delta E_n/k_BT}+1}\approx e^{-\Delta E_n/k_BT}, & (3.73)\\[2ex] \text{空穴}\quad 1-f(E)=\dfrac{1}{1+e^{\Delta E_p/k_BT}}\approx e^{-\Delta E_p/k_BT}. & (3.74)\end{cases}$$

---

[1] 参阅《新概念物理教程·热学》(第二版)第二章 §5.

即二者都近似地服从经典的玻耳兹曼分布。纯净的半导体称为*内禀半导体*(intrinsic semiconductor)。内禀半导体里的载流子是热激发的电子-空穴对,这种激发叫做*内禀激发*,由此产生的载流子称为*内禀载流子*。在室温下内禀载流子的浓度是很小的,例如硅晶体中内禀电子浓度 ~ 内禀空穴浓度~$1.5\times10^{10}/cm^3$,从而电导率也很小,只有$4.7\times10^{-4}S/m$,掺进极微量的杂质就可使半导体的电导率提高许多数量级。提高电导率还不是掺杂的最主要目的,有选择有控制地在半导体中掺杂,可以多方面地改变它的性能,以便制造各种用途的半导体器件来。

4.3 掺杂

半导体材料硅(Si)和锗(Ge)都是Ⅳ族元素,晶体内每个原子有四个价电子,它们分别与近邻四个原子的一个价电子形成共价键。这些价电子就是前面所说的,处在价带中的电子。在室温下它们之中的极少数被激发到能隙以上的导带中去,形成内禀电子-空穴对。

假如在纯净的硅半导体中掺入微量的Ⅴ族杂质,如磷(P)、砷(As)、锑(Sb)等,当它们在晶格中替代硅原子后,除了四个电子与近邻形成共价键外,还多出一个电子吸附在已成为带正电的杂质离子周围,如图3-33a

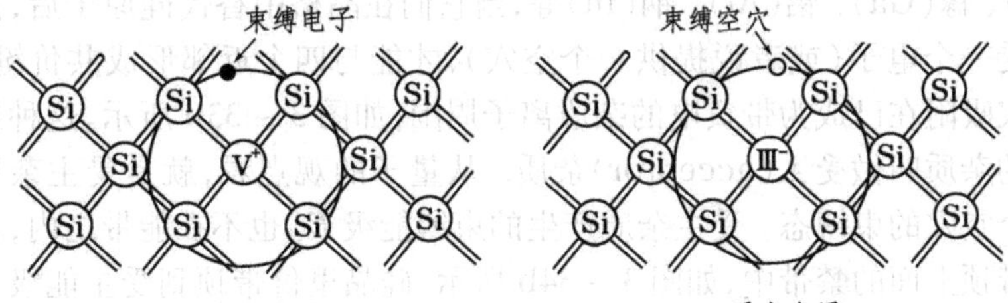

a.施主杂质　　b.受主杂质

图3-33 硅晶体中掺杂的平面示意图

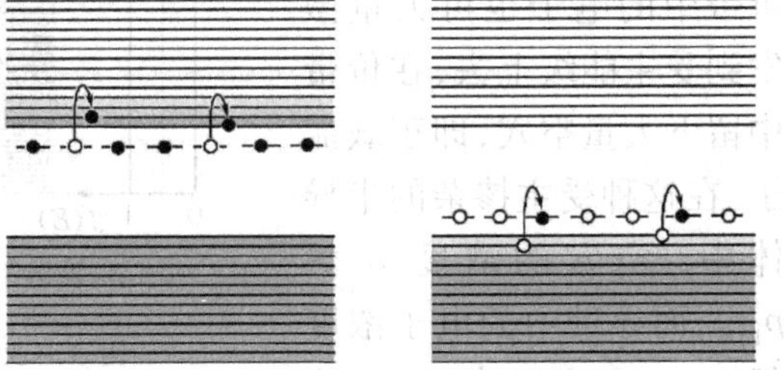

a.施主能级　　b.受主能级

图3-34 半导体中的杂质能级

所示。这种提供电子的杂质叫做*施主*(donor)杂质。从量子的观点看,就是施主杂质产生一个束缚态,将多余的电子束缚在其上。如3.3节所证明了的,杂质产生的束缚能级不在能带之内,而在它上下边缘稍外一点的禁带中。施主杂质能级位于导带底下面的禁带中,如图3-34a所示。硅晶里施主能级$E_{施}$到导带底之间的能隙(电离能)通常只有0.04 eV左右(见表3－1),在室温下其上的电子也可大量激发到导带上去,形成负载流子。

如前所述,在室温下内禀载流子的浓度为$10^{10}/cm^3$的数量级,而单位体积里硅原子的数目为$10^{22}/cm^3$,即使掺入10^{-7}(浓度为$10^{15}/cm^3$)的杂质,也可在每立方厘米中释放10^{15}个电子到导带中去,导带中电子的浓度$n \gg n_{内禀}$. 这时价带中的空穴浓度仍为$p_{内禀}$,它远小于n. 这种主要依靠施主杂质提供的电子导电的半导体,称为N型半导体。在N型半导体内的电子是多数载流子(majority carrier),简称多子;空穴是少数载流子(minority carrier),简称少子。

表3－1 硅中杂质能级的电离能❶

杂　质	施主杂质			受主杂质			
	P	As	Sb	B	Ga	Al	In
电离能/eV	0.044	0.049	0.039	0.045	0.067	0.057	0.16

现在考虑另一种情况,在纯净的硅半导体中掺入微量的Ⅲ族杂质,如硼(B)、镓(Ga)、铝(Al)、铟(In)等,当它们在晶格中替代硅原子后,需要再接受一个电子(或者说提供一个空穴),才能与四个近邻形成共价键。这个空穴吸附在已成为带负电的杂质离子周围,如图3－33b所示。这种接受电子的杂质叫做受主(acceptor)杂质。从量子的观点看,就是受主杂质产生一个空穴的束缚态。受主杂质产生的束缚能级$E_{受}$也不在能带之内,而位于价带顶上面的禁带中,如图3－34b所示。硅晶里价带顶到受主能级之间的能隙(电离能)通常也很小(见表3－1),在室温下价带中的电子也可大量激发到受主能级上去,在价带中留下大量空穴,即正载流子。在这种受主掺杂的半导体中,空穴的浓度$p \gg p_{内禀}$,而导带中的电子浓度仍为$n_{内禀}$,它远小于p. 这种主要依靠受主杂质提供的空穴导电的半导体,称为P型半导体。在P型半

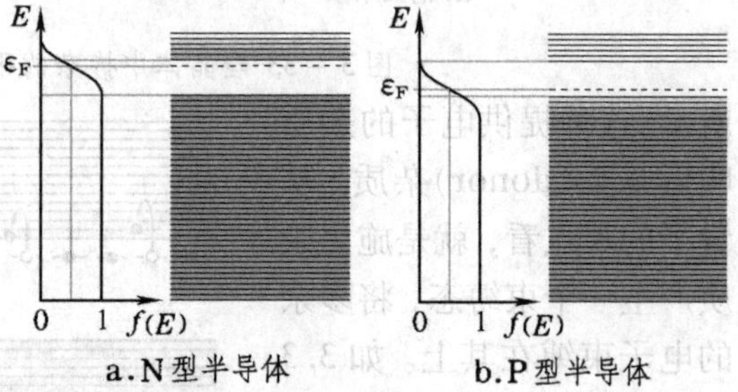

图3－35 掺杂半导体中费米能级

❶ 取自:王云珍. 半导体. 北京:科学出版社. 1986. 28,30.

导体内空穴是多子，电子是少子。❶

最后讨论一下各种半导体中费米能级的位置。前面已指出，内禀半导体的费米能级在禁带的中央。N 型半导体中的多数载流子是电子，其费米能级必然靠近导带底，如图 3 －35a 所示；P 型半导体中的多数载流子是空穴，其费米能级必然靠近价带顶，如图 3 －35b 所示。

4.4 电子和空穴的有效质量

尽管半导体中电子的行为应该用量子力学的波函数来描述，人们有时候还需要借助于经典的粒子图像来讨论它们的输运过程。这时用单色平面波来描述电子就不适当了，而应采用波包（参见第一章 4.1 节）。波包是一个长度不大的波列，从傅里叶分析的观点看，它们由一系列波数 k 相近的单色波叠加组成。波包中心向前运动的速度是群速：❷

$$v_g = \frac{d\omega}{dk}.$$

对于晶格中电子的波函数，角频率 $\omega = E(k)/\hbar$，即

$$v_g(k) = \frac{1}{\hbar}\frac{dE(k)}{dk}. \tag{3.75}$$

如果有外力 F 作用在电子上，在 dt 时间间隔内 F 对电子作的功为 $Fv_g dt$，这将引起电子的能量 $E(k)$ 有相应的变化。由于电子的能量依赖于 k，能量的变化由相应的波数变化引起：$dE(k)=\frac{dE(k)}{dk}dk=\hbar v_g\,dk$. 根据功能关系，有

$$\hbar v_g dk = Fv_g dt,$$

即

$$\hbar\frac{dk}{dt} = F. \tag{3.76}$$

电子的加速度为

$$\frac{dv_g(k)}{dt} = \frac{1}{\hbar}\frac{d}{dt}\left(\frac{dE(k)}{dk}\right) = \frac{1}{\hbar}\frac{d^2E(k)}{dk^2}\frac{dk}{dt} = \frac{1}{\hbar^2}\frac{d^2E(k)}{dk^2}F, \tag{3.77}$$

若把上式写成牛顿第二定律形式：

$$\frac{dv_g(k)}{dt} = \frac{F}{m^*}, \tag{3.78}$$

则

$$m^* = \hbar^2\left(\frac{d^2E(k)}{dk^2}\right)^{-1}, \tag{3.79}$$

---

❶ N 或 n 代表“负（negative）”，P 或 p 代表“正（positive）”。

❷ 参见《新概念物理教程 · 力学》（第二版）第六章 4.5 节（6.62）式。

这个 m^* 并非电子的真实质量 m_e，而是它在能带中表现出来的有效质量 (effective mass)。m^* 的数值与 m_e 没有什么直接关系。

在能带底部 $E(k)$ 取极小值，$\dfrac{d^2E(k)}{dk^2}>0$；在能带顶部 $E(k)$ 取极大值，$\dfrac{d^2E(k)}{dk^2}<0$，亦即这里电子的有效质量 m^* 是负的！下面我们来阐明负有效质量的物理意义。

我们知道，在半导体价带顶部的载流子是空穴。设想用一个电子填充到空穴的量子态上，考察此虚构电子的运动方程。因为这虚构电子是跟着空穴走的，虚构电子的走向即空穴的走向。在外电场 $\mathscr{E}$ 中电子所受的力为 $F=-e\mathscr{E}$，按(3.78)式此虚构电子的加速度为：

$$\frac{dv_g(k)}{dt}=\frac{-e}{m^*}\mathscr{E}=\frac{e}{|m^*|}\mathscr{E},\tag{3.80}$$

也就是说，这个填充在空穴里的虚构电子，在电磁场里的行为就像一个带正电 e 并具有正质量 $|m^*|$ 的粒子一样。这就是空穴的行为。

今后我们用 $m_n^*=m^*$ 代表负载流子（电子）的有效质量，用 $m_p^*=|m^*|$ 代表正载流子（空穴）的有效质量。

4.5 非平衡载流子的扩散与复合

由于某种原因（如光照、电场）造成载流子密度的不均匀，它们就要扩散。此外，浓度超出热平衡部分的正负载流子还要进行复合，从而有一定的寿命。先把载流子浓度分解成平衡部分（下标 0）和非平衡部分（上加~标记）：

$$\begin{cases} n=n_0+\tilde{n}, & (3.81)\\ p=p_0+\tilde{p}. & (3.82)\end{cases}$$

n_0、p_0 为常量。扩散流正比于负梯度，复合速率正比于载流子浓度的非平衡部分，于是连续方程为

$$\begin{cases} \dfrac{\partial\tilde{n}}{\partial t}=D_n\dfrac{\partial^2\tilde{n}}{\partial x^2}-\dfrac{\tilde{n}}{\tau_n}, & (3.83)\\ \dfrac{\partial\tilde{p}}{\partial t}=D_p\dfrac{\partial^2\tilde{p}}{\partial x^2}-\dfrac{\tilde{p}}{\tau_p}. & (3.84)\end{cases}$$

式中 D_n、D_p 为扩散系数，τ_n、τ_p 是载流子的寿命。对于定常过程

$$\begin{cases} D_n\dfrac{\partial^2\tilde{n}}{\partial x^2}-\dfrac{\tilde{n}}{\tau_n}=0, & (3.85)\\ D_p\dfrac{\partial^2\tilde{p}}{\partial x^2}-\dfrac{\tilde{p}}{\tau_p}=0. & (3.86)\end{cases}$$

给定了边界条件：$\tilde{n}(x=0)=\tilde{n}_0$，$\tilde{p}(x=0)=\tilde{p}_0$，$\tilde{n}(x=-\infty)=\tilde{p}(x=\infty)=0$，上列方程的解为

$$\begin{cases} \tilde{n}(x) = \tilde{n}_0 \exp\left(x/\sqrt{D_n\tau_n}\right), & (3.87) \\ \tilde{p}(x) = \tilde{p}_0 \exp\left(-x/\sqrt{D_p\tau_p}\right). & (3.88) \end{cases}$$

从而在 $x=0$ 处的扩散流为

$$\begin{cases} J_n = -D_n\left(\dfrac{\partial \tilde{n}}{\partial x}\right)_{x=0} = -\sqrt{\dfrac{D_n}{\tau_n}}\,\tilde{n}_0, & (3.89) \\ J_p = -D_p\left(\dfrac{\partial \tilde{p}}{\partial x}\right)_{x=0} = \sqrt{\dfrac{D_p}{\tau_p}}\,\tilde{p}_0. & (3.90) \end{cases}$$

有时候由于某种原因使载流子浓度的非平衡部分变成负的（即载流子的浓度已低于热平衡的水平），从而使(3.83)式和(3.84)式中的复合项变正，这意味着由热激发来产生新的电子-空穴对，以补足载流子的平衡分布。

4.6 PN 结及其整流作用

在一块半导体材料中，如果一部分是 P 型区，一部分是 N 型区，则在两区交界处形成 PN 结（P-N junction）。PN 结是许多半导体器件的核心。

(1) 平衡势垒

如 4.4 节所述，P 型半导体的费米能级在价带顶附近，N 型半导体的费

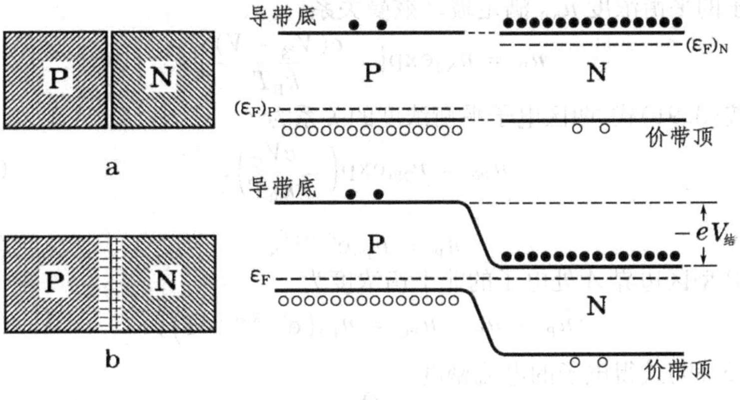

图 3－36 PN 结平衡势垒

米能级在导带底附近，后者高于前者（见图 3－36a）。当二者接触时，正负载流子相互扩散，电荷在界面处积累成偶极层，如图 3－36b 所示。在偶极层内形成一电场［内建场（built-in field）］阻止电荷继续扩散，最后达成平衡。达到平衡时 PN 结两侧形成一定接触电势差 $V_结$，将两边的费米能级（化学势）拉平。平衡时在 P 型区和 N 型区载流子浓度满足玻耳兹曼统计分布：

$$\begin{cases} \dfrac{n_{P0}}{n_{N0}} = \exp\left(-\dfrac{eV_{结}}{k_B T}\right), & (3.91) \\ \dfrac{p_{P0}}{p_{N0}} = \exp\left(\dfrac{eV_{结}}{k_B T}\right). & (3.92) \end{cases}$$

（2）正向注入

当我们给 PN 结加上正向偏压 V（即 P 区为正电压）时，内建场减弱，势垒 $V_{结}$ 降为 $V_{结}-V$，结区的平衡被打破，电子源源不断地从 N 区扩散到 P 区，空穴源源不断地从 P 区扩散到 N 区，成为非平衡载流子，如图 3－37 所示。

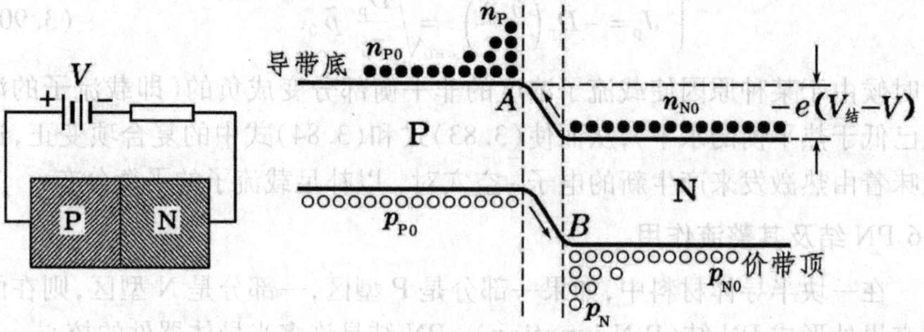

图 3－37 PN 结正向注入

这时，P 型区边界（图上 A 处）电子浓度提高到一个新的水平 n_P，它与 N 型区电子的平衡浓度 n_{N0} 满足玻耳兹曼关系：

$$n_P = n_{N0}\exp\left(-\frac{e(V_{结}-V)}{k_B T}\right), \tag{3.93}$$

然而按(3.91)式，两区电子平衡浓度的关系为

$$n_{P0} = n_{N0}\exp\left(-\frac{eV_{结}}{k_B T}\right), \tag{3.94}$$

故有

$$n_P = n_{P0}e^{eV/k_B T}, \tag{3.95}$$

从而 P 型区边界 A 处电子的非平衡浓度为

$$\tilde{n}_P = n_P - n_{P0} = n_{P0}\left(e^{eV/k_B T}-1\right), \tag{3.96}$$

再按(3.89)式得电子的电流密度

$$j_n = -eJ_n = e\sqrt{\frac{D_n}{\tau_n}}n_{P0}\left(e^{eV/k_B T}-1\right), \tag{3.97}$$

同理可得 N 型区边界 B 处空穴的非平衡浓度为

$$\tilde{p}_N = p_N - p_{N0} = p_{N0}\left(e^{eV/k_B T}-1\right), \tag{3.98}$$

和空穴的电流密度

$$j_p = eJ_p = e\sqrt{\frac{D_p}{\tau_p}}p_{N0}\left(e^{eV/k_B T}-1\right), \tag{3.99}$$

由电子与空穴合起来构成的总电流密度为

$$j = j_{\mathrm{n}} + j_{\mathrm{p}} = j_0\left(\mathrm{e}^{eV/k_{\mathrm{B}}T} - 1\right), \tag{3.100}$$

式中

$$j_0 = e\left(\sqrt{\frac{D_{\mathrm{n}}}{\tau_{\mathrm{n}}}}\,n_{\mathrm{P0}} + \sqrt{\frac{D_{\mathrm{p}}}{\tau_{\mathrm{p}}}}\,p_{\mathrm{N0}}\right). \tag{3.101}$$

上式表明,正向电压增加时,电流将指数式地增长(见图 3 – 39 右半边)。

(3) 反向抽取

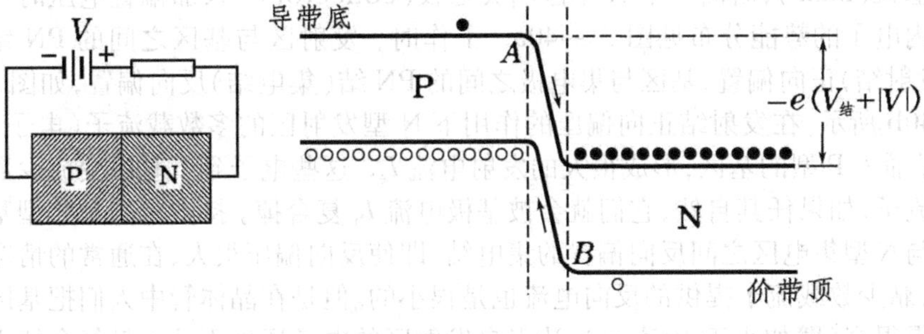

图 3 – 38 PN 结反向抽取

给 PN 结加上反向偏压 $V=-|V|$(即 P 区为负电压),内建场加强,势垒 $V_{结}$ 提高为 $V_{结}-V=V_{结}+|V|$,结区的平衡被打破,在外电场中电子源源不断地从 P 区漂移到 N 区,空穴源源不断地从 N 区漂移到 P 区,如图 3 – 38 所示。只要记住这时 V 是负的,上面对正向电压推导出来的所有公式(3.93) ~(3.101)都是有效的。不过应理解,P 型区边界 A 处电子的非平衡浓度 $\tilde{n}_{\mathrm{P}}$ 和 N 型区边界 B 处空穴的非平衡浓度 $\tilde{p}_{\mathrm{N}}$ 都是负的:

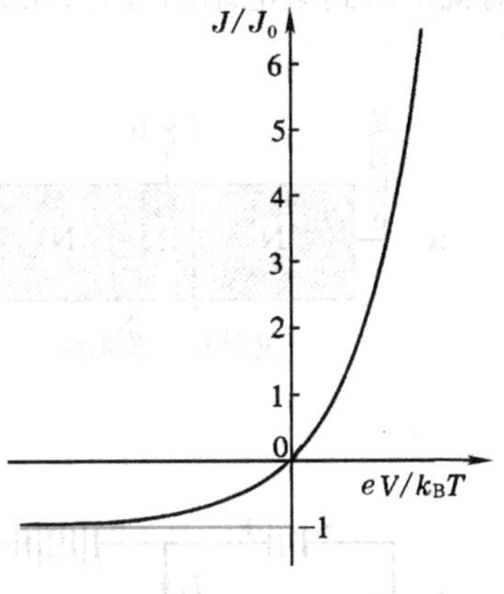

图 3 – 39 PN 结伏安曲线

$$\begin{cases} \tilde{n}_{\mathrm{P}} = n_{\mathrm{P}} - n_{\mathrm{P0}} = n_{\mathrm{P0}}\left(\mathrm{e}^{eV/k_{\mathrm{B}}T} - 1\right) = -n_{\mathrm{P0}}\left(1 - \mathrm{e}^{-e|V|/k_{\mathrm{B}}T}\right), & (3.102) \\ \tilde{p}_{\mathrm{N}} = p_{\mathrm{N}} - p_{\mathrm{N0}} = p_{\mathrm{N0}}\left(\mathrm{e}^{eV/k_{\mathrm{B}}T} - 1\right) = -p_{\mathrm{N0}}\left(1 - \mathrm{e}^{-e|V|/k_{\mathrm{B}}T}\right). & (3.103) \end{cases}$$

这就是说,在那些地方要靠热激发不断产生新的少数载流子供反向电压抽取。在反向电压作用下电流

$$j = j_0\left(\mathrm{e}^{eV/k_{\mathrm{B}}T} - 1\right) = -j_0\left(1 - \mathrm{e}^{-e|V|/k_{\mathrm{B}}T}\right) \tag{3.104}$$

当然应该是负的。V 的绝对值增大时电流的绝对值渐近地趋于 j_0,它始终是很小的(见图 3 – 39 左半边)。

以上便是 PN 结的整流作用,半导体二极管的工作原理。

4.7 晶体管

半导体最重要的应用是晶体管(transistor),或称半导体三极管。晶体管由三个极区和两个 PN 结组成,通常有 NPN 和 PNP 两种类型。下面我们以 NPN 型晶体管为例来说明它的工作原理。

在 NPN 型晶体管中第一个 N 型区叫发射极(emitter),中间的 P 型区叫基极(base),后面一个 N 型区叫集电极(collector)。未加偏置电压时三区内电子的势能分布见图 3 - 40a。工作时,发射区与基区之间的 PN 结(发射结)正向偏置,基区与集电极之间的 PN 结(集电结)反向偏置,如图 3 - 40b 所示。在发射结正向偏压的作用下 N 型发射区的多数载流子(电子)大量涌入 P 型的基区,形成很大的发射电流 I_e. 这些电子到了基区变成少数载流子,如果任其自然,它们就会被基极电流 I_b 复合掉。接下来的是 P 型基区与 N 型集电区之间反向偏置的集电结。即使反向偏压很大,在通常的情况下,靠少数载流子提供的反向电流也是很小的。但是在晶体管中人们把基区做得很窄(譬如小于 10^{-3}cm),让来自发射区的电子还来不及大量复合掉之前就扩散到集电结的边界,在那里靠强大反向电场的作用漂移到集电区。这

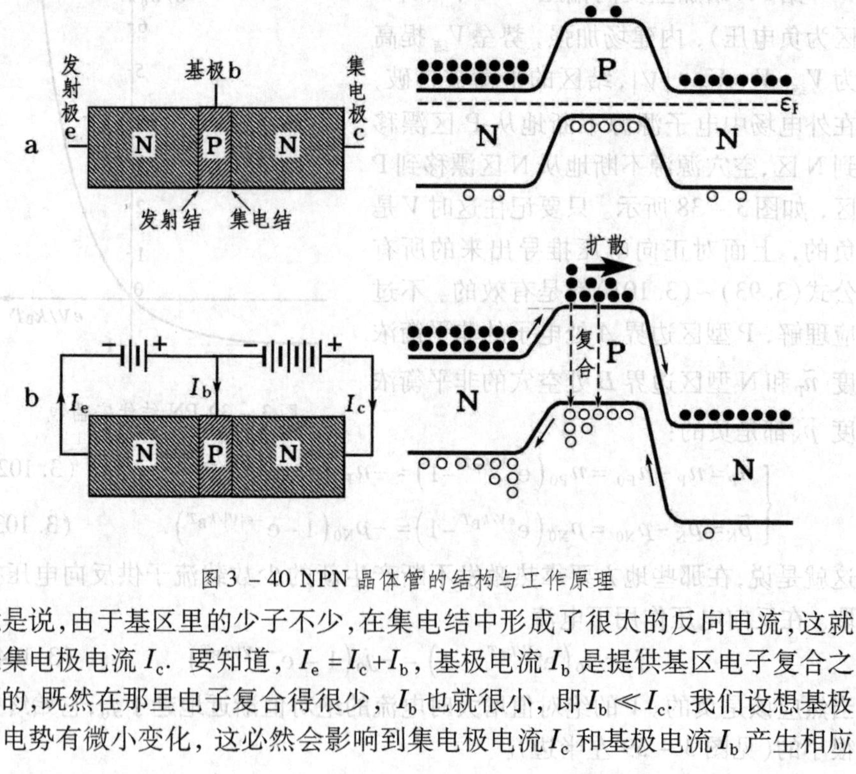

图 3 - 40 NPN 晶体管的结构与工作原理

就是说,由于基区里的少子不少,在集电结中形成了很大的反向电流,这就是集电极电流 I_c. 要知道,$I_e = I_c + I_b$,基极电流 I_b 是提供基区电子复合之用的,既然在那里电子复合得很少,I_b 也就很小,即 $I_b \ll I_c$. 我们设想基极的电势有微小变化,这必然会影响到集电极电流 I_c 和基极电流 I_b 产生相应

的变化，不过最根本的一点，是 I_b 永远只是 I_c 的很小一部分。对基极引入很小的电流信号，就可以在集电极上得到很大的(譬如说,大100倍)电流信号。这便是晶体管放大的基本原理。

世界上第一支晶体管诞生于1947年12月23日(图3–41)，到现在已过去

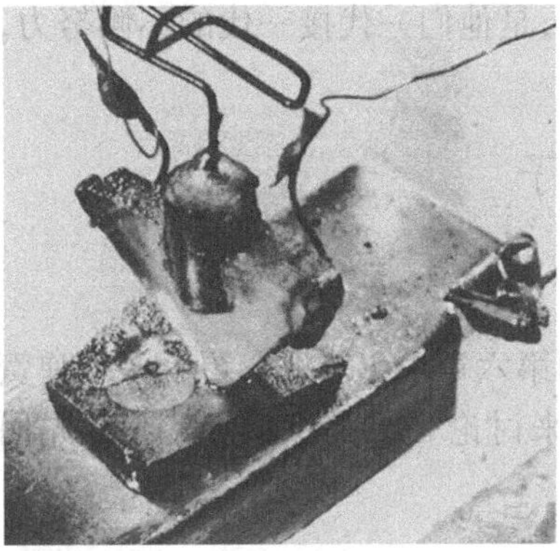

图 3–41 世界上第一支晶体管

图 3–42 晶体管发明人1948年摄于他们的实验室
自左至右：巴丁、肖克利、布拉坦

了半个多世纪，发明人(图 3–42) 巴丁(J. Bardeen)、肖克利(W. Shockley)、布拉坦(W. H. Brattain)获得了1956年诺贝尔物理奖。晶体管的发明为电子学器件的小型化和集成化开辟了道路(图 3–43)。1958 年集成电路问世，1968 年硅大规模集成电路实现了产业化大生产，随后得到广泛应用。20 世纪 80 年代、90 年代相继出现了超大规模集成电路(VLSI)、甚大规模集成电路(ULSI)，大规模集成电路的集成度近 30 年来以平均每年翻一番的惊人速度发展着。总之，晶体管的发明引发了现代电子学的革命和信息革命，其划时代的历史意义是无可估量的。

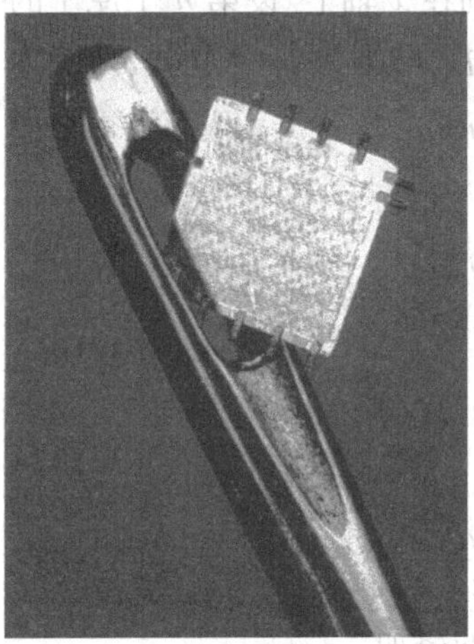

图 3 –43 可以穿过针眼的集成电路芯片

应当指出，如果说，晶体管的发明是影响如此广泛而深远的信息革命的硬件基础，则物理学为晶体管的诞生至少孕育了 20 年。晶体管的理论基础 —— 量子力学创建于 1925 – 1926 年，费米-狄拉克分布律是 1926 年提出的，由此得知固体中的电子服从泡利原理。1927 年布洛赫理论的建立，得知电子可以在理想晶格中无阻碍地通过。1928 年索末菲提出能带的猜想，1929 年派耳斯提出禁带和空穴的

猜想,威尔孙和布洛赫从理论上解释了导体、绝缘体和半导体的区别;莫特和琼斯用电子轰击、X 射线发射和吸收等方法从实验上验证了能带的理论。同年,贝特提出费米面的概念,朗道提出费米面可测量, 1957 年皮帕德测量了第一个费米面(铜的) …… 上述物理学的成果涉及包括十几名诺贝尔物理奖得主在内的大批杰出的物理学家,是他们一代接一代的不懈努力,才为晶体管的诞生打下坚实的物理基础。

§5. 声 子

5.1 一维晶格中纵波的简正表示

在《新概念物理教程 · 力学》(第二版)第六章 4.3 节里介绍了一维弹簧振子链纵波的经典理论,我们将选此模型来讨论一维晶格的振动。首先回顾一下经典理论的结果, 然后将它量子化。

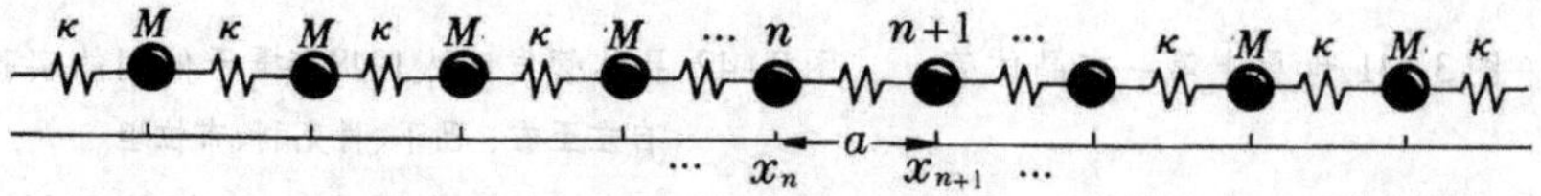

图 3 - 44 一维晶格振动的弹簧振子链模型

如图 3 - 44 所示,质量皆为 M 的原子排列在 x 轴上。设第 n 个原子的平衡位置为 $x_n = na$, 偏离平衡位置的位移为 q_n,动量为 $p_n = M\dot{q}_n$,动能为 $p_n^2/2M$. 相邻原子 n 和 $n+1$ 间有简谐势 $V = \frac{1}{2}\kappa(q_{n+1} - q_n)^2$, 从而第 n 个原子的运动方程为

$$\frac{\mathrm{d}^2 q_n}{\mathrm{d}t^2} = \omega_0^2\left(q_{n+1} - 2q_n + q_{n-1}\right), \tag{3.105}$$

式中

$$\omega_0 = \sqrt{\frac{\kappa}{M}}. \tag{3.106}$$

它的解为

$$q_n \propto \mathrm{e}^{\mathrm{i}[\omega(k)t - nka]}, \tag{3.107}$$

色散关系为

$$\omega^2(k) = 4\omega_0^2 \sin^2 \frac{ka}{2}. \tag{3.108}$$

对应每个波数 k 我们得到一个解,通解是它们的叠加。

下面讨论一下波数的取值问题。在《新概念物理教程 · 力学》一书中为了简化, 我们曾取晶格为无限长的, 这对下面的运算很不方便。现设晶格由 N 个原子组成, 即 $n = 1, 2, \cdots, N$. 为了保持端点处的平移不变性, 通常采用一种循环边界的数学技巧, 即认为第 N 个原子与第一个原子相邻(见图 3 - 45), 或者说, 要求

$$q_{N+1} = q_1. \tag{3.109}$$

这相当于要求在晶格的全长 Na 内含整数个波长 λ，即

$$\lambda = \frac{Na}{l} \text{ 或 } k = \frac{2\pi}{\lambda} = \frac{l}{N}\frac{2\pi}{a},$$
$$l = 1, 2, \cdots, N. \tag{3.110}$$

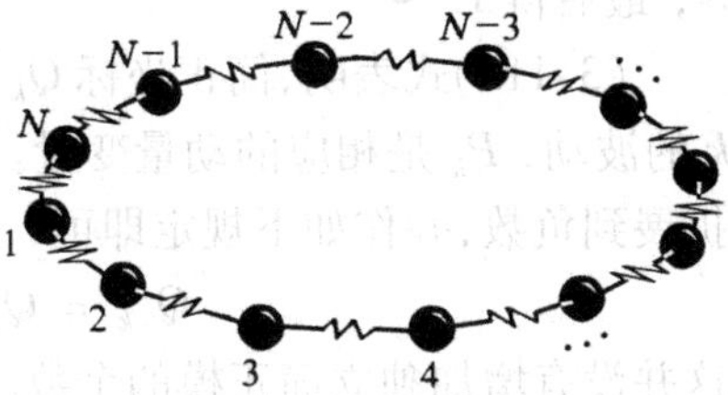

图 3－45 循环边界条件示意图

图 3－46 所示的一个原胞能量为

$$\frac{1}{2}\left(\frac{p_{n+1}^2}{2M}+\frac{p_n^2}{2M}\right)+\frac{\kappa}{2}(q_{n+1}-q_n)^2,$$

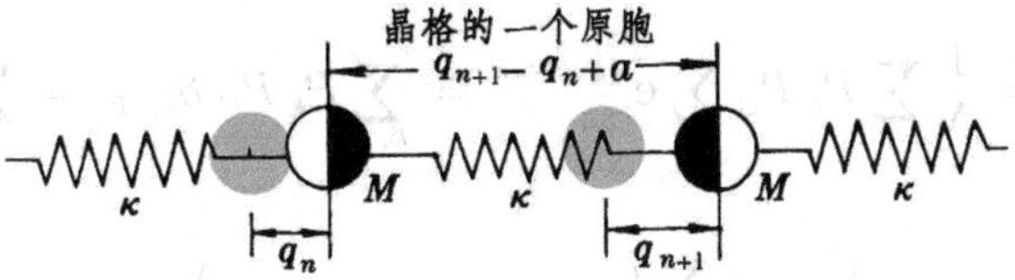

图 3－46 一维晶格的一个原胞

整个晶格的振动能量，或者说哈密顿量为

$$\begin{aligned} H &= \frac{1}{2}\sum_n\left[\frac{p_{n+1}^2}{2M}+\frac{p_n^2}{2M}+\kappa(q_{n+1}-q_n)^2\right] \\ &= \frac{1}{2}\sum_n\left[\frac{p_n^2}{M}+\kappa(q_{n+1}-q_n)^2\right]. \end{aligned} \tag{3.111}$$

下面重要的一步是引进简正坐标及相应的动量。作变量变换（其实就是傅里叶变换）如下：

$$\begin{cases} q_n = \dfrac{1}{\sqrt{NM}}\displaystyle\sum_k Q_k e^{-inka}, \\ p_n = \sqrt{\dfrac{M}{N}}\displaystyle\sum_k P_k e^{inka}. \end{cases} \tag{3.112}$$

它们的逆变换是

$$\begin{cases} Q_k = \sqrt{\dfrac{M}{N}}\displaystyle\sum_n q_n e^{inka}, \\ P_k = \dfrac{1}{\sqrt{NM}}\displaystyle\sum_n p_n e^{-inka}. \end{cases} \tag{3.113}$$

求逆变换时需用到傅里叶变换的正交归一性：

$$\frac{1}{N}\sum_n e^{i(k-k')na} = \delta_{kk'} = \begin{cases} 0 & (k \neq k'), \\ 1 & (k = k'). \end{cases} \tag{3.114}$$

它的成立是由(3.110)式保证的。即 $k-k'\neq 0$ 时上述对 n 求和跨越 $l-l'$ 个整周期，结果为 0；$k-k'=0$ 时 $e^{i(k-k')na}=1$，对 n 求和得 N，再除以归一化因子

N，最后得 1. ❶

(3.113)式表明，简正坐标 Q_k 代表所有原子的一种集体运动，即波数为 k 的波动，P_k 是相应的动量变量。若想保证 q_n 和 p_n 是实数，可将 k 的取值扩展到负数，并作如下规定即可：

$$Q_{-k} = Q_k^*, \quad P_{-k} = P_k^*. \tag{3.115}$$

这并没有增加独立简正模的个数。

最后，设法将哈密顿量(3.111)式用简正坐标表示出来。为此只需将(3.113)式代入，利用正交归一化条件(3.114)式即可。具体运算如下：

动能项：

$$\sum_n \frac{{p_n}^2}{M} = \frac{1}{N}\sum_{k,k'} P_k P_{k'} \sum_n \mathrm{e}^{\mathrm{i}(k+k')na} = \sum_{k,k'} P_k P_{k'} \delta_{k,-k'} = \sum_k P_k P_{-k}.$$

势能项：

$$\begin{aligned}
\sum_n \kappa\left(q_{n+1}-q_n\right)^2 &= \kappa \sum_n \left({q_{n+1}}^2+{q_n}^2-2q_{n+1}q_n\right) \\
&= \frac{\kappa}{NM}\sum_{k,k'}\sum_n Q_k Q_{k'}\left(\mathrm{e}^{-\mathrm{i}(k+k')(n+1)a}+\mathrm{e}^{-\mathrm{i}(k+k')na}-2\mathrm{e}^{-\mathrm{i}k(n+1)a}\mathrm{e}^{-\mathrm{i}k'na}\right) \\
&= \frac{{\omega_0}^2}{N}\sum_{k,k'}\sum_n Q_k Q_{k'}\delta_{k,-k'}\left(2-2\cos ka\right) \\
&= 4{\omega_0}^2\sum_k Q_k Q_{-k}\sin^2\frac{ka}{2} = \omega^2(k)\sum_k Q_k Q_{-k}.
\end{aligned}$$

式中 $\omega^2(k)$ 满足色散关系(3.108)式，不过开方时取绝对值（见图 3－47）：

$$\omega(k) = 2\omega_0\left|\sin\frac{ka}{2}\right|, \tag{3.108$'$}$$

从而对于负 k 值有

$$\omega(-k) = \omega(k). \tag{3.116}$$

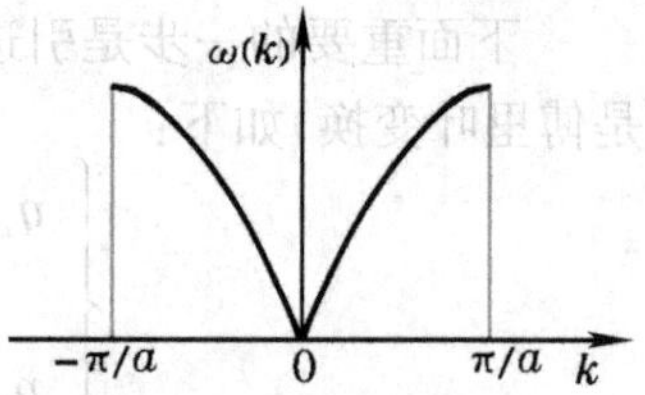

图 3－47　声子的能谱

最后动能、势能合起来，得到哈密顿量的简正表示式：

$$H = \frac{1}{2}\sum_k \left[P_k P_{-k} + \omega^2(k) Q_k Q_{-k}\right]. \tag{3.117}$$

---

❶ 求逆变换的运算如下。将(3.112)式里的傀标 k 写作 k'，q_n 式乘以 $\mathrm{e}^{\mathrm{i}nka}$，$p_n$ 式乘以 $\mathrm{e}^{-\mathrm{i}nka}$，对 n 求和，得

$$\sum_n q_n \mathrm{e}^{\mathrm{i}nka} = \frac{1}{\sqrt{NM}}\sum_{k'} Q_{k'}\sum_n \mathrm{e}^{\mathrm{i}n(k-k')a} = \frac{1}{\sqrt{NM}}\sum_{k'} Q_{k'} N\delta_{kk'} = \sqrt{\frac{N}{M}}Q_k,$$

此即(3.113)式里的第一式。同理可得(3.113)式里的第二式。

5.2 格波的量子化

迄今为止一切都是经典的，现在开始量子化。(3.111)式中的 q_n、p_n 本是经典坐标和动量变量，现在把它们换成算符，在 q_n 表象中

$$\hat{q}_n = q_n, \quad \hat{p}_n = -\mathrm{i}\hbar\frac{\partial}{\partial q_n}. \tag{3.118}$$

从而它们满足对易关系

$$[\hat{p}_n, \hat{q}_{n'}] = \hat{p}_n\hat{q}_{n'} - \hat{q}_{n'}\hat{p}_n = -\mathrm{i}\hbar\,\delta_{nn'}. \tag{3.119}$$

利用傅里叶变换式(3.113)可以导出 P_k、$Q_{k'}$ 之间的对易关系来：

$$\begin{aligned}[\hat{P}_k, \hat{Q}_{k'}] &= \hat{P}_k\hat{Q}_{k'} - \hat{Q}_{k'}\hat{P}_k \\ &= \frac{1}{N}\sum_{n,\,n'}(p_n q_{n'} - q_{n'}p_n)\mathrm{e}^{-\mathrm{i}(kn-k'n')a} = \frac{-\mathrm{i}\hbar}{N}\sum_{n,\,n'}\delta_{nn'}\mathrm{e}^{-\mathrm{i}(kn-k'n')a} \\ &= \frac{-\mathrm{i}\hbar}{N}\sum_{n}\mathrm{e}^{-\mathrm{i}(k-k')na} = -\mathrm{i}\hbar\,\delta_{kk'},\end{aligned}$$

即

$$[\hat{P}_k, \hat{Q}_{k'}] = \hat{P}_k\hat{Q}_{k'} - \hat{Q}_{k'}\hat{P}_k = -\mathrm{i}\hbar\,\delta_{kk'}. \tag{3.120}$$

下面关键的一步是，仿照谐振子的情形引进产生算符和消灭算符：

$$\begin{cases}\hat{a}_k^{\dagger} \equiv \sqrt{\dfrac{\omega(k)}{2\hbar}}\Big[Q_{-k} - \dfrac{\mathrm{i}P_k}{\omega(k)}\Big], \\ \hat{a}_k \equiv \sqrt{\dfrac{\omega(k)}{2\hbar}}\Big[Q_k + \dfrac{\mathrm{i}P_{-k}}{\omega(k)}\Big].\end{cases} \tag{3.121}$$

不难从 $\hat{P}_k$、$\hat{Q}_{k'}$ 的对易关系(3.120)式得到 $\hat{a}_k^{\dagger}$、$\hat{a}_{k'}$ 的对易关系(见习题 3－12)：

$$[\hat{a}_k, \hat{a}_{k'}^{\dagger}] = \hat{a}_k\hat{a}_{k'}^{\dagger} - \hat{a}_{k'}^{\dagger}\hat{a}_k = \delta_{kk'}. \tag{3.122}$$

这正是玻色子产生算符、消灭算符所满足的对易关系。

我们进一步的任务是将由(3.117)式写成的哈密顿算符

$$\hat{H} = \frac{1}{2}\sum_k\left[\hat{P}_k\hat{P}_{-k} + \omega^2(k)\hat{Q}_k\hat{Q}_{-k}\right] \tag{3.123}$$

改用产生算符和消灭算符表示。为此我们先将算符 $\hat{P}_k$ 和 $\hat{Q}_k$ 从(3.121)式反解出来：

$$\begin{cases}\hat{Q}_k = \sqrt{\dfrac{\hbar}{2\omega(k)}}(\hat{a}_{-k}^{\dagger} + \hat{a}_k), \\ \hat{P}_k = \mathrm{i}\sqrt{\dfrac{\hbar\omega(k)}{2}}(\hat{a}_k^{\dagger} - \hat{a}_{-k}).\end{cases} \tag{3.124}$$

再代入(3.123)式，得

$$\hat{H} = \sum_k\frac{\hbar\omega(k)}{4}\left[-(\hat{a}_k^{\dagger} - \hat{a}_{-k})(\hat{a}_{-k}^{\dagger} - \hat{a}_k) + (\hat{a}_{-k}^{\dagger} + \hat{a}_k)(\hat{a}_k^{\dagger} + \hat{a}_{-k})\right]$$

$$= \sum_k \frac{\hbar\omega(k)}{4}\left(\hat{a}_k^\dagger\hat{a}_k + \hat{a}_k\hat{a}_k^\dagger + \hat{a}_{-k}^\dagger\hat{a}_{-k} + \hat{a}_{-k}\hat{a}_{-k}^\dagger\right)$$

$$= \sum_k \frac{\hbar\omega(k)}{2}\left(\hat{a}_k^\dagger\hat{a}_k + \hat{a}_k\hat{a}_k^\dagger\right)$$

$$= \sum_k \frac{\hbar\omega(k)}{2}\left(2\hat{a}_k^\dagger\hat{a}_k + [\hat{a}_k, \hat{a}_k^\dagger]\right),$$

即

$$\hat{H} = \sum_k \left(\hat{a}_k^\dagger\hat{a}_k + \frac{1}{2}\right)\hbar\,\omega(k) = \sum_k \left(\hat{N}_k + \frac{1}{2}\right)\hbar\,\omega(k), \quad (3.125)$$

式中

$$\hat{N}_k = \hat{a}_k^\dagger\hat{a}_k \quad (3.126)$$

是粒子数算符,它们的本征值为

$$n_k = 0, 1, 2, 3, \cdots, \quad (3.127)$$

从而能量的本征值为

$$E = \sum_k \left(n_k + \frac{1}{2}\right)\hbar\,\omega(k). \quad (3.128)$$

至此,我们把一维格波量子理论的数学推演全部做完了,让我们来回味一下推演的过程,并体会一下其中的物理意义。

首先我们看到,上面的推导与谐振子情形有相似之处,哈密顿算符的最终形式都与某种玻色子的产生算符、消灭算符和粒子数算符联系起来,从而能级都是等间隔的。这种共同性来源于势能的简谐形式。要知道,对任何曲线光滑的势函数在极小值(即平衡点)附近作泰勒展开时,一级近似都是简谐的。所以量子系统低激发态等间隔,是具有一定普遍意义的。

其次我们要注意,格波与简谐振子是有区别的。在2.4节讨论谐振子问题时,我们将单个粒子的坐标算符 $\hat{q}$ 和动量算符 $\hat{p}$ 变换成某种产生算符 $\hat{a}^\dagger$ 和消灭算符 $\hat{a}$. 但在晶格中这是做不到的,因为晶格中各原子不独立。从原子坐标 q_n 变到简正坐标 Q_k 的意义就在于,后者代表彼此独立的运动自由度。于是我们才有可能将它们的坐标算符 $\hat{Q}_k$ 和动量算符 $\hat{P}_k$ 变换成某种产生算符 $\hat{a}_k^\dagger$ 和消灭算符 $\hat{a}_k$. 5.1节中看起来有些冗长的推导,价值正在于此。

最后我们要问,上面得到的玻色子是什么粒子?在经典物理看来,光是电磁波。后来许多实验显示,光还具有粒子性,于是光被量子化了,形成"光子"(photon)的概念。上述理论证明,晶体里格波(其实就是一种声波)的能量也是量子化的。这件事在实验上早有迹象,温度较低时固体的比热不服从能量按自由度均分定理[参见《新概念物理教程·热学》(第二版)第二章4.4节],就是重要的佐证。于是仿照光子的称呼,人们把量子化的格波,叫做声子(phonon)。声子不仅有能量 $\varepsilon_k=\hbar\omega(k)$, 而且有动量 $\boldsymbol{p}_k=\hbar\boldsymbol{k}$. 声子与光子一样,也是玻色子,在同一个量子态上声子的数目是任意的。

5.3 晶格的热导

在《新概念物理教程·热学》(第二版)第五章 §1 里讲过气体中的热传导问题,那里给出了热传导的经验规律 —— 傅里叶热传导定律[1.1 节(5.4)式]:

$$H = \frac{\Delta Q}{\Delta t} = -\kappa\left(\frac{\mathrm{d}T}{\mathrm{d}z}\right)_{z=z_0}\Delta S, \tag{3.129}$$

式中 H 是热通量或热流, ΔQ 是在 Δt 时间内通过 $z=z_0$ 平面上面元 ΔS 的热量, $\mathrm{d}T/\mathrm{d}z$ 是该处的温度梯度, κ 是热导率。此外,那里还用初级气体动理论导出了热导率公式[1.5 节(5.21)式]:

$$\kappa = \frac{1}{3}\rho\bar{v}\bar{\lambda}c_V = \frac{1}{3}\bar{v}\bar{\lambda}C_V, \tag{3.130}$$

式中 ρ 为气体密度, $\bar{v}$ 是气体分子平均热运动速率, $\bar{\lambda}$ 是气体分子平均自由程, c_V 是定体热容量, $C_V=\rho c_V$ 是单位体积的定体热容量。在固体中热传导的经验规律是一样的,然而能够把气体动理论的热导公式搬到固体中来吗?

固体中热传导的机制有二:晶格热导和电子热导。金属中两者皆有,绝缘体和半导体中主要是晶格热导。这里我们先谈晶格热导。

晶格中的每个原子束缚在自己的平衡位置上,其热运动只是在此位置附近作小振动。所以热量不可能像气体中的那样,由原子自身携带着传递,而是以格波的形式传播出去。所以从经典物理的眼光看,晶格热导与气体分子热导有着截然不同的机制。然而,在量子物理中格波被量子化了,成为声子气体,晶格热导就是声子热导。这样一来,前面引来的热导率公式(3.130)又可适用了,不过要对该式里各物理量按声子模型重新解释。

首先是声子的密度与热容量。(3.130)式里的 $\rho=nm$ 是气体分子的质量密度,谈声子的质量 m 是没有意义的,只能谈声子的数密度。故我们把 ρ 和 c_V 乘起来,用 C_V 表示, $C_V=\rho c_V$ 代表单位体积内声子的热容量。以德拜温度 Θ_D 为界,❶ 在 $T\ll\Theta_D$ 的低温下,热容量的情况比较复杂,在 $T\gg\Theta_D$ 的高温下,能均分定理成立,固体的热容量基本上是常量。

(3.130)式中的热运动速率 $\bar{v}$ 是格波的群速 v_g,通常可认为就是固体中的声速 c_s.

现在看声子的平均自由程 $\bar{\lambda}$. 声子和谁碰撞?一是和晶格的不完整性(缺陷、杂质)碰撞,二是声子和声子碰撞,在金属中还要和自由电子碰撞。这里主要谈声子和声子的碰撞。

从上节的理论看,一个声子代表一定的简正模,而各简正模的运动自由

---

❶ 参见《新概念物理教程·热学》(第二版)第二章 4.4 节。

度是相互独立的，为什么声子间会发生碰撞？要知道，上节的理论是简谐近似，原子间的相互作用势只保留到相对位移的平方项。严格的理论应把三次和更高次的非谐项包括进来，这样的理论将预言有声子间散射发生。譬如三次项给出如图 3 - 48 所示的三声子散射过程：两声子碰撞后合而为一（图 a），或一声子分裂为二（图 b）。按气体分子的麦克斯韦平均自由程公式［见《新概念物理教程 · 热学》（第二版）第五章（5.10）式］或其它什么自由程公式，$\overline{\lambda}$ 总是反比于粒子数密度的。这里涉及的是声子的数密度。每一模式 k 声子的能量 $\hbar\omega(k)$ 是已知的，该模式声子的平均数密度 $\overline{n_k}$ 与温度有关，声子与光子一样，粒子数是不固定的，它们都服从化学势 $\mu=0$ 的玻色统计：❶

图 3 - 48 三声子散射过程示意图

$$\overline{n_k}=\frac{1}{\mathrm{e}^{\hbar\omega(k)/k_{\mathrm{B}}T}-1}. \tag{3.131}$$

当温度 $T \gg \Theta_{\mathrm{D}}$ 时，对于所有晶格振动模式 $\hbar\omega(k) \ll k_{\mathrm{B}}T$，(3.131)式近似地化为

$$\overline{n_k}\approx\frac{k_{\mathrm{B}}T}{\hbar\omega(k)}\propto T, \tag{3.131'}$$

从而平均自由程反比于 T：

$$\overline{\lambda}\propto\frac{1}{T}. \tag{3.132}$$

最后，我们给出一些典型非金属材料的热导率和声子平均自由程的实验数据（见表 3 - 2）。

表 3 - 2 典型非金属材料的热导率和声子平均自由程❷

材料	$T=273\,\mathrm{K}$		$T=77\,\mathrm{K}$		$T=20\,\mathrm{K}$	
	$\kappa/(\mathrm{W\cdot m^{-1}\cdot K^{-1}})$	$\overline{\lambda}/\mathrm{m}$	$\kappa/(\mathrm{W\cdot m^{-1}\cdot K^{-1}})$	$\overline{\lambda}/\mathrm{m}$	$\kappa/(\mathrm{W\cdot m^{-1}\cdot K^{-1}})$	$\overline{\lambda}/\mathrm{m}$
硅(Si)	150	4.3×10^{-8}	1500	2.7×10^{-8}	4200	4.1×10^{-4}
锗(Ge)	70	3.3×10^{-8}	300	3.3×10^{-7}	1300	4.5×10^{-5}
水晶(SiO_2)	14	9.7×10^{-9}	66	1.5×10^{-7}	760	7.5×10^{-5}
CaF_2	11	7.2×10^{-9}	39	1.0×10^{-7}	85	1.0×10^{-5}
NaCl	6.4	6.7×10^{-9}	29	5.0×10^{-8}	45	2.0×10^{-6}
LiF	10	3.3×10^{-9}	150	4.0×10^{-7}	8000	1.2×10^{-3}

❶ 参见《新概念物理教程 · 热学》（第二版）第二章 §6。

❷ 取自：黄昆，韩汝琦. 固体物理学. 北京：高等教育出版社. 1988，144.

5.4 金属的电导

这里不适宜用较严格的量子理论来处理金属电导问题。与上面讨论晶格热导问题一样，我们仍从经典理论出发，对它们按量子物理的观点予以重新解释。

在传统的电磁学教科书中都有一个金属经典电子论的电导公式：❶

$$\sigma = \frac{ne^2\overline{\lambda}}{2m\overline{v}}, \tag{3.133}$$

式中 σ 是电导率，n、e、m、$\overline{v}$ 和 $\overline{\lambda}$ 分别是电子的数密度、电荷的绝对值、质量、平均热运动速率和平均自由程。经典理论认为，电阻是由电子与晶格碰撞引起的，从而 $\overline{\lambda}$ 与温度无关；又电子速率服从麦克斯韦分布，故 $\overline{v} \propto \sqrt{T}$. 所以按上式应该有 $\sigma \propto 1/\sqrt{T}$. 这是与实验不符的，实际上对于大多数金属 $\sigma \propto 1/T$.

按量子理论(3.133)式在形式上仍适用，但需要做两点重新解释。

(1) 由于电子的波动性，它们在空间周期性完美的晶格中畅行无阻。电阻是由电子的两类碰撞引起的：在纯净的金属中主要是与声子碰撞，在不纯净的金属中还要与杂质碰撞。

在完美的晶体中只是原子的平衡位置具有严格的空间周期性。由于原子的热振动，它们随时偏离平衡位置，从而晶格的空间周期性遭到一定程度的破坏，引起电子波函数的散射。这就是上面说的"电子与声子的碰撞"。最重要的电声子碰撞如图 3－49 所示，是电子吸收或发射一个声子的过程。电声子碰撞过程的自由程反比于声子的平均数密度 $\overline{n_k}$. 如前所述，在远高于德拜温度 Θ_D 的室温下 $\overline{n_k} \propto T$［见(3.131′)式］，从而电子与声子碰撞的平均自由程 $\overline{\lambda} \propto 1/\overline{n_k} \propto 1/T$.

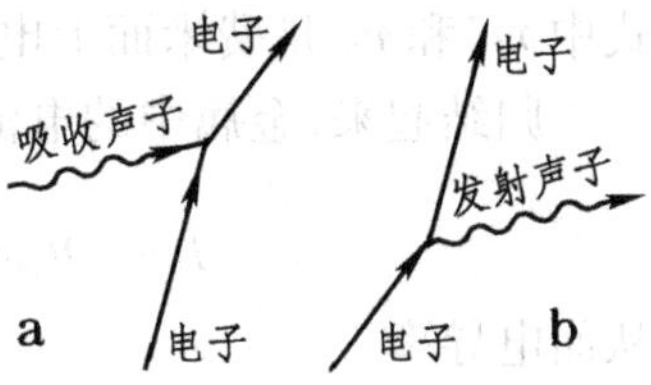

图 3－49 电声子碰撞过程

在室温下，较纯净的金属内电子与杂质的碰撞对电阻的贡献不大，只有在低温下杂质电阻才显现出来。

(2) 因金属中的电子遵从费米－狄拉克统计，在室温下只有十分靠近费米面的电子参与导电，这些电子的速率 v_F 几乎与温度无关。具体地说，我们把(3.133)式中的 $\overline{\lambda}/\overline{v}$ 写成 τ，它代表电子因与声子或杂质碰撞而引起

❶ 《新概念物理教程·电磁学》(第二版)第五章(5.13)式。

的弛豫时间。未加电场 $\mathscr{E}$ 时，动量空间里电子填充在以费米动量 p_{F} 为半径的球体(费米球)内。加了电场，经过时间 τ 后，费米球平移了距离 $\Delta p=-e\mathscr{E}\tau$. 如图 3－50 中阴影部分所示，移动的费米球与静止的费米球相减，前面多了一块动量朝前的区域，后面少了一块动量朝后的区域。后者也相当于多了一块动量朝前的区域。费米球的中央部分对总动量的变化没有贡献，或者说，对电导没有贡献。一般弛豫时间 τ 具有 10^{-13}s 以下的数量级(见习题 3－13)，而电场强度可设为 10^{6}V/m，在这样的条件下 $\Delta p \ll p_{\mathrm{F}}$(见习题 3－15)。所以，上述阴影区基本上是一厚度的数量级为 Δp、面积等于费米面面积的一薄层，它的体积 $\propto p_{\mathrm{F}}{}^{2}\Delta p_{\mathrm{F}}$，而整个费米球的体积 $\propto p_{\mathrm{F}}{}^{3}$. 这就是说，阴影区内的电子数占整个费米球里的电子数(即电子总数)的比例为 $\Delta p/p_{\mathrm{F}}$，故而(3.133)式内的电子数密度 n 应被下列有效数密度 n_{eff} 所代替：

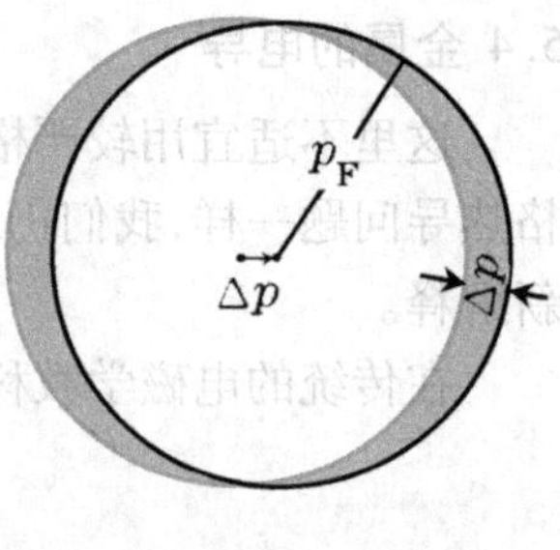

图 3－50 电子的有效密度

$$n_{\mathrm{eff}}=\frac{n\Delta p}{p_{\mathrm{F}}}=\frac{-ne\mathscr{E}\tau}{m^{*}v_{\mathrm{F}}},\tag{3.134}$$

式中 m^{*} 和 v_{F} 是费米面上电子的有效质量和速率。

归结起来，金属中的电流密度为

$$j=-n_{\mathrm{eff}}ev_{\mathrm{F}}=\frac{ne^{2}\mathscr{E}\tau v_{\mathrm{F}}}{m^{*}v_{\mathrm{F}}}=\frac{ne^{2}\mathscr{E}\tau}{m^{*}},\tag{3.135}$$

从而电导率

$$\sigma=\frac{j}{\mathscr{E}}=\frac{ne^{2}\tau}{m^{*}}.\tag{3.136}$$

形式上这个公式与(3.133)式完全一样，只是该式里的 $\bar{v}$ 应换为 v_{F}，λ 应理解为 $v_{\mathrm{F}}\tau$，而 τ 是电子与声子或杂质碰撞的弛豫时间。对于许多金属 $m^{*}\approx m_{\mathrm{e}}$.

如前所述，$\tau \propto 1/T$，而 v_{F} 与温度无关，于是我们就得到与实验相符的温度依赖关系 $\sigma \propto 1/T$.

5.5 元激发的概念

在经典物理中理想气体模型起着重要作用。量子统计理论中性质与之相近的是近独立子系模型。在这些模型中，整个物理系统可看成是由大量自由度近似独立的子系统组成的。这种系统在数学上处理起来比较简单。后来人们发现，许多粒子间有相互作用的宏观系统，特别是凝聚态物质，低激发态的能谱比较简单。只要把自由度重组一下，就可形成一些新的近独立子系。形象地说，每个这样的子系统可看做是一个“粒子”，该宏观系统的行为可用这种"粒子"组成的"理想气体"模型来说明。声子是最典型的例子,上面我们已看到,晶格振动问题可以用声子组成的"理想气体"来描述。不过这些"粒子"与真正的物质粒子(如电子)不同,它们可以在碰撞中产生和消灭,它们的存在有一定的寿命。这类"粒子"叫做*元激发*(elementary excitation)或*准粒子*(quasi-particle)。

在凝聚态物理中元激发的概念有着重要的意义。下面我们概略地介绍一下除声子外的其它一些元激发。

(1) 激子

3.1 节中讨论晶格的能带结构时,是从一系列等价态 …, $|n-1\rangle$, $|n\rangle$, $|n+1\rangle$, … 出发的,它们分别代表电子在第 …, $n-1$, n, $n+1$, … 个原子周围的状态(见图 3 - 25)。由于在这些等价态之间存在一定的跃迁概率幅,它们都不是定态,定态是它们的线性组合。当时我们假定,所有这些状态中电子都处在同一个原子能级上。如果现在我们假定,其中有一个态,譬如$|n\rangle$比较特殊,它代表电子处在某个较高的原子能级上。再将各态加以线性组合,所得的定态将是一个在第 n 个原子上带有多余能量的状态。这部分激发能可以在各原子间转移,形成一种波动。将这波动量子化,就形成另一种元激发或准粒子 —— 激子(exciton)的概念。据认为,在某些生命过程(如神经传输和光合作用)中能量的转移是靠激子机制的。

(2) 自旋波或磁波子

铁磁物质的原子带有未抵消的电子自旋。我们假定每个原子带有一个玻尔磁子的自旋磁矩。自旋有$|\uparrow\rangle$, $|\downarrow\rangle$两个量子态。由于自旋间的交换作用,各原子的自旋排列在同一方向时能量最低,这是它的基态,即完全的自发磁化状态。我们假定,3.1 节中出发的等价态 …, $|n-1\rangle$, $|n\rangle$, $|n+1\rangle$, … 里除$|n\rangle$外自旋都处于$|\uparrow\rangle$态,唯独$|n\rangle$态的自旋处于$|\downarrow\rangle$态。将各态加以线性组合,所得的定态将是一个在第 n 个原子上自旋翻转的状态。翻转的自旋可以在各原子间转移,形成一种波动,成为*自旋波*(spin wave)。将这波动量子化,形成的元激发或准粒子叫*磁波子*(magnon)。

除上面提到的各种元激发外,还有名目众多的许多其它元激发,如极化子(polaron),电磁耦合波子(polariton),等离波子(plasmon)等等,不一而足。在《新概念物理教程·热学》(第二版)第四章6.5 节提到与液氦超流现象有关的*旋子*(roton),亦属此列。

应当指出,能带论里的电子并不是真正的自由电子。它们的有效质量 m^* 不等于自由电子的质量 m_e 就是明证。它们是什么? 实际上它们也是一种元激发。不过与上述所有玻色型的元激发不同,它们是费米型的元激发。

能带论里的电子是一种以某种方式把相互作用考虑进去的等效电子，可以叫做着衣电子(dressed electron)，以区别于那些未被相互作用包裹的裸电子(bare electron)。

§6. 超导电现象和唯象理论

6.1 零电阻 临界温度

超流动性和超导电性是两个非常奇特的宏观量子现象。从现象的发现到对它们本质的理解，差不多花费了人们半个世纪的时光。一旦对它们有所理解，就使我们在深入量子世界的旅程中前进了一大步。

在《新概念物理教程·热学》(第二版)第四章 §6 中介绍过液氦的超流动性，现在我们来讲解超导电性。本书是一本量子物理的教材，我们不打算全面介绍超导电性，把重点放在最典型的第一类超导体(软超导体)和 BCS 理论的梗概，对第二类超导体(硬超导体)和近年发现的氧化物陶瓷高温超导体，不做过多的讨论。介绍从现象和唯象理论入手。

20 世纪初，世界低温物理的中心在荷兰的莱顿(Leiden)。1908 年当卡末林·昂内斯(H. Kamerlingh Onnes)把最后一个“永久气体”氦液化了以后，得到了 4.25 K 以下的低温。金属电子论预言，随着温度的降低，金属的电阻率会大大减少。实验事实也证实的确如此。1911 年当卡末林·昂内斯和他的助手们正在观察低温下水银电阻率变化的时候，在 4.2 K 附近发现，水银的电阻突然消失了。[1]图 3-51 复制了卡末林·昂内斯 1913 年诺贝尔演讲里的原图。

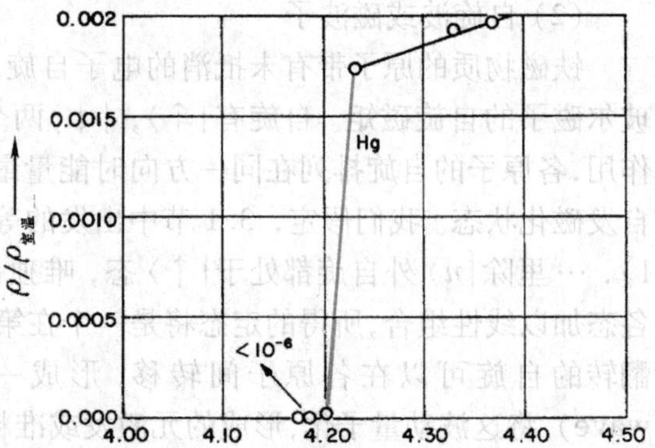

图 3-51 在 4.2 K 水银的电阻突然消失了

按照电声子散射的理论，纯净金属的电阻率 $\rho\propto T$. 但此规律只在 $T\gg\Theta_D$ 时成立。当温度降到 Θ_D 以下时，声子能级的离散性开始起作用，ρ 与 T 的

[1] H. Kamerlingh Onnes, *Comm. Phys. Lab. Univ. Leiden*, Nos. 119,120,122(1911).

关系将偏离直线，以图3－52中曲线Ⅰ的方式随$T\to 0$而趋于0. 这是正常现象，不是超导。不过绝对纯净的金属是理想情况，实际金属的晶格总有一些杂质或其它缺陷。这时电阻率ρ如图3－52中的曲线Ⅱ所示，随$T\to 0$而趋于一有限值ρ_0，ρ_0称为剩余电阻率。金属愈不纯，剩余电阻率就愈

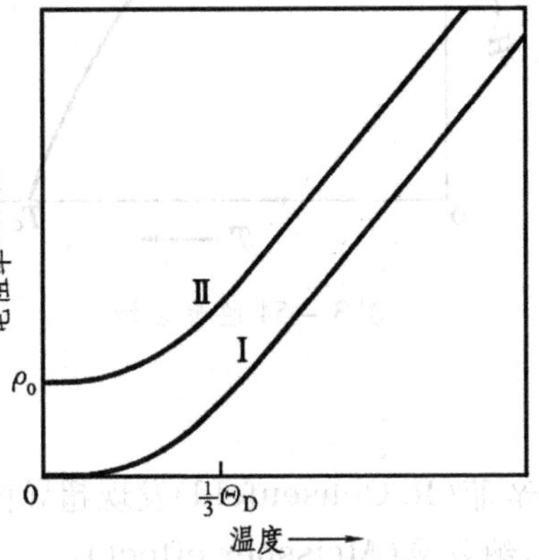

图3－52 正常金属$T\to 0$时的电阻率

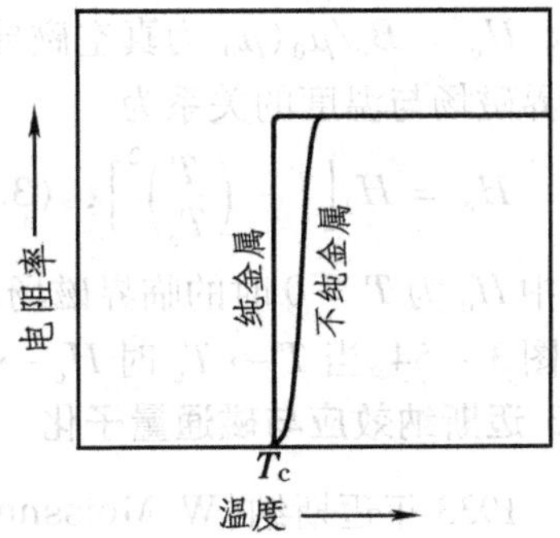

图3－53 超导转变温度

大。超导体的电阻率－温度曲线如图3－53所示，ρ在一个特定温度T_c下突然消失(材料愈纯净，下降愈陡峭)，T_c称为超导转变温度或临界温度。表3－3中给出一些金属、合金，以及近年来发现的氧化物陶瓷的超导转变温度。

表3－3 超导转变温度

元素	T_c/K	元素	T_c/K	元素	T_c/K	合金	T_c/K	氧化物	T_c/K
Al	1.2	Laα	4.8	Nb	9.3	Ta-Nb	6.3	Ba-La-Cu-O	>30
Cd	0.52	Laβ	4.9	Pb	7.2	Pb-Bi	8	Y-Ba-Cu-O	80～93
Ga	1.1	Lu	0.1	Ta	4.5	V_3Ga	14.6	Bi-Sr-Cu-O	105
In	3.4	Hgα	4.2	Sn	3.7	Nb_3Sn	18	Bi-Sr-Ca-Cu-O	120
Ir	0.11	Hgβ	4.0	Zr	0.8	Nb_3Ge	23	Tl-Ba-Ca-Cu-O	125

所谓零电阻，是指直流电阻而言的。$T\neq 0$时超导体的交流电阻并不严格等于0，温度愈接近T_c，或频率ω愈接近$k_BT/\hbar$的数量级，交流电阻愈明显。

6.2 临界电流密度和临界磁场

当超导体内任何一点电流密度的数值j超过一定限度j_c时，也会失超(即从超导态转变为正常态)。j_c称为超导的临界电流密度。下面我们将看到，磁场是不能深入超导体内部的。不过当表面磁感强度的数值B达到一

定限度 B_c 时，表面电流会超过临界电流而导致失超。这 B_c 称为临界磁感强度。尽管现在人们认为磁感强度 B 比磁场强度 H 更根本，在超导界人们还是习惯用 H_c 来表示临界磁场的大小，$H_c = B_c/\mu_0$（μ_0 为真空磁导率）。临界磁场与温度的关系为

$$H_c = H_0\left[1 - \left(\frac{T}{T_c}\right)^2\right], \quad (3.137)$$

式中 H_0 为 $T = 0$ 时的临界磁场，曲线见图 3 – 54。当 $T \to T_c$ 时 $H_c \to 0$.

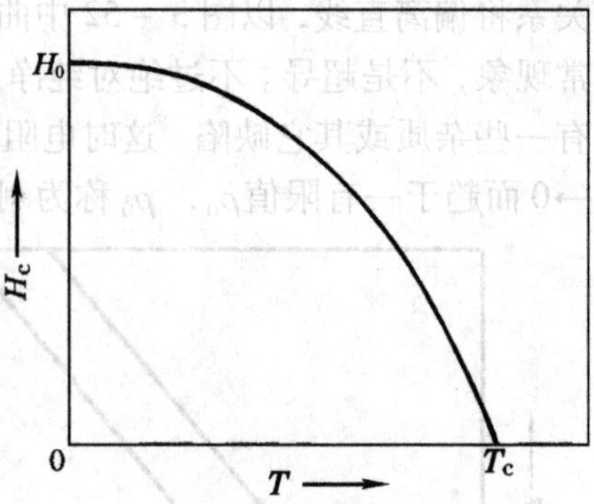

图 3 – 54 临界磁场

6.3 **迈斯纳效应与磁通量子化**

1933 年迈斯纳（W. Meissner）和奥辛菲（R. Ochsenfeld）发现超导体是完全的抗磁体。[1]后来人称这现象为迈斯纳效应（Meissner effect）。

超导体具有零电阻，不难证明，通过一个无电阻回路的总磁通量是不会改变的。此结论论证如下。

设通过此回路的外磁通为 $\Phi_{外}$，磁通变化时，感应电动势为 $-\mathrm{d}\Phi_{外}/\mathrm{d}t$，于是电路的方程为

$$-\frac{\mathrm{d}\Phi_{外}}{\mathrm{d}t} = Ri + L\frac{\mathrm{d}i}{\mathrm{d}t},$$

式中 i 是回路中的电流，R 和 L 分别是回路的电阻和自感。对于无阻电路 $R = 0$，上式化为

$$-\frac{\mathrm{d}\Phi_{外}}{\mathrm{d}t} = L\frac{\mathrm{d}i}{\mathrm{d}t},$$

积分后立即得到

$$\Phi_{外} + Li = 常量.$$

上式中的 $Li = \Phi_L$ 为自感磁通，故总磁通

$$\Phi = \Phi_{外} + \Phi_L = 常量.$$

如果 $\Phi_{外}$ 从无到有，则感应电流产生的 Φ_L 从 0 变到 $-\Phi_{外}$，使总磁通 Φ 保持为 0. 如果 $\Phi_{外}$ 从 Φ_0 变到 0，则感应电流产生的 Φ_L 从 0 变到 Φ_0，以保持总磁通 $\Phi = \Phi_0$ 不变。这就是上面的结论。

如果把超导态看成单纯是零电阻态，我们就会得到如图 3 – 55 所示的结论：在无外磁场的条件下将温度降到转变温度 T_c 以下，导体的电阻消失（图 a 到图 b），加外磁场 $\boldsymbol{B}_{外}$ 后磁感线不进入导体（图 c），撤掉外磁场后导

[1] W. Meissner and R. Ochsenfeld, *Naturwiss.*, **21**(1933), 787.

体内保持无磁通(图 d); 在有外场 $\boldsymbol{B}_{外}$ 的条件下将温度降到转变温度 T_c 以下,导体的电阻消失,磁场分布不变(图 e 到图 f),撤掉外磁场时导体内保持

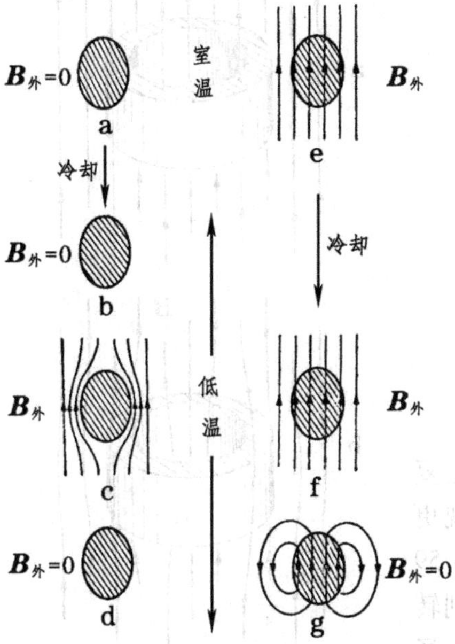

图 3 - 55 零电阻导体的磁性能

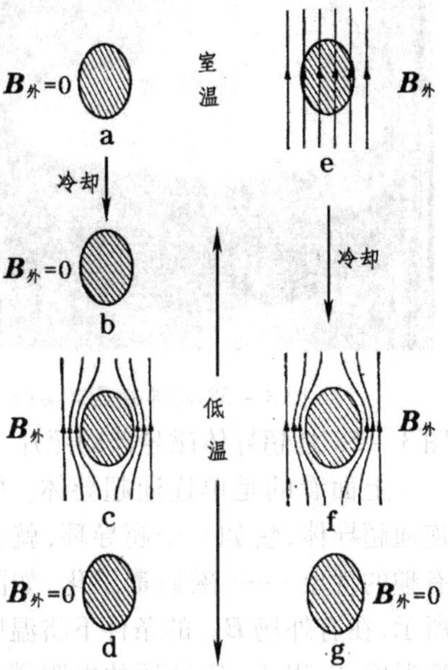

图 3 - 56 超导体的磁性能

原有磁通(图 g)。然而这不是超导体的实际情况!

迈斯纳等人发现超导体的实际情况如图 3 - 56 所示:在无外磁场的条件下将温度降到转变温度 T_c 以下,导体的电阻消失(图 a 到图 b),加外磁场 $\boldsymbol{B}_{外}$ 后磁感线不进入超导体(图 c),撤掉外磁场后超导体内保持无磁通(图 d); 在有外场 $\boldsymbol{B}_{外}$ 的条件下将温度降到转变温度 T_c 以下,超导体的电阻消失,磁场被排除在超导体之外(图 e 到图 f),撤掉外磁场时超导体内保持没有磁通(图 g)。这才是所谓"迈斯纳效应",即超导体的完全抗磁性。

由此看来,迈斯纳效应不是从零电阻演绎出来的一个推论。我们不能把超导电性看成单纯是电阻消失的效应,它还应包括完全抗磁性。

超导体完全抗磁性最生动的演示莫过于磁悬浮实验。如图 3 - 57 所示,将一块超导体置于竖直方向的磁场中,由于超导抗磁电流生成的磁矩与外磁场方向相反,它将受到一个向上的排斥力。排斥力 F 与重力 mg 平衡时,超导体就悬浮于空中。

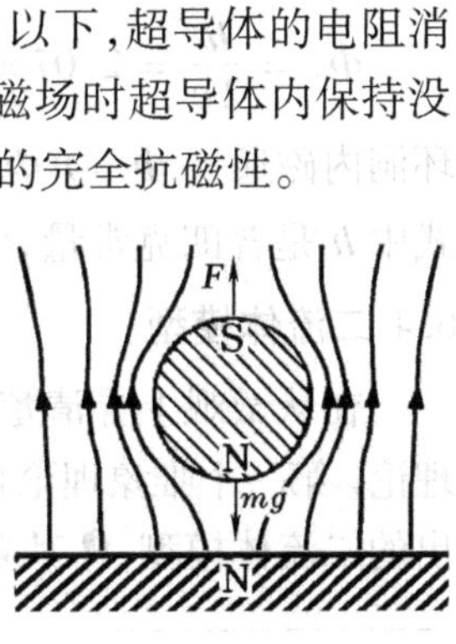

图 3 - 57 超导磁悬浮原理

图 3－58 超导磁悬浮实验

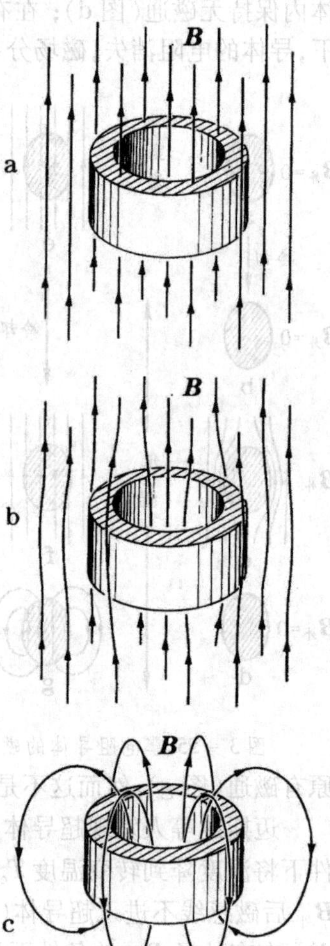

图 3－59 磁通量子化

图 3－58 是超导体磁悬浮的照片。

上面看的是单连通超导体。如果是复连通超导体，譬如一个超导环，就会出现更有趣的现象 —— 磁通量子化。如图 3－59 所示，在有外场 $\boldsymbol{B}_{外}$ 的条件下将温度降到转变温度 T_c 以下，超导环的电阻消失，磁场被排除在导体之外，即环外和洞内（图 a 到图 b），撤掉外磁场时超导体内保持无磁通，洞内的磁通保持不变（图 c）。然而陷俘在超导环洞之内磁通的数量总是下列基本单位的整数倍：

$$\Phi_0 = \frac{h}{2e} = 2.07\times10^{-15}\,\mathrm{Wb}, \quad (3.138)$$

环洞内磁通　$\Phi = n\Phi_0$（n = 整数），

式中 h 是普朗克常量，e 是电子电荷的数值。

6.4 二流体模型

在从微观上弄清楚超导现象的机理之前，人们先为它建立了一些唯象理论。第一个唯象理论是高特（C. J. Gorter）、卡西米尔（H. G. B. Casimir）提出的二流体模型，[1] 其要点如下：（1）超导相共有化电子有两类：正常电子

[1] C. J. Gorter and H. G. B. Casimir, *Phys. Z.*, **35**(1934), 963; *Z Tech. Phys.*, **15**(1934), 539.

(normal electron)和超导电子(superconducting electron)。总电子数密度 n 和总电流密度 $\boldsymbol{j}$ 可写成

$$n = n_{\mathrm{n}} + n_{\mathrm{s}}, \tag{3.139}$$

$$\boldsymbol{j} = \boldsymbol{j}_{\mathrm{n}} + \boldsymbol{j}_{\mathrm{s}}, \tag{3.140}$$

式中下标 n 和 s 分别代表“正常”和“超导”。

(2) 正常电子流体受声子散射从而有电阻效应,熵不为 0;超导电子流体不受声子散射,没有电阻效应,对熵的贡献为 0.

(3) 令

$$\eta^2(T) = \frac{n_{\mathrm{s}}(T)}{n}. \tag{3.141}$$

$T \geqslant T_{\mathrm{c}}$ 时 $\eta^2 = 0$; T 由 T_{c} 降到 0 时 η^2 由 0 增到 1.

用二流体模型可以说明,为什么超导体的直流电阻为 0,而交流电阻不为 0. 因为超导体内不能有直流电场,否则超导电子被不断加速,电流将趋于无穷大。没有电场就没有正常电子流,没有能量耗散,电阻效应不表现出来。但交流情况不同。交变电场也不会把超导电流朝固定方向加速到无穷大,是可以存在的。而正常电子在交变电场中将形成交变电流,表现出电阻效应来。

6.5 伦敦方程

为了说明超导体的完全抗磁性,伦敦兄弟(F. London 和 H. London)在二流体模型的基础上提出超导电流的电磁学方程。[1]导出伦敦方程的思路如下。[2]

正常电流仍服从欧姆定律

$$\boldsymbol{j}_{\mathrm{n}} = \sigma \boldsymbol{E} \quad (\sigma \text{ 为正常电导率}), \tag{3.142}$$

而超导电子在电场 $\boldsymbol{E}$ 中被加速:

$$m\dot{\boldsymbol{v}}_{\mathrm{s}} = -e\boldsymbol{E} \quad (m \text{ 为电子质量}),$$

超导电流密度为

$$\boldsymbol{j}_{\mathrm{s}} = -n_{\mathrm{s}} e \boldsymbol{v}_{\mathrm{s}},$$

由以上两式得

$$\dot{\boldsymbol{j}}_{\mathrm{s}} = \frac{n_{\mathrm{s}} e^2}{m} \boldsymbol{E}. \tag{3.143}$$

取上式的旋度:

---

[1] F. London and H. London, *Proc. Roy. Soc. (London)*, **A149**(1935), 71; *Physica*, **2**(1935), 341; F. London, *Superfluids*, Vol. I, Wiley, New York, 1950.

[2] 参阅章立源,张金龙,崔广霁. 超导物理. 北京:电子工业出版社. 1987,第三章。

$$\nabla\times\dot{\boldsymbol{j}}_{\mathrm{s}}=\frac{n_{\mathrm{s}}e^{2}}{m}\nabla\times\boldsymbol{E},$$

而按麦克斯韦方程

$$\nabla\times\boldsymbol{E}=-\dot{\boldsymbol{B}},$$

得

$$\nabla\times\dot{\boldsymbol{j}}_{\mathrm{s}}=-\frac{n_{\mathrm{s}}e^{2}}{m}\dot{\boldsymbol{B}}.\tag{3.144}$$

为了能够解释迈斯纳效应(见下节),伦敦假定下式成立:

$$\nabla\times\boldsymbol{j}_{\mathrm{s}}=-\frac{n_{\mathrm{s}}e^{2}}{m}\boldsymbol{B}.\tag{3.145}$$

将上面的(3.143)式正规地写成

$$\frac{\partial\boldsymbol{j}_{\mathrm{s}}}{\partial t}=\frac{n_{\mathrm{s}}e^{2}}{m}\boldsymbol{E}.\tag{3.146}$$

(3.145)、(3.146)两式合起来,称为伦敦方程。

6.6 唯象理论对超导现象的解释

(1) 对零电阻现象的解释

对于定常情形,$\partial/\partial t=0$,由(3.146)式知$\boldsymbol{E}=0$,再由(3.142)式知$\boldsymbol{j}_{\mathrm{n}}=0$. 亦即,超导体内没有电场,超导电流为常量,正常电流为0.

(2) 对迈斯纳效应的解释

按麦克斯韦方程

$$\nabla\times\boldsymbol{B}=\mu_{0}\boldsymbol{j}_{\mathrm{s}},\tag{3.147}$$

并注意到 $\nabla\times\nabla\times\dot{\boldsymbol{B}}=\nabla\nabla\cdot\dot{\boldsymbol{B}}-\nabla^{2}\dot{\boldsymbol{B}}$ 以及 $\nabla\cdot\boldsymbol{B}=0$,由(3.144)式得

$$\nabla^{2}\dot{\boldsymbol{B}}=\frac{\mu_{0}n_{\mathrm{s}}e^{2}}{m}\dot{\boldsymbol{B}}.\tag{3.148}$$

对于半无穷大平板超导体(见图3-60)有如下解:

$$\dot{B}_{y}(x)=\dot{B}_{ey}\mathrm{e}^{-x/\lambda},\tag{3.149}$$

式中

$$\lambda=\sqrt{\frac{m}{\mu_{0}n_{\mathrm{s}}e^{2}}}\tag{3.150}$$

是磁场的穿透深度,$\dot{B}_{ey}$ 是 $x=0$ 处,即超导体边界外磁感强度的时间变化率。此解的物理意义是:深入到超导样品内部时,$\dot{\boldsymbol{B}}$ 按指数律衰减;换句话说,除表面一厚度数量级为 λ 的表面层外,样品腹地的磁感强度的时间变化率趋于0,即磁感强度本身趋于恒定值。然而迈斯纳等

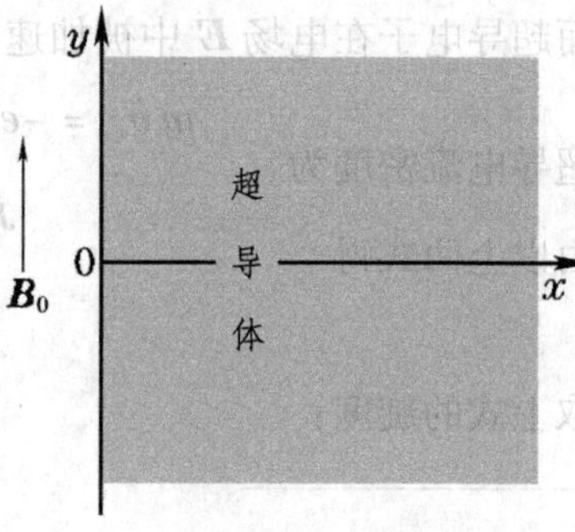

图3-60 半无穷大平板超导体

人的实验表明，超导体内部的磁感强度不止是恒定的，而是恒为0. 实际上(3.144)式是由超导电流不受阻力的条件导出的，故(3.149)式所描述的是零电阻导体的性质，不是超导体的性质。超导体不仅具有零电阻，它们还具有完全抗磁性。所以伦敦兄弟把(3.144)式改为(3.145)式，从此式出发，代替(3.146)式我们得到下式：

$$B_y(x) = B_{ey}\mathrm{e}^{-x/\lambda}, \tag{3.151}$$

此式预言，深入超导体样品腹地时磁感强度本身趋于0，即超导体具有完全抗磁性。

应当指出，不仅磁场不深入到超导体的内部，超导电流 j_s 也只分布在同一厚度的表面层内。为说明这一点，只需将麦克斯韦方程(3.147)运用于上述半无穷大平板超导体，得

$$j_{sz} = \frac{1}{\mu_0}(\boldsymbol{\nabla}\times\boldsymbol{B})_z = \frac{1}{\mu_0}\frac{\partial B_y(x)}{\partial x} = -\frac{1}{\mu_0\lambda}B_{ey}\mathrm{e}^{-x/\lambda} = j_{s0}\mathrm{e}^{-x/\lambda}. \tag{3.152}$$

式中

$$j_{s0} = -\frac{1}{\mu_0\lambda}B_{ey}.$$

穿透深度 $\lambda \propto n_s^{-1/2}$ 与温度有关，在 $T\approx 0\,\mathrm{K}$ 按 $n_s = 3\times10^{28}\,\mathrm{m}^{-3}$ 计，$\lambda\approx 3\times10^{-8}\,\mathrm{m}$，即 $10^{-6}\,\mathrm{cm}$ 数量级。

6.7 用磁矢势表示伦敦方程

伦敦方程(3.145)式也可用磁矢势 $\boldsymbol{A}$ 来表示。将 $\boldsymbol{B}=\boldsymbol{\nabla}\times\boldsymbol{A}$ 代入该式，得

$$\boldsymbol{\nabla}\times\boldsymbol{j}_s = -\frac{n_s e^2}{m}\boldsymbol{\nabla}\times\boldsymbol{A}. \tag{3.153}$$

规定磁矢势服从库仑规范：

$$\boldsymbol{\nabla}\cdot\boldsymbol{A} = 0, \tag{3.154}$$

则可将(3.153)式改为

$$\boldsymbol{j}_s = -\frac{n_s e^2}{m}\boldsymbol{A}. \tag{3.155}$$

我们知道，库仑规范把磁矢势确定到最多差一个满足拉普拉斯方程 $\boldsymbol{\nabla}^2\chi=0$ 的函数 χ 的梯度 $\boldsymbol{\nabla}\chi$. 只要为磁矢势规定与超导电流同样的边界条件，上式就能够严格成立。(3.152)式是用磁矢势表示的伦敦方程。

§7. 超导微观理论

7.1 同位素效应

尽管唯象理论在一定层次上解释了超导电现象，毕竟没有揭开它的微观本质。自从卡末林·昂内斯 1911 年发现水银的超导电现象以后近半个世纪，量子力学建立以后 30 余年，这个谜底才被揭开，其中是有道理的。超导

机制属于道地的多体问题,不可能从单体问题经多级微扰去逼近。这样的问题在量子理论中也属较深层次的问题,在物理上和数学上都有相当的难度。所以,1957年微观超导理论的建立,标志着量子力学多体理论攀上了一个新的高峰。

在建立超导微观理论的漫长历程中,许多理论物理学家费尽心血,悉心倾听实验的点滴音响,提出一个又一个具有洞察力的设想,进行理论剖析,终于豁然开朗,到达光明的顶峰。

超导现象与超流现象有相似之处,也有重要的区别。人们早就知道,超流现象与动量空间的凝聚有关[参见《新概念物理教程·热学》(第二版)第二章6.3节和第四章6.5节]。超导电性似乎也是一种动量空间凝聚的现象。是什么力对这种凝聚负责?1950年弗勒利希(H. Fröhlich)预感到,电声子相互作用对产生这种凝聚是至关重要的。❶ 麦克斯韦(E. Maxwell)和雷诺(C. A. Reynolds)等人的同位素效应实验对弗勒利希的设想是个有力的支持。❷ 他们相互独立地发现,同一元素的超导体,转变温度 T_c 与同位素的原子量 M 有关。定量的分析表明, T_c 与 M 的关系如下:

$$T_c \propto M^{-\beta}.$$

表 3-4 同位素效应

元素	β
Cd	0.40
Hg	0.504
Pb	0.478
Sn	0.505
Tl	0.49
Zn	0.5
Mo	0.33

表3-4给出一些超导物质同位素效应的 β 值。可以看出对于很多物质, $\beta\approx 1/2$, 即

$$T_c \propto \frac{1}{\sqrt{M}}. \tag{3.156}$$

我们知道,声子的频率 $\omega(k)$, 或者说能量 $\hbar\omega(k)$ 正比于 $1/\sqrt{M}$, 所以同位素效应明显地提示我们,超导现象与声子,或者说与电声子相互作用有关。

7.2 电声子相互作用

弗勒利希和巴丁(J. Bardeen)等人对电子-声子耦合系统作了仔细分析,写出电子-电子通过声子间接相互作用的矩阵元。❸ 电声子作用的过程可用图3-61的图解来说明,动量为 $\boldsymbol{k}_1$ 的电子发射一个动量为 $\boldsymbol{q}$ 的声子,电子本身的动量化为 $\boldsymbol{k}_1-\boldsymbol{q}$;另一动量为 $\boldsymbol{k}_2$ 的电子吸收此声子,动量化为 $\boldsymbol{k}_2+\boldsymbol{q}$. 矩阵元的形式表明,对于那些始态、终态能量差小于声子能量的电子,即

---

❶ H. Fröhlich, *Phys. Rev.*, **79**(1950),845.

❷ E. Maxwell, *Phys. Rev.*, **78**(1950), 477;
C. A. Reynolds, B. Serin, W. H. Wright and L. B. Nesbitt, *Phys. Rev.*, **78**(1950), 487.

❸ H. Fröhlich, *Proc. Roy. Soc.* (London), **A215**(1952), 291;
J. Bardeen and D. Pines, *Phys. Rev.*, **99**(1955), 1140.

$\varepsilon(\boldsymbol{k}_2)-\varepsilon(\boldsymbol{k}_1)<\hbar\omega_{\mathrm{D}}$，有效的相互作用能是负的，即吸引力。

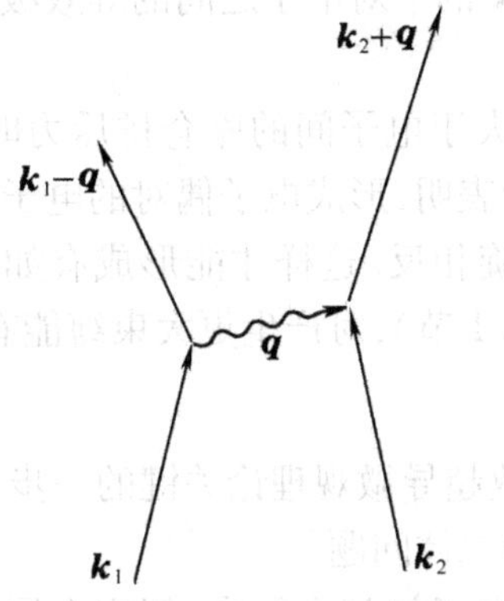

图 3－61 电子通过声子间接相互作用

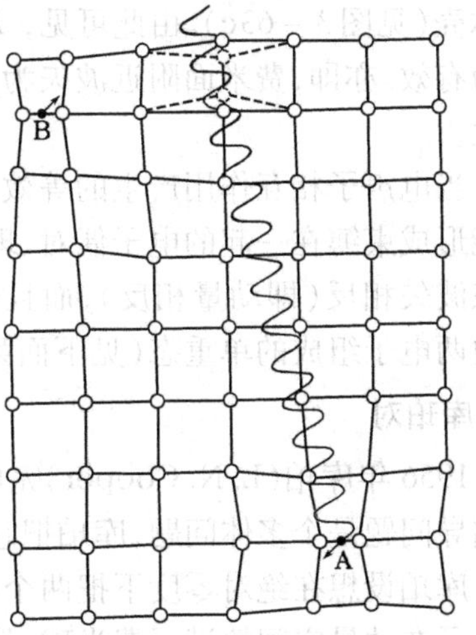

图 3－62 电声子相互作用示意图

简单说来，电子通过与声子相互作用产生有效吸引力的过程如图 3－62 所示。当电子 A 经过晶格某处时，晶格上的正离子受到库仑作用的吸引而靠拢，造成局部正电荷增加。这种局部电荷受到的骚扰以格波的形式传播开来，影响到远处另一个电子 B. 两电子通过格波产生的相互作用是一种受迫振动。可以预期，在适当的条件下，振动可与驱动力同相位，这时晶格上的正离子能够及时地靠拢电子，造成局部正电荷过剩，吸引另一个电子。

声子频率的上限可选为德拜频率 ω_{D}，即声子的能量不超过 $\hbar\omega_{\mathrm{D}}$，其数量级为 10^{-2} eV，而金属里自由电子的费米能 ε_{F} 具有 eV 的数量级，即 $\hbar\omega_{\mathrm{D}}\ll\varepsilon_{\mathrm{F}}$，参与电声子相互作用的电子只在费米球表面 $k_{\mathrm{F}}\pm\Delta k(\Delta k/k_{\mathrm{F}}\approx10^{-2})$ 很薄的一层内。在交换声子的过程中两电子的总动量 $\hbar\boldsymbol{K}=\hbar\boldsymbol{k}_1+\hbar\boldsymbol{k}_2$ 是守恒的。给定总动量 $\boldsymbol{K}$，而 $\boldsymbol{k}_1$、$\boldsymbol{k}_2$ 的端点又落在上述薄球壳内，允许的波矢必须起止于图 3－63a 所示的阴影区内。此区是球心相对平移距离 K 的两个球壳的环状

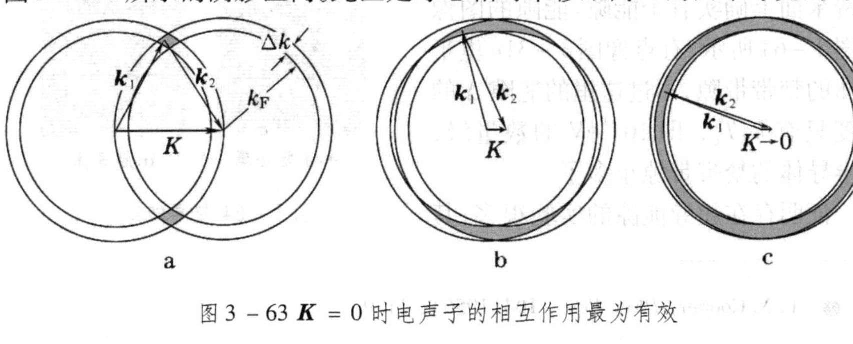

图 3－63 $\boldsymbol{K}=0$ 时电声子的相互作用最为有效

交叠区,它在k空间的体积一般是很小的,除非$\boldsymbol{K}\to 0$,此时交叠区几乎是整个球壳(见图3-63c)。由此可见,$\boldsymbol{K}=0$(即$\boldsymbol{k}_2=-\boldsymbol{k}_1$)时电声子的相互作用最为有效。亦即,费米面附近波矢为$\boldsymbol{k}$和$-\boldsymbol{k}$的一对电子之间的等效吸引力最大。

当电声子相互作用产生的等效吸引力大于电子间的库仑排斥力时,就可能形成束缚在一起的电子偶对。理论分析表明,形成电子偶对的电子不仅应该波矢相反(即动量相反),而且还要自旋相反。这样才能形成有如氢分子内两电子组成的单重态(见下面第四章8.1节),对产生更大束缚能有利。

7.3 库珀对

1956年库珀(L. N. Cooper)完成了导致超导微观理论关键的一步。❶本来超导问题是个多体问题,库珀把它简化为二体问题。

库珀设想在绝对零度下把两个额外的电子加到金属中,假定金属中原有电子在动量空间填满了费米球,形成一个不受那两个外来电子影响的宁静费米海。于是两个外来电子只能占据$k>k_{\rm F}$的量子态。库珀仅以波矢和自旋为$(\boldsymbol{k}\uparrow,-\boldsymbol{k}\downarrow)$、单电子能量处于$\varepsilon_{\rm F}$和$\varepsilon_{\rm F}+\hbar\omega_{\rm D}$之间的电子对的单重态波函数为态基,将可能存在的束缚态波函数展开。库珀假定在此动量空间范围内两电子间的相互作用势为常量$-V$,用标准的量子力学方法计算出电子对的能量本征值为

$$\varepsilon=\varepsilon_{\rm F}-2\hbar\omega_{\rm D}{\rm e}^{-2/N(0)V},\tag{3.157}$$

式中$N(0)$是费米面上的量子态密度。上式表明,库珀对的束缚能为2Δ,其中

$$\Delta=\hbar\omega_{\rm D}{\rm e}^{-2/N(0)V}.\tag{3.158}$$

亦即,要拆散一个库珀对使它们回到费米面上,需要能量2Δ. 如果费米面附近所有的电子都形成库珀对,则费米面的能量与其上的激发态之间就形成一个宽度为2Δ的能隙。

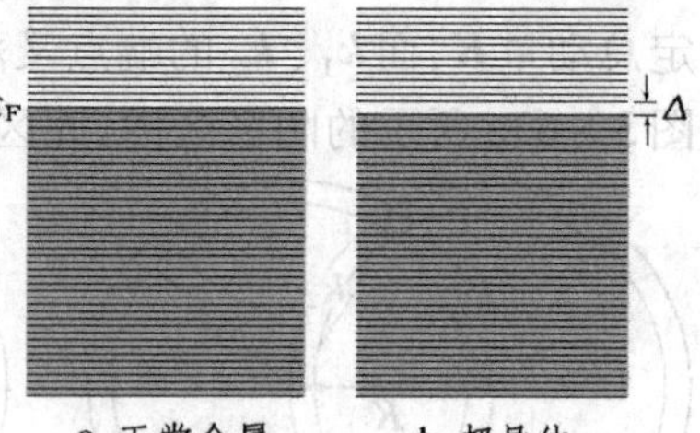

图3-64 超导能隙

许多实验表明,超导态的电子能谱在费米面上确实有个能隙。能隙的图像如图3-64所示,有点像图3-31c里半导体的禁带带隙,不过这里的能隙Δ的宽度只有$k_{\rm B}T_{\rm c}$,即10^{-4}eV的数量级,比半导体的禁带带隙小多了。

证明存在超导能隙的实验很多,其

---

❶ L. N. Cooper, *Phys. Rev.*, **104**(1956), 1189.

中一类表明,超导体吸收光子有个频率的红限 ν_0:[1]

$$h\nu_0 = 2\Delta, \tag{3.159}$$

超导体对频率低于此限的光子不吸收。

能隙的存在验证了库珀对的理论。

不要误会,以为就像两个氢原子结合成氢分子那样,两个电子结合成库珀对。库珀对是动量空间的凝聚,在位形空间里每个库珀对有相当大的广延范围,或者说,库珀对有相当大的关联长度 ξ. 在理论上可以这样来估算:电子的费米能 $\varepsilon_F = \hbar^2 k_F{}^2/2m$, 图 3－63 里 k 空间球壳的厚度 Δk 满足下式:

$$\frac{\hbar^2(k_F + \Delta k)^2}{2m} = \varepsilon_F + \hbar\omega_D,$$

或
$$\frac{\hbar^2 k_F{}^2}{2m}\left(1 + \frac{2\Delta k}{k_F}\right) \approx \varepsilon_F\left(1 + \frac{\hbar\omega_D}{\varepsilon_F}\right),$$

由此得
$$\Delta k \approx \frac{m\omega_D}{\hbar k_F},$$

用动量来表示,则有

$$\Delta p \approx \frac{m\hbar\omega_D}{p_F}.$$

海森伯不确定度关系给出库珀对的关联长度

$$\xi \approx \frac{\hbar}{\Delta p} \approx \frac{m\hbar\omega_D}{p_F} \approx 10^{-4}\ \text{cm}. \tag{3.160}$$

在关联范围 ξ^3 内大约有 10^7 个库珀对重叠在其中。这就是动量空间凝聚与位形空间凝聚在物理图像上的不同。

7.4 BCS 理论

库珀的理论表明，很弱的吸引力就可使费米面上面的一对电子形成束缚态，从而降低了自己的能量。由此库珀指出，这种弱吸引作用将使正常金属的费米海失稳，所有电子都将结合成库珀对。预期这就是超导相形成的原因。下一步理论的任务，是将库珀的二体理论推广到多电子系统。巴丁、库珀、施瑞弗(J. R. Schrieffer)完成了这项工作。他们的理论人称BCS理论。[2]

与库珀理论一样，BCS 理论也只考虑($\boldsymbol{k}\uparrow$，$-\boldsymbol{k}\downarrow$)电子对组成的单重

---

[1] M. A. Biondi *et al.*, *Rev. Mod. Phys.*, **30**(1958), 1109.

[2] J. Bardeen, L. N. Cooper, J. R. Schrieffer, *Phys. Rev.*, **108**(1957), 1175.

态,并认为在费米面附近这些电子对态有一定的概率幅 v_k 被电子对占据,也有一定的概率幅 u_k 空着。BCS 波函数的形式如下：

$$|\Psi\rangle_{\mathrm{BCS}} = \left\{\prod_{k}\left(u_k + v_k \hat{c}^{\dagger}_{k\uparrow}\hat{c}^{\dagger}_{-k\downarrow}\right)\right\}|0\rangle, \qquad (3.161)$$

式中 $\hat{c}^{\dagger}_{k\uparrow}$ 和 $\hat{c}^{\dagger}_{-k\downarrow}$ 是电子的产生算符,它们作用到真空态(即所有量子态上粒子数皆为0的态)$|0\rangle$ 上,使之变为电子态($\boldsymbol{k}\uparrow$)和($-\boldsymbol{k}\downarrow$)被占的状态。(3.161)式中的产生算符服从反对易关系：

$$\hat{c}^{\dagger}_{k\sigma}\hat{c}_{k'\sigma'} + \hat{c}_{k'\sigma'}\hat{c}^{\dagger}_{k\sigma} = \delta_{kk'}\delta_{\sigma\sigma'} \quad (\sigma = \uparrow, \downarrow). \qquad (3.162)$$

u_k 和 v_k 应满足下列归一化条件：

$$u_k^{\ 2} + v_k^{\ 2} = 1. \qquad (3.163)$$

以上波函数就是曾被施瑞弗称之为“给 10^{23} 个电子对设计舞蹈动作的”宏伟波函数。按此波函数计算系统的能量 E,并相对于 $v_k^{\ 2}$ 求极小。如此得到的超导相基态的能量为

$$E_{\mathrm{s}} = E_{\mathrm{n}} - 2N(0)\Delta^2, \qquad (3.164)$$

式中 E_{n} 是正常金属的基态能量,即费米海的能量；Δ 的表达式同(3.155)式。BCS 理论预言,转变温度

$$k_{\mathrm{B}}T_{\mathrm{c}} = 0.568\ \Delta \propto \omega_{\mathrm{D}}. \qquad (3.165)$$

此式解释了同位素效应。

费米面附近电子对态被占据的情况如图 3－65 所示，它有点像 $T=T_{\mathrm{c}}$ 时正常金属中单电子的费米分布(图中虚线)，然而现在是超导相 $T=0$ 时电子对态的分布。

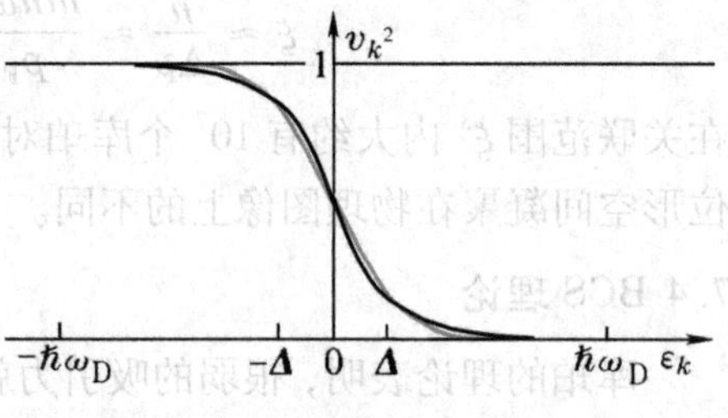

图 3－65 BCS 波函数
费米面附近电子对态被占据情况

按照 BCS 理论，超导相里库珀对形成一个总动量等于0的凝聚体。换个参考系，这凝聚体中所有库珀对具有相同的动量，整体前进，构成宏观的超导电流 $\boldsymbol{j}_{\mathrm{s}}$. 要改变这个电流，即改变库珀对凝聚体的动量，需要有足够的能量拆散一些库珀对，否则没有电子被散射。这便是 BCS 理论对零电阻效应的解释。BCS 理论对超导体磁现象的解释见下节。

BCS 理论的成就如此之大,三位作者同获 1972 年诺贝尔物理奖，巴丁

成为唯一获同一学科两次诺贝尔奖的人。❶

§8. 磁场中的带电粒子

8.1 磁场中动量算符

我们知道，在量子力学中一个粒子的动量算符为

$$\hat{\boldsymbol{p}} = -\mathrm{i}\hbar\boldsymbol{\nabla},$$

今设一带电 q 的粒子处于外磁场 $\boldsymbol{B}=\boldsymbol{\nabla}\times\boldsymbol{A}$ 中，这时动量算符怎样写？问题是现在除粒子的动量 $\boldsymbol{p}_{粒子}=m\boldsymbol{v}$ 外，电磁场也有动量 $\boldsymbol{p}_{场}$，只有二者之和

$$\boldsymbol{p} = \boldsymbol{p}_{粒子} + \boldsymbol{p}_{场}$$

才守恒，$\boldsymbol{p}_{粒子}$ 和 $\boldsymbol{p}_{场}$ 单独都不守恒。❷ 可以证明，点电荷在外磁场中 $\boldsymbol{p}_{场}$ 的表

---

❶ 巴丁、库珀、施瑞弗三人中巴丁是资深阅历广的老一辈科学家。他在大学期间学的是电子工程，做过地球物理方面的工作，研究生时攻读数学物理，后转向固体物理学。1947 年与肖克利、布拉坦合作发明晶体管，因而获1956 年诺贝尔物理奖。20 世纪50 年代他的兴趣又从半导体转向超导，带领库珀、施瑞弗两个年青人，在从斯德哥尔摩领奖归来不到一年，一举拿下物理学中长期未能攻克的又一个堡垒。

库珀 1951 年获文学学士，1953 年获理学硕士，1954 年获哲学博士。他是量子场论和粒子理论方面的专家，在普林斯顿和杨振宁一起工作。老谋深算的巴丁感到，超导理论的突破需要精通量子场论的人，1955 年就经杨振宁推荐把库珀这位“东方的量子技师” 请来合作。库珀用不到一年时间从头起熟悉超导问题后，就以“库珀对”的理论立下第一宗汗马功劳。库珀成名后始终保持对人文学科的兴趣，凭着他文学艺术的功底为人文学科的学生讲物理学，努力把人文和科学融合起来。

施瑞弗当时是巴丁的研究生。巴丁拿出十个问题供他选择，并建议他搞第十个问题——超导。施瑞弗征求另一位老师的意见，这位老师问他：“你今年多少岁？” 他答：“二十多一点。” 这位老师说：“那浪费一二年不要紧。” 于是施瑞弗就选择了超导这个老大难问题。施瑞弗把解决超导体内所有电子的多体问题，形象地说成为 10^{23} 个电子设计舞蹈动作找波函数。这问题实在是太难了，施瑞弗一度曾想把论文题目转到铁磁性方面。此刻巴丁正要出发到斯德哥尔摩去领奖，他劝施瑞弗再继续坚持一个月，终于没有功败垂成。

施瑞弗描述当时的环境说：搞理论的有各式各样的人，搞原子核物理、场论、固体理论等等，常常三三两两一起讨论，什么问题都容易找到答案。有时即使旁听别人的讨论也受益匪浅。在餐厅里还可遇到搞实验的，为了互相交流，一顿饭常吃上一两个小时。看来，开放而宽松的环境、浓厚而自由的学术气氛，对发展科学是至关重要的。而专业知识狭隘、学术上划地自封的人难在科学上干出大事。

❷ 著名的费曼圆盘佯谬最能说明这一点，佯谬本身见 R. P. Feynman *et al.*, *Lectures on Physics*, Addison-Wesley, Vol. 2, 1963?, §17 –4；中译本见费曼等. 费曼物理学讲义：第二卷. 王子辅译. 上海：上海科学技术出版社，1981. 198.

《大学物理》杂志上对此问题曾有过一系列讨论文章，例如陈熙谋. 大学物理，1982，**1**(4)：16；贾兆平，刘惠恩. 大学物理，1983，**2**(4)：1.

达式为

$$\boldsymbol{p}_{场} = q\boldsymbol{A}(\boldsymbol{r}), \tag{3.166}$$

式中 $\boldsymbol{r}$ 为点电荷所在位置的位矢。[1] 即总动量[在经典分析力学中称正则动量(canonical momentum)]为

$$\boldsymbol{p} = m\boldsymbol{v} + q\boldsymbol{A}(\boldsymbol{r}). \tag{3.167}$$

量子力学规定,正则动量的算符为[2]

$$\hat{\boldsymbol{p}} = -\mathrm{i}\hbar\boldsymbol{\nabla}, \tag{3.168}$$

从而有

$$-\mathrm{i}\hbar\boldsymbol{\nabla} = m\boldsymbol{v} + q\boldsymbol{A}(\boldsymbol{r}). \tag{3.169}$$

8.2 磁场中波函数的相因子

在没有磁场时自由粒子的波函数

$$\psi(\boldsymbol{r}) \sim \mathrm{e}^{\mathrm{i}(\boldsymbol{p}\cdot\boldsymbol{r})/\hbar} = \mathrm{e}^{\mathrm{i}(\boldsymbol{k}\cdot\boldsymbol{r})} = \mathrm{e}^{2\pi\mathrm{i}(\hat{\boldsymbol{k}}\cdot\boldsymbol{r})/\lambda},$$

式中 $\hat{\boldsymbol{k}} = \boldsymbol{k}/k$ 为波矢 $\boldsymbol{k}$ 方向的单位矢量，$\lambda = 2\pi/k$ 为波长。我们也可以将指数上随传播距离而变的相位一般地写成 $\varphi(\boldsymbol{r})$:

$$\psi(\boldsymbol{r}) \sim \mathrm{e}^{\mathrm{i}\varphi(\boldsymbol{r})}.$$

一般说来,波函数中振幅在空间里的变化远不如相位因子来得快。若忽略振幅的空间变化,正则动量算符对波函数作用的结果就是乘上 $\hbar$ 和相位的梯度:

$$\hat{\boldsymbol{p}}\psi(\boldsymbol{r}) = -\mathrm{i}\hbar\boldsymbol{\nabla}\psi(\boldsymbol{r}) \approx \hbar\boldsymbol{\nabla}\varphi(\boldsymbol{r})\psi(\boldsymbol{r}). \tag{3.170}$$

在这种情况下我们也可以认为

$$\hat{\boldsymbol{p}} = \hbar\boldsymbol{\nabla}\varphi(\boldsymbol{r}),$$

从而(3.169)式化为

$$\boldsymbol{\nabla}\varphi(\boldsymbol{r}) = \frac{1}{\hbar}[m\boldsymbol{v} + q\boldsymbol{A}(\boldsymbol{r})]. \tag{3.171}$$

上式表明,与没有磁场的情况相比,波函数相位梯度增加一项 $q\boldsymbol{A}(\boldsymbol{r})/\hbar$. 若我们选定一个原点 O, 波函数在另一点 P 因磁场而附加了一个相位

$$(\Delta\varphi)_{磁} = \frac{q}{\hbar}\int_O^P \boldsymbol{A}(\boldsymbol{r})\cdot\mathrm{d}\boldsymbol{l}, \tag{3.172}$$

一般说来,这个线积分的数值是与路径有关的。

8.3 AB 效应

1959 年阿哈罗诺夫(Y. Aharonov)和玻姆(D. Bohm)指出,[3] 倘若如图 3 – 66 所示,让一电子束分为两股从不同侧绕过一个载流螺线管后重新会

---

[1] 《新概念物理教程 · 电磁学》(第二版)第三章 3.2 节。

[2] 算符 $-\mathrm{i}\hbar\boldsymbol{\nabla}$ 是空间平移算符,理应与空间平移的守恒量——正则动量对应。

[3] Y. Aharonov and D. Bohm, *Phys. Rev.*, **115**(1959),485.

合,由于它们的波函数之间有附加相位差

$$\begin{aligned}(\Delta\varphi)_{磁} &= \frac{q}{\hbar}\Big[\int_{O\,(\mathrm{I})}^{P}\boldsymbol{A}(\boldsymbol{r})\cdot\mathrm{d}\boldsymbol{l}-\int_{O\,(\mathrm{II})}^{P}\boldsymbol{A}(\boldsymbol{r})\cdot\mathrm{d}\boldsymbol{l}\Big]\\ &= \frac{q}{\hbar}\oint_{(O\mathrm{I}P\mathrm{II}O)}\boldsymbol{A}(\boldsymbol{r})\cdot\mathrm{d}\boldsymbol{l} = \frac{q}{\hbar}\Phi_B,\end{aligned} \tag{3.173}$$

在相遇处将发生干涉效应,人称 AB 效应。

应注意,上式里 Φ_B 是通过闭合回路的磁通。我们可以尽量做到使磁通局限在螺线管内而几乎不泄漏,这样一来,在电子经过的路径上只有磁矢势 $\boldsymbol{A}(\boldsymbol{r})$ 而无磁场 $\boldsymbol{B}$. 如果实验证实了上述设想,则表明电子可以在没有磁场的地方感知磁矢势的存在而产生物理效应。然而经典物理认为,只有磁感强度 $\boldsymbol{B}$ 才是真实的,它作用到电子上以洛伦兹力,而磁矢势 $\boldsymbol{A}$ 不过是个辅助概念,不应有直接的物理后果。

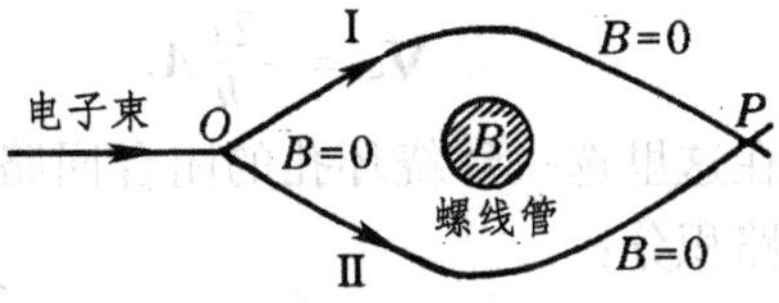

图 3-66 AB 效应

AB 效应 1960 年就得到钱伯斯(R. G. Chambers)实验的初步验证。他用一根直径 1 μm 的铁晶须代替图 3-66 中的螺线管做的实验,观察到了干涉条纹。他的实验不算严格,人们可以怀疑:电子有没有闯入磁场区的概率,以及漏磁通是否小到对干涉条纹不产生影响。令人信服的实验是 26 年后以超导体为屏蔽完成的。因为该实验同时还验证了磁通的量子化,我们将在 8.5 节里介绍。

8.4 对超导体磁性能的微观理论解释

在超导体内超导电子结成库珀对,现把(3.168)式应用于库珀对的波函数,这时应作如下代换:$m\to 2m$, $q=-2e$, $\boldsymbol{v}=\boldsymbol{v}_s=-\boldsymbol{j}_s/n_s e$, 这里 n_s 和 $\boldsymbol{j}_s$ 分别是超导电子的数密度和超导电流密度。于是,描述库珀对的波函数的相位 $\varphi(\boldsymbol{r})$ 满足下式:

$$\nabla\varphi(\boldsymbol{r}) = -\frac{1}{\hbar}\Big[\frac{2m}{n_s e}\boldsymbol{j}_s+2e\boldsymbol{A}(\boldsymbol{r})\Big]. \tag{3.174}$$

两边取旋度,左边为 0,而 $\nabla\times\boldsymbol{A}=\boldsymbol{B}$,于是得

$$\nabla\times\boldsymbol{j}_s+\frac{n_s e^2}{m}\boldsymbol{B}=0,$$

这便是伦敦方程(3.145)。在 6.6 节里我们已经从伦敦方程出发解释了迈斯纳效应,这里不必重复。只是在那里伦敦方程是个唯象的方程,现在把它建立在量子理论的基础上,从而我们对迈斯纳效应的解释也提高到了相

应的档次。

下面讨论磁通量子化问题。如图 3-67 所示，取一个带孔的超导体，即一个超导环。设此环的大小超过磁场和电流的穿透深度 λ，在超导体内深处没有电流($j_s=0$)，(3.174)式化为

$$\nabla\varphi=-\frac{2e}{\hbar}\boldsymbol{A}.$$

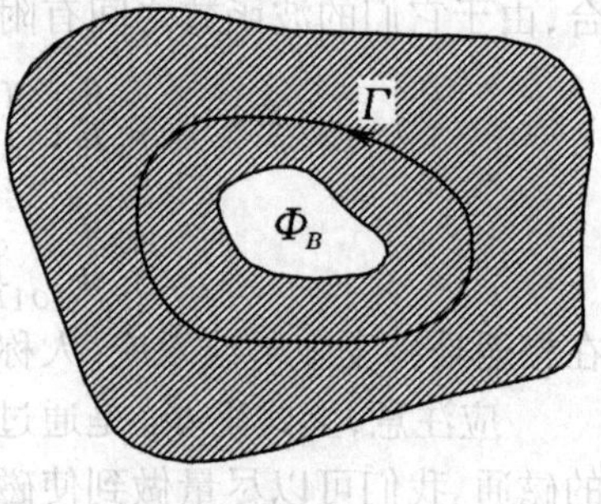

图 3-67 超导环

在这里选一环绕环孔的闭合回路 Γ，作环路积分：

$$\oint_\Gamma \nabla\varphi\cdot \mathrm{d}\boldsymbol{l}=-\frac{2e}{\hbar}\oint_\Gamma \boldsymbol{A}\cdot\mathrm{d}\boldsymbol{l}=-\frac{2e}{\hbar}\Phi_B,$$

式中 Φ_B 是通过回路 Γ 的磁通量。因超导体内没有磁场，这也就是通过环孔的磁通量。上式左端等于环绕一周相位 φ 的增加。因为环绕一周后物理上回到了原处，波函数不应有实质性的变化，亦即 φ 的增量只能是 2π 的整数倍。于是有

$$\Phi_B=\frac{2n\pi\hbar}{2e}=\frac{nh}{2e}\quad(n=\text{整数}),\tag{3.175}$$

这样，我们就从量子理论导出了(3.138)式里的磁通量子 $\Phi_0=h/2e=2.07\times10^{-15}\,\mathrm{Wb}$. 可以看出，磁通量子化和角动量量子化的道理是相通的，都被旋转一周时波函数单值性对相位的要求所决定。

8.5 AB 效应和磁通量子化的实验验证

8.3 节讲 AB 效应时提到，20 世纪 60 年代最初的实验是不够严格的，严格的实验必须将磁场和电子严格隔离，看来只有靠超导体来完成这个任务。殿村(A. Tonomura)等人的实验于 1985 年取得了决定性的成功，❶为世人所公认。

殿村等人用磁环代替螺线管或铁晶须，外包以超导屏蔽层，如图 3-68 所示。由于超导屏蔽层的厚度超

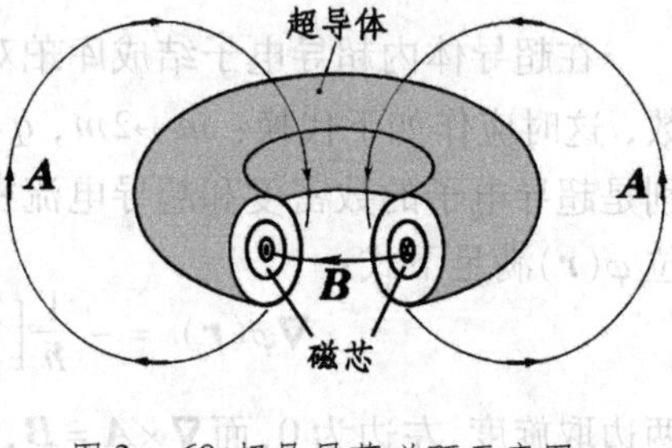

图 3-68 超导屏蔽磁环示意图

❶ A. Tonomura, *et al.*, *Phys. Rev. Lett.*, **48**(1982), 1443; **56**(1986), 792. 介绍性文章可参阅 A. Tonomura, *Asia-Pacific Physics News*, 4(1989 June/July), 3; 林木欣, 林瑞光. 大学物理, 1991(6): 4.

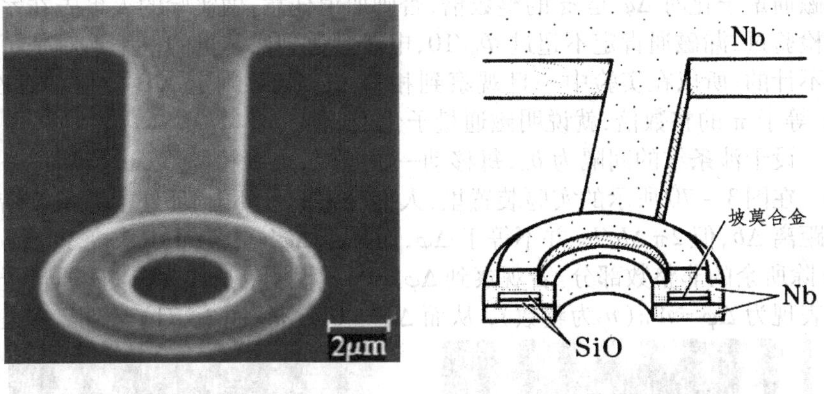

a. 扫描电子显微照相　　b. 结构示意图

图 3－69 加工好的磁环样品

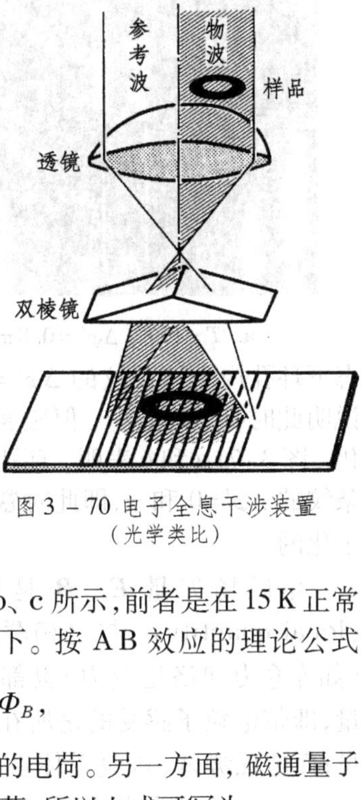

图 3－70 电子全息干涉装置（光学类比）

过穿透深度，电子不可能进入磁场区；由于迈斯纳效应，磁通不会泄漏在外。实际作法是，磁环用光刻法在坡莫合金薄膜上制备，直径几个微米，厚 20 nm，磁环为 50 nm 厚的 SiO 和 300 nm 的 Nb 所包封，如图 3－69 所示，其中图 a 是磁环样品的扫描电子显微照相，图 b 是它的结构示意图。氧化硅的作用是使坡莫合金的矫顽力减少，铌是超导体，其转变温度为 9.2 K，穿透深度为 100 nm 左右，小于包封厚度。电子干涉实验是用电子全息装置完成的。图 3－70 给出此装置的光学类比，[1] 实际上图中所示的透镜、双棱镜等光学元件都应为相应的电子光学元件所取代，光波换成电子波。

实验所得电子全息干涉图如图 3－71a、b、c 所示，前者是在 15 K 正常状态下完成的，后者则降到超导转变温度以下。按 AB 效应的理论公式(3.173)，有

$$\Delta\varphi = \frac{q}{\hbar}\Phi_B = \frac{2\pi q}{h}\Phi_B,$$

式中 Φ_B 是磁芯内的磁通，$q=-e$ 是一个电子的电荷。另一方面，磁通量子 $\Phi_0=h/|q|=h/2e$，这里 $q=-2e$ 是库珀对的电荷。所以上式可写为

$$\Delta\varphi = \frac{\pi\Phi_B}{\Phi_0}, \tag{3.176}$$

[1] 光学全息照相原理，参见《新概念物理教程 · 光学》第五章 §4.

即磁通量子化时 $\Delta\varphi$ 是 π 的整数倍，否则取值任意。做实验的人事先在室温下检验过，漏磁通肯定不超过 $\Phi_0/10$，电子穿透到磁芯里的概率绝对是可忽略不计的。所以在实验中一旦观察到相移 $\Delta\varphi$，就可判定 AB 效应的存在；$\Delta\varphi$ 等于 π 的整数倍，就说明磁通量子化了。

设干涉条纹的间隔为 b_0，每移动一根条纹，表明相位差 $\Delta\varphi$ 增加了一个 2π. 在图 3－70 所示的实验装置里，人们观察的是环内、环外干涉条纹错开的距离 Δb，但 $2\pi\Delta b/b_0$ 并不等于 $\Delta\varphi$，而等于 $\Delta\varphi'=\Delta\varphi \bmod(2\pi)$，即 $\Delta\varphi$ 被 2π 除所余的非整数部分。若观察到 $\Delta\varphi'\neq0$，就说明有 AB 效应。磁通量子化则表现为 $\Delta\varphi=n\pi$（n 为整数），从而 $\Delta\varphi'=0$ 或 π. 图 3－71a 表明，在正常态下环孔内干涉条纹的 $\Delta\varphi'=0.8\pi$，说明此时有 AB 效应，但磁通未量子化。图 3－71b 和 c 表明，环孔中干涉条纹的 $\Delta\varphi'=0$ 和 π，即此时磁通是量子化的。

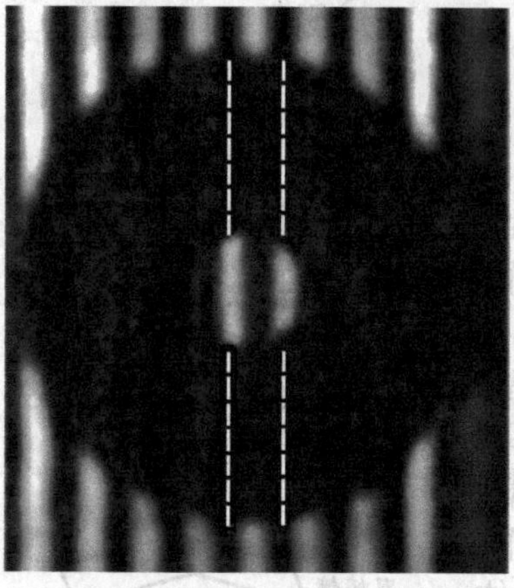

a. $T=15\,\mathrm{K}$, $\Delta\varphi'=0.8\pi$

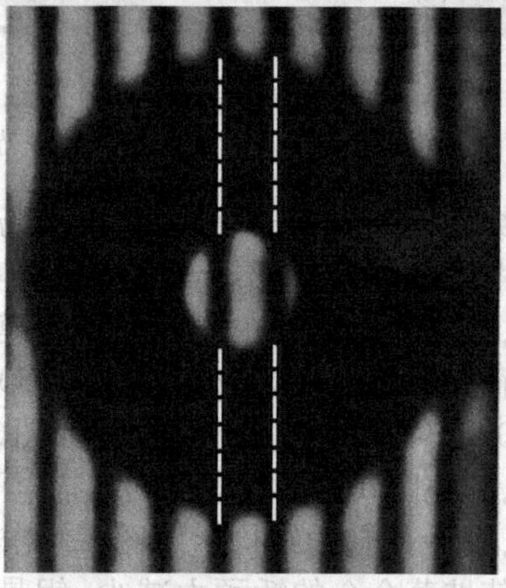

b. $T=4.2\,\mathrm{K}$, $\Delta\varphi'=0$

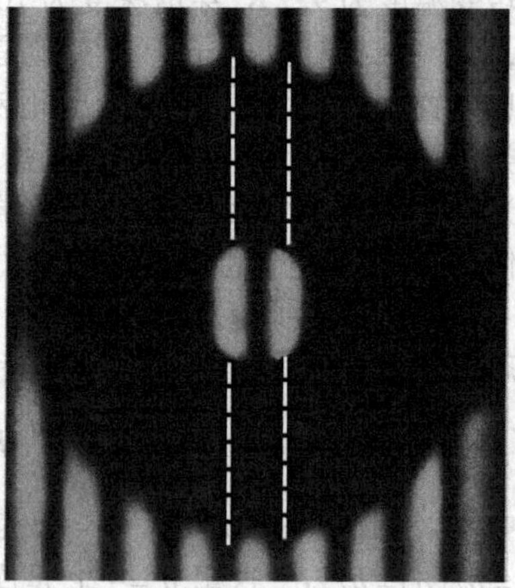

c. $T=4.2\,\mathrm{K}$, $\Delta\varphi'=\pi$

图 3－71 磁环电子干涉花样

电磁场矢量 $\boldsymbol{E}$、$\boldsymbol{B}$ 是局域量（local quantity），与之相联系的力（如库仑力和洛伦兹力）也都是局域量，即带电粒子感受的是所在处的场量；而电磁势 $\boldsymbol{A}$、ϕ 是总体量（global quantity），它们是规范可变的，其中包含一些非物理的内容。经典物理认为，场矢量是描述电磁场的基本量，力的表述是基本的；而势是辅助量。AB 效应表明，在量子物理中，单纯力的描述是不够的。虽然势的表述中包含一些冗余的非物理信息,它们的环路积分剔除了非物理的因素,确实会产生一些力的表述不能解释的物理后果。这便是AB效应的重大意义。杨振宁先生说:“AB效应是按量子力学理论提出来的关于电磁场的量子效应,所以AB效应的实验结果将是对量子力学的严峻考验,如果实验得出否定的结果,那么整个量子力学理论至少应重新考虑。”[1] 还有人把这个实验结果与迈克耳孙–莫雷实验的结果相比拟,可见人们对它评价之高。

§9. 超导隧穿与量子干涉现象

9.1 约瑟夫森效应

下面要讨论的是另一个有趣的课题,超导电流通过绝缘层的隧穿效应。如图3－72所示,两块超导体被一层很薄的绝缘物隔开。这种装置叫做*约瑟夫森结*(Josephson junction)或*隧道结*,因为它是约瑟夫森(B. D. Josephson)建议的。[2]

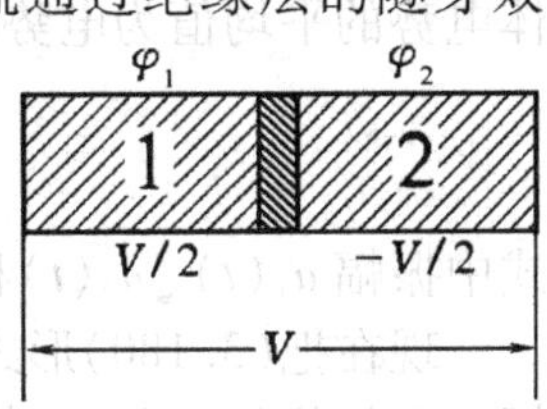

图3－72 约瑟夫森结

此前,已有人做过电子从正常金属向超导体隧穿的实验。实验结果表明,若所加电压不足以使电子获得相当于超导能隙Δ的能量,就观察不到隧穿电流。那么,若绝缘层两边都是超导体时会怎样?我们可以料想,这时无需电压也会有隧穿电流。然而奇特的现象是有了直流电压竟会产生交变电流!这就是约瑟夫森首先从理论上预言的效应,人称*约瑟夫森效应*。

约瑟夫森是根据较严格的超导量子理论作出预言的,他得到一个方程组,从这个方程组可以得到他所预言的结论。现在我们只摘出其中两个主要方程来说明问题。

$$j = j_c \sin\varphi, \tag{3.177}$$

[1] 引自:1985年在中国科学技术大学研究生院的讲学。

[2] B. D. Josephson, *Phys. Rev. Lett.*, **1**(1962), 251.

$$\frac{\partial\varphi}{\partial t}=\frac{2e}{\hbar}V. \tag{3.178}$$

式中j是通过约瑟夫森结的电流密度，j_c是它的临界值，$\varphi=\varphi_2-\varphi_1$是约瑟夫森结两侧波函数的相位差，$V$是两侧之间的电势差。

(3.178)式表明，$V=0$时φ为常量，但可以不为0. 再按(3.177)式，$\varphi\neq 0$意味着可以有$j\neq 0$，即在无直流电压的情况下存在直流电流。

(3.178)式还表明，$V\neq 0$时

$$\varphi=\frac{2e}{\hbar}Vt+\varphi_0,$$

代入(3.177)式后得

$$j=j_c\sin(\omega t+\varphi_0)\qquad\left(\omega=\frac{2e}{\hbar}V\right),$$

即直流电压下有交变电流，角频率正比于电压。

约瑟夫森的推导比较复杂，费曼提出一个简化模型来推导约瑟夫森方程。[1]约瑟夫森结有点像第二章中讨论的双态系统。他把库珀对在绝缘层两侧超导体内的状态看成两个量子态1和2，令它们的波函数分别为ψ_1和ψ_2，它们满足的薛定谔方程具有如下形式：

$$\mathrm{i}\hbar\frac{\mathrm{d}}{\mathrm{d}t}\begin{pmatrix}\psi_1\\ \psi_2\end{pmatrix}=\begin{pmatrix}qV/2 & -K\\ -K & -qV/2\end{pmatrix}\cdot\begin{pmatrix}\psi_1\\ \psi_2\end{pmatrix}, \tag{3.179}$$

在此模型哈密顿矩阵中V是加在两超导体之间的电压（这里我们取两超导体电势的平均值为电势零点），$-K$为库珀对的隧穿概率幅。设

$$\begin{cases}\psi_1(t)=a_1(t)\mathrm{e}^{\mathrm{i}\varphi_1(t)},\\ \psi_2(t)=a_2(t)\mathrm{e}^{\mathrm{i}\varphi_2(t)}\end{cases} \tag{3.180}$$

式中振幅$a_1(t)$、$a_2(t)$和相位$\varphi_1(t)$、$\varphi_2(t)$都是实数。

现在把(3.180)形式的解代入薛定谔方程(3.179)，便会得到下列关于振幅和相位的方程组（推导过程请读者自己补出）：

$$\begin{cases}\dfrac{\mathrm{d}a_1^2}{\mathrm{d}t}=-\dfrac{2K}{\hbar}a_1a_2\sin(\varphi_2-\varphi_1),\\[2mm] \dfrac{\mathrm{d}a_2^2}{\mathrm{d}t}=\dfrac{2K}{\hbar}a_1a_2\sin(\varphi_2-\varphi_1);\end{cases} \tag{3.181}$$

$$\begin{cases}\dfrac{\mathrm{d}\varphi_1}{\mathrm{d}t}=\dfrac{K}{\hbar}\dfrac{a_2}{a_1}\cos(\varphi_2-\varphi_1)-\dfrac{qV}{2\hbar},\\[2mm] \dfrac{\mathrm{d}\varphi_2}{\mathrm{d}t}=\dfrac{K}{\hbar}\dfrac{a_1}{a_2}\cos(\varphi_2-\varphi_1)+\dfrac{qV}{2\hbar}.\end{cases} \tag{3.182}$$

由(3.181)式可以看出

[1] R. P. Feynman *et al.*, *Lectures on Physics*, Addison-Wesley, Vol.3, 1964, §21－9；中译本见费曼等. 费曼物理学讲义. 第三卷. 上海：上海科学技术出版社，1989. 305.

$$\frac{\mathrm{d}a_1^{\ 2}}{\mathrm{d}t}=-\frac{\mathrm{d}a_2^{\ 2}}{\mathrm{d}t},$$

它代表库珀对从超导体1到超导体2的概率流，乘上超导体1内库珀对的总数 N 和库珀对的电荷 $q=-2e$，就得到通过约瑟夫森结的电流

$$I=-2eN\frac{\mathrm{d}a_1^{\ 2}}{\mathrm{d}t}=\frac{4eNK}{\hbar}a_1a_2\sin(\varphi_2-\varphi_1)=I_c\sin(\varphi_2-\varphi_1),\quad(3.183)$$

式中 $I_c=2eNK/\hbar$. 此式就是约瑟夫森第一方程(3.177)。

设在 $t=0$ 时刻 $a_1=a_2=a_0$，由(3.182)两式相减得

$$\frac{\mathrm{d}(\varphi_2-\varphi_1)}{\mathrm{d}t}=\frac{qV}{\hbar}.\quad(3.184)$$

这便是约瑟夫森第二方程(3.178)。

应当看到，费曼的模型不能描述定常态，因为在这个模型里无法把维持定常的外电路包含进去，故而所得的方程只能在某个 $t=0$ 的瞬间与约瑟夫森方程符合。然而他毕竟用如此简单的推导得到了约瑟夫森方程，对我们理解约瑟夫森方程是有帮助的。

9.2 约瑟夫森结电路的力学类比

只有把包含约瑟夫森结的整个电路一起考虑，才能对约瑟夫森效应有较好的理解。现将约瑟夫森结的等效电路示于图3－73，恒流源给出总电流 I_0，设跨在隧道结两端的电压为 V. 如果 $V\neq0$，则除超导电流外，还有正常电流隧穿超导结。结对于正常电流是有电阻的，在等效电路中用与超导电流通路并联的电阻 R 表示。结是夹在两超导体中间的绝缘体，它具有一定的电容 C，当电压变化时，也有时变电流 $C\mathrm{d}V/\mathrm{d}t$ 通过，这在等效电路中用一个并联的电容表示。于是我们就得到如图3－73所示的整个电路。电路的方程不难写出：

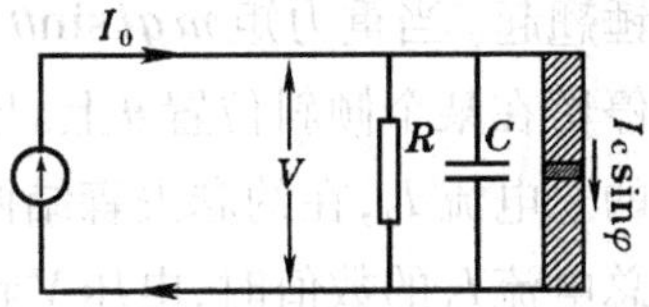

图3－73　约瑟夫森结等效电路

$$C\frac{\mathrm{d}V}{\mathrm{d}t}+\frac{V}{R}+I_c\sin\varphi=I_0,\quad(3.185)$$

这里 $\varphi=\varphi_2-\varphi_1$. 利用约瑟夫森第二方程(3.178)将 V 用 $\mathrm{d}\varphi/\mathrm{d}t$ 表示，上式就成为单一因变量 φ 的微分方程：

$$\frac{C\hbar}{2e}\frac{\mathrm{d}^2\varphi}{\mathrm{d}t^2}+\frac{\hbar}{2eR}\frac{\mathrm{d}\varphi}{\mathrm{d}t}+I_c\sin\varphi=I_0.\quad(3.186)$$

熟悉力学的人一眼就可以看出，这方程与单摆的运动方程是一样的：

$$J\frac{\mathrm{d}^2\theta}{\mathrm{d}t^2}+\gamma\frac{\mathrm{d}\theta}{\mathrm{d}t}+mgl\sin\theta=M_0,\quad(3.187)$$

式中 θ 是摆角，J 是相对于悬挂点的转动惯量，γ 是阻力系数，mg 是摆锤

所受重力，l 是摆长。与通常单摆装置不同的是，这里有一个外加的恒定力矩 M_0. 由于这是一个大摆幅的单摆，摆锤不能用细线来悬挂，必须设想它是一根刚性细杆。如图 3–74 所示，杆的上端固连在一个大滑轮的中心，在滑轮上绕有细绳，绳的下端挂一个砝码盘，其上砝码的数量可调，用以产生一个大小可以控制的外力矩 M_0. 为了阻尼可调，还可设想滑轮是金属做的，在其边缘上装有电磁阻尼器。用这样一套力学装置可以模拟出约瑟夫森结电路的各种效应来。两者之间物理量的对应关系如下：

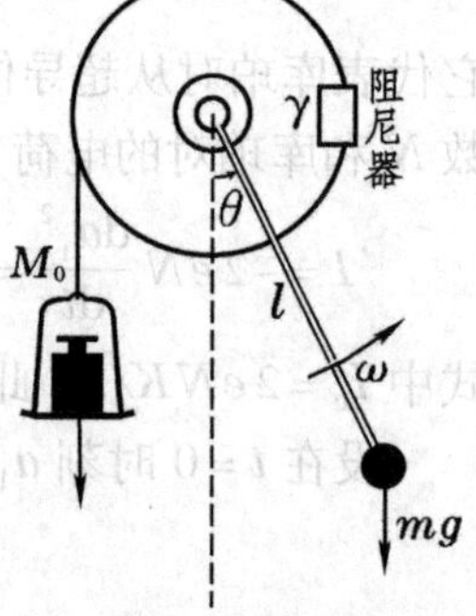

图 3–74　约瑟夫森结电路的力学类比

约瑟夫森结	单　摆
相位差 φ	摆角 θ
电容 C	转动惯量 J
正常隧穿电导 $1/R$	阻力系数 γ
超导隧穿电流 $I_c \sin\varphi$	摆锤所受重力矩 $mgl\sin\theta$
电压 $\dfrac{2e}{\hbar}\dfrac{d\varphi}{dt}$	角速度 $\omega=\dfrac{d\theta}{dt}$

现在我们通过和单摆类比，来说明各种约瑟夫森效应。

我们设想，从 0 开始增大外力矩 M_0，摆锤翘起。当重力矩 $mgl\sin\theta$ 与外力矩 M_0 达到平衡时，角速度 ω 趋于 0，摆锤停留在某个倾斜位置 θ 上。与此平行地我们设想，从 0 开始增大恒流源提供的总电流 I_0，在约瑟夫森结两侧形成相位差，当超导隧穿电流 $I_c\sin\varphi$ 达到总电流 I_0 的数值时，电压 V 趋于 0，相位差 φ 不再增加。这便是隧道结中有直流而没有电压的情况。

当外力矩 M_0 大到 mgl 时，摆锤的平衡位置趋于水平，即 $\theta=\pi/2$，此时重力矩达到它的最大值。外力矩超过此限度后摆锤不再能够平衡，它将绕悬挂点加速地旋转起来。当角速度 $d\theta/dt$ 引起的阻力 $\gamma\, d\theta/dt$ 抵消外力矩 M 时，摆锤开始以匀角速度 ω 旋转。这时摆角 θ 以 ω 为角频率做周期性变化。与此平行地，当总电流 I_0 大到超导隧穿电流的临界值 I_c 时，相位差 $\varphi=\pi/2$，此时超导隧穿电流达到它的最大值。总电流超过此限度后相位差 φ 不再能够维持恒定，它便加速地增加着。电压 V 正比于 $d\varphi/dt$，当它引起的正常隧穿电流 $V/R=I_0$ 时，电压趋于恒定，超导隧穿电流将以固定角频率 $\omega=2eV/\hbar$ 周期性地变化着。在等效电路里隧道结中的交变电流是通过电容支路循环的。这便是约瑟夫森结中电压直流、电流交变的情景。

9.3 超导量子干涉器件[1]

本节将介绍一种由超导隧道结构成的器件，叫做超导量子干涉器件（**s**uperconducting **qu**antum **i**nterference **d**evice，缩写 SQUID），它是一些非常灵敏而有用的测量仪器的基本器件。

先考虑包含两个相同隧道结 a、b 的超导环路，如图 3－75b 所示。在温度降到超导转变温度之前，垂直于环面加一定强度的磁场 $\boldsymbol{B}$. 现在把温度降到超导转变温度以下，环路中将出现超导电流 I.

我们知道，如果在超导环路里没有隧道结（见图 3－75a），则环孔内的磁通是量子化的。其实这话并不太确切，过去在 8.4 节证明的是，包含在超导体腹地的积分回路 Γ 内的磁通是量子化的。在降温之前，谁也无法让通过环孔的磁通刚好是磁通量子 Φ_0 的整数倍。降温后磁通是怎样变成 Φ_0 整数倍的呢？是环内表面上的超导环流 $I_{内}$ 产生的磁通叠加到外磁通上，把它补到 Φ_0 整数倍的。

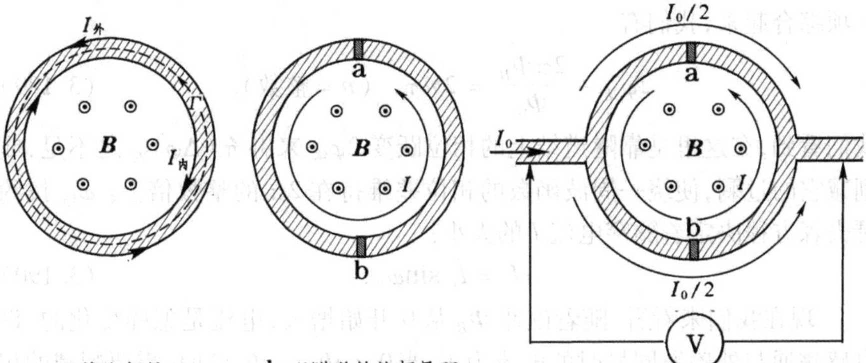

a. 无结的超导环（磁通量子化）　b. 双隧道结的超导环（无外测量电路）　c. 双隧道结的超导环（带外测量电路）

图 3－75 双隧道结超导环路

回过头来看图 3－75b 里包含隧道结的超导环路。我们假设，由隧道结所限制的临界电流 I_c 和环路的自感 L 是如此之小，$I_c L \ll \Phi_0$，它对环内的磁通几乎没有什么影响，这时环内的磁通完全由所加的外磁场所决定，当然不再会有什么磁通量子化了。不过，绕环路一周波函数的相位 φ 还应该增加 2π 的整数倍。对（3.174）式取环路积分：

---

[1] A. C. Rose-Innes and E. H. Rhoderick, *Introduction to Superconductivity*, 2nd Ed., Pergamon Press, Oxford, 1978, Chap. 11；中译本：A. C. 罗斯 - 英尼斯，E. H. 罗德里克. 超导电性理论. 章立源，毕金献译. 北京：人民教育出版社. 1981，第十一章.

$$\oint_\Gamma \nabla\varphi\cdot d\boldsymbol{l} = -\frac{2m}{n_s e\hbar}\oint_\Gamma \boldsymbol{j}_s\cdot d\boldsymbol{l} - \frac{2e}{\hbar}\oint_\Gamma \boldsymbol{A}\cdot d\boldsymbol{l}. \tag{3.188}$$

(3.188)式左端是绕行一周波函数的相位变化,波函数是单值性要求它等于 2π 的整数倍:

$$\oint_\Gamma \nabla\varphi\cdot d\boldsymbol{l} = 2n\pi \quad (n = \text{整数});$$

(3.188)式右端第二项是磁场引起的相位差

$$(\Delta\varphi)_{\text{磁}} = -\frac{2e}{\hbar}\oint_\Gamma \boldsymbol{A}\cdot d\boldsymbol{l} = -\frac{2e}{\hbar}\Phi_B = -\frac{2\pi\Phi_B}{\Phi_0}.$$

(3.188)式右端第一项是电流引起的相位差 $(\Delta\varphi)_{\text{流}}$,它主要落在隧道结 a 和 b 的两端,其它地方相位的变化是忽略不计的。[1] 设跨 a、b 两结 的相位跃变分别为 φ_a 和 φ_b,且因我们已设两结相同: $\varphi_a=\varphi_b\equiv\varphi_{\text{结}}$,故

$$(\Delta\varphi)_{\text{流}} = -\frac{2m}{n_s e\hbar}\oint_\Gamma \boldsymbol{j}_s\cdot d\boldsymbol{l} = -(\varphi_a+\varphi_b) = -2\varphi_{\text{结}}.$$

三项综合起来,我们有

$$2\varphi_{\text{结}} + \frac{2\pi\Phi_B}{\Phi_0} = 2n\pi \quad (n = \text{整数}). \tag{3.189}$$

我们看到,在这里是靠隧道结上的相位跃变 $2\varphi_{\text{结}}$ 来补充 $(\Delta\varphi)_{\text{磁}}$ 之不足,或削减它的过剩,使绕一周波函数的相位差维持在 2π 的整数倍上。$\varphi_{\text{结}}$ 按约瑟夫森方程决定着隧穿电流 I 的大小:

$$I = I_c\sin\varphi_{\text{结}}. \tag{3.190}$$

现在我们来看看,随着磁通 Φ_B 从 0 开始增大,电流是怎样变化的。设自感磁通与外磁通同号时的电流为正。当 $0<\Phi_B<\Phi_0/2$ 时,需要削减的相位不到 π,即每个结分摊的不到 $\pi/2$,只需要绝对值小于临界电流 I_c 的负电流就够了。故在此区间电流是负的,按约瑟夫森公式所要求的正弦曲线从 0 变到 $-I_c$,情况如图 3-76b 所示。当 $\Phi_0/2<\Phi_B<\Phi_0$ 时,若仍要把它抵消,则需要削减的相位超过 π,即每个结分摊的超过 $\pi/2$. 这时就会在隧道结两端产生电压 V,从而带来正常电流的损耗,在能量上变得不合算了。还不如改成正电流,把相位补足到 2π. 这样做所需补足的相位不到 π,每个隧道结分摊的不到 $\pi/2$,从而电流的大小也不超过临界值 I_c. 自然界会自动地选择这条路,这就是图 3-76b 中第二段曲线, I 按正弦曲线从 $+I_c$ 减到0. 所以,

---

[1] 此项分母上有因子 n_s,在隧道结内 $n_s\to 0$,故跨结的相位差比超导体内大得多。

当 Φ_B 连续地越过 $\Phi_0/2$ 值时，电流从 $-I_c$ 突跳到 $+I_c$. 此后当 Φ_B 继续单调增加时，电流变化的情况与第一个周期一样周而复始，每到 Φ_0 的半整数倍时，电流突跳一次。

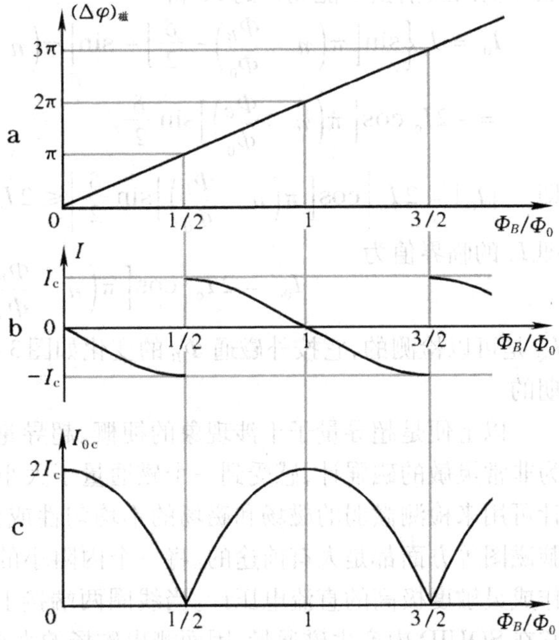

图 3 - 76 SQUID 中电流随磁通的化

我们知道，磁通量子 Φ_0 是非常小的量（2×10^{-15} Wb），电流的突跳使我们有可能非常精确地测量磁场。不过图 3 - 75b 所示的环路不与外接测量电路连通，不适于测量，下面我们分析接上外电路的情况。

如图 3 - 75c 所示，给双结超导环接上两条与外电路联接的超导体，由外部电源向它输入总电流 I_0，它将平分两路，各通过一个隧道结的通路，如图所示。这时通过 a、b 两结的电流分别为 $I-I_0/2$ 和 $I+I_0/2$，从而相位跃变 φ_a 和 φ_b 将不等，(3.189)式应换为

$$\varphi_a+\varphi_b+\frac{2\pi\Phi_B}{\Phi_0}=2n\pi\quad(n=\text{整数}),$$

或

$$\varphi_a+\varphi_b=2n\pi-\frac{2\pi\Phi_B}{\Phi_0}. \tag{3.191}$$

亦即 φ_a 与 φ_b 之和是不依赖于总电流 I_0 的，它们相位之差 $\delta=\varphi_a-\varphi_b$ 取决于 I_0. 用 δ 来表示，两结上的相位跃变可写为

$$\begin{cases}\varphi_a=\pi(n-\Phi_B/\Phi_0)+\delta/2,\\ \varphi_b=\pi(n-\Phi_B/\Phi_0)-\delta/2.\end{cases} \tag{3.192}$$

以此相位跃变代入两隧道结的约瑟夫森方程，得

$$\begin{aligned}I-\frac{I_0}{2}&=I_c\sin\left[\pi\left(n-\frac{\Phi_B}{\Phi_0}\right)+\frac{\delta}{2}\right],\\ I+\frac{I_0}{2}&=I_c\sin\left[\pi\left(n-\frac{\Phi_B}{\Phi_0}\right)-\frac{\delta}{2}\right].\end{aligned} \tag{3.193}$$

从以上两式消去不能测量的 I，得

$$I_0=I_c\left\{\sin\left[\pi\left(n-\frac{\Phi_B}{\Phi_0}\right)-\frac{\delta}{2}\right]-\sin\left[\pi\left(n-\frac{\Phi_B}{\Phi_0}\right)+\frac{\delta}{2}\right]\right\}$$

$$=-2I_c\cos\left[\pi\left(n-\frac{\Phi_B}{\Phi_0}\right)\right]\sin\frac{\delta}{2},\tag{3.194}$$

即 $$|I_0|=2I_c\left|\cos\left[\pi\left(n-\frac{\Phi_B}{\Phi_0}\right)\right]\sin\frac{\delta}{2}\right|\leqslant 2I_c\left|\cos\left[\pi\left(n-\frac{\Phi_B}{\Phi_0}\right)\right]\right|.$$

即 I_0 的临界值为

$$I_{0c}=2I_c\left|\cos\left[\pi\left(n-\frac{\Phi_B}{\Phi_0}\right)\right]\right|.\tag{3.195}$$

I_{0c} 是可以检测的，它按外磁通 Φ_B 的变化如图 3－76c 所示，也是以 Φ_0 为周期的。

以上便是超导量子干涉现象的梗概。超导量子干涉器直接的用途是作为非常灵敏的磁强计，感受到一个磁通量子大小的磁通变化。SQUID 磁强计可用来检测微弱的磁场和磁场的不均匀性或变化，在航空测量、心磁图、脑磁图等方面都是大有前途的。将一个内阻小的线圈与 SQUID 配合，还可作成灵敏度极高的直流电压计。当线圈两端接上直流电压时，就引起电流，它在 SQUID 内产生磁通量，因而测出磁场的大小就可以推算出该线圈两端的电压来。若以超导体为线圈，灵敏度就更高了，可达 10^{-19}V 的数量级。

9.4 介观物理概念简介❶

量子力学中人们用波函数来描述系统的状态。波函数有振幅和相位，遵从叠加原理，因而有一系列与相位有关的波动现象，如干涉、衍射、本征模等，是量子力学描述与经典描述的最本质区别。通常的宏观系统由大量微观粒子构成，空间尺度远大于波函数相位关联长度，或者说相干长度（coherence length）。这样一来，物理量里与相位有关的量子特性在统计平均下被抹平了。所以通常认为，量子力学只在微观领域内起作用。但不尽然，F. 伦敦早就在他的书中预言：“超导电性是量子力学在宏观尺度上的表现。”后来人们知道了，超导的主要微观机制是电子结成库珀对形成动量空间的凝聚。两个费米子结成对，行为就有点像玻色子，在低温下可以形成动量空间的凝聚。如前所述，库珀对的关联长度 $\xi\approx10^{-4}$cm，这也就是它们波函数的相干长度，这长度已达到宏观的数量级。超导电性是典型的宏观量子现象。

低温下对低维（二维或一维）小尺度样品的研究使人们认识到，导体载

❶ 摘自：阎守胜，甘子钊主编．介观物理．北京：北京大学出版社，1995．前言．

流子的输运过程中弹性散射和非弹性散射的重要区别。载流子经受弹性散射,如杂质散射,尽管散射过程复杂,但散射前后载流子波函数的相位还有确定的关系,在这种意义下保持了相位记忆。或者说弹性散射不破坏波函数的相干性。非弹性散射,譬如与声子的散射则不同,能量的改变意味着波函数频率的改变,因此带来相位的随机变化,破坏了载流子波函数的相干性。这样,载流子发生相继两次非弹性散射之间的直线距离基本上决定了一个有物理意义的尺度,称为相位相干长度L_φ. 目前在文献上,把尺度相当于或小于L_φ的小尺度体系,称作介观系统(mesoscopic system),表示它中介于宏观系统和微观系统之间。

从统计力学的角度看,介观系统丧失了宏观系统常具有的自平均性。所谓"自平均性"是指物理量相对涨落的大小随系统尺度的增大而趋于0。在介观系统中,由于波函数的干涉效应,其物理量,如电导,常以极具样品个性的(sample-specific)、与时间无关和可重复的量子涨落为特性。

由于目前微加工技术已达到介观的尺度,随着尺寸的减小,传统的电子器件已日益接近它工作原理的"物理极限",进一步发展有赖于介观物理这一领域的深入认识,使介观物理的研究具有重要的应用背景。

本章提要

1. 一维定态薛定谔方程

$$\frac{\hbar^2}{2m}\frac{\mathrm{d}^2\psi(x)}{\mathrm{d}x^2} = [V(x)-E]\psi(x)$$

设 $\lim\limits_{x\to\pm\infty} V(x) = 0$, 则 $\begin{cases} E>0 & \text{散射态(能级连续)}, \\ E<0 & \text{束缚态(能级离散)}。\end{cases}$

2. 散射态

入射波遇势垒或势阱分解为反射波和透射波,同时产生相移。

反射系数$|R|^2$和$|T|^2$由边界条件(ψ和ψ'连续)决定。

入射波能量低于势垒高度,发生隧穿现象。透射系数的渐近行为:

$$|T|^2 \propto \mathrm{e}^{-2\beta a} \quad (\beta a \ll 1),$$

式中$\beta = \dfrac{\sqrt{2m(E-V_0)}}{\hbar}$, V_0为势垒高度, a为势垒宽度。

例:α衰变,热核聚变反应

应用:扫描隧穿显微镜

3. 束缚态

(1) 无限深直角势阱

能级 $E=E_n=\dfrac{\hbar^2\pi^2n^2}{2ma^2}$, $n=1,2,3,\cdots$.

波函数 $\psi(x)=\begin{cases}\sqrt{\dfrac{2}{a}}\sin\left(\dfrac{n\pi x}{a}\right), & 0<x<a,\\ 0, & \text{其余地方}=0.\end{cases}$

(2) 谐振子

哈密顿算符 $\hat{H}=\dfrac{1}{2m}(\hat{p}^2+m^2\omega_0{}^2\hat{x}^2)=\left(\hat{a}^\dagger\hat{a}+\dfrac{1}{2}\right)\hbar\omega_0$,

式中 $\begin{cases}\hat{a}^\dagger=\mathrm{i}\sqrt{\dfrac{1}{2m\hbar\omega_0}}(\hat{p}+\mathrm{i}m\omega_0\hat{x}),\\ \hat{a}=-\mathrm{i}\sqrt{\dfrac{1}{2m\hbar\omega_0}}(\hat{p}-\mathrm{i}m\omega_0\hat{x}),\end{cases}$

能级 $E_n=\left(n+\dfrac{1}{2}\right)\hbar\omega_0$ $(n=0,1,2,3,\cdots)$.

波函数 $\psi_n(\xi)=\left[\dfrac{1}{2^n n!}\left(\dfrac{m\omega_0}{\pi\hbar}\right)^{1/2}\right]^{1/2}\mathrm{e}^{-\xi^2/2}\mathrm{H}_n(\xi)$,

其中 $\xi=\sqrt{m\omega_0/\hbar}x$, $\mathrm{H}_n(\xi)$—— 厄米多项式。

$$\left.\begin{aligned}\mathrm{H}_0(\xi)&=1,\\ \mathrm{H}_1(\xi)&=2\xi,\\ \mathrm{H}_2(\xi)&=4\xi^2-2,\\ &\cdots\cdots\cdots\cdots\end{aligned}\right\}$$

束缚态波函数测量实例:量子围栏

4. 一维晶格

能带 $E=E(k)=E_0-2A\cos ka\,(-2B\cos 2ka+\cdots)$.

波函数(在格点上取值) $C_n=C\mathrm{e}^{\mathrm{i}kx_n}=C\mathrm{e}^{\mathrm{i}nka}$ $\left(-\dfrac{\pi}{a}<k<\dfrac{\pi}{a}\right)$.

缺陷 $\begin{cases}\text{散射}\\ \text{束缚态}\quad E=E_0\pm\sqrt{4A^2+F^2}\ \text{处于能带边缘之外,即禁带中。}\end{cases}$

5. 导体、绝缘体、半导体的区别

费米能级 $\begin{cases}\text{在能带中央 —— 导体}\\ \text{在能带顶部,上面是禁带}\begin{cases}\text{能隙}\sim 10\,\text{eV —— 绝缘体}\\ \text{能隙}\sim 1\,\text{eV —— 半导体}\end{cases}\end{cases}$

6. 半导体

(1) 内禀半导体

载流子统计分布

$$\begin{cases} \text{电子} \quad f(E) = \dfrac{1}{e^{\Delta E_n/k_BT}+1} \approx e^{-\Delta E_n/k_BT}, \\ \text{空穴} \quad 1-f(E) = \dfrac{1}{1+e^{\Delta E_p/k_BT}} \approx e^{-\Delta E_p/k_BT}, \end{cases}$$

式中 $\Delta E_n = E-\varepsilon_F$ 和 $\Delta E_p = \varepsilon_F - E \gg k_BT$.

以硅为例：浓度 $n_{内禀} \sim p_{内禀} \sim 1.5\times10^{10}/cm^3$，电导率 $\sim 4.7\times10^{-4}$S/m.

(2) 掺杂

$$\begin{cases} \begin{matrix}\text{N 型半导体} \\ (\text{IV 族中掺 V 族})\end{matrix} \Rightarrow \begin{matrix}\text{施主能级} \\ (\text{导带底下面})\end{matrix} \Rightarrow \begin{cases}\text{多子} —— n \gg n_{内禀} \\ \text{少子} —— p \approx p_{内禀}\end{cases} \\ \begin{matrix}\text{P 型半导体} \\ (\text{IV 族中掺 III 族})\end{matrix} \Rightarrow \begin{matrix}\text{受主能级} \\ (\text{价带顶上面})\end{matrix} \Rightarrow \begin{cases}\text{多子} —— p \gg p_{内禀} \\ \text{少子} —— n \approx n_{内禀}\end{cases} \end{cases}$$

(3) 载流子准经典运动方程

$$v_g(k) = \frac{1}{\hbar}\frac{dE(k)}{dk}, \quad \hbar\frac{dk}{dt} = F \quad (F\ \text{为外力})$$

$$\frac{dv_g(k)}{dt} = \frac{F}{m^*}, \quad \text{式中}\ m^* = \hbar^2\left(\frac{d^2E(k)}{dk^2}\right)^{-1}$$

$$\text{有效质量}\begin{cases}\text{导带底}\ m^* > 0 —— \text{电子} \\ \text{价带顶}\ m^* < 0 —— \text{空穴}\end{cases}$$

(4) 非平衡载流子的扩散与复合

$$\begin{cases} n = n_0 + \tilde{n}, \\ p = p_0 + \tilde{p}. \end{cases} \quad \begin{cases} \dfrac{\partial \tilde{n}}{\partial t} = D_n \dfrac{\partial^2 \tilde{n}}{\partial x^2} - \dfrac{\tilde{n}}{\tau_n} \overset{\text{定常}}{=\!=\!=} 0, \\ \dfrac{\partial \tilde{p}}{\partial t} = D_p \dfrac{\partial^2 \tilde{p}}{\partial x^2} - \dfrac{\tilde{p}}{\tau_p} \overset{\text{定常}}{=\!=\!=} 0, \end{cases}$$

式中 D_n、D_p 为扩散系数，τ_n、τ_p 为载流子寿命。

给定边界条件 $\begin{Bmatrix} x=0\ \text{处}\ \tilde{n}=\tilde{n}_0,\ \tilde{p}=\tilde{p}_0, \\ x=-\infty\ \text{处}\ \tilde{n}=\tilde{p}=0 \end{Bmatrix}$ 的解为

$$\begin{cases} \tilde{n}(x) = \tilde{n}_0 \exp(x/\sqrt{D_n\tau_n}), \\ \tilde{p}(x) = \tilde{p}_0 \exp(-x/\sqrt{D_p\tau_p}). \end{cases}$$

在 $x=0$ 处的扩散流为

$$\begin{cases} J_n = -D_n\left(\dfrac{\partial \tilde{n}}{\partial x}\right)_{x=0} = -\sqrt{\dfrac{D_n}{\tau_n}}\tilde{n}_0, \\ J_p = -D_p\left(\dfrac{\partial \tilde{p}}{\partial x}\right)_{x=0} = \sqrt{\dfrac{D_p}{\tau_p}}\tilde{p}_0. \end{cases}$$

(5) PN 结

平衡势垒 $\begin{cases} \dfrac{n_{P0}}{n_{N0}} = \exp\left(-\dfrac{eV_{结}}{k_B T}\right), \\ \dfrac{p_{P0}}{p_{N0}} = \exp\left(\dfrac{eV_{结}}{k_B T}\right), \end{cases}$

正向注入 —— $j = j_n + j_p = j_0(e^{eV/k_BT} - 1)$，

反向抽取 —— $j = j_0(e^{eV/k_BT} - 1) = -j_0(1 - e^{-e|V|/k_BT})$

式中 $j_0 = e\left(\sqrt{\dfrac{D_n}{\tau_n}}n_{P0} + \sqrt{\dfrac{D_p}{\tau_p}}p_{N0}\right)$.

(6) 晶体管

发射极 e $\xleftarrow{\text{小正向偏压}}$ 基极 b $\xleftarrow{\text{大反向偏压}}$ 集电极 c

b 区薄 ⇒ 复合电流 I_b 小 ⇒ 少子不少 ⇒ 形成 c 区大反向电流 I_c

$I_b \ll I_c$，b 区小电势变化 ⇒c 区大电流变化(三极管的放大作用)

7. 声子

一维晶格的哈密顿量

$$H = \frac{1}{2}\sum_n\left[\frac{p_n^2}{M} + \kappa(q_{n+1} - q_n)^2\right] = \frac{1}{2}\sum_k[P_k P_{-k} + \omega^2(k)Q_k Q_{-k}].$$

其中　简正坐标 $\begin{cases} Q_k = \sqrt{\dfrac{M}{N}}\sum_n q_n e^{inka}, \\ P_k = \dfrac{1}{\sqrt{NM}}\sum_n p_n e^{-inka}. \end{cases}$　$Q_{-k} = Q_k^*$，$P_{-k} = P_k^*$.

量子化

$$\hat{H} = \frac{1}{2}\sum_k[\hat{P}_k\hat{P}_{-k} + \omega^2(k)\hat{Q}_k\hat{Q}_{-k}] = \sum_k\left(\hat{a}_k^\dagger\hat{a}_k + \frac{1}{2}\right)\hbar\omega(k),$$

其中 $\begin{cases} \hat{a}_k^\dagger \equiv \sqrt{\dfrac{\omega(k)}{2\hbar}}\left[\hat{Q}_{-k} - \dfrac{i\hat{P}_k}{\omega(k)}\right] \text{—— 声子产生算符}, \\ \hat{a}_k \equiv \sqrt{\dfrac{\omega(k)}{2\hbar}}\left[\hat{Q}_k + \dfrac{i\hat{P}_{-k}}{\omega(k)}\right] \text{—— 声子消灭算符。} \end{cases}$

能谱　　$E = \sum_k\left(n_k + \dfrac{1}{2}\right)\hbar\omega(k)$，$n_k = 0, 1, 2, 3, \cdots$(玻色子)。

声子能量　$\varepsilon_k = \hbar\omega(k)$，

声子动量　$\boldsymbol{p}_k = \hbar\boldsymbol{k}$.

其它元激发：激子、自旋波等。

与声子有关的输运现象：

(1) 晶格热导　　$\kappa = \dfrac{1}{3}\bar{v}\bar{\lambda}C_V$，

在 $T \gg \Theta_D$ 的高温下

$\bar{v} = c_s$(声速),

C_V = 常量(能均分定理成立),

声子数密度 $\overline{n_k} = \dfrac{1}{e^{\hbar\omega(k)/k_BT}-1} \approx \dfrac{k_BT}{\hbar\omega(k)} \propto T$,

声子-声子碰撞平均自由程 $\bar{\lambda} \propto \dfrac{1}{n_k} \propto \dfrac{1}{T}$ (室温下 $10^{-8} \sim 10^{-9}$ m 数量级)。

(2) 金属电导 $\sigma = \dfrac{ne^2\bar{\lambda}}{2mv_F}$,

n—— 自由电子数密度,

m^*—— 导带中电子有效质量,

v_F—— 费米面上电子速率(10^8 m/s 数量级),与温度无关。

在 $T \gg \Theta_D$ 的高温下声子数密度 $\overline{n_k} \propto \dfrac{1}{T}$,

电子-声子碰撞平均自由程 $\bar{\lambda} \propto \dfrac{1}{n_k} \propto \dfrac{1}{T}$,

从而 $\sigma \propto \dfrac{1}{T}$.

8. 超导态

(1) 现象: 临界温度 T_c(临界磁场 H_c 或临界电流密度 j_c)以下

① 直流电阻 = 0,

② 迈斯纳效应(完全抗磁性):超导态内 $\boldsymbol{B} = 0$,

③ 超导环内磁通量子化。

(2) 唯象理论

二流体模型:

① 超导相有正常(n)和超导(s)两类电子。

② 正常电子受声子散射,有电阻效应,熵不为0;

超导电子不受声子散射,没有电阻效应,对熵的贡献为0。

③ 超导转变是二级相变,序参量为 $\eta^2(T) = \dfrac{n_s(T)}{n}$

(n_s 为超导电子数密度)。

伦敦方程

$$\begin{cases} \nabla \times j_s = -\dfrac{n_s e^2}{m}\boldsymbol{B} \quad \text{或} \quad \boldsymbol{j}_s = -\dfrac{n_s e^2}{m}\boldsymbol{A}\ (\text{库仑规范}\ \nabla\cdot\boldsymbol{A}=0). \\ \dfrac{\partial \boldsymbol{j}_s}{\partial t} = \dfrac{n_s e^2}{m}\boldsymbol{E}. \end{cases}$$

对迈斯纳效应的解释: $\boldsymbol{B}, \boldsymbol{j} \propto e^{-x/\lambda}$,

其中穿透深度 $\lambda = \sqrt{\dfrac{m}{\mu_0 n_s e^2}}$.

(3) 微观理论

同位素效应 $T_c \propto M^{-1/2} \Rightarrow$ 电子-声子相互作用,

库珀对($\boldsymbol{k}\uparrow,\boldsymbol{k}\downarrow$) $\Rightarrow$ 能隙 $\Delta = \hbar\omega_D e^{-2/N(0)V}$,

关联长度 $\xi \approx \dfrac{m\hbar\omega_D}{p_F} \approx 10^{-4}\text{cm}.$

BCS 理论:将库珀对的二体理论推广到多电子体系。

(4) 磁通量子化

$$\Phi_B = \frac{2n\pi\hbar}{2e} = n\Phi_0,\quad \text{其中磁通量子 } \Phi_0 = \frac{h}{2e}\ (n=\text{整数})$$

(5) 约瑟夫森效应

费曼模型
$$\mathrm{i}\hbar\frac{\mathrm{d}}{\mathrm{d}t}\begin{pmatrix}\psi_1\\ \psi_2\end{pmatrix} = \begin{pmatrix} qV/2 & -K\\ -K & -qV/2\end{pmatrix}\cdot\begin{pmatrix}\psi_1\\ \psi_2\end{pmatrix},$$

$$\begin{cases}\psi_1(t) = a_1(t)e^{\mathrm{i}\varphi_1(t)},\\ \psi_2(t) = a_2(t)e^{\mathrm{i}\varphi_2(t)},\end{cases}$$

$$\Rightarrow \text{约瑟夫森方程}\begin{cases} I = I_c\sin(\varphi_2-\varphi_1)\quad (\text{式中 } I_c = 2eNK/\hbar),\\ \dfrac{\mathrm{d}(\varphi_2-\varphi_1)}{\mathrm{d}t} = \dfrac{qV}{\hbar}.\end{cases}$$

电路方程
$$\frac{C\hbar}{2e}\frac{\mathrm{d}^2\varphi}{\mathrm{d}t^2} + \frac{\hbar}{2eR}\frac{\mathrm{d}\varphi}{\mathrm{d}t} + I_c\sin\varphi = I_0.$$

——与单摆方程数学形式一样。

产生电压直流、电流交变的情景。

(6) 超导量子干涉器件(SQUID)——双约瑟夫森结电路

外电路电流的临界值　$I_{0c} = 2I_c\left|\cos\left[\pi\left(n - \dfrac{\Phi_B}{\Phi_0}\right)\right]\right|,$

随磁通以 Φ_0 为周期变化。

应用:检测微弱磁场。

9. 磁场中的电子

波函数　$\psi(\boldsymbol{r}) \sim e^{\mathrm{i}\varphi(\boldsymbol{r})}$,　$\nabla\varphi(\boldsymbol{r}) = \dfrac{1}{\hbar}[m\boldsymbol{v} + q\boldsymbol{A}(\boldsymbol{r})].$

闭合环路　$\Delta\varphi = \dfrac{q}{\hbar}\oint \boldsymbol{A}(\boldsymbol{r})\cdot\mathrm{d}\boldsymbol{l} = \dfrac{q}{\hbar}\Phi_B.$

$\Rightarrow$ AB 效应:

即使在 $\boldsymbol{B}=0$ 的复连通空域里,只要 $\boldsymbol{A}$ 的环路积分 $\neq 0$,就会有干涉效应。

10. 介观物理

研究尺度等于或小于量子相干长度系统的新兴学科。

思考题

3－1. 在图3－2(1)中若 $V_0 = E/2$，则势垒区内粒子的德布罗意波长 λ' 是外边 λ 的几倍？若要 $\lambda' = 2\lambda$，需要 $V_0 = ?$

3－2. 在图3－2(2)中若 $|V_0| = E$，则势阱区内粒子的德布罗意波长 λ' 是外边 λ 的几倍？若要 $\lambda' = \lambda/2$，需要 $|V_0| = ?$

3－3. 粒子经过如图3－2(1)所示的势垒区，与不存在势垒的情况相比，它的德布罗意波的波长变长了，还是变短了？差多少倍？

3－4. 粒子经过如图3－2(2)所示的势阱区，与不存在势阱的情况相比，它的德布罗意波的波长变长了，还是变短了？差多少倍？

3－5. 按势垒隧穿概率的指数公式(3.24)论证，当STM针尖与样品的间隔 a 变化1% 时，隧穿电流(正比于隧穿概率)改变 $2\beta a\%$，这里 $\beta = \sqrt{2m\Phi}/\hbar$ [参见(3.21)式]，Φ 是功函数。通常 a 为nm数量级，设 $\Phi = 4\,\mathrm{eV}$，估算 $2\beta a$ 的数量级。

3－6. 你能否设想，在怎样的场合会有光子的隧穿效应，并如何利用它扫描成象？

3－7. 爱因斯坦的固体热容理论采用单一频率 ω_E 振动模型[参见《新概念物理教程·热学》(第二版)第二章4.4节]，与金刚石热容量实验曲线拟合得最好的爱因斯坦温度 $\Theta_E = 1320\,\mathrm{K}$，其振动频谱若何？

3－8. 半导体中载流子有效质量 m^* 的大小与能带的宽窄有什么关系？

3－9. 在能带从上到下的宽度范围内，载流子有效质量的绝对值何处最小，何处最大？

3－10. 本题图a是原子链组成的一维晶格，图b是相应的电子势能曲线。

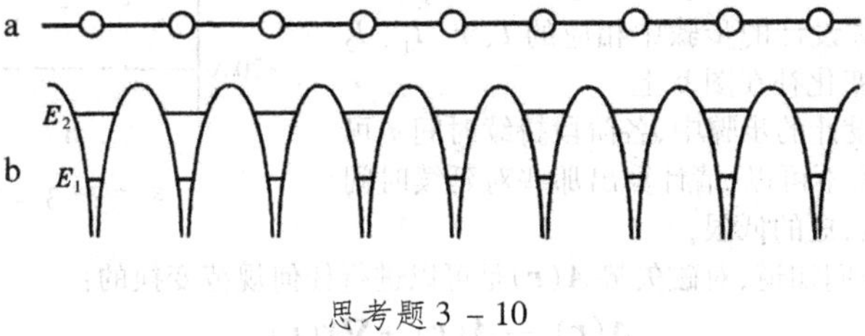

思考题3－10

(1) 在 E_1 和 E_2 哪个能级上的电子在相邻原子间的跃迁概率较大？

(2) 哪个能带较宽？

(3) 哪个能带中电子的有效质量较大？

请简要说明理由。

3－11. 比较习题3－9里的电子运动周期和习题3－13里的弛豫时间 τ，你认为习题3－9中所讨论的过程在实际有重要性吗？

3－12. 金属经典电子论认为电导率与温度的关系是 $\sigma \propto 1/\sqrt{T}$，而 $\sigma \propto 1/T$ 更符合实际。从量子理论的观点看，情况如何？

3 - 13. 实验室中常用超导磁体，它的通常形式就是超导线绕制的螺线管。超导磁体的突出优点是能够产生很强的磁场，同时又不产生焦耳热。磁体上常配置一特别设计的超导开关，如本题图 a 所示。开关的电阻 r 可加以控制：或处于 $r=0$ 的超导态，或处于 $r=r_n$ 的正常态。当开关电阻处于超导态时，磁体可在持续电流模式下工作，此时电流通过磁体和超导开关持续地流动。这样，可不再需要外电源供电而长时间地维持一极为稳定的磁场。

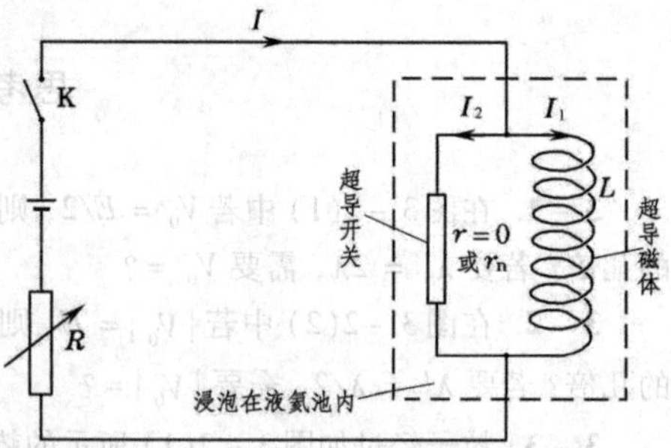

a

超导开关结构的细节在图中未画出，它通常是由一小段超导线和加热丝绕在一起并和氦液池适当隔热而成。加热时，超导线的温度上升并转变到有电阻的正常态。r_n 的阻值约为几 Ω，本题取为 5 Ω. 超导磁体的电感视磁体的大小而定，本题设为 10 H. 总电流 I 可通过调节电阻 R 的大小而改变。

超导开关处于正常态 $r=r_n$ 时，仅能通过较小的电流。在本题中设它小于 0.5 A，否则开关会被烧坏。假定超导磁体工作在持续电流模式，即 $I=0$，$I_1=i_0$（等于 20 A），$I_2=-i_0$，如本题图 b 中第一阶段所示。

（1）现在要将通过磁体的电流减少到 0，以便停止实验。你能让超导开关一下子失超，把 20 A 的电流耗散掉吗？若不能，应该采取怎样的步骤？

（2）请将你设计的步骤中相应的 I、r、I_1、I_2 在以后阶段的变化补在图 b 上。

（3）在你设计的步骤中，各阶段持续时间 τ 可以任意短吗？若不可以，请计算出那些对延续时间有要求的阶段长短的低限。

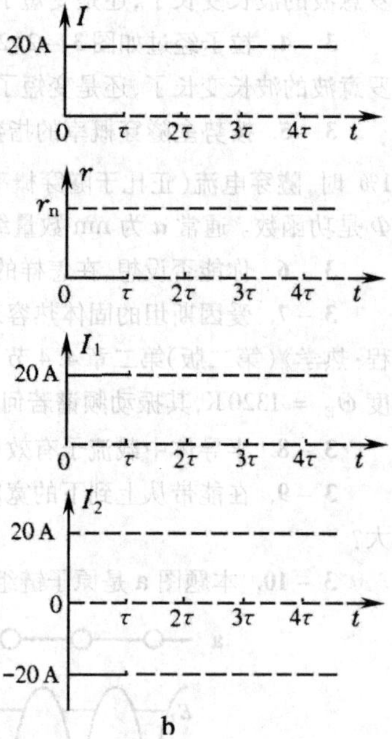

b

思考题 3 - 13

3 - 14. 我们知道，对磁矢势 $\boldsymbol{A}(\boldsymbol{r})$ 是可以进行任何规范变换的：

$$\boldsymbol{A}(\boldsymbol{r}) \to \boldsymbol{A}(\boldsymbol{r}) + \nabla\chi(\boldsymbol{r}),$$

这并不影响磁场 $\boldsymbol{B}(\boldsymbol{r})$ 在空间的分布，但 $\boldsymbol{A}(\boldsymbol{r})$ 本身在空间的分布却变了。AB 效应与 $\boldsymbol{A}(\boldsymbol{r})$ 而不是与 $\boldsymbol{B}(\boldsymbol{r})$ 有关，规范变换会在 AB 效应中产生物理后果吗？

3 - 15. 在转变温度 T_c 以上，一个绕在永磁体上超导环内的磁通量由永磁体的磁化强度决定，可取任何值，一般不是量子化的。如果这时把温度降到 T_c 以下，其内的磁通突然量子化了。这种变化是怎样发生的？难道磁体的磁化强度突然变了？

3 - 16. 描述约瑟夫森结电路与大幅度单摆的方程式，具有相同的数学形式。单摆在驱动力足够大时会产生倍周期分岔、混沌等现象，在约瑟夫森结电路中也会发生这类现象吗？你认为，用约瑟夫森结电路去模拟单摆的混沌运动，是个很好的主意吗？

习 题

3-1. 1.1 节推导了粒子在直角势垒上散射的诸多公式，你估计

(1) 在 $a=0$ 或 $V_0=0$ 的场合，R 和 T 该等于多少？

(2) 在 $E<V_0$ 而 $a\to\infty$ 时 R 和 T 趋于多少？

试用这些特殊情况来检验一下所得到的公式。

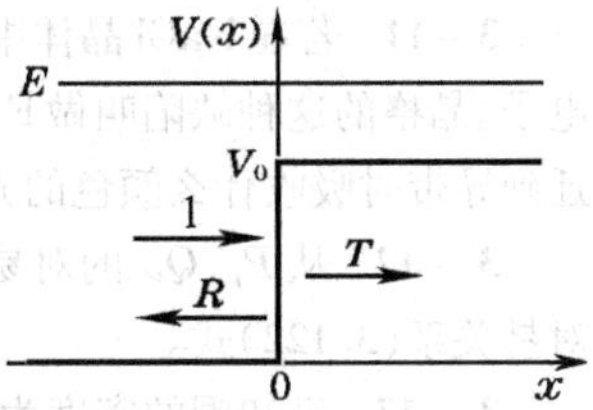

习题 3-2

3-2. 如本题图，动能为 E 的粒子在一高度为 V_0 的势阶上散射，求反射系数和透射系数。

你估计，在 $V_0=0$ 的场合，R 和 T 该等于多少？试用这些特殊情况来检验一下你推导的公式。

3-3. 验证无限深势阱内粒子的波函数(3.34)式的正交归一性：

$$\int \psi_m^*(x)\psi_n(x)\,\mathrm{d}x=\delta_{mn}.$$

3-4. 由谐振子波函数的生成式(3.51)推演出 $n=0,1,2$ 三个波函数的具体表达式[见(3.52)式和(3.53)式]。

3-5. 验算上题中三个波函数的正交归一性。

3-6. 在量子力学中谐振子第 n 个能级的方均根位移按下式计算：

$$\sqrt{\langle x^2\rangle}=\sqrt{\int_{-\infty}^{\infty}\psi_n^*(x)\,x^2\psi_n(x)\,\mathrm{d}x}.$$

相应的经典计算公式为

$$\sqrt{\langle x^2\rangle}=\int_{-\infty}^{\infty}x^2P(x)\,\mathrm{d}x,$$

其中经典概率分布为(见 146 页脚注)

$$P(x)=\frac{1}{\pi\sqrt{A_n{}^2-x^2}},$$

式中 A_n 是与第 n 个量子能级相对应的经典振幅。试分别计算 $n=0,1,2$ 前三个能级的量子和经典的方均根位移，并相互作一比较。

3-7. 推导包括次近邻格点之间跃迁矩阵元 $-B$ 的能带公式(3.60)：

$$E=E(k)=E_0-2A\cos ka-2B\cos 2ka.$$

3-8. 已知一维晶格的电子能带可写成

$$E(k)=\frac{\hbar^2}{ma^2}\left(\frac{7}{8}-\cos ka+\frac{1}{8}\cos 2ka\right),$$

式中 a 为晶格常量。求(1)能带宽度，(2)带顶和带底电子的有效质量。

3-9. 从 $t=0$ 时起在一维晶格上加一恒电场 $\mathscr{E}$，设此刻电子位于能带底部且空间 $x=x_0$ 处。试证明：t 时刻时电子在空间的位置为

$$x=x_0+\frac{2A(1-\cos ka)}{e\mathscr{E}},\quad 其中\ k=\frac{e\mathscr{E}}{\hbar}t.$$

电子的运动有没有周期性？若有，周期多少？并解释：为什么在恒电场作用下电子会做

周期运动。

3 - 10. 锗(Ge)的导带与价带之间的能隙为0.72 eV, 求它吸收电磁波波长的上限。

3 - 11. 若在NaCl晶体中缺少一个Cl^-离子而留下一个空位,则此空位会俘获一个电子。晶格的这种缺陷叫做F心(色心)。❶ 这个电子所处的能级比导带低2.65 eV, 它跃迁到导带时吸收什么颜色的光? 含有许多F心的NaCl晶体呈现什么颜色?

3 - 12. 从$\hat{P}_k$、$\hat{Q}_{k'}$的对易关系(3.120)式和$\hat{a}_k^\dagger$、$\hat{a}_k$的定义(3.121)式导出$\hat{a}_k^\dagger$、$\hat{a}_{k'}$的对易关系(3.122)式。

3 - 13. 已知铜的密度为8.96 g/cm^3,摩尔质量为63.5 g/mol, 设每个原子提供一个自由电子,求自由电子的数密度n.

已知铜的电导率$\sigma=5.88\times10^7$ S/m, $m^*=1.01m_e$, 利用上面n的结果求弛豫时间τ.

3 - 14. 利用上题所得τ的数值求电子的平均自由程$\overline{\lambda}$,假定

(1) $\overline{v}$等于室温(300 K)下经典气体的方均根速率。如此得到的平均自由程记作$\overline{\lambda}_{cl}$.

(2) 已知铜的费米能量$\varepsilon_F = 7.02$ eV, $\overline{\lambda} = \tau v_F$. 如此得到的平均自由程记作$\overline{\lambda}_q$.

(3) 已知铜的晶格常量$a=3.61$ Å, $\overline{\lambda}_{cl}$和$\overline{\lambda}_q$各比a大多少倍? 你觉得这结果分别从经典的和量子的物理图像看可理解吗?

3 - 15. 设电场强度为10^3 V/m, 费米能量为7 eV, 试计算

(1) 在弛豫时间τ(见习题3 - 13)内电子动量改变Δp;

(2) 电子的费米动量p_F;

(3) 二者之比$\Delta p/p_F$.

3 - 16. 水银的超导转变温度为4.2 K, 求(1)能隙为多少eV, (2)吸收光子的频率红限。

3 - 17. 天然的铅中含^{204}Pb、^{206}Pb、^{207}Pb、^{208}Pb四种同位素, 它们的丰度分别为1.4%、24.1%、22.1%、52.1%。假设观测到的超导转变温度$T_c=7.193$ K是这四种同位素各自的T_c按丰度的加权平均,试求纯^{204}Pb的T_c. 已知对于铅$T_c\propto M^{-0.49}$(M为同位素原子量)。

3 - 18. 核子在原子核内受到的其它核子对它的作用,可以近似地看作一较强的平均场加上一个较弱的剩余相互作用。这种剩余相互作用使核内的核子互相吸引而形成库珀对。实验测出能隙参数近似地为12 MeV/$\sqrt{A}$,这里A为原子核内的核子数目。试估算^{208}Pb核的超导转变温度T_c等于多少MeV/k_B.

3 - 19. 补出9.1节用费曼的简化模型推导约瑟夫森方程时从(3.179)式、(3.180)式到(3.181)式、(3.182)式的演算。

---

❶ 德语Farbe, 颜色。

第四章 原子 分子

§1. 前量子论时代的原子

1.1 化学家的原子

原子是物质结构的一个重要层次,是化学结构的基础。千百年来炼金术士殚精竭虑地妄图点石成金,他们的一切努力归于失败以后,18 世纪下半叶法国杰出的化学大师拉瓦锡(A. -L. Lavoisier)以定量的实验研究发现了氧,否定了盛行一时的燃素(phlogiston)说,确定了化学元素的概念,创始了真正成为一门科学的近代化学。尔后,化学家们陆续发现了化学反应物和生成物之间普遍存在的质量比例关系(定比定律、倍比定律)。

19 世纪化学在物质结构方面最大的成就,是彻底查清了什么物质是单质(元素),什么物质是化合物,确立了原子-分子学说。英国化学家道尔顿(J. Dalton)提出了原子论,先后经意大利化学家阿伏伽德罗(A. Avogadro)和康尼查罗(S. Cannizzaro)的修正和完善,形成了对原子、分子概念的如下认识:元素是不能再进行化学分解的最单纯物质,化合物是各种元素以不同方式结合成的物质。物质的最小基元是原子,不同元素有不同的原子。若干同类或不同的原子可以结合成分子,化学反应只是改变原子的结合方式,但不同元素的原子是不能通过化学手段相互嬗变的(这正是炼金术不可能成功的根源)。所以化学家们继承了古希腊原子论者的术语 ατομος,称原子为 atom,原义是"不可分割的"("原子" 最早的中译名为"莫破",本于此)。

原子是"不可分割的" 这点认识是极其宝贵的,人类曾为它付出过沉重的代价。

1.2 原子光谱及其规律

19 世纪当化学家们在发现化学元素方面取得长足进展的同时,物理学中光谱学的研究也硕果累累。物理学家们用光谱学方法帮助化学家发现多种元素。这之所以可能,是因为原子气体的光谱是线状光谱,每种原子发射或吸收特定波长(或者说频率)的谱线,这些谱线成为辨认该种原子的"指纹"。德国的物理学家基尔霍夫(G. R. Kirchhoff)和化学家本生(R. W. Bunsen)在研究碱金属的光谱时发现了铯(1860年)和铷(1861年)。此外,铊、铟、镓也都是在光谱中发现的。

上述光谱都是发射光谱,谱线是明线。另外一种光谱是吸收光谱,谱线是暗线。由于共振关系，同一元素的发射谱线与吸收谱线一一对应。[1] 早在1814－1815年间德国物理学家夫琅禾费（J. von Fraunhofer）就绘制了太阳的光谱，其中有许多暗线（现称夫琅禾费线），它们是太阳外层大气中原子的吸收谱线。1862年法国天文学家让桑（J. P. Janssen）在太阳光谱中发现一些来路不明的吸收线；英国天文学家洛基尔（J. N. Lockyer）把这一现象解释为存在一种未知的元素，并为它取名 helium（氦），词源于希腊文，helios 为"太阳"之意。此元素1894年才在地球上发现。

1880年代初，光谱学已取得了很大的进展，积累了浩繁的杂乱资料亟待整理，以便从中找出规律，作出理论解释。在长期的研究中人们首先发现氢原子光谱中可见光波段内有一谱线序列 H_α、H_β、H_γ、H_δ，此外在紫外波段还观察到几条谱线 H_ε、H_ξ、…（见图4－1）。

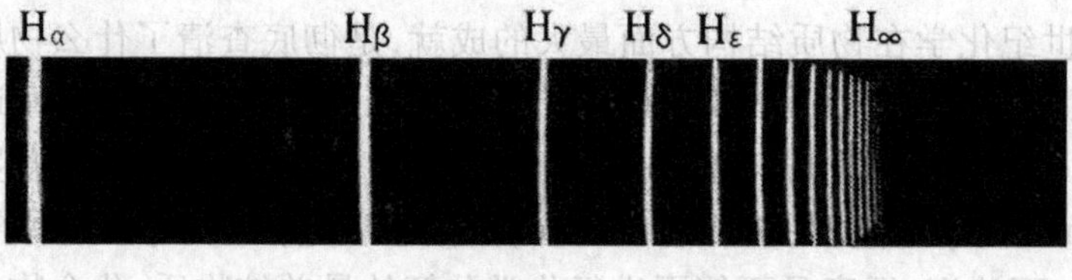

图4－1 氢光谱中的巴耳末线系

瑞士的一位中学教师巴耳末（J. J. Balmer）1884年发现此线系的波长 λ 可纳入下列经验公式：

$$\frac{1}{\lambda}=\widetilde{R}_{\mathrm{H}}\left(\frac{1}{2^2}-\frac{1}{n^2}\right), \tag{4.1}$$

其中 $\widetilde{R}_{\mathrm{H}}=109677.58\,\mathrm{cm}^{-1}$，$n=3,4,5,6,7,8,\cdots$ 分别与谱线 H_α、H_β、H_γ、H_δ、H_ε、H_ξ、… 对应。从表4－1可以看出，用此公式得到的波长计算值与观测值符合得很好。人称这谱线系为巴耳末线系。

表4－1 巴耳末线系

n	谱线	λ/nm		n	谱线	λ/nm	
		计算值	观测值			计算值	观测值
3	H_α	656.280	656.281	6	H_δ	410.178	410.174
4	H_β	486.138	486.133	7	H_ε	397.011	397.007
5	H_γ	434.051	434.047	8	H_ξ	388.909	388.906

在上述线系外后来人们在氢光谱中还发现另外一些谱线系列，它们的

[1] 参见《新概念物理教程·光学》第七章 §1.

波长可用下列经验公式描述：

莱曼(Lyman)系： $\frac{1}{\lambda}=\widetilde{R}_{\mathrm{H}}\left(\frac{1}{1^2}-\frac{1}{n^2}\right),\ n=2,3,\cdots$；(紫外区) (4.2)

帕邢(Paschen)系： $\frac{1}{\lambda}=\widetilde{R}_{\mathrm{H}}\left(\frac{1}{3^2}-\frac{1}{n^2}\right),\ n=4,5,\cdots$；(红外区) (4.3)

布拉开(Brackett)系： $\frac{1}{\lambda}=\widetilde{R}_{\mathrm{H}}\left(\frac{1}{4^2}-\frac{1}{n^2}\right),\ n=5,6,\cdots$；(红外区) (4.4)

普丰德(Pfund)系： $\frac{1}{\lambda}=\widetilde{R}_{\mathrm{H}}\left(\frac{1}{5^2}-\frac{1}{n^2}\right),\ n=6,7,\cdots$；(红外区) (4.5)

以上各式可以归纳成一个公式：

$$\tilde{\nu}=\frac{1}{\lambda}=\widetilde{R}_{\mathrm{H}}\left(\frac{1}{m^2}-\frac{1}{n^2}\right), \tag{4.6}$$

式中 n、m 都是正整数，且 $n>m$，$\tilde{\nu}$ 为波数。上式又可写作

$$\tilde{\nu}=T(m)-T(n), \tag{4.7}$$

式中

$$T(m)=\frac{\widetilde{R}_{\mathrm{H}}}{m^2},\quad T(n)=\frac{\widetilde{R}_{\mathrm{H}}}{n^2} \tag{4.8}$$

称作光谱项。(4.7)式表明，氢原子光谱中谱线波长的倒数可以表示成一对光谱项之差。氢原子光谱的这一特点，也为其它原子光谱所具有，只不过光谱项的形式较为复杂罢了。按照经典理论，谱线系的这种规律性是无法理解的。个中的奥秘向新理论发出召唤。

1.3 电子的发现

我们今天对生活在原子世界里已感到很习惯。我们日常遇到的所有物件都是由大量非常细小的原子组成的，而这些原子本身又是由更细小的成分(电子、核子)组成的。这一切在我们看来都是当然的，很难想象，一个世纪前对我们的祖辈来说，这些概念是怎样的奇特可疑。的确，对原子内部结构的认识是20世纪最伟大的发现之一。这是从1897年英国物理学家J. J. 汤姆孙(Joseph John Thomson)发现电子开始的。

阴极射线是低压气体放电过程出现的一种现象：在放电管正对着阴极的管壁发出绿色的荧光。据认为这是从阴极发出的某种射线所致，故获得此名。有人认为此射线类似紫外线，是一种“以太波”；也有人认为它由带负电的物质微粒组成。由于当时的实验做得不够精确，难以判断，两种观点相持不下。最后的判定实验是J. J. 汤姆孙做出的。判断阴极射线是否带电微粒要靠电场或磁场使之偏转，他发现前人未观察到这种效应是因为放电管内

的真空度不够高。他改善了放电管的真空条件，获得射线束在静电场中的稳定偏转，从而判定它是由带负电的微粒组成。

J. J. 汤姆孙最杰出的贡献是用他设计的独特放电管（见图 4 – 2）测定了这种带电微粒的电荷 e 与质量 m 之比，即荷质比 e/m. 测量的原理是利用静电偏转与磁偏转达到平衡的条件，推算出微粒的荷质比来。[1] 测量的惊人结果是该种微粒的荷质比竟比带正电的氢离子大一千多倍。若假定二者电荷的绝对值是一样的，则阴极射线里这种微粒的质量小于氢离子的 1/1000（后来得到的精确值为 1/1836）。在那个认为原子是不可分割的时代，这结果的震撼力量是可想而知的。J. J. 汤姆孙在阴极射线中发现的这种比原子小得多的粒子，被命名为电子（electron）。可以毫不夸大地说，电子的发现开辟了一个亚原子（subatomic）的新纪元。从此物理学的研究深入到了原子的内部。

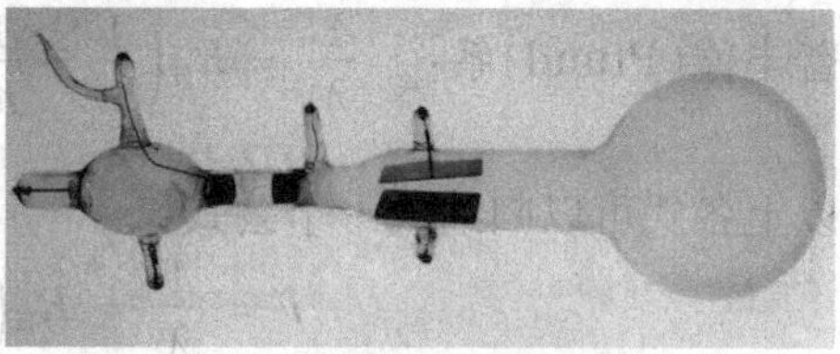

图 4 – 2 J. J. 汤姆孙用来测电子荷质比的阴极射线管

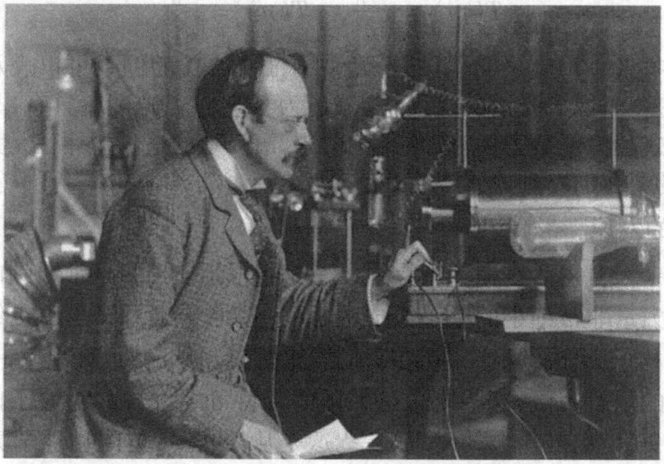

图 4 – 3 J. J. 汤姆孙在他的实验室里

1.4 布丁模型和有核模型

电子的发现，证明原子内含有一定数量的电子。过去无法理解的原子线光谱发射和吸收的特征，似乎可望用电子的谐振作出某种解释。J. J. 汤姆

[1] 详见《新概念物理教程·电磁学》（第二版）第二章 6.4 节。

孙用经典力学的理论,根据电荷之间的平方反比作用力进行了大量计算,求证电子稳定分布应处的状态,提出如下原子模型:由于每个原子在整体上是电中性的,他假设原子里的正电部分均匀分布在一个球体内,电子镶嵌在其中某些平衡位置上,并能够围绕这些平衡位置作简谐振荡。它们像赫兹振子那样,可以发射或吸收特定频率的电磁辐射。这便是原子线光谱的由来。J. J. 汤姆孙的这个原子模型号称布丁模型,布丁(pudding)是西餐中一种镶有葡萄干的松软甜点。

出生于新西兰的英国物理学家卢瑟福(E. Rutherford)在 1898 年研究放射性时发现 α 和 β 射线,并经过多年工作,在 1908-1909 年间证明 α 射线中的粒子(α 粒子)就是氦离子 He^{2+}. 1908 年卢瑟福建议他的助手盖革(H. Geiger)和学生马斯登(E. Marsden)做 α 粒子在金属表面直接反射的实验,得到了每 8000 个 α 粒子有一个被大角度散射的统计结果。[1]

从 J. J. 汤姆孙的布丁模型看来,这结果是难以置信的。我们怎能设想,重磅炮弹打在一张纸上会被反弹回来?卢瑟福为此苦思了好几个星期,经过推算,从理论上证明,只有原子内的正电荷集中在比原子直径小得多的范围内,才会产生 α 粒子大角度散射的实验结果。他的理论推算发表于 1911 年,[2] 他的推论与盖革、马斯登的实验数据比较,基本相符。盖革和马斯登改进了实验,1913 年发表了全面的数据,进一步肯定了卢瑟福的理论。这理论以原子的有核模型载入史册。

卢瑟福的科学态度大胆而又谨慎。他经过深思熟虑,知道自己提出的模型很不完善,而且是冒着与经典理论冲突的风险的。他在行文中只说"正电荷集中在原子中心",通篇未出现"原子核"的词句。但他笃信自己的看法有坚实的实验依据,勇敢地发表出来,不惜向经典理论挑战。卢瑟福的文章起初遭到大多数同行的冷遇,但为玻尔所赏识。

1.5 原子结构经典理论的困难

卢瑟福的有核模型表明,原子由带正电的原子核与带负电的电子组成,它们之间存在着静电吸引力。按照库仑定律,静电力服从平方反比律,这和天体间的万有引力服从的规律是一样的。按照牛顿力学,我们必然得到如下几点结论:

(1) 原子中的电子应像太阳系中的行星绕日旋转那样,围绕着原子核沿圆形或椭圆形轨道旋转。

(2) 电子绕原子核旋转必有动能,动能愈大轨道愈大;没有动能,电子就会被静电力吸引到原子核上去。

---

[1] H. Geiger and E. Marsden, *Proc. Roy. Soc.*, **A82**(1909),495.

[2] E. Rutherford, *Phil. Mag.*, **21**(1911), 669.

(3) 电子轨道运动的周期 T 正比于半径或半长轴 a 的 3/2 次方(即 $T \propto a^{3/2}$)。轨道愈小周期愈短。

经典理论在处理这样一个原子结构模型的电磁辐射问题时,就矛盾百出了。因为根据经典的电动力学原理,我们还要得到如下几点结论:

(1) 任何作加速运动的带电粒子都要发射电磁波。电子沿圆或椭圆轨道的旋转是加速运动,它必然要不断发射电磁波。

(2) 电磁波要带走一部分能量,这能量取自带电粒子本身。所以在发射电磁波的同时,带电粒子本身能量必然降低。如果没有能量补充,电子的轨道将不断缩小,最后被吸引到原子核上面去。

(3) 若电子运动的周期是 T,则它发射的电磁波的周期也是 T,或者说,电磁波的频率 $\nu=1/T$. 在轨道缩小的同时周期不断减小,于是它发射的电磁波频率不断增大。从大量原子的统计效果看,原子光谱应是连续光谱。

但事实上电子可以在核的周围处于无辐射状态。此外,原子光谱是线光谱。这都与上述经典理论的推论冲突。总之,与黑体辐射、光电效应等问题一样,在原子结构问题上,经典理论与实验之间也存在着尖锐的矛盾。

1.6 玻尔理论

为解决原子结构问题上实验与经典理论的矛盾,丹麦物理学家玻尔(N. Bohr)吸取了前人的思想(特别是普朗克的量子假说、爱因斯坦的光子假说和卢瑟福的有核模型),于 1913 年提出一个革命性的理论。他提出的两条基本假设,我们在第一章 9.4 节已经引用过了,不妨在这里重述一下:

(1) 原子存在一系列定态,定态的能量取离散值 E_1、E_2、E_3、…(能级),原子在定态中不发射也不吸收电磁辐射能。

(2) 当原子在能级 E_1、E_2 之间跃迁时,以发射或吸收特定频率 ν 光子的形式与电磁辐射场交换能量。光子的频率满足下式:

$$\nu=\frac{E_2-E_1}{h}, \tag{4.9}$$

上式称为玻尔频率条件,式中 h 为普朗克常量。

不难看出,用玻尔频率条件就可以解释氢原子光谱线系的公式(4.6)了。因 $\nu=c/\lambda$,代入(4.9)式,得

$$\frac{1}{\lambda}=\frac{E_n-E_m}{hc}. \tag{4.10}$$

比较(4.10)式和(4.7)式,就可看出光谱项的意义,即 $T(m)=-E_m/hc$,$T(n)=-E_n/hc$,它们分别与能级 E_m 和 E_n 成正比。于是,按玻尔假设和光谱项的经验公式(4.8),氢原子能级应具有如下唯象形式:

$$E_n = -hcT(n) = -\frac{hc\widetilde{R}_{\mathrm{H}}}{n^2}, \tag{4.11}$$

式中 n 叫做主量子数(principal quantum number)。与氢原子光谱中各线系对应的跃迁过程如图 4－4 所示，分别为

莱曼系：

$E_2, E_3, \cdots \to E_1$；

巴耳末系：

$E_3, E_4, \cdots \to E_2$；

帕邢系：

$E_4, E_5, \cdots \to E_3$；

布拉开系：

$E_5, E_6, \cdots \to E_4$；

普丰德系：

$E_6, E_7, \cdots \to E_5$.

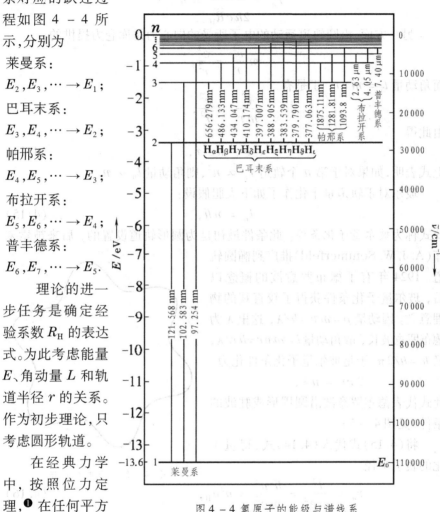

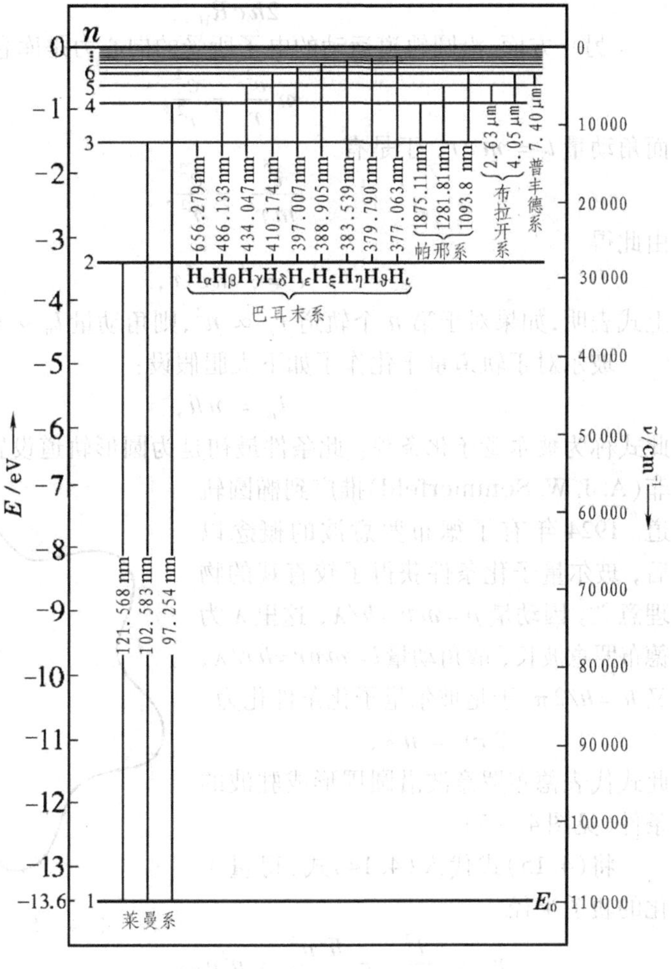

图 4－4 氢原子的能级与谱线系

理论的进一步任务是确定经验系数 R_{H} 的表达式。为此考虑能量 E、角动量 L 和轨道半径 r 的关系。作为初步理论，只考虑圆形轨道。

在经典力学中，按照位力定理，❶ 在任何平方反比律的情形里，

总能量(动能＋势能)＝势能之半。

在氢原子中电子的势能是库仑势 $U(r)=-e^2/r$(静电单位制)，故有

❶ 参见《新概念物理教程·力学》(第二版)第七章 3.4 节。

$$E_n = \frac{U(r_n)}{2} = -\frac{e^2}{2r_n}, \tag{4.12}$$

式中 r_n 是第 n 个能级圆轨道的半径。将(4.11)式代入，得

$$r_n = \frac{e^2 n^2}{2hc\widetilde{R}_{\mathrm{H}}} \propto n^2. \tag{4.13}$$

另一方面，沿圆轨道运动的电子所受的向心力是库仑力提供的：

$$m\frac{v^2}{r} = \frac{e^2}{r^2},$$

而角动量 $l = mvr$，于是有

$$\frac{l^2}{mr^3} = \frac{e^2}{r^2},$$

由此得

$$l = \sqrt{me^2 r}, \tag{4.14}$$

上式表明，如果对于第 n 个轨道 $r_n \propto n^2$，则角动量 $l_n \propto n$.

玻尔对于轨道量子化作了如下大胆假设：

$$l_n = n\hbar, \tag{4.15}$$

此式称为玻尔量子化条件。此条件最初是为圆形轨道设置的，后来被索末菲(A. J. W. Sommerfeld)推广到椭圆轨道。1924 年有了德布罗意波的概念以后，玻尔量子化条件获得了较直观的物理意义。因动量 $p = mv = h/\lambda$，这里 λ 为德布罗意波长，故角动量 $l = mvr = hr/\lambda$，又 $\hbar = h/2\pi$，于是玻尔量子化条件化为

$$2\pi r = n\lambda,$$

此式代表德布罗意波沿圆周形成驻波的条件(见图 4－5)。

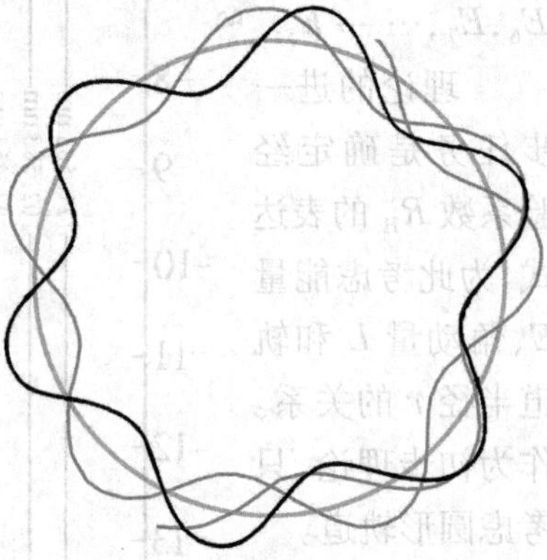

图 4－5 德布罗意驻波

将(4.15)式代入(4.14)式，得量子化的轨道半径

$$r_n = \frac{l^2}{me^2} = \frac{\hbar^2 n^2}{me^2} = n^2 a_{\mathrm{B}}, \tag{4.16}$$

式中

$$a_{\mathrm{B}} = \frac{\hbar^2}{me^2} = 0.52\,\text{Å}(\text{静电单位制}) \tag{4.17}$$

称为玻尔半径。与(4.13)式对比可知

$$\widetilde{R}_{\mathrm{H}} = \frac{2\pi^2 m e^4}{ch^3} = 109\,737.31\,\mathrm{cm}^{-1}(\text{静电单位制}), \tag{4.18}$$

它已和实验值 109 677.58 cm^{-1} 符合得相当好了，但毕竟还有差别。这是因

为这里我们假定氢原子核是不动的，在电子和原子核的质心系里看，上式中电子的质量 m 应换成它和原子核的约化质量 $\mu=\frac{mM}{m+M}$（M 为原子核的质量）。❶

最后，将(4.18)式代入(4.11)式，得到氢原子能级的表达式：

$$E_n=-\frac{2\pi^2me^4}{h^2n^2}(\text{静电单位制})=-\frac{R_{\mathrm{H}}}{n^2}\quad(n=1,2,3,\cdots),\tag{4.19}$$

式中

$$R_{\mathrm{H}}=ch\widetilde{R}_{\mathrm{H}}=\frac{2\pi^2me^4}{h^2}(\text{静电单位制})$$

$$\approx 2.18\times10^{-18}\mathrm{J}=13.6\,\mathrm{eV}\tag{4.20}$$

称为里德伯常量(Rydberg constant)。$\widetilde{R}_{\mathrm{H}}$ 实际上是以波数为单位的里德伯常量。

以上结果很容易推广到类氢离子。类氢离子是电离后原子核外只剩下一个电子的离子，如 He^+、Li^{2+}、…，它们的原子核带正电 Ze（$Z=2,3,\cdots$）。对于类氢离子，势能 $V(r)=-Ze^2/r$（静电单位制），能级公式(4.19)和轨道半径公式(4.16)里的 e^2 将为 Ze^2 所取代：

$$E_n=-\frac{2\pi^2mZ^2e^4}{h^2n^2}(\text{静电单位制}),\tag{4.21}$$

$$r_n=\frac{\hbar^2n^2}{mZe^2}(\text{静电单位制})=\frac{n^2a_{\mathrm{B}}}{Z},\tag{4.22}$$

$Z=1$ 时两公式回到氢原子情形。以后我们把氢原子和类氢离子统称类氢离子。

§2. 类氢离子

2.1 能级与量子态

用量子力学来处理类氢原子问题，首先要写出它的哈密顿算符：

$$\hat{H}=\frac{\hat{p}^2}{2m}-\frac{Ze^2}{r}=-\frac{\hbar^2}{2m}\nabla^2+V(r),\tag{4.23}$$

其中

$$V(r)=-\frac{Ze^2}{r}\quad(\text{静电单位制}).\tag{4.24}$$

拉普拉斯算符在球坐标系(r,θ,φ) 中的表达式为

$$\nabla^2=\frac{1}{r^2}\left[\frac{\partial}{\partial r}\left(r^2\frac{\partial}{\partial r}\right)+\frac{1}{\sin\theta}\frac{\partial}{\partial\theta}\left(\sin\theta\frac{\partial}{\partial\theta}\right)+\frac{1}{\sin^2\theta}\frac{\partial^2}{\partial\varphi^2}\right].\tag{4.25}$$

---

❶ 约化质量的概念见《新概念物理教程·力学》(第二版)第三章4.3节。

按第一章(1.76)式

$$\hat{\boldsymbol{l}}^2 = -\hbar^2\left[\frac{1}{\sin\theta}\frac{\partial}{\partial\theta}\left(\sin\theta\frac{\partial}{\partial\theta}\right)+\frac{1}{\sin^2\theta}\frac{\partial^2}{\partial\varphi^2}\right]$$

和(1.84)式

$$\hat{l}_z = -\mathrm{i}\hbar\frac{\partial}{\partial\varphi},$$

令

$$\hat{p}_r^2 = -\frac{1}{2m}\frac{\hbar^2}{r^2}\left[\frac{\partial}{\partial r}\left(r^2\frac{\partial}{\partial r}\right)\right], \tag{4.26}$$

类氢原子哈密顿算符可写成

$$\hat{H} = \hat{p}_r^2 + \frac{\hat{\boldsymbol{l}}^2}{2mr^2} + V(r), \tag{4.27}$$

在算符 $\hat{\boldsymbol{l}}^2$ 和 $\hat{l}_z$ 中只包含对角度的偏导，不包含对 r 的偏导，故它们都与 $\hat{p}_r^2$ 和 $V(r)$ 对易：

$$[\hat{p}_r^2, \hat{\boldsymbol{l}}^2] = 0, \quad [\hat{p}_r^2, \hat{l}_z] = 0;$$

$$[V(r), \hat{\boldsymbol{l}}^2] = 0, \quad [V(r), \hat{l}_z] = 0;$$

从而与哈密顿算符对易：

$$[\hat{H}, \hat{\boldsymbol{l}}^2] = 0, \quad [\hat{H}, \hat{l}_z] = 0. \tag{4.28}$$

我们知道，角动量算符 $\hat{\boldsymbol{l}}^2$ 和 $\hat{l}_z$ 彼此是对易的：

$$[\hat{\boldsymbol{l}}^2, \hat{l}_z] = 0,$$

所以 $\hat{H}$、$\hat{l}^2$ 和 $\hat{l}_z$ 三个算符彼此对易。对易算符是可以有共同本征矢的（见附录A3.3节），所以这三个算符可以有一套共同的本征矢 $|E,l,m\rangle$，其中 E 是能量的本征值，l 是角量子数，m 是磁量子数. 这就是说，

$$\left.\begin{aligned}\hat{H}|E,l,m\rangle &= E|E,l,m\rangle,\\ \hat{\boldsymbol{l}}^2|E,l,m\rangle &= l(l+1)\hbar^2|E,l,m\rangle,\\ \hat{l}_z|E,l,m\rangle &= m\hbar|E,l,m\rangle.\end{aligned}\right\}$$

一般说来，对于有心力场，势函数 $V(r)$ 只是 r 的函数，与角变量无关，而哈密顿算符 $\hat{H}$ 只与角动量的平方 $\hat{\boldsymbol{l}}^2$ 有关，与其分量 $\hat{l}_z$ 无关，所以其本征值 E 只可能与角量子数 l 有关，与磁量子数 m 无关。此外，角量子数 l 还不能完全刻画能量的本征值 E，即对于同一 l 还可能有多个 E 值，故而尚需再有一个量子数才能把能量本征值 E 唯一确定下来。最后这个量子数叫做主量子数，通常用 n 表示。于是对于有心力，能量本征值 E 一般与 n、l 两个量子数有关，故我们可以把 E 写成 E_{nl}，把本征矢 $|E_{nl},l,m\rangle$ 写成 $|n,l,m\rangle$，上式写成

$$
\left.\begin{aligned}
\hat{H}|E,l,m\rangle &= E_{nl}|n,l,m\rangle,\\
\hat{\boldsymbol{l}}^2|E,l,m\rangle &= l(l+1)\hbar^2|n,l,m\rangle,\\
\hat{l}_z|E,l,m\rangle &= m\hbar|n,l,m\rangle.
\end{aligned}\right\} \tag{4.29}
$$

上面说的是有心力的一般情形,对于库仑力(或者一般的平方反比力),情况比较特殊,即能量本征值 E_{nl} 只与主量子数 n 有关,与角量子数 l 无关,即 $E_{nl}=E_n$. 这种对 l 简并性的由来,我们将在下节作些说明,这里仅给出主要的结论。由于得到这些结论所需的数学推导,对于本课来说过于繁难,这里就从略了。

对于类氢离子,量子力学给出的结论如下:

(1) 能量本征值为

$$
E_n=-\frac{2\pi^2 mZ^2e^4}{h^2n^2}=-\frac{Z^2R_{\mathrm{H}}}{n^2}\quad(n=1,2,3,\cdots), \tag{4.30}
$$

此式与玻尔理论对圆轨道所得的公式(4.21)完全一样, 与角量子数 l 无关。

(2) 给定主量子数 n,角量子数可以取值

$$
l=0,1,\cdots,n-1. \tag{4.31}
$$

共 n 个值。以前我们知道,给定角量子数 l,磁量子数可以取值

$$
m=-l,\ -l+1,\cdots.\ l-1,l. \tag{4.32}
$$

共 $2l+1$ 个值。所以对于给定的 n,量子态总数可用等差级数求和的办法算出❶

$$
\sum_{l=0}^{n-1}(2l+1)=n^2. \tag{4.33}
$$

下面在 2.2 节里我们对一种推导方法的梗概作些简单的介绍,或许有助于物理图像的理解。初学者也可跳过去,直接阅读 2.3 节。

2.2 隆格-楞茨矢量与 l 简并性

经典力学中,行星在万有引力作用下所做的开普勒运动就是比较特别的:能量只与椭圆轨道的半长轴 a 有关,与半短轴 b 无关或者说与偏心率无关(见图4-6), 在力学中还导出了一个偏心率 ε 与能量 E、角动量 l 的关系❷

$$
\varepsilon^2+\frac{2|E|\boldsymbol{l}^2}{G^2M^2m^3}=1. \tag{4.34}
$$

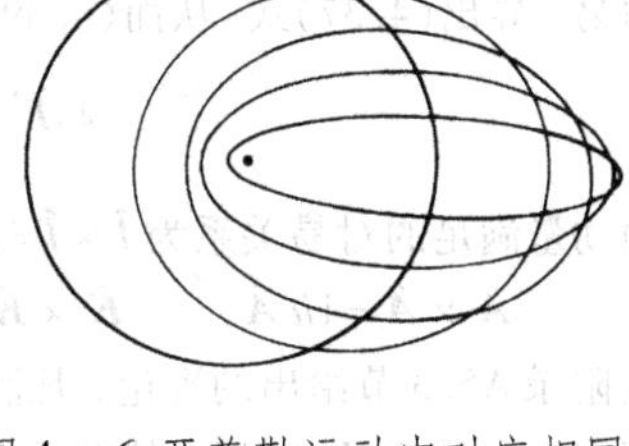

图 4-6 开普勒运动中对应相同能量不同角动量的椭圆轨道

---

❶ 等差级数求和的公式为

$$
\text{级数和}=\frac{(\text{首项}+\text{末项})\times\text{项数}}{2}.
$$

❷ 参见《新概念物理教程·力学》(第二版)第七章 3.2 节和 3.3 节,偏心率与能量、角动量的关系见(7.27)式。

上式表明，对于给定的能量 E，偏心率 $\varepsilon=0$ 时 l^2 最大；随着偏心率增大，角动量减小，两项之和是常量。这个特点是所有平方反比律情形所共有的，它与另一个守恒量，即隆格-楞茨矢量的存在有关：❶

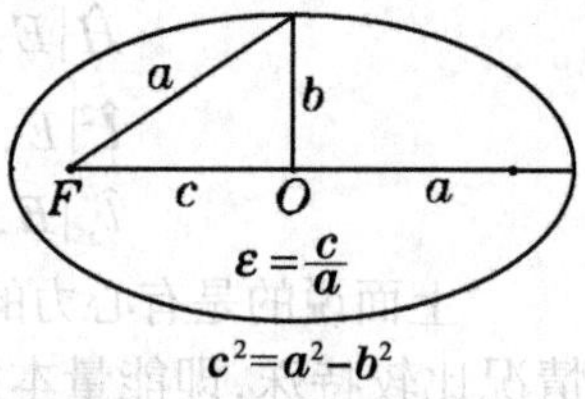

图 4-7 椭圆的半轴与偏心率

$$\boldsymbol{B}=\boldsymbol{v}\times\boldsymbol{l}-GMm\frac{\boldsymbol{r}}{r},$$

或
$$\boldsymbol{A}=\frac{-\boldsymbol{B}}{GMm}=\frac{\boldsymbol{l}\times\boldsymbol{p}}{GMm^2}+\frac{\boldsymbol{r}}{r},\tag{4.35}$$

$$\boldsymbol{A}^2=\varepsilon^2.\tag{4.36}$$

对于类氢原子的库仑势，只需将 GMm 代换为 Ze^2 即可，即隆格-楞茨矢量应定义为

$$\boldsymbol{A}=\frac{\boldsymbol{l}\times\boldsymbol{p}}{Ze^2m}+\frac{\boldsymbol{r}}{r},\tag{4.36}$$

相应地，在静电单位制中(4.34)式应改为

$$\varepsilon^2+\frac{2|E|\boldsymbol{l}^2}{Z^2e^4m}=\boldsymbol{A}^2+\frac{2|E|\boldsymbol{l}^2}{Z^2e^4m}=1,\quad 或\quad \boldsymbol{l}^2+\boldsymbol{K}^2=\frac{Z^2e^4m}{2|E|},\tag{4.37}$$

式中 $\boldsymbol{K}=\sqrt{\frac{Z^2e^4m}{2|E|}}\boldsymbol{A}$. 从 $\boldsymbol{l}=\boldsymbol{r}\times\boldsymbol{p}$ 和 $\boldsymbol{A}$ 的定义可知 $\boldsymbol{l}\cdot\boldsymbol{r}=0$，$\boldsymbol{l}\cdot\boldsymbol{A}=0$，亦即 $\boldsymbol{l}\cdot\boldsymbol{K}=0$.

重新定义两个矢量：
$$\boldsymbol{J}=\frac{1}{2}(\boldsymbol{l}+\boldsymbol{K}),\qquad \boldsymbol{N}=\frac{1}{2}(\boldsymbol{l}-\boldsymbol{K}).\tag{4.38}$$

则
$$\boldsymbol{J}^2+\boldsymbol{N}^2==\frac{1}{2}(\boldsymbol{l}^2+\boldsymbol{K}^2),\qquad \boldsymbol{J}^2=\boldsymbol{N}^2.$$

于是(4.37)式化为
$$4\,\boldsymbol{J}^2=\frac{Z^2e^4m}{2|E|}.\tag{4.39}$$

现在看量子力学。与(4.36)式对应，隆格-楞茨矢量的量子算符定义为

$$\hat{\boldsymbol{A}}=\frac{\hat{\boldsymbol{l}}\times\hat{\boldsymbol{p}}-\hat{\boldsymbol{p}}\times\hat{\boldsymbol{l}}}{2Ze^2m}+\frac{\hat{\boldsymbol{r}}}{r}.\tag{4.40}$$

因 $\hat{\boldsymbol{p}}$ 与 $\hat{\boldsymbol{l}}$ 不对易，故将经典的 $\boldsymbol{l}\times\boldsymbol{p}$ 对应成量子的 $\frac{1}{2}(\hat{\boldsymbol{l}}\times\hat{\boldsymbol{p}}-\hat{\boldsymbol{p}}\times\hat{\boldsymbol{l}})$. 由于量子算符的不对易，导出(4.37)式[从而(4.39)式多出了一项]：

$$4\,\hat{\boldsymbol{J}}^2=\hat{\boldsymbol{l}}^2+\hat{\boldsymbol{K}}^2=\frac{Z^2e^4m}{2|E|}-\hbar^2.\tag{4.41}$$

角动量满足的对易关系为 $\hat{\boldsymbol{l}}\times\hat{\boldsymbol{l}}=\mathrm{i}\hbar\,\hat{\boldsymbol{l}}$，可以验证，$\hat{\boldsymbol{A}}$、$\hat{\boldsymbol{K}}$、$\hat{\boldsymbol{J}}$、$\hat{\boldsymbol{N}}$ 都满足同样的对易关系：

$$\hat{\boldsymbol{A}}\times\hat{\boldsymbol{A}}=\mathrm{i}\hbar\,\hat{\boldsymbol{A}},\qquad \hat{\boldsymbol{K}}\times\hat{\boldsymbol{K}}=\mathrm{i}\hbar\,\hat{\boldsymbol{K}},\qquad \hat{\boldsymbol{J}}\times\hat{\boldsymbol{J}}=\mathrm{i}\hbar\,\hat{\boldsymbol{J}},\qquad \hat{\boldsymbol{N}}\times\hat{\boldsymbol{N}}=\mathrm{i}\hbar\,\hat{\boldsymbol{N}}.$$

按附录 A5.3 节给出的理论，凡满足这样的对易关系的算符，譬如 $\hat{\boldsymbol{J}}$，其平方 $\hat{\boldsymbol{J}}^2$ 的本征值应一定是 $J(J+1)\hbar^2$，其中 J 只能是非负的整数或半整数：

$$J=0,\tfrac{1}{2},1,\tfrac{3}{2},2,\cdots\tag{4.42}$$

哈密顿量 $\hat{\boldsymbol{H}}$ 本征值 E 是简并的，即同一 E 值存在多各态矢，它们架起一个态矢子空间。在此子空间里能量有确定值 E，哈密顿量算符 $\hat{\boldsymbol{H}}$ 可以看作是一个经典数(所谓“c数”)。(4.41)式里的 $|E|$ 加负号可看作是此子空间里能量的本征值 E，按(4.41)式它满足

❶ 参见《新概念物理教程·力学》(第二版)第七章(7.19)、(7.22)式。

$$\frac{Z^2e^4m}{2|E|} = \left[4J(J+1)+1\right]\hbar^2 = (2J+1)^2\hbar^2. \tag{4.43}$$

将 $2J+1$ 写成 n, 按(4.42)式 n 应等于所有正整数：

$$n = 2J+1 = 1, 2, 3, 4, 5, \cdots,$$

于是能量本征值

$$E = E_n = -\frac{Z^2e^4m}{2\hbar^2n^2}. \tag{4.44}$$

这便是上节给出的(4.30)式。

因 $\hat{\boldsymbol{l}}^2+\hat{\boldsymbol{K}}^2=4\hat{\boldsymbol{J}}$, 而 $\hat{\boldsymbol{K}}^2$ 取非负值, 故对于本征值有

$$l(l+1) \leqslant 4J(J+1) = 2J(2J+2),$$

或　$l^2+l \leqslant 4J^2+4J$,　$\left(l+\frac{1}{2}\right)^2 \leqslant \left(2J+\frac{1}{2}\right)^2-2J \leqslant \left(2J+\frac{1}{2}\right)^2$,

最后得到　$l \leqslant 2J = n-1.$

这就是上节末给出的结论。

2.3 波函数

求类氢离子的本征波函数,需要解定态薛定谔方程

$$\hat{H}\psi = E\psi.$$

如2.1节开头给出的哈密顿算符在球坐标系中的表达式,此式应作：

$$\left\{\frac{\hbar^2}{2mr^2}\left[\frac{\partial}{\partial r}\left(r^2\frac{\partial}{\partial r}\right)+\frac{1}{\sin\theta}\frac{\partial}{\partial\theta}\left(\sin\theta\frac{\partial}{\partial\theta}\right)+\frac{1}{\sin^2\theta}\frac{\partial^2}{\partial\varphi^2}\right]-\frac{Ze^2}{r}-E\right\}\psi(r,\theta,\varphi) = 0, \tag{4.45}$$

我们要解的是束缚态(即 $E<0$), 这在物理上对波函数的要求是: $r\to\infty$ 时 $\psi\to 0$,且它绝对值的平方在整个空间是可积的,即

$$\int_0^\infty r^2\mathrm{d}r\int_0^\pi \mathrm{d}\theta\int_0^{2\pi}\mathrm{d}\varphi\,|\psi(r,\theta,\varphi)|^2 = C < \infty, \tag{4.46}$$

以便归一化(即选择 ψ 中的因子使 $C=1$)。并非对于所有负的 E 值 ψ 都有满足上列要求的解的,只有当 E 取某些离散的数值时,这样的解才有可能(参见第三章 §2)。这些离散的 E 值就是能量的本征值,即类氢离子的能级,相应的波函数 $\psi(r,\theta,\varphi)$ 就是本征矢在球坐标中的表示式。

解上述本征值问题,是一个典型的数理方法问题,我们不打算在这里介绍,下面将直接给出结果。

如前所述,若暂不考虑电子的自旋自由度,则完全描述类氢离子的本征态需要三个量子数 n、l、m, 对于平方反比的库仑势,能量的本征值只与主量子数 n 有关：

$$E = E_n,$$

表达式见(4.30)式。定态薛定谔方程(4.45)具有变量分离形式的本征解：

$$|n,l,m\rangle \simeq \psi_{nlm}(r,\theta,\varphi) = R_{nl}(r)\Theta_{lm}(\theta)\Phi_m(\varphi), \tag{4.47}$$

R、Θ、Φ 三个函数的下标表明它们分别依赖于哪些量子数。

(1) 方位角波函数 $\Phi_m(\varphi)$

$$\Phi_{\pm m}(\varphi)=\frac{1}{\sqrt{2\pi}}e^{\pm im\varphi},\tag{4.48}$$

它们绝对值的平方都等于常数 $1/2\pi$,它们满足如下归一化条件:

$$\int_0^{2\pi}|\Phi_{\pm m}(\varphi)|^2 d\varphi=1.\tag{4.49}$$

$\Phi_{\pm m}(\varphi)$是角动量 z 分量算符的本征函数:

$$\hat{l}_z\Phi_{\pm m}(\varphi)=-i\hbar\frac{\partial}{\partial\varphi}\Phi_{\pm m}(\varphi)=\pm m\hbar\Phi_{\pm m}(\varphi).\tag{4.50}$$

(2) 极角波函数 $\Theta_{lm}(\theta)$

$l=0$ (s 态):

$$\Theta_{00}(\theta)=\frac{\sqrt{2}}{2}.\tag{4.51}$$

$l=1$ (p 态):

$$\Theta_{10}(\theta)=\frac{\sqrt{6}}{2}\cos\theta,\tag{4.52}$$

$$\Theta_{1,\pm1}(\theta)=\frac{\sqrt{3}}{2}\sin\theta.\tag{4.53}$$

$l=2$ (d 态):

$$\Theta_{20}(\theta)=\frac{\sqrt{10}}{4}(3\cos^2\theta-1),\tag{4.54}$$

$$\Theta_{2,\pm1}(\theta)=\frac{\sqrt{15}}{2}\sin\theta\cos\theta,\tag{4.55}$$

$$\Theta_{2,\pm2}(\theta)=\frac{\sqrt{15}}{4}\sin^2\theta.\tag{4.56}$$

$l=3$ (f 态):

$$\Theta_{30}(\theta)=\frac{3\sqrt{14}}{4}\left(\frac{5}{3}\cos^3\theta-\cos\theta\right),\tag{4.57}$$

$$\Theta_{3,\pm1}(\theta)=\frac{\sqrt{42}}{8}\sin\theta(5\cos^2\theta-1),\tag{4.58}$$

$$\Theta_{3,\pm2}(\theta)=\frac{\sqrt{105}}{4}\sin^2\theta\cos\theta,\tag{4.59}$$

$$\Theta_{3,\pm3}(\theta)=\frac{\sqrt{70}}{8}\sin^3\theta.\tag{4.60}$$

…………

它们满足的归一化条件是:

$$\int_0^{\pi}|\Theta_{lm}|^2\sin\theta d\theta=1.\tag{4.61}$$

Θ 函数和它们绝对值的平方分别示于图 4－8 和图 4－9。

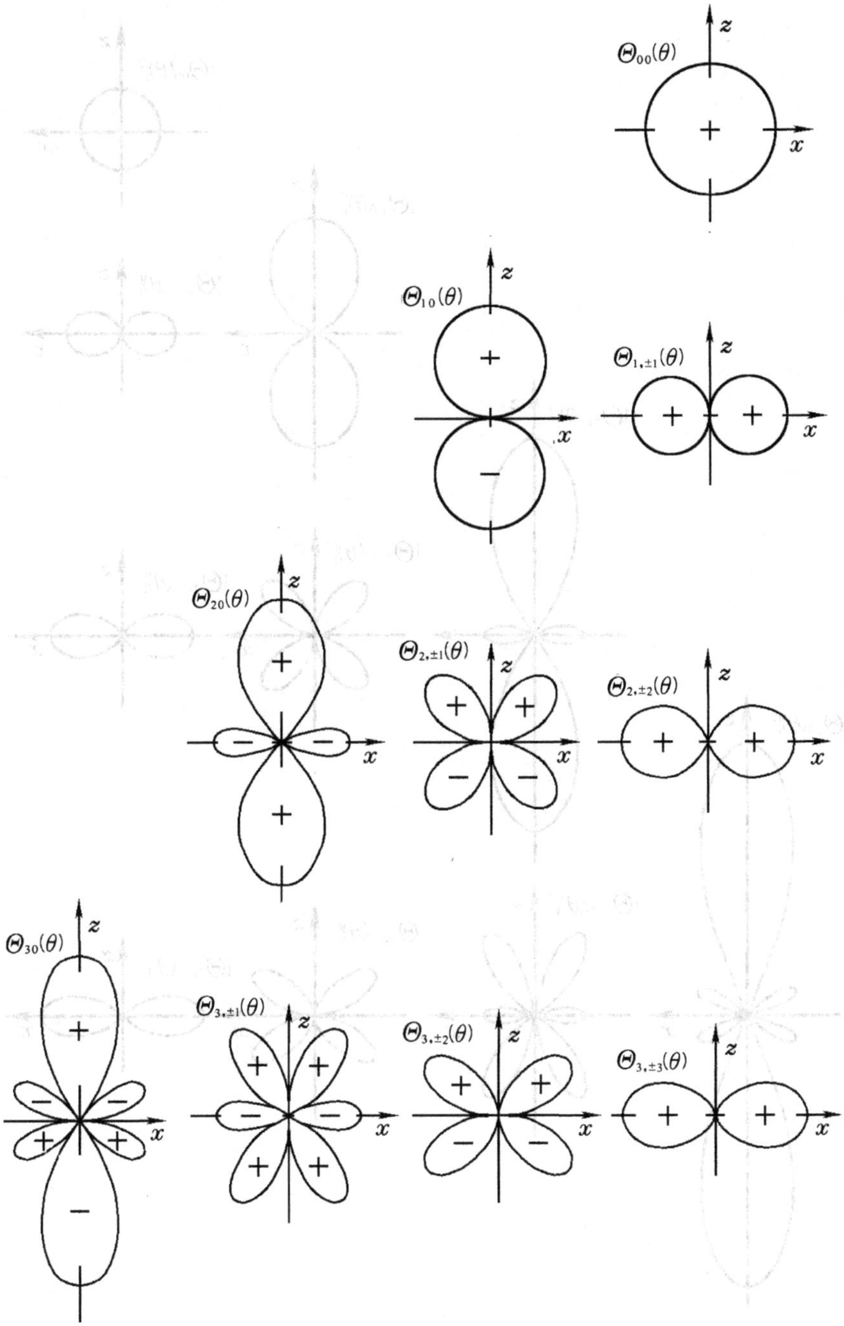

图 4－8 $\Theta_{lm}(\theta)$函数曲线

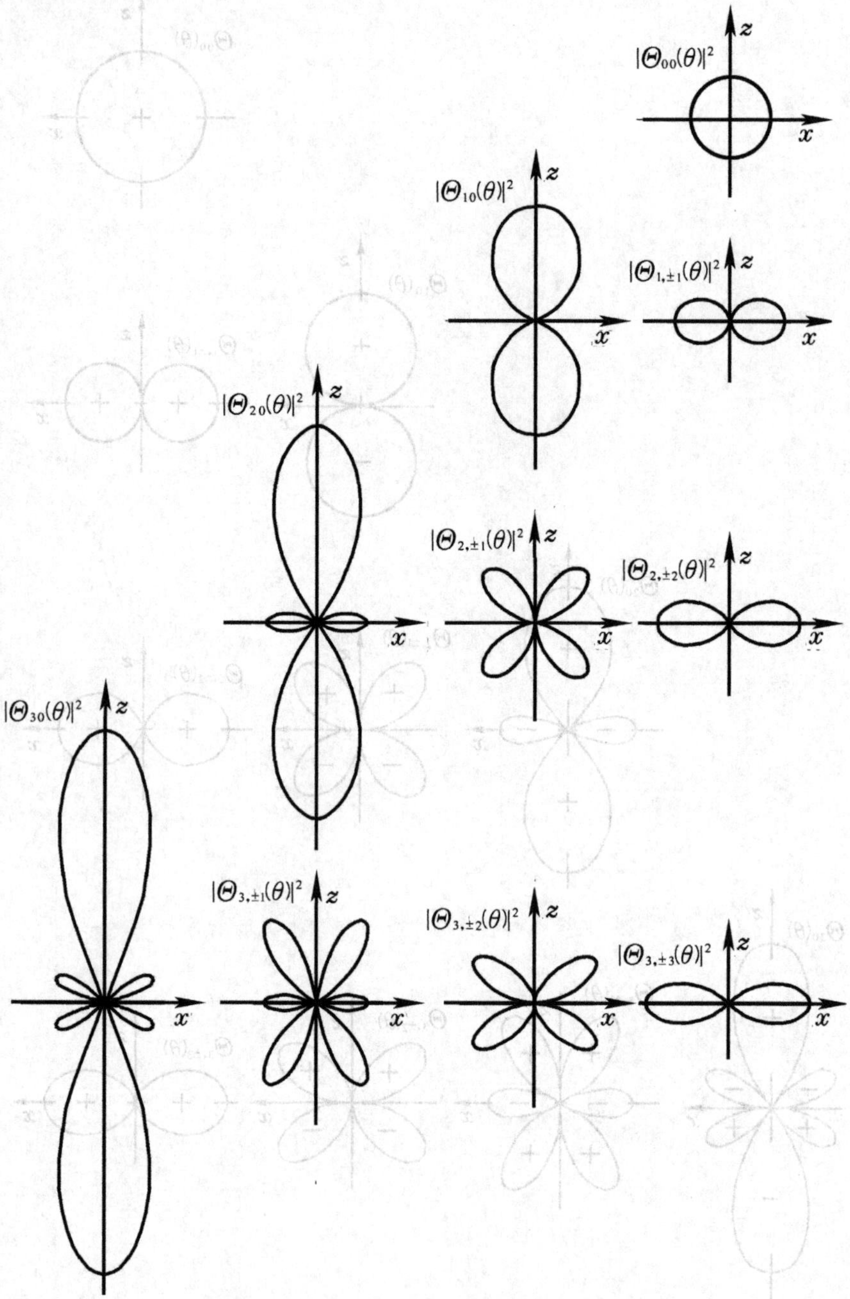

图 4-9 $|\Theta_{lm}(\theta)|^2$ 函数曲线

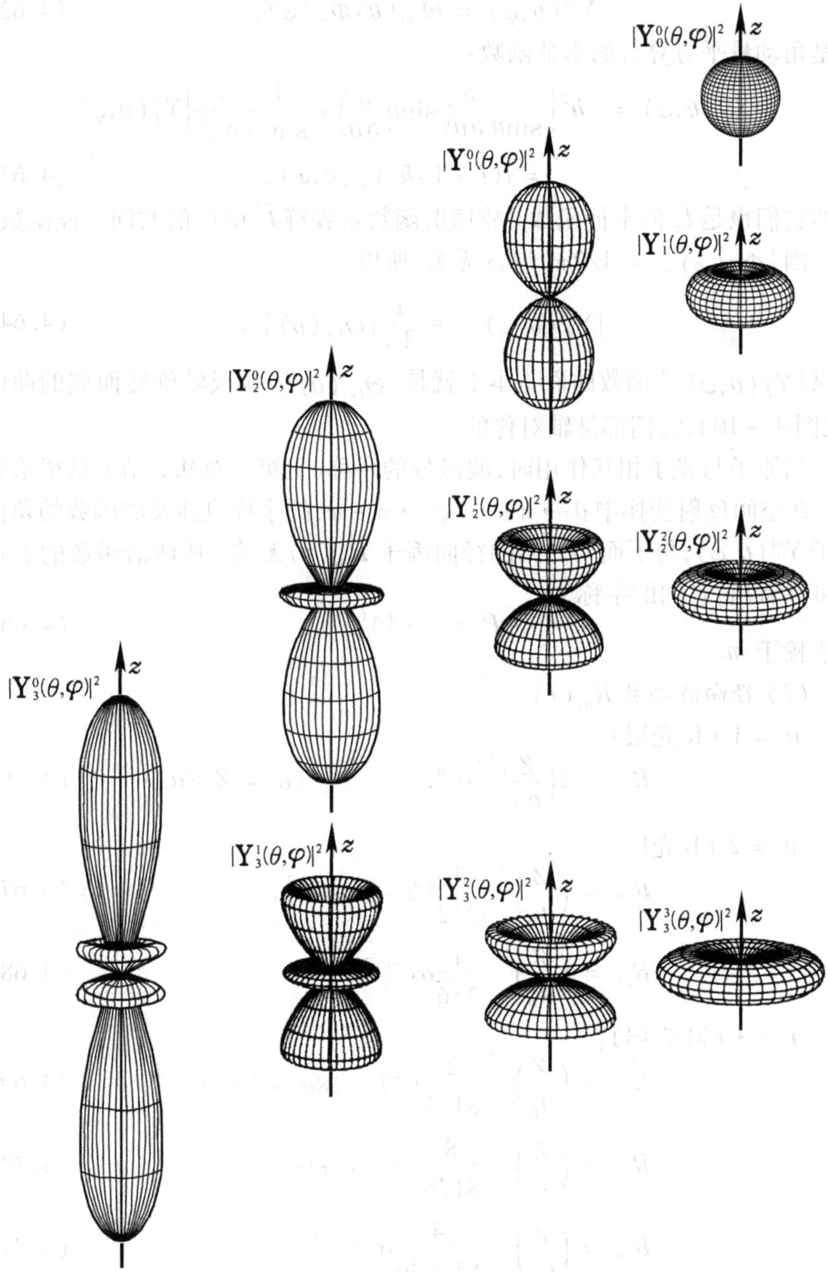

图 4－10 $|Y_l^m(\theta,\varphi)|^2$ 函数曲线

Θ 函数和 Φ 函数的乘积叫做球谐函数,记作 $\mathrm{Y}_l^m(\theta,\varphi)$:

$$\mathrm{Y}_l^m(\theta,\varphi) = \Theta_{lm}(\theta)\Phi_m(\varphi), \tag{4.62}$$

它是角动量平方算符的本征函数:

$$\begin{aligned}\hat{\boldsymbol{l}}^2\mathrm{Y}_l^m(\theta,\varphi) &= -\hbar^2\Big[\frac{1}{\sin\theta}\frac{\partial}{\partial\theta}\Big(\sin\theta\frac{\partial}{\partial\theta}\Big)+\frac{1}{\sin^2\theta}\frac{\partial^2}{\partial\varphi^2}\Big]\mathrm{Y}_l^m(\theta,\varphi)\\ &= l(l+1)\hbar^2\mathrm{Y}_l^m(\theta,\varphi),\end{aligned} \tag{4.63}$$

显然它们也是 $\hat{l}_z$ 的本征函数。故球谐函数是算符 $\hat{\boldsymbol{l}}^2$ 和 $\hat{l}_z$ 的共同本征函数。

因 $|\Phi_m(\varphi)|^2 = 1/2\pi$,与 φ 无关,所以

$$|\mathrm{Y}_l^m(\theta,\varphi)|^2 = \frac{1}{2\pi}|\Theta_{lm}(\theta)|^2, \tag{4.64}$$

所以 $|\mathrm{Y}_l^m(\theta,\varphi)|^2$ 函数曲面基本上就是 $|\Theta_{lm}(\theta)|^2$ 绕极轴旋转而成的曲面(见图 4 - 10),它们都是轴对称的。

当原子与光子相互作用时,波函数的宇称(见第一章 9.2 节)是很重要的。在空间反射变换中 $\theta\to\pi-\theta$, $\varphi\to\pi+\varphi$,故宇称只涉及波函数的角向因子 $\mathrm{Y}_l^m(\theta,\varphi)$,与下面要介绍的径向因子 $R_{nl}(r)$ 无关。从球谐函数的表达式可以看出,它们的宇称为

$$P = (-1)^l, \tag{4.65}$$

不依赖于 m.

(3) 径向波函数 $R_{nl}(r)$

$n = 1$ (K 壳层):

$$R_{10} = 2\Big(\frac{Z}{a_{\mathrm{B}}}\Big)^{3/2}\mathrm{e}^{-\sigma}. \qquad (\sigma = Zr/a_{\mathrm{B}}) \tag{4.66}$$

$n = 2$ (L 壳层):

$$R_{20} = \Big(\frac{Z}{a_{\mathrm{B}}}\Big)^{3/2}\frac{1}{2\sqrt{2}}(2-\sigma)\mathrm{e}^{-\sigma/2}, \tag{4.67}$$

$$R_{21} = \Big(\frac{Z}{a_{\mathrm{B}}}\Big)^{3/2}\frac{1}{2\sqrt{6}}\sigma\mathrm{e}^{-\sigma/2}. \tag{4.68}$$

$n = 3$ (M 壳层):

$$R_{30} = \Big(\frac{Z}{a_{\mathrm{B}}}\Big)^{3/2}\frac{2}{81\sqrt{3}}(27-18\sigma+2\sigma^2)\mathrm{e}^{-\sigma/3}, \tag{4.69}$$

$$R_{31} = \Big(\frac{Z}{a_{\mathrm{B}}}\Big)^{3/2}\frac{8}{81\sqrt{6}}\sigma(6-\sigma)\mathrm{e}^{-\sigma/2}. \tag{4.70}$$

$$R_{32} = \Big(\frac{Z}{a_{\mathrm{B}}}\Big)^{3/2}\frac{4}{81\sqrt{30}}\sigma^2\mathrm{e}^{-\sigma/3}. \tag{4.71}$$

…………

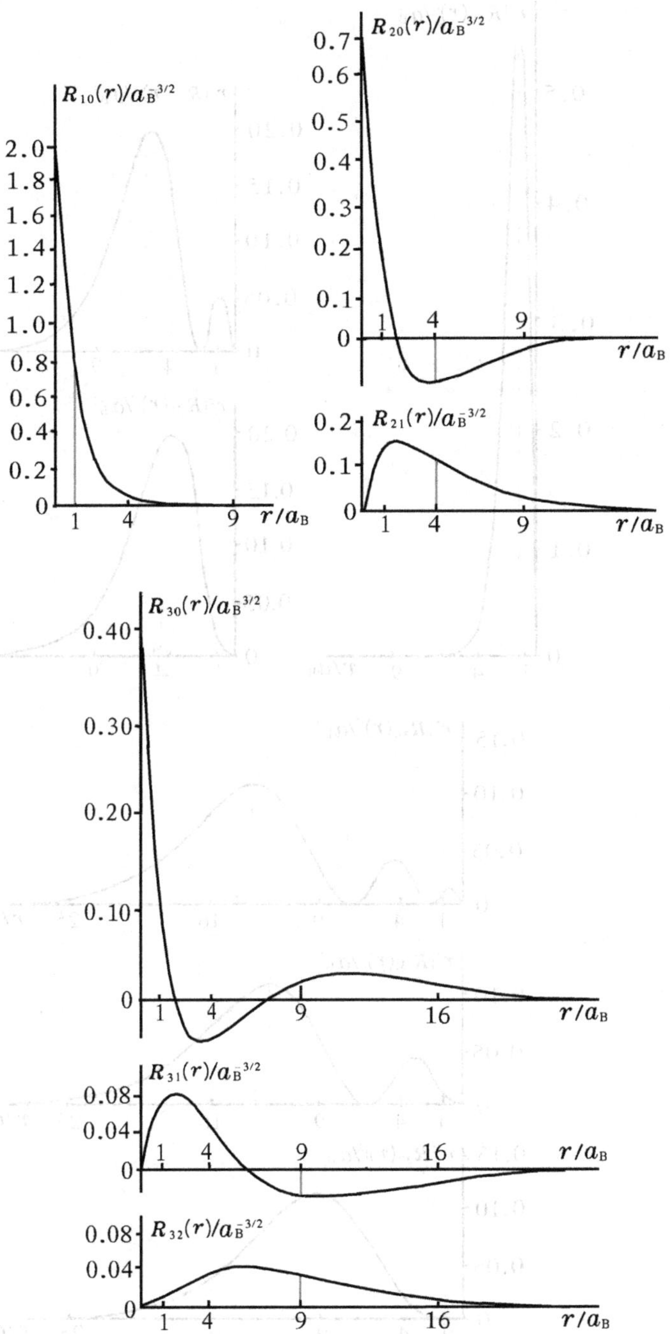

图 4－11 $R_{nl}(r)$函数曲线

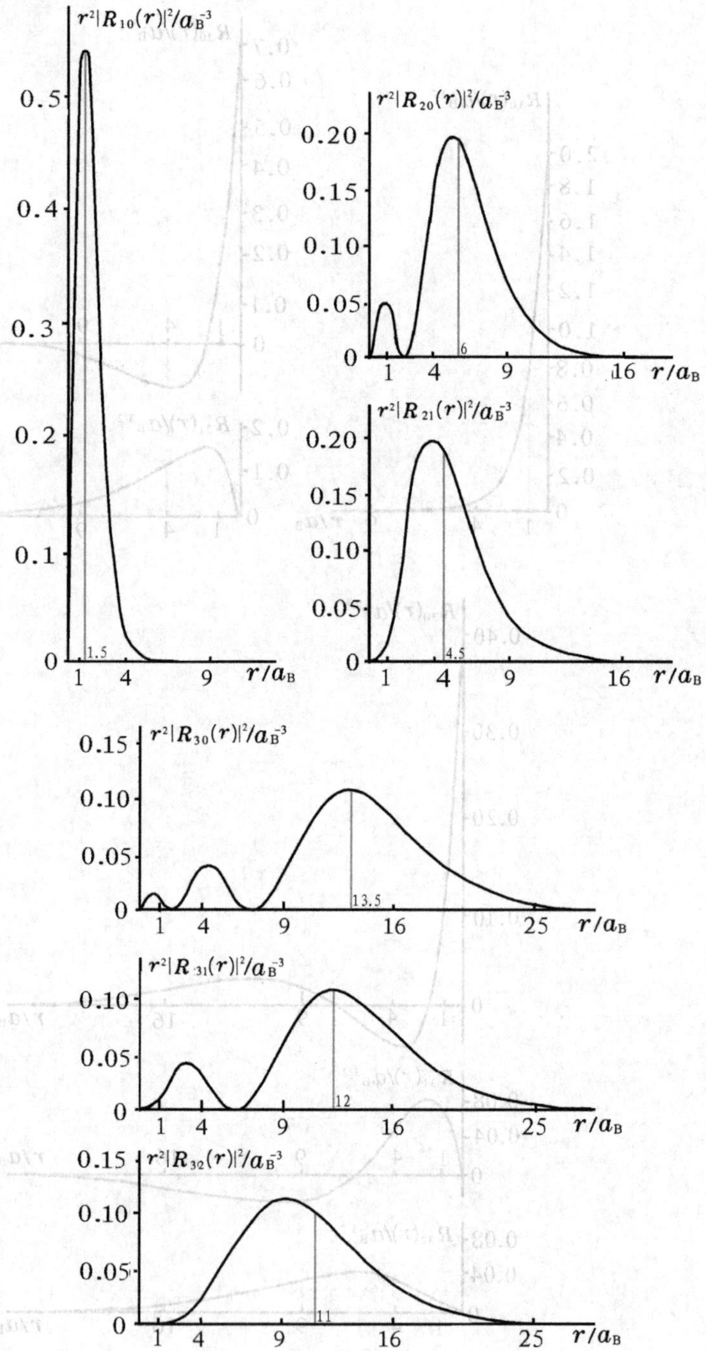

图 4－12 $r^2\,|R_{nl}(r)|^2$ 函数曲线

径向波函数满足的归一化条件为

$$\int_0^\infty r^2 |R_{nl}(r)|^2 \mathrm{d}r = 1. \tag{4.72}$$

氢原子($Z=1$)的$R_{nl}(r)$和$r^2|R_{nl}(r)|^2$曲线分别示于图4－11和图4－12。在图4－12中的竖线代表电子概率分布平均半径$\bar{r}$的位置,它比玻尔理论的圆轨道半径n^2a_B大些,但因角量子数l的不同有所修正。

2.4 波函数的实数表示

通常在量子力学中,研究沿极轴方向外磁场中的孤立原子时,采用上述波函数表达式。好处是此波函数为角动量z分量$\hat{l}_z$的本征函数,但它是复数,在空间取向的分布不明显。化学家研究的是原子如何结合成分子,关心的问题是波函数空间取向的特点,因为这关系到化学键怎样形成,强度如何。所以在化学里人们选择另外形式的氢原子波函数,它们是上述波函数角向部分的线性组合。组合后的波函数都是实数,他们在空间的取向分布明显。这样的波函数仍是能量的本征函数(即仍代表定态),但不再是$\hat{l}_z$的本征函数。这时原子不再是孤立的,$\hat{l}_z$也不再是守恒量了。

类氢波函数的角向因子重新组合如下。$l=0$的s态只有一个波函数,它是球对称的。$l=1$的p态有$m=1,0,-1$三个态,它们的角向部分

$$\begin{cases} p_0 \propto \cos\theta, \\ p_{\pm1} \propto \sin\theta \mathrm{e}^{\pm\mathrm{i}\varphi}. \end{cases}$$

重新组合为

$$\begin{cases} p_z = p_0 \propto \cos\theta \propto z/r, \\ p_x = \dfrac{p_{+1}+p_{-1}}{\sqrt{2}} \propto \sin\theta\cos\varphi \propto x/r, \\ p_y = -\mathrm{i}\dfrac{p_{+1}-p_{-1}}{\sqrt{2}} \propto \sin\theta\sin\varphi \propto y/r. \end{cases} \tag{4.73}$$

以上三个波函数的绝对值分别在z、x、y方向上有极大值。

$l=2$的d态有$m=2,1,0,-1,-2$五个态,它们的角向部分

$$\begin{cases} d_0 \propto (3\cos^2\theta - 1), \\ d_{\pm1} \propto \cos\theta\sin\theta\,\mathrm{e}^{\pm\mathrm{i}\varphi}, \\ d_{\pm2} \propto \sin^2\theta\,\mathrm{e}^{\pm\mathrm{i}\,2\varphi}. \end{cases}$$

重新组合为

$$\begin{cases} d_{z^2} = d_0 \propto (3\cos^2\theta - 1) \propto 3(z/r)^2 - 1, \\ d_{xz} = \dfrac{d_{+1}+d_{-1}}{\sqrt{2}} \propto \sin\theta\cos\theta\cos\varphi \propto xz/r^2, \end{cases}$$

$$\begin{cases} d_{yz} = -\mathrm{i}\dfrac{d_{+1}+d_{-1}}{\sqrt{2}} \propto \sin\theta\cos\theta\sin\varphi \propto yz/r^2, \\ d_{x^2-y^2} = \dfrac{d_{+2}+d_{-2}}{\sqrt{2}} \propto \sin^2\theta\cos 2\varphi \propto (x^2-y^2)/r^2, \\ d_{xy} \propto -\mathrm{i}\dfrac{d_{+2}-d_{-2}}{\sqrt{2}} \propto \sin^2\theta\sin 2\varphi \propto xy/r^2. \end{cases} \tag{4.74}$$

现将归一化的类氢波函数列出如下：

n	l	m	类 氢 波 函 数	$(\sigma = Zr/a_{\mathrm{B}})$
1	0	0	$\psi_{1\mathrm{s}}(r,\theta,\varphi) = \dfrac{1}{\sqrt{\pi}}\left(\dfrac{Z}{a_{\mathrm{B}}}\right)^{3/2}\mathrm{e}^{-\sigma}$,	(4.75)
2	0	0	$\psi_{2\mathrm{s}}(r,\theta,\varphi) = \dfrac{1}{4\sqrt{2\pi}}\left(\dfrac{Z}{a_{\mathrm{B}}}\right)^{3/2}(2-\sigma)\mathrm{e}^{-\sigma/2}$,	(4.76)
	1	0	$\psi_{2\mathrm{p}_z}(r,\theta,\varphi) = \dfrac{1}{4\sqrt{2\pi}}\left(\dfrac{Z}{a_{\mathrm{B}}}\right)^{3/2}\sigma\mathrm{e}^{-\sigma/2}\cos\theta$,	(4.77)
		±1	$\psi_{2\mathrm{p}_x}(r,\theta,\varphi) = \dfrac{1}{4\sqrt{2\pi}}\left(\dfrac{Z}{a_{\mathrm{B}}}\right)^{3/2}\sigma\mathrm{e}^{-\sigma/2}\sin\theta\cos\varphi$,	(4.78)
			$\psi_{2\mathrm{p}_y}(r,\theta,\varphi) = \dfrac{1}{4\sqrt{2\pi}}\left(\dfrac{Z}{a_{\mathrm{B}}}\right)^{3/2}\sigma\mathrm{e}^{-\sigma/2}\sin\theta\sin\varphi$,	(4.79)
3	0	0	$\psi_{3\mathrm{s}}(r,\theta,\varphi) = \dfrac{2}{81\sqrt{3\pi}}\left(\dfrac{Z}{a_{\mathrm{B}}}\right)^{3/2}(27-18\sigma+2\sigma^2)\mathrm{e}^{-\sigma/3}$,	(4.80)
	1	0	$\psi_{3\mathrm{p}_z}(r,\theta,\varphi) = \dfrac{2}{81\sqrt{3\pi}}\left(\dfrac{Z}{a_{\mathrm{B}}}\right)^{3/2}(27-18\sigma+2\sigma^2)\mathrm{e}^{-\sigma/3}\cos\theta$,	(4.81)
		±1	$\psi_{3\mathrm{p}_x}(r,\theta,\varphi) = \dfrac{2}{81\sqrt{3\pi}}\left(\dfrac{Z}{a_{\mathrm{B}}}\right)^{3/2}(27-18\sigma+2\sigma^2)\mathrm{e}^{-\sigma/3}\sin\theta\cos\varphi$,	(4.82)
			$\psi_{3\mathrm{p}_y}(r,\theta,\varphi) = \dfrac{2}{81\sqrt{3\pi}}\left(\dfrac{Z}{a_{\mathrm{B}}}\right)^{3/2}(27-18\sigma+2\sigma^2)\mathrm{e}^{-\sigma/3}\sin\theta\sin\varphi$,	(4.83)
	2	0	$\psi_{3\mathrm{d}_{z^2}}(r,\theta b\varphi) = \dfrac{1}{81\sqrt{6\pi}}\left(\dfrac{Z}{a_{\mathrm{B}}}\right)^{3/2}\sigma^2\mathrm{e}^{-\sigma/3}(\cos^2\theta-1)$,	(4.84)
		±1	$\psi_{3\mathrm{d}_{xz}}(r,\theta,\varphi) = \dfrac{\sqrt{2}}{81\sqrt{\pi}}\left(\dfrac{Z}{a_{\mathrm{B}}}\right)^{3/2}\sigma^2\mathrm{e}^{-\sigma/3}\sin\theta\cos\varphi$,	(4.85)
			$\psi_{3\mathrm{p}_{yz}}(r,\theta,\varphi) = \dfrac{\sqrt{2}}{81\sqrt{\pi}}\left(\dfrac{Z}{a_{\mathrm{B}}}\right)^{3/2}\sigma^2\mathrm{e}^{-\sigma/3}\sin\theta\sin\varphi$,	(4.86)
		±2	$\psi_{3\mathrm{d}_{x^2-y^2}}(r,\theta,\varphi) = \dfrac{1}{81\sqrt{2\pi}}\left(\dfrac{Z}{a_{\mathrm{B}}}\right)^{3/2}\sigma^2\mathrm{e}^{-\sigma/3}\sin^2\theta\cos 2\varphi$,	(4.87)
			$\psi_{3\mathrm{p}_{xy}}(r,\theta,\varphi) = \dfrac{1}{81\sqrt{2\pi}}\left(\dfrac{Z}{a_{\mathrm{B}}}\right)^{3/2}\sigma^2\mathrm{e}^{-\sigma/3}\sin^2\theta\sin 2\varphi$,	(4.88)
			…………	

这些波函数与球谐函数不同，它们的平方已不具有轴对称性，因此难以用类似图 4 – 10 那样的曲面图表示出来。在量子化学中人们习惯于用波函数的等值面图(或者叫波函数轮廓图)来表示，如图 4 – 13 和图 4 – 14 所示。应注意，波函数的等值面图与以前给出的函数曲面图 4 – 10 涵义不同。在图 4 – 10 里未计及波函数的径向因子，各方向径矢的长度代表角向函数在该方向上的取值；而在图 4 – 14 里考虑了包括径向因子在内的全部波函数，在曲面上各点波函数的绝对值等于某个选定的较小的常量。等值面包围了

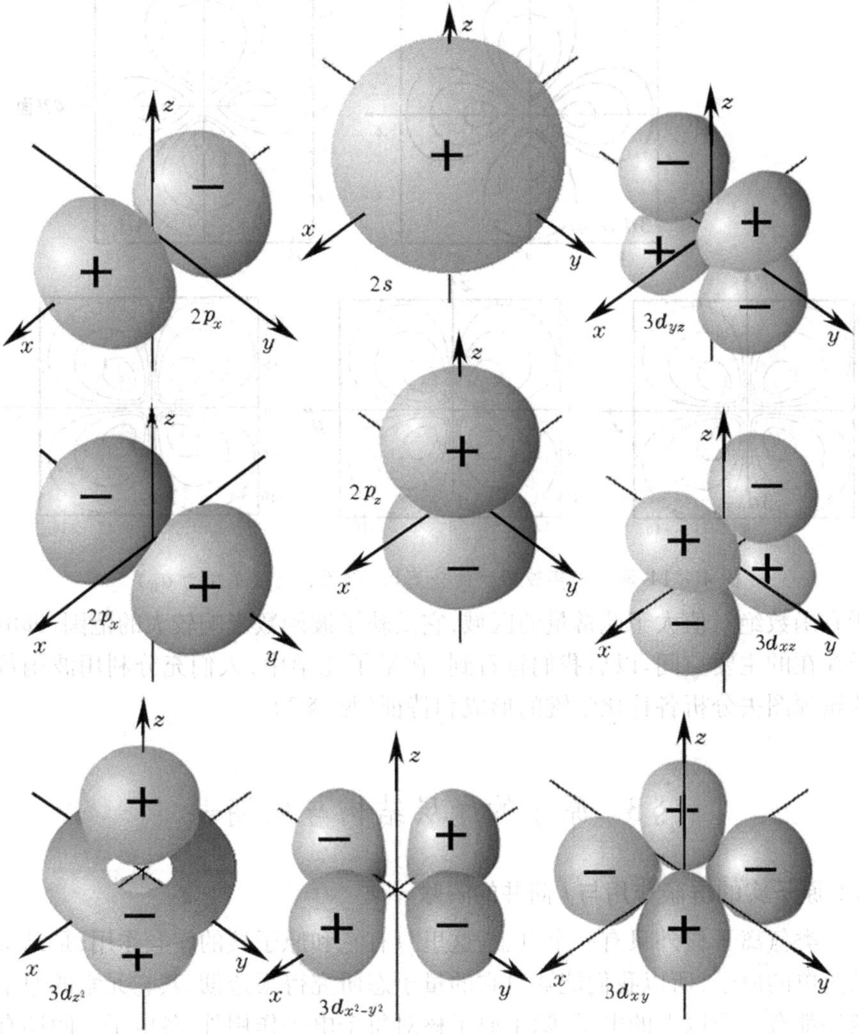

图 4 – 13 氢原子实波函数的轮廓图

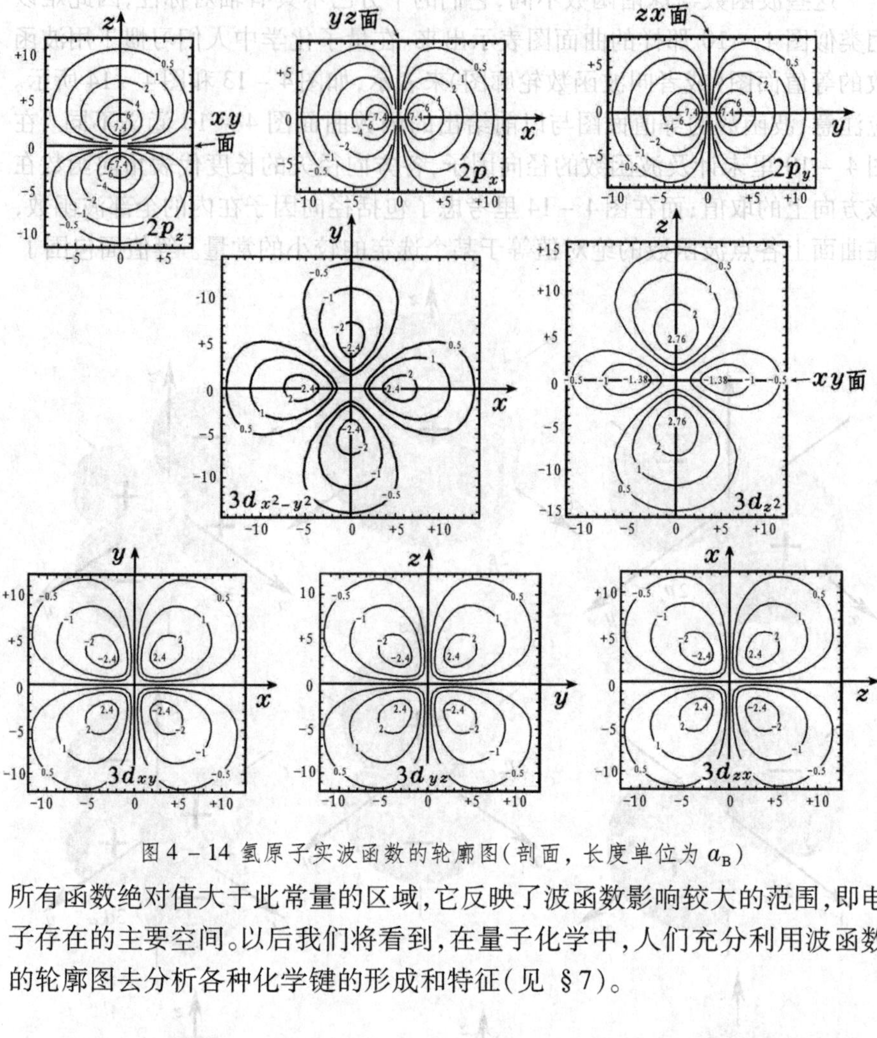

图 4－14 氢原子实波函数的轮廓图(剖面，长度单位为 a_B)

所有函数绝对值大于此常量的区域，它反映了波函数影响较大的范围，即电子存在的主要空间。以后我们将看到，在量子化学中，人们充分利用波函数的轮廓图去分析各种化学键的形成和特征(见 §7)。

§3. 原子的壳层结构与周期表

3.1 原子实的屏蔽作用与 l 简并的解除

类氢离子核外只有一个电子，这里只有它和原子核的库仑作用，是结构最简单的原子，所以我们能够对它的量子态研究得很透彻。其它元素的原子核外都有一个以上的电子，除了原子核对每个电子作用外，各电子之间还有相互作用。这样一来，情况就复杂多了。不过，作为讨论问题的出发点，我们可以暂时忽略电子间的相互作用，以类氢原子的量子态作为框架，然后把电子间相互作用的影响逐步考虑进来，以修正这个框架里的内容。

因为电子是费米子，它们服从泡利原理，即在同一量子态上最多只能有一个电子。我们设想，在多电子原子中电子一个个地填充到类氢原子的量子态上。作为原子的基态，能量应当是最低的。所以电子填充量子态的顺序是能级从低到高，以便填充后原子的总能量最低。

按类氢原子的理论，单电子态的量子态如下表所示，其中每个空格代表一个由三个轨道量子数 n、l、m 标示的量子态。

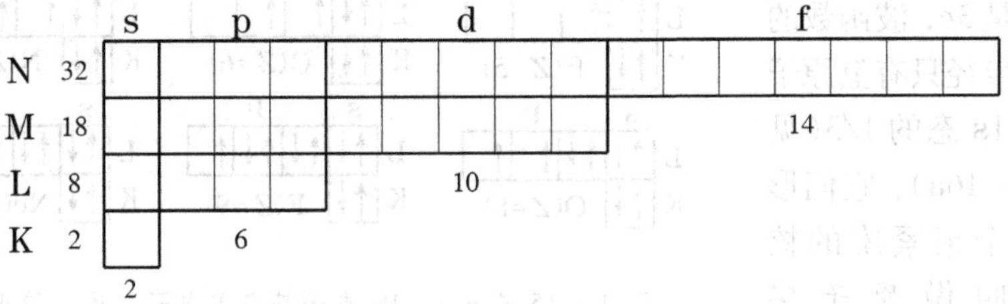

主量子数 n 相同的量子态排在同一水平上，对于类氢原子它们的能量是一样的。我们说，这些量子态组成一个*壳层*(shell)。通常用不同的大写拉丁字母 K($n=1$)、L($n=2$)、M ($n=3$)、N($n=4$)等代表壳层。在每个壳层里量子态进一步按角量子数 l 来划分，l 相同的量子态组成一个*支壳层*(sub-shell)。通常用不同的小写拉丁字母 s($l=0$)、p($l=1$)、d($l=2$)、f($l=3$)等代表支壳层。各支壳层里有 $2l+1$ 个格子，各壳层共有 n^2 个格子。迄今为止我们尚未考虑电子的自旋态。电子的自旋为1/2，有 ↑ 和 ↓ 两个量子态。所以每个格子里最多能够容纳自旋方向相反的一对电子。如果把格子看成是房间的话，它们都是双人间。所以各壳层、支壳层里能容纳的电子数目是格子数目的二倍。在正常的情况下，若原子核带电 Ze(Z—— 正整数)，则核外有 Z 个带 $-e$ 电荷的电子，整个原子是电中性的。Z 称为*原子序数*(atomic number)，每个化学元素对应一定的原子序数。我们先给出一些元素原子基态的单电子态填充情况，然后再作解释。

如前所述，单电子态填充的原则有两条：

(1) 泡利原理：每格最多填两个电子，它们的自旋必须是相反的；

(2) 能量最低原理：Z 个电子的总能量尽可能地低。

按这些原则，如图4－15所示，$Z=1$ 的氢(H)原子基态仅有的一个电子当然填 1s 态。$Z=2$ 的是氦(He)原子，其中两个电子自旋反向地填在 1s 态内，把 K 壳层填满。下一个轮到 $Z=3$ 的锂(Li)原子，头两个电子填满 K 壳层，第三个电子填到 L 壳层内。这里有 2 个 2s 空位和 6 个 2p 空位供选择，按类氢原子的理论看，量子态的能量与 l 无关，它们的能量一样，似乎都可作为下一个填充的对象。实际不然，在考虑了电子之间的相互作用后，能量的 l 简并将解除。下面就来分析这个问题。

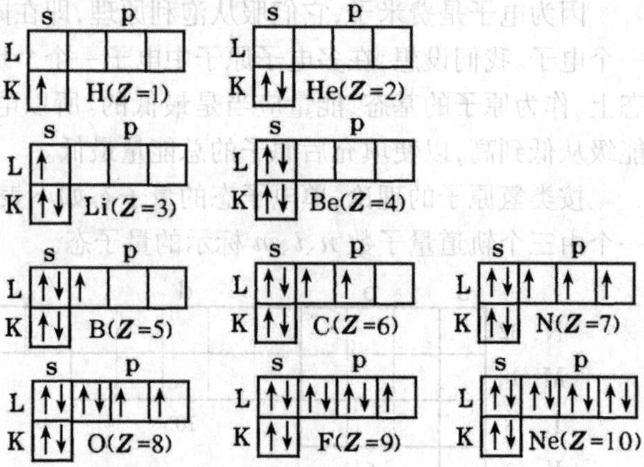

图 4 - 15 $Z=1\sim10$ 原子基态单电子态填充情况

锂原子内头两个电子占据1s态，填满 K 壳层。应注意，这些电子感受到的核电荷是 $3e$，波函数的平均半径只有氢原子相应 1s 态的 1/3（见图 4 - 16a），它们形成一个很紧凑的核芯，叫做原子实（atomic core）。这个原子实把原子核的电荷屏蔽掉 $2e$，第三个电子只感受到核电荷的 1/3，即 e. 第三个电子应填充的单电子态是2s或2p，它们的波函数 2s 和 2p 平均半径基本上与氢原子的一样大，包围在原子实之外。如图 4 - 16b、c 所示，2p 态的径向概率基本上分布在原子实之外；然而 2s 态的径向概率曲线有一个小峰渗入原子实内部，在那里静电屏蔽是不完全的。我们可以如图 4 - 16d 所示，用一个等效势 $V_{\text{eff}}(r)$ 来描绘这时的情况，在远离原子实之外，$V_{\text{eff}}\to e^2/r$，这体现了原子的完全屏蔽作用，在向原子实内渗入时，V_{eff} 逐渐向 $3e^2/r$ 过渡，以体现屏蔽作用愈来愈失效。由于渗入原子实的程度不同，第三个电子要填充的 2s 态将比填充 2p 感受到更多的静电吸引作用，从而能量变得较低。这样一来，$n=2$ 的 L 壳层里量子数 l 不同的能级分开了，或者说，能级的 l 简并解除了。

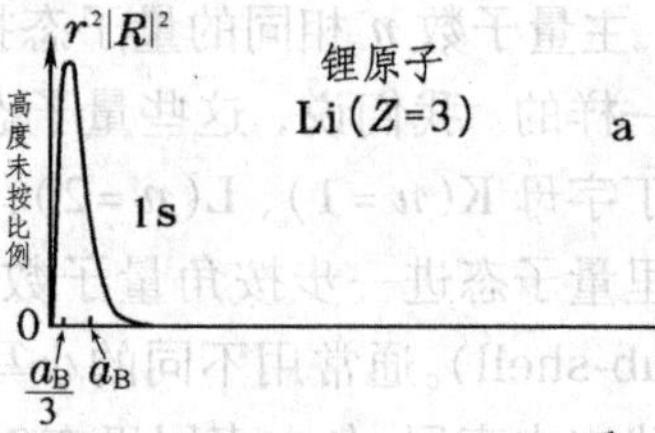

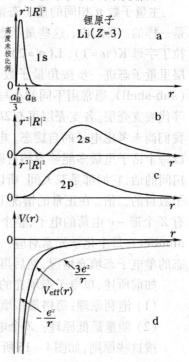

图 4 - 16 Li 原子内 1s 满壳层原子实的静电屏蔽作用

总之，锂原子基态中第三个电子占据的是2s态而不是2p态，如图4－15所示。为了表示这种情况，我们说，锂原子基态的电子组态(electronic configuration)是$(1s)^2 2s$，意即两个电子填充1s态，一个电子填充2s态。

3.2 L壳层与M壳层的电子组态

$Z=4$ 的元素是铍(Be)，在锂原子的基础上，第四个电子显然以与第三个电子相反的自旋填在2s态上，从而其电子组态是$(1s)^2(2s)^2$.

从 $Z=5$ 到 $Z=10$ 六个元素，电子逐次把2p态填满。它们的电子组态如下：

元素	硼(B)	碳(C)	氮(N)	氧(O)	氟(F)	氖(Ne)
Z	5	6	7	8	9	10
电子组态	[Be]2p	$[Be](2p)^2$	$[Be](2p)^3$	$[Be](2p)^4$	$[Be](2p)^5$	$[Be](2p)^6$

其中$[Be]=(1s)^2(2s)^2$代表Be的满支壳层电子组态。到了第10个元素氖，L壳层被填满，下面的元素开始填M壳层。

M壳层有2个3s态，6个3p态，10个3d态，共18个空位。从 $Z=11$ 到 $Z=18$ 八个元素，电子逐次把3s和3p态填满，它们的电子组态如下：

元素	铝(Al)	硅(Si)	磷(P)	硫(S)	氯(Cl)	氩(Ar)
Z	13	14	15	16	17	18
电子组态	[Mg]3p	$[Mg](3p)^2$	$[Mg](3p)^3$	$[Mg](3p)^4$	$[Mg](3p)^5$	$[Mg](3p)^6$

元素	钠(Na)	镁(Mg)
Z	11	12
电子组态	[Ne]3s	$[Ne](3s)^2$

其中$[Ne]=(1s)^2(2s)^2(2p)^6$代表Ne的满壳层电子组态，$[Mg]=[Ne](3s)^2$代表Mg的满支壳层电子组态。

至此M壳层还有10个3d态空着，后面的元素是钾，它的第19个电子似乎应继续填M壳层。其实不然，它填到下一个壳层的4s态上了。其中的道理容我们慢慢地讲来。

在Ar的电子组态$[Ar]=[Ne](3s)^2(3p)^6$之外有竞争力的候选者有3d态、4s态，甚至4p态。波函数向原子实内部的渗入，不仅解除了氢原子能级的l简并，还可能颠倒能级主量子数n的次序。在$Z=19$时就发生了这样的情况。请看图4－17，其中a、b、c三图分别是原子实[Ar]外氢原子(即$V=-e^2/r$)3d、4s、4p态的径向概率分布曲线，d图是描绘原子实静电屏蔽作用的等效势能曲线。在原子实以外较远的地方等效势能$V_{\text{eff}}(r)\to -e^2/r$，实现完全的静电屏蔽。当电子波函数渗入原子实内部时，$V_{\text{eff}}(r)$逐次趋向于$-19e^2/r$，电子将感受到愈来愈多核的吸引作用，能级就大幅度地降低了。比较图4－17a、b、c中的三条曲线，即可看出，3d态基本上未渗入原子实，能级降低得最少；4s态曲线有两个峰在原子实内，向原子实渗入得最

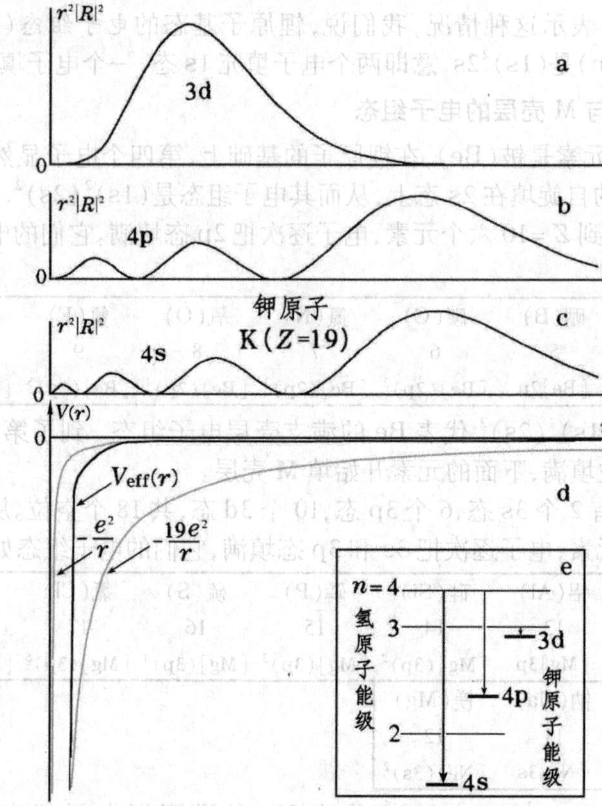

图4－17 K原子内原子实的静电屏蔽作用

深，从而4s能级降低最多，降到甚至比氢原子$n=2$的能级还要低，显著低过3d能级(见图4－16e)。这时就连4p态曲线也有一个峰部分地渗入原子实，其能级也比3d能级略低。所以$Z=19$、20的两个元素钾和钙的电子将进入N壳层，填4s态，而不继续填M壳层的3d态。

3.3 所有元素单电子态填充次序和电子组态

4s态填满了之后填哪个态?刚才说，4p能级也比3d能级低,那是指4s态空着的情况。本来这两个能级差别不大，4s态填上了以后,情况变化了,还是3d能级比4p能级低些。所以从$Z=21$到$Z=30$的十个元素陆续把3d态填满,不过,填充的次序并不那么按部就班,间或有从4s态拉过来一个电子的现象,譬如$Z=23$的元素钒(V)的电子组态是[Ar]$(3d)^3(4s)^2$,接下来$Z=24$的元素铬(Cr)的电子组态不是[Ar]$(3d)^4(4s)^2$,而是[Ar]$(3d)^5$4s;再下去$Z=25$的元素锰(Mn)电子填充顺序恢复正常:[Ar]$(3d)^5(4s)^2$. 直到$Z=30$的元素锌(Zn)把3d的十个态填满，形成电子组态

[Ar](3d)^{10}(4s)^2. 此后从 $Z=31$ 的元素镓(Ga)起回过来陆续填4p能级的六个态,直到 $Z=36$ 的元素氪(Kr),填满 4p 支壳层,形成电子组态[Kr]=[Ar](3d)^{10}(4s)^2(4p)^6.

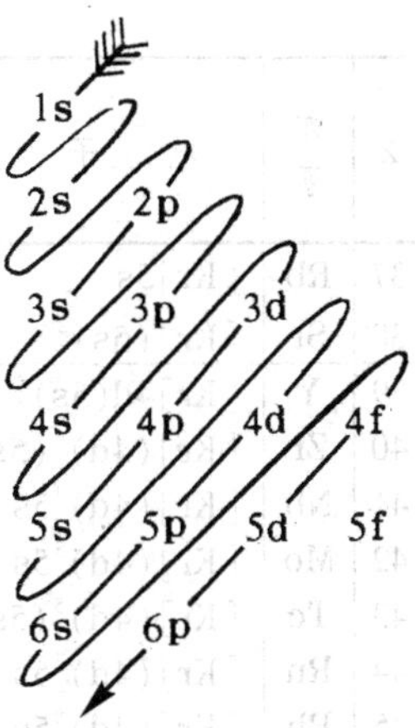

图 4-18 壳层和支壳层填充次序的经验规律

按照原子序数 Z 排下去,每一步电子究竟填充哪个态?各元素原子基态的电子组态如何?最后要靠实验来确定。由于巨大的数学困难,完全严格的量子理论目前尚不存在。不同精确程度的量子力学近似解是有的,可以说明一些实验结果。但我们在这里只用了一些定性的说明,要解释单电子态填充次序的全部细节是不可能的,图 4-18 给出了壳层和支壳层填充次序的经验规律。表4-2给出所有元素的电子组态,在支壳层内填充次序哪里有反常,一切都反映在其中了。表中"原子基态"一栏的含义,我们将在 4.5 节里解释。

表 4-2 各元素的电子组态

Z	元素	电子组态	原子基态	Z	元素	电子组态	原子基态
1	H	1s	$^2S_{1/2}$	19	K	[Ar]4s	$^2S_{1/2}$
2	He	(1s)^2	$^1S_0$	20	Ca	[Ar](4s)^2	$^1S_0$
3	Li	[He]2s	$^2S_{1/2}$	21	Sc	[Ar]3d(4s)^2	$^2D_{3/2}$
4	Be	[He](2s)^2	$^1S_0$	22	Ti	[Ar](3d)^2(4s)^2	$^3F_2$
5	B	[He](2s)^{2}2p	$^2P_{1/2}$	23	V	[Ar](3d)^3(4s)^2	$^4F_{3/2}$
6	C	[He](2s)^2(2p)^2	$^3P_0$	24	Cr	[Ar](3d)^{5}4s	$^7S_3$
7	N	[He](2s)^2(2p)^3	$^4S_{3/2}$	25	Mn	[Ar](3d)^5(4s)^2	$^6S_{5/2}$
8	O	[He](2s)^2(2p)^4	$^3P_2$	26	Fe	[Ar](3d)^6(4s)^2	$^5D_4$
9	F	[He](2s)^2(2p)^5	$^2P_{3/2}$	27	Co	[Ar](3d)^7(4s)^2	$^4F_{9/2}$
10	Ne	[He](2s)^2(2p)^6	$^1S_0$	28	Ni	[Ar](3d)^8(4s)^2	$^3F_4$
11	Na	[Ne]3s	$^2S_{1/2}$	29	Cu	[Ar](3d)^{10}4s	$^2S_{1/2}$
12	Mg	[Ne](3s)^2	$^1S_0$	30	Zn	[Ar](3d)^{10}(4s)^2	$^4S_{3/2}$
13	Al	[Ne](3s)^{2}3p	$^2P_{1/2}$	31	Ga	[Ar](3d)^{10}(4s)^{2}4p	$^2P_{1/2}$
14	Si	[Ne](3s)^2(3p)^2	$^3P_0$	32	Ge	[Ar](3d)^{10}(4s)^2(4p)^2	$^3P_0$
15	P	[Ne](3s)^2(3p)^3	$^4S_{3/2}$	33	As	[Ar](3d)^{10}(4s)^2(4p)^3	$^4S_{3/2}$
16	S	[Ne](3s)^2(3p)^4	$^3P_2$	34	Se	[Ar](3d)^{10}(4s)^2(4p)^4	$^3P_2$
17	Cl	[Ne](3s)^2(3p)^5	$^2P_{3/2}$	35	Br	[Ar](3d)^{10}(4s)^2(4p)^5	$^2P_{3/2}$
18	Ar	[Ne](3s)^2(3p)^6	$^1S_0$	36	Kr	[Ar](3d)^{10}(4s)^2(4p)^6	$^1S_0$

（续表）

Z	元素	电子组态	原子基态	Z	元素	电子组态	原子基态
37	Rb	$[Kr]5s$	$^2S_{1/2}$	74	W	$[Xe](4f)^{14}(5d)^4(6s)^2$	$^6D_0$
38	Sr	$[Kr](5s)^2$	$^1S_0$	75	Re	$[Xe](4f)^{14}(5d)^5(6s)^2$	$^6S_{5/2}$
39	Y	$[Kr]4d(5s)^2$	$^2D_{3/2}$	76	Os	$[Xe](4f)^{14}(5d)^6(6s)^2$	$^5D_4$
40	Zr	$[Kr](4d)^2(5s)^2$	$^3F_2$	77	Ir	$[Xe](4f)^{14}(5d)^7(6s)^2$	$^4F_{9/2}$
41	Nb	$[Kr](4d)^4 5s$	$^6D_{1/2}$	78	Pt	$[Xe](4f)^{14}(5d)^9 6s$	$^3D_3$
42	Mo	$[Kr](4d)^5 5s$	$^7S_3$	79	Au	$[Xe](4f)^{14}(5d)^{10}6s$	$^2S_{1/2}$
43	Tc	$[Kr](4d)^5(5s)^2$	$^6S_{9/2}$	80	Hg	$[Xe](4f)^{14}(5d)^{10}(6s)^2$	$^1S_0$
44	Rn	$[Kr](4d)^7 5s$	$^5F_5$	81	Tl	$[Hg]6p$	$^2P_{1/2}$
45	Rh	$[Kr](4d)^8 5s$	$^4F_{9/2}$	82	Pb	$[Hg](6p)^2$	$^3P_0$
46	Pd	$[Kr](4d)^{10}$	$^1S_0$	83	Bi	$[Hg](6p)^3$	$^4S_{3/2}$
47	Ag	$[Kr](4d)^{10}5s$	$^2S_{1/2}$	84	Po	$[Hg](6p)^4$	$^3P_2$
48	Cd	$[Kr](4d)^{10}(5s)^2$	$^1S_0$	85	At	$[Hg](6p)^5$	$^2P_{3/2}$
49	In	$[Kr](4d)^{10}(5s)^2 5p$	$^2P_{1/2}$	86	Rn	$[Hg](6p)^6$	$^1S_0$
50	Sn	$[Kr](4d)^{10}(5s)^2(5p)^2$	$^3P_0$	87	Fr	$[Rn]7s$	$^2S_{1/2}$
51	Sb	$[Kr](4d)^{10}(5s)^2(5p)^3$	$^4S_{3/2}$	88	Ra	$[Rn](7s)^2$	$^1S_0$
52	Te	$[Kr](4d)^{10}(5s)^2(5p)^4$	$^3P_2$	89	Ac	$[Rn]6d(7s)^2$	$^3D_{3/2}$
53	I	$[Kr](4d)^{10}(5s)^2(5p)^5$	$^2P_{3/2}$	90	Th	$[Rn](6d)^2(7s)^2$	$^3F_2$
54	Xe	$[Kr](4d)^{10}(5s)^2(5p)^6$	$^1S_0$	91	Pa	$[Rn](5f)^2 6d(7s)^2$	$^4K_{11/2}$
55	Cs	$[Xe]6s$	$^2S_{1/2}$	92	U	$[Rn](5f)^3 6d(7s)^2$	$^5L_6$
56	Ba	$[Xe](6s)^2$	$^1S_0$	93	Np	$[Rn](5f)^4 6d(7s)^2$	$^6L_{11/2}$
57	La	$[Xe]5d(6s)^2$	$^2D_{3/2}$	94	Pu	$[Rn](5f)^6(7s)^2$	$^7F_0$
58	Ce	$[Xe]4f5d(6s)^2$	$^1G_4$	95	Am	$[Rn](5f)^7(7s)^2$	$^8S_{7/2}$
59	Pr	$[Xe](4f)^3(6s)^2$	$^4I_{9/2}$	96	Cm	$[Rn](5f)^7 6d(7s)^2$	$^9D_2$
60	Nd	$[Xe](4f)^4(6s)^2$	$^5I_4$	97	Bk	$[Rn](5f)^9(7s)^2$	$^8H_{17/2}$
61	Pm	$[Xe](4f)^5(6s)^2$	$^6H_{5/2}$	98	Cf	$[Rn](5f)^{10}(7s)^2$	$^5I_8$
62	Sm	$[Xe](4f)^6(6s)^2$	$^7F_0$	99	Es	$[Rn](5f)^{11}(7s)^2$	$^4I_{15/2}$
63	Eu	$[Xe](4f)^7(6s)^2$	$^8S_{7/2}$	100	Fm	$[Rn](5f)^{12}(7s)^2$	$^3H_6$
64	Gd	$[Xe](4f)^7 5d(6s)^2$	$^9D_2$	101	Md	$[Rn](5f)^{13}(7s)^2$	$^2F_{7/2}$
65	Tb	$[Xe](4f)^9 5d(6s)^2$	$^6H_{15/2}$	102	No	$[Rn](5f)^{14}(7s)^2$	$^1S_0$
66	Dy	$[Xe](4f)^{10}(6s)^2$	$^5I_3$	103	Lr	$[Rn](5f)^{14}6d(7s)^2$	$^2D_{5/2}$
67	Ho	$[Xe](4f)^{11}(6s)^2$	$^4I_{15/2}$	104	Rf	$[Rn](5f)^{14}(6d)^2(7s)^2$?	$^3F_2$?
68	Er	$[Xe](4f)^{12}(6s)^2$	$^3H_6$	105	Db		
69	Tm	$[Xe](4f)^{13}(6s)^2$	$^2F_{7/2}$	106	Sg		
70	Yb	$[Xe](4f)^{14}(6s)^2$	$^3D_3$	107	Bh		
71	Lu	$[Xe](4f)^{14}5d(6s)^2$	$^2D_{3/2}$	108	Hs		
72	Hf	$[Xe](4f)^{14}(5d)^2(6s)^2$	$^3F_2$	109	Mt		
73	Ta	$[Xe](4f)^{14}(5d)^3(6s)^2$	$^4F_{3/2}$				

3.4 自旋对单电子态填充的影响

前面我们讨论了电子填充壳层和支壳层的次序问题，尚未涉及在同一支壳层里电子自旋取向对填充次序的影响。在图4－15里我们看到，填充2p支壳层三个格子的次序，是先在一个格子里填一个电子，然后再在各格里配上同向自旋的另一电子。为什么不先把一个格子里两个自旋相反的电子填满，再填下一个格子？我们知道，电子的波函数由轨道和自旋两部分组成，一部分相同，另一部分就不同，以保证整个波函数是反对称的。若两个电子以相反的自旋取向挤在同一格子里，就意味着它们的轨道波函数相同，亦即它们有很大的概率在空间靠近，从而在它们之间有较大库仑排斥能。排斥能是正能量，使能级升高。若两电子以相同的自旋取向填充在不同的格子里，譬如一个格子代表 $2p_x$ 态，另一个格子代表 $2p_y$ 态，两态的波函数朝不同的方向延伸，电子靠近的概率就小多了，从而它们之间的库仑排斥能也小，能级就较低了。

这样，我们就解释了，为什么在同一支壳层里，电子尽先以相同的自旋取向分散地填充不同格子的缘故。所以，对于给定的电子组态，原子的基态倾向于采取总自旋较大的方式。

3.5 元素周期表

自18世纪中叶到19世纪中叶100年里，平均每两年半左右就有一个新元素被发现，到1869年科学家已发现了63种元素。关于各种元素的物理及化学性质的研究成果积累得相当丰富，但非常庞杂纷乱。许多化学家着手整理这些资料，发现在原子量和化学性质之间存在着某种周期性的规律。俄国化学家门捷列夫（Д И. Менделеев）于1869年发表了他的第一份元素周期律的图表（图4－19）。他把当时已知的元素全部排进去后，留了4个空位，预示这里有未被发现的

ОПЫТЪ СИСТЕМЫ ЭЛЕМЕНТОВЪ,

ОСНОВАННОЙ НА ИХЪ АТОМНОМЪ ВѢСѢ И ХИМИЧЕСКОМЪ СХОДСТВѢ.

			Ti=50	Zr=90	?=180.
			V=51	Nb=94	Ta=182.
			Cr=52	Mo=96	W=186.
			Mn=55	Rh=104,4	Pt=197,4
			Fe=56	Ru=104,4	Ir=198.
			Ni=Co=59	Pl=106,6	Os=199.
H=1			Cu=63,4	Ag=108	Hg=200.
	Be=9,4	Mg=24	Zn=65,2	Cd=112	
	B=11	Al=27,4	?=68	Ur=116	Au=197?
	C=12	Si=28	?=70	Sn=118	
	N=14	P=31	As=75	Sb=122	Bi=210?
	O=16	S=32	Se=79,4	Te=128?	
	F=19	Cl=35,5	Br=80	I=127	
Li=7	Na=23	K=39	Rb=85,4	Cs=133	Tl=204.
		Ca=40	Sr=87,6	Ba=137	Pb=207.
		?=45	Ce=92		
		?Er=56	La=94		
		?Yt=60	Di=95		
		?In=75,6	Th=118?		

图4－19 门捷列夫的第一张元素周期律图表（1869）

元素存在。以后果然如他所料，化学家们相继发现了 Sc(1874－1875 年)、Ga(1875 年)、Ge(1886 年)、Po(1898 年)这四种元素。门捷列夫的伟大发现遂为世人所公认，赢得了崇高的威信。❶

门捷列夫的元素周期律建立在道尔顿原子的概念之上，并不知原子本身为何物。在这个意义上，他只是“原子体系的哥白尼”，而不是“原子体系的伽利略和牛顿”。原子体系的 *Principia*❷ 是量子力学。今天我们从量子力学的理论出发，已能详尽而准确地说明元素周期律的各个细节。当前有多种形式的元素周期表，我们只介绍其中的两种。一种如图 4－20 所示，是立

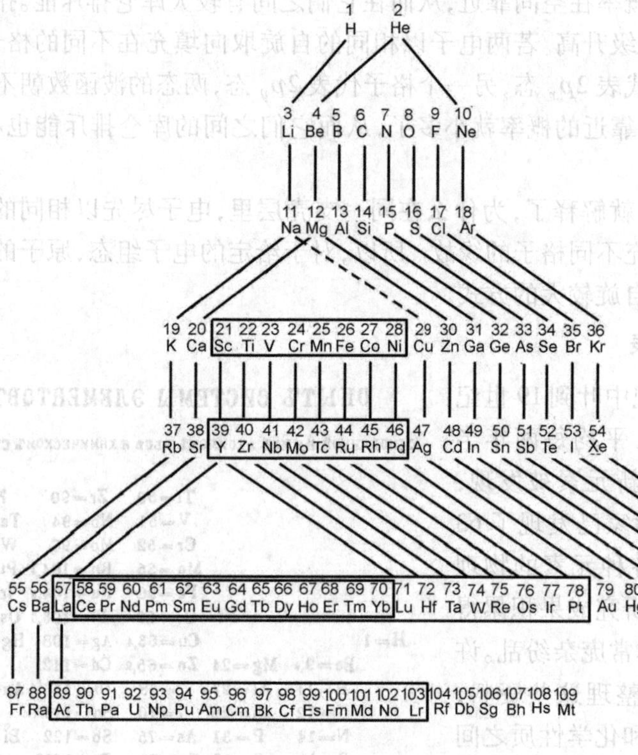

图 4－20 立式元素周期表

❶ 讲一则历史插曲。1875 年当法国化学家布氏(P. Boisbaudran)在《巴黎科学院院报》上发表了自己新发现的元素镓后，不久收到门捷列夫的来信，指出他报告该元素的比重有错，不应是4.7，而应是5.9～6.0。布氏大惑，认为自己是唯一手中掌握镓的人，门氏何以能有此指责？他提纯后重测镓的比重，果然得5.94，于是叹服不止，后来写道：“我以为已经没有必要再来说明门捷列夫这一理论的巨大意义了。”

❷ 牛顿的《自然哲学的数学原理》。

元素周期表

原子序数→6 C 碳 12.01←原子量

109 Mt 鿏 (268)←人工合成元素

	IA	IIA	IIIB	IVB	VB	VIB	VIIB	VIIIB	VIIIB	VIIIB	IB	IIB	IIIA	IVA	VA	VIA	VIIA	VIIIA
1	1 H 氢 1.01																	2 He 氦 4.003
2	3 Li 锂 6.94	4 Be 铍 9.01											5 B 硼 10.81	6 C 碳 12.01	7 N 氮 14.01	8 O 氧 15.999	9 F 氟 18.998	10 Ne 氖 20.18
3	11 Na 钠 22.99	12 Mg 镁 24.31											13 Al 铝 26.98	14 Si 硅 28.09	15 P 磷 30.97	16 S 硫 32.065	17 Cl 氯 35.45	18 Ar 氩 39.95
4	19 K 钾 39.10	20 Ca 钙 40.08	21 Sc 钪 44.96	22 Ti 钛 47.90	23 V 钒 50.94	24 Cr 铬 51.996	25 Mn 锰 54.94	26 Fe 铁 55.85	27 Co 钴 58.93	28 Ni 镍 58.70	29 Cu 铜 63.55	30 Zn 锌 65.39	31 Ga 镓 69.72	32 Ge 锗 72.64	33 As 砷 74.92	34 Se 硒 78.96	35 Br 溴 79.90	36 Kr 氪 83.80
5	37 Rb 铷 85.47	38 Sr 锶 87.62	39 Y 钇 88.91	40 Zr 锆 91.22	41 Nb 铌 92.91	42 Mo 钼 95.94	43 Tc 锝 (98)	44 Ru 钌 101.07	45 Rh 铑 102.91	46 Pd 钯 106.42	47 Ag 银 107.87	48 Cd 镉 112.41	49 In 铟 114.82	50 Sn 锡 118.71	51 Sb 锑 121.76	52 Te 碲 127.60	53 I 碘 126.90	54 Xe 氙 131.30
6	55 Cs 铯 132.91	56 Ba 钡 137.33	57~71 镧系 La~Lu	72 Hf 铪 178.49	73 Ta 钽 180.95	74 W 钨 183.85	75 Re 铼 186.21	76 Os 锇 190.23	77 Ir 铱 192.22	78 Pt 铂 195.08	79 Au 金 196.97	80 Hg 汞 200.59	81 Tl 铊 204.38	82 Pb 铅 207.20	83 Bi 铋 208.98	84 Po 钋 (210)	85 At 砹 (210)	86 Rn 氡 (222)
7	87 Fr 钫 (223)	88 Ra 镭 226.03	89~103 锕系 Ac~Lr	104 Rf 𬬻 (261)	105 Db 𬭊 (262)	106 Sg 𬭳 (263)	107 Bh 𬭛 (264)	108 Hs 𬭶 (265)	109 Mt 鿏 (268)									

镧系	57 La 镧 138.91	58 Ce 铈 140.12	59 Pr 镨 140.91	60 Nd 钕 144.24	61 Pm 钷 (145)	62 Sm 钐 150.40	63 Eu 铕 151.96	64 Gd 钆 157.25	65 Tb 铽 158.93	66 Dy 镝 162.50	67 Ho 钬 164.93	68 Er 铒 167.26	69 Tm 铥 168.93	70 Yb 镱 173.04	71 Lu 镥 174.97
锕系	89 Ac 锕 (227)	90 Th 钍 232.04	91 Pa 镤 231.04	92 U 铀 238.03	93 Np 镎 (237)	94 Pu 钚 (244)	95 Am 镅 (243)	96 Cm 锔 (247)	97 Bk 锫 (247)	98 Cf 锎 (251)	99 Es 锿 (252)	100 Fm 镄 (257)	101 Md 钔 (258)	102 No 锘 (259)	103 Lr 铹 (260)

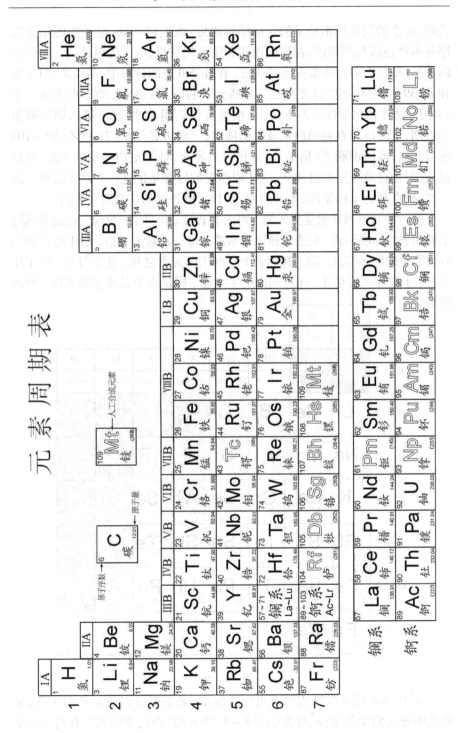

式的。元素的周期性由原子的壳层结构决定。我们已看到，电子态的填充次序并不严格服从周期律。在第四周期和第五周期里，电子先填外边一个壳层的 s 态，回过头来再补填内层的 d 态。在补填 d 态的过程中，形成 $Z=21\sim28$ 和 $Z=39\sim46$ 的两组“过渡元素”，这些元素的原子4 最外层都是两个或一个 s 电子，物理和化学性质差不多，很难说有什么周期性。到了第六周期和第七周期，过渡区里在补填内层 d 态的同时，又插进 $Z=58\sim71$ 和 $Z=89\sim103$ 两组元素，即所谓镧系（稀土）元素和锕系元素，补填更内一层的 f 态。可以说，它们是过渡族里的过渡族。立式周期表的好处是把这些关系描绘得一清二楚，缺点是它不够紧凑，太占地方，不利于把较多的信息附在表内。

另一种元素周期表是横式的，列在本书第 243 页上。目前它已成为国际上周期表的标准形式。此表编排比较紧凑，每一元素占一格，格中可以列出有关原子的许多信息。除了我们表中已列出的元素名称、化学符号、原子序数、原子量等项信息外，还可列出电子组态、同位素及其质量和丰度、电离能等。

	I	II		III	IV	V	VI	VII	VIII
	ns	$(ns)^2$		$(ns)^2np$	$(ns)^2(np)^2$	$(ns)^2(np)^3$	$(ns)^2(np)^4$	$(ns)^2(np)^5$	$(ns)^2(np)^6$
$n=1$	1 H 氢 1.01	2 He 氦 4.003							
$n=2$	3 Li 锂 6.94	4 Be 铍 9.01		5 B 硼 10.81	6 C 碳 12.01	7 N 氮 14.01	8 O 氧 15.999	9 F 氟 18.998	10 Ne 氖 20.18
$n=3$	11 Na 钠 22.99	12 Mg 镁 24.31		13 Al 铝 26.98	14 Si 硅 28.09	15 P 磷 30.97	16 S 硫 32.065	17 Cl 氯 35.45	18 Ar 氩 39.95
$n=4$	19 K 钾 39.10	20 Ca 钙 40.08	过	31 Ga 镓 69.72	32 Ge 锗 72.64	33 As 砷 74.92	34 Se 硒 78.96	35 Br 溴 79.90	36 Kr 氪 83.80
$n=5$	37 Rb 铷 85.47	38 Sr 锶 87.62	渡	49 In 铟 114.82	50 Sn 锡 118.71	51 Sb 锑 121.76	52 Te 碲 127.60	53 I 碘 126.90	54 Xe 氙 131.30
$n=6$	55 Cs 铯 132.91	56 Ba 钡 137.33	元	81 Tl 铊 204.38	82 Pb 铅 207.20	83 Bi 铋 208.98	84 Po 钋 (210)	85 At 砹 (210)	86 Rn 氡 (222)
$n=7$	87 Fr 钫 (223)	88 Ra 镭 226.03	素						

图 4－21 净化周期表

其实真要把元素性质的周期性看清楚，必须排除过渡元素的干扰，从此表中把它们全部拿掉，成为如图4－21 所示的“净化周期表”。在这个表里每一纵列构成一族元素，族名和族中元素见表4－3，同族成员都有相似的物理和化学性质。

表4－3 周期表内各族元素

族序	族名	价电子组态	元素
Ⅰ	碱金属(alkali metals)	ns	[H,]Li,Na,K,Rb,Cs,Fr
Ⅱ	碱土金属(alkaline earth metals)	$(ns)^2$	Be,Mg,Ca,Sr,Ba,Ra
Ⅲ		$(ns)^2np$	B,Al,Ga,In,Tl
Ⅳ		$(ns)^2(np)^2$	C,Si,Ge,Sn,Pb
Ⅴ	磷属(pnicogens)	$(ns)^2(np)^3$	N,P,As,Sb,Bi
Ⅵ	硫属(chalocogens)	$(ns)^2(np)^4$	O,S,Se,Te,Po
Ⅶ	卤素(halogens)	$(ns)^2(np)^5$	F,Cl,Br,I,At
Ⅷ	惰性气体(inert gases)	$(ns)^2(np)^6$	He,Ne,Ar,Kr,Xe,Rn

我们举两个最能反映周期性的参数来说明问题。一个是第一电离能，即气态原子失去一个电子成为一价气态正离子所需的最低能量。另一个是化学家提出的原子电负性概念，以描绘形成异核双原子分子AB时，A原子和B原子获得负电荷多少的量度。负电性有过几种定义，不管哪种定义，它们的定性变化趋势是一致的。净化周期表内各元素的第一电离能I_1变化曲线示于图4－22，电负性χ曲线示于图4－23，它们变化的周期性是极为明显的。I_1和χ小都说明该元素的原子容易失去电子，在化合时有较强的金属性。所以碱金属是化学性能最活泼的金属。随着电负性的增加，金属性减弱，

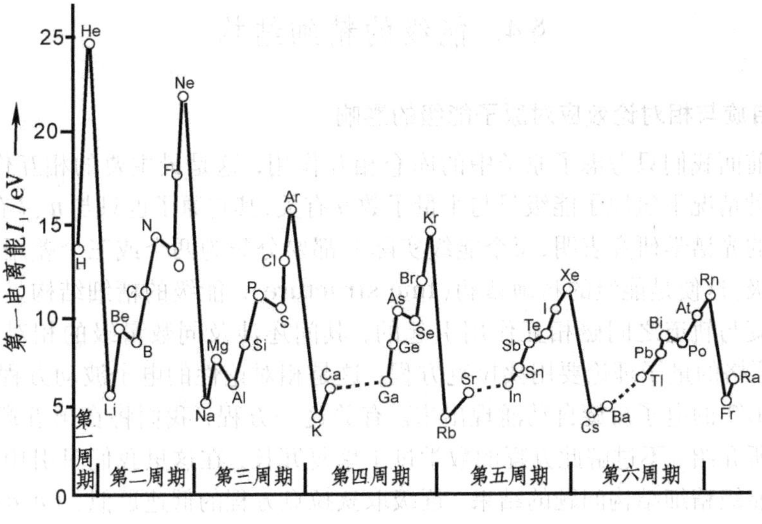

图4－22 第一电离能的周期性变化

非金属性增强。在化合物中非金属性最强的是卤素。电负性最强的是惰性气体,但它们几乎不形成化合物。在图 4 - 21 的周期表中左边是金属,右边是非金属,中间的分野是一条曲折的斜线。图中非金属的元素都罩上了阴

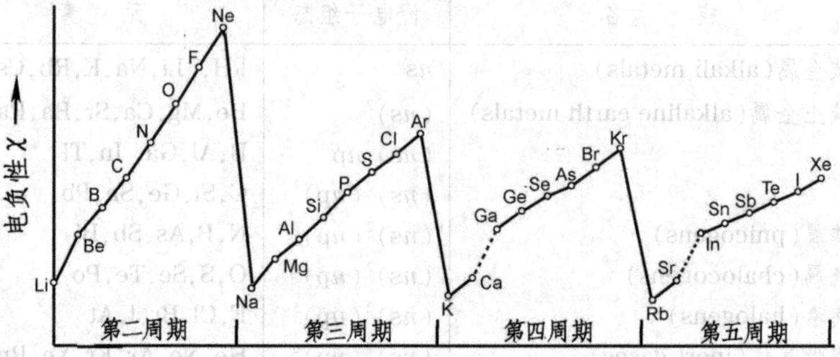

图 4 - 23 电负性的周期性变化

影,其中液态的阴影较深,气态的更深。

在今天国际上的标准周期表内,所有过渡元素插在 Ⅱ 族和 Ⅲ 族中间,并照原来建立周期表的旧例,把原来的八族改称 ⅠA、ⅡA、ⅢA、ⅣA、ⅤA、ⅥA、ⅦA、ⅧA 族,把插进来的元素也分成八族,称作 ⅠB、ⅡB、ⅢB、ⅣB、ⅤB、ⅥB、ⅦB、ⅧB 族,其中 ⅧB 族占了三列。在这个周期表内,镧系元素和锕系元素两个庞大家族各只有一席之地,它们只好被打入另册,在表外列席了。纵观B字号的各族,同族元素倒是有性质相似的地方,但横向看去,各族之间实在没有什么周期性可言。

§4. 能级的精细结构

4.1 自旋与相对论效应对原子能级的影响

前面我们只考虑了原子中的库仑相互作用,这是最主要的相互作用。在这种情况下氢原子能级只与主量子数 n 有关,其它原子也只与 n、l 有关。精密的光谱学研究表明,每个能级实际上都要分裂为两个或三个差距很小的能级。这便是能级的精细结构(fine structure)。能级的精细结构是由电子自旋与轨道之间磁相互作用引起的,其间还涉及同数量级的相对论效应。严格的量子理论要用狄拉克方程,这是相对论性的电子波动方程,在其中 1/2 的电子自旋自动涌现出来。有关这一方程,我们将在第五章 8.2 节有所介绍。不过解此方程的数学过于繁复冗长,在这里我们只引用其中有关能级精细结构问题的结果。逐级取狄拉克方程的低速近似,$(v/c)^0$ 级近似就是薛定谔方程。$(v/c)^1$ 级近似是包含自旋 $\boldsymbol{s}$ 及其在外磁场 $\mathscr{B}$ 中磁能

项$-\boldsymbol{\mu}_s\cdot\mathscr{B}$的泡利方程，此方程自动给出$\boldsymbol{\mu}_s=-2\mu_B\boldsymbol{s}/\hbar$[见第一章(1.133)式]这一比经典图像大一倍的结果，然而这是被斯特恩-格拉赫实验所证实了的。$(v/c)^2$ 级近似在哈密顿量里增添三项：

$$\hat{H}_1' = -\frac{\hat{p}^4}{8m^3c^2}, \tag{4.89}$$

$$\hat{H}_2' = \frac{1}{2m^2c^2}\frac{e}{r}\frac{\mathrm{d}V(r)}{\mathrm{d}r}\hat{\boldsymbol{l}}\cdot\hat{\boldsymbol{s}}\text{（高斯单位制）}, \tag{4.90}$$

式中 $V(r)$是有心势能。

$$\hat{H}_3' = \frac{Ze^2\pi\hbar^2}{2m^2c^2}\delta^3(\boldsymbol{r})\text{（高斯单位制）}, \tag{4.91}$$

下面对这三项作些说明。

（1） 动能的相对论修正项

将相对论动能作幂级数展开：

$$E_k = c\sqrt{p^2+m^2c^2} - mc^2 \approx mc^2\left(1+\frac{p^2}{2m^2c^2}-\frac{p^4}{8m^4c^4}\right)-mc^2$$
$$= \frac{p^2}{2m} - \frac{p^4}{8m^3c^2}.$$

$\hat{H}_1'$ 相当于上式右端的第二项，即相对论对经典动能的最低修正项。

（2） 自旋轨道耦合项

$\hat{H}_2'$ 正比于 $\boldsymbol{l}\cdot\boldsymbol{s}$，它代表一个电子自旋磁矩与自身轨道磁矩之间的耦合。用经典（包括非量子的相对论）的点粒子模型推算得到的表达式差一个 1/2 因子。

（3） Darwin 项

$\hat{H}_3'$ 称为 Darwin 项，它没有任何经典解释。因为所有角量子数 $l\neq 0$ 的波函数在 $r=0$ 处都等于 0，此项只对 $l=0$ 能级起作用。

将此三项添加到原来的哈密顿算符 $\hat{H}_0$ 中：

$$\hat{H} = \hat{H}_0 + \hat{H}', \tag{4.92}$$

其中

$$\hat{H}_0 = \frac{\hat{\boldsymbol{p}}^2}{2m} + V(r), \tag{4.93}$$

$$\hat{H}' = -\frac{\hat{p}^4}{8m^3c^2} + \frac{1}{2m^2c^2}\frac{e}{r}\frac{\mathrm{d}V(r)}{\mathrm{d}r}\hat{\boldsymbol{l}}\cdot\hat{\boldsymbol{s}} + \frac{Ze^2\pi\hbar^2}{2m^2c^2}\delta^3(\boldsymbol{r}). \tag{4.94}$$

与哈密顿算符 $\hat{H}_0$ 对易的有 $\hat{\boldsymbol{l}}^2$、$\hat{l}_z$、$\hat{\boldsymbol{s}}^2$ 和 $\hat{s}_z$ 诸算符，用它们的共同本征矢可把量子态完整地刻画出来。过去在未考虑自旋时，我们就是以 $\hat{H}_0$、$\hat{\boldsymbol{l}}^2$、$\hat{l}_z$的共同本征矢 $|n,l,m\rangle$ 来刻画氢原子的量子态的，其中量子数 n、l、m 分别与上述三个力学量对应。至于能量本征值，对于氢原子来说 $E=E_n$，对量子数 l 和 m 都简并；对于碱金属，由于波函数向原子实内部渗入，l 简并解除：$E=E_{nl}$. 只要哈密顿量是球对称的，m 简并性一定保持。考虑自旋

后，为了完整地刻画量子态，我们还得把自旋算符的本征矢添上。两个与自旋有关的算符 $\hat{\boldsymbol{s}}^2$ 和 $\hat{s}_z$ 是对易的，它们有共同的本征矢 $|s,m_s\rangle$，对于电子 s 永远等于 1/2，此量子数可以略去不写，只写 m_s 就够了：$|m_s\rangle$，其中 $m_s=\pm1/2$. 将这个本征矢与前面的 $|n,l,m\rangle$ 直乘起来，就得到包含自旋在内的完整本征矢 $|n,l,m_l,m_s\rangle$，这里为了强调 m 是轨道角动量的磁量子数，我们把它写成 m_l.

现 $\hat{H}'$ 考虑进来，其中包含 $\hat{\boldsymbol{l}}\cdot\hat{\boldsymbol{s}}=\hat{l}_x\hat{s}_x+\hat{l}_y\hat{s}_y+\hat{l}_z\hat{s}_z$ 项。算符 $\hat{l}_z$ 和 $\hat{s}_z$ 不与此项对易，m_l 和 m_s 不再是好的量子数。然而整个原子的角动量一定是守恒的。原子中价电子的总角动量 $\hat{\boldsymbol{j}}=\hat{\boldsymbol{l}}+\hat{\boldsymbol{s}}$ 就是整个原子的角动量。因

$$\hat{\boldsymbol{j}}^2=\hat{\boldsymbol{l}}^2+\hat{\boldsymbol{s}}^2+2\hat{\boldsymbol{l}}\cdot\hat{\boldsymbol{s}},\tag{4.95}$$

或

$$\hat{\boldsymbol{l}}\cdot\hat{\boldsymbol{s}}=\frac{1}{2}(\hat{\boldsymbol{j}}^2-\hat{\boldsymbol{l}}^2-\hat{\boldsymbol{s}}^2),\tag{4.96}$$

可以验证，它的平方 $\hat{\boldsymbol{j}}^2$ 与 $\hat{\boldsymbol{l}}^2$ 对易，而且与整个哈密顿算符 $\hat{H}=\hat{H}_0+\hat{H}'$ 对易。[1] 此外，$\hat{j}_z=\hat{l}_z+\hat{s}_z$ 也与 $\hat{H}$ 对易，[2] 所以我们可以用 $\hat{\boldsymbol{j}}^2$ 和 $\hat{j}_z$ 代替 $\hat{l}_z$ 和 $\hat{s}_z$，用它们与 $\hat{H}$、$\hat{\boldsymbol{l}}^2$ 的共同本征矢 $|n,l,j,m_j\rangle$ 来刻画量子态。

4.2 原子态符号

在光谱学中人们通常用小写字母 l、j、s 等代表一个电子的角动量量子数，用大写字母 L、J、S 等代表整个原子中电子的总角动量量子数。我们已看到，对于单电子的轨道角量子数 $l=0,1,2,3,\cdots$ 的能级分别用 s、p、d、f、… 小写字母表示，对于整个原子中电子的总轨道角量子数 L 取值不同的能级，则用相应的大写字母表示：

$L=$	0	1	2	3	4	5	6	7	8	9	10	11	12	…
	S	P	D	F	G	H	I	K	L	M	N	O	Q	…

由于满壳层或支壳层里电子的角动量为 0，类氢原子和碱金属原子中单个价电子的角动量就是整个原子内电子的总角动量，故上述小写字母都可用大写字母代替。

---

[1] 附录 A5.4 节指出，合成角动量 $\hat{\boldsymbol{\kappa}}=\hat{\boldsymbol{\kappa}}_1+\hat{\boldsymbol{\kappa}}_2$ 的平方与 $\boldsymbol{\kappa}_1^2$、$\boldsymbol{\kappa}_2^2$ 对易，故 $\hat{\boldsymbol{j}}^2$ 与 $\hat{\boldsymbol{l}}^2$、$\hat{\boldsymbol{s}}^2$ 对易。

因 (4.93) 式 $\hat{\boldsymbol{j}}^2=\hat{\boldsymbol{l}}^2+\hat{\boldsymbol{s}}^2+2\hat{\boldsymbol{l}}\cdot\hat{\boldsymbol{s}}$，我们本已知道 $\hat{\boldsymbol{l}}^2$ 与 $\hat{H}_0$ 对易，而自旋算符与所有非自旋算符对易，以及 $\hat{\boldsymbol{l}}\cdot\hat{\boldsymbol{s}}$ 项中的 $\hat{l}_x$、$\hat{l}_y$、$\hat{l}_z$ 分别与 $\hat{H}_0$ 对易，故 $\hat{\boldsymbol{l}}\cdot\hat{\boldsymbol{s}}$ 也与 $\hat{H}_0$ 对易，于是 $\hat{\boldsymbol{j}}^2$ 与 $\hat{H}_0$ 对易。

$\hat{\boldsymbol{j}}^2$ 与 $\hat{H}'$ 对易是显然的：因 $\hat{\boldsymbol{l}}\cdot\hat{\boldsymbol{s}}=\frac{1}{2}(\hat{\boldsymbol{j}}^2-\hat{\boldsymbol{l}}^2-\hat{\boldsymbol{s}}^2)$，$\hat{\boldsymbol{j}}^2$ 与右端几项都对易，故与 $\hat{\boldsymbol{l}}\cdot\hat{\boldsymbol{s}}$ 对易。此外 $\hat{\boldsymbol{j}}^2$ 与 $\hat{\boldsymbol{l}}^2$ 一样，不涉及对 r 求导，故与 r 的函数对易。

[2] 参见习题 4－9。

若一个原子的总角动量量子数为 L、J、S、…(注意:对于多个电子,S 不一定等于 1/2 了),对于给定的 L, J 可以取 $J+S$, $J+S-1$, …, $|J-S|$ 等 $2S+1$ 个不同的值。J 简并解除时它就分裂成这么多个能级,亦即,给定了 L 的能级是 $2S+1$ 重态。在光谱学中用下列符号代表一个原子态:

$$^{2S+1}\boxed{\begin{matrix}\text{代表 }L\text{ 态}\\ \text{的字母}\end{matrix}}_J$$

例如 $^2P_{3/2}$ 和 $^2P_{1/2}$ 分别代表 $L=1$、$S=1/2$ 和 J 分别等于 3/2、1/2 的两个态,左上标 2 表明它们是二重态。图 4 - 24 里就是用的这类符号来标示原子态的。又如,在表 4 - 2 中铀(U)的原子基态为 $^5L_6$,它代表 $L=8$、$S=2$、$J=6$ 的量子态,这是 $J=10, 9, 8, 7, 6$ 五重态里 J 最小的一个态。

在光谱学中把上述原子态符号称为光谱项或谱项。

4.3 氢原子能级的精细结构

氢原子中电子处于严格的库仑势场中,能级是 l 简并的。在考虑了 ls 相互作用后 l 简并是否解除?且看下面的计算结果。

按(4.89)、(4.90)、(4.91)三式计算相应的附加能量,需要将有关的哈密顿量对量子态 $|n,l,m_l,m_s\rangle$ 求平均:

$$E_{nlj}^{(i)} = \langle n,l,m_l,m_s|\hat{H}_i'|n,l,m_l,m_s\rangle \quad (i=1, 2, 3),$$

对于类氢原子 $V(r)=-\dfrac{Ze^2}{r}$,计算表明:

$$\begin{aligned}E_{nlj}^{\text{相对论}} &= \langle n,l,m_l,m_s|\hat{H}_1'|n,l,m_l,m_s\rangle\\ &= -\langle n,l,m_l,m_s|\frac{\hat{p}^4}{8m^3c^2}|n,l,m_l,m_s\rangle\\ &= -\frac{\hbar^4}{8m^3c^2}\langle n,l,m_l,m_s|\nabla^4|n,l,m_l,m_s\rangle\\ &= \frac{Z^4\alpha^2}{n}E_n\left(\frac{1}{l+1/2}-\frac{3}{4n}\right),\end{aligned} \tag{4.97a}$$

$$\begin{aligned}E_{nlj}^{ls} &= \langle n,l,m_l,m_s|\hat{H}_2'|n,l,m_l,m_s\rangle\\ &= \langle n,l,m_l,m_s|\frac{1}{2m^2c^2}\frac{1}{r}\frac{\mathrm{d}V(r)}{\mathrm{d}r}\hat{\boldsymbol{l}}\cdot\hat{\boldsymbol{s}}|n,l,m_l,m_s\rangle\\ &= \frac{Ze^2}{4m^2c^2}\langle n,l,m_l,m_s|\frac{1}{r^3}(\hat{\boldsymbol{j}}^2-\hat{\boldsymbol{l}}^2-\hat{\boldsymbol{s}}^2)|n,l,m_l,m_s\rangle\\ &= -\frac{Z^4\alpha^2}{n}E_n\frac{j(j+1)-l(l+1)-3/4}{l(l+1/2)(l+1)} \quad (l\neq 0),\end{aligned} \tag{4.97b}$$

$$E_{nlj}^{ls} = 0 \quad (l=0), \tag{4.97c}$$

$$\begin{aligned}E_{nlj}^{\text{Darwin}} &= \langle n,l,m_l,m_s|\hat{H}_3'|n,l,m_l,m_s\rangle\\ &= \langle n,l,m_l,m_s|\frac{Ze^2\pi\hbar^2}{2m^2c^2}\delta^3(\boldsymbol{r})|n,l,m_l,m_s\rangle\\ &= -\frac{Z^4\alpha^2}{n}E_n \quad (l=0),\end{aligned} \tag{4.97d}$$

式中

$$\alpha = \frac{e^2}{c\hbar} \approx \frac{1}{137} \tag{4.98}$$

是个无量纲的小参数,称为精细结构常数。

$$E_n = -\frac{me^4}{2\hbar^2 n^2} = -\frac{\alpha^2 mc^2}{2n^2} \tag{4.99}$$

是氢原子能级。对于 $l \neq 0$ 的能级,精细结构能级裂距为

$$E_{\mathrm{FS}} = E_{nl}^{\text{相对论}} + E_{nlj}^{ls}$$
$$= \frac{Z^4\alpha^2}{n}E_n\left[\frac{1}{l+1/2} - \frac{3}{4n} - \frac{j(j+1)-l(l+1)-3/4}{2l(l+1/2)(l+1)}\right].$$

表面看起来,它既与 j 有关,又与 l 有关。然而所有 $l \neq 0$ 的能级都是二重态,对于给定的 j,有两个 l 值与之对应,即 $l = j \mp 1/2$,分别把这两个 l 值代入上式,我们都得到同样的结果:

$$E_{\mathrm{FS}} = \frac{\alpha^2}{n}E_n\left(\frac{1}{j+1/2} - \frac{3}{4n}\right). \tag{4.100}$$

这就是说,类氢原子能级的精细结构分裂只解除了 j 简并,不解除 l 简并。最后给出 $l=0$ 能级的能量变化:

$$E_{\mathrm{FS}}(l=0) = E_{nl}^{\text{相对论}} + E_{nlj}^{\mathrm{Darwin}} = \frac{Z^4\alpha^2}{n}E_n\left(1 - \frac{3}{4n}\right). \tag{4.101}$$

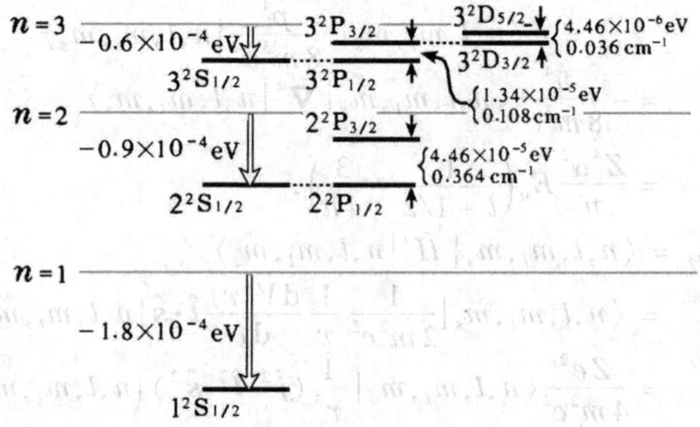

图 4－24 氢原子能级的精细结构

图4－24给出氢原子能级的精细结构分裂情况。可以看出,$^2S_{1/2}$ 和 $^2P_{1/2}$ 能级一样高,$^3S_{1/2}$ 和 $^3P_{1/2}$ 能级一样高,$^3P_{3/2}$ 和 $^3D_{3/2}$ 能级一样高,这就是类氢原子精细结构能级中继续保持 l 简并的现象。

4.4 兰姆移位

上述氢原子能级精细结构的公式出台以后,人们很关心实验的测量。氢原子巴耳末线系的第一条谱线代表从 $n=3$ 的能级向 $n=2$ 的能级跃迁,

波长 656.278 nm，合波数 15237.45 cm^{-1}. 考虑到能级的精细结构，$n=3$ 能级分裂为五个，$n=2$ 的能级分裂为三个。能级之间的跃迁受一些"选择定则"所制约（详见 §5）：$\Delta j=0$, ±1 和 $\Delta l=\pm1$. 这样一来，上述各能级之间只能有七种跃迁，如图 4－25 所示。l 简并不解除，跃迁 Ⅱ$_2$ 和 Ⅱ$_2'$ 的谱线波长相等，Ⅱ$_3$ 和 Ⅱ$_3'$ 的谱线波长相等，我们应观察到五条谱线。按理论公式(4.100)计算，能级 $3^2P_{3/2}$ 和 $3^2P_{1/2}$ 之间的精细裂距为 0.365 cm^{-1}，能级 $3^2D_{5/2}$ 和 $3^2D_{3/2}$ 之间的精细裂距为 0.036 cm^{-1}，故谱线 Ⅰ$_1$（跃迁 $3^2D_{5/2}\to2^2P_{3/2}$）与谱线 Ⅱ$_2$ 或 Ⅱ$_2'$ 间的波数差应为 (0.365 － 0.036) cm^{-1} = 0.329 cm^{-1}. 然而精密的光谱学测定得到结果总比这个数值小 0.01 cm^{-1} 左右。1938 年有人指出，这可能是由于能级 $2^2S_{1/2}$ 与 $2^2P_{1/2}$ 并不真正重合，而是前者比后者高 0.03 cm^{-1} 左右，从而谱线 Ⅱ$_2$ 的波数比谱线 Ⅱ$_2'$ 的少这么多。若实验中未将它们分辨开，测得的平均波数就少了 0.01 cm^{-1} 左右。1947 年，兰姆(W. E. Lamb)和瑞瑟福(R. C. Retherford)用波谱学方法直接测得 $2^2S_{1/2}$ 能级确实比 $2^2P_{1/2}$ 高出约 0.033 cm^{-1}（精确值是 0.0352834 cm^{-1}，相当于 4.37462×10^{-6} eV）。现在人称 $2^2S_{1/2}$ 能级这一移位为兰姆移位(Lamb shift)。

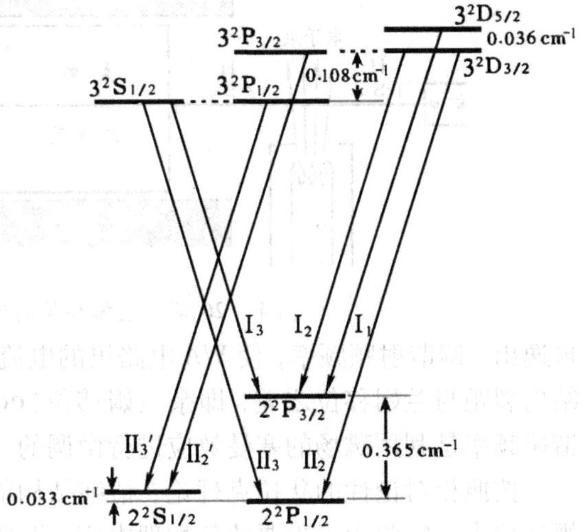

图 4－25 兰姆移位

兰姆和瑞瑟福的实验装置如图 4－26 所示，氢分子在 2500°C 的炉中热电离成 $^2S_{1/2}$ 态的氢原子，射向射频调谐共振腔。在途中用电子束轰击，使之激发到 $2^2S_{1/2}$、$2^2P_{1/2}$、$2^2P_{3/2}$ 态。其中 2P 态很快自发地回到 1S 基态（寿命 1.595×10^{-9} s），然而 $2^2S_{1/2}$ 态按选择定则 $\Delta l=\pm1$ 不能很快回到 $1^2S_{1/2}$ 态［寿命 (1/7) s］，是个亚稳态。亚稳态的原子继续前进，打到钨板 W 上。由于 2S 的激发能 10.2 eV 大于钨的逸出功，W 板中的电子被打出，形成电流，由 A 记录。当谐振腔内射频频率调到 $2^2S_{1/2}$ 和 $2^2P_{3/2}$ 能级差时发生共振，$2^2S_{1/2}$ 态的原子激发到 $2^2P_{3/2}$ 态，在到达 W 板前回到 1S 基态，W 板电子不

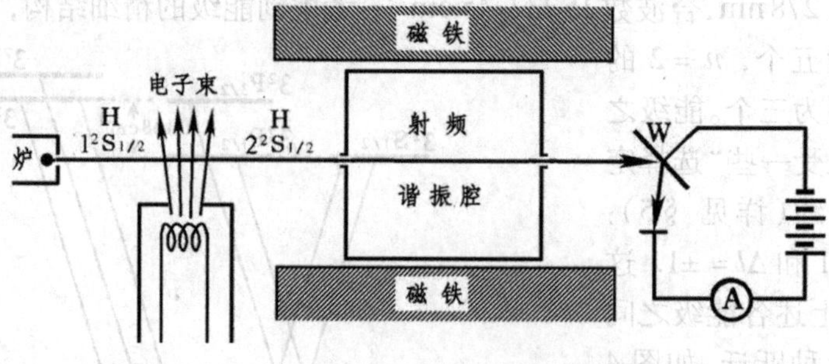

图 4－26 测量兰姆移位的实验装置

再逸出。调谐射频频率，使 WA 电路里的电流锐减，即可测得 2P 间的精细结构裂距与兰姆移位之差，即余兰姆移位（co-Lamb shift）。实际测量时，谐振频率是利用磁场的塞曼效应进行微调的。塞曼效应问题留待§6 讲。

按照相对论性的狄拉克理论，精细结构能级是严格 l 简并的，所以兰姆移位中一定包含了重要的新物理内容。根据量子电动力学的解释，原子能级的兰姆移位来源于电磁场的真空极化和电子的自能过程。由于这种效应，在原子核的库仑场中电子好像有一定程度的弥散，它像一个带电的小球，而不是一个点粒子。于是反过来从电子本身的感受看，原子核倒像个弥散的小球。若电子的波函数渗入这个小球时，便产生一部分附加的库仑能。由于 s 电子与 p 电子的波函数在核附近的分布不同，附加的库仑能也就不同，因而产生 $2^2S_{1/2}$ 和 $2^2P_{1/2}$ 不同程度的移位，S 态的移位比 P 态的大，这就是兰姆移位的成因。

因这项成就，兰姆获得 1955 年的诺贝尔物理奖（一起获奖的是库什）。朝永振一郎（S. Tomonaga）、施温格（J. Schwinger）和费曼（R. Feynman），则因对量子电动力学的贡献，分享了 1965 年的诺贝尔物理奖。

1975 年莫尔（P. J. Mohr）用量子电动力学算得兰姆移位的精确值为

$$(1\,057.864 \pm 0.014)\,\mathrm{MHz},$$

1976 年安德鲁斯（D. A. Andrews）与牛顿（G. Newton）测得的实验值是

$$(1\,057.862 \pm 0.020)\,\mathrm{MHz},$$

两者符合到六位有效数字。这是现代物理学理论和实验精确定量化的典范之一。

4.5 碱金属原子能级的精细结构

对于碱金属原子 0 级哈密顿量

$$\hat{H}_0 = \frac{\hat{\boldsymbol{p}}^2}{2m} + V_{\mathrm{eff}}(r), \tag{4.102}$$

满壳层原子实的屏蔽库仑势 $V_{\rm eff}(r)$不是反比于 r 的严格库仑势，但仍是球对称的，其后果是在0级近似下 l 简并已经解除，能级的精细结构是按 j 的不同分裂。因此与 j 无关的 $E_{nlj}^{相对论}$ 和 $E_{nlj}^{\rm Darwin}$ 项［见(4.95)和(4.97)式］只引起能级作 α^2 量级(不到 10^{-4})的平移，不引起分裂，故可以不予考虑。重要的是自旋轨道耦合磁能 E_{nlj}^{ls}.（4.96a)式里的表达式是在严格库仑势情形下推导出来的，在屏蔽库仑势情形下要做的修正不大。不管怎样，无非是已解除 l 简并的能级再进一步按 j 分裂。

从图4－29给出钠原子能级分裂的情况可以看出，除了原来的 ns 能级不分裂外，所有 $l\neq 0$ 能级都分裂为二。为什么分裂为两个？因为按附录A5.4节所述的角动量合成原理，j 的本征值取 $l+s$，…，$|l-s|$诸值，除 $l=0$ 情形外这样的数值有 $2s+1$ 个，即 l 能级是 $2s+1$ 重态。$s=1/2$ 时 $2s+1=2$，故单电子 $l\neq 0$ 的能级总是二重态，在 j 简并解除时分裂为 $j=l\pm 1/2$ 两个能级。

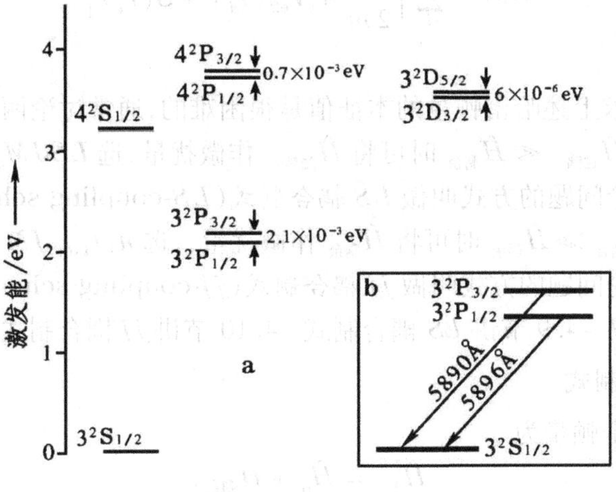

图4－29 钠原子能级的精细结构

钠光谱中有一对著名的黄色双线，波长分别为589.0nm和589.6nm，凡在实验室里用过钠光灯的人都熟悉它们。这两条谱线是由 $3^2P_{3/2}$ 和 $3^2P_{1/2}$ 能级向 $3^2S_{1/2}$ 能级跃迁时产生的(见图4－29b)。波数 $\tilde{\nu}$ 是波长 λ 的倒数，从而 $\Delta\lambda/\lambda=-\Delta\tilde{\nu}/\tilde{\nu}$，3P态精细结构的裂距为 2.1×10^{-3}eV，合波数差 $16.9\,\text{cm}^{-1}$，而钠双线的平均波长为589.3nm，合波数 $16.9\times10^3\,\text{cm}^{-1}$，即 $\Delta\tilde{\nu}$ 是 $\tilde{\nu}$ 的千分之一，故 $\Delta\lambda$ 也应是 λ 的千分之一，即0.6nm左右。

4.6 多价原子能级的精细结构

多价原子的哈密顿算符可以写成

$$\hat{H} = \sum_i \left[\frac{\hat{\boldsymbol{p}}_i^2}{2m} + V_{\text{eff}}(r_i)\right] + \sum_{i\neq j}\frac{e^2}{r_{ij}} + \hat{H}_{\text{磁耦合}}, \tag{4.103}$$

其中 $V_{\text{eff}}(r)$是满壳层原子实的屏蔽库仑势，它是球对称的。$\hat{H}_{\text{磁耦合}}$ 是各价电子的自旋、轨道磁矩之间的耦合能。现在特别关注一下电子之间的相互排斥库仑势，它可写成球对称的和不对称的两部分：

$$\sum_{i\neq j}\frac{e^2}{r_{ij}} = \sum_i S(r_i) + \hat{H}_{\text{剩余}}, \tag{4.104}$$

这里 $S(r_i)$ 代表其它电子作用在某一电子 i 上平均场的球对称部分，$\hat{H}_{\text{剩余}}$ 代表电子间库仑排斥势的剩余部分。把 $\sum_i S(r_i)$ 包括在哈密顿量的基本部分内，则

$$\hat{H} = \hat{H}_0 + \hat{H}_{\text{剩余}} + \hat{H}_{\text{磁耦合}}, \tag{4.105}$$

其中

$$\hat{H}_0 = \sum_i \left[\frac{\hat{\boldsymbol{p}}_i^2}{2m} + V_{\text{eff}}(r_i) + S(r_i)\right] \tag{4.106}$$

是球对称的。

一般地求上述哈密顿量的本征值是很困难的，通常讨论两个极端：

(1) 当 $\hat{H}_{\text{磁耦合}} \ll \hat{H}_{\text{剩余}}$ 时可将 $\hat{H}_{\text{磁耦合}}$ 作微扰量，选 $LSJM_J$ 为基本量子数。这种讨论问题的方式叫做 LS 耦合制式(LS-coupling scheme)。

(2) $\hat{H}_{\text{磁耦合}} \gg \hat{H}_{\text{剩余}}$ 时可将 $\hat{H}_{\text{剩余}}$ 作微扰量，，选 $n_i\, l_i\, j_i\, JM_J$ 为基本量子数。这种讨论问题的方式叫做 jj 耦合制式(jj-coupling scheme)。

下面 4.7 ~4.9 节讲 LS 耦合制式，4.10 节讲 jj 耦合制式。[1]

4.7 LS 耦合制式

基本哈密顿量为

$$\hat{H}_0^{LS} = \hat{H}_0 + \hat{H}_{\text{剩余}}, \tag{4.107}$$

如前所述，大写的字母代表所有价电子(也就是所有电子)的角动量：

$$\boldsymbol{L} = \sum_i \hat{\boldsymbol{l}}_i, \quad \boldsymbol{S} = \sum_i \hat{\boldsymbol{s}}_i, \quad \hat{\boldsymbol{J}} = \hat{\boldsymbol{L}} + \hat{\boldsymbol{S}}. \tag{4.108}$$

① 从玻尔模型看，总轨道角动量 $\boldsymbol{L}$ 在中心库仑势 V_{eff} 和电子间库仑排斥势的作用下守恒，后者不破坏守恒的理由是因为库仑相互作用沿粒子联线，这样的内力矩作用相互抵消，保证总角动量守恒。从量子理论看，可以验证，$\hat{\boldsymbol{L}}^2$ 及其分量 $\hat{L}_z$ 与整个哈密顿量 $\hat{H}_0^{LS}$ 对易，即它们是守恒量。② $\hat{\boldsymbol{S}}$ 与

[1] E. U. Condon and G. H. Shortley, *The Theory of Atomic Spectra*, Cambridge, 1935.

非自旋量对易，$\hat{H}_0^{LS}$ 不包含自旋量，所以 $\hat{\boldsymbol{S}}^2$ 及其分量 $\hat{L}_z$ 与整个哈密顿量 $\hat{H}_0^{LS}$ 对易，故它们是守恒量。在此种情况下可选 $\hat{\boldsymbol{L}}^2$、$\hat{\boldsymbol{S}}^2$、$\hat{L}_z$、$\hat{S}_z$ 与 $\hat{H}_0^{LS}$ 的共同本征矢 $|L,S,M_L,M_S\rangle$ 来刻画能级。

能级是按 L、S 的取值不同而分裂的，对 M_L、M_S 简并。为什么？量子数 L 影响能量数值，是因为轨道波函数决定着电子密度在空间的排布，而电子密度的空间排布决定着电子间库仑排斥势能的大小。为什么自旋 S 也影响能量的数值？这是因为泡利不相容原理要求相同自旋的电子必需回避相同的轨道，从而间接影响了电子间库仑排斥势能的大小。能量与 M_L，M_S 无关的理由，是因为在没有外磁场时，原子整体所处的环境是各向同性的。

现在考虑自旋轨道磁矩耦合。在 LS 耦合制式下 $\hat{H}_{磁耦合} \propto \hat{\boldsymbol{L}}\cdot\hat{\boldsymbol{S}}$，有了此项 $\hat{L}_z$ 和 $\hat{S}_z$ 不再守恒，而总角动量 $\hat{\boldsymbol{J}}$ 及其分量 $\hat{J}_z$ 守恒。在此种情况下可选 $\hat{\boldsymbol{L}}^2$、$\hat{\boldsymbol{S}}^2$、$\hat{\boldsymbol{J}}^2$、$\hat{J}_z$ 与哈密顿量的共同本征矢 $|L,S,J,M_J\rangle$ 来刻画能级。$\hat{H}_{磁耦合}$ 引起的能级修正为

$$E = \frac{\hbar^2}{2}\zeta(L,\ S)\left[J(J+1)-L(L+1)-S(S+1)\right]. \tag{4.109}$$

于是能级按 J 的不同产生精细结构分裂，相邻能级之间的间隔为

$$\Delta E = E_{J+1}-E_J = \hbar\,\zeta(L,\ S)(J+1). \tag{4.110}$$

即在一个多重态精细结构中，两相邻能级的间隔与它们中较大的 J 值成正比。这称为朗德间隔定则。

设原子中有 N 个价电子。完全刻画每个电子的量子态（包括自旋状态）需要 4 个量子数，整个原子总共需要 $4N$ 个量子数。作为初步近似，通常不考虑不同电子组态之间的矩阵元。给定原子的电子组态，满壳层内的电子状态全定死了，对于满壳层之外的每个电子也给了两个量子数。譬如说，某原子的电子组态是［满壳层］$(n\mathrm{p})^2$，这就是说，满壳层之外有两个电子，它们的主量子数 n_i 都等于 n，角量子数 l_i 都等于 $1(i=1,2)$。要完全确定它们的量子态，每个电子各欠两个，共欠 4 个量子数。如果用上述 L、S、J、M_J 这 4 个量子数补上，刚好够数。一般说来，如果满壳层之外有 N' 个电子，则需要 $4N'$ 个量子数，给定了电子组态后，还欠 $2N'$ 个量子数。所以对于 $N'>2$ 的情形，只补充 L、S、J、M_J 这 4 个量子数是不够的，还需找到其它的量子数。本书只讨论最简单的情形：满壳层外有两个电子。

下面看给定电子组态后能级分裂的情况。我们不打算做一般讨论，以满壳层外的电子组态 $n\mathrm{p}n'\mathrm{p}$ 为例（设 $n\neq n'$）。每个电子的 $l=1$，$s=1/2$，有 $2l+1=3$ 个轨道态（$m_l=+1$，0，-1）和 $2s+1=2$ 个自旋态（$m_s=+1/2$，$-1/2$），

总共 $3\times2=6$ 个态。两个电子的量子态组合起来，有 $6\times6=36$ 个态。利用附录 A5.4 节所给的角动量合成规则不难把这 36 个态找齐。

首先，$\hat{\boldsymbol{L}}=\hat{\boldsymbol{l}}_1+\hat{\boldsymbol{l}}_2$，而 $l_1=l_2=1$，故 L 可能的取值有 2、1、0，即按 L 值分类原子可以有 D、P、S 三种态。

其次，$\hat{\boldsymbol{S}}=\hat{\boldsymbol{s}}_1+\hat{\boldsymbol{s}}_2$，而 $s_1=s_2=1/2$，故 S 可能的取值有 1、0，即按 S 值分类原子可以有三重态和单态。

最后，$\hat{\boldsymbol{J}}=\hat{\boldsymbol{L}}+\hat{\boldsymbol{S}}$，给定 L 和 S 后 J 可能的取值有 $L+S$、…、$|L-S|$.

综上所述，电子组态 npn'p 可能构成的原子计有：

$$^1S_0(1),\ ^3S_1(3),\ ^1P_1(3),\ ^3P_2(5),\ ^3P_1(3),$$

$$^3P_0(1),\ ^1D_2(5),\ ^3D_3(7),\ ^3D_2(5),\ ^3D_1(3).$$

括弧里的数是 $2J+1$，代表 M_J 从 $-J$ 到 $+J$ 的 $2J+1$ 个取值数目。把括弧里的数加起来，刚好是 36. 在没有外磁场时能级与总角动量的取向无关，能级是不按 M_J 分裂的。以上有 10 个原子态，故这个电子组态的精细结构分裂成 10 个能级。

4.8 泡利原理对同科电子组态的影响

如果在上例中 $n=n'$，我们说，两电子是“同科”的。对于同科电子，泡利原理将把上述许多原子态排除掉。这时我们就得更细致些分析问题了。先把 36 个态列于表 4－4，表中用 $\bar{1}$ 代表 -1，用 ↑、↓ 分别代表自旋为 $\pm1/2$，每个括弧中的四个数依次为 np 电子的 m_{l1}、m_{s1} 和 n'p 电子的 m_{l2}、m_{s2}. 例如 $(1\uparrow\bar{1}\downarrow)$ 代表此态中 np 电子的 $m_{l1}=1$，$m_{s1}=1/2$ 和 n'p 电子的 $m_{l2}=-1$，$m_{s2}=-1/2$.

表 4－4 两个非同科 p 电子可能的状态组合

npn'p		M_S		
		1	0	-1
M_L	2	$(1\uparrow1\uparrow)$	$(1\uparrow1\downarrow)(1\downarrow1\uparrow)$	$(1\downarrow1\downarrow)$
	1	$(1\uparrow0\uparrow)(0\uparrow1\uparrow)$	$(1\uparrow0\downarrow)(0\uparrow1\downarrow)(1\downarrow0\uparrow)(0\downarrow1\uparrow)$	$(1\downarrow0\downarrow)(0\downarrow1\downarrow)$
	0	$(1\uparrow\bar{1}\uparrow)(0\uparrow0\uparrow)$ $(\bar{1}\uparrow1\uparrow)$	$(1\uparrow\bar{1}\downarrow)(0\uparrow0\downarrow)(\bar{1}\uparrow1\downarrow)$ $(1\downarrow\bar{1}\uparrow)(0\downarrow0\uparrow)(\bar{1}\downarrow1\uparrow)$	$(1\downarrow\bar{1}\downarrow)(0\downarrow0\downarrow)$ $(\bar{1}\downarrow1\downarrow)$
	-1	$(\bar{1}\uparrow0\uparrow)(0\uparrow\bar{1}\uparrow)$	$(\bar{1}\uparrow0\downarrow)(0\uparrow\bar{1}\downarrow)(\bar{1}\downarrow0\uparrow)(0\downarrow\bar{1}\uparrow)$	$(\bar{1}\downarrow0\downarrow)(0\downarrow\bar{1}\downarrow)$
	-2	$(\bar{1}\uparrow\bar{1}\uparrow)$	$(\bar{1}\uparrow\bar{1}\downarrow)(\bar{1}\downarrow\bar{1}\uparrow)$	$(\bar{1}\downarrow\bar{1}\downarrow)$

换成同科电子组态 $(n\text{p})^2$ 时，泡利原理排除 6 个轨道和自旋都相同的态 $(1\uparrow1\uparrow)$、$(1\downarrow1\downarrow)$、$(0\uparrow0\uparrow)$、$(0\downarrow0\downarrow)$、$(\bar{1}\uparrow\bar{1}\uparrow)$、$(\bar{1}\downarrow\bar{1}\downarrow)$。剩下的 30 个态俩俩成对，每对彼此是对方电子态的互换，如 $(1\uparrow\bar{1}\downarrow)$ 和 $(\bar{1}\downarrow1\uparrow)$。在 $n=n'$ 的情况下它们是没有区别的，代表的是同一个量子态，不应重复计算。所以 30 个态减半。归纳起来，15 个态见表 4－5。表中有 $L=\pm2$ 的量子

表 4 －5 两个同科 p 电子可能的状态组合

$(np)^2$		M_S		
		1	0	-1
M_L	2		$(1\uparrow1\downarrow)$	
	1	$(1\uparrow0\uparrow)$	$(1\uparrow0\downarrow)(1\downarrow0\uparrow)$	$(1\downarrow0\downarrow)$
	0	$(1\uparrow\bar{1}\uparrow)$	$(1\uparrow\bar{1}\downarrow)(1\downarrow\bar{1}\uparrow)(0\uparrow0\downarrow)$	$(1\downarrow\bar{1}\downarrow)$
	-1	$(0\uparrow\bar{1}\uparrow)$	$(0\uparrow\bar{1}\downarrow)(0\downarrow\bar{1}\uparrow)$	$(0\downarrow\bar{1}\downarrow)$
	-2		$(\bar{1}\uparrow\bar{1}\downarrow)$	

态一对，与它们对应的 $M_S=0$，故它们属于 $L=2$、$S=0$、$J=2$ 的单态 $^1D_2$，此态由 $M_J=M_L=\pm2$，±1，0 等 5 个简并态组成。在剩下的 10 个量子态中，$|M_L|$ 最大等于 1，与它们对应的 M_S 值有 ±1、0，故它们属于 $L=1$、$S=1$ 的三重态 ^3P，对应的 J 值取 2、1、0，这里涉及的量子态数目为 $^3P_2(5)$、$^3P_1(3)$ 和 $^3P_0(1)$，共 5+3+1 =9 个态。最后还剩下一个态，它应属于 $L=S=J=0$ 的单态 $^1S_0$.

综上所述，同科电子组态 $(np)^2$ 的精细结构分裂成 $^1S_0$、$^3P_2$、$^3P_1$、$^3P_0$、$^1D_2$ 五个谱项。

用以上方法确定同科电子组态精细结构谱项非常麻烦，且容易出错。对于两个电子有一种简单的办法，就是从非同科电子组态的全部谱项中挑选 $L+S$ 为偶数的谱项。它们就是 $(np)^2$ 可能构成的谱项。这个法则可称为偶数定则。❶

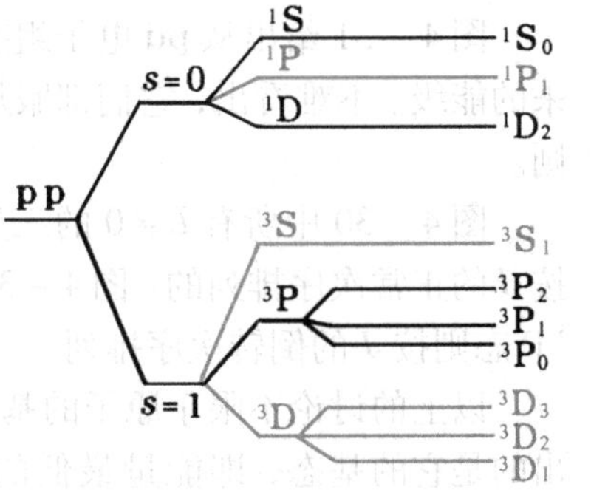

图 4 －30 pp 电子组态能级的精细结构分裂

电子组态 $npn'p$ 和 $(np)^2$ 的精细结构能级分裂情况示于图4 －30，图中黑线能级是同科 p 电子的能级，灰线是被泡利原理禁止的能级，两者合在一起组成非同科 p 电子的全部精细结构能级。

4.9 洪德定则

关于精细结构能级高低的顺序，德国理论物理学家洪德（F. Hund）1927 年提出几条经验性定则，称为洪德定则（Hund rule）。定则陈述如下：从同一电子组态分裂出来的精细结构能级中，

❶ 偶数定则的理论根据可参见：陈廷煌. 大学物理. 1987(6)：1.

(1) 重数较高(亦即S较大)的能级较低。

(2) L较大的能级较低。

(3) J愈小能级愈低的叫正常次序，J愈大能级愈低的叫倒转次序。未满壳层前半符合正常次序，后半符合倒转次序。

如图4－30所示，从pp电子组态分裂出来的能级，三重态在下面，单重态在上面，这符合上述第(1)条。这条经验定则可用3.4节提出的理由来解释，即同方向自旋的电子取不同的轨道波函数，从而在空间比较疏远，减少了库仑排斥能。

如图4－30所示，在重数相同(S相同)的能级中，从低到高的顺序是D、P、S，即$L=2, 1, 0$. 这符合上述第(2)条。

图4－31给出从pd电子组态分裂出来的能级。不难看出，它们都服从洪德定则。

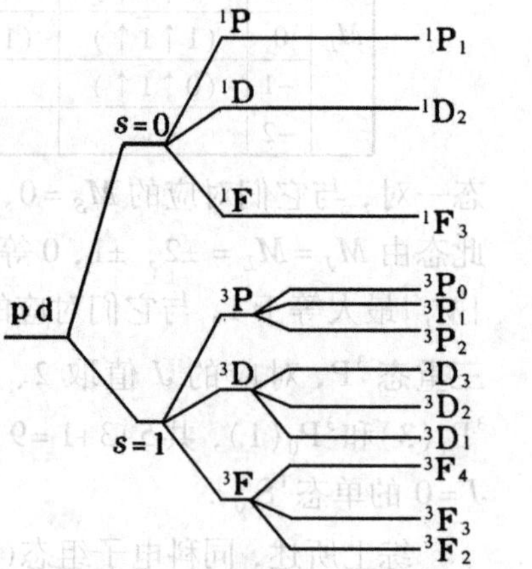

图4－31 pd电子组态能级的精细结构分裂

图4－30中所有$L\neq0$的三重态都是按J的正常次序排列的。图4－31中^{3}F态和^{3}D态按J的正常次序排列，^{3}P态则按J的倒转次序排列。

以上的讨论不限于原子的基态，而表4－2中每个元素的最后一栏给出的是它的基态，即能量最低的原子态。洪德定则不限于两个电子的组态，我们不妨用它来查看一下表4－2中第二个周期内各元素的基态。

在第二个周期里两个2s态填满后，从硼(B)到氖(Ne)每次增加一个2p电子，它们的电子组态和原子基态分析如下：

元　素	Be	B	C	N	O	F	Ne
电子组态	[He]$(2s)^2$	[Be]2p	[Be]$(2p)^2$	[Be]$(2p)^3$	[Be]$(2p)^4$	[Be]$(2p)^5$	[Be]$(2p)^6$
自旋填充次序		↑	↑ ↑	↑ ↑ ↑	↑↓ ↑ ↑	↑↓ ↑↓ ↑	↑↓ ↑↓ ↑↓
轨道填充次序		1	1 0	1 0 $\bar{1}$	11 0 $\bar{1}$	11 00 $\bar{1}$	11 00 $\bar{1}\bar{1}$
S	0	1/2	1	3/2	1	1/2	0
L	0	1	1	0	1	1	0
J		正常次序 $\lvert L-S\rvert$			倒转次序 $L+S$		
	0	1/2	0	3/2	2	3/2	0
原子基态	$^1S_0$	$^2P_{1/2}$	$^3P_0$	$^4S_{3/2}$	$^3P_2$	$^2P_{3/2}$	$^1S_0$

首先可以看出，p电子自旋尽可能平行，所以在一个周期里$2S+1$变化的顺序是$1\to2\to3\to4\to3\to2\to1$，这是符合洪德定则第(1)条精神的。

其次，从原子基态看，在泡利原理允许的情况下L尽可能取最大值。B只有一个p电子，L只能是1. C有两个p电子，L可以取2、1、0三个值，但因自旋平行，$L=2$违反泡利原理，它最多只能取1. N有三个p电子，由于自旋平行，按泡利原理，三个电子只能分别处在三个不同的p轨道态，故$L=0$. 后半个周期的情况可以类推，不再赘述。总之，洪德定则的第(2)条也是成立的。

再看量子数J. 按洪德定则的第(3)条，前半周期按正常次序J值应取小值$|L-S|$，后半周期按倒转次序J值应取大值$L+S$.

以上例子都符合洪德定则。不过洪德定则是经验性的，会有例外情形。洪德定则对推断基态比较有效，只有个别例外；用它来讨论激发态，就不太可靠了。

4.10 jj耦合制式

在4.6节里说过，$\hat{H}_{磁耦合}\gg\hat{H}_{剩余}$时可先将$\hat{H}_{剩余}$忽略，基本哈密顿量为

$$\hat{H}_0^{jj}=\hat{H}_0+\hat{H}_{磁耦合},\tag{4.111}$$

在jj耦合制式下$\hat{H}_{磁耦合}$具有如下形式：

$$\hat{H}_{磁耦合}=\sum_i\xi_i(r_i)\boldsymbol{l}_i\cdot\boldsymbol{s}_i.\tag{4.112}$$

这时整个哈密顿量成为各电子哈密顿量之和：

$$\hat{H}=\sum_i\left[\frac{\hat{\boldsymbol{p}}_i^2}{2m}+V_{\text{eff}}(r_i)+S(r_i)+\xi_i(r_i)\boldsymbol{l}_i\cdot\boldsymbol{s}_i\right],$$

各电子变得完全独立了。这时用各电子的一套完备的量子数n_i、l_i、j_i、$(m_j)_i$来刻画量子态，当然是可行的。以$\prod_i|n_i,l_i,j_i,(m_j)_i\rangle$为基来计算，$\hat{H}_{磁耦合}$的本征值为

$$\begin{aligned}E_{ls}&=\sum_i\langle n_i,l_i,j_i,(m_j)_i|\hat{H}_i|n_i,l_i,j_i,(m_j)_i\rangle\\&=\frac{1}{2\hbar^2}\langle n_i,l_i,j_i,(m_j)_i|\xi_i(r_i)(\hat{\boldsymbol{j}}^2-\hat{\boldsymbol{l}}^2-\hat{\boldsymbol{s}}^2)|n_i,l_i,j_i,(m_j)_i\rangle\\&=\frac{1}{2}\sum_i\langle n_i,l_i|\xi_i(r_i)|n_i,l_i\rangle\left[j_i(j_i+1)-l_i(l_i+1)-s_i(s_i+1)\right]\\&=\frac{1}{2}\sum_i\xi_{in_il_i}(r_i)\left[j_i(j_i+1)-l_i(l_i+1)-\frac{3}{4}\right],\end{aligned}\tag{4.113}$$

式中
$$\xi_{in_il_i}(r_i)=\langle n_i,l_i|\xi_i(r_i)|n_i,l_i\rangle.\tag{4.114}$$

$E^{(ls)}$与量子数n_i、l_i、j_i有关，与$(m_j)_i$无关。所以在给定了电子组态(即给

定了各电子的 n_i 和 l_i)之后，只需再给出各电子的 j_i 量子数，就可标示能级了。

仍以电子组态 $npn'\mathrm{p}$ 的情形为例，这里有两个电子，它们的量子数 $l_1=l_2=1$，$s_1=s_2=1/2$，故 j_1、j_2 各自取 3/2 和 1/2 两个值，共有(3/2,3/2)、(3/2,1/2)、(1/2,3/2)、(1/2,1/2)四种搭配，即能级分裂为四。然而在考虑些电子间的库仑作用之后，能级会按总角量子数 J 的不同而分裂，在外磁场中还会按 M_J 分裂。所以除了给出 j_1、j_2 搭配外，若能进一步给出量子态按 J 和 M_J 的分类来，是有益的。表4－6中在给出 j_1、j_2 搭配的同时，还在括弧内给出(m_{j1}，m_{j2})搭配，并按 M_J 和 J 的取值分类。这样做，对下面分析同科电子组态的能级分裂也是必要的。

表4－6 两个非同科 p 电子可能的状态组合

(jj 耦合制式)

$npn'\mathrm{p}$		j_1, j_2			
		$\frac{3}{2},\frac{3}{2}$	$\frac{3}{2},\frac{1}{2}$	$\frac{1}{2},\frac{3}{2}$	$\frac{1}{2},\frac{1}{2}$
M_J	3	$(\frac{3}{2},\frac{3}{2})$			
	2	$(\frac{3}{2},\frac{1}{2})(\frac{1}{2},\frac{3}{2})$	$(\frac{3}{2},\frac{1}{2})$	$(\frac{1}{2},\frac{3}{2})$	
	1	$(\frac{3}{2},-\frac{1}{2})(-\frac{1}{2},\frac{3}{2})(\frac{1}{2},\frac{1}{2})$	$(\frac{1}{2},\frac{1}{2})(\frac{3}{2},-\frac{1}{2})$	$(\frac{1}{2},\frac{1}{2})(-\frac{1}{2},\frac{3}{2})$	$(\frac{1}{2},\frac{1}{2})$
	0	$(\frac{3}{2},-\frac{3}{2})(-\frac{3}{2},\frac{3}{2})(\frac{1}{2},-\frac{1}{2})(-\frac{1}{2},\frac{1}{2})$	$(\frac{1}{2},-\frac{1}{2})(-\frac{1}{2},\frac{1}{2})$	$(\frac{1}{2},-\frac{1}{2})(-\frac{1}{2},\frac{1}{2})$	$(\frac{1}{2},-\frac{1}{2})(-\frac{1}{2},\frac{1}{2})$
	−1	$(\frac{1}{2},-\frac{3}{2})(-\frac{3}{2},\frac{1}{2})(-\frac{1}{2},-\frac{1}{2})$	$(-\frac{1}{2},-\frac{1}{2})(-\frac{3}{2},\frac{1}{2})$	$(-\frac{1}{2},-\frac{1}{2})(\frac{1}{2},-\frac{3}{2})$	$(-\frac{1}{2},-\frac{1}{2})$
	−2	$(-\frac{3}{2},-\frac{1}{2})(-\frac{1}{2},-\frac{3}{2})$	$(-\frac{3}{2},-\frac{1}{2})$	$(-\frac{1}{2},-\frac{3}{2})$	
	−3	$(-\frac{3}{2},-\frac{3}{2})$			
J		3, 2, 1, 0	2, 1	2, 1	1, 0

换成同科电子组态$(n\mathrm{p})^2$时，泡利原理排除既 $j_1=j_2$ 又 $m_{j1}=m_{j2}$ 的态，且不重复计算彼此互换的态，表4－6简化为表4－7。

表4－7 两个同科 p 电子可能的状态组合

(jj 耦合制式)

$(n\mathrm{p})^2$		j_1, j_2		
		$\frac{3}{2},\frac{3}{2}$	$\frac{3}{2},\frac{1}{2}$	$\frac{1}{2},\frac{1}{2}$
M_J	2	$(\frac{3}{2},\frac{1}{2})$	$(\frac{3}{2},\frac{1}{2})$	
	1	$(\frac{3}{2},-\frac{1}{2})$	$(\frac{3}{2},-\frac{1}{2})(\frac{1}{2},\frac{1}{2})$	
	0	$(\frac{3}{2},-\frac{3}{2})(\frac{1}{2},-\frac{1}{2})$	$(\frac{1}{2},-\frac{1}{2})(-\frac{1}{2},\frac{1}{2})$	$(\frac{1}{2},-\frac{1}{2})$
	−1	$(-\frac{3}{2},\frac{1}{2})$	$(-\frac{3}{2},\frac{1}{2})(-\frac{1}{2},-\frac{1}{2})$	
	−2	$(-\frac{3}{2},-\frac{1}{2})$	$(-\frac{3}{2},-\frac{1}{2})$	
J		2, 0	2, 1	0

在周期表中，元素愈重，价电子的主量子数 n 愈大，波函数在空间铺展得愈广，相互愈疏远，彼此之间的库仑排斥势能愈弱，能级精细结构的分裂就愈接近 jj 耦合制式。反之，元素愈轻，就愈接近 LS 耦合制式。图4－32给出电子组态 p^2 的精细结构能级从 LS 耦合制式向 jj 耦合制式过渡的情况，

横坐标χ是某个表征 ls 相互作用能与库仑相互作用能之比的参量。

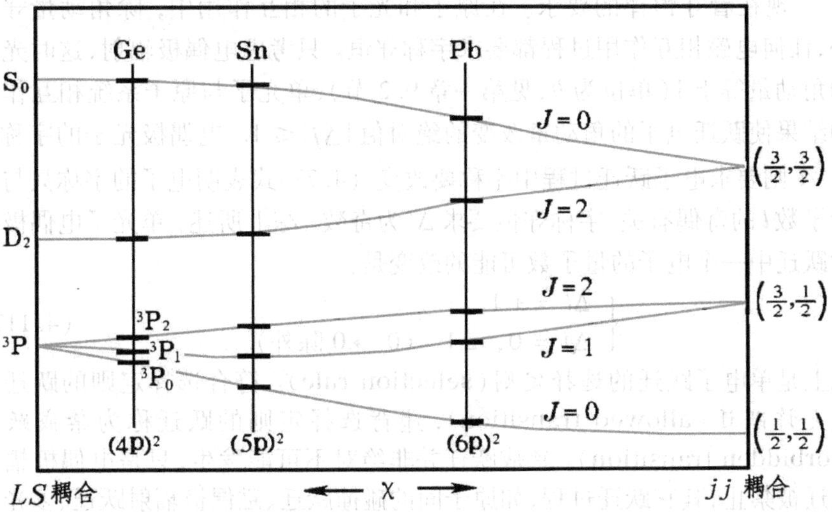

图 4－32 电子组态 p^2 的精细结构从 LS 耦合制式向 jj 耦合制式过渡

§5. 原子光谱

5.1 辐射跃迁的选择定则

在外界的干扰下，量子系统从一定态到另一定态的改变，叫做跃迁(transition)。引起跃迁的扰动，可以是原子间的碰撞，或其它粒子(如电子、光子与原子的碰撞)。原子由于发射或吸收光子而引起的跃迁，称为辐射跃迁。如第一章 9.4 节所述，辐射跃迁的过程有三：自发发射、受激发射和受激吸收。其实从物理上看，原子的自发发射和受激发射并没有本质的不同，因为自发发射是外界处于真空态时的光子发射，而“真空态”是辐射场的基态。辐射场是具有无穷自由度的简谐振动系统，每个自由度都有零点振荡(见第三章 2.4 节)。零点振荡相当于光子数的量子涨落，可以引发原子的自发发射。

下面我们只讨论原子的辐射跃迁，这是原子与光子相互作用的过程。这样的过程服从一定的守恒律，如能量守恒、角动量守恒等。

能量守恒要求光子的能量 $h\nu$ 与能级 E_n、$E_n{}'$ 之间满足玻尔频率条件：

$$E_n{}' - E_n = \pm h\nu. \tag{4.115}$$

这条件是对光子频率的限制，而不是对能级量子数 n、n' 的限制。所以

$$\Delta n = n' - n = \text{任意整数}. \tag{4.116}$$

现在看守恒律的要求。在原子和光子的相互作用中，除角动量守恒外，任何电磁相互作用过程都要求宇称守恒。只考虑电偶极辐射，这时光子的角动量等于1(单位为$\hbar$，见第一章9.2节)，单光子与原子系统相互作用的结果使跃迁电子的角动量改变的绝对值$|\Delta j| \leqslant 1$. 电偶极光子的宇称$P=-1$则要求电子跃迁过程中宇称要改变。(4.77)式表明电子的宇称只与角量子数l的奇偶有关，宇称守恒要求Δl为奇数。综上所述，单光子电偶极辐射跃迁中一个电子的量子数可能的改变是：

$$\begin{cases} \Delta l = \pm 1, \\ \Delta j = 0,\ \pm 1 \quad (0 \to 0 \text{ 除外}). \end{cases} \tag{4.117}$$

以上是单电子跃迁的*选择定则*(selection rule)。符合选择定则的跃迁叫做*允许跃迁*(allowed transition)，违背选择定则的跃迁称为*禁戒跃迁*(forbidden transition)。禁戒跃迁并非绝对不可能发生，只是电偶极辐射跃迁被禁止，其它跃迁过程，如原子间的碰撞跃迁、磁偶极辐射跃迁、多光子过程等仍可发生。

以上选择定则适用于单电子(氢原子或类氢离子)和单价原子(碱金属原子)，对于多价电子情形，要区分LS耦合制式和jj耦合制式。

(1)LS耦合制式的选择定则是

$$\begin{cases} \Delta l_i = \pm 1, \\ \Delta L = 0,\ \pm 1, \\ \Delta J = 0,\ \pm 1 \quad (0 \to 0 \text{ 除外}), \\ \Delta S = 0. \end{cases} \tag{4.118}$$

其中第一条针对单个电子，其余三条针对原子。$\Delta L = 0$这条原则上可能，但必需有一个以上电子被激发到高能态。

(2)jj耦合制式(两电子情形)的选择定则是

$$\begin{cases} \Delta j_{1,2} = 0, \pm 1, \\ \Delta J = 0,\ \pm 1 \quad (0 \to 0 \text{ 除外}). \end{cases} \tag{4.119}$$

实际上许多元素介于这两个极端情形之间，两边的选择定则都不严格遵守。

5.2 单电子光谱

单电子光谱是类氢离子和碱金属原子的光谱。如3.1节所述，碱金属能级与类氢离子最大的不同是l简并的解除。这是价电子波函数向原子实内部渗透的结果。图4-33给出各碱金属能级，可以看出，随着原子序数Z的增加，主量子数n相同的能级迅速被l量子数拉开距离。在3.2节中我们已讨论过，对于$Z=19$的钾原子，4s和4p能级已经比3d能级低了。

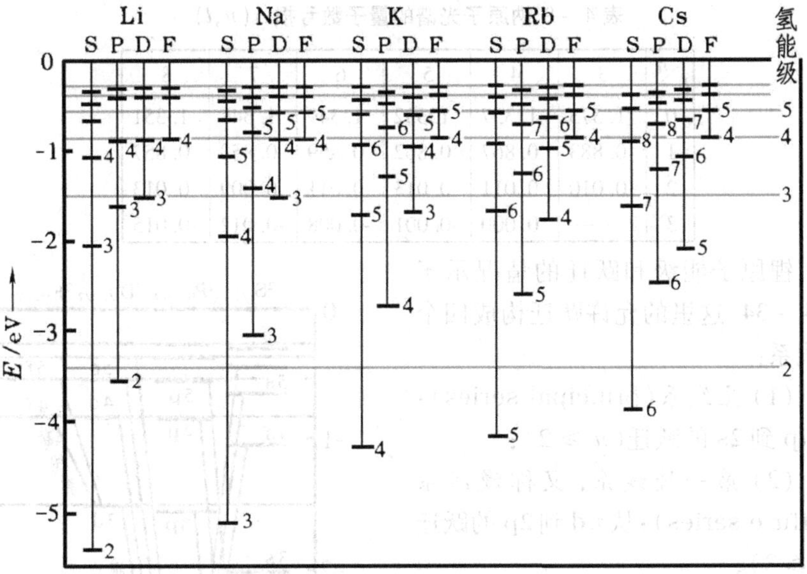

图 4 - 33 碱金属能级

在光谱学中人们有利用光谱项之差来表示波数的传统。对于氢原子，

$$\tilde{\nu} = T(n_2) - T(n_1),$$

其中

$$T(n) = \frac{\widetilde{R}_H}{n^2}.$$

(见 1.2 节)。对于碱金属，随着 l 简并的解除，光谱项不止与主量子数 n 有关，它们还依赖于角量子数 l. 但人们习惯于在氢原子光谱基础上做些修补，把上述光谱项的公式改成

$$T = \frac{\widetilde{R}_A}{n^{*2}}, \tag{4.120}$$

其中 $\widetilde{R}_A$ 为该原子A的里德伯常量，❶ n^* 称为有效量子数，它比主量子数 n 小，用二者的差额 Δ 表示，则有

$$n^* = n - \Delta(n, l), \tag{4.121}$$

$\Delta(n,l)$叫做量子数亏损(quantum defect)。量子数亏损不仅与 n、l 都有关，且随元素而异，具体数值由实验确定。钠原子的量子数亏损值见表 4 - 8，可以看出，它对主量子数 n 的依赖不大。

---

❶ 里德伯常量随元素而异，主要因原子质量不同，从而电子在其中的约化质量不同。

表 4 - 8 钠原子光谱的量子数亏损 $\Delta(n,l)$

l \ n	3	4	5	6	7	8
0	1. 373	1. 357	1. 352	1. 349	1. 348	1. 351
1	0. 883	0. 867	0. 862	0. 859	0. 858	0. 857
2	0. 010	0. 011	0. 013	0. 011	0. 009	0. 013
3	——	0. 000	-0. 001	-0. 008	-0. 012	-0. 015

锂原子能级和跃迁的情况示于图 4 - 34。这里的允许跃迁构成四个谱线系：

(1) 主线系(principal series)：从 np 到 2s 的跃迁($n \geqslant 2$)；

(2) 第一辅线系，又称漫线系(diffuse series)：从 nd 到 2p 的跃迁($n \geqslant 3$)；

(3) 第二辅线系，又称锐线系(sharp series)：从 ns 到 2p 的跃迁($n \geqslant 3$)；

(4) 柏格曼(Bergmann) 线系，又称基线系(fundamental series)：从 nf 到 3d 的跃迁($n \geqslant 4$)。

由图 4 - 34 可以看出，所有跃迁都符合选择定则 $\Delta l = \pm 1$. 此图未给出能级的精细结构，所以看不出有关 Δj 选择定则的情况。碱金属的 $S = 1/2$，所有 $l \neq 0$ 的态都是双态，只是 ns 态没有精细结构分裂。所以除了以 s 态为起点或终点的主线系和锐线系有两种跃迁外，在两个双态之间跃迁的漫线系和基线系都可以有四种跃迁，如图 4 - 35 所示。与 s 态有关的两个线系中所有跃迁都符合选择定则 $\Delta j = 0, \pm 1$，所以谱线都是双线。另两个线系的四种跃迁中有一个 $\Delta j = \pm 2$

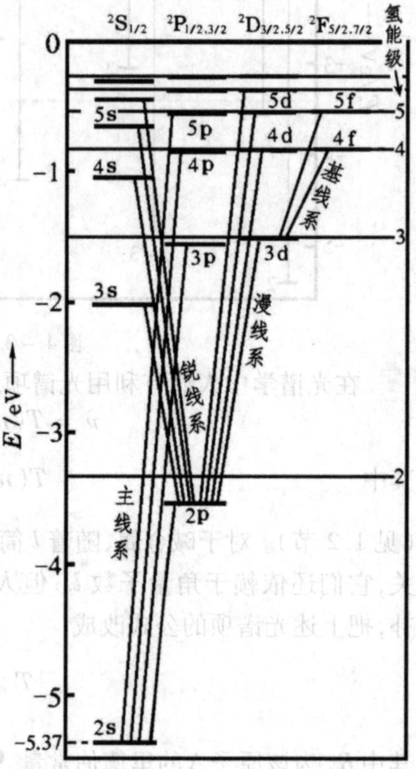

图 4 - 34 锂原子光谱的四个谱线系

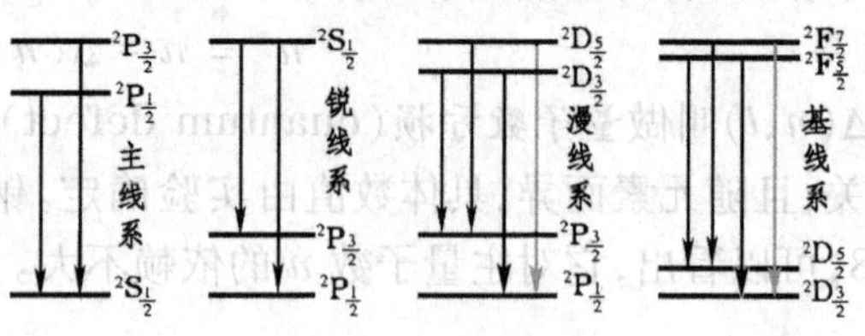

图 4 - 35 碱金属光谱精细结构能级之间的跃迁

的被禁戒(图中灰色箭头),故能观察到的是三条谱线。

除锂原子外,其它碱金属原子光谱的情况都类似,只不过四线系中起始的主量子数每周期增加 1,譬如钠从 $n=3$ 开始,钾从 $n=4$ 开始,等等。

5.3 多电子光谱

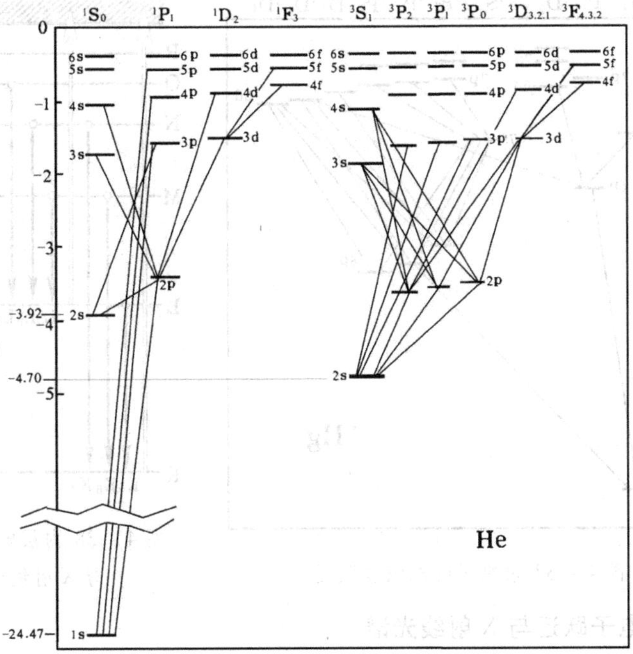

图 4 - 36 氦原子的能级和跃迁

以两价电子的原子光谱为例。图 4 - 36 所示为氦原子的能级和跃迁。氦原子中有两个电子,我们假定其中一个停留在 1s 态,另一个激发到较高的能级上,图 4 - 36 所示就是后者的能级。氦原子的总电子自旋 $S=0$ 或 1, $S=0$ 的是单态, $S=1$ 的是三重态。由图可以看出,单态和三重态之间没有跃迁,从而形成两套独立的谱线。这是选择定则 $\Delta S=0$ 决定的。由于精细结构分裂,单态之间跃迁谱线都是单线,三重态之间跃迁的谱线有多重精细结构。早年人们不明白其中道理,曾以为有两种不同的氦,把发射多重谱线的叫做正氦(ortho-helium),发射单线的叫做仲氦(para-helium)。其实正氦是两个电子自旋平行的氦原子($S=1$),仲氦是两个电子自旋反平行的氦原子($S=0$)。辐射跃迁虽然不能使它们相互转换,但其它机制(如原子碰撞)是可以把一种氦变为另一种氦的。

图 4 - 37 所示为一种两价原子 —— 汞原子的能级和跃迁。可以看出,

三重态和单态之间的跃迁，如$6^3P_1 \to 6^1S_0$，$6^3D_2 \to 6^1P_1$，$7^1S_0 \to 6^3P_2$，都有发生。它们违反了选择定则$\Delta S=0$。氦是严格遵守LS耦合制式的，汞则不然，它正在向jj耦合制式过渡。故而汞并不完全遵守LS耦合制式的选择定则。

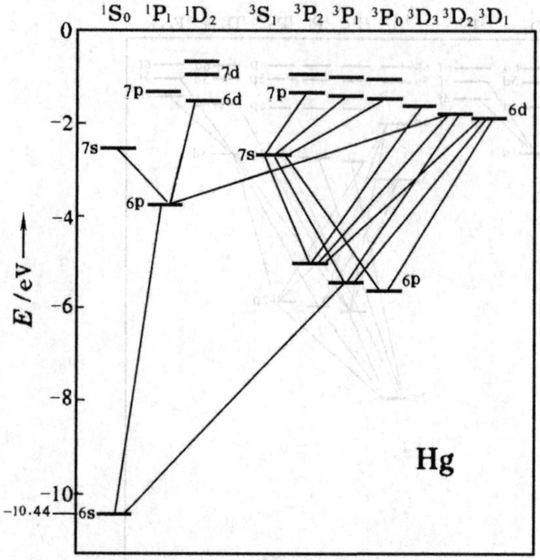

图 4 － 37 汞原子的能级和跃迁

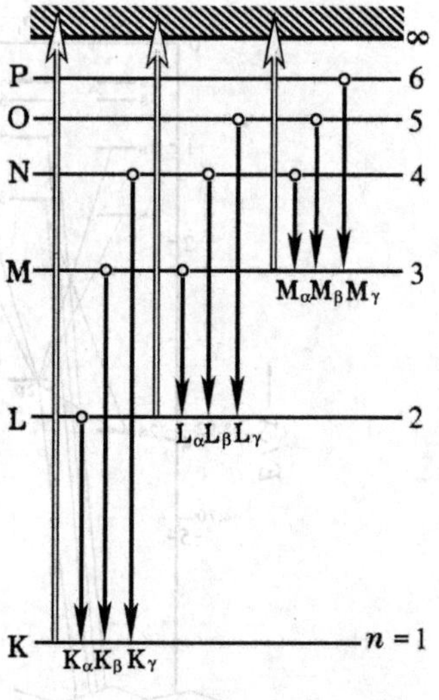

图 4 － 38 内层电子的激发与 X 射线谱系

5.4 内层电子跃迁与 X 射线光谱

以上我们讨论的是外层电子(价电子)的光谱，通过内层电子的激发，可以研究原子内层的结构。内层电子离原子核近，束缚紧密，需要用足够高能量的粒子束照射，才能穿入原子内部，使之激发。此外，由于泡利原理的限制，被激发的内层电子只能跃迁到外层未被占据的能态，或者被电离。

若一个内层电子被电离后留下空位，则较高壳层的电子就可以跃迁下来，发出辐射。这样的辐射能量高(1 ~100 keV)，波长短(0.01 ~1.0 nm)，属X射线波段。如图4 －38 所示，由L、M、N、… 壳层的电子跃迁下来填补K壳层而产生的X射线谱系称为K线系，谱线记作K_α、K_β、K_γ、…；由M、N、O、… 壳层的电子跃迁下来填补L壳层而产生的X射线线系称为L线系，谱线记作L_α、L_β、L_γ、…. 通常X射线是由阴极射线打在阳极上产生的，自由电子在原子核的库仑场中减速时产生X射线的机制叫韧致辐射(bremsstrahlung)。韧致辐射谱是连续的，不反映靶材料的性质。上述各X射线谱系是叠加在韧致辐射连续谱之上的(见图4－39)，称为靶元素的X射线标识谱。通过X射线标识谱的分析，可以确定原子内层的能级结构。

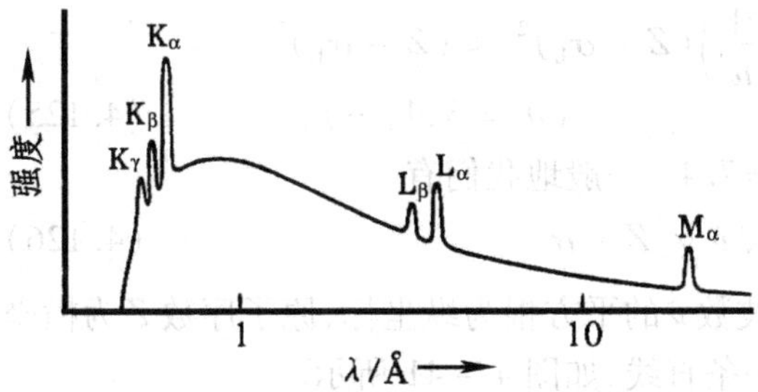

图 4－39 X 射线标识谱

图 4－40 是按各种元素原子序数排列的 X 射线谱系图，从这里可以看到比光学波段简明得多的规律性。这是因为各种元素的内部壳层结构都是相似的。

由于其它电子的屏蔽，单电子感受到原子核的电荷并不是 Ze，而是比这小一些。设等效电荷为 Z^*e，其中

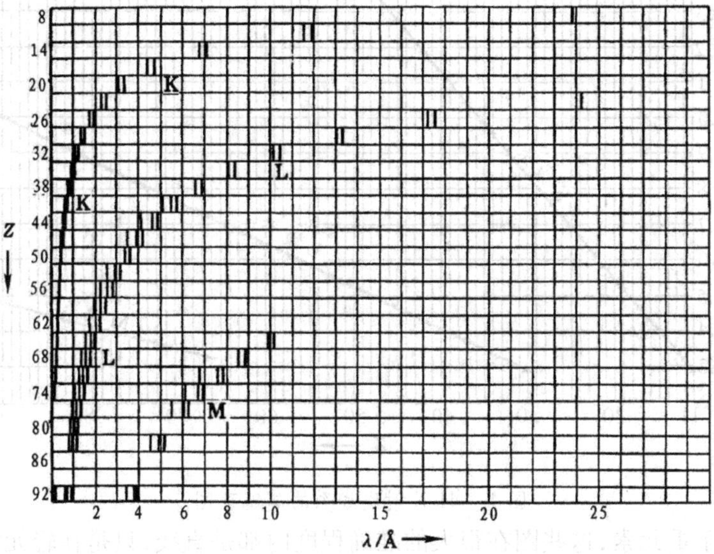

图 4－40 按原子序数排列的 X 射线谱系图

$$Z^* = Z - \sigma_n, \qquad (4.122)$$

式中 σ_n 称为激发电子的屏蔽数，它与电子所在壳层 n 有关。于是类氢离子的光谱项应改写为❶

$$T(n) = \frac{\widetilde{R}_A}{n^2}(Z - \sigma_n)^2, \qquad (4.123)$$

从而 K 线系的波数为

$$\widetilde{\nu}_K = \widetilde{R}_A\left(\frac{1}{1^2} - \frac{1}{n^2}\right)(Z - \sigma_K)^2 \propto (Z - \sigma_K)^2$$

$$(n = 2, 3, \cdots); \qquad (4.124)$$

L 系的波数为

---

❶ 仔细说来，对于 l 不同的支壳层，还要考虑量子数亏损。

$$\tilde{\nu}_L = \tilde{R}_A\left(\frac{1}{2^2} - \frac{1}{n^2}\right)(Z - \sigma_L)^2 \propto (Z - \sigma_L)^2$$
$$(n = 3,4,\cdots), \tag{4.125}$$

等等。经验数据为 $\sigma_K = 1$，$\sigma_L = 7.4$. 一般地我们有

$$\sqrt{\tilde{\nu}} \propto Z - \sigma. \tag{4.126}$$

如果把图4－40改造一下，以波数$\tilde{\nu}$的平方根为纵坐标，原子序数Z为横坐标，则可对于每个谱线系得到一条直线，如图4－41所示。

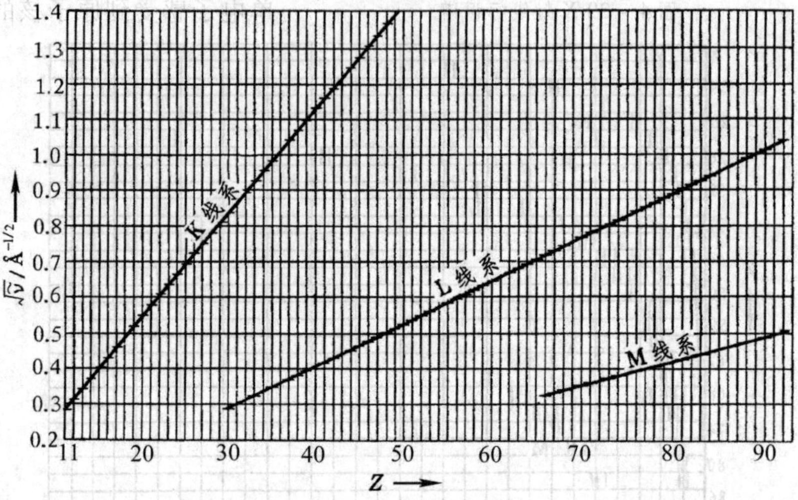

图4－41 X射线线系的莫塞莱图

对于重元素，这些图在很大的准确程度内都是直线，只是在轻元素中才发现实验结果与直线有所偏离。这样的图解首先是由卢瑟福实验室的年青工作人员莫塞莱（H. G. J. Moseley）做出来的（1913－1914年），[1] 故称莫塞莱图（Moseley diagram），波数的方根与原子序数的线性关系称为莫塞莱定律。这定律是在用量子理论作出解释之前确立的。他用阴极射线（电子束）打在各种元素所做的靶上，以期探测出原子核所带的电荷来。正是他在历史上首次发现了“原子序数”Z. 早期的周期表是用原子量排序的，化学家发现一些矛盾：从化学性质看，钴似乎应该排在镍前面，虽然钴的原子量（58.93）比镍的大（58.70）。莫塞莱的原子序数概念，即原子核所带的电荷数，支持了化学家，给了他们以钴镍逆排的依据。

[1] 1915年第一次世界大战时莫塞莱在达达尼尔海峡登陆时阵亡，年方28岁。

§6. 原子的磁矩与塞曼效应

6.1 单电子的朗德 g 因子

第一章8.1节(1.130)式和(1.133)式给出一个电子的磁矩与角动量的关系：

$$\boldsymbol{\mu}_l = -\mu_{\mathrm{B}}\boldsymbol{l}/\hbar, \qquad \boldsymbol{\mu}_s = -2\mu_{\mathrm{B}}\boldsymbol{s}/\hbar;$$

式中 玻尔磁子 $\mu_{\mathrm{B}} = \dfrac{e\hbar}{2m}$.

按这些公式，轨道磁矩和自旋磁矩的大小分别为

$$\begin{cases} \mu_l = \sqrt{l(l+1)}\mu_{\mathrm{B}}, \\ \mu_s = 2\sqrt{s(s+1)}\mu_{\mathrm{B}}. \end{cases}$$

我们把上式写成统一的形式：

$$\begin{cases} \mu_l = g_l\sqrt{l(l+1)}\mu_{\mathrm{B}}, & (4.127) \\ \mu_s = g_s\sqrt{s(s+1)}\mu_{\mathrm{B}}. & (4.128) \end{cases}$$

其中比例系数 g_l 和 g_s 叫朗德 g 因子(Landè g factor)。轨道磁矩和自旋磁矩有不同的朗德 g 因子：

$$g_l = 1, \qquad g_s = 2. \qquad (4.129)$$

电子的总角动量 $\boldsymbol{j}=\boldsymbol{l}+\boldsymbol{s}$，$\boldsymbol{j}$ 的大小为 $\sqrt{j(j+1)}$，仿照(4.127)式和(4.128)式我们可以写

$$\mu_j = g_j\sqrt{j(j+1)}\mu_{\mathrm{B}}. \qquad (4.130)$$

由于 $\boldsymbol{j}$ 是 $\boldsymbol{l}$ 与 $\boldsymbol{s}$ 的矢量合成，朗德因子 g_j 不仅与 l 和 s 有关，还与 $\boldsymbol{l}$、$\boldsymbol{s}$ 两矢量的方向有关。如果电子的总角动量 $\boldsymbol{j}$ 守恒，则如图 4－42 所示，$\boldsymbol{l}$ 和 $\boldsymbol{s}$ 通过磁相互作用耦合在一起，绕着恒矢量 $\boldsymbol{j}$ 进动。总磁矩 $\boldsymbol{\mu}_{总}$ 和 $\boldsymbol{\mu}_l$、$\boldsymbol{\mu}_s$ 一起围绕 $\boldsymbol{j}$ 的延线进动。所以重要的只是 $\boldsymbol{\mu}_{总}$ 在此方向上的投影 μ_j，它是在进动中保持不变的。垂直此方向的分量时间平均值为 0. 现在来计算 μ_j 的大小。

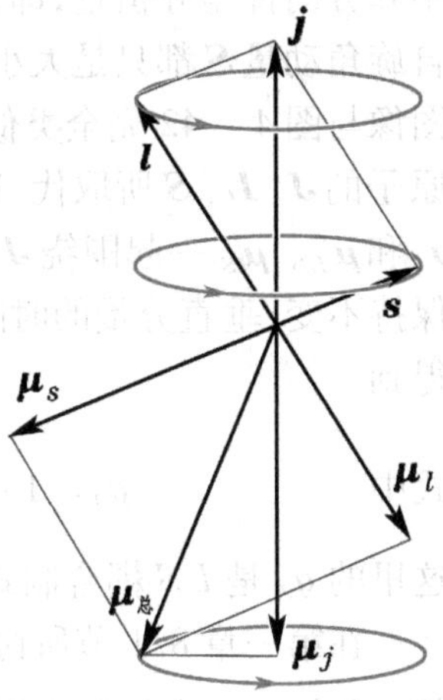

图 4－42 单电子磁矩与角动量的关系

μ_j 是 $\boldsymbol{\mu}_l$ 和 $\boldsymbol{\mu}_s$ 在 $\boldsymbol{j}$ 延线上投影之和：

$$\mu_j = \left[\sqrt{l(l+1)}\cos(\boldsymbol{lj}) + 2\sqrt{s(s+1)}\cos(\boldsymbol{sj})\right]\mu_{\mathrm{B}}. \qquad (4.131)$$

运用余弦定律于三矢量构成的三角形中(见图 4－42)，得

$$s(s+1) = l(l+1) + j(j+1) - 2\sqrt{l(l+1)j(j+1)}\cos(\boldsymbol{lj}),$$

$$l(l+1) = s(s+1) + j(j+1) - 2\sqrt{s(s+1)j(j+1)}\cos(\boldsymbol{sj}).$$

由此得

$$\begin{cases} \cos(\boldsymbol{lj}) = \dfrac{l(l+1)+j(j+1)-s(s+1)}{2\sqrt{l(l+1)j(j+1)}}, \\ \cos(\boldsymbol{sj}) = \dfrac{s(s+1)+j(j+1)-l(l+1)}{2\sqrt{s(s+1)j(j+1)}}. \end{cases}$$

把它们代入(4.131)式,得

$$\mu_j = g_j\sqrt{j(j+1)}\mu_B,$$

式中

$$g_j = 1+\frac{j(j+1)-l(l+1)+s(s+1)}{2j(j+1)}. \tag{4.132}$$

这就是一个电子总磁矩的朗德 g 因子。

6.2 LS 耦合制式的朗德 g 因子

上面讨论的单电子情形适用于氢原子和碱金属原子。对于多价电子原子,要区分 LS 耦合制式和 jj 耦合制式来讨论。

在 LS 耦合制式下, L、S、J、M_J 是好量子数,这表明总角动量 $\boldsymbol{J}$ 的大小和方向都是守恒量,即它是个恒矢量,而所有电子的总轨道角动量 $\boldsymbol{L}$ 和总自旋角动量 $\boldsymbol{S}$ 都只是大小不变,它们的方向并不固定。由此我们获得的物理图像与图 4 – 42 完全类似,差别仅在于那里单电子的 $\boldsymbol{j}$、$\boldsymbol{l}$、$\boldsymbol{s}$ 要分别由整个原子的 $\boldsymbol{J}$、$\boldsymbol{L}$、$\boldsymbol{S}$ 所取代。这时 $\boldsymbol{L}$ 和 $\boldsymbol{S}$ 耦合在一起绕着恒矢量 $\boldsymbol{J}$ 进动。总磁矩 $\boldsymbol{\mu}_总$ 和 $\boldsymbol{\mu}_L$、$\boldsymbol{\mu}_S$ 一起围绕 $\boldsymbol{J}$ 的延线进动, $\boldsymbol{\mu}_总$ 在此方向上的投影 μ_J 在进动中保持不变,垂直分量的时间平均值为 0. 用几乎完全一样的推导,我们可以得到

$$\mu_J = g_J\sqrt{J(J+1)}\mu_B, \tag{4.133}$$

式中

$$g_J = 1+\frac{J(J+1)-L(L+1)+S(S+1)}{2J(J+1)}. \tag{4.134}$$

这里的 g_J 是 LS 耦合制式下整个原子的朗德 g 因子。

在第一章 8.1 节所讨论的施特恩–格拉赫实验中原子束裂距正比于 μ_J 的 z 分量 μ_{Jz},它的公式只是把(4.133)式中的因子 $\sqrt{J(J+1)}$ 换成磁量子数 M_J:

$$\mu_{Jz} = g_J M_J \mu_B,$$

式中

$$M_J = -J,\ -J+1,\ \cdots,\ J-1,\ J. \tag{4.135}$$

施特恩–格拉赫之后许多人用各种原子继续进行实验,所得结果归纳在表 4 – 9 中。可以看出,底板上淀积物的黑带数等于 $2J+1$,间距正比于用以上公式计算的 $g_J M_J$. 例如,银(Ag)原子的基态为 $^2S_{1/2}$, 即 $L=0$, $J=S=1/2$, 故 $g_J=2$, $M_J=\pm 1/2$, $g_J M_J=\pm 1$,原子束形成上下两条, 偏离中心的距离都相当于 μ_B 的淀积物。表中其它原子的实验结果都可用上面的公式给予解释。

表 4 – 9 施特恩–格拉赫实验的结果

原子	Sn Cd Hg Pb	Sn Pb	H Li Na K Cu Au Ag	Tl	O		
基态	$^1S_0$	$^3P_0$	$^2S_{\frac{1}{2}}$	$^2P_{\frac{1}{2}}$	$^3P_2$	$^3P_1$	$^3P_0$
g_J	—	—	2	$\frac{2}{3}$	$\frac{3}{2}$	$\frac{3}{2}$	—
$g_J M_J$	0	0	± 1	$\pm\frac{1}{3}$	$\pm 3, \pm\frac{3}{2}, 0$	$\pm\frac{3}{2}, 0$	0

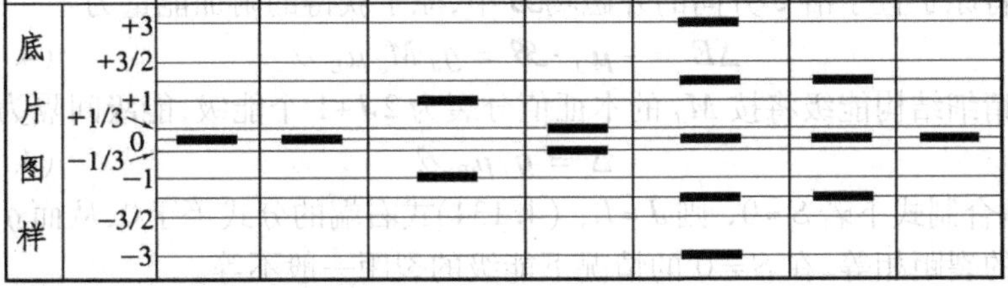

请读者自己去验算,我们就不在这里一一赘述了。

6.3 jj 耦合制式的朗德 g 因子

仍限于讨论两个价电子的情形。在 jj 耦合制式下 n_1、l_1、j_1、m_{j1} 和 n_2、l_2、j_2、m_{j2} 为好量子数,它们给出的物理图像是 $\boldsymbol{j}_1$ 和 $\boldsymbol{j}_2$ 都是大小和方向不变的恒矢量。$\boldsymbol{l}_1$ 和 $\boldsymbol{s}_1$ 大小不变,耦合在一起围绕 $\boldsymbol{j}_1$ 进动;$\boldsymbol{l}_2$ 和 $\boldsymbol{s}_2$ 大小不变,耦合在一起围绕 $\boldsymbol{j}_2$ 进动。6.1 节里导出单电子的单电子公式分别对它们适用:

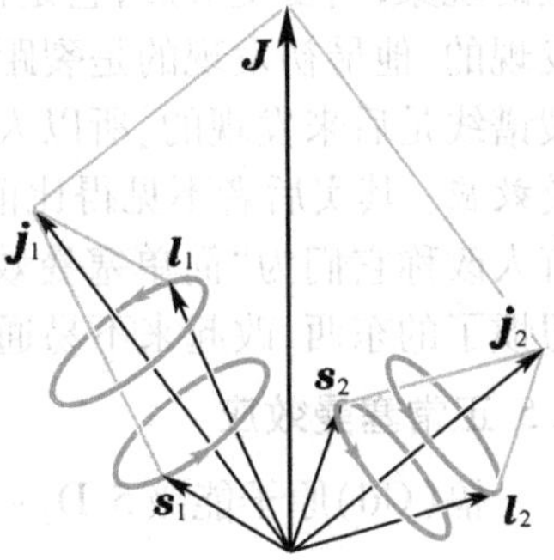

图 4 – 43 jj 耦合制式下磁矩叠加的矢量图

$$\mu_{j_i} = g_{j_i}\sqrt{j_i(j_i+1)}\mu_B \quad (i = 1, 2), \tag{4.136}$$

一方面,按朗德因子的定义,整个原子的总磁矩

$$\mu_J = g_J\sqrt{J(J+1)}\mu_B, \tag{4.137}$$

另一方面,矢量叠加给出(参见矢量图 4 – 43)

$$\begin{aligned}\mu_J &= \mu_{j_1}\cos(\boldsymbol{J}\boldsymbol{j}_1) + \mu_{j_2}\cos(\boldsymbol{J}\boldsymbol{j}_2)\\ &= g_{j_1}\sqrt{j_1(j_1+1)}\,\frac{J(J+1)+j_1(j_1+1)-j_2(j_2+1)}{2\sqrt{J(J+1)j_1(j_1+1)}}\\ &\quad + g_{j_2}\sqrt{j_2(j_2+1)}\,\frac{J(J+1)+j_2(j_2+1)-j_1(j_1+1)}{2\sqrt{J(J+1)j_2(j_2+1)}}.\end{aligned} \tag{4.138}$$

与(4. 137)式比较可得

$$g_J = g_{j_1}\frac{J(J+1)+j_1(j_1+1)-j_2(j_2+1)}{2J(J+1)}$$
$$+g_{j_2}\frac{J(J+1)+j_2(j_2+1)-j_1(j_1+1)}{2J(J+1)}. \qquad (4.139)$$

6. 4 在磁场中原子能级的分裂

将原子置于沿 z 方向的外磁场 $\boldsymbol{\mathscr{B}}$ 中，原子获得的附加能量为

$$\Delta E = -\boldsymbol{\mu}_J\cdot\boldsymbol{\mathscr{B}} = g_J M_J \mu_B \mathscr{B}. \qquad (4.140)$$

每一精细结构能级将按 M_J 的本征值分裂为 $2J+1$ 个能级，能级间隔为

$$\Delta = g_J \mu_B \mathscr{B}. \qquad (4.141)$$

LS 耦合制式下若 $S=0$，则 $J=L$，(4. 134)式右端的分式等于0，从而 $g_J=1$，能级的裂距相等。在 $S\neq0$ 的情况下能级的裂距一般不等。

能级的分裂将导致原子光谱线的分裂，这种原子光谱线在外磁场中分裂的现象，叫塞曼效应，它是荷兰物理学家塞曼(P. Zeeman)于1896年首先发现的。他最初发现的是裂距相等的三条分裂谱线，裂距不相等的更多条分裂谱线是后来发现的。所以人们把前者叫做正常塞曼效应，后者叫做反常塞曼效应。其实后者不见得比前者少见，“正常”、“反常” 的称呼不见得合理。有人改称它们为“简单塞曼效应” 和“复杂塞曼效应”，似乎更恰当些。不过习惯了的东西，改起来不易通行。

6. 5 正常塞曼效应

镉(Cd)原子能级 $5^1D_2 \to 5^1P_1$ 跃迁产生波长643. 847 nm 的镉红线，图4－44 所示为这两个能级在磁场中的分裂。这两个能级的 S 都等于0，按 LS 耦合制式公式(4. 134)，它们的 g_J 都等于1，$^1P_1$ 能级分裂成3个，$^1D_2$ 能级分裂成5个，裂距全部相等。

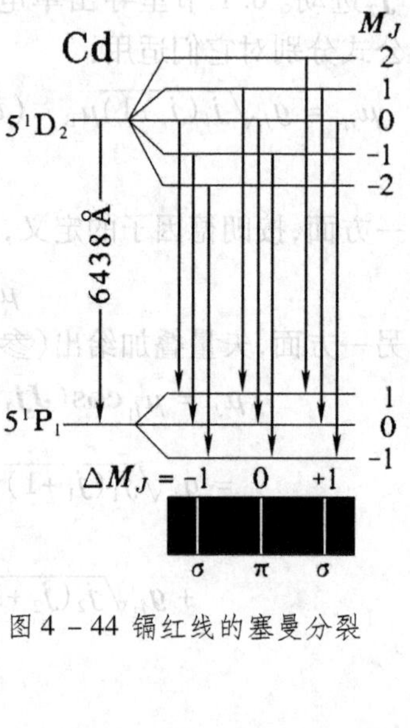

图4－44 镉红线的塞曼分裂

在外磁场中的选择定则，除(4. 118)式外。再加一条：

$$\Delta M_J = 0,\ \pm1. \qquad (4.142)$$

所有这些选择定则一起，允许9种跃迁，如图4－44 所示。这9个跃迁按 ΔM_J 的取值分为三组，每组形成一条谱线。$\Delta M_J=0$ 的谱线称为π光，其波长未变。$\Delta M_J=\pm1$ 的谱线称为σ光，其波长一增一减。

观察塞曼效应的装置如图4 － 45 所示，

磁感强度由电磁铁绕组中的电流来调节,样品放在磁铁极隙内,相对于磁场分别从纵横两个方向来观察(纵向观测是通过磁极内的一个隧洞来实现的)。光线被送入分辨率极高的光谱仪(如法布里-珀罗干涉仪)来分析。

取磁场的方向为 z,横向观测的方向为 x,与二者都垂直的方向为 y,则观测的结果表明:横向观测到的 π 光是沿 z 方向的线偏振光,σ 光是沿 y 方向的线偏振光。纵向看不到 π 光,$\Delta M_J=+1$ 的 σ 光是左旋圆偏振光,$\Delta M_J=-1$ 的 σ 光是右旋圆偏振光。

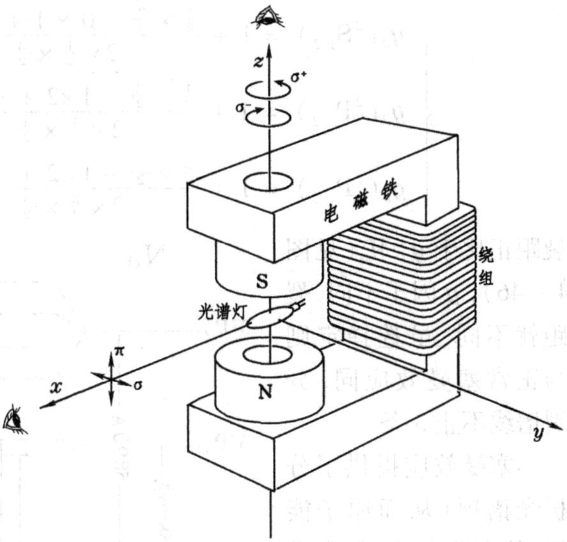

图 4-45 塞曼效应的实验装置

塞曼谱线的偏振态可用第一章 §9 所述的理论来解释:首先肯定光子属电偶极辐射,其角量子数 $j=1$. 其次需要指出,光谱学的选择定则里量子数的改变是指高能级的量子数减低能级的量子数,故 $\Delta M_J=+1$ 意味着发射光子时原子沿 z 方向的角动量减少 1 个单位 $\hbar$,或者说,所发射的光子沿 z 方向的角动量为 $+1$;反之,$\Delta M_J=-1$ 则意味着发射的光子沿 z 方向的角动量为 -1. 纵向观测时波矢 $\boldsymbol{k}$ 沿 z 方向,光子的 $\hat{j}_z$ 就是 $\hat{s}_z$,其本征值为 $+1$ 的 σ 光是左旋圆偏振光,为 -1 的 σ 光是右旋圆偏振光,为 0 的代表沿 z 的纵振动,故无 π 光。横向观测时波矢 $\boldsymbol{k}$ 转到 x 方向,看到 π 光是沿 z 方向的线偏振光,在 xy 平面振动的 σ 光变成沿 y 方向的线偏振光。

6.6 反常塞曼效应

钠双黄线在磁场中分裂属反常塞曼效应。D_1 线(589.6 nm)分裂成 4 条,D_2 线(589.0 nm)分裂成 6 条,如图 4-46 所示。分裂的谱线都是左右对称的,中间两条是纵向观察不到的 π 光,其余都是纵横两向皆能观察到的 σ 光。选择定则同前。

D_1 线是 $3^2P_{1/2}\to 3^2S_{1/2}$ 的跃迁,D_2 线是 $\mathrm{B}^2_{3/2}\to 3^2S_{1/2}$ 的跃迁。这里涉及三个能级,用 LS 耦合制式公式(4.135)计算它们的朗德 g 因子:

$$\begin{cases} g_J(^2S_{1/2}) = 1 + \dfrac{\frac{1}{2}\times\frac{3}{2} - 0\times 1 + \frac{1}{2}\times\frac{3}{2}}{2\times\frac{1}{2}\times\frac{3}{2}} = 2, \\ g_J(^2P_{1/2}) = 1 + \dfrac{\frac{1}{2}\times\frac{3}{2} - 1\times 2 + \frac{1}{2}\times\frac{3}{2}}{2\times\frac{1}{2}\times\frac{3}{2}} = \dfrac{2}{3}, \\ g_J(^2P_{3/2}) = 1 + \dfrac{\frac{3}{2}\times\frac{5}{2} - 1\times 2 + \frac{1}{2}\times\frac{3}{2}}{2\times\frac{3}{2}\times\frac{5}{2}} = \dfrac{4}{3}. \end{cases}$$

裂距正比于 $g_J M_J$（见图 4－46），g 因子不同，裂距就不同，虽选择定则与正常塞曼效应同，分裂谱线不止 3 条。

塞曼效应提供了分析光谱项（从而原子能级）的实验方法，具有重要的理论意义和实际意义。

最后指出，塞曼效应是弱磁场下的效应。磁场足够强时，原子能级将出现更复杂的分裂。那种效应称为帕邢－巴克效应（Paschen-Back effect），对此本书从略。

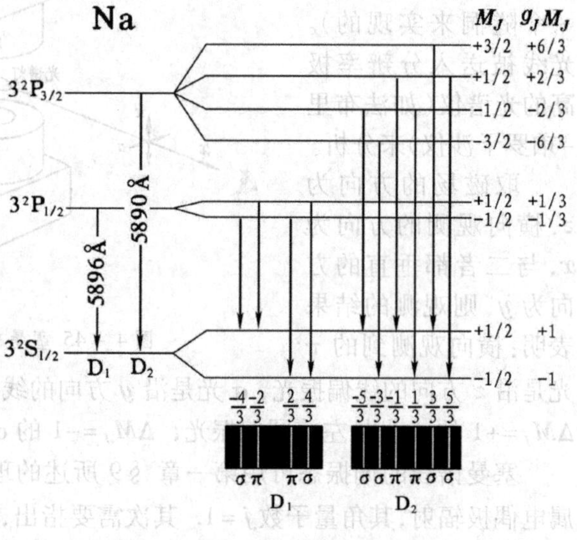

图 4－46　钠双黄线的塞曼分裂

§7. 共价键（一）——分子轨函法

从本节起我们进入物质结构的另一层次——分子，这层次是化学的主要研究对象。

分子由原子组成，原子通过化学键组成分子。最典型的一种化学键是共价键。共价键本质上是量子力学效应，严格地用量子力学去处理共价键问题是不可能的，必须采用各种近似方法，其中最重要的方法有二：分子轨函（molecular orbital, MO）法和价键（valence bonding, VB）法（或称电子配对法）。两种方法各有千秋，但所用的概念、术语不尽相同，且难以完全对应。本节介绍分子轨函法，下节介绍电子配对法，在 8.5 节里则对两种方法作一比较。

7.1 H_2^+ 离子

在第二章1.5节里我们定性地讨论了最简单的分子——H_2^+是如何形成的，亦即，两个原子核怎样通过一个电子维系在一起。这依靠的是库仑力，但它不是以经典的方式相互作用的体系。我们看到，哪怕是最简单的分子，也要靠量子力学效应才有可能形成。

不过，第二章1.5节的讨论太简略了，本章在介绍了原子的结构之后，我们有可能对分子的结构作进一步的分析。

首先，H_2^+由两个氢原子核(质子)和一个电子组成，其哈密顿算符为

$$\hat{H} = -\frac{\hbar^2}{2m}\nabla^2 - \frac{e^2}{r_a} - \frac{e^2}{r_b} + \frac{e^2}{R}, \qquad (4.143)$$

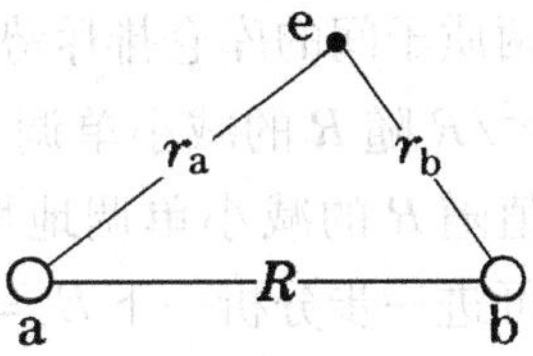

图 4－47 H_2^+ 的结构

式中r_a和r_b分别是电子到原子核a、b的距离，R是原子核a、b之间的距离(见图4－47)。

第二章1.5节中等价双态$|a\rangle$和$|b\rangle$的波函数是什么？当$R\to\infty$时它们分别是氢原子a、b基态1s的波函数[(4.51)式和(4.66)式相乘]：

$$\begin{cases} \psi_a(r_a) = 2\left(\dfrac{Z^*}{a_B}\right)^{-3/2} e^{-Z^* r_a/a_B}, & (4.144a) \\ \psi_b(r_b) = 2\left(\dfrac{Z^*}{a_B}\right)^{-3/2} e^{-Z^* r_b/a_B}, & (4.144b) \end{cases}$$

式中$Z^*=1$. 这两个波函数各自只感觉到一个原子核库仑势的吸引，彼此在空间不重叠，是正交归一的。这时它们都严格地是哈密顿算符(4.143)式的本征态。

随着核间距离R的减小，每个波函数都逐渐感到另一个原子核的吸引势，且两核间的排斥势e^2/R也步入舞台，这势必要改变它们。两原子核的靠近对波函数ψ_a、ψ_b的一个最容易看出的影响是Z^*的数值要调整。当R从∞减少到0时(这时已变为氦原子核了)，有效电荷数Z^*应从1变到2. 当然，波函数的改变决不止于此。

除了波函数变形外，它们变得愈来愈重叠，不再正交：

$$S = \iiint \psi_a{}^* \psi_b \, d\tau = \iiint \psi_b{}^* \psi_a \, d\tau \neq 0, \qquad (4.145)$$

上式中$d\tau$对整个空间积分，S称为两波函数的重叠积分。

第二章1.5节已经给出了H_2^+离子哈密顿算符的正交归一本征矢$|\pm\rangle$

[见(2.19)式]，用波函数来写，就是

$$\psi_{\pm}=\frac{1}{\sqrt{2(1\pm S)}}(\psi_a\pm\psi_b),\tag{4.146}$$

对应的本征值为

$$E_{\pm}=E_0\mp A.\tag{4.147}$$

E_0 和 A 与以 $|a\rangle$、$|b\rangle$ 为态基的矩阵元 H_0、H' 的关系已在(2.23)式中给出。在第二章1.5节中还定性地指出，若不计两质子间的库仑排斥势 e^2/R，$E_0'=E_0-e^2/R$ 随 R 的减小单调下降，A 的绝对值随 R 的减小单调地增加。这里我们可进一步分析一下 $E_{\pm}'=E_0\mp A$ 的变化。如前所述，$R\to\infty$ 时系统趋于一个孤立的氢原子和一个远离的质子，$|\pm\rangle$ 两态的能量 $E_{\pm}$ 都趋于 $-R_H$. 再看另一极端，即 $R\to 0$ 的情况。这时从电荷数看两质子融合为氦核，波函数 $\psi_{\pm}$ 都应趋于氦原子的某一波函数。ψ_+ 对中心反射是对称的，它应趋于 He 原子最低的 s 态，即 1s 态波函数，所以其本征值 $E_+'=E_0'-A$ 趋于 $-(Z^2/n^2)R_H=-4R_H(Z=2,\ n=1)$；$\psi_-$ 对中心反射是反对称的，它应趋于 He 原子最低的 p 态，即 2p 态波函数，所以其本征值 $E_-'=E_0'+A$ 趋于 $-(Z^2/n^2)R_H=-R_H(Z=2,\ n=2)$，如图4－48下部灰色曲线所示。加上两核间的库仑势 e^2/R，就成为图4－48上部两条黑色曲线，E_+ 有极小，E_- 则无。

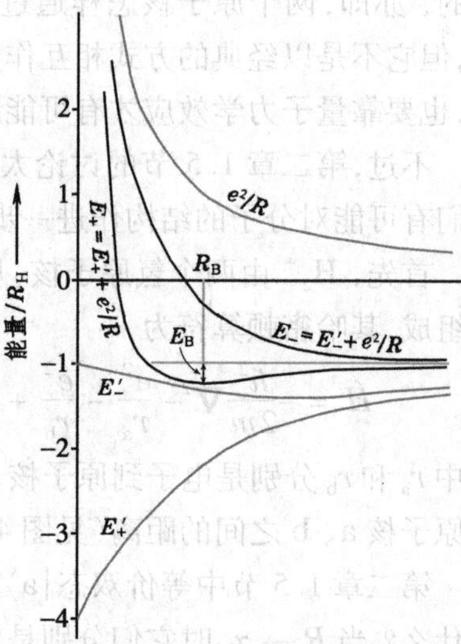

图4－48 成键态与反键态的能量曲线

对称波函数 ψ_+ 的能级较低，而且在某个距离 R_B 处有个负的极小值 E_{min}. 这里是两个原子核稳定平衡的位置，它们在这里键合成 H_2^+ 离子，结合能为 $E_B=|E_{min}-E(R=\infty)|$. 这个量子态叫做成键态(bonding state)。反对称波函数 ψ_- 的能量较高，没有极小值，两个原子核不能键合。这个量子态叫做反键态(anti-bonding state)。从物理图像上看，为什么是这样？图4－49给出了不同距离 R 下两波函数沿两核连线的分布。可以看出，在适中的距离下对称态中电子的概率幅比较集中在两核之间，它以自己的负电荷吸引着两边带正电的原子核，把它们拉在一起。距离太大或太小，电子在中央的概率幅都不大，不利于成键。反对称态在中心有个节点，即其附近概率很小，所以非常不利于成键。

最后给出 H_2^+ 离子键长与结合能的实验数据供参考：

$R_B = 0.106\,\text{nm} = 2.00\,a_B$，　$E_B = 265\,\text{kJ/mol} = 2.76\,\text{eV} = 0.203\,R_H$.

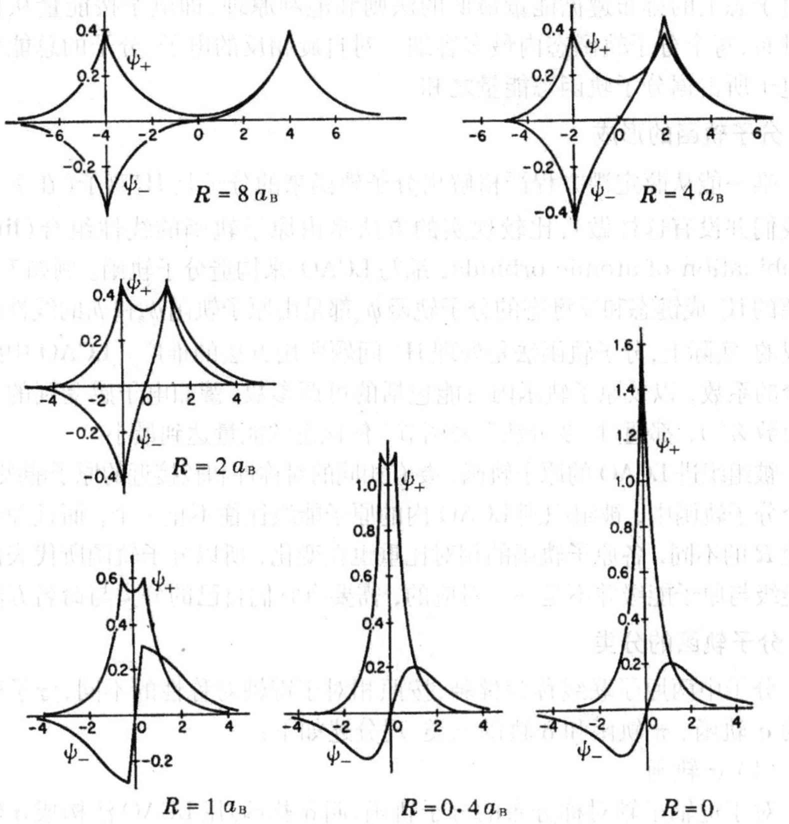

图 4－49 对称态和反对称态波函数的分布

7.2 分子轨函

在上一章里我们看到，原子轨道波函数（以后简称“轨函”）是一个电子在原子核与其余电子的平均势场中运动的单电子波函数。与此类似，分子轨函（molecular orbital，缩写 MO）❶是一个电子在分子中所有原子核与其余电子的平均势场中运动的单电子波函数。

---

❶ 在英文里 orbital 一词本意为“轨道”，轨道的概念已为量子力学所摈弃。在量子化学中沿用此词指“轨道波函数”（这里定语“轨道”是相对“自旋”而言的），我国化学界将它直译作“轨道”。我们考虑到这易与已摈弃的直观“轨道”概念混淆，乃采用“轨函”的叫法。

在一个分子中有一系列分子轨函ψ_i($i=1, 2, \cdots, n$),每个分子轨函描述一个单电子态,各有自己的能量本征值E_i. 电子在各分子轨函所描述的单电子态上的排布遵循能量最低的法则和泡利原理,即电子按能量从低到高排布,每个分子轨函态内最多容纳一对自旋相反的电子。分子的总能量是各电子所占据分子轨函态能量之和。

7.3 **分子轨函的形成**

唯一能从薛定谔方程严格解出分子轨函来的分子是H_2^+离子(在7.1节中我们并没有这样做),比较现实的方法是由原子轨函的线性组合(linear combination of atomic orbitals, 缩写LCAO)来构造分子轨函。例如7.1节介绍的H_2^+成键态和反键态的分子轨函$\psi_\pm$都是由原子轨函ψ_a和ψ_b的线性组合构成的。实际上,分子轨函法是处理H_2^+问题所用方法的推广。LCAO中线性组合的系数,以及原子轨函内可能包括的可调参数(譬如电子感受到的有效电荷数Z^*),都通过“变分法”来调节,使该态的能量达到最小。

被组织进LCAO的原子轨函,要有相同的对称性和较接近的原子能级。在一个分子轨函中,被组织到LCAO内的原子能级往往不止一个,而且随着核间距R的不同,各原子轨函的相对比重也在变化,所以分子轨函所代表的分子能级与原子能级并不是一一对应的,需要有它们自己的分类与命名方法。

7.4 **分子轨函的分类**

分子中两原子联线称为*键轴*,按照相对于键轴对称性的不同,分子轨函分为σ轨函、π轨函和δ轨函三类。现分述如下:

(1) σ轨函

对于键轴呈轴对称分布的分子轨函,叫*σ轨函*。用LCAO法构成σ轨函的原子轨函有s-s、p_z-p_z、s-p_z等三种组合(这里z沿键轴方向),每种组合构成“成键”和“反键”两个态(见图4-50a、b、c),分别用σ和σ^*代表。

(2) π轨函

有一个通过键轴的节面(譬如x面或y面),波函数对此节面是反对称的。这样的分子轨函,叫*π轨函*。用LCAO法构成π轨函的原子轨函有p_x-p_x、p_y-p_y等两种组合,每种组合构成“成键”和“反键”两个态(见图4-50d),分别用π和π^*代表。

(3) δ轨函

有两个通过键轴且彼此垂直的节面(譬如x面和y面),波函数对每一节面都是反对称的。这样的分子轨函,叫*δ轨函*。用LCAO法构成δ轨函的原子轨函有d_{xy}-d_{xy}、$d_{x^2-y^2}$-$d_{x^2-y^2}$等组合,每种组合构成“成键”和“反键”两个态(见图4-50e),分别用δ和δ^*代表。

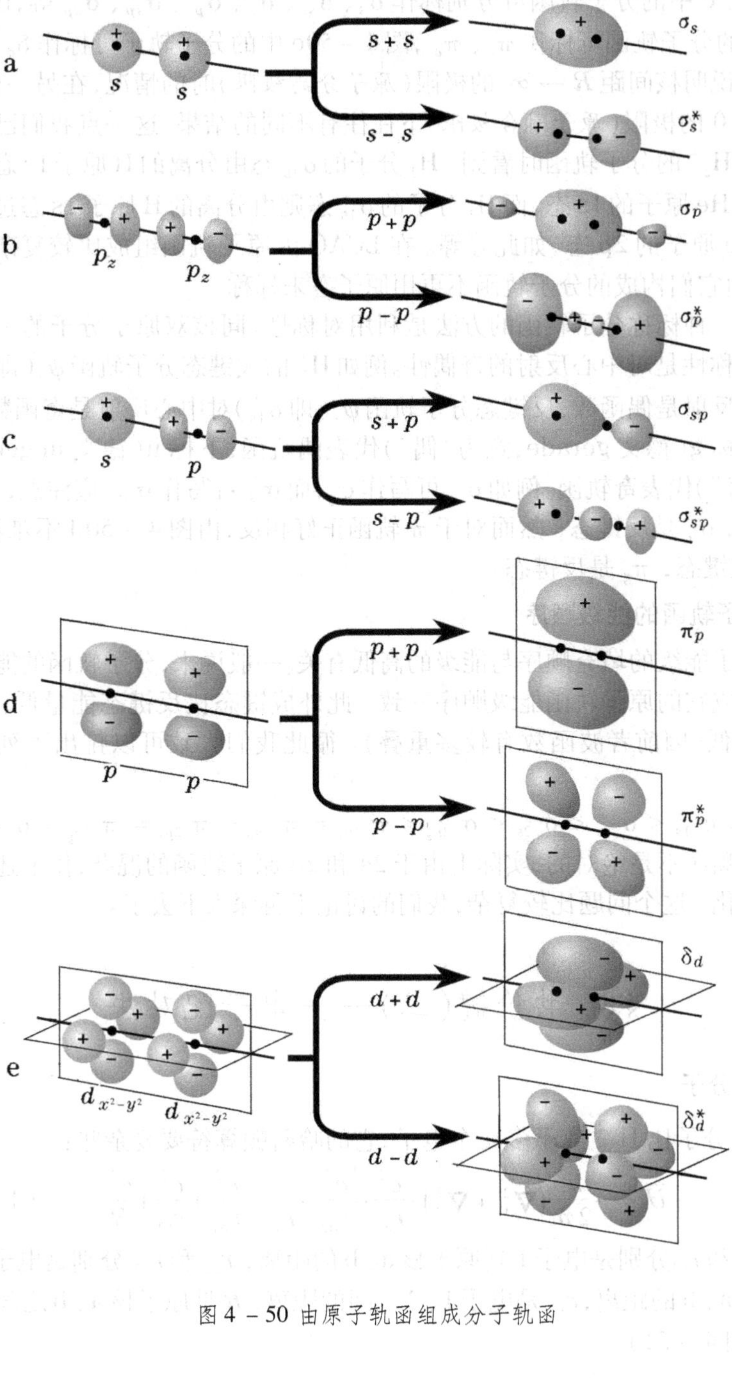

图 4 – 50 由原子轨函组成分子轨函

由较单纯 LCAO 构成的分子轨函可以用原子轨函来标称，例如图 4 - 50a、b、c 中的分子轨函可分别标作 σ_s、σ_s^*、σ_p、σ_p^*、σ_{sp}、σ_{sp}^* 等，图 4 - 50d 中的分子轨函可标作 π_p、π_p^*，图 4 - 50e 中的分子轨函可标作 δ_d、δ_d^*. 但这只说明核间距 $R\to\infty$ 的极限(原子分离极限)时的情况，在另一极端，即 $R\to 0$ 的极限(原子融合极限)下往往有不同的结果。这一点我们已在上面分析 H_2^+ 的分子轨函时看到。H_2 分子的 σ_{1s} 态由分离的 H 原子 1s 态过渡到融合 He 原子的 1s 态，而 H_2 分子的 σ_{1s}^* 态则由分离的 H 原子 1s 态过渡到融合 He 原子的 2p 态，如此等等。在 LCAO 内原子轨函组成比较复杂的情况下，由它们构成的分子轨函不再用原子态来标称。

另一种标称分子轨函的方法是利用对称性。同核双原子分子的一种重要的对称性是对中心反射的奇偶性。例如 H_2^+ 的成键态分子轨函 ψ_+(即 σ_{1s})对中心反射是偶函数，反键态分子轨函 ψ_-(即 σ_{1s}^*)对中心反射是奇函数。通常用下标 g(德文 gerade，意为“偶”)代表偶轨函，下标 u(德文 ungerade，意为“奇”)代表奇轨函。例如 σ_{1s} 可写作 σ_g，而 σ_{1s}^* 可写作 σ_u. 应注意，σ_g 是成键态，σ_u 是反键态；然而对于 π 轨函正好相反，由图 4 - 50d 不难看出，π_u 是成键态，π_g 是反键态。

7.5 分子轨函的能级顺序

分子能级的填充顺序与能级的高低有关。一般说来，分子轨函的能级顺序与组成它的原子轨函能级顺序一致。此外成键态比反键态能量低，σ 态比 π 态低(因前者波函数有较多重叠)。循此我们大致可以排出下列顺序来：

$$\sigma_{1s}<\sigma_{1s}^*<\sigma_{2s}<\sigma_{2s}^*<\sigma_{2p_z}<\pi_{2p_x}=\pi_{2p_y}<\pi_{2p_x}^*=\pi_{2p_y}^*<\sigma_{2p_z}^*.$$

然而这顺序不是绝对的，实际上由于 2s 和 2p 原子轨函的混杂，使上述顺序有所变化。这个问题比较复杂，我们的讨论不再深入下去了。

§8. 共价键(二)—— 电子配对法

8.1 H_2 分子

H_2 分子比 H_2^+ 离子多一个电子，它的哈密顿算符要复杂些：

$$\hat{H}=-\frac{\hbar^2}{2m}\left(\nabla_1^2+\nabla_2^2\right)-\frac{e^2}{r_{a1}}-\frac{e^2}{r_{b2}}-\frac{e^2}{r_{a2}}-\frac{e^2}{r_{b1}}+\frac{e^2}{r_{12}}+\frac{e^2}{R},\qquad(4.148)$$

式中 r_{a1} 和 r_{b1} 分别是电子 1 到原子核 a、b 的距离，r_{a2} 和 r_{b2} 分别是电子 2 到原子核 a、b 的距离，r_{12} 是电子 1、2 之间的距离，R 是原子核 a、b 之间的距离(见图 4 - 51)。

与 H_2^+ 离子相似,这里也有等价双态。如图 4 - 52 所示,它们是:

$$\begin{cases} |1\rangle = |a(1)b(2)\rangle, & \text{即电子 1 在核 a 附近、电子 2 在核 b 附近的状态;} \\ |2\rangle = |b(1)a(2)\rangle, & \text{即电子 1 在核 b 附近、电子 2 在核 a 附近的状态。} \end{cases}$$

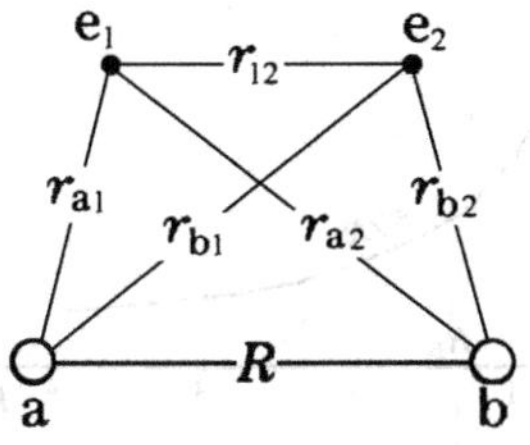

图 4 - 51 H_2 的结构

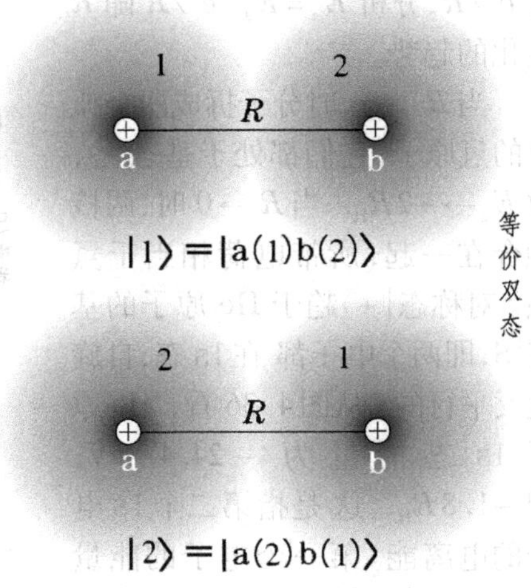

图 4 - 52 H_2 分子的两个等价态基

采用处理 H_2^+ 离子的同样办法,取量子态 $|a(i)\rangle$ 和 $|b(i)\rangle$ $(i=1,2)$的波函数分别为氢原子 a、b 基态 1s 的波函数:

$$\begin{cases} \psi_a(i) = 2\left(\dfrac{Z^*}{a_B}\right)^{3/2} e^{-Z^* r_{ai}/a_B}, \\ \psi_b(i) = 2\left(\dfrac{Z^*}{a_B}\right)^{3/2} e^{-Z^* r_{bi}/a_B}. \end{cases} \tag{4.149}$$

式中核的有效电荷数 Z^* 是可调参数。它们不正交,重叠积分为

$$S = \iiint \psi_a^*(i)\psi_b(i)\,d\tau_i = \iiint \psi_b^*(i)\psi_a(i)\,d\tau_i \quad (i=1,2), \tag{4.150}$$

式中 $d\tau_i$ 对整个空间积分。

采用处理 H_2^+ 离子的类似办法,取正交归一的非局域波函数:

$$\psi_\pm(1,2) = \frac{1}{\sqrt{2(1\pm S^2)}}\left[\psi_a(1)\psi_b(2) \pm \psi_b(1)\psi_a(2)\right], \tag{4.151}$$

$\psi_\pm(1,2)$对于电子 1、2 交换分别是对称和反对称的。因哈密顿算符(4.148)式对电子 1、2 交换是对称的,所以在$|\pm\rangle$表象中的非对角矩阵元等于 0:

$$\begin{cases} H_{+-} = \langle + |\hat{H}| - \rangle = \iiint\iiint \psi_+(1,2)\hat{H}\psi_-(1,2)\,d\tau_1 d\tau_2 = 0, \\ H_{-+} = H_{+-}^* = 0. \end{cases} \tag{4.152}$$

亦即,在$|\pm\rangle$表象中哈密顿矩阵是对角化的。这就是说,$|\pm\rangle$是能量的本征矢,矩阵的对角元

$$\begin{cases} H_{2+} = \langle + |\hat{H}| + \rangle = \iiint\iiint \psi_+(1,2)\hat{H}\psi_+(1,2)\,d\tau_1 d\tau_2 \equiv E_+, \\ H_{--} = \langle - |\hat{H}| - \rangle = \iiint\iiint \psi_-(1,2)\hat{H}\psi_-(1,2)\,d\tau_1 d\tau_2 \equiv E_-, \end{cases} \tag{4.153}$$

是能量的本征值。

采用处理 H_2^+ 离子的同样办法，暂时撇开质子间的库仑排斥势 e^2/R，分析 $E'_\pm = E_\pm - e^2/R$ 随 R 变化的趋势。

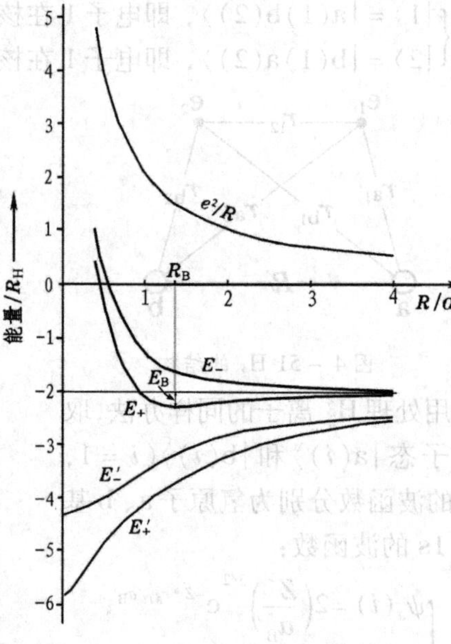

图 4－53 H_2 分子的能量曲线

当 $R \to \infty$ 时分子拆成两个孤立的氢原子，它们都处于基态 1s，故 $E_\pm \to -2R_H$. 当 $R \to 0$ 时，两核融合在一起，所带电荷相当于氦核。对称态 $|+\rangle$ 趋于 He 原子的基态 ^1S，即两个电子都在 1s 态，自旋是反平行的。从图 4–36 看，He 原子 1s 态能量为 -24.47 eV，即 $-1.8R_H$. 这是指第二个 1s 电子的电离能。第一个电子的能量应为 $-(Z^2/n^2)R_H = -4R_H$（这里 $Z=2, n=1$）。第一个电子电离能的绝对值比它小这么多，是因为两电子间存在库仑排斥势 e^2/r_{12}. 所以总起来说，$E'_+ = -5.8R_H$（见图 4－53）. 反对称态 $|-\rangle$ 趋于 He 原子的 ^3P 态，即一个电子在 1s 态，一个电子在 2p 态，自旋是平行的。从图 4–36 看，He 原子 2p 态能量在 -3 eV 到 -4 eV 之间，约合 $-0.3R_H$，加上第一个电子的 $-4R_H$，总起来说，$E'_- \approx -4.3R_H$.

最后，把质子间的库仑排斥势 e^2/R 叠加到 $E'_\pm$ 的曲线上，我们就得到 $E_\pm$ 的曲线。如图 4－53 所示，E_+ 能级较低，在某个距离 R_B 处有个负的极小值 E_{min}. 这里是两个原子核稳定平衡的位置，它们在这里键合成 H_2 分子，结合能为 $E_B = |E_{min} - E(R=\infty)|$. 所以对称态 ψ_+ 是成键态。E_- 能级较高，没有极小值，所以反对称态 ψ_- 是反键态。与 H_2^+ 离子情况类似，在 $R=R_B$ 的距离下对称态 ψ_+ 中电子的概率幅比较集中在两核之间，它以自己的负电荷吸引着两边带正电的原子核，把它们拉在一起。距离太大或太小，电子在中央的概率幅都不大，不利于成键。反对称态在中心有个节点，即其附近概率很小，所以非常不利于成键。在 H_2 分子中有两个电子，这种效应比 H_2^+ 离子强，因而键长更短，结合能更大：

$$R_B = 0.074\,\text{nm} = 1.40\,a_B, \quad E_B = 453\,\text{kJ/mol} = 4.72\,\text{eV} = 0.347\,R_H.$$

我们看到，成键态的轨道波函数对于两电子是对称的，波函数的自旋部分必须是反对称的。这只有在两电子自旋相反时才能作到。

8.2 电子配对法

8.1 节介绍的 H_2 分子共价键理论是海特勒(W. Heitler)和伦敦(F. London)于 1927 年提出的,此理论的要点是:

(1) 两原子各有一个电子未配对的轨道量子态;

(2) 这两个轨道量子态的波函数可以有较大程度的交叠,这一对电子便可以相反的自旋形成共价键。

如果一个原子内某个轨道量子态上已有一对自旋相反的电子占据,则我们说这对电子形成孤对(lone pair),它们是没有成键能力的。1930 年代鲍林(L. Pauling)等人引入原子轨函杂化的概念,将海特勒-伦敦理论加以发展,成为共价键的价键理论,或者说电子配对理论。

8.3 应用实例

下面我们用电子配对法来说明一些分子的构成情况。作为对比,我们也给出分子轨函法对同一分子的结构所做的解释。

氦(He)原子基态的电子组态是$(1s)^2$,这里两个电子已配对,没有未配对的电子来形成共价键,所以 He 不形成双原子分子 He_2. 以上是电子配对法的观点。从分子轨函法的观点看来,不形成 He_2 分子的理由是4 个电子填充分子能级的顺序是两个填能量最低的 σ_{1s} 态,另外两个填能量次低的 σ_{1s}^* 态。成键态 σ 与反键态 σ^* 的作用抵消了,所以不形成 He 分子。

氮(N)原子基态的电子组态是$(1s)^2(2s)^2(2p)^3$,这里 1s 电子和 2s 电子都是孤对电子,不参与成键。$(2p)^3$ 组态实际上是 $2p_x2p_y2p_z$(见图 4-15),故有 3 个未配对电子,可以形成 3 个共价键,即 N_2 分子的结构式为 $N\equiv N$. 以上是电子配对法的观点。从分子轨函法的观点看来,两 N 原子中 14 个电子的分子轨函组态是$(\sigma_{1s})^2(\sigma_{1s}^*)^2(\sigma_{2s})^2(\sigma_{2s}^*)^2(\sigma_{2p_z})^2(\pi_{2p_x})^2(\pi_{2p_y})^2$,即这里有一个 σ 键和两个 π 键。

氧(O)原子基态的电子组态是$(1s)^2(2s)^2(2p)^4$, 这里 1s 电子和 2s 电子也是孤对电子,不参与成键。$(2p)^4$ 组态实际上是$(2p_x)^2 2p_y 2p_z$,故$2p_x$ 电子也是孤对电子,只 $2p_z$ 和 $2p_y$ 有 2 个未配对电子,可以形成 2 个共价键,即 O_2 分子的结构式为 $O=O$. 以上是电子配对法的观点。按照这个观点,整个氧分子的轨道角动量和自旋角动量皆为 0, 没有固有磁矩。所以氧气应该是抗磁性的, 但实际上氧气是顺磁性的。从分子轨函法的观点看来, 按1.5 节所给的能级顺序, 两个 O 原子中 16 个电子的分子轨函组态是$(\sigma_{1s})^2(\sigma_{1s}^*)^2(\sigma_{2s})^2(\sigma_{2s}^*)^2(\sigma_{2p_z})^2(\pi_{2p_x})^2(\pi_{2p_y})^2\pi_{2p_x}^*\pi_{2p_y}^*$,即这里 p 电子形成一个 σ 键、两个 π 键和两个$\frac{1}{2}\pi^*$ 键,相当于$2-\frac{1}{2}\times 2=1$ 个 π 键,总起来等效于一个 σ 键和一个 π 键。从共价键的数目上看,两种观点一致,但从角动量和磁矩看结论就不同了。与原子的洪德定则类似, O_2 原子中最后两个电子不以相反自旋填充在同一 π^* 态上，而以同向自旋排布在两个空间概率分布不同的 $\pi^*_{2p_x}$ 和 $\pi^*_{2p_y}$ 态上，这样可以减少它们之间的库仑排斥势能，使总能量降低。此排布的一个直接后果是两个电子的自旋可以不反向，于是整个分子就有了净自旋角动量和固有磁矩。这是实验结果所要求的。

现在看一氧化碳（CO）分子。碳（C）原子基态的电子组态是 $(1s)^2(2s)^2(2p)^2$，s电子都是孤对电子，不参与成键。C的 $(2p)^2=2p_y2p_z$，O的 $(2p)^4=(2p_x)^2 2p_y 2p_z$，所以除了O原子中有一对 $2p_x$ 孤对电子外，C和O都有两个未配对电子 $2p_z$ 和 $2p_y$，可以形成2个共价键，即CO分子的结构式为 C＝O. 以上是电子配对法的观点。然而实验表明，CO的键能、键长等都相当于3个键。如果认为在形成化学键的瞬间发生 $O+C\rightarrow O^+ + C^-$ 的变化，使得两个原子各有3个未配对的p电子，从而与 N_2 分子一样形成3键（一个σ键，两个π键）。这时CO分子的结构式可记为 $^-C\equiv O^+$.

8.4 共价键结合能的数量级

2.1节给出 H_2 分子共价键的结合能为453 kJ/mol，折合为103 kcal/mol. 其它分子中共价键的结合能列于表4－10，可以看出，每键的结合能都是同数量级的。

理论物理学家韦斯科夫（V. F. Weisskopf）从中悟出一种化学反应热的简单估算方法，[1]他大胆地把表中的数据分成两组，按大小顺序H－O到C－O算是一组，每键结合能约100 kcal/mol，算是强共价键；O＝O以下算另一组，每键结合能约50 kcal/mol，算是弱共价键。试这种方法来估算燃烧热。

表4－10 典型共价键的结合能

键	结合能 kJ/mol	结合能 kcal/(mol·bond)
H－O	486	110
H－H	453	103
H－C	433	98
H－N	411	93
C＝O	778	176/2 ＝ 88
C－C	367	83
C－O	367	83
C＝C	658	149/2 ＝ 74
O＝O	517	117/2 ＝ 59
Cl－Cl	252	57
F－F	163	37
N≡N		99/3 ＝ 33

什么是燃烧？空气中的氧分子分解为两个原子，同有机物中的碳和氢结合成二氧化碳和水之类的稳定化合物，从而氧原子从弱共价键转为强共价键，将多余的能量释放出来。这就是燃烧热。所以，燃烧时每从空气中取一个氧原子，获燃烧热（100－50）kcal＝50 kcal. 下面看两个例子。

例题1 估算烧掉每摩尔沼气（甲烷）得到的热量。

[1] V. F. Weisskopf, *Am. J. Phys.* **53**(1985), 399.

解：甲烷燃烧的化学反应方程为

$$CH_4 + 2O_2 \rightarrow CO_2 + 2H_2O,$$

即烧掉一个甲烷分子用掉空气中两个氧分子，四个弱共价键转化为强共价键，获得 (4×50) kcal = 200 kcal 的热量（实际值应是 190 kcal）。▌

例题 2 计算葡萄糖的含热量。

解：葡萄糖的分子式为 $C_6H_{12}O_6$，分子量为 180，氧化反应式为

$$C_6H_{12}O_6 + 6O_2 \rightarrow 6CO_2 + 6H_2O,$$

这里消耗了 12 个氧原子，获能 (12×50) kcal/mol = 600 kcal/mol，相当于 (600/180) kcal/g = 3.33 kcal/g（实际值为 3.81 kcal/g）。▌

如此粗略的估算，结果应该说是令人满意的。

8.5 分子轨函法与电子配对法的比较

分子轨函法与电子配对法是处理共价键的两种基本的理论方法，电子配对法以原子轨函为态基，成键的两个电子依然保持原子的特色，这个键只与成键的原子有关，具有定域键的概念；分子轨函法以分子轨函为态基，每个轨函都涉及整个分子，具有离域键的概念。电子配对法适合于处理分子基态的性质，例如分子的几何构型和离解能等。目前化学中表达分子结构式时，在原子符号间画一短线表示单键，画两短线表示双键，画三短线表示三键，既直观，又基本上表达了键的性质。在此基础上进一步考虑极化、离域等作用对共价键的影响，就能够对分子的结构做深入一些的描绘和理解。分子轨函法适合于描述分子基态和激发态之间的跃迁，阐明分子光谱和激发态分子的性质。

下面我们以 H_2 分子为例，看一看两种方法在定量计算方面差别在哪里。海特勒-伦敦法［价键(VB)法，即电子配对法］为成键态设计的试探波函数为

$$\psi_{VB} = \frac{1}{\sqrt{2(1+S^2)}}\left[\psi_a(1)\psi_b(2) + \psi_b(1)\psi_a(2)\right], \tag{4.154}$$

H_2 分子也可以用分子轨函(MO)法来处理，此法为成键态设计的试探波函数为

$$\begin{aligned}\psi_{MO} &= \frac{1}{\sqrt{2(1+S)}}\left[\psi_a(1) + \psi_b(1)\right]\left[\psi_a(2) + \psi_b(2)\right] \\ &= \frac{1}{\sqrt{2(1+S)}}\begin{bmatrix}\psi_a(1)\psi_b(2) + \psi_b(1)\psi_a(2) \\ +\psi_a(1)\psi_a(2) + \psi_b(1)\psi_b(2)\end{bmatrix},\end{aligned} \tag{4.155}$$

二者差了 $\psi_a(1)\psi_a(2) + \psi_b(1)\psi_b(2)$ 两项。这两项的物理意义是两电子集中在一头的状态，可称为离子项，上两式都有的两项称为共价项。

价键法完全忽略了离子项，分子轨函法中共价项与离子项各占 50%，都有失于偏颇。实际上最好将离子项乘上一个小于 1 的系数，加在共价项上，两种方法便可协调起来，且更好地与实际符合。

§9. 轨函杂化与分子的立体构型

9.1 轨函杂化

轨函杂化是电子配对法中的一种补充措施，用以说明共价键的方向性

和分子的立体构型。

原子在化合成分子时，在周围原子的影响下，根据成键的要求，将原有的原子轨函进行线性组合，形成新的正交归一的原子轨函。这种过程叫做轨函的杂化。参加杂化的轨函能量不一定相同，杂化时能量的提高由原子结合时能量的降低来补偿而有余。杂化时轨函的数目不变，它们的空间分布、方向性和成键能力发生了变化。

较常见的杂化轨函有 sp、sp^2、sp^3、dsp^2、dsp^3、d^2sp^3 等，在这里我们只介绍几个 s 与 p 轨函的杂化。杂化有等性（杂化轨函对称）与不等性（杂化轨函不对称）之分，我们先介绍等性杂化，最后再介绍一些不等性杂化的例子。

9.2 sp 杂化

s 轨函与一个 p 轨函（譬如 p_z）杂化，形成 sp 杂化轨函：

$$\begin{cases} \psi_1 = \dfrac{1}{\sqrt{2}}(s+p_z), \\ \psi_2 = \dfrac{1}{\sqrt{2}}(s-p_z). \end{cases} \tag{4.156}$$

两杂化轨函概率幅的角分布如图 4 – 54 所示，它们的极大方向是相反的，可以形成直线型的分子结构。

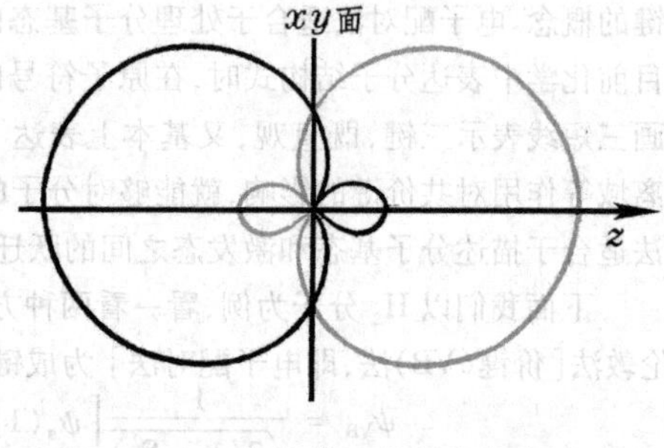

图 4 – 54 sp 杂化轨函的概率幅角分布

碳原子的电子组态是[He]$(2s)^2(2p)^2$，有两个未配对电子。如果一个 2s 电子激发到 2p 态，成为[He]$2s2p_x2p_y2p_z$，就可以有四个未配对电子。若 $2s$ 与 $2p_z$ 轨函杂化，沿 ± z 方向形成一对 σ 键，$2p_x$ 电子和 $2p_y$ 电子在相互垂直的方位各形成一个 π 键，则可形成以三重键或聚集双键为中心的直线分子，如 H–C≡C–H（乙炔）、O=C=O（二氧化碳）和 $H_2C=C=CH_2$（丙二烯）等，如图 4 – 55 所示（丙二烯分子的三个碳原子中只有中央的 C 原子是 sp 杂化，两边的两个 C 原子是 sp^2 杂化，见 9.3 节）。汞（Hg）原子的电子组态是[Xe]$(4f)^{14}(5d)^{10}(6s)^2$，没有未配对电子，它似乎是 0 价，不产生任何化合物。如果一个 $6s$ 电子激发到 $6p_z$ 态，并与另一个 $6s$ 电子进行杂化，就可形成一对方向相反的 σ 键，成为二价。Cl – Hg – Cl（二氯化

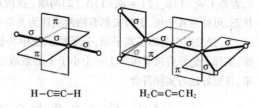

图 4 – 55 几个 sp 杂化的实例

汞)就属于这种结构。

9.3 sp^2 杂化

s 轨函与两个 p 轨函(譬如 p_x 和 p_y)杂化,形成 sp^2 杂化轨函:

$$\begin{cases} \psi_1 = \dfrac{1}{\sqrt{3}}s + \dfrac{2}{3\sqrt{3}}p_x, \\ \psi_2 = \dfrac{1}{\sqrt{3}}s - \dfrac{1}{\sqrt{6}}p_x + \dfrac{1}{\sqrt{2}}p_y, \\ \psi_3 = \dfrac{1}{\sqrt{3}}s - \dfrac{1}{\sqrt{6}}p_x - \dfrac{1}{\sqrt{2}}p_y, \end{cases} \quad (4.157)$$

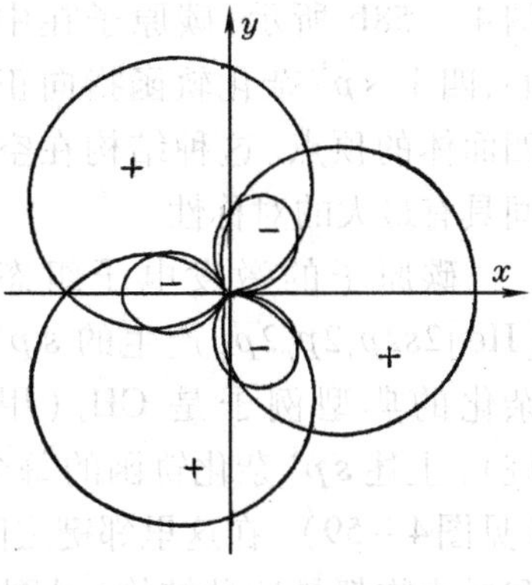

图 4 – 56 sp^2 杂化轨函的概率幅角分布

三杂化轨函概率幅的角分布如图 4 – 56 所示,它们在 xy 平面内,极大方向彼此成 120° 角,可以形成平面型的分子结构。

上面所说的碳原子的激发电子组态 [He]$2s2p_x2p_y2p_z$ 既可产生 sp 杂化,也可产生 sp^2 杂化(当然也可以产生 sp^3 杂化,见下节)。$H_2=C=C=H_2$(乙烯)是典型的 sp^2 杂化结构(见图 4 – 57),这里的双键,一个是 sp^2 杂化轨函产生的 σ 键,另一个是 p_z 电子产生的 π 键。9.2 节提到的丙二烯分子中,两侧的 C 原子也采用的是这种 sp^2 杂化轨函,以形成三个 σ 键。第二章 1.3 节提到的苯环,C 与 C 之间的一个键(σ 键)也是靠 sp^2 杂化轨函构成的,另外半个键是 p_z 轨函构成的离域 π 键。在石墨、球烯、碳纳米管中 sp^2 杂化轨函形成 120° 的 σ 键也起着重要作用。

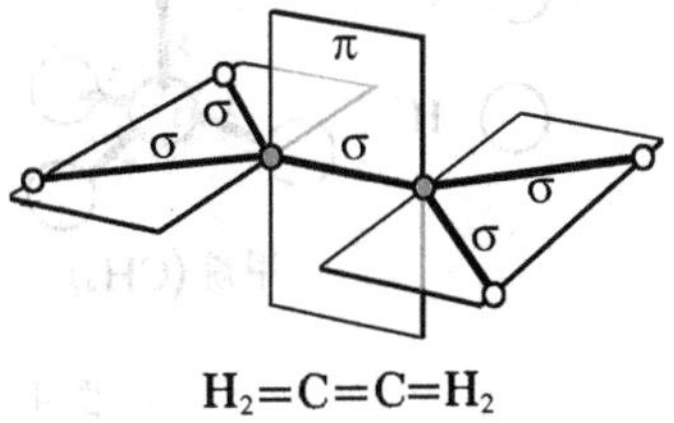

图 4 – 57 sp^2 杂化的实例

9.4 sp^3 杂化

s 轨函与 p_x、p_y、p_z 三个 p 轨函杂化,形成 sp^3 杂化轨函:

$$\begin{cases} \psi_1 = \dfrac{1}{2}(s + p_x + p_y + p_z), \\ \psi_2 = \dfrac{1}{2}(s + p_x - p_y - p_z), \\ \psi_3 = \dfrac{1}{2}(s - p_x + p_y - p_z), \\ \psi_4 = \dfrac{1}{2}(s - p_x - p_y - p_z). \end{cases} \quad (4.158)$$

四杂化轨函概率幅的角分布如图 4 – 58a 所示,它们的极大方向指向一个立方体的四个顶点，也可以说如图4 - 58b 所示，碳原子在中心，四个 sp^3 杂化轨函指向正四面体的顶点。这种结构在空间具有最大的对称性。

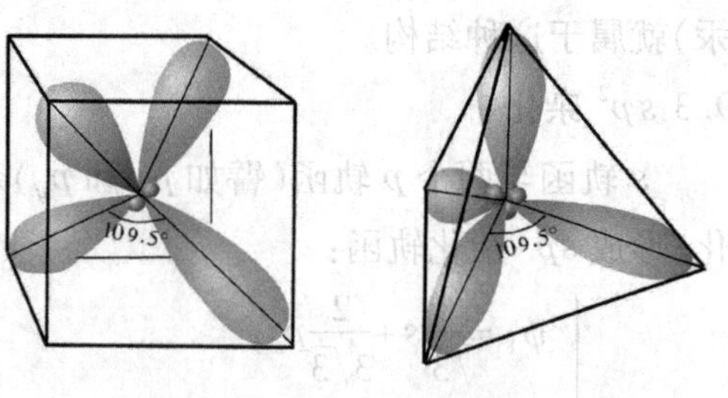

图4 - 58 sp^3 杂化轨函的概率幅角分布

碳原子的激发电子组态 $[He]2s2p_x2p_y2p_z$ 产生的 sp^3 杂化的典型例子是 CH_4（甲烷）。上述 sp^3 杂化轨函的每个顶点上键合一个氢原子，就成为甲烷分子（见图4 - 59）。在这里邻键之间的夹角是109.5°。除甲烷外，所有烷系的饱和烃化物都是这种结构（见图 4 - 59 里的辛烷）。固体中金刚石是典型的 sp^3 杂化四面体结构。

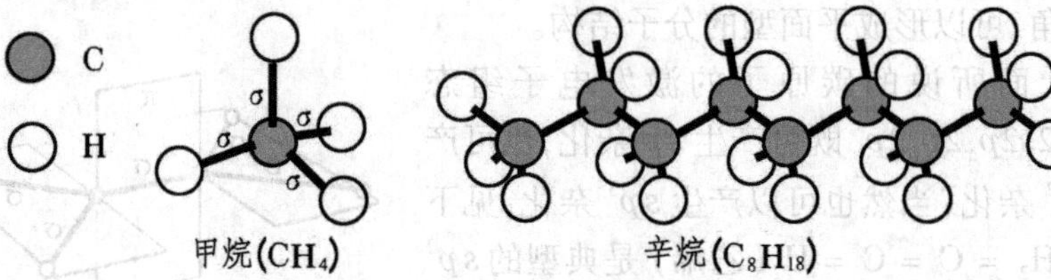

图 4 - 59 几个 sp^3 杂化的实例

9.5 不等性杂化

在激发的碳原子电子组态 $[He]2s2p_x2p_y2p_z$ 中，价电子里没有孤对电子，所以无论形成哪种 sp 杂化，都是等性的。如果有孤对电子，情况就不同了。下面看两个例子，它们都属于不等性的 sp^3 杂化。

(1) 氨(NH_3)分子

氮(N)原子基态的电子组态是 $[He](2s)^2 2p_x2p_y2p_z$，若一个 2s 电子激发到 2p 态，则变为 $[He]2s(2p_x)^2 2p_y2p_z$，价电子中总有一对孤对电子。s 电子不激发，则三个未配对的 p 电子在互相垂直的方向上形成三个键，各与一个氢原子键合。这样的话，邻键之间的夹角为 90°. 若按激发的电子组态考虑形成等性 sp^3 杂化，则其中一个杂化轨函供给孤对电子，另外三个形成三个键与氢原子键合，则邻键之间的夹角为 109.5°. 实测的结果，邻键之间的夹角为

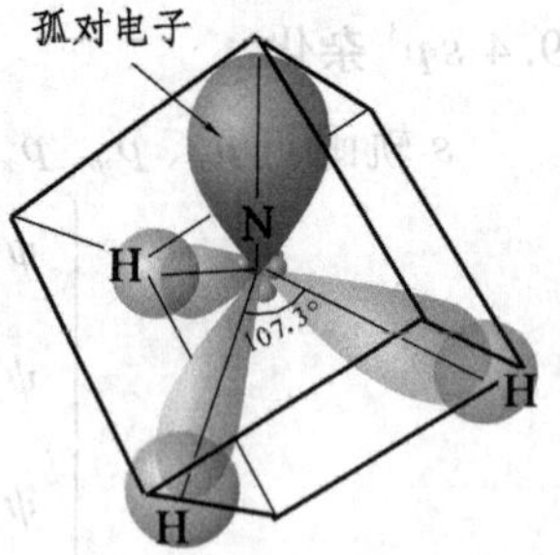

图 4 - 60
氨分子的立体结构

107.3°(见图4－60)．对此可作如下的直观解释：从不杂化的模型看，三个未配对的p电子带负电，彼此互相排斥，故键角大于90°。从sp^3杂化的模型看，孤对电子所在的杂化态上负电荷比其它的多一倍，它的排斥作用把三个成键的轨函夹角压缩得比109.5°小。

轨函夹角的改变是怎样实现的？靠的是杂化系数的调整。用量子化学的方法可以算出，相当于107.3°键角的正交归一杂化轨函为

$$\begin{cases} \psi_{\text{键}1} = 0.479s + 0.854p_x - 0.146(p_y + p_z), \\ \psi_{\text{键}2} = 0.479s + 0.854p_y - 0.146(p_z + p_x), \\ \psi_{\text{键}3} = 0.479s + 0.854p_z - 0.146(p_x + p_y), \\ \psi_{\text{孤对}} = 0.559s - 0.479(p_x + p_y + p_z). \end{cases} \quad (4.159)$$

与等性杂化轨函相比，这里成键的轨函中s态的成分稍小，孤对的轨函中s态的成分稍大。

(2) 水(H_2O)分子

氧(O)原子基态的电子组态是[He]$(2s)^2(2p_x)^2 2p_y 2p_z$，若一个2s电子激发到2p态，则变为[He]$2s(2p_x)^2(2p_y)^2 2p_z$，价电子中总有两对孤对电子。s电子不激发，则两个未配对的p电子在互相垂直的方向上形成两个键，各与一个氢原子键合。这样的话，邻键之间的夹角为90°．若按激发的电子组态考虑形成等性sp^3杂化，则其中两个杂化轨函供给孤对电子，另外两个形成两个键与氢原子键合，则邻键之间的夹角为109.5°．实测的结果，键角为104.5°(见图4－61)．对此可作如下的直观解释：从不杂化的模型看，两个未配对的p电子带负电，彼此互相排斥，故键角大于90°。从sp^3杂化的模型看，孤对电子所在的两个杂化态上负电荷比其它的多一倍，它们的排斥作用把两个成键的轨函夹角压缩得比109.5°小，甚至比氨分子的107.3°键角还小。量子化学算出，相当于104.5°键角的正交归一杂化轨函为

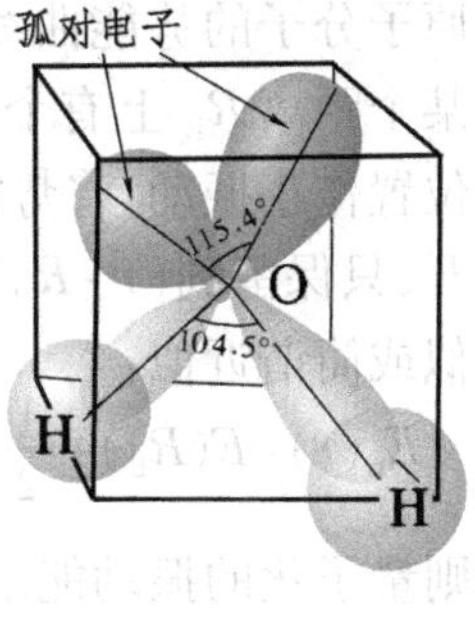

图4－61
水分子的立体结构

$$\begin{cases} \psi_{\text{键}1} = 0.448s + 0.500(p_x + p_y) - 0.547p_z, \\ \psi_{\text{键}2} = 0.448s - 0.500(p_x + p_y) - 0.547p_z, \\ \psi_{\text{孤}1} = 0.547s + 0.500(p_x - p_y) + 0.448p_z, \\ \psi_{\text{孤}2} = 0.547s - 0.500(p_x - p_y) + 0.448p_z. \end{cases} \quad (4.160)$$

与氨分子相比，这里成键的轨函中s态的成分更小，孤对的轨函中s态的成分更大。按以上公式计算，孤对电子轨函之间的夹角为115.4°。

§10. 分子能级与分子光谱

10.1 分子能级

分子由原子核和电子组成,分子能级从大的方面说可分两个层次:电子能级和核运动能级。核运动能级进一步可以分为振动能级和转动能级两个层次。各能级的数量级相差悬殊:

$$\begin{cases} E_{电子} \approx 1 \sim 10\,\text{eV}, \\ E_{振动} \approx 10^{-1} \sim 1\,\text{eV}, \\ E_{转动} \approx 10^{-4} \sim 10^{-2}\,\text{eV}. \end{cases}$$

差别的根源在于电子质量 m_e 比核质量 M 小 3 ~4 个数量级。大体上说,

$$E_{电子} : E_{振动} : E_{转动} = 1 : \sqrt{m_e/M} : m_e/M.$$ ❶

前面介绍的分子轨函就是描述电子能级的,下面分别介绍分子的振动能级和转动能级。

10.2 分子的振动能级

我们从氢分子的理论知道,在质心系中双原子分子的势能曲线如图 4 – 62 所示,两核在某个距离 R_B 上有个平衡位置,它们可以围绕此位置作小振动。将势能 E_p 围绕平衡点作泰勒展开,只保留到 $(r-R_B)$ 的平方项,就是抛物线近似或简谐近似:

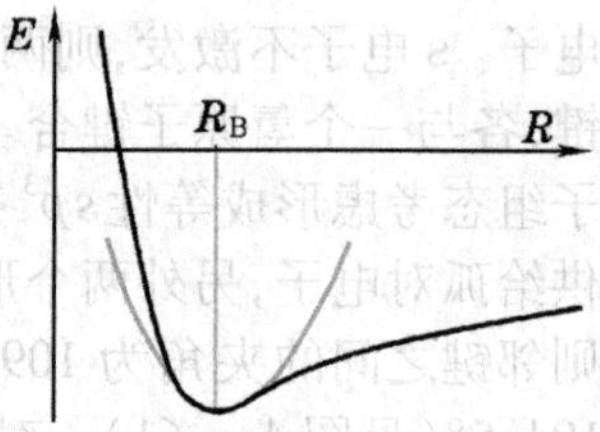

图 4 – 62 双原子分子的势能曲线

$$E_p(r) = E(R_B) + \frac{1}{2}E''(R_B)(r-R_B)^2, \quad (4.161)$$

则量子化的振动能量为

$$E_{振动} = \left(n + \frac{1}{2}\right)\hbar\omega \quad (n = 0, 1, 2, \cdots), \quad (4.162)$$

式中

$$\omega = \sqrt{\frac{\kappa}{\mu}}, \quad \kappa = E''(R_B),$$

μ 为两核的约化质量。选择定则为

$$\Delta n = \pm 1, \quad (4.163)$$

能级是等间隔的。

对于氢分子, $\kappa = 3.5 \times 10^{21}\,\text{eV/m}^2$, $\mu = \frac{1}{2} \times 939\,\text{MeV}/c^2$, 由此得频率

---

❶ 参见:赵凯华. 定性与半定量物理学. 北京:高等教育出版社, 1990. 150.

$\nu = \omega/2\pi = 1.3\times10^{14}\,\mathrm{Hz}$，波长 $\lambda = 2.3\,\mu\mathrm{m}$，$\hbar\omega = 0.54\,\mathrm{eV}$，属红外波段。其它一些化学键振动的特征波长列于表 4 - 11。

表 4 - 11 一些化学键振动的特征波长

化学键	特征波长 $\lambda/\mu\mathrm{m}$	化学键	特征波长 $\lambda/\mu\mathrm{m}$
O - H	2.68 ~ 2.84	C = O	5.68 ~ 5.81
C ≡ N	4.17 ~ 4.76	C - O	8.70 ~ 9.35
C ≡ C	4.44 ~ 4.65	SO_4^{2-}	6.54 ~ 6.90
C = C	6.06 ~ 6.25	Na - Cl	20

对于较高的振动激发态（譬如 $n > 5$），势能曲线明显偏离抛物线，非谐项开始起作用。这时量子化能级可写作

$$E_{振动} = \left[\left(n+\frac{1}{2}\right)-\chi\left(n+\frac{1}{2}\right)^2\right]\hbar\omega \quad (\chi \ll 1), \qquad (4.164)$$

χ 由实验测定。这时能级不再等距，选择定则也不限于 $\Delta n = \pm 1$，于是谱线也不止一条。

10.3 分子的转动能级

考虑双原子分子。如图 4 - 63 所示，令两原子的质量分别为 M_1 和 M_2，间距为 r_0，则绕质心的转动惯量为

$$I = M_1 x_1{}^2 + M^2 x_2{}^2 = M_1\left(\frac{M_2 r_0}{M_1+M_2}\right)^2 + M_2\left(\frac{M_1 r_0}{M_1+M_2}\right)^2 = \frac{M_1M_2}{M_1+M_2}r_0{}^2 = \mu r_0{}^2, \qquad (4.165)$$

式中 $\mu = M_1M_2/(M_1+M_2)$ 为约化质量。

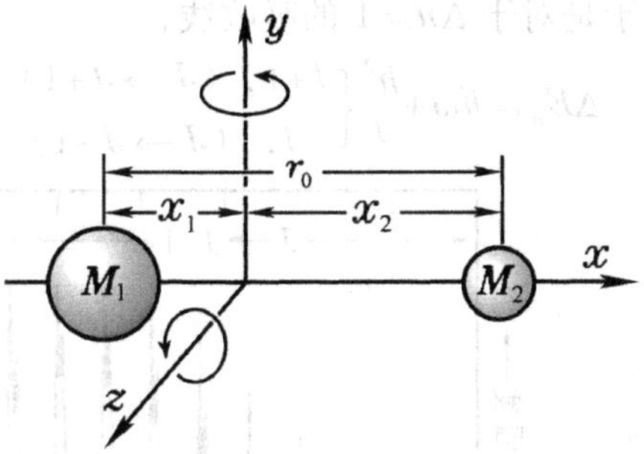

图 4 - 63 分子的转动惯量

分子转动动能 $E_{转动}$ 与角动量 J 的关系为

$$E_{转动} = \frac{J^2}{2I}, \qquad (4.166)$$

量子化后的本征值为

$$E_{转动} = \frac{J(J+1)\hbar^2}{2I} \quad (J = 0, 1, 2, \cdots). \qquad (4.167)$$

能级间隔

$$\Delta E_{转动} = [(J+1)(J+2) - J(J+1)]\frac{\hbar^2}{I} = \frac{(J+1)\hbar^2}{I} \qquad (4.168)$$

随角量子数 J 的增大而加宽（见图 4 - 64）。选择定则为

$$\Delta J = \pm 1, \qquad (4.169)$$

转动谱线频率为

$$\nu = \frac{\Delta E_{转动}}{h} = \frac{(J+1)\hbar}{2\pi I}, \qquad (4.170)$$

波长为

$$\lambda = \frac{c}{\nu} = \frac{2\pi Ic}{(J+1)\hbar}. \qquad (4.171)$$

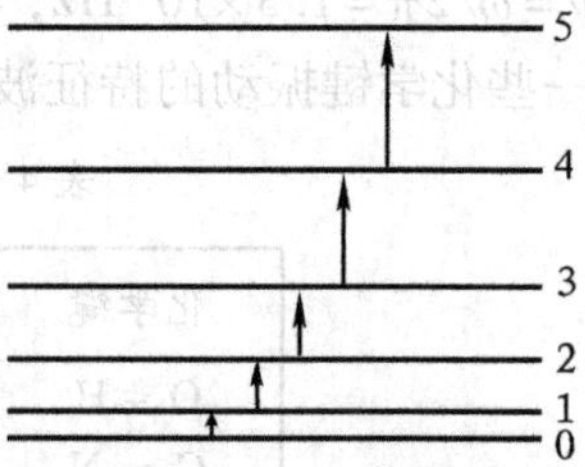

图 4－64 分子转动能级

H_2 分子转动惯量是最小的,其转动谱线在远红外区。一般重一些的分子转动惯量要比 H_2 分子的大几百倍,转动谱线在微波区。

10.4 振动转动谱带

分子能量

$$E_{分子} = E_{电子} + E_{振动} + E_{转动}, \qquad (4.172)$$

而 $\Delta E_{电子} \gg \Delta E_{振动} \gg \Delta E_{转动}$。在激发能低于 $\Delta E_{电子}$ 的红外区,电子态不发生变化,跃迁时只考虑上式的后两项就够了:

$$E_{nJ} = \left(n+\frac{1}{2}\right)\hbar\omega + \frac{J(J+1)\hbar^2}{2I}, \qquad (4.173)$$

振动能级和转动能级的选择定则为

$$\Delta n = \pm 1, \quad \Delta J = \pm 1,$$

于是对于 $\Delta n = 1$ 的吸收线,

$$\Delta E_{nJ} = \hbar\omega + \frac{\hbar^2}{I}\begin{cases} J+1, & (J \to J+1) \\ -J, & (J \to J-1) \end{cases} \qquad (4.174)$$

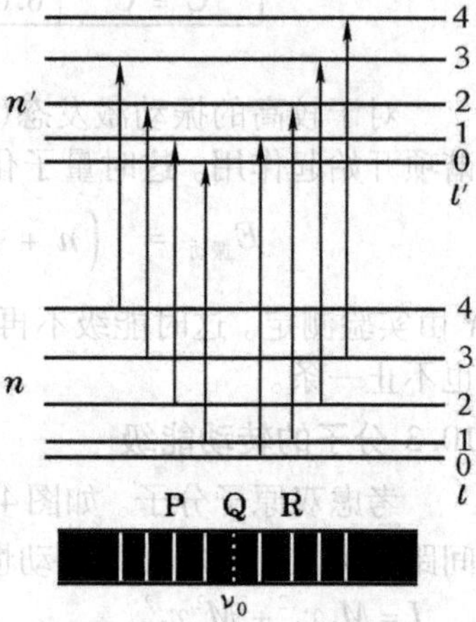

图 4－65 分子振动转动吸收谱带的形成

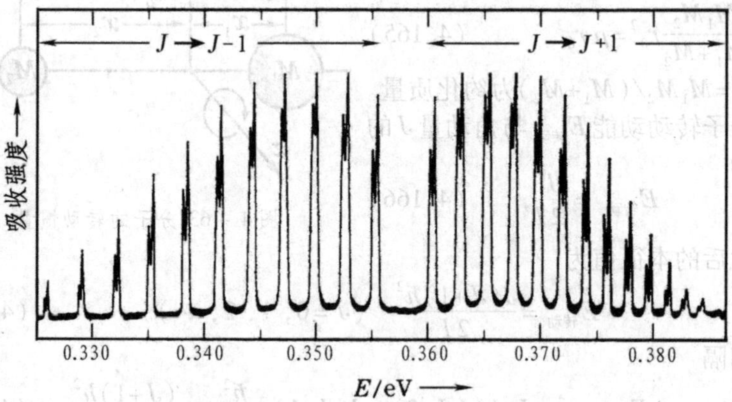

图 4－66 HCl 分子的红外吸收谱带

跃迁和形成的谱线带情况见图 4－65。这种吸收谱线带的特征是从中央基线 $\nu_0 = \omega/2\pi$ 对称地向两侧排开,间距是均匀的。但基线本身($\Delta J = 0$)

是禁戒的。图4－66是HCl分子的红外吸收谱带，其中每条谱线实际上是很靠近的两条，这是由氯的两种同位素^{35}Cl和^{37}Cl分别产生的。

本章提要

1. 玻尔理论

定态：E_1、E_2、E_3、E_4、$\cdots$.

频率公式：$\nu = \dfrac{E_m - E_n}{h}$.

量子化条件：　角动量 $l_n = n\hbar$.

$$\Rightarrow \text{类氢离子}\begin{cases} \text{能级：} E_n = -\dfrac{Z^2 R_H}{n^2}, \quad R_H = \dfrac{2\pi^2 m e^4}{h^2}\text{（里德伯常量）}, \\ \text{轨道半径} \quad r_n = \dfrac{n^2 a_B}{Z}, \quad a_B = \dfrac{\hbar^2}{me^2}\text{（玻尔半径）}. \end{cases} (n = 1,2,3,\cdots)$$

2. 类氢离子的量子理论

动力学量完全集	$\hat{H}$	$\hat{l}^2$	$\hat{l}_z$	$\hat{s}_z$
本　征　值	E_n	$l(l+1)\hbar^2$	$m\hbar$	$m_s\hbar$
量　子　数	主量子数 n $1,2,3,4,\cdots$	角量子数 l $0,1,\cdots,n-1$	磁量子数 m $-l, -l+1,\cdots,l-1,l$	自旋磁量子数 m_s $-1/2,\ 1/2$

能级 E_n—— 同玻尔理论，只与 n 有关，对 l、m、m_s 简并。

态矢与波函数 $|n,l,m\rangle$

$$\simeq \psi_{nlm}(r,\theta,\varphi) = R_{nl}(r)\Theta_{lm}(\theta)\Phi_m(\varphi) = R_{nl}(r)Y_l^m(\theta,\varphi),$$

$$\text{其中}\begin{cases} R_{nl}(r) \propto (\sigma \text{ 的多项式}) \times e^{-\sigma/n}, \ (\sigma = Zr/a_B); \\ \Theta_{lm}(\theta) \propto \cos\theta \text{ 和 } \sin\theta \text{ 的多项式}; \\ \Phi_m(\varphi) \propto e^{im\varphi}. \end{cases}$$

化学家们把角度部分 Y_l^m 部分重新组合成实函数：

p_x, p_y, p_z; $d_z{}^2$, d_{xz}, d_{yz}, $d_{x^2-y^2}$, d_{xy} 等

（$\cos\theta$、$\sin\theta$、$\cos\varphi$ 和 $\sin\varphi$ 的多项式）。

3. 原子的壳层结构

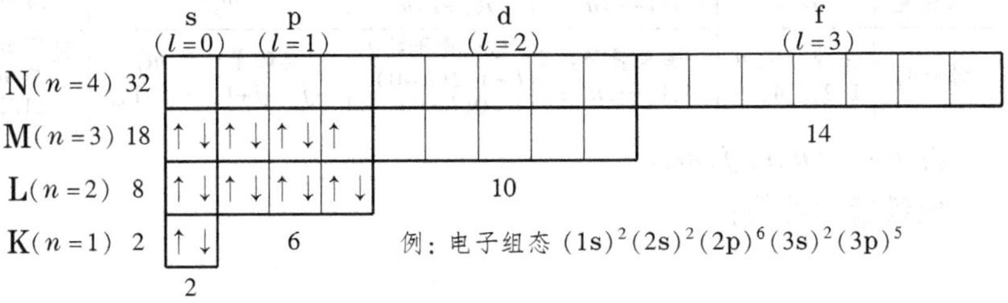

单电子态填充的原则：

(1) 泡利原理：每格最多填两个自旋相反的电子；

(2) 按能量从低到高顺序填充：

①1s → 2s → 2p → 3s → 3p → 4s → 3d → 4p → 5s → 4d → 5p → 6s → 4f → 5d → 6p → …，

② 每一支壳层里先在各格内填一个自旋向上的电子，填满后再填自旋向下的电子。

l 简并解除和 $Z=19$ 以后填充顺序颠倒的原因：

波函数向原子实内渗入，部分地解除了其静电屏蔽作用。

元素的周期性：

	族	价电子组态	元 素
Ⅰ	碱金属	ns	[H,] Li, Na. K, Rb, Cs, Fr
Ⅱ	碱土金属	$(ns)^2$	Be, Mg, Ca, Sr, Ba, Ra
Ⅲ		$(ns)^2 np$	B, Al, Ga, In, Tl
Ⅳ		$(ns)^2(np)^2$	C, Si, Ge, Sn, Pb
Ⅴ	磷属	$(ns)^2(np)^3$	N, P, As, Sb, Bi
Ⅵ	硫属	$(ns)^2(np)^4$	O, S, Se, Te, Po
Ⅶ	卤素	$(ns)^2(np)^5$	F, Cl, Br, I, At
Ⅷ	惰性气体	$(ns)^2(np)^6$	He, Ne, Ar, Kr, Xe, Rn

4. ls 磁相互作用与能级的精细结构

$$\hat{H} = \hat{H}_0 + \hat{H}_{剩余} + \hat{H}_{磁耦合},$$

其中

$$\hat{H}_0 = \sum_i \left[\frac{\hat{\boldsymbol{p}}_i^{\,2}}{2m} + V_{\text{eff}}(r_i) + S(r_i)\right], \quad \begin{cases} V_{\text{eff}}(r_i) \text{——原子实屏蔽库仑势(球对称)}, \\ S(r_i) \text{ 价电子库仑排斥势的球对称部分。} \end{cases}$$

$$\hat{H}_{剩余} = \sum_{i \neq j} \frac{e^2}{r_{ij}} - \sum_i S(r_i) \text{——价电子间库仑势非球对称部分},$$

$\hat{H}_{磁耦合}$——价电子自旋轨道磁矩之间的耦合。

(1) 单个价电子情形

动力学量完全集	$\hat{H}$	$\hat{\boldsymbol{l}}^2$	$\hat{\boldsymbol{j}}^2$	$\hat{j}_z$	$\hat{s}_z$
本征值	E_{nlj}	$l(l+1)\hbar^2$	$j(j+1)\hbar^2$	$m_j\hbar$	$m_s\hbar$
量子数	主量子数 n $1,2,3,4,\cdots$	轨道角量子数 l $0,1,\cdots,n-1$	总角量子数 j $l\pm1/2(l\neq0)$, $0(l=0)$	总磁量子数 m_j $-j,-j+1,\cdots,j-1,j$	自旋磁量子数 m_s $\pm1/2$

态矢： $|n,l,j,m_j\rangle$

能级精细结构：

类氢离子 $E_{\text{FS}} = \Delta E_{nl}^{\text{相对论}} + E_{nlj}^{(ls)\text{相对论}} = \dfrac{Z^4\alpha^2}{n}E_n\left(\dfrac{1}{j+1/2} - \dfrac{3}{4n}\right)$,

（l 简并仍未解除，j 简并解除，m_j 有 $2j+1$ 重简并。兰姆移位才将 l 简并解除）

碱金属 $E_{\text{FS}} = E_{nlj}^{(ls)} = \dfrac{\hbar^2}{2}\xi_{nl}(r)\left[j(j+1) - l(l+1) - \dfrac{3}{4}\right]$.

（j 简并解除，m_j 有 $2j+1$ 重简并）

(2) 多价电子情形

① LS 制式 （$\hat{H}_{\text{剩余}} \gg \hat{H}_{\text{磁耦合}}$）

	$\hat{H}$	$\hat{\boldsymbol{l}}^2$	$\hat{\boldsymbol{S}}^2$	$\hat{\boldsymbol{J}}^2$	$\hat{J}_z$
本征值	E_{LSJ}	$l(l+1)\hbar^2$	$s(s+1)\hbar^2$	$j(j+1)\hbar^2$	$m_j\hbar$
量子数		总轨道角量子数 L	总自旋角量子数 S	总角量子数 J $L+S,\cdots,\lvert L-S\rvert$	总磁量子数 M_J $-J,\ -J+1,\cdots,J-1,J$

态矢：$\lvert L,S,J,M_J\rangle$

能级精细结构：$E_{\text{FS}} = E_{LSJ}$ （M_J 有 $2J+1$ 重简并）。

原子态(谱项)符号：$^{2S+1}\boxed{\text{代表 } L \text{ 态的字母}}_J$

如 $^1S_0$ (1), $^3S_1$(3), $^3P_2$(5), $^3P_0$(1), $^1D_2$(5), $^3D_3$(7), $^3D_1$(3),

括弧里是简并数 $2J+1$.

由两同科电子(n 相同)组成的原子态要求 $L+S$ 为偶数(泡利原理)。

能级顺序

洪德定则：
- S 从大到小。
- L 从小到大。
- J
  - 正常次序(支壳层半满前)：从小到大；
  - 倒转次序(支壳层半满后)：从大到小。

② jj 制式 （$\hat{H}_{\text{磁耦合}} \gg \hat{H}_{\text{剩余}}$）

$$\hat{H} = \sum_i \hat{H}_i,\quad \text{各电子态完全独立。}$$

用各电子的一套完备的量子数 n_i、l_i、j_i、$(m_j)_i$ 来刻画量子态

态矢：$\prod_i \lvert n_i,\ l_i,\ j_i,\ (m_j)_i\rangle$.

能级精细结构：

$$E_{\text{FS}} = E(\{n_i,\ l_i,\ j_i\}) = \frac{1}{2}\sum_i \xi_{i n_i l_i}(r_i)\left[j_i(j_i+1) - l_i(l_i+1) - \frac{3}{4}\right].$$

5. 原子光谱

选择定则

$$
\begin{cases}
\text{单价电子情形:}\begin{cases}\Delta l=\pm 1,\\ \Delta j=0,\ \pm 1\quad (0\to 0\text{ 除外})。\end{cases}\\
\text{多价电子情形:}\begin{cases}LS\text{ 耦合}\begin{cases}\Delta l_i=\pm 1,\\ \Delta L=0,\ \pm 1,\\ \Delta J=0,\ \pm 1\quad (0\to 0\text{ 除外}),\\ \Delta S=0.\end{cases}\\ jj\text{ 耦合(两电子情形)}\begin{cases}\Delta j_{1,2}=0,\ \pm 1,\\ \Delta J=0,\ \pm 1\quad (0\to 0\text{ 除外})。\end{cases}\end{cases}
\end{cases}
$$

(1) 单电子光谱

$$\tilde{\nu}=T(n_2)-T(n_1),$$

其中 $T(n)=\dfrac{\tilde{R}_{\mathrm{A}}}{n^{*2}}$， $n^*=n-\Delta(n,l)$， $\Delta(n,l)$ 为量子数亏损。

碱金属四个谱线系：

$$
\begin{cases}
\text{主线系:}\quad \text{从 } n\mathrm{p} \text{ 到 } n_0\mathrm{s} \text{ 的跃迁}(n\geqslant n_0);\\
\text{第一辅线系(漫线系):}\quad \text{从 } n\mathrm{d} \text{ 到 } n_0\mathrm{p} \text{ 的跃迁}(n\geqslant n_0+1);\\
\text{第二辅线系(锐线系):}\quad \text{从 } n\mathrm{s} \text{ 到 } n_0\mathrm{p} \text{ 的跃迁}(n\geqslant n_0+1);\\
\text{柏格曼系(基线系):}\quad \text{从 } n\mathrm{f} \text{ 到 } n_0\mathrm{d} \text{ 的跃迁}(n\geqslant n_0+1 \text{ 和 } 4).
\end{cases}
$$

(2) 两电子光谱 $\Delta S=0\Rightarrow$ 单态和三重态互不跃迁,形成两套独立谱线。

(3) 内层电子 X 射线谱

标识谱线： K 系 ——K_α、K_β、$\mathrm{K}_\gamma\cdots$； L 系 ——L_α、L_β、$\mathrm{L}_\gamma\cdots$.

莫塞莱定律： $\sqrt{\tilde{\nu}}\propto Z-\sigma$， σ 为屏蔽数.

6. 塞曼效应

磁场中能级的分裂 $\Delta=g_J\mu_{\mathrm{B}}\mathscr{B}$.

$$
\text{朗德 } g \text{ 因子}
\begin{cases}
\text{单电子 } g_j=1+\dfrac{j(j+1)-l(l+1)+s(s+1)}{2j(j+1)}.\\
LS\text{ 耦合 } g_J=1+\dfrac{J(J+1)-L(L+1)+S(S+1)}{2J(J+1)}.\\
jj\text{ 耦合 } g_J=g_{j_1}\dfrac{J(J+1)+j_1(j_1+1)-j_2(j_2+1)}{2J(J+1)}\\
\qquad\qquad +g_{j_2}\dfrac{J(J+1)+j_2(j_2+1)-j_1(j_1+1)}{2J(J+1)}.
\end{cases}
$$

$$
\text{选择定则 } \Delta M_J=\begin{cases}0\ \text{——}\ \pi\text{ 光(线偏振)},\\ \pm 1\ \text{——}\ \sigma\text{ 光(圆偏振)}。\end{cases}
$$

$$
\begin{cases}
\text{正常塞曼效应: } S=0,\ g\text{ 因子相同,出现三条裂距相等的谱线;}\\
\text{反常塞曼效应: } S\neq 0,\ g\text{ 因子不同,出现多条裂距不等谱线。}
\end{cases}
$$

7. 共价键

(1) 分子轨函法(常用原子轨函线性组合来实现)：

$$\psi_{MO}=\frac{1}{\sqrt{2(1+S)}}[\psi_a(1)+\psi_b(1)][\psi_a(2)+\psi_b(2)].$$

电子按能量由低到高的顺序填充共有化轨道,

原子的洪德定则在这里也适用。

分子轨函的顺序

$$\sigma_{1s}<\sigma_{1s}^*<\sigma_{2s}<\sigma_{2s}^*<\sigma_{2p_z}<\pi_{2p_x}=\pi_{2p_y}<\pi_{2p_x}^*=\pi_{2p_y}^*<\sigma_{2p_z}^*.$$

无 * 号的是成键态,有 * 号的是反键态。

(2) 价键法(电子配对法):

$$\psi_{VB}=\frac{1}{\sqrt{2(1+S^2)}}[\psi_a(1)\psi_b(2)+\psi_b(1)\psi_a(2)].$$

两原子各出一个电子,自旋相反地组成共价键。

8. 轨函杂化与分子立体构型

例: sp 杂化 ⇒ 线型分子, 如 H − C ≡ C − H(乙炔);

sp^2 杂化 ⇒ 平面型分子, 如 $H_2=C=H_2$(乙烯);

sp^3 杂化 ⇒ 四面体型分子 如 CH_4(甲烷);

不等性杂化 ⇒ 如 NH_3(氨), H_2O(水)。

9. 分子能级与光谱

$$\begin{cases}E_{电子}\approx 1\sim 10\,\mathrm{eV},\\ E_{振动}\approx 10^{-1}\sim 1\,\mathrm{eV},\\ E_{转动}\approx 10^{-4}\sim 10^{-2}\,\mathrm{eV}.\end{cases}\qquad E_{电子}:E_{振动}:E_{转动}=1:\sqrt{m_e/M}:m_e/M.$$

(1) 振动能级

$$E_{振动}=\left(n+\frac{1}{2}\hbar\right)\omega\quad(n=0,1,2,\cdots).$$

式中 $\omega=\sqrt{\kappa/\mu}$, μ 为两核的约化质量。

选择定则 $\Delta n=\pm 1$, 能级等间隔。

(2) 转动能级

$$E_{转动}=\frac{J(J+1)\hbar}{2I}\quad(J=0,1,2,\cdots).$$

选择定则 $\Delta J=\pm 1$.

能级间隔 $\Delta E_{转动}=\dfrac{(J+1)\hbar}{I}$.

(3) 振转谱带

能级 $E_{分子}=(E_{电子})+E_{振动}+E_{转动}$,

$$E_{nJ}=\left(n+\frac{1}{2}\right)\hbar\omega+\frac{J(J+1)\hbar^2}{2I}.$$

选择定则 $\Delta n=\pm 1$, $\Delta J=\pm 1$.

对于 $\Delta n = 1$ 的吸收线 $\Delta E_{nJ} = \hbar\omega + \frac{\hbar^2}{I}\begin{cases} J+1 & (J \to J+1), \\ -J & (J \to J-1). \end{cases}$

吸收谱带从中央基线 ν_0 对称的向两侧排开,间隔均匀,但基线本身禁戒。

思考题

4－1. 试从海森伯不确定性原理来说明,为什么氢原子中的电子不会落到原子核上静止不动。

4－2. 利用海森伯不确定度关系导出氢原子基态玻尔轨道的半径和能量。

［提示:基态是能量最低的稳定状态,$\mathrm{d}E/\mathrm{d}p = 0$.］

4－3. 试论证:氢原子中在第一玻尔轨道上运动的电子的线速度为 $v = \alpha c$,其中 $\alpha = e^2/c\hbar$(静电单位制)$\approx 1/137$(精细结构常数)。这种运动是相对论性的还是非相对论性的?

4－4. 处于高激发态(主量子数 n 很大)的原子称为*里德伯原子*。射电天文观测已发现 $n = 630$ 的里德伯原子,试计算其玻尔轨道的半径。为什么在天文上才容易观察到这样大的原子?

4－5. 不同原子的里德伯常量是否相同?里德伯常量随原子量增加还是减少?为什么?

4－6. 试论证:类氢原子的谱线系公式为

$$\frac{1}{\lambda} = \widetilde{R}_A\left(\frac{1}{(m/Z)^2} - \frac{1}{(n/Z)^2}\right),$$

式中 $\widetilde{R}_A$ 是与该原子的原子量 A 对应的里德伯常量,Z 为该原子的原子序数(即原子核所带电荷与质子电荷之比)。

4－7. 本题图中虚线代表氢原子的巴耳末线系,实线是毕克林线系,它是天文学家毕克林(E. C. Pickering)于 1897 年观察船舻座 ζ 星(我国古称:弧矢增二十二)的光谱中发现的。从图中可以看出,毕克林线系中每隔一条谱线和巴耳末线系几乎重合。起初有人认为毕克林线系属于氢原子光谱,并认为星球上的氢原子与地球上的氢原子不同。你认为这种看法对吗?若毕克林线系不属于氢光谱,它更像什么元素的光谱?

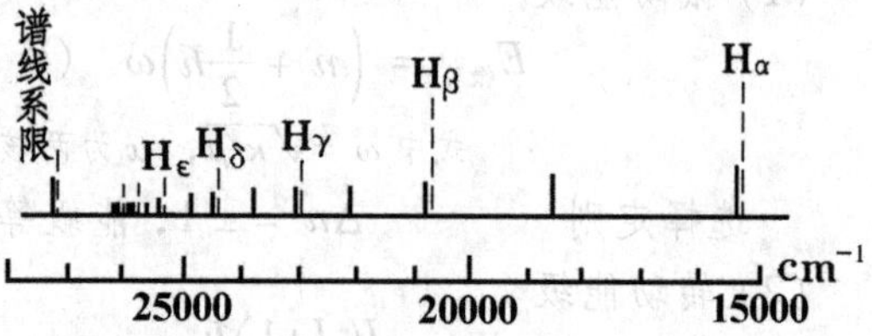

思考题 4－7

4－8. 写出下列元素族的电子组态,并总结它们之间相似之处。

(1) 惰性气体 He、Ne、Ar、Kr、Xe;

(2) 碱金属 Li、Na、K、Rb、Cs;

(3) 卤素 F、Cl、Br、I;

(4) 过渡元素 Sc、Ti、V、Cr、Mn、Fe、Co、Ni、Cu、Zn.

4－9. 下列原子态符号中，哪些可以是碱金属原子的基态：

$1^2S_{1/2}$，$2^2S_{1/2}$，2^2S_1，$2^2P_{5/2}$，$3^2F_{5/2}$，$3^2D_{3/2}$，$2^2P_{3/2}$，$4^2D_{1/2}$.

4－10. 为什么惰性气体基态的原子态总是$^1S_0$？

4－11. 写出下列各原子态符号所代表的S、L、J值：$^2S_{3/2}$，$^3D_0$，$^5P_3$，$^4F_2$，$^2G_{7/2}$，并指出其中哪些是可能的，哪些是不可能的。

4－12. 碳原子的电子组态为$(1s)^2(2s)^2(2p)^2$，基态的原子态为$^3P_0$，试作矢量图来描绘两个p电子的轨道角动量和自旋角动量大小及取向的相互关系。

4－13. 参考表4－2中的原子基态，仿照图4－15画出第三周期$Z=11\sim18$原子基态M壳层单电子态填充图。

4－14. 考虑精细结构后，画出锂原子由3D态返回基态2S时所有可能的能级跃迁途径。

4－15. 碱金属原子与氢原子能级的精细结构有什么不同？类氢离子原子能级的精细结构分裂与何者相似？

4－16. 将氢原子能级的精细结构分裂公式(4.120)运用于类氢离子（譬如Li^{2+}），应作怎样的修改？

4－17. 写出两个同科d电子可能构成的原子态。

4－18. 确定V($Z=23$)，Fe($Z=26$)，Np($Z=93$)的原子基态。

4－19. Be原子基态的电子组态是$(2s)^2$，若其中一个电子被激发到3p态。

(1) 按LS耦合制式可形成哪些原子态？

(2) 从这些原子态向低能级跃迁时，可产生几条光谱线？画出相应的能级跃迁图。

4－20. 在图4－36所示的氦原子能级由低到高的顺序是S、P、D、F，这刚好与洪德定则相反。原因在哪里？

4－21. 用玻尔理论估算氢原子基态电子所感受的磁感强度。［答：13 T.］

4－22. 钠双线589.0 nm、589.6 nm分别由$^3P_{3/2}$和$^3P_{1/2}\rightarrow{}^3S_{1/2}$的跃迁产生。试以此估算价电子感受到的磁感强度。［答：18.5 T.］

习 题

4－1. 用能量为12.5 eV的电子去激发基态氢原子，受激发的原子向低能级跃迁时，能发生哪些波长的光谱线？

4－2. μ^-子是一种粒子，除静质量为电子质量的207倍外，其它性质都与电子一样。它可能被质子俘获，形成μ原子。试计算μ原子的(1)里德伯常量，(2)第一玻尔轨道半径，(3)基态能量，(4)莱曼系最短波长。

4－3. 由正电子代替氢原子中的质子而形成的“原子”称为电子偶素(positronium)。求$n=5$时电子偶素的圆玻尔轨道半径和电离能。

4－4. 1932年尤雷(H. C. Urey)在实验中发现，在氢的H_α线($\lambda=656.279$ nm)旁还有一条$\lambda=656.100$ nm的谱线，两者的波长只差0.179 nm. 他认为这谱线属于氢的一种

同位素。试计算此同位素与氢的原子量之比。

4－5. 两个分别处于基态和第一激发态的氢原子以速率 v 相向运动，要使基态原子吸收从激发态原子发出的光子后，刚好跃迁到第二激发态，$v/c=?$

4－6. 根据氢原子波函数的表达式证明：处于1s和2p态的氢原子中，电子被发现的最大概率分别处在 $r=a_B$ 和 $4a_B$ 的球壳上。

4－7. 计算氢原子基态库仑势能 $V(r)=-e^2/r$ 的平均值。

4－8. 计算氢原子 $n=2$、$l=1$ 量子态上电子径向概率密度最大的位置，以及此态上电子径向坐标 r 的平均值。

4－9. 验证 $\hat{j}_z$ 与 $\hat{H}_0$［见(4.102)式］和 $\hat{H}_{ls}=\xi(r)\dfrac{\hat{\boldsymbol{l}}\cdot\hat{\boldsymbol{s}}}{\hbar^2}$ 都对易。

4－10. 画出 Li^{2+} 离子主量子数 $n=3$ 和 $n=2$ 的精细结构能级以及可能的跃迁（参考思考题4－16）。计算其中最大的波数 $\tilde{\nu}_{max}$ 和最小的波数 $\tilde{\nu}_{min}$ 以及它们之差。此波数差与谱线平均波数之比是什么数量级？

4－11. Pb原子基态的两个价电子都在6p态上，若其中一个激发到7s态，按 jj 耦合制式，此时可形成哪些原子态？

4－12. 钾原子主线系第一条谱线的波长为766.5nm，系限波长（即该谱线系波长的最短极限）为285.8nm，求相应s、p谱项的量子数亏损值。

4－13. 已知某元素的X射线标识谱 K_α 线波长为0.1935nm，试用莫塞莱定律确定该元素的原子序数 Z.

4－14. 已知铜元素（$Z=29$）的 K_α 波长为0.154nm，试计算屏蔽数 σ_K.

4－15. 实验测得某X射线管所产生的 K_α 线和 K_β 线间频率差为 1.015×10^{18}Hz，试确定该管的阳极由何种物质制成？

4－16. 求钠原子 D_1 线（$3^2P_{1/2}\rightarrow3^2S_{1/2}$）在0.2T磁场中塞曼分裂的四条谱线之间的间距。

4－17. 碳原子 $2p3s\ ^1P_1\rightarrow(2p)^2\ ^1D_2$ 的跃迁发出波长为200.0nm的谱线。该谱线在0.1T的外磁场中如何分裂？求出各新谱线与原谱线的波长差。

4－18. 汽油的分子式为 C_nH_{2n+2}（$n\geqslant5$ 的烷烃属化合物），用8.4节介绍的数量级估计方法，估算燃烧1kg汽油所释放的能量，并与实际数值 10^4kcal比较。

4－19. sp^3 杂化轨函 ψ 中依赖 p_x、p_y、p_z 的部分给出了化学键取向的信息。要提取这信息，需要把其中依赖于 s 的部分去掉。用狄拉克符号来表示，取

$$|\bar{\psi}\rangle\equiv(1-|s\rangle\langle s|)|\psi\rangle,$$

则两轨函1、2之间形成的键角 Θ_{12} 可由下式算出：

$$\cos\Theta_{12}=\frac{\langle\bar{\psi}_1|\bar{\psi}_2\rangle}{\sqrt{\langle\bar{\psi}_1|\bar{\psi}_1\rangle\langle\bar{\psi}_2|\bar{\psi}_2\rangle}}.$$

试用这些公式和(4.159)、(4.160)式验算一下氨分子和水分子中与氢原子结合的共价键之间的键角。

4-20. $^{12}C^{16}O$ 和 $^{x}C^{16}O$ 的 $J=0\to1$ 转动吸收谱线分别是 1.153×10^{11} Hz 和 1.102×10^{11} Hz，求碳同位素 ^{x}C 的质量数 x.

4-21. HCl 分子有一个近红外谱带，其相邻的几条谱线的波数为 2925.78 cm^{-1}、2906.25 cm^{-1}、2865.09 cm^{-1}、2843.56 cm^{-1}、2821.49 cm^{-1}，H 和 Cl 的原子量分别为 1.008 和 35.46，求 HCl 分子的劲度系数 κ 和键长 r_0，忽略分子的非谐修正项。

第五章 原子核 粒子

§1. 原子核的组成和基本性质

1.1 核素的电荷数和质量数

第四章1.3节讲过，1897年J. J. 汤姆孙发现电子；1.4节讲过，1909年卢瑟福的α粒子散射实验表明原子核的存在；5.4节讲1913–1914年间莫塞莱发现了原子的电荷数(charge number)，即原子序数(atomic number)Z. 原子核的质量常用原子质量单位(atomic mass unit)u来表示，按照1960年和1961年两次国际会议规定，它等于碳最丰富的同位素^{12}C原子质量的1/12：

$$1\,\mathrm{u} = \frac{1}{12}m(^{12}\mathrm{C}) = 1.660\,538\,73\times10^{-27}\,\mathrm{kg} = 931.494\,\mathrm{MeV}/c^2. \quad (5.1)$$

用这个单位来量度原子核时，其质量都接近某个整数。我们就把这一整数叫做原子核的质量数(mass number)，记作A.

20世纪初化学家们对放射性的研究中发现，有很多半衰期相差悬殊的蜕变物质化学性质完全一样，用化学方法怎么也分离不开。1910年英国化学家索弟(F. Soddy)提出假说：存在一些原子量和放射性不同的化学元素变种，它们有相同的原子序数，在周期表中应处在同一位置，因而可命名为同位素(isotope)。英国物理学家阿斯顿(F. W. Aston)使用正离子束在磁场中偏转的方法第一次实现了非放射性氖同位素的分离。后来他改进了自己的仪器(称之为质谱仪[1])，大量分离并准确测量了同位素的原子质量。同位素的概念乃正式确立。索弟和阿斯顿分别获得1921年和1922年的诺贝尔化学奖。

同位素是具有相同原子序数Z和不同质量数A的原子核。通常在化学元素符号X的左上角标上A，左下角标上Z，即$^{A}_{Z}\mathrm{X}$，来代表某个元素的某个同位素，如$^{12}_{6}\mathrm{C}$和$^{14}_{6}\mathrm{C}$分别代表质量数为12和14的碳同位素。其实同一元素的原子序数Z相同，给了元素的符号，左下角的Z也可以省略，写作^{12}C和^{14}C就可以了。这便是同位素通常的写法，我们已经多次使用过了。各种原子核，包括各种元素及其同位素的核统称核素(nuclide)，譬如^{12}C、^{14}C、^{16}O和^{18}O都是不同的核素。

---

[1] 参见《新概念物理教程·电磁学》(第二版)第二章习题2–43.

1.2 质子和中子的发现

1919 年卢瑟福用 α 粒子轰击氮时发现有氢核产生。他用的实验装置如图 5－1 所示，在密封充气容器中 α 源（放射性^{212}Po）置于荧光屏 S 前 28 cm 处，中间还隔一银箔。据估算，α 粒子是达不到 S 的。的确，当容器中充二氧化碳时，在显微镜内看不到 S 上有任何闪光。但充入氮气时却观察到了类似于氢核产生的闪光。经分析，卢瑟福认为发生了下列核反应：

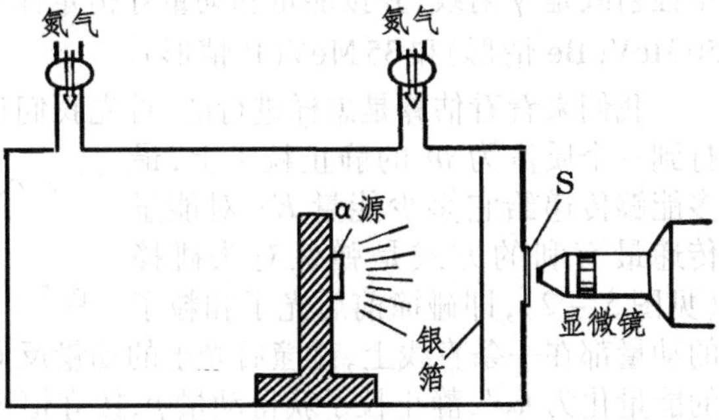

图 5－1 卢瑟福实现第一个人工核反应的实验装置示意图

$$\alpha({}^4_2\mathrm{He}) + {}^{14}_7\mathrm{N} \rightarrow {}^{17}_8\mathrm{O} + \mathrm{p}({}^1_1\mathrm{H}),$$

即反应中产生了氢核。于是他认为，氢核曾经是氮核的组成部分，他把氢核命名为质子（proton），记作 p.

到此为止，科学上认证了两种基本粒子 —— 电子和质子，人们很自然地会认为，原子核是由质子和电子组成的。然而卢瑟福在一次演讲中提出猜想，❶“在某种情况下，也许有可能由一个电子更加紧密地与 H 核结合在一起，组成一种中性的双子。这样的原子也许有很新颖的特性 …… 它应很容易进入原子结构内部，或者与核结合在一起，或者被核的强场所分解 ……”他认为，如果原子核是由质子和电子组成的，电子只有与质子紧密地结合，才有可能在原子核内稳定地呆下去。他断言：“要解释重元素核的组成，这种原子（指质子与电子紧密结合的中性“双子”，即“中子”）的存在看来几乎是必要的。”这便是卢瑟福的中子假说。

1930 年德国人玻特（W. Bothe）和他的学生贝克尔（H. Becker）用放射源 Po 的 α 射线轰击 Be 时，发射出一种穿透力极强的中性射线。他们认为这是一种 γ 射线。

下一个重要步骤是约里奥－居里夫妇（I. Curie & F. Joliot-Curie）迈出的。❷ 他们用 Be 和 B 重复玻特和贝克尔的实验，并将含氢的石蜡置于 Be 或

---

❶ E. Rutherford, *Proc. Roy. Soc.*, **A97** (1920), 374.

❷ I. Curie and F. Joliot, *Compt. Rend. Acad. Sci.*, Paris, **194** (1932), 428.

B与探测器之间,发现有质子发射。对于Be的情况,质子的能量为4.5 MeV,B的情况为2 MeV. 他们也认为,从Be或B发出并将石蜡中的氢核击出的中性射线是γ射线,并按能量和动量守恒定律估算出γ光子的能量分别为50 MeV(Be情形)和35 MeV(B情形)。

我们来看看估算是怎样进行的。首先我们计算,一个能量为$h\nu$的光子打到一个质量为m的静止粒子上,最多能够传递给它多少能量E? 对能量传递最有利的方式是弹性对头碰撞(见图5-2),即碰撞前后光子和粒子的动量都在一条直线上,碰撞后光子的动量反向。设与静止粒子碰撞后光子的能量化为$h\nu'$,静止粒子获得动量p,按守恒定律,我们有

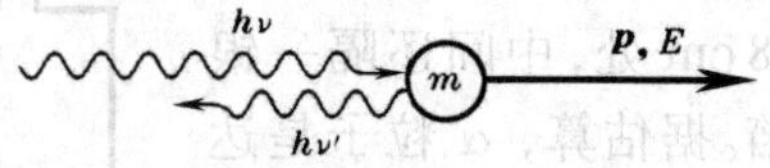

图5-2　光子与静止粒子的能量交换

$$\begin{cases} \text{能量守恒:} \quad h(\nu - \nu') = E, & (5.2) \\ \text{动量守恒:} \quad \dfrac{h(\nu + \nu')}{c} = p. & (5.3) \end{cases}$$

此外,被撞粒子的动量-动能关系为

$$E = \sqrt{c^2p^2 + m^2c^4} - mc^2, \tag{5.4}$$

由此消去ν'和p,解得

$$E = \frac{2h\nu}{2 + mc^2/h\nu}, \tag{5.5}$$

或者反过来说,为了使静止粒子获得能量E,入射光子的能量至少需要有

$$h\nu = \frac{E}{2}\left(1 + \sqrt{1 + 2mc^2/E}\right). \tag{5.6}$$

对于质子,$mc^2 = 938$ MeV,当E分别为4.5 MeV和2 MeV时,至少需要$h\nu = 48.2$ MeV和31.6 MeV. 这与约里奥-居里夫妇的估计数量级是吻合的。然而,这数值是大到不太可能发生的,因为原子核内的结合能只有MeV的数量级。

卢瑟福在发表上述演讲后数月,即邀请查德威克(J. Chadwick)共同研究原子核的构成问题,其中包括探查中子的存在。当查德威克看到并仔细分析了约里奥-居里夫妇的文章后,认为由Be或B发出的中性辐射不仅能在照射含氢物质时能撞出质子,在照射其它物质(如He、Li、Be、N、Ar)时也会产生原子核反冲。查德威克的实验装置如图5-3所示,左

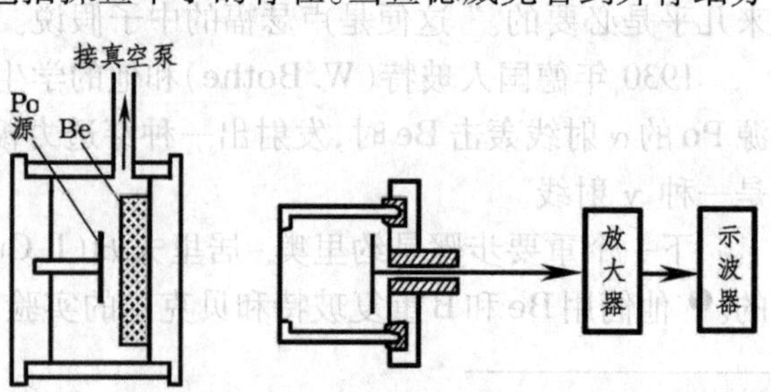

图5-3　查德威克发现中子的实验装置

边是用放射性 Po(钋)照射 Be(铍)组成的"铍辐射"源，右边是电离室，室内可充N、O、Ar等不同气体。他用"铍辐射"照射氮时，测出反冲氮核(质量比质子大14倍)的能量为1 ~1.4MeV，若坚持认为这种"铍辐射"是γ射线，则按(5.6)式估算(取 $E=1.2\,\mathrm{MeV}$)，γ光子的能量至少有90MeV左右！

为什么将这种奇怪的"铍辐射"照射在不同的物质上,要求它有如此巨大而不同的能量呢? γ射线的假设是值得怀疑的。光子太"轻"了,它们不能有效地把能量传递给反冲原子核。一个合理的假设,应认为构成这种奇怪"辐射"的是一种质量与质子差不多的粒子,即卢瑟福所设想的"中子"。这正是查德威克的结论。他首次发表"中子可能存在"的文章,并在紧跟着的文章中宣布了中子质量的测定结果。❶ 于是中子(neutron)诞生了,并被记作 n. 产生"铍辐射"的核反应被判定为

$$\alpha({}^{4}_{2}\mathrm{He})+{}^{9}_{4}\mathrm{Be}\rightarrow{}^{1}_{0}\mathrm{n}+{}^{12}_{6}\mathrm{C},$$

为此,查德威克荣获1935年诺贝尔物理奖,约里奥-居里夫妇则因判断失误,与诺贝尔物理奖失之交臂。

1.3 原子核的组成

在查德威克发现中子后不久,伊凡年科(D. Iwanenko)、海森伯(W. Heisenberg)等人相继提出,❷ 原子核是由质子和中子组成的。由于中子和质子的质量差不多,❸ 一个质量数为A、电荷数为Z的原子核包含Z个质子和$A-Z$个中子。组成原子核的质子和中子统称核子(nucleon)。核子的质量大体上等于一个原子质量单位 u，或者说等于 $N_{\mathrm{A}}{}^{-1}\mathrm{g}$($N_{\mathrm{A}}$ 为阿伏伽德罗数)。

上文提到,在中子被发现之前,比较流行的看法是原子核由A个质子和$A-Z$个电子组成。这种看法有许多不可克服的困难,它们是:

(1) 有关${}^{14}_{7}\mathrm{N}$的自旋和统计法

质子的电子的自旋皆为$\hbar/2$,属费米子。如果${}^{14}_{7}\mathrm{N}$核由14个质子和7个电子组成,则它包含21个(奇数)费米子,应也是费米子。1929年 R. Rasette 测量双原子分子拉曼转

---

❶ J. Chadwick, *Nature*(London), **129**(1932), 312; *Proc. Roy. Soc.* (London), **A136**(1932), 692.

❷ D. Iwanenko, *Nature*(London), **129**(1932), 795; *Compt. Rend. Acad. Sci.*, Paris, **195**(1932), 439.

W. Heisenberg, *Zeits. für Phys.*, **77**(1932), 1; **78**(1932), 156; **80**(1933), 587.

❸ 质子和中子的现代精确值分别为

$$m_{\mathrm{p}}=938.27200\,\mathrm{MeV}/c^{2}=1.67262158\times10^{-27}\,\mathrm{kg}=1.00727647\,\mathrm{u},$$

$$m_{\mathrm{n}}=939.56533\,\mathrm{MeV}/c^{2}=1.67492716\times10^{-27}\,\mathrm{kg}=1.00866492\mathrm{u}.$$

动光谱发现，${}^{14}_{7}N$ 核是玻色子。中子自旋也为 $\hbar/2$，即它也是费米子。如果 ${}^{14}_{7}N$ 是由 7 个质子和 7 个中子组成的，则它包含 14 个（偶数）费米子，应是玻色子，上述困难遂解除。

（2）电子的原子核内的禁锢问题

原子核的半径 R 约为 5 fm（$1\,fm=10^{-15}\,m$），如果电子是原子核的组分之一，则将被禁锢在 $\Delta x=2R=10^{-14}\,m$ 的范围之内。按海森伯不确定度关系

$$\Delta x\cdot\Delta p\approx\hbar,$$

电子动量的不确定度 $\Delta p\approx\hbar/2R$，从而动能（相对论性的）$E_k\approx cp\approx\hbar c/2R\approx 20\,MeV$，远大于电子的静质能 0.5MeV. 即使有足够大的约束力把它们禁锢在核内，它们也应是极端相对论性的。在这种状态下相互作用的粒子随时都可以转化，其“身份”是无法认证的。

（3）有关原子核的磁矩

电子的质量比质子和中子小三个数量级，从而它的磁矩大三个数量级。实验测量表明，原子核的磁矩比电子磁矩小三个数量级，其中不可能有电子磁矩的贡献。

应当指出，上述困难是经过人们的探索逐步被认识的。在中子被发现之后，所有困难都解决了。

1.4 原子核的形状和大小

由卢瑟福 α 粒子散射实验就已知道，原子核的大小不超过 10^{-14}m. 作为一级近似，原子核可看做是球形，但由于有角动量，原子核略呈旋转椭球状。此外，与原子中的电子云不同，原子核有较为确定的表面，亦即，核物质空间分布的概率密度在表面附近从内到外陡然下降为0. 我们常引入“核半径”来表示核的大小。

许多实验证据表明，原子核的体积基本上与它所含核子数 A 成正比，即核半径 R 正比于 $A^{1/3}$：

$$R=r_0A^{1/3},\tag{5.7}$$

其中 r_0 大体上是个常量。以上结果意味着，核物质是不大可压缩的，所有核物质几乎都具有一常密度。

测量核大小的方法很多，归纳起来有两大类，一类是核力的方法，即利用原子核靠核力对粒子的散射，确定出核力的作用范围。由此定出的 $r_0=1.4\sim1.5\,fm$. 另一类是电的方法，即利用粒子与原子核间的库仑力来确定原子核内电荷的分布范围。由此测得的结果为 $r_0=1.1\,fm$. 可见，核电荷的分布范围比核力作用范围小些。在一般的计算中可取

$$r_0=1.2\,fm.$$

由此计算出核物质的密度为

$$\rho=\frac{M}{V}=\frac{3A\,u}{4\pi r_0{}^3A}=\frac{3}{4\pi r_0{}^3N_A}\approx10^{14}\,g/cm^3,$$

式中 $u\approx N_A{}^{-1}g$ 是原子质量单位。

1.5 原子核的质量和结合能

如前所述,质量数为A、电荷数为Z的原子核由Z个质子与$A-Z$个中子组成。然而原子核的质量M_N并不等于组成它全部核子质量之和$Zm_p+(A-Z)m_n$,后者与前者之差为**质量亏损**ΔM,根据狭义相对论的质能关系,ΔM乘以c^2为原子核的**结合能**B:

$$B = \Delta Mc^2 = \left[Zm_p + (A-Z)m_n - M_N\right]c^2. \tag{5.8}$$

以α粒子为例,它包含两个质子和两个中子,质量为4.001506 u,故结合能为

$$B = \left(2\times1.0072765 + 2\times1.0086649\,\mathrm{u} - 4.001506\,\mathrm{u}\right)c^2$$

$$= 0.0030376\,\mathrm{u}c^2 = 28.28\,\mathrm{MeV}.$$

根据原子核的质量可以判断它的稳定性。如果某原子核的质量小于它可能变成的其它一些核的质量和,则这种转变就不可能自发地产生,因此原来的核应该是稳定的。反之,该核就是不稳定的,它将自发地转变。例如

$$M(^7\mathrm{Li}) < M(^4\mathrm{He}) + M(^3\mathrm{H}),$$

所以^{7}Li核对于变成^{4}He和^{3}H的过程是稳定的。然而

$$M(^5\mathrm{He}) > M(^4\mathrm{He}) + m_n,$$

故^{5}He是不稳定的,它将自发地蜕变为^{4}He而放出中子。此过程释放出的能量为$\Delta E = [M(^5\mathrm{He}) - M(^4\mathrm{He}) - m_n]c^2$.

原子核的结合能B与核子数A之比为该核的**比结合能**或**核子的平均结合能**,将它记作ε:

$$\varepsilon = \frac{B}{A}. \tag{5.9}$$

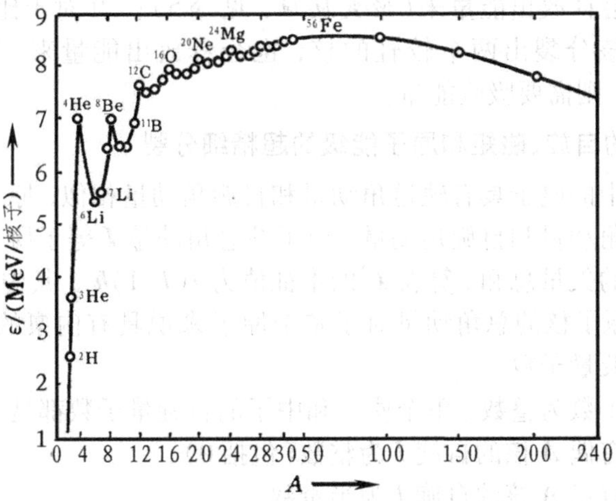

图 5-4 每核子的平均结合能

ε 反映了一个原子核结合的紧密程度，ε 愈大核愈稳定，愈小愈不稳定。图 5－4 给出 ε 随质量数 A 的变化情况。一些核素的比结合能数值列于表 5－1 中。

表 5－1 一些核素的比结合能

核	Z	A	ε/MeV	核	Z	A	ε/MeV	核	Z	A	ε/MeV	核	Z	A	ε/MeV
H	1	2	1.112	N	7	13*	7.239	Sb	51	120*	8.476	Th	90*	232	7.614
		3*	2.827			14	7.476	Xe	54	135*	8.400	U	92	233*	7.604
He	2	3	2.573	O	8	16	7.976			136	8.396			235*	7.591
		4	7.074			17	7.751	Ba	56	138	8.395			238*	7.570
Li	3	6	5.332			18	7.767	Nd	60	142	8.348			239*	7.558
		7	5.606	Ne	10	20	8.032			143	8.332	Np	93	239*	7.561
Be	4	9	6.462	P	15	31	8.481			144*	8.328	Pu	94	239	7.560
B	5	10	6.475	Ca	20	40	8.551	Sm	62	149	8.265			240*	7.555
		11	6.928	Fe	26	56	8.790			150	8.263			241*	7.547
C	6	11*	6.676	Kr	36	84	8.717	Os	76	190	7.967			242*	7.541
		12	7.680	Zr	40	90	8.714	Bi	83	209	7.848	Cf	98	294*	7.484
		13	7.470			91	8.697			210*	7.833				
		14*	7.520	Sn	50	120	8.505	Po	84	210*	7.834				

注：表中 A 值带 * 号的是放射性同位素。

可以看出，曲线在 $A=56$ 左右（Fe 元素）有极大值。$A<56$ 时 ε 的总趋势是随 A 的增加而增加的，但有周期为 4 的涨落，在 ^{4}He、^{8}Be、^{12}C、^{16}O、^{20}Ne 和 ^{24}Mg 处有局部极大值。$A>56$ 时 ε 随 A 的增加平缓下降。ε 的最大值为每核子 8.8 MeV，到 ^{238}U 处降到每核子 7.5 MeV 左右。

从上面的分析可见：① 对于比铁轻的核素，两个较轻的核聚合成一个较重的核，会释放出能量来（聚变反应，见 §5）；② 对于比铁重的核素，一个较重的核分裂出两个较轻的核，也会释放出能量来（裂变反应，见 §6）。反之，则需要吸收能量。

1.6 原子核的自旋、磁矩和原子能级的超精细分裂

与原子中的电子具有轨道角动量和自旋角动量相似，原子核内各核子也具有轨道角动量和自旋角动量。原子核总角动量 $\boldsymbol{I}$ 等于所有核子轨道与自旋角动量的矢量总和。算符 $\hat{\boldsymbol{I}}^2$ 的本征值为 $I(I+1)\hbar^2$，其中 I 为整数或半奇数。由于原子核的总角动量对于整个原子来说具有内禀的性质，I 称为原子核的自旋量子数。

轨道量子数为整数，单个质子和中子的自旋量子数都是 1/2，所以

（1）所有偶 A 核的自旋 I 为整数（包括 0）；

（2）所有奇 A 核的自旋 I 为半奇数。

实验还表明，Z 和 N 皆为偶数的核（称为偶偶核）的自旋 $I=0$.

与电子自旋磁矩公式

$$\boldsymbol{\mu}_{es} = g_{es}\mu_B \boldsymbol{s}/\hbar, \quad \left(\begin{array}{l}\text{朗德 } g \text{ 因子 } g_{es} = -2, \\ \text{玻尔磁子 } \mu_B = e\hbar/2m_e.\end{array}\right)$$

相类似,核子的自旋磁矩可写成

$$\boldsymbol{\mu}_{Ns} = g_{Ns}\mu_N \boldsymbol{s}/\hbar, \tag{5.10}$$

式中 $\mu_N = e\hbar/2m_N$ 称为核磁子(nuclear magneton),这里 m_N 为核子质量。由于 m_N 比 m_e 大三个数量级,μ_N 比 μ_B 小三个数量级。

质子的电荷与电子等值异号,自旋量子数同为1/2,我们可以猜测,其朗德 g 因子与电子等值异号,等于+2,磁矩等于 μ_N;此外因中子不带电,其朗德 g 因子和磁矩皆应为0. 然而这种猜想大错而特错了!实验结果是

$$\left.\begin{array}{ll}\text{质子 } g_{ps} = 5.585, & \mu_{ps} = 2.792847\mu_N, \\ \text{中子 } g_{ns} = -3.826, & \mu_{ns} = -1.913044\mu_N.\end{array}\right\} \tag{5.11}$$

与上述设想磁矩的偏离称为*反常磁矩*。从现代物理的观点看,质子和中子有反常磁矩表明它们有内部结构,只有更深层次的理论 —— 夸克模型才能作出解释。看来电子还是无结构的点粒子。

对于核子的轨道磁矩,一切正常,$g_{pl} = 1$,$g_{nl} = 0$.

整个原子的角动量 $\boldsymbol{F}$ 是核自旋 $\boldsymbol{I}$ 与电子总角动量 $\boldsymbol{J}$ 的矢量和:

$$\boldsymbol{F} = \boldsymbol{I} + \boldsymbol{J}. \tag{5.12}$$

按照角动量的合成的一般法则(见附录A5.4节),

$$F = I+J, I+J-1, \cdots, |I-J|. \tag{5.13}$$

F 的取值有 $2I+1$ 个($J>I$ 情形)或 $2J+1$ 个($J<I$ 情形)。由于核磁矩与电子磁矩之间的耦合,不同的 F 值会使原子内电子的能级进一步分裂,其裂距要比精细分裂小得多。电子能级的这种结构,称为*超精细结构*(hyperfine structure)。在第二章 §6 里我们已经讨论过氢原子基态的超精细结构。在第四章4.5节里我们介绍了钠原子由于 3^2P 能级按电子总角动量 j 的不同,分裂成 $3^2P_{3/2}$ 和 $3^2P_{1/2}$ 两个精细结构能级,而 $3^2S_{1/2}$ 能级不分裂。它们之间的跃迁形成了著名的钠黄线 D_1(589.0 nm)和 D_2(589.6 nm). 用分辨本领更高的仪器去观察时,可以发现 D_1 和 D_2 线分别是由相距0.0023 nm和0.0021 nm的两条谱线组成的,它们是由 F 取值不同使 $^2S_{1/2}$ 能级产生超精细分裂造成的(见图5-5)。已知钠原子核的 $I = 3/2$,故上述二分裂能级分别对应于 $F = 2$ 和 1.

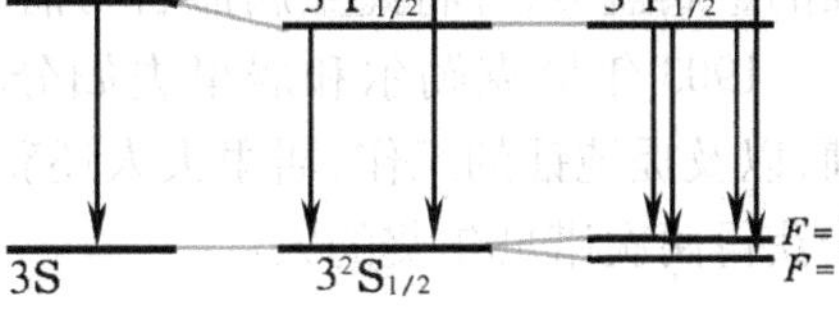

图5-5 钠黄线的超精细分裂

§2. 天然核素的放射性衰变

2.1 天然放射性的发现

1895 年底伦琴将发现 X 射线的报导分送给各国知名学者，法国的庞加莱收到后，于1896 年1 月20 日拿到科学院例会上展示。贝克勒尔(A-H. Becquerel)问 X 射线是怎样产生的，庞加莱猜想是阴极射线管中荧光壁发荧光的同时产生的。贝克勒尔于次日立即试验。他2 月24 日向科学院报告说，用黑纸把感光片包好，上面放一层磷光物质(铀盐)，一起在太阳光中晒几小时，显影后看到感光片被磷光物质感光的黑影。从而推想，磷光物质在阳光作用下会发出一种能穿透不透光黑纸的辐射，使感光片的银盐还原。他本想再做一次实验，但遇阴天，只好把包好的感光片搁在抽屉里，铀盐也放在它上面，等待天气转晴。天一直不放晴，贝克勒尔按耐不住，就把底片冲洗出来，原想或许得到暗淡的感光阴影，谁知铀盐的廓影和有阳光时同样清晰。贝克勒尔当即意识到，这一发现非常重要。此后一段时间里他从各方面做了实验，铀盐发出的是一种新的贯穿辐射，它只与铀元素的存在有关，与磷光无关。贝克勒尔的发现被称为*贝克勒尔射线*，以区别于伦琴发现的 X 射线。贝克勒尔的发现是具有划时代意义的，它敲开了20 世纪近代物理的大门。

居里夫人(Marie Sklodowska-Curie)相信，贝克勒尔发现的现象具有普遍性，是她首次使用“放射性(radioactivity)”一词的。她在丈夫的协助下进行了艰苦的提纯工作，1898 年从沥青铀矿渣中分离出一种放射性比铀强得多的新金属元素，并以她的祖国波兰来命名，把此元素叫做钋(polonium)。1898–1899 年间居里夫妇又从钡盐中提取了另一种放射性更强的金属盐类,并将此金属命名为镭(radium)。

1903 年贝克勒尔和居里夫妇分享了诺贝尔物理奖。由于发现了钋和镭,以及提纯镭的工作,居里夫人还获得 1911 年的诺贝尔化学奖,成为第一个获得两次诺贝尔奖的人。

2.2 衰变定律 半衰期 平均寿命

把一定量的某种放射性元素单独收存起来，它的数量会减少，因为它的一部分经放射过程变成另一元素了。这种现象叫做*衰变*(decay)。实验表明，放射性衰变遵从以下规律，即*衰变定律*：

$$N = N_0 \mathrm{e}^{-\lambda t}, \tag{5.14}$$

式中 N_0 是 $t=0$ 时原子核的数目，N 是经过时间 t 以后存留的原子核数目，

λ 称为衰变常量。取(5.14)式对 t 的微商，得衰变定律的微分形式：

$$\frac{\mathrm{d}N}{\mathrm{d}t} = -\lambda N. \tag{5.15}$$

衰变定律是一个统计性的规律，对个别原子核，它只给出衰变的概率，并不能预言它在什么时候衰变。此外，作为一个统计性的规律，必然有涨落伴随。

原子核数目因衰变减少到原来的一半所经过的时间，叫做半衰期(half life period)。将半衰期记作 $T_{1/2}$，则有

$$\frac{N}{N_0} = \frac{1}{2} = \mathrm{e}^{-\lambda T_{1/2}}, \quad 即 \quad T_{1/2} = \frac{\ln 2}{\lambda} = \frac{0.693}{\lambda}. \tag{5.16}$$

在一种放射性物质中，各原子核的衰变有早有晚，寿命长短不一。平均寿命 τ(mean lifetime)为

$$\tau = \frac{1}{N_0}\int t\,|\mathrm{d}N| = \lambda\int_0^\infty t\mathrm{e}^{-\lambda t}\mathrm{d}t = \frac{1}{\lambda}, \tag{5.17}$$

从而

$$T_{1/2} = 0.693\tau. \tag{5.18}$$

2.3 三种射线

在贝克勒尔发现放射性之后，1897 年卢瑟福从贝克勒尔射线中分离出两种不同的成分，并将它们分别命名为 α 射线和 β 射线。1900 年维拉德(P. Vilard)又发现了第三种穿透力非常强的射线，被卢瑟福命名为 γ 射线。1902 年卢瑟福根据当时的实验事实，对三种射线是这样描述的：

“(1) α 射线，很容易被薄层物质吸收……

(2) β 射线，由高速的负电粒子组成，从所有方面看都很像真空管中的阴极射线。

(3) γ 射线，在磁场中不偏折，具有极强的贯穿力。”

现在我们知道，α 射线是 ^{4}He 原子核组成的粒子束(α 粒子束)，β 射线是电子束，γ 射线是波长极短的电磁波(或者说光子束)。

2.4 α 衰变

早期的试验表明，α 衰变的特点是每一种物质只放出单一能量的 α 粒子，能量在 4 ~ 8 MeV 之间。后来，随着试验仪器的改进和试验技术的提高，发现某些核素也可以发射几组能量不同的 α 粒子。总之，α 粒子能量的取值是离散的，这反映了原子核具有离散的能级结构。

当 α 粒子通过物质时逐渐减速，最终停止，即它有一定的射程。α 粒子的初始动能愈大，射程愈大；所穿过的物质密度愈大，射程愈小。通过对 α

粒子在空气中射程的测量，可得知它的初始动能，但此法的能量分辨率很低。

当 α 粒子穿过气体时，能使之电离。让 α 粒子通过电离室，它将产生一定数量的离子对，从而使电离室输出一定的电脉冲。分析电脉冲的强度，便可得 α 粒子的能量。此法的能量分辨率可达 1～2%.

更精确地测量 α 粒子能量，需要用 α 磁谱仪，其能量分辨率可达 10^{-4}。磁谱仪是靠磁场对 α 粒子的偏折作用来确定它的能量的，由于 α 粒子的质量比电子大七千多倍，需要很强的磁场才能使它们有明显的偏折。因此，α 磁谱仪是一个较昂贵的仪器。

顺便说起，早年卢瑟福为了确定 α 粒子究竟是何种粒子，必须辨认它带怎样的电荷和较精确地知道它的荷质比，对此磁偏转是最好的方法。当时的困难是没有足够强的磁场和精确测量粒子径迹的办法，起初人们还认为 α 射线在磁场中不偏转。1903 年卢瑟福用非常巧妙的实验方法证明，❶ α 射线可以为磁场和电场偏折，且偏折方向与阴极射线相反，亦即，α 粒子是带正电的。当时卢瑟福所用的仪器如图 5－6a 所示，让镭放射源发出的辐射通过一排狭缝 G（缝宽 0.043 cm），再穿过极薄（0.00034 cm）的铝箔窗口进入探测容器 V，用 V 中的验电器来检测射线引起气体电离的强弱。容器中通有氢气流以强化 α 射线和抑制 β、γ 射线的电离作用。施加当时能达到尽量强的磁场（8 370 Gs）于垂直纸面的方向后，验电器探测到电离大部分被遏止。这说明 α 粒子在磁场中确实因受到偏折而未能通过狭缝 G. 施加电场的结果也类似。卢瑟福用将狭缝挡住一半的办法（见图 5－6b），判明了 α 粒子偏折的方向。尔后，卢瑟福于 1906 年得以测定

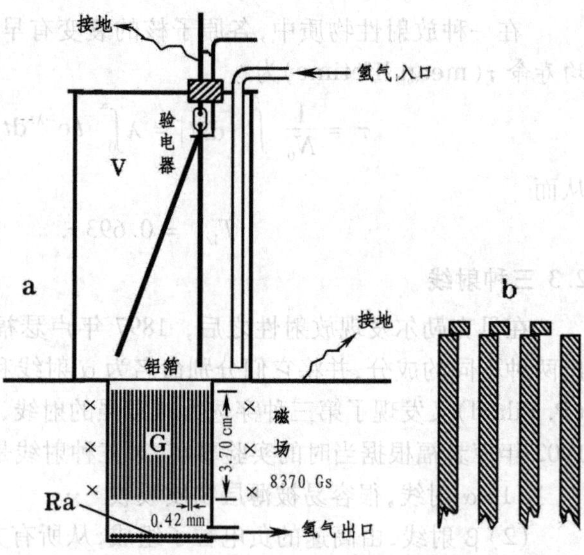

图 5－6　卢瑟福用磁场和电场偏折 α 粒子的实验装置

❶ E. Rutherford, *Phil. Mag.*, **5**(1903), 177.

α 粒子的荷质比的氢原子核的 2 倍,❶又于 1909 年从光谱上断定 α 粒子是氦原子核。❷

判定 α 粒子是氦核后,便可知 α 衰变是一个原子核 X(母核)自发地放出一个 α 粒子(氦核)而转变为另一种原子核 Y(子核)的过程。子核的质量数比母核少 4,电荷数比母核少 2,故此过程可写成:

$$ {}_{Z}^{A}\mathrm{X} \rightarrow {}_{Z-2}^{A-4}\mathrm{Y} + \alpha({}_{2}^{4}\mathrm{He}). \tag{5.19} $$

母核与子核静质能之差是衰变能 $E_{衰变}$:

$$ E_{衰变} = \left(M_{\mathrm{X}} - M_{\mathrm{Y}} - M_{\alpha}\right)c^2. \tag{5.20} $$

在质心系中,由于子核有反冲,α 粒子的动能 E_α 并不等于 $E_{衰变}$,它们之间的关系应是

$$ E_{衰变} = E_{\mathrm{Y}} + E_{\alpha}, \tag{5.21} $$

式中 E_{Y} 是子核的动能。因 α 衰变中的粒子速度远小于光速 c,可用非相对论的动能、动量公式:

$$ E_{\mathrm{Y}} = \frac{1}{2}M_{\mathrm{Y}}v_{\mathrm{Y}}^{2}, \quad E_{\alpha} = \frac{1}{2}M_{\alpha}v_{\alpha}^{2}, $$

而动量守恒律要求

$$ M_{\mathrm{Y}}v_{\mathrm{Y}} = M_{\alpha}v_{\alpha}, $$

由此知

$$ \frac{E_{\alpha}}{E_{\mathrm{Y}}} = \frac{M_{\mathrm{Y}}}{M_{\alpha}}, $$

或

$$ E_{\alpha} = E_{衰变}\frac{M_{\mathrm{Y}}}{M_{\mathrm{Y}} + M_{\alpha}} = E_{衰变}\left(1 - \frac{4}{A}\right). \tag{5.22} $$

通常发生 α 衰变的都是重元素,$A \gg 4$,故有 $E_{\alpha} \approx E_{衰变}$.

2.5 β 衰变中微子假说

与 α 射线的本质迟迟未能确认相反,β 射线早在 1900 年就被贝克勒尔用电场和磁场偏折的方法确定下来,认证了它与阴极射线一样,是电子束。电子带电 $-e$,所以 β 衰变的过程可写作

$$ {}_{Z}^{A}\mathrm{X} \rightarrow {}_{Z+1}^{A}\mathrm{Y} + \mathrm{e}^{-}, \tag{5.23} $$

即子核 Y 与母核 X 质量数一样,电荷数加 1.

与 α 衰变中发射出的粒子动能整齐划一不同,β 衰变中发射出的电子动能,从 0 到某个极大值 $E_{\max}$ 连续分布(见图 5-7)。α 衰变已表明核能级是离散的,因此 β 衰变的连续能谱是不能理解的,除非能量不守恒?此外,

---

❶ E. Rutherford, *Phil. Mag.*, **22**(1906), 122, 348.

❷ E. Rutherford and Royds, *Phil. Mag.*, **27**(1909), 281.

如1.3节所述,原子核中本不存在电子,是核内中子放出一个电子后变为质子,即β衰变中的电子是临时产生的。故β衰变前后原子核的质量数未变,从而自旋为$\hbar/2$倍数的奇偶性不变,即它们所遵循的统计法不变。然而发射出的电子是费米子,自旋为$\hbar/2$,因而反应式(5.23)的角动量不守恒!这又是一个难解的谜。

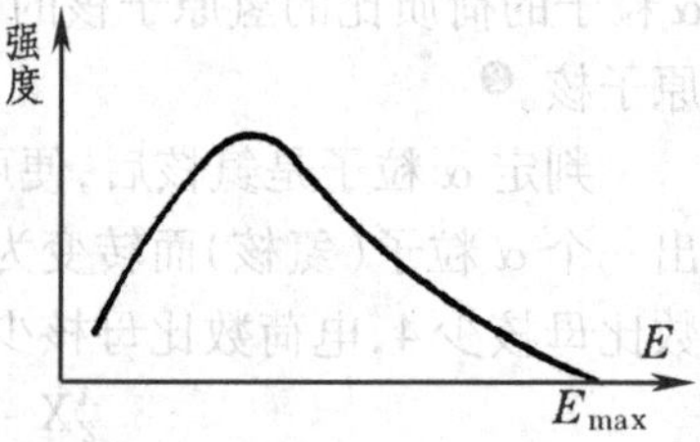

图5－7 β射线能谱

为了克服上述困难,泡利于1930年在一封给“从事放射性工作的女士们和先生们”的公开信中提出下列假说:β衰变过程在放出电子的同时,还放出一个质量比电子小得多的电中性粒子,其自旋为$\hbar$的半奇数倍,它与物质相互作用弱到难以探测。泡利起初把这种粒子叫做“中子”,后来被费米纠正为中微子(neutrino),现记作ν. 是中微子带走了β衰变中欠缺的能量、动量和角动量,于是上述所有困难都迎刃而解了。

按照中微子假说,β衰变的矢量图一般由图5－8a所示,子核Y、电子e和中微子ν的动量之和为0. 显然,当Y和e的动量大小相等、方向相反时(见图5－8b),ν的动量和动能皆为0,电子的动能最大;当Y和ν的动量大小相等、方向相反时(见图5－8c),电子的动量和动能皆为0。

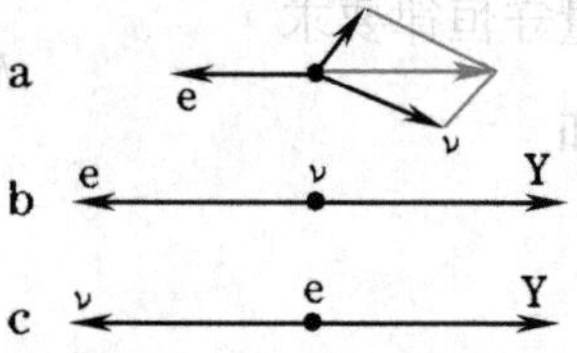

图5－8 β衰变中动量的分配

由于探测的困难,中微子假说直到22年后才被间接实验所验证, 26年后才被直接探测到。此是后话,详见本章8.4节。

天然的β衰变只有(5.23)式一种反应, 称为β^-衰变。人工放射性(见3.1节)还可能有另外两种反应: β^+衰变和K电子俘获。考虑到中微子,三种β衰变的确切反应式如下:

$$\begin{cases} \beta^- \text{ 衰变} \quad {}^A_Z X \to {}^{A}_{Z+1}Y + e^- + \bar{\nu}, & (5.24a) \\ \beta^+ \text{ 衰变} \quad {}^A_Z X \to {}^{A}_{Z-1}Y + e^+ + \nu, & (5.24b) \\ \text{K电子俘获} \quad {}^A_Z X + e^-_K \to {}^{A}_{Z-1}Y + \nu. & (5.24c) \end{cases}$$

(5.24a)式中的$\bar{\nu}$是反中微子,即中微子ν的反粒子;(5.24b)式中的e^+是正电子,即电子的反粒子(详见8.3节);(5.24c)式中的e^-_K是原子中K壳层的电子,它被原子核俘获了。K电子被俘获后留下空位,或由外层电子跃迁下来补充，发射出 X 射线来；或由 L 电子来补充，多余的能量不以 X 射线形式放出，而是转移给另一 L 电子，使之电离。这样发射出来的电子叫俄歇(Auger)电子。伴有 X 射线或俄歇电子的发射是 K 俘获过程的标志(见图 5－9)，在实验上很容易判别。

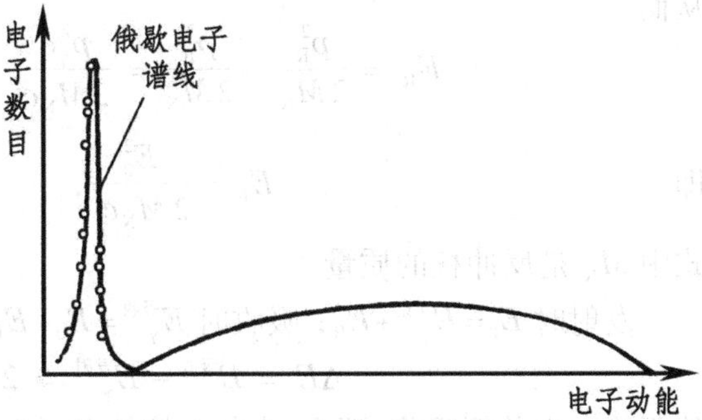

图 5－9 K 电子俘获的电子动能谱

2.6 γ 衰变 内转换 穆斯堡尔效应

原子核可以通过某种方式(譬如 β 衰变)达到激发态。正像原子中处于激发态的电子会跃迁到基态而发射光子那样，处于激发态的原子核也会跃迁到基态发出光子。不同的是原子中电子跃迁发射的光子能量只有 eV ~ keV 数量级，而原子核跃迁发射的光子能量具有 MeV 数量级，它们对应的波长比 X 射线还要短得多，为 10^{-3}nm 的数量级。这就是 γ 射线。

原子中的电子有不发射光子的非辐射跃迁，原子核也有非辐射跃迁，其中之一就是内转换(internal conversion)。内转换有两种形式：能量传递给一个核外电子，或产生正负电子对。应当说明，内转换电子，并不像有人设想的，是原子核发射的 γ 光子产生的“光电子”。有人曾做了理论计算，内转换电子的强度大过设想的 γ 射线产生的光电效应 10^2 倍。当原子核的激发能大于正负电子对的静质能 $2m_ec^2=1.02\,\mathrm{MeV}$ 时，就可能直接产生一对正负电子。

我们知道，原子具有强烈的共振吸收现象。例如，用钠灯照射钠蒸气，后者就会强烈地吸收前者发出的黄光。与此类比，人们预期，原子核也应有这种共振吸收的现象，它们可以强烈吸收同类核素发出的 γ 射线。然而很长时间内实验中观察不到这样的现象。后来才明白，这是因为原子核发射和吸收 γ 光子时要受到反冲的影响，使 γ 光子的能量(或者说频率)发生漂移。现在我们来计算这种漂移。

设质心系内 γ 衰变的能量为 E_0，它等于光子的能量 E_γ 与核的反冲动能 E_R 之和：

$$E_0=E_\gamma+E_\mathrm{R},$$

一般说来 $E_\gamma \gg E_\mathrm{R}$. 动量守恒要求

$$\boldsymbol{p}_\gamma+\boldsymbol{p}_\mathrm{R}=0,$$

从而

$$E_R = \frac{p_R^2}{2M_N} = \frac{p_R^2}{2M_N} = \frac{p_\gamma^2 c^2}{2M_N c^2} = \frac{E_\gamma^2}{2M_N c^2},$$

即

$$E_R \approx \frac{E_0^2}{2M_N c^2}, \tag{5.25}$$

式中 M_N 是反冲核的质量。

发射时 $E_0 = E_\gamma^{发射} + E_R$；吸收时 $E_\gamma^{吸收} = E_0 + E_R$. 两者之间有能量差：

$$\Delta E = E_\gamma^{吸收} - E_\gamma^{发射} = 2E_R, \tag{5.26}$$

故不能发生共振吸收。那么,为什么核外电子会发生共振吸收呢？原来谱线总是有一定宽度的,如果谱线的自然宽度 $\Gamma \ll \Delta E$(图5－10a),则不会有共振吸收；反之,如果 $\Gamma \gg \Delta E$(图5－10b),则发射谱线和吸收谱线之间有一个重叠区,在此区内可以产生共振吸收。

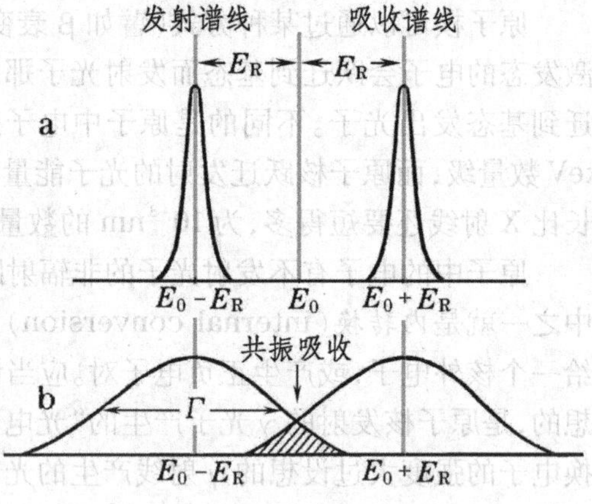

图5－10 谱线的宽度与共振吸收

对于钠原子的D线来说,$\Gamma \approx 4.4 \times 10^{-8}$ eV,$E_R \sim 10^{-10}$ eV,即 $\Gamma \gg 2E_R$,故实验上很容易观察到共振吸收现象。可是对于原子核,$\Gamma \sim 10^{-6} \sim 10^{-9}$ eV,但因γ光子的能量很大,E_R 大到 1.9×10^{-3} eV,从而 $\Gamma \ll 2E_{反冲}$,难怪在实验上观察不到共振吸收现象！

1957 年穆斯堡尔(R. L. Mössbauer)想到一种消除反冲的方法,即把发射和吸收γ光子的原子核置入固体晶格,使它受到晶格的束缚,与之形成一个整体。这样一来,(5.25)式中的 M_N 为整个固体的质量所代替,因这个质量非常大,E_R 就可忽略不计了,从而有效地观察到了共振吸收现象。这就是穆斯堡尔效应。

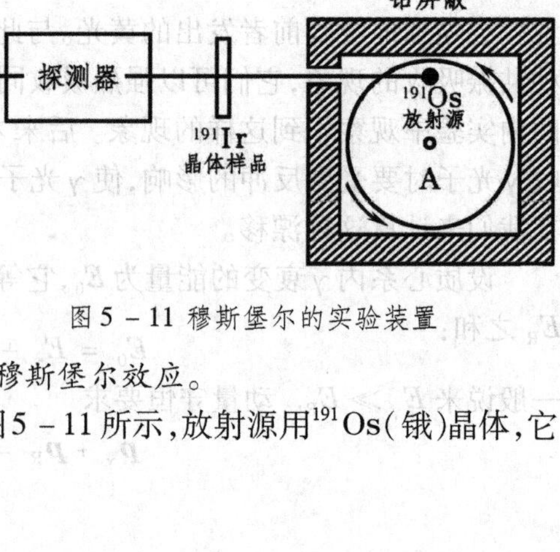

图5－11 穆斯堡尔的实验装置

穆斯堡尔所用的实验装置如图5－11所示,放射源用 ^{191}Os(锇)晶体,它

经 β^- 衰变到 ^{191}Ir（铱）的激发态，放出 γ 射线。吸收体用 ^{191}Ir 晶体，二者都冷却到 88 K. 在铅屏蔽室内发射源装在转盘 A 的边缘上，每当转到它暴露在吸收体前时，前者以一定的速度趋近或远离后者。这是为了利用多普勒效应来调整放射源的频率，使之扫过吸收体的共振峰。实验结果如图 5－12 所示，^{191}Ir 在 129 keV 的 γ 共振吸收谱线宽度很窄，约为 4.6×10^{-6} eV.

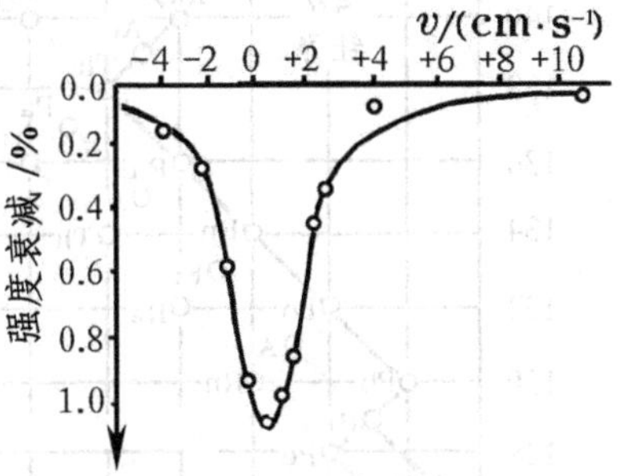

图 5－12 穆斯堡尔的共振吸收曲线
横坐标为放射源相对于吸收体的速度 v，可通过多普勒效应折合成能量差

目前人们研究得最多的是 ^{57}Fe 的 $E_\gamma=14.4$ keV 谱线，它的宽度只有 $\Gamma\approx9.3\times10^{-9}$ eV，从而相对宽度 $\Gamma/E_\gamma\approx6.5\times10^{-13}$，这意味着利用穆斯堡尔效应可以反映出 10^{-13} 的能量变化，这样高的能量分辨本领在基础研究和广泛的应用领域里是大有可为的。❶ 穆斯堡尔因此项研究而获得 1961 年诺贝尔物理奖。

2.7 放射系

自然界里的一些放射性重元素往往发生一系列连续的衰变而形成所谓放射系（radioactive series）。天然存在的放射系有三：铀系、钍系和锕系。它们都是从一个长寿命的“始祖”核素开始，半衰期可与地质年代（约 10^9 年）比拟，因而它们至今仍在地壳中保持一定的数量。此外，还有一个人工的放射系，即镎系。该系中半衰期最长的核素，寿命也比地质年代短得多，故它的成员几乎在地壳中不复存在。图 5－13 给出这四个放射系的衰变情形。图的横坐标为电荷数 Z，纵坐标为中子数 $N=A-Z$. 图中向左下方的直线代表一次 α 衰变，这时 Z 和 N 都减 2；向右下方的直线代表一次 β^- 衰变，这时 Z 加 1 而 N 减 1. 有分支的地方表示该处衰变有两种可能，它们各有一定的发生概率。

2.8 核素分布图

如图 5－14 所示，以质子数 A 为纵坐标，中子数 $N=A-Z$ 为横坐标，把

❶ 穆斯堡尔谱学在基础物理（如广义相对论的验证）、表面科学、化学、医学、考古、古董鉴定、环境保护，以及冶金、燃料等工业领域内的广泛应用，详见：李士. 铁钥匙——穆斯堡尔谱学. 长沙：湖南教育出版社，1994.

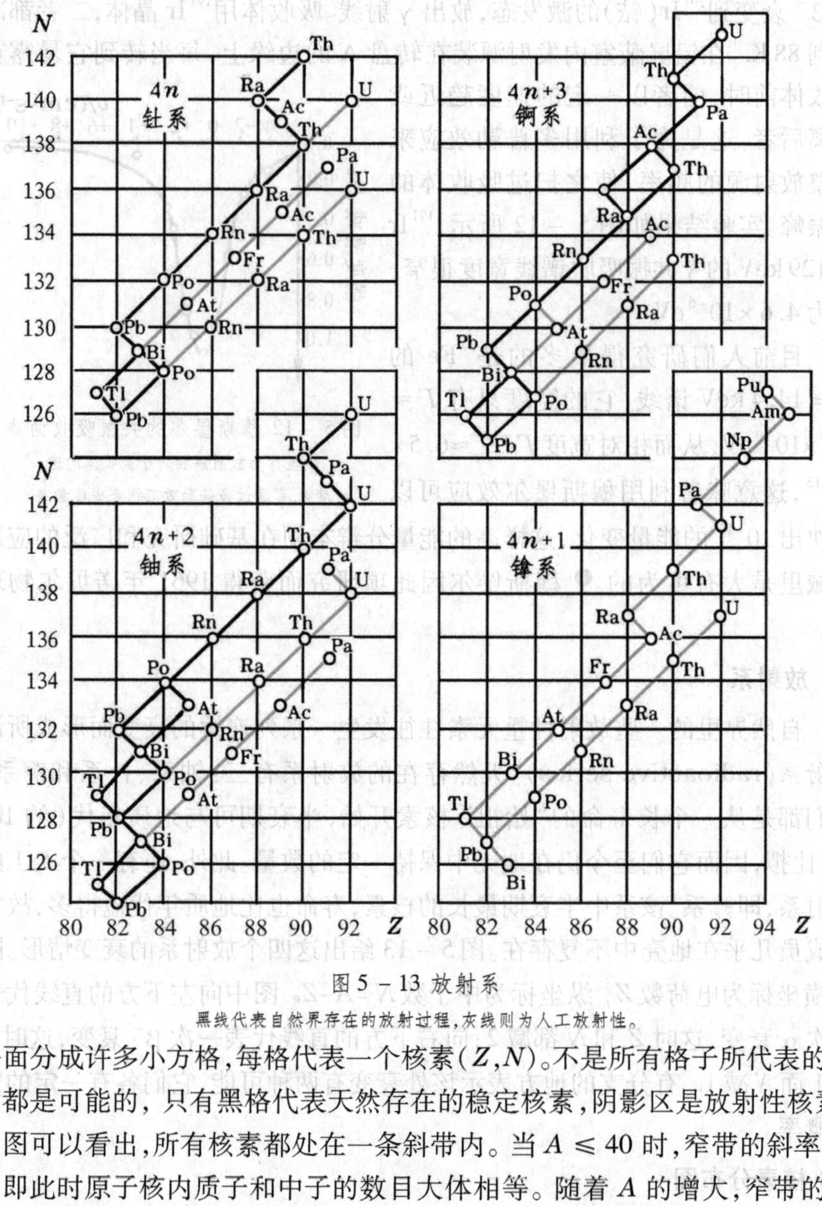

图 5－13 放射系

黑线代表自然界存在的放射过程，灰线则为人工放射性。

平面分成许多小方格，每格代表一个核素(Z,N)。不是所有格子所代表的核素都是可能的，只有黑格代表天然存在的稳定核素，阴影区是放射性核素。由图可以看出，所有核素都处在一条斜带内。当 $A \leqslant 40$ 时，窄带的斜率 ≈ 1，即此时原子核内质子和中子的数目大体相等。随着 A 的增大，窄带的斜率逐渐减小，即中子的比例加大。当 $A \geqslant 150$ 时，斜率降到 1/1.5、1/1.6 左右。这说明，核素愈重，中子的比例就愈大。

从放射性来看，在稳定带以下的核素中子过剩，一般是 β^- 衰变的；在稳定带之上的核素质子过剩，一般是 β^+ 衰变的或产生 K 俘获。

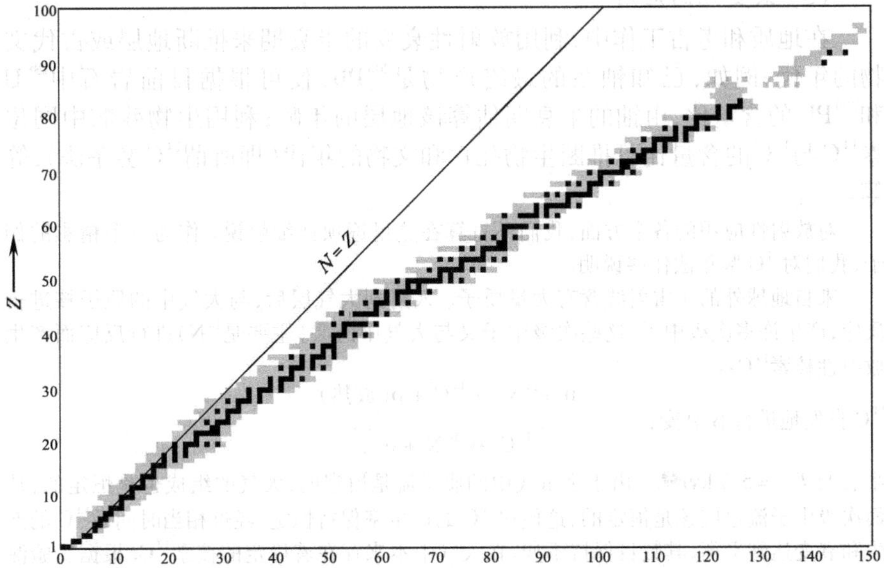

图 5－14 核素分布图

2.9 放射性的应用

放射性在工业，农业、医学、科学研究等各方面有着广泛的应用。其应用大致可以归纳成三个方面。

（1）示踪原子的应用

由于放射性核素能放出某种射线，可用探测仪器对它们进行追踪，因而可利用它们作为显示踪迹的工具。这就是示踪原子法。例如，农业上可利用放射性^{32}P 来研究作物对磷肥的吸收情况，从而改进施肥方法；工业上用放射性核素来检测机件的磨损情况，以便及时更换；在半导体制造工艺中利用示踪原子探测杂质在半导体内的扩散情况；医学上可利用它来提供生物机体内生理生化过程的动态信息，反映组织器官的整体局部功能，作无损伤的疾病诊断，等等。

（2）射线的应用

放射性辐射对物质会产生各种作用，可用来达到不同的目的。例如，工业上利用 γ 射线的穿透性来检查金属内部的伤痕，即所谓无损的 γ 探伤；利用 α、β 射线对空气的电离作用来消除有害的静电积累，以避免印刷、造纸、纺织、火药、胶片等工艺中废品或事故的产生；农业上可利用射线进行辐射育种来进行品种改良；用射线辐照粮食、水果、蔬菜等食品可达到防止发芽、腐烂和保鲜贮存的目的；医学上利用 γ 射线来杀菌和治疗恶性肿瘤，等等。

（3）衰变期的应用

在地质和考古工作中，利用放射性衰变的半衰期来推断地层或古代文物的年代。例如，已知铀系的最终产物是^{206}Pb，便可根据目前岩石中^{238}U和^{206}Pb的含量比，由铀的半衰期估算该地层的年龄；利用生物残骸中同位素^{14}C与^{12}C的含量比可推断生物死亡和文物的年代（即所谓^{14}C鉴年法），等等。

对放射性应用的各个方面，我们不打算在这里逐项详细解说。作为一个精彩的例子，我们对^{14}C鉴年法作些说明。

来自地球外的宇宙射线含有大量质子。入射到大气层后，与大气中的原子核进行反应，产生许多次级中子。这些次级中子又与大气中的氮（主要是^{14}N）进行反应而产生放射性核素^{14}C：

$$n + {}^{14}N \rightarrow {}^{14}C + p\text{（放热）}$$

^{14}C自发地进行β衰变：

$$^{14}C \rightarrow {}^{14}N + e^-,$$

半衰期$T_{1/2}=5.7\,\text{kyr}$❶. 由于宇宙线中的质子流是恒定的，大气的组成也是恒定的，从而次级中子流也应该是恒定的，这使得^{14}C的产生率保持恒定。经过相当时间后^{14}C的产生和衰变达到平衡，其数目保持不变。在大气中本来存在着稳定的核素^{12}C. 根据实验测定，大气中^{14}C与^{12}C数目之比为1.3×10^{-12}，此比例基本上与纬度无关。

植物吸收空气中的二氧化碳（其中包含碳的两种同位素^{14}C和^{12}C），动物又以植物为食物，通过食物链和新陈代谢，动植物和大气中的碳经常进行着交换，所以活体内^{14}C和^{12}C的比例与大气中的一样。当生物死亡后，这种交换停止了，生物体内的^{14}C只因衰变而减少，却得不到补充，从而生物遗骸中^{14}C与^{12}C的比例下降，下降率与^{14}C的半衰期有关。这样，我们就可以从生物遗骸中^{14}C与^{12}C的比例确定遗骸的年代。因受到^{14}C半衰期的限制，此法测定年代的范围，约在100年到30000年之间才比较准确。

^{14}C鉴年法的先驱利比（W. F. Libby）于1960年获得诺贝尔化学奖。

例题1 测得古墓骸骨100 g碳的β^-衰变率为900/min，求此墓年代。

解： 按（5.14）式和（5.16）式

$$t=-\frac{1}{\lambda}\ln\frac{N}{N_0}=-\frac{T}{\ln 2}\ln\frac{N}{N_0}, \tag{a}$$

式中$T=5.7\,\text{kyr}$为^{14}C的半衰期，N_0为墓主死亡时骸骨100 g碳中含^{14}C原子的数目：

$$N_0={}^{14}\text{C与}{}^{12}\text{C之比}\times\frac{100\,\text{g}\times N_A}{\text{碳的克分子量}}=1.3\times10^{-12}\times\frac{100\times6.022\times10^{23}}{12}=6.5\times10^{12}. \tag{b}$$

N为当前骸骨100 g碳中^{14}C原子的数目。已知

$$\frac{dN}{dt}=900/\text{min}=900\times60\times24\times365/\text{yr}=4.7304\times10^8/\text{yr}.$$

按（5.15）式

$$N=\frac{1}{\lambda}\frac{dN}{dt}=\frac{T_{1/2}}{\ln 2}\frac{dN}{dt}=\frac{5700\,\text{yr}}{0.693}\times4.7304\times10^8/\text{y}=3.89\times10^{12}. \tag{c}$$

将（b）、（c）式代入（a）式，得下葬距今年代

---

❶ yr代表年，kyr是千年。

$$t = -\frac{5700\,\mathrm{yr}}{0.693} \times \ln\frac{3.89 \times 10^{12}}{6.5 \times 10^{12}} \approx 4223\,\mathrm{yr}, \tag{d}$$

即古墓的年代约为公元前2200年。▌

图5－15 三星堆出土的青铜纵目面具

晋人常璩著《华阳国志》称："周失纲纪，蜀先称王。蜀侯蚕丛，其目纵，始称王…… 次王曰柏灌，次王曰鱼凫……"

"噫吁嚱，危乎高哉，蜀道之难难于上青天。蚕丛及鱼凫，开国何茫然。尔来四万八千岁，不与秦塞通人烟……"（李白《蜀道难》）据史书《蜀王本纪》（汉朝扬雄或三国蜀人谯周所著）载，古蜀国称王者有蚕丛、柏灌、鱼凫、杜宇、开明诸氏，累计三万四千年。然而即便以黄帝之世，最早不过新石器时代晚期的父系社会，也没有这样久远。难道那时蜀已立国？千古蜀魂，扑朔迷离，神秘不可捉摸！谜底终于1986年揭开，四川广汉三星堆蔚为壮观的青铜、玉器等大批精湛文物出土，祭坛、城阙等遗址重见天日。美轮美奂，可与世界上任何重大考古发现相媲美。消息传出，举世为之一震。经^{14}C鉴年法测定，古蜀立国约距今4800–2800年间，将巴蜀文化史向前推早了近2000年。

§3. 核反应

3.1 人工核反应与人工放射性

所谓核反应（nuclear reaction），是指粒子（质子、中子、α粒子、γ光子，也包括原子核）与原子核之间的相互作用所引起的各种核变化过程。1.2节讲卢瑟福1919年用放射性钋源发出的α粒子撞击氮核而发现质子的反应，

$$\alpha + {}^{14}\mathrm{N} \rightarrow {}^{17}\mathrm{O} + \mathrm{p}\ ,$$

就是用人工方法实现的第一例核反应。1932年考克饶夫特（J.D. Cockroft）和瓦耳顿（E.T.S. Walton）发明了第一种粒子加速器——高压倍压器，将质子加速到500 keV的能量去撞击锂核所产生的核反应

$$\mathrm{p} + {}^{7}\mathrm{Li} \rightarrow \alpha + \alpha, \tag{5.27}$$

是人工加速粒子产生核反应的第一例。

1934年约里奥－居里夫妇发现，把铝箔放在放射性钋制品上受到辐射时会发射正电子；即使把放射性物质移去，正电子发射也不停止。写成核反应式，就是

$$\alpha + {}^{27}\mathrm{Al} \rightarrow {}^{30}\mathrm{P} + \mathrm{n}, \tag{5.28a}$$

生成物^{30}P是不稳的，生成后进行β^+衰变：

$${}^{30}\mathrm{P} \rightarrow {}^{30}\mathrm{Si} + \mathrm{e}^+. \tag{5.28b}$$

天然的^{30}P 是不存在的,这是人工放射性(artificial radioactivity)的第一例。1935年约里奥-居里夫妇为人工放射性的发现而获得诺贝尔化学奖,弥补了他们因未能发现中子而错过的诺贝尔物理奖。

1.2 节提到,导致中子发现的核反应是

$$\alpha + {}^{9}\mathrm{Be} \rightarrow \mathrm{n} + {}^{12}\mathrm{C}, \tag{5.29}$$

探测中子常采用下列核反应:

$$\mathrm{n} + {}^{10}\mathrm{B} \rightarrow {}^{7}\mathrm{Li} + \alpha, \tag{5.30}$$

这些都是著名的核反应实例。

在中子和人工放射性被发现之后,费米(E. Fermi)认识到,由于中子穿透性很强,它在产生人工放射性方面应该比 α 粒子更有效。中子与氟的核反应

$$\mathrm{n} + {}^{19}\mathrm{F} \rightarrow {}^{20}\mathrm{F} \rightarrow {}^{20}\mathrm{Ne} + \mathrm{e}^{-} \tag{5.31}$$

首次证实了他的想法。此后,费米和他的合作者们用中子轰击周期表中各种元素的核,产生了许多人工放射性核素。他们发现,中子通过含氢的物质(譬如石腊)时,会增加产生人工放射性的效率。费米对此给出了理论解释:中子与质子之间的弹性碰撞使中子慢化,慢化了的中子有更充分的时间与原子核进行反应。为了这些贡献,费米获得1938年诺贝尔物理奖。

$Z=92$ 的铀是周期表中原子序数最高的天然元素。1934年费米用中子轰击各种原子核的目的之一,是想人工制造 $Z>92$ 的所谓*超铀元素*(trans-uranium element)。超铀元素都是人工制造的放射性元素,现在已合成近20个超铀元素,它们之中绝大部分是在美国劳伦斯(Lawrence)实验室制造出来的。首例是1939年用慢中子轰击铀制造的,其核反应式为

$$\mathrm{n} + {}^{238}_{92}\mathrm{U} \rightarrow {}^{239}_{92}\mathrm{U} \rightarrow {}^{239}_{93}\mathrm{Np} + \mathrm{e}^{-}, \tag{5.32a}$$

$${}^{239}_{93}\mathrm{Np} \rightarrow {}^{239}_{94}\mathrm{Pu} + \mathrm{e}^{-}. \tag{5.32b}$$

铀(Uranium)的名称取自天王星(Uranus),${}^{238}_{92}$U 吸收慢中子后变成它的不稳定同位素 ${}^{239}_{92}$U,后者经过 β^- 衰变,变成第一个超铀元素——$Z=93$ 的镎(Neptunium, 符号 Np),名称取自海王星(Neptun)。镎也是放射性的,它经过 β^- 后成为第二个超铀元素——$Z=94$ 的钚(Plutonium,符号 Pu),名称取自冥王星(Pluto)。天王、海王、冥王都是希腊神话中的角色。这就是上列核反应式所表达的内容。其它超铀元素请见本书第243页元素周期表。

中子打在稳定的靶核上会被"吃"掉。吃了中子的核变成该核素的同位素,后者一般处于不稳定的激发态,它们要通过发射 γ、β、α 粒子或质子进行衰变,变成稳定的新核素。这就是*中子活化过程*。不同物质的中子活化具有能量、时间等方面鲜明的特征,就像人的指纹一样,各不相同。一种高

灵敏度分析技术——中子活化分析技术就此诞生了,它在地质、冶金、石油工业、农业、医学、考古等领域内有着广泛的应用。

1815 年 6 月一代怪杰拿破仑在滑铁卢战败后,被英国放逐到圣赫勒拿岛上。几年以后,拿破仑经常呕吐、虚脱,全身浮肿,四肢无力。1821 年 5 月 5 日黄昏,这位威镇欧洲的法兰西第一帝国的皇帝,就此悲愤地驾崩了。拿破仑之死给人们留下一个疑案,历史学家认为是他的亲信被买通,在御酒中放了砒霜。1960 年科学家用中子活化分析技术检验出,拿破仑头发的含砷量大于正常人四五倍。140 年的谜终于揭晓了。

3.2 反应能 阈能

由粒子 x 与核 A 碰撞形成核 B 和粒子 y 的核反应

$$\mathrm{x} + \mathrm{A} \rightarrow \mathrm{B} + \mathrm{y} \tag{5.33}$$

称为*二体核反应*。二体反应常缩写为 A(x, y)B. 当入射粒子能量较高时,反应后也可能同时发射三个或更多个粒子,则分别称为*三体核反应*与*多体崩裂核反应*。这里我们只讨论二体核反应。

令核反应式(5.33)中各粒子的静质量和动能分别为 M_x、M_A、M_B、M_y 和 E_kx、E_kA、E_kB、E_ky, 能量守恒的条件给出:

$$M_\mathrm{x}c^2 + E_\mathrm{kx} + M_\mathrm{A}c^2 + E_\mathrm{kA} = M_\mathrm{B}c^2 + E_\mathrm{kB} + M_\mathrm{y}c^2 + E_\mathrm{ky}, \tag{5.34}$$

反应能 Q 定义为

$$Q \equiv (E_\mathrm{kB} + E_\mathrm{ky}) - (E_\mathrm{kx} + E_\mathrm{kA}) = \left[(M_\mathrm{x} + M_\mathrm{A}) - (M_\mathrm{B} + M_\mathrm{y})\right]c^2. \tag{5.35}$$

$Q>0$ 的核反应称为*放能反应*,$Q<0$ 的核反应称为*吸能反应*。❶ 例如,在核反应(5.27)式中 $M_\mathrm{x}(\mathrm{p})=1.007825\,\mathrm{u}$, $M_\mathrm{B}(^7\mathrm{Li})=7.016004\,\mathrm{u}$, $M_\mathrm{B}(\alpha)=M_\mathrm{y}(\alpha)=4.002603\,\mathrm{u}$, 由(5.35)式算出 $Q/c^2=0.018623\,\mathrm{u}$, 或 $Q=17.35\,\mathrm{MeV}>0$, 故该反应是放能反应。

下面我们再利用动量守恒条件写出 Q 的另一种形式的表达式。如图 5-16 所示,设 A 是靶粒子,从而 $E_\mathrm{kA}=0$, $\boldsymbol{p}_\mathrm{A}=0$, 动量守恒的条件给出

$$\boldsymbol{p}_\mathrm{x} = \boldsymbol{p}_\mathrm{B} + \boldsymbol{p}_\mathrm{y}, \tag{5.36}$$

或

$$p_\mathrm{y}^2 = p_\mathrm{x}^2 + p_\mathrm{B}^2 - 2p_\mathrm{x}p_\mathrm{B}\cos\theta, \tag{5.37}$$

式中 θ 是 $\boldsymbol{p}_\mathrm{x}$、$\boldsymbol{p}_\mathrm{y}$ 之间的夹角。在非相对论的情况下, $p_i^2 = 2M_iE_{\mathrm{k}i}$ $(i = \mathrm{x,B,y})$, (5.37)式可改写为

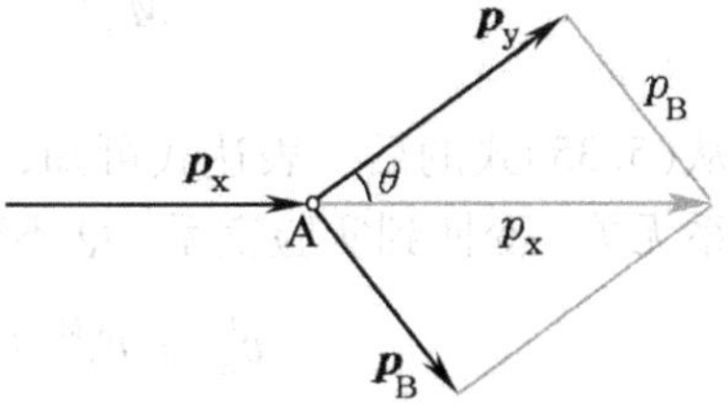

图 5-16 核反应中的动量守恒

$$M_\mathrm{B}E_\mathrm{kB} = M_\mathrm{x}E_\mathrm{kx} + M_\mathrm{y}E_\mathrm{ky} - 2\sqrt{M_\mathrm{x}E_\mathrm{kx}M_\mathrm{y}E_\mathrm{ky}}\cos\theta,$$

---

❶ 反应物也可能处于激发态,那时反应能将有所不同。若不声明,通常 Q 指反应物都处于基态时的反应能。

在靶粒子静止时能量守恒条件(5.35)式化为

$$Q = E_{kB}+E_{ky}-E_{kx},$$

从两式中消去 E_{kB},得

$$Q = \left(1+\frac{M_y}{M_B}\right)E_{ky}-\left(1-\frac{M_x}{M_B}\right)E_{kx}-\frac{2\sqrt{M_xE_{kx}M_yE_{ky}}}{M_B}\cos\theta. \tag{5.38}$$

如果 x 和 y 都是较轻的粒子,而 A 和 B 是较重的核,即 $M_x/M_B \ll 1$, $M_y/M_B \ll 1$,则(5.38)式中它们都可近似地用质量数之比 A_x/A_B、A_y/A_B 代替:

$$Q = \left(1+\frac{A_y}{A_B}\right)E_{ky}-\left(1-\frac{A_x}{A_B}\right)E_{kx}-\frac{2\sqrt{A_xE_{kx}A_yE_{ky}}}{A_B}\cos\theta, \tag{5.39}$$

上式称为核反应的 Q 方程。若已经知道 x、A、B、y 是什么粒子或什么核,即已知质量数 A_x、A_A、A_B 和 A_y, 但不知反应能 Q 和剩余核 B 的精确质量 M_B, 则可利用上述核反应实验将 E_{kx}、E_{ky} 和 θ 测出,利用(5.39)式可求得 Q, 再利用(5.35)式求出 M_B. 事实上,许多原子核的质量就是这样确定的。

引起特定的核反应, 入射粒子的动能 E_{kx} 有个最小值,称为该核反应的阈能(threshold energy),记作 $E_{阈}$。求阈能最直接的办法是先在质心系 CM 里讨论问题,然后再变换到实验室系 L 来。在质心系中 $E_{kB}^{CM} = E_{ky}^{CM} = 0$ 时所需入射粒子动能最小,这时

$$Q = -\left(E_{kx}^{CM} + E_{kA}^{CM}\right),$$

在质心系中动量的关系为

$$M_A v_A^{CM} = - M_x v_x^{CM},$$

从而

$$E_{kA}^{CM} = \frac{1}{2}M_A(v_A^{CM})^2 = \frac{1}{2}M_A\left(\frac{M_x}{M_A}v_x^{CM}\right)^2 = \frac{1}{2}M_x\frac{M_x}{M_A}(v_x^{CM})^2 = \frac{M_x}{M_A}E_{kx}^{CM},$$

故

$$Q = -\left(1+\frac{M_x}{M_A}\right)E_{kx}^{CM}, \quad 即 \quad E_{kx}^{CM} = -\frac{Q}{\left(1+\dfrac{M_x}{M_A}\right)}. \tag{5.40}$$

从(5.35)式的后一表达式可知, Q 只与 4 个粒子的静质量有关, 故与参考系无关。变换到实验室系, Q 不变, 速度的变换为

$$v_A^L = v_A^{CM} - v_A^{CM} = \left(1+\frac{M_x}{M_A}\right)v_x^{CM},$$

所以

$$E_{kx}^L = \left(1+\frac{M_x}{M_A}\right)^2 E_{kx}^{CM}. \tag{5.41}$$

上式中的 E_{kx}^L 就是阈能 $E_{阈}$。从(5.40)、(5.41)两式可得阈能与反应能的关系:

$$E_{阈} = -\left(1+\frac{M_x}{M_A}\right)Q \approx -\left(1+\frac{A_x}{A_A}\right)Q. \tag{5.42}$$

对于放能核反应 $Q>0$，$E_{阈}$ 取负值是没有意义的。实际上任意小的入射能量都能引发放能核反应，对于它们来说无所谓阈能。上式只对吸能核反应有意义。

3.3 反应截面

设一束入射粒子垂直打在一片靶物质上，如图 5 – 17 所示。

令粒子束的横截面积为 A，靶物质内靶核的数密度为 n，则在 $\mathrm{d}x$ 距离内粒子束将遇到 $\mathrm{d}n=nA\,\mathrm{d}x$ 个靶核。若把靶核看成半径为 R 的刚性球，每个靶核的横截面积为 $\sigma_{几何}=\pi R^2$，则入射粒子被靶核挡住的横截面积为 $\mathrm{d}A=\sigma_{几何}\mathrm{d}n=\sigma_{几何}nA\,\mathrm{d}x$. 每当入射粒子束穿过距离 $\mathrm{d}x$ 后，它的强度 I 减少 $-\mathrm{d}I$，强度的相对减少量为

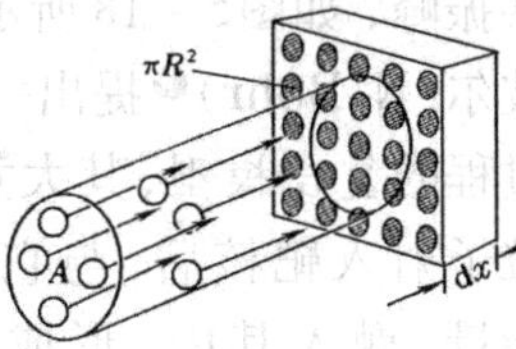

图 5 – 17 截面的概念

$$-\frac{\mathrm{d}I}{I}=\frac{\mathrm{d}A}{A}=\frac{\sigma_{几何}nA\,\mathrm{d}x}{A}=\sigma_{几何}n\,\mathrm{d}x.$$

这里的 $\sigma_{几何}$ 是靶核的*几何截面*，它反映了入射粒子在刚性靶核上碰撞的概率。实际上，入射粒子与靶核进行核反应的概率一般小于此概率。我们保持上式的形式，用以描绘入射粒子因核反应而引起强度的相对减少：

$$-\frac{\mathrm{d}I}{I}=\sigma n\,\mathrm{d}x, \tag{5.43}$$

这里的 σ 也具有面积的量纲，称为*反应截面*。σ 并不具有 $\sigma_{几何}$ 那样直观的几何意义，只是描述入射粒子与靶核反应概率的一个物理量。

反应截面 σ 的习惯单位是*靶恩*（barn，记作 b），$1\,\mathrm{b}=100\,\mathrm{fm}^2=10^{-28}\,\mathrm{m}^2$. 国际计量委员会认为，靶恩属于将来必须停止使用的非国际单位。此单位现在仍有不少人在使用。

如果入射粒子与靶核之间可能进行多种核反应，每种反应称为一个*反应道*（reaction channel）。不同的反应道有不同的概率，或者说，各有各的反应截面。于是总反应截面是各反应道的反应截面之和：

$$\sigma=\sigma_1+\sigma_2+\cdots, \tag{5.44}$$

σ_i 称为第 i 个反应道的*分反应截面*。

核反应后出射的粒子有一定的角分布。为了反映这种角分布，我们引进*微分反应截面* $\sigma(\theta,\varphi)$ 的概念。它与总反应截面 σ 的关系为

$$\sigma=\int\sigma(\theta,\varphi)\,\mathrm{d}\Omega, \tag{5.45}$$

式中 $\mathrm{d}\Omega$ 是立体角元。类似的式子适用于每一反应道的分反应截面。

3.4 核反应机制

从核反应现象来分析,可认为大体上存在两种反应机制:复合核过程与直接反应过程,现分述如下。

(1) 复合核过程

历史上,1934–1936 年间,费米等人用中子轰击周期表内六十多种核素。他们发现,入射中子经石腊慢化后,反应截面有时会增大几个数量级,且选择性很强。用能量连续分布的中子束入射时,反应截面曲线出现许多共振峰,如图5–18所示。1936年玻尔(N. Bohr)[1]提出一个核反应过程的复合模型,其大意说:入射粒子射入靶核后,与它充分交换能量,融入其中,形成一个复合核;在复合核中入射粒子已成为其中核子的一个平等成员,失去自己历史的"记忆"。复合核一般处于激发态,它形成后将产生衰变。所以复合核模型实际上假定了核反应有两个独立的阶段:复合核的形成阶段和衰变阶段。衰变后的出射粒子呈各向同性的角分布。用反应式表示这两个阶段,则有

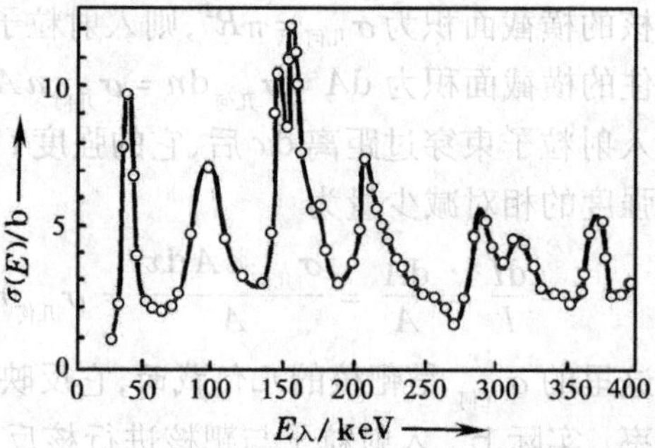

图 5–18 中子照射铝核的激发曲线

$$a + A \rightarrow C^{*} \rightarrow B + b, \tag{5.46}$$

式中a是入射粒子,A是靶核,C是复合核(星号表示它处于激发态),b是出射粒子,B是剩余核。复合核模型成功之处在于解释了上述共振现象,即当入射粒子能量加上它与靶核的结合能正好等于复合核内某一能级时,反应截面特别大。

(2) 直接反应过程

当入射粒子的能量较高时,它们与靶核中一个或少数核子直接作用后射出,此时出射粒子保留了入射粒子的许多"记忆",如角分布前倾,集中在小角度范围。

以上两种过程不是截然分开的,往往同时存在。一般说来,入射粒子能量较低时,形成复合核的概率较大;能量较高时,直接作用的成分较大。直接作用过程的时间很短,为 $10^{-22} \sim 10^{-20}$ s 量级;复合核形成过程的时间要长得多,为 $10^{-18} \sim 10^{-15}$ s 量级。

---

[1] N. Bohr, *Nature*, **137**(1936), 344.

§4. 裂 变

4.1 核裂变反应的发现

核裂变,是指周期表中最重的一批原子核(质量数A在200以上),在中子的轰击下分裂成大小差不多相等的两块(每块的质量数A为100多)的核反应。单个中子竟能将比它大200多倍的庞然大物劈成两半!在实验中未发现核裂变之前,科学家们谁也没想到有这种可能性。核裂变的发现为人类打开了原子能应用的大门,具有划时代的意义。简短地回顾一下这段历史,是颇有教益的。

1934年夏,费米小组用中子轰击当时所知的最重核素$^{238}_{92}U$,得到一种半衰期为13分钟的放射性产物。化学分析表明,这产物不属于从铅(Pb,$Z=82$)到铀之间的重元素。此结果与中子轰击其它重元素的结果不一样,使费米等人大为惊异。其实这是最早出现的重核裂变现象,但费米猜想它可能是93号超铀元素,但认为实验证据不足,不能下结论。尽管如此,我们在3.1节曾提到费米得1938年诺贝尔物理奖,当时的理由中却包含了"超铀元素的合成"。

1938年伊伦·约里奥-居里(Irène Joliot-Curie)等人发表实验结果,中子辐照铀以后的产物中有一种半衰期为3.5小时的放射性物质,其化学性质很像镧,但不肯定。德国化学家哈恩(O. Hahn)看了以后便和助手重复他们的实验。他们用化学分析手段无可辩驳地肯定了中等元素钡(Ba,$Z=56$)和镧(La,$Z=57$)的出现。哈恩感到很难理解,就如实地报导了实验结果。[1]

哈恩本来有一位长期合作的奥地利女物理学家迈特纳(L. Meitner),她由于是犹太血统,1938年被迫移居瑞典。哈恩的论文在未发表之前先寄给了迈特纳。迈特纳有个外甥,叫弗里胥(O. R. Frisch),在哥本哈根玻尔那里工作。圣诞节期间弗里胥到瑞典去探望姨妈,正值她刚读了哈恩的信。在二人讨论的过程中,迈特纳用玻尔的"液滴模型"说明了重核裂变的机制,从理论上解释了哈恩的实验结果。[2]裂变(fission)一词就是他们借鉴生物学细胞分裂的概念首先引进的。

如图5-19所示,当中子被重核俘获后形成复合核。复合核处于激发态,它将发生集体振荡而变形。这时,有两种相互竞争的力在起作用:表面张

---

[1] O. Hahn and F. Strassman, *Naturwiss*. **26**(1938), 755; 27(1939), 11, 89.

[2] L. Meitner and O. R. Frisch, *Nature*(London), **143**(1939), 239.

力和库仑斥力。库仑斥力使核的形变扩大,表面张力使核恢复球形。如果库仑斥力胜过表面张力,被拉长的椭球有可能最终断裂为两半。这就是液滴模型对核裂变的解释。

弗里胥赶回哥本哈根时,正值玻尔准备赴美。弗里胥告诉他哈恩的实验和自己跟迈特纳的看法,玻尔听了十分兴奋,旋即将此重大科学进展向华盛顿的第五届理论物理讨论会作了汇报,引起与会者(其中包括费米)很大的兴趣。哈恩因核裂变的发现获得1944年诺贝尔化学奖。

4.2 核裂变反应的特点

(1) 核裂变过程释放巨大能量

核裂变过程一般是被中子撞击的原子核先吸收中子形成复合核,然后再分裂成两个中等的碎片。❶ 例如,慢中子使^{235}U发生裂变的反应过程可写作

$$n + {}^{235}U \to {}^{236}U^* \to X + Y, \qquad (5.47)$$

这里$^{236}U^*$是处于激发态的复合核, X和Y代表裂变后的两个碎片。我们从原子核的比结合能(即核子的平均结合能)曲线图5-4可以知道,在$A=236$附近比结合能ε约为7.6 MeV. 假如对半分,碎片的$A=118$,对应的ε约为8.5 MeV, 因此^{236}U对半分裂后将释放能量

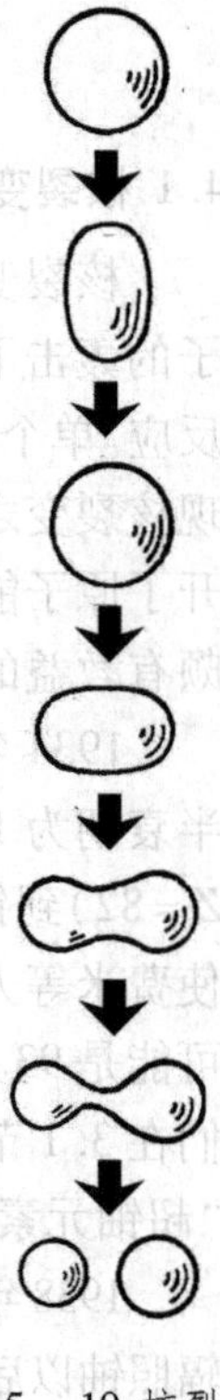

5-19 核裂变的液滴模型

$$E = (8.5 - 7.4)\,\mathrm{MeV} \times 236 = 210\,\mathrm{MeV}. \text{ ❷}$$

按此计算,1 g的铀裂变所释放的能量,相当于3吨以上的煤燃烧时所释放的能量。

(2) 核裂变产物有多种组合方式

例如,中子射入^{235}U核后可以分裂为^{144}Ba + ^{89}Kr, 也可以分裂为^{140}Xe + ^{94}Sr, 裂变物的组合方式多达60种以上。分裂后的碎片也是不稳定的,它们还要经历一长串衰变过程,才稳定下来。例如

$$(a)\quad \begin{cases} n + {}^{235}U \to {}^{236}U^* \to {}^{144}Ba + {}^{89}Kr + 3n, \\ {}^{144}Ba \xrightarrow{\beta^-} {}^{144}La \xrightarrow{\beta^-} {}^{144}Ce \xrightarrow{\beta^-} {}^{144}Pr \xrightarrow{\beta^-} {}^{144}Nd, \\ {}^{89}Kr \xrightarrow{\beta^-} {}^{89}Rb \xrightarrow{\beta^-} {}^{89}Sr \xrightarrow{\beta^-} {}^{89}Y. \end{cases} \qquad (5.48a)$$

❶ 1947年钱三强、何泽慧发现三分裂的现象,但其概率是很小的。

❷ 实际上裂变释放的能量比这略少一些,可利用的能量更少。例如^{235}U裂变后释放能量200 MeV, 可利用的能量约185 MeV.

$$
(b)\quad \begin{cases} n + {}^{235}U \rightarrow {}^{236}U^{*} \rightarrow {}^{140}Xe + {}^{94}Sr + 2n, \\ {}^{140}Xe \xrightarrow{\beta^-} {}^{140}Cs \xrightarrow{\beta^-} {}^{140}Ba \xrightarrow{\beta^-} {}^{140}La \xrightarrow{\beta^-} {}^{140}Ce, \\ {}^{94}Sr \xrightarrow{\beta^-} {}^{94}Y \xrightarrow{\beta^-} {}^{94}Br. \end{cases} \qquad (5.48b)
$$

从上面的例子可以看出，二分裂的两个碎片并不对分，而是一大一小。图5－20给出了^{236}U裂变产物的相对产额随质量数A的分布情况。绝大部分产物分布在$85<A<105$和$130<A<150$两个区间里，真正对分的($A=118$)产物是很少的。产额最高值出现在$A=96$和140两个值附近，比对分时的产额大出700倍。其它裂变材料(如^{238}U和^{239}Pu)也有类似的情况。

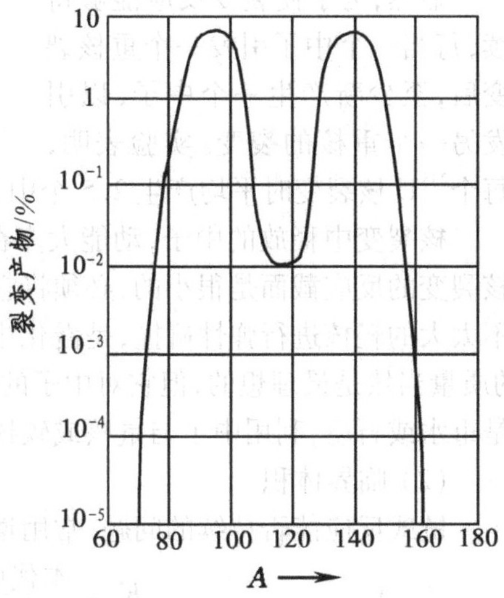

图5－20 裂变产物的相对产额与质量数的关系

(3) 裂变时放出中子

2.7节指出，核素愈重，中子的比例就愈大。故重核素裂变成两块时中子总是过剩的。所以通常总有一些中子伴随着碎片产生，而且碎片本身也往往因中子过剩而成为β^-衰变的。反应式(5.48a)和(5.48b)都说明了这一点。

(4) 对不同的重核，中子引起裂变的反应截面不同

动能相当于室温(几十meV)的中子，称为热中子。热中子引发核裂变的反应截面比快中子大得多。例如，热中子引发^{235}U裂变的反应截面为582.2b，但它几乎不引起^{238}U裂变。天然铀中99.27%是^{238}U，其有效裂变反应截面只有4.18b. 3.1节给出的反应式(5.32a)、(5.32b)表明，^{238}U吸收了中子，最后会变成^{239}Pu(钚). 中子引发^{239}Pu裂变的反应截面倒是很大的，达742.5b之多。

4.3 链式裂变反应和反应堆

一个^{235}U核裂变产生的能量虽有200 MeV之钜，它不过折合3.3×10^{-11}J，与日常生活用能相比是微不足道的。为了使裂变能可被利用，必须让一个核的裂变能够引发一个或一个以上的核发生裂变，让核裂变过程自己持续下去，源源不断地将核能释放出来(见图5－21)。这样的核反应叫做

链式反应(chain reaction)。为实现核裂变的链式反应,首先要解决两个问题:

(1) 中子的产额和慢化

显然,为了使裂变反应能够持续,每当一个中子引发一个重核裂变后,至少新产生一个中子,以引发另一个重核的裂变。实验表明,每个^{235}U 核裂变时平均产生 2.5 个中子。中子的产额是没有问题的。

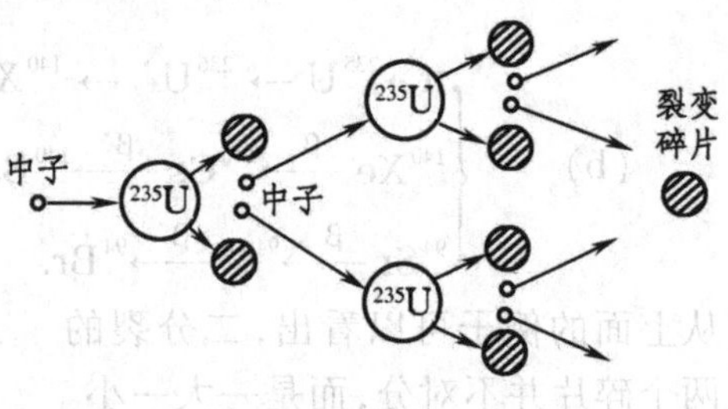

图 5 - 21 链式反应

核裂变中释放的中子,动能大多在 MeV 的数量级。这样快的中子引发核裂变的反应截面是很小的,必须将它们慢化成热中子。使中子与质量相差不太大的轻核进行弹性碰撞,是慢化中子的有效手段。水中氢核(即质子)的质量当然是最理想的,但它对中子的吸收截面太大。目前最常用的减速剂是重水或石墨,利用中子与氘核或碳核的弹性碰撞使之慢化。

(2) 临界体积

链式反应能否持续的问题,常用**增殖系数** K 来描述,它定义为

$$K = \frac{\text{本代中子总数}}{\text{上代中子总数}}. \tag{5.49}$$

维持链式反应的条件是 $K \geqslant 1$.

加大增殖系数的关键是减少有效中子数目的损失。天然铀中可裂变的核燃料^{235}U 只占 0.73%,大部分的^{238}U 只消耗中子而不发生裂变。所以提高增殖系数的办法之一是浓缩天然铀中^{235}U 的比例。从反应体表面逃脱,是中子损失的另一原因。故加大反应体的体积,因而减少表面损失,是提高增殖系数的另一途径。事实证明,当反应体达到一定的**临界体积**时,即使铀不浓缩,链式反应也会持续。

原子反应堆是一种可控的链式反应装置,其结构如图 5 - 22 所示,由堆芯、中子反射层、控制系统和屏蔽层等部分组成。堆芯是反应堆的心脏,它由核燃料、中子减速剂和冷却剂组成。核燃料用浓缩铀,也可以用天然铀;减速剂用石墨或重水,重水还可起到冷却剂的作用。对中子增殖过程的控制靠插入控制棒来实现,控制棒用对中子有很大吸收截面

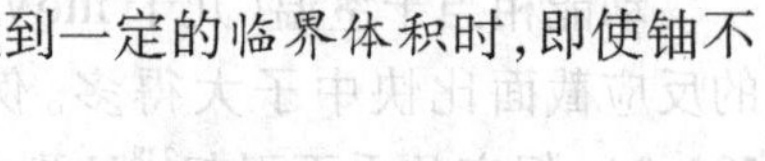

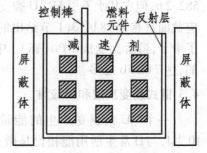

图 5 - 22 裂变反应堆示意图

的硼或镉做成。此外，为了防止中子的泄漏损失，堆芯用反射中子的材料围起来，石墨和铍都是良好的中子反射体。

虽然天然铀里绝大部分是同位素^{238}U，它不是好的裂变材料，但 3.1 节提到，中子打到它上面会产生^{239}Pu［见反应式(5.32a)和(5.32b)］。如 4.2 节所述，^{239}Pu 的裂变反应截面比^{235}U 还大，也是很好的核燃料。如果把反应堆设计得使产生^{239}Pu 多于消耗掉的^{235}U，堆中好的核燃料就会不断增殖。这种反应堆叫做*增殖反应堆*。通过增殖反应堆，地球上所有铀的同位素都可成为潜在的核燃料。

反应堆为核能的和平利用开辟了广阔的前景。1954 年 6 月 27 日，世界上第一座核电站在苏联建成，功率 5 MW. 第一座核动力堆于 1957 年在美国建成，功率 60 MW. 截止到 1994 年底，全世界约有 430 座核电站在 30 个国家运行，所提供的电量为全世界电力总量的 17%，其中法国核电比例最高，达 78%。核电比例超过或接近 50%的国家和地区还有比利时、瑞典、斯洛伐克、匈牙利和韩国等。美国的核电只占 22%，但其总发电量和核电站数目都是世界之冠。我国大陆有秦山和大亚湾两座核电站，功率分别为 300 MW 和 2 ×900 MW. ❶

现在我们来回顾一下实现链式反应的历史。

1939 年初，当重核裂变的消息传开以后，科学家们关心的下一个问题就是中子产额问题。约里奥、费米、西拉德(L. Szilard)等研究小组的实验都证明，裂变中确实有中子产生，其平均数很可能是 2 左右。亦即，链式反应是可能的！

费米于 1938 年已从法西斯统治的意大利迁居美国。在美国军方的支持下，开始了一项代号曼哈顿(Manhattan)工程的保密计划，这实际上是一座试验性的原子反应堆。费米是该项工程的领导人。工程是太平洋战争爆发之后的 1941 年 12 月开始的。当时没有浓缩铀，费米的研究组就用金属铀和铀的氧化物作核燃料，因而所需的临界体积比较大。把核燃料装入作为减速剂的空心石墨块里，堆砌起来，直到临界大小。据估算，反应堆的临界体积之大，是任何现成的实验室都容不下的。费米小组最后看中了芝加哥大学足球场看台下的一块空间，那里原是一个网球场。为了控制裂变反应的速率，堆中到处插着能吸收中子的镉棒。1942 年 12 月 2 日，在费米的指挥下，镉棒一根接一根被抽出来，根据探测器的读数，堆中发生铀核裂变的数目不断增加着。下午 3 点 45 分，当最后一

---

❶ 当前核裂变能源的一个令人头疼的问题是核废料的处理。长半衰期的放射性核废料处理不当，会对环境造成严重污染。近几十年来加速器技术的发展可以产生强中子流，它们可用于驱动亚临界的核反应堆。这将开辟一种可能性，“烧尽”所有那些恼人的放射性同位素，使核裂变成为一种真正“干净”的能源。此外，反应堆在亚临界状态下运行，也使得核电站运行的安全性大大提高。［参见：赵志祥，丁大钊，物理，**2**(1997)，221.］

图 5 - 23 1942 年世界上第一个核反应堆运行成功

由于战争时期保密，不允许拍照，这是一张油画。图中右上方是由三位青年物理学家组成的“敢死队”，他们手握大罐，万一发生意外，随时准备将吸收中子的镉溶液注入反应堆。站在下面的那位科学家正按照费米的指令，一点一点地往外抽最后一根镉棒，将链式反应启动。

图 5 - 24 竖立在芝加哥大学足球场上的纪念碑

铜牌上的文字是：“1942 年 12 月 2 日人类在此完成了第一次自持的链式反应，从而开始了受控的核能释放。”

根镉棒被抽出时，铀的裂变链式反应进入了自持阶段。于是，美国军方的联络员立即向上级汇报：“那个意大利航海家已登上了新大陆。”上级问：“当地的居民怎么样？”回答说：“非常友好。”从此，这一时刻便以人类掌握原子能的里程碑而载入史册。

如果从 1896 年法国的贝克勒尔发现天然的放射性算起，到此时共经历了 46 个春秋。世界各国的几代科学精英孜孜以求，以几十个诺贝尔奖的成果堆砌起来，才取得这一划时代的伟绩。它对人类社会的影响是极其深远的。

4.4 原子弹

链式裂变反应的研究正处于第二次世界大战期间，第一个意识到其可怕后果的，是上文提到的匈牙利物理学家西拉德。1933 年希特勒上台时他在德国。因为自己的犹太血统,他 1934 年去了英国,1938 年到了美国。西拉德清楚地构想出一种应称为“核弹”的东西有骇人的破坏力,深恐希特勒德国先造出这种炸弹,1939 年约了另外两位逃亡在美国的犹太血统匈牙利物理学家,特勒(E. Teller,后来成为“氢弹之父”)和维格纳(E. P. Wigner,1963 年诺贝尔物理奖得主)一起去找爱因斯坦,劝说他共同签发给美国总统罗斯福的一封信,说明制造核弹的可能性,并极力主张美国不要让潜在的敌人先掌握这种武器。信是 1939 年 8 月 2 日签发的,在日军偷袭珍珠港的前一天,1941 年 12 月 6 日,罗斯福总统决定组织一支庞大的研究队伍,秘密研制原子弹。“曼哈顿”工程启动了,一年以后费米领导的小组在反应堆中试验链式裂变反应成功。

从反应堆到核武器,要解决核燃料的提纯问题,以便缩小临界体积。能够制造原子弹的核燃料有 ^{235}U 和 ^{239}Pu 两种,若有中子反射层包装,浓缩核燃料的临界质量不过是几千克的数量级。原子弹(即裂变核武器)是靠化学炸药使处于次临界体积的裂变装料瞬间达到超临界状态,并适时地用中子源触发链式反应,在极短的时间内把裂变能全部释放出来。达到超临界状态的方法有两种:

(1) 枪法(gun method)

如图 5 - 25a 所示,将两块处于次临界体积的裂变装料,分开放置在弹体的两端,以便存放。使用时触发化学炸药爆炸,把一块装料推向另一块装料。两块装料合起来超过临界体积。

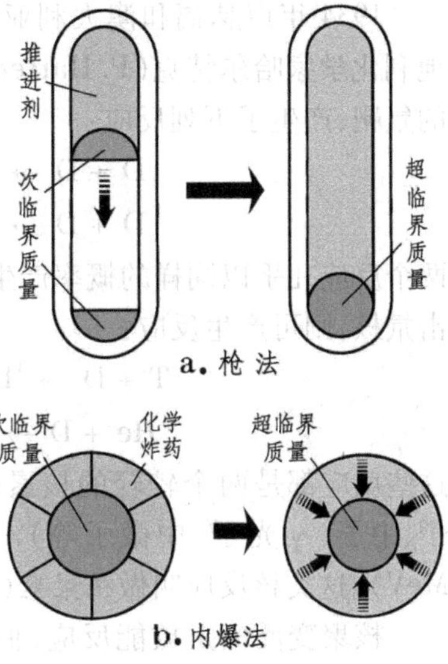

图 5 - 25 核弹装置示意图

(2) 内爆法(implosion method)

临界体积 V_c 正比于中子平均自由程 $\bar{\lambda}$ 的三次方:$V_c \propto \bar{\lambda}^3$,而 $\bar{\lambda}$ 反比于原子核的数密度 n:$\bar{\lambda} \propto 1/n$. 于是 $V_c \propto n^{-3}$. 然而,压缩一定质量的装料时,其体积 $V \propto n^{-1}$. 即压缩时 V_c 比 V 减少得快,可以从 $V < V_c$ 的状态变到 $V > V_c$ 的状态。如图 5 - 25b 所示,将一块处于次临界状态的装料置于中央,外面填充化学炸药。引爆时化学炸药产生内聚冲击力压缩裂变装料,使之达到超临界状态。

经过几年的紧张研制,1945 年 7 月 6 日在美国新墨西哥州的沙漠里试爆了一颗原子弹,这是一颗内爆钚弹。此时纳粹德国已被打败,日本还在负隅顽抗。该年 8 月 6 日,美军把第一颗原子弹投掷到广岛,这是一颗枪法铀弹。8 月 8 日,第二颗原子弹投掷到长崎,是一颗内爆钚弹。8 月 15 日日本宣布无条件投降。两颗炸弹以最后二十万人的生命为代价，提前结束了世界大战。

应当提起，玻尔早在1944年就向美国总统罗斯福和英国首相丘吉尔提交了一份有关国际控制核武器的备忘录，对核武器的使用表示极大的忧虑。还是那位西拉德，1945年纳粹德国投降在即之时，再次提请爱因斯坦写信给罗斯福总统，要求只通过示范来威吓日本投降，而不要真向日本城市投掷原子弹。他于3月25日收到爱因斯坦回信，此事因罗斯福总统的突然逝世而未果。

§5. 聚 变

5.1 核聚变反应

1934年卢瑟福和澳大利亚物理学家奥利芬特（M. L. E. Oliphant）、奥地利化学家哈尔特克（P. Harteck）一起，用加速的氘（$D={}_1^2H$）核去轰击固体的氘靶，产生了下列反应：

$$D + D \to T + p + 4.04\,\text{MeV}, \tag{5.50a}$$

$$D + D \to {}^3He + n + 3.27\,\text{MeV}, \tag{5.50b}$$

两个反应几乎以同样的概率产生。如果用被加速的氚（$T={}_1^3H$）核或^3He核轰击氘核，则可产生反应：

$$T + D \to {}^4He + n + 17.58\,\text{MeV}, \tag{5.51a}$$

$${}^3He + D \to {}^4He + p + 18.34\,\text{MeV}. \tag{5.51b}$$

这些反应都是两个较轻的核素融合成一个较重的核素和一些粒子（如质子、中子、γ光子、中微子等），并释放出大量能量来（几个到一、二十个MeV）。这类核反应叫做核聚变（nuclear fussion）反应。

核聚变反应是放能反应，似乎应在任意小的能量下就会进行，其实不然。这是因为原子核都带正电，两个正电荷之间有库仑排斥力。当轻核达到可以融合的距离之前，先得克服库仑势垒（见图5－26）。我们不妨先估算一下这个库仑势垒有多高。以DD反应为例，用(5.6)式来估算氘核的半径

$$R_D = 1.2\,\text{fm} \times 2^{1/3} = 1.51\,\text{fm}.$$

库仑势垒的顶峰在核表面处，用SI单位来表示，其值为

$$E_0^{库仑} = \frac{1}{4\pi\varepsilon_0}\frac{e}{R_D} = \frac{1.60 \times 10^{-19}\,\text{C}}{4\pi \times 8.85 \times 10^{-2}\,\text{F/m} \times 1.51\,\text{fm}}$$

$$= 1.52 \times 10^{-13}\,\text{J} = 942\,\text{keV}.$$

也就是说，打靶的粒子能量至少需要这么多，才能穿透势垒，到达靶核的内部与之融合。当然，这是从经典物理的眼光看问题的。

现在我们看看实际情况。图5－27中所示为聚变反应截面σ随入射

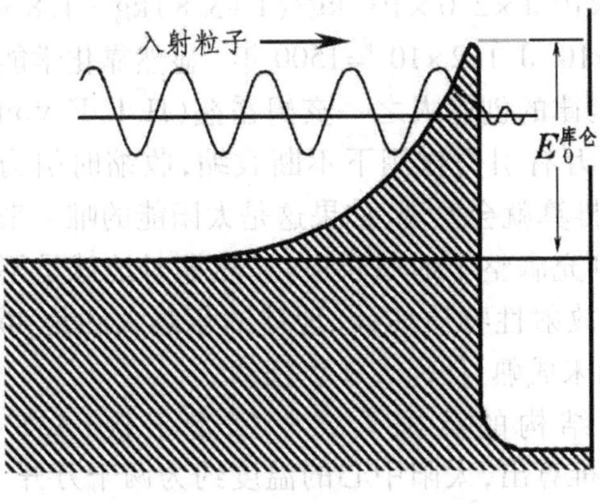

图 5 – 26 核聚变时遇到的库仑势垒

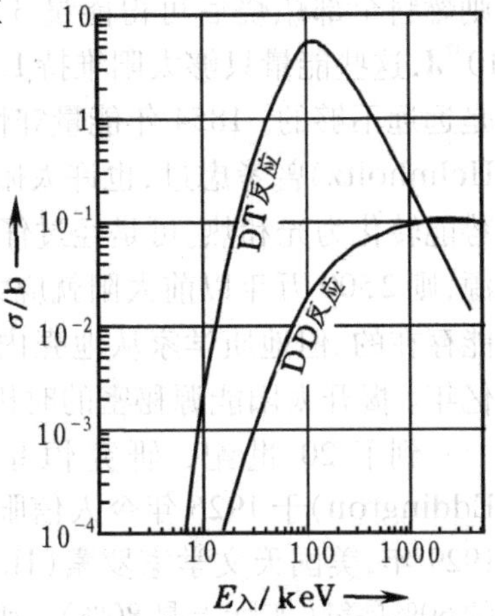

图 5 – 27 聚变的反应截面

子能量 $E_入$ 变化的实验曲线。可以看出，σ 是随 $E_入$ 的增大而连续增大的，而不像经典物理所预期的那样，在 $E_入 < E_0^{库仑}$ 之前恒等于 0，在它达到 $E_0^{库仑}$ 时有个突跳。显然，这是量子隧穿效应的表现。由图可见，当 $E_入 = 50\,\mathrm{keV}$ 时，DD 反应截面 σ_{DD} 接近 $10^{-2}\mathrm{b} = 1\,\mathrm{fm}^2$ 的数量级，比反应截面的最大值小一个多数量级。然而在室温下打固体靶的实验表明，入射粒子与靶核外面电子碰撞的能量损失截面 $\sigma_{损失}$ 达 $7.5\times10^3\mathrm{b} = 7.5\times10^5\mathrm{fm}^2$ 之多。亦即 $\sigma_{DD}/\sigma_{损失} \approx 10^{-6}$，这就是说，一百万个氘核打在靶上，只有一个进行聚变反应！用加速粒子打靶的方式引发聚变反应的效率实在太低了，此路不通。

可行的办法是在高温下进行聚变反应。气体分子的速度是服从麦克斯韦分布律的，当温度足够高时，其高能尾部的一些粒子相碰时，就会有较大聚变反应截面。此外，在高温下分子完全电离，氘核与电子碰撞引起的损失可以避免。以这种方式进行的核聚变反应，叫做热核反应（thermouclear reaction）。有效进行热核反应的温度大约要 10 keV，即 10^8 K 左右。

5.2 太阳的能源

从太阳辐射到地球上的能流强度（太阳常量）为 $1.4\,\mathrm{kJ/(m^2\cdot s)}$，按每年 3.16×10^7 s 和地日距离 1.5×10^8 km 计算，太阳每年向太空辐射的总能量为 $1.4\times10^3\,\mathrm{J/(m^2\cdot s)}\times4\pi\times(1.5\times10^{11}\,\mathrm{m})^2\times3.16\times10^7\,\mathrm{s} = 1.2\times10^{34}\,\mathrm{J}$. 如此巨大的能量从哪里来？19 世纪最卓越的科学家所能想到的，不外是化学能或引力坍缩时势能的转化。太阳的质量为 2.0×10^{30} kg，而 1 kg 的煤和（3/8）kg 的氧燃烧时约放出热量 3.4×10^7 J. 若假定太阳全部是由合乎比例的煤和氧组成，

则燃料全部燃烧后可得能量 $3.4\times10^{7}\,J\times2.0\times10^{30}\,kg/(1+3/8)\,kg=1.8\times10^{37}\,J$，这些能量只够太阳维持 $1.8\times10^{37}\,J/1.2\times10^{34}=1500$ 年。显然靠化学能是远远不够的。1854 年能量守恒定律的创始人之一亥姆霍兹(H. L. F. von Helmholtz)曾考虑过，也许太阳在万有引力作用下不断收缩，收缩时引力势能转化为光和热。可是经过仔细推算就会发现，如果这是太阳能的唯一来源，则 2500 万年以前太阳就应大到充满整个地球轨道。显然那时地球是不能存在的。但地质学家从地壳内的放射性物质估计，地球的年龄大约是 46 亿年。揭开太阳能源秘密的时机尚未成熟，任何天才也枉然。

到了 20 世纪，研究恒星的结构的英国天文学家爱丁顿(A. S. Eddington)于 1926 年令人信服地推算出，太阳中心的温度约为两千万开。1929 年，美国天文学家罗素(H. N. Russell)指出，有迹象表明，太阳总体积的 60%是氢(实际上是 80%)。到了 30 年代，核物理的研究已经比较深入了，1938 年德国理论物理学家贝特(H. Bethe)提出，太阳能量来自下列热核反应：

$$[p+p\to D+e^{+}+\nu]\times2, \tag{5.52a}$$

$$[D+p\to {}^{3}He+\gamma]\times2, \tag{5.52b}$$

$$^{3}He+{}^{3}He\to {}^{4}He+2p. \tag{5.52c}$$

总起来的结果是 4 个质子聚合成一个氦核：

$$4p\to {}^{4}He+2e^{+}+2\gamma+2\nu+26.7\,MeV, \tag{5.53}$$

释放的能量中 25 MeV 用于加热，其余被中微子带走。以上反应称为质子-质子链(pp 链)。

(5.52a)式的反应截面远比后两个反应小，从而它决定着太阳里氢的消耗率。因这反应截面太小，不易在实验室中测出，但可在一定可靠程度内由理论算出。这样算出太阳中的氢可维持 10^{9} 年，与天体物理的推论在数量级上是吻合的。

在提出 pp 链稍后，贝特又和德国另一理论物理学家魏茨塞克(C. F. Weizsäcker)彼此独立地提出太阳内另一种热核反应机制——碳-氮-氧循环(CNO 循环)：

$$^{12}C+p\to {}^{13}N=\gamma, \tag{5.54a}$$

$$^{13}N\to {}^{13}C+e^{+}+\nu, \tag{5.54b}$$

$$^{13}C+p\to {}^{14}N+\gamma, \tag{5.54c}$$

$$^{14}N+p\to {}^{15}O+\gamma, \tag{5.54d}$$

$$^{15}O\to {}^{15}N+e^{+}+\nu, \tag{5.54e}$$

$$^{15}N+p\to {}^{12}C+{}^{4}He. \tag{5.54f}$$

总起来仍是(5.53)式，即 4 个质子合成一个氦核。在这里 C、N、O 并不消耗，只起接触剂作用。一般认为，太阳内的能源 98%来自 pp 链，2%来自

CNO 循环。

最后估算一下,上述热核反应提供的能量是否够了。4 个质子的质量为

$$4\times1.66\times10^{-27}\,\mathrm{kg}=6.64\times10^{-27}\,\mathrm{kg},$$

它们释放的聚变能为 25 MeV $=4.0\times10^{-12}$ J. 按太阳总质量 2.0×10^{30} kg 里 75%是氢和每年辐射 1.2×10^{34} J 计算,上述热核反应能维持太阳辐射的时间为

$$4.0\times10^{-12}\,\mathrm{J}\times\frac{2.0\times10^{30}\,\mathrm{kg}\times0.75}{6.64\times10^{-27}\,\mathrm{kg}}\times\frac{1}{1.2\times10^{34}\,\mathrm{J/yr}}=7.5\times10^{10}\,\mathrm{yr},$$

即 750 亿年。天文学家估计,太阳的年龄只有 50 亿年。可见质子聚变提供的能量足以再维持几百亿年。

5.3 氢 弹

利用氘、氚等轻核的聚变反应原理制成的武器称为热核武器,俗称氢弹。

进行热核反应需要高温,在太阳中引发 pp 反应需要 10^9 K 以上的温度,这样的高温条件是由巨大质量的引力对中心部分压缩而产生的。引发截面较大的 DD 反应或 DT 反应,温度可稍低一点,也要近 10^8 K. 在热核武器中这样的高温条件由原子弹的裂变反应来提供。打个比方,聚变材料是“炸药包”,它以裂变的原子弹作为“雷管” 来引爆。而这个“原子雷管” 本身又要由普通的化学炸药来引爆。

由于聚变材料没有临界体积的限制,氢弹原则上可以做得很大。氢弹的爆炸力可以比原子弹大几十倍。DT 反应的截面比 DD 反应大,但氚是半衰期为 2.5 年的不稳定核素,天然不存在,不便于长期保存。氢弹可用氘化锂和氚化锂作原料,锂在中子作用下还可以再生氚:

$$^{6}\mathrm{Li}+\mathrm{n}\rightarrow\mathrm{T}+{}^{4}\mathrm{He}+4.8\,\mathrm{MeV}. \tag{5.55}$$

1952 年美国试爆了第一个聚变装置。几个月后苏联也爆炸了一颗自己的氢弹。我国是在 1964 年试爆原子弹之后两年零七个月,于 1967 年成功试爆了第一颗百万吨 TNT 级的氢弹,成为继美、苏、英之后第四个掌握热核武器的国家。

5.4 受控热核聚变

自从人类社会进入工业化时代以来,对能源的需求愈来愈高。起初主要靠煤、石油、天然气等矿物燃料,后来发展起水力、核电等其它能源,但矿物燃料仍是现代社会的重要能源。矿物燃料是地质年代积累下来的不可再生能源,据估计,地球上的矿物能源储备现在已被用掉一半。即使世界人口稳定在 100 亿左右,到 24 世纪矿物能源也会枯竭。从全世界能量消耗量的增长来看,到 21 世纪 30 ~40 年代,现在所有形式的能源总和开始不敷需求,必需由其它形式的新能源来弥补缺口,受控热核聚变是其中最重要的候选者。因为聚变反应的“燃料” 是氘,其原料重水(D_2O)可从海水中提取,实际上

可看做是取之不尽、用之不竭的。

前已述及，实现热核聚变反应，需要有 10 keV(10^8K)以上的温度。在此高温下，一切物质都处在完全电离的状态，即等离子态(plasma state)下。处在等离子态下的物质(等离子体)是很难被稳定地约束起来的。但是为了使热核聚变反应能够有效地进行，对等离子体的密度及其被约束的时间有一定的要求。下面从能量平衡的角度来分析这些要求。

在热核聚变反应中涉及三项能量：① 热核反应产生功率，② 热传导与粒子逃逸损失功率，③ 韧致辐射损失功率。现在分述如下：

① 热核反应产生功率

氢聚变的反应截面较小，通常在受控热核聚变中以 DD 反应和 DT 反应为主，其中 DT 反应的截面和产生的能量都比 DD 反应大，是最主要的热核反应。以 DT 反应为例，令等离子体中 D 离子和 T 离子的数密度各为 $n/2$，速率为 v，反应截面为 σ，则单位体积内一个粒子的碰撞频率为 $\overline{\omega}=(n/2)\langle\sigma v\rangle$，单位体积内发生碰撞的次数为 $(n/2)\overline{\omega}=(n/2)^2\langle\sigma v\rangle$. 设每对离子聚变反应释放的能量为 Q_{T}，单位体积产生的热核功率 P_{T} 为

$$P_{\mathrm{T}}=\frac{n^2}{4}\langle\sigma v\rangle Q_{\mathrm{T}}, \tag{5.56}$$

式中尖括号$\langle\cdots\rangle$表示对括号内的物理量进行统计平均。

② 热传导与粒子逃逸损失功率

设等离子态温度为 T(以能量为单位)，则单位体积内正离子(D 核和 T 核)与负离子(电子)的热能各 $(3/2)nT$，共 $3nT$. 现在引入约束时间(comfinement time)τ 的概念，即假设等离子体的粒子和能量在时间间隔 τ 内完全损失掉，则单位时间内损失的功率密度 P_{L} 为

$$P_{\mathrm{L}}=\frac{3nT}{\tau}. \tag{5.57}$$

③ 韧致辐射损失功率

离子在碰撞过程中必有加速度，从而产生电磁辐射。这种电磁辐射叫做韧致辐射(bremstrahlung❶)。设 Z 为离子电荷数，从电动力学可以导出，单位体积内离子碰撞产生的韧致辐射功率 P_{B} 为

$$P_{\mathrm{B}}=\alpha Z^2n^2T^{1/2}, \tag{5.58}$$

若采用 SI 单位，温度 T 的单位是 J，P_{B} 的单位是 $\mathrm{W/m^3}$，则系数 α 的数值为 1.5×10^{-38}.

---

❶ 此字源于德文 Bremse + Strahlung，前者意为“刹车”(即“韧”)，后者是“射线”或“辐射”。

1957 年英国物理学家劳森(L. D. Lawson)利用热核反应中能量的发电效率 η 导出聚变反应堆达到能量得失相当(break even)所需的条件。聚变反应堆中产生的总功率密度为 $P_T+P_L+P_B$，若全部收集起来发电，可得电功率密度 $\eta(P_T+P_L+P_B)$. 另一方面，要保证热核反应在高温下持续进行，需要补充功率密度 P_L+P_B，以弥补该两项损失。所以聚变反应堆能量得失相当条件为

$$P_L+P_B=\eta(P_T+P_L+P_B), \tag{5.59}$$

或

$$P_L+P_B=\frac{\eta}{1-\eta}P_T. \tag{5.60}$$

将(5.56)、(5.57)、(5.58)三式代入，得

$$\alpha Z^2n^2T^{1/2}+\frac{3nT}{\tau}=\frac{\eta}{1-\eta}\frac{1}{4}n^2\langle\sigma v\rangle Q_T,$$

由此得

$$n\tau=\frac{3T}{\dfrac{\eta}{1-\eta}\dfrac{Q_T}{4}\langle\sigma v\rangle-\alpha T^{1/2}}. \tag{5.61}$$

这便是聚变反应堆能量得失相当需要达到的条件，称为劳森判据(Lawson criterion)。

DT 反应式为(5.51a)式，即

$$T+D\rightarrow {}^4He+n+17.58\,MeV,$$

反应能包括He核(即α粒子)和中子n的动能共17.58 MeV. 此外，在DT反应堆里都加入锂的化合物以使氚得到再生(见5.3节末)，氚再生反应为[见(5.55)式]

$${}^6Li+n\rightarrow T+{}^4He+4.8\,MeV.$$

这里还有反应能4.8 MeV. 与前者合计，$Q_T=(17.58+4.8)\,MeV=22.4\,MeV$. (5.61)式中 $\langle\sigma v\rangle$ 是温度 T 的函数，整个右端都是 T 的函数，故劳森判据对 n、τ 乘积的要求是温度的函数。如图 5-28 所示，以 $n\tau$ 乘积为纵坐标、T 为横坐标，可将劳森判据画成曲线。通常取发电机效率 $\eta=1/3$ 或 $1/2$，在图 5-28 中取 $\eta=1/3$. 对于DT反应，$T=10\,keV$ 时的劳森判据为 $n\tau=6\times10^{19}\,s/m^3$，或者说，$10^{20}\,s/m^3=10^{14}\,s/cm^3$ 的数量级。

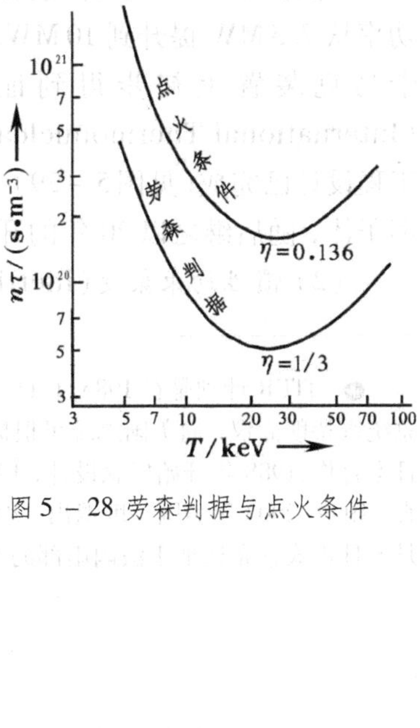

图 5-28 劳森判据与点火条件

对于热核聚变堆，通常还引入另一概念：若让 DT 反应中产生的 α 粒子全部留下来加热等离子体，就可以补偿 P_L 和 P_B

的能量损失,使热核反应持续下去。这样的能量平衡条件叫做点火条件(ignition condition),其数学表达式如下:

$$P_L + P_B = P_\alpha, \tag{5.62}$$

其中

$$P_\alpha = \frac{n^2}{4}\langle\sigma v\rangle Q_\alpha, \tag{5.63}$$

式中 Q_α 为DT反应中飞出 α 粒子的动能,其值为3.52 MeV. 与(5.60)式比较可知,点火条件(5.62)式相当于 $\eta=0.136$ 时的劳森判据。点火条件的曲线也在图5-28中给出。可以看出,它是比劳森判据要求更高的条件。

我们看到,为了使受控核聚变反应能够有效地进行,必须在10 keV(10^8 K)以上的高温下,把一定密度 n 的DT等离子体约束足够长的时间 τ,以超过点火条件。太阳中的热核聚变是由万有引力来约束的,这需要有恒星那样大的质量,不仅在地球上做不到,即使在太阳系中最大的行星——木星上也不能实现。在地球上能实现的约束方案有二:磁约束和惯性约束。

(1) 磁约束聚变(magnetic confinement fusion)

在磁场中带电粒子绕磁感线作拉莫尔旋转,于是它们横越磁感线的运动就受到了限制。这便是磁场能够约束等离子体的基本原理。然而在磁场中等离子体是非常不稳定的,很难长时间地把粒子和能量约束在等离子体内。这便是磁约束等离子体的基本困难。1950年前后,苏联和美国、英国等国就开始探索磁约束的各种途径,建造了第一批实验装置。1958年以后形成大规模的国际交流与合作,持续至今。1992年11月以来,在最大一代托卡马克(Tokamak,源于俄文缩写,今译作“环流器”)装置——欧洲联合环JET和美国的TFTR上都成功地进行了DT放电,接近劳森判据,所得聚变功率从7.5 MW提升到10 MW. 这意味着开发聚变能源的科学可行性在托卡马克装置上初步得到证实。一个国际的庞大聚变计划ITER(International Thermonuclear Experimental Reactor)❶ 正在进行,其工程设计已完成(见图5-29),并于2008年开设建设,预计2016年获得等离子体,随后继之以20年的开发利用阶段。

(2) 惯性约束聚变(inertial confinement fusion)

---

❶ ITER计划是在1985年11月日内瓦高峰会议上苏联领导人戈尔巴乔夫与法国总统密特朗商议,向美国总统里根提出的建议。此计划起初由苏联、美国、欧盟九国和日本合作,1988年开始概念设计,1992–2001年作工程设计,以后进行此设计可行性核查。1999–2003年美国一度退出,2003年中国与韩国加入,2005年印度加入。2005年7月8日正式宣布选址于法国南部的Cadarache镇。

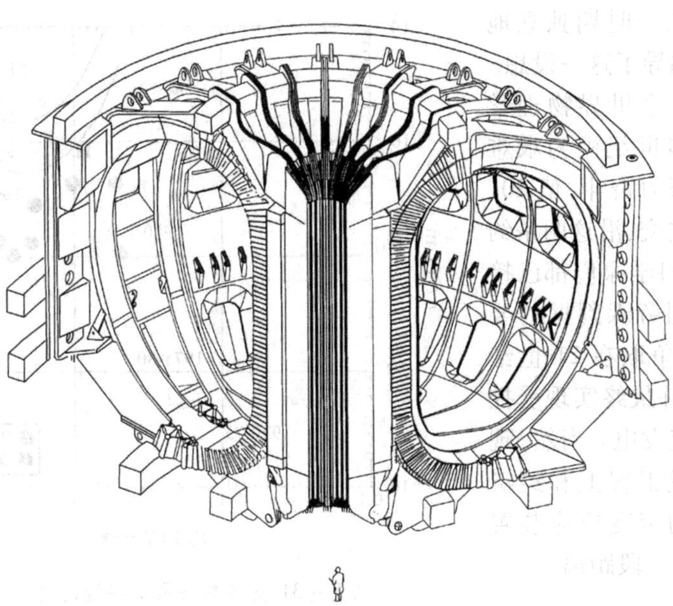

图 5 － 29 国际聚变点火堆 ITER 的工程设计

“惯性约束”实际上是不加外力约束，而是依靠聚变燃料自身惯性，在高温高压下还来不及飞散之前的短暂时间内完成聚变反应。在这种意义下，氢弹里实现的就是惯性约束，但不是可控的。可控的惯性约束聚变必须在半径为 mm 量级的靶丸内实现，才不会产生灾难性的后果。由于惯性约束的时间只有 10^{-10}s 量级，于是劳森判据要求离子数密度 n 达到 $10^{30}/m^3 = 10^{24}/cm^3$ 数量级。实际上为了保证有较高百分比的燃耗，需要 n 达到 $10^{32}/m^3 = 10^{26}/cm^3$ 的数量级，即比通常固体中原子的数密度 $10^{29}/m^3 = 10^{23}/cm^3$ 再高三个数量级。于是就要解决对靶丸进行压缩和加热两个问题，这要靠四面八方同时用多路非常强大的激光束(或粒子束)照射靶丸产生向心聚爆来实现。具体的技术难点是很多的，这里只得从略。惯性约束核聚变的设想，首先是苏联的诺贝尔物理奖得主 巴索夫(N. G. Basov)于 20 世纪 60 年代提出的。在我国，王淦昌

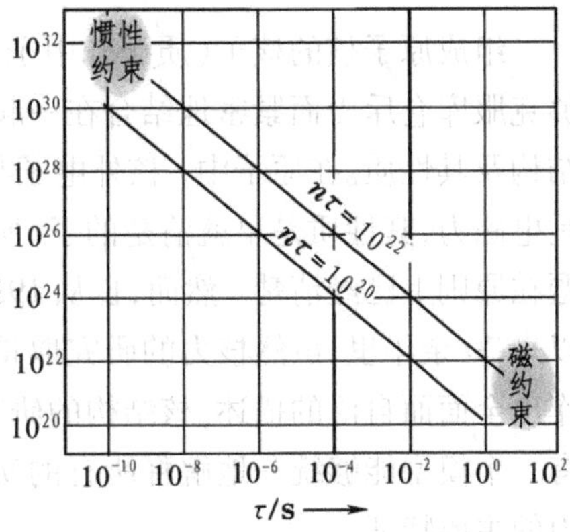

图 5 － 30 两种约束 n、τ 的参数范围

先生于同一时期独立地提出并倡导了这一设想。

经过全世界物理学家半个多世纪极为艰难困苦的努力奋斗，值20、21世纪之交，沿这两条约束途径，科学家们都已接近或达到劳森判据的要求，正在争取在21世纪内点火，并最终实现受控热核反应发电。当然，现在离建成工程上和经济上可行的聚变反应装置还有相当一段距离。

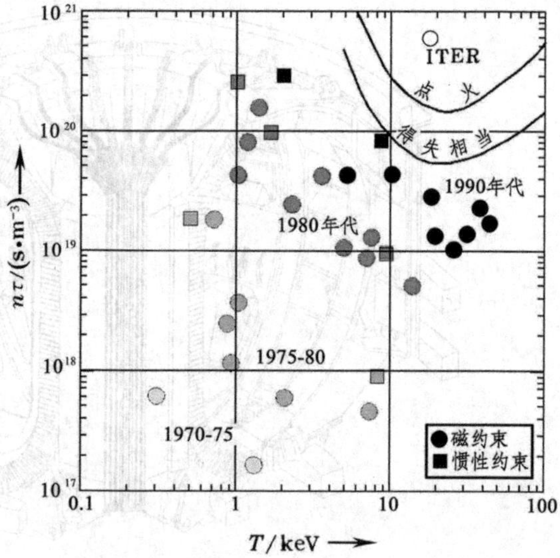

图 5－31 受控热核聚变实验的进展

§6. 核力

6.1 核力的主要特征

组成原子核的核子（质子和中子）之间有很强的相互作用力，使核子能够克服库仑斥力而紧密地结合在一起。这种力称为核力，它决定了原子核的结构及其性质。在原子中，核外电子与原子核、电子与电子之间的相互作用是电磁力，其性质是早就清楚的了。所以在量子力学建立之后，原子结构问题在原则上已经清楚。然而，自从1930年代人们认识了原子核的基本组分以来70余年里，虽然核力的研究取得很大进展，但至今我们还不能对核力作出全面而自洽的描述。核结构的研究仍处于多个唯象模型并存的阶段，没有一个模型能够统一地解释所有的实验事实。下面我们定性地介绍一下核力的主要特征。

(1) 短程强相互作用 饱和性

卢瑟福的α粒子散射实验表明，核力的力程约为fm量级，是一种短程力。此外，核力是很强的吸引力，其强度大约比电磁力大二、三个数量级。

由原子核的比结合能曲线图5－4可知，除轻核外，所有核的比结合能ε都差不多。即核的结合能B基本上与核子数A成正比。这意味着一个核子只与周围少数几个核子有相互作用，而不是与核内所有其它核子都有作用，否

则 B 应该近似地与 A^2 成正比。核力的这种性质，称为它的饱和性。饱和性反映了核力的短程性。

(2) 电荷无关性

如图5－32所示，^3H 和 ^3He 都由三个核子组成：^3H 是pnn，^3He 是ppn. 试验测得它们的结合能分别为

$$B(^3H) = 8.48\,\text{MeV}, \quad B(^3He) = 7.72\,\text{MeV}.$$

后者小于前者。后者(^3He)中有一对质子，它们之间有库仑斥力，这是前者(^3H)所没有的。设这对质子的间距为2 fm，则可算得其间的库仑能为0.72 MeV. 倘若不计库仑能，^3He 的结合能应该是(7.72＋0.72) MeV＝8.44 MeV，与 ^3H 的结合能就差不多一样了。这个例子说明，若不计库仑能，pp、nn和pn之间的核力是相同的。这就是所谓核力的电荷无关性。

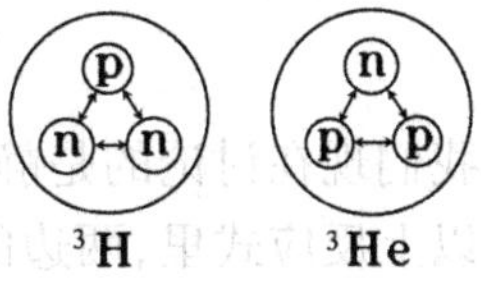

图5－32

核力的电荷无关性

中子和质子的质量很接近：

$$m_n = 1.67492716 \times 10^{-27}\,\text{kg},$$

$$m_p = 1.67262158 \times 10^{-27}\,\text{kg},$$

自旋皆为1/2. 除电磁性质不同外，两者在其它方面差别很小。核力的电荷无关性进一步表明它们的相似性。因此，海森伯于1932年提出，中子和质子是同一粒子(核子)的两种不同电荷状态。若仿照自旋空间那样，引进另一个抽象态空间的概念——同位旋(isotropic spin)空间，认为核子的同位旋 $I=1/2$，它在同位旋空间第三方向的投影只有 $I_3=\pm1/2$ 两个本征态，$I_3=+1/2$ 代表质子态，$I_3=-1/2$ 代表中子态。核子所带的电荷 Q(以 e 为单位)为

$$Q = I_3 + 1/2. \tag{5.64}$$

(3) 存在非有心力成分

核子间最简单的束缚态是D核，它由一个质子p和一个中子n组成。如果二者的相互作用是纯有心力的话，则核子的轨道角动量 l 应该是个好量子数。对氘核的磁矩和电四极矩的数据得知，它处于 $l=0$ 和2的叠加态上。这表明，核子间的相互作用势与角动量算符不完全对易，核力除主要部分是有心力外，还有微弱的非有心力成分。事实上，核力与两个磁偶极子之间的磁相互作用类似，除了依赖于核子间距外，还与两核子的自旋相对于核子间连线的取向有关。

6.2 核力的介子交换理论

1935 年汤川秀澍(H. Yukawa)提出一个理论,❶ 说核力是交换某种粒子的机制形成的,这种粒子可称为介子(meson),其质量约为电子的二百倍到三百倍。后来这种介子被发现了,现在我们称之为 π 介子,π 介子有三种: $\pi^\pm$ 和 π^0,它们分别带 $\pm e$ 电荷和不带电。质子 p 和中子 n 发射和吸收 π 介子的过程有:

$$\begin{cases} \mathrm{p} \leftrightarrow \mathrm{p} + \pi^0, \quad \mathrm{n} \leftrightarrow \mathrm{n} + \pi^0, & (5.65) \\ \mathrm{p} \leftrightarrow \mathrm{n} + \pi^+, \quad \mathrm{n} \leftrightarrow \mathrm{p} + \pi^-. & (5.66) \end{cases}$$

我们现在讨论的是静止核子通过交换介子而产生相互作用的问题,所以在以上反应式里,两边的核子都是静止的,从而介子的能量 E_π 是两边核子静质能之差。在这里 π 介子的能量必须用相对论表达式,故有

$$E_\pi{}^2 = c^2 p^2 + m_\pi{}^2 c^4 = (m_\mathrm{n} - m_\mathrm{p})^2 c^4, \qquad (5.67)$$

$m_\pi c^2 \sim 140\,\mathrm{MeV}$, 而$(m_\mathrm{n} - m_\mathrm{p}) c^2 \sim 1.3\,\mathrm{MeV}$,与 $m_\pi c^2$ 相比可以忽略不计,故上式化为

$$c^2 p^2 + m_\pi{}^2 c^4 = 0, \quad p = \mathrm{i} m_\pi c. \qquad (5.68)$$

亦即,介子动量是虚的。(5.65)式描述的过程是一个质子(或中子)发放一个虚 π^0 介子,此虚 π^0 介子又被另一质子(或中子)所吸收。(5.66)式描述的过程是一个质子(中子)发放一个虚 π^+ (π^-)介子后变成中子(质子),此虚 π^+ (π^-)介子又被另一中子(质子)所吸收,使它变为质子(中子)。这便是核子间相互作用的物理图像。

按照量子场论,描述核力的介子场的势函数正比于介子的波函数,从一个核子发出的介子的波函数是球面波,即具有 $\mathrm{e}^{-\mathrm{i}pr}/r$ 的形式,不过其中 $p = \mathrm{i}|p|$ 是虚的。于是我们有

$$\text{核子间的吸引势} \propto -\frac{\mathrm{e}^{-|p| r/\hbar}}{r} = -\frac{\mathrm{e}^{-m_\pi c r/\hbar}}{r} = -\frac{\mathrm{e}^{-r/\lambda}}{r}. \qquad (5.69)$$

上式即汤川势的表达式,它代表一个按指数律递减的短程力,其力程

$$\lambda = \frac{\hbar}{m_\pi c} \approx 1.4\,\mathrm{fm}. \text{ ❷}$$

---

❶ H. Yukawa, *Proc. Phys.-Math. Soc. Japan*, **17**(1935),48.

❷ 顺便提起,与汤川交换介子交换的理论相当,电荷之间库仑相互作用的量子图像是交换光子。因光子 γ 的静质量 $m_\gamma = 0$, 将(5.69)式中的 m_π 替换成 m_γ,则得库仑势的相应公式:

$$\text{电荷间的库仑势} \propto -1/r. \qquad (5.70)$$

如果用力的语言来表达,这就是力的平方反比律。所以说,用实验方法去严格检验库仑平方反比律,也是对光子静质量为 0 的严格检验。

汤川的介子理论只考虑了交换一个 π 介子的情形,实验事实有时要求我们必须考虑交换多个 π 介子或其它玻色子的情形。这表明,核子不是基本粒子,核力也不是基本相互作用。当代的大量实验事实表明,核子属于强子,它们由夸克和胶子组成,有着复杂的内部结构。核力的介子交换理论只停留在核子的层次。从当代核理论和粒子理论的观点看,必须进到更深的层次——亚核子自由度,用描述夸克和胶子最可能的动力学理论——量子色动力学,才有望把核力的本质搞清楚。今天这个目标还远没有达到。

§7. 核结构模型

核结构的研究仍处于多个模型并存的阶段,没有一个模型能够统一地解释所有的实验事实。下面我们逐个介绍一些主要的核结构模型。

7.1 液滴模型

液滴模型的原子核是最早也是最基本的唯象模型。核子之间核力是短程力,它具有饱和性,结合能基本上与粒子数成正比,这些都与液滴中的分子有相似之处。液滴模型给出结合能 B 的唯象公式如下:

$$B(Z,A) = B_{体积} + B_{表面} + B_{库仑} + B_{对称} + B_{奇偶}, \qquad (5.71)$$

其中

$$\begin{cases} 体积能 \quad B_{体积} = a_{体积} A, & (5.72) \\ 表面能 \quad B_{表面} = -a_{表面} A^{2/3}, & (5.73) \\ 库仑能 \quad B_{库仑} = -a_{库仑} Z^2 A^{-1/3}, & (5.74) \\ 对称能 \quad B_{对称} = -a_{对称}\left(\dfrac{A}{2}-Z\right)^2 \Big/ A = -a_{对称}\dfrac{(N-Z)^2}{4A}, & (5.75) \\ 奇偶能 \quad B_{奇偶} = a_{奇偶}\,\delta A^{-1/2}. & (5.76) \end{cases}$$

式中

$$\delta = \begin{cases} +1 & 偶偶核, \\ 0 & 奇 A 核, \\ -1 & 奇奇核。 \end{cases}$$

所有比例系数都在与实验数据拟合中确定,其值为

$$\begin{cases} a_{体积} = 15.835\,\mathrm{MeV} = 0.017000\,\mathrm{u}, \\ a_{表面} = 18.33\,\mathrm{MeV} = 0.01968\,\mathrm{u}, \\ a_{库仑} = 0.714\,\mathrm{MeV} = 0.000767\,\mathrm{u}, \\ a_{对称} = 92.80\,\mathrm{MeV} = 0.09964\,\mathrm{u}, \\ a_{奇偶} = 11.2\,\mathrm{MeV} = 0.012\,\mathrm{u}. \end{cases}$$

上述公式叫做魏茨塞克公式。现在对此公式做些解释。

因核力的饱和性,核子数 A 正比于体积 V,故体积能正比于 A. 表面能

正比于表面积$S \propto R^2 \propto V^{2/3} \propto A^{2/3}$,负号表示张力。

库仑能正比于$Z^2e^2/R \propto Z^2A^{-1/3}$,负号表示斥力。❶

对称能反映原子核中保持质子数Z和中子数$N = A - Z$相等,或者说$N = Z = A/2$的趋势。无论偏差$N - Z$是正是负,都要降低结合能,故对称能正比于$(N - Z)^2/A$,且前面有负号。

最后,奇偶能反映原子核中质子或中子成双成对的趋势。在目前已知的2000多种核素中280种是稳定的,其中偶偶核(Z和N皆偶)160多种,奇奇核(Z和N皆奇)只有9种,奇A核(Z和N一奇一偶)50多种。(5.76)式中的δ以奇A核为参考点描述了这种能量增减的情况。

7.2 费米气体模型

韦斯科夫(V. Weisskopf)提出的费米气体模型,是原子核最简单的微观模型。❷ 此模型把原子核中的质子和中子,都看成是关在立方盒子内的自由费米气体。作简单化处理,设质子和中子的质量相等($m_p \approx m_n \equiv m$),势阱一样深。令它们的数密度分别为$n_p = Zn/A$和$n_n = Nn/A$,这里$n = n_p + n_n$,则它们的费米能为 ❸

$$\varepsilon_{Fp} = E n_p{}^{2/3} = E\left(\frac{Zn}{A}\right)^{2/3} \quad 和 \quad \varepsilon_{Fn} = E n_n{}^{2/3} = E\left(\frac{Nn}{A}\right)^{2/3},$$

式中

$$E = \left(\frac{6\pi^2}{g}\right)^{2/3} \frac{\hbar^2}{2m} \quad (g = 2),$$

当$N = Z = A/2$时$\varepsilon_{Fp} = \varepsilon_{Fn} \equiv \varepsilon_F = E(n/2)^{2/3}$,故可以写

$$\varepsilon_{Fp} = \left(\frac{2Z}{A}\right)^{2/3} \varepsilon_F \quad 和 \quad \varepsilon_{Fn} = \left(\frac{2N}{A}\right)^{2/3} \varepsilon_F.$$

在费米气体中粒子的平均动能$\overline{\varepsilon} = (3/5)\varepsilon_F$,❹ 整个原子核内核子的总动能为

$$\begin{aligned} E_k &= (Z\overline{\varepsilon_p} + N\overline{\varepsilon_n}) = \frac{3}{5}(Z\varepsilon_{Fp} + N\varepsilon_{Fn}) = \frac{3}{5}\left(\frac{2}{A}\right)^{2/3}(Z^{5/3} + N^{5/3})\varepsilon_F \\ &= \frac{3}{5}\left(\frac{2}{A}\right)^{2/3}\left[Z^{5/3} + (A - Z)^{5/3}\right]\varepsilon_F. \end{aligned} \tag{5.78}$$

---

❶ 此式中假定核半径$R \propto A^{1/3}$. 这是几何半径。曾谨言提出,这里最好用电荷分布半径$R' \propto Z^{1/3}$. 这样一来,(5.74)式就应该改为

$$库仑能 \quad B_{库仑} = -a_{库仑}Z^{5/3}, \tag{5.74′}$$

将所有比例系数重新拟合后,可以得到与实验符合得更好的结果。参见:曾谨言,物理学报,**13**(1957),357;**24**(1973),151.

❷ 费米气体,参见《新概念物理教程·热学》(第二版)第二章 §5.

❸ 参见《新概念物理教程·热学》(第二版)第二章(2.83N)式。

❹ 参见《新概念物理教程·热学》(第二版)第二章(2.75N)式。

显然 E_k 在 $Z=A/2$ 处有极小值 E_{k0}. 在此附近 E_k 值的偏差为

$$\Delta E_k = E_k - E_{k0} = \frac{1}{2!}\left(\frac{d^2E_k}{dZ^2}\right)_{Z=A/2}(Z-A/2)^2$$

$$= \frac{4}{3}\varepsilon_F\frac{(Z-A/2)^2}{A} = \frac{1}{3}\varepsilon_F\frac{(Z-N)^2}{A}. \quad (5.79)$$

与(5.75)式对比可知,这里的 ΔE_k 是魏茨塞克公式里的对称能项,比例系数 $a_{对称} = 4\varepsilon_F/3$. 按照核参数计算,

$$\varepsilon_F = 38\,\text{MeV}, \quad 故 \quad a_{对称} = 50.68\,\text{MeV}.$$

这比拟合实验的数据 92.80 MeV 差不多少了一半。据信,偏差来源于对称势阱的假设太简单化了。对于较重的原子核, N 比 Z 大得比较多,用对称模型计算的误差就会很大。

7.3 壳层模型

费米气体模型是高能核反应中常采用的核模型,在低能核物理问题中最基本的微观模型则是*壳层模型*(shell model)。壳层模型的依据是*幻数*(magic number)。

从原子核中分离出一个中子或质子所需要的能量为

$$\begin{cases} 中子分离能 \quad B_n = [M(Z,A-1)+m_n-M(Z,A)]c^2, & (5.80) \\ 质子分离能 \quad B_p = [\,]M(Z-1,A-1)+m_p-M(Z,A)]c^2. & (5.81) \end{cases}$$

实验表明,当中子数

$$N = N_{幻} = 2,\ 8,\ 20,\ 28,\ 50,\ 82,\ 126$$

时 B_n 有极大值;当质子数

$$Z = Z_{幻} = 2,\ 8,\ 20,\ 28,\ 50,\ 82$$

时 B_p 有极大值。上式中的 $N_{幻}$ 和 $Z_{幻}$ 分别称为*中子幻数*和*质子幻数*。

除了中子分离能和质子分离能之外,原子核的其它一些性质,如核素的丰度、α 和 β 衰变的能量等,也都表明 N 或 Z 取幻数的*幻核*(magic nucleas)最稳定。而二者都取幻数的*双幻核*,如 ${}^{16}_{8}O_8$、${}^{40}_{20}Ca_{20}$、${}^{208}_{82}Pb_{126}$等,尤其稳定。

我们知道,在元素周期表中 $Z=2, 10, 18, 36, 54, 86$ 的元素是惰性气体 He、Ne、Ar、Kr、Xe、Rn,它们的化学性质最稳定。没有量子论以前人们不懂这是为什么,因而感到神秘。所以这些数也可称之为"原子幻数"。量子力学为原子幻数找到了解释,这些惰性"幻原子"的化学性质之所以特别稳定,因为它们的电子组态刚好是满壳层的。与此类比,人们自然会把某种"幻数"和"壳层结构"联系起来。所以,核子幻数的存在最直接地表明,原子核中单核子能级存在壳层结构。

在原子中电子是在核或原子实的有心势场中运动的,原子核里的核子在什么样的势场中运动?最初人们试探着取三维谐振子和无限深方阱的势函数,代入薛定谔方程后,计算能级。不论势阱形状如何,预期的幻数只出现2、8、20 三个。理论上的初试是失败的。1949 年迈耶夫人(M. G. Mayer)和詹森(J. H. D. Jensen)在势阱中加入了自旋-轨道耦合项,才把所有的幻数找到,终于用壳层模型成功地解释了幻数。

然而,壳层模型是单核子理论,即认为每个核子在势阱中相对独立地运动。是什么理由让核子在核内自由地运动呢?善于为符合实验事实的理论找根据的理论家们对此的解释是:作为初级近似,任何一个核子可看成是在其它核子形成的平均场(或者说,自洽场)中运动。由于泡利不相容原理,相邻能级均已被占满,核子一般不能进行导致能级跃迁的碰撞,它们始终保持在特定的能态上自由运动。

7.4 集体模型

液滴模型把原子核当作一个整体看待,壳层模型则认为核内各粒子的运动是彼此独立的,两模型代表了两个极端。但有一些事实表明,原子核中既有核子彼此独立运动的一面,也有它们集体运动的一面。

壳层模型是把原子核当作球形处理的,对一些物理量(如电四极矩)的测量表明,除了幻核附近的少数原子核外,大部分原子核是有形变的。它们像个拉长了的椭球,尤其在下列两个核素区内形变特别厉害:$Z=50$ 和 82 的两个幻核之间的镧系元素($Z=51\sim71$),及 $Z>92$、$N>135$ 的超铀元素。这种形变比单核子运动所引起的效应要大得多,是许多核子参加的集体效应。

原子核的集体模型把核子的集体运动与单体独立运动结合起来。可以想象,集体运动使原子核变形,从而单个核子所感受到的势阱不再是球形的了。集体模型把原子核内部的运动分成单体的和集体的两部分,而集体运动部分又有转动和振动两部分。这种思想与分子光谱中有电子运动、分子的转动和振动两种激发能级相似,只不过它们之间的数量级关系与分子光谱情形不大相同罢了。在远离幻核(闭壳层)的核素区内,原子核的平衡形状是非球形的,其低激发态是转动能级。随着向闭壳层核逼近,原子核的形状逐渐趋于球形,转动惯量也减小,振动能级间距加大,低激发态让位给振动能级。十分接近闭壳层时,振动的频率加大,振动能级间距可与单核子激发态相匹敌了。

§8. 粒子物理学的诞生

8.1 早年观点

粒子物理是研究物质最基本结构的学科。

1897 年 J. J. 汤姆森发现电子 e^-,1919 年卢瑟福发现了质子 p. 所以,在 20 世纪 20 年代人们普遍认为,所有物质都是由质子和电子组成的。然而 30 年代和 40 年代以来,核物理、宇宙线的实验发现和量子力学的理论研究,对这种观点产生了很大冲击。物理学家们在探讨什么是构成物质的基本单元时,愈来愈感到问题复杂,值得专门研究。于是诞生了一门新学科 —— 基本粒子物理。到了 60 年代,发现当时已知的基本粒子(如电子和质子)在结构上并不属于同一层次,于是国际间就把“基本”二字去掉,改称“粒子物理”。

下面我们就来回顾 20 世纪 30、40 年代的重要发现和 40 年代末达到的认识,这些成果标志着“粒子物理”作为一门独立学科的诞生。

8.2 狄拉克方程

20 世纪在物理学的革命中诞生了近代物理学,近代物理学的两大理论支柱是相对论和量子力学。如何将二者结合起来,是这世纪 20 年代末摆在物理学家们面前的一个重大课题。

以自由电子为例,非相对论的能量–动量关系为

$$E=\frac{1}{2m}\left({p_x}^2+{p_y}^2+{p_z}^2\right),\tag{5.82}$$

将其中能量和动量换成算符:

$$\begin{cases}E\rightarrow \mathrm{i}\hbar\dfrac{\partial}{\partial t},\\ p_x=-\mathrm{i}\hbar\dfrac{\partial}{\partial x},\quad p_y=-\mathrm{i}\hbar\dfrac{\partial}{\partial y},\quad p_z=-\mathrm{i}\hbar\dfrac{\partial}{\partial z}.\end{cases}\tag{5.83}$$

作用到波函数 ψ 上,就变成自由电子的薛定谔方程:

$$\mathrm{i}\hbar\frac{\partial\psi}{\partial t}=-\frac{\hbar^2}{2m}\left(\frac{\partial^2}{\partial x^2}+\frac{\partial^2}{\partial y^2}+\frac{\partial^2}{\partial z^2}\right)\psi.\tag{5.84}$$

这方程是非相对论性的。而相对论性的能量–动量关系是

$$E^2=c^2\left[\left({p_x}^2+{p_y}^2+{p_z}^2\right)+m^2c^2\right],\tag{5.85}$$

若如上法炮制,则得相对论性量子力学方程:

$$\hbar^2\frac{\partial^2\psi}{\partial t^2}=c^2\left[\hbar^2\left(\frac{\partial^2}{\partial x^2}+\frac{\partial^2}{\partial y^2}+\frac{\partial^2}{\partial z^2}\right)-m^2c^2\right]\psi.\quad(?)\tag{5.86}$$

这方程包含时间 t 的二阶偏导,决定未来波函数 ψ 演化的初始条件中,除给出 $\psi(t=0)$外,还需给出其一阶时间导数$(\partial\psi/\partial t)_{t=0}$来。可以证明,如此

就无法保证概率密度恒正，这在物理上是不能接受的。所以(5.86)式不是自由电子正确的相对论性量子力学方程。正确的方程对时间偏导来说应该是一阶的。

将(5.85)式开方嘛！于是得到

$$E = c\sqrt{p_x^{\ 2}+p_y^{\ 2}+p_z^{\ 2}+m^2c^2},$$

按(5.83)式把其中的能量和动量换成算符？根号下面的偏微分符号是什么意思？看来，直接取方根的路子也行不通。根号下面的表达式会不会是完全平方：

$$p_x^{\ 2}+p_y^{\ 2}+p_z^{\ 2}+m^2c^2 = (\alpha_x p_x+\alpha_y p_y+\alpha_z p_z+\beta)^2 \quad (?)$$

如果是这样，则应有

$$\left.\begin{aligned} &\alpha_i^{\ 2}=1, \quad \alpha_i\alpha_j+\alpha_j\alpha_i=0; \\ &\beta^2=m^2c^2, \quad \alpha_i\beta+\beta\alpha_i=0. \end{aligned}\right\} (i, j=x, y, z; i\neq j.) \tag{5.87}$$

显然，服从乘法交换律的普通系数是不能满足(5.87)式的。那么，为什么它们不是矩阵呢？正是沿着这条思路，英国理论物理学家狄拉克(P. A. M. Dirac)1928 年把这个问题解决了。[1] 他论证，能满足上述所有关系式的矩阵至少是 4×4 的。他找到的解为：

$$\begin{aligned} \alpha_x &= \begin{pmatrix} 0 & 0 & 0 & 1 \\ 0 & 0 & 1 & 0 \\ 0 & 1 & 0 & 0 \\ 1 & 0 & 0 & 0 \end{pmatrix}, \quad \alpha_y = \begin{pmatrix} 0 & 0 & 0 & -\mathrm{i} \\ 0 & 0 & \mathrm{i} & 0 \\ 0 & -\mathrm{i} & 0 & 0 \\ \mathrm{i} & 0 & 0 & 0 \end{pmatrix}, \\ \alpha_z &= \begin{pmatrix} 0 & 0 & 1 & 0 \\ 0 & 0 & 0 & -1 \\ 1 & 0 & 0 & 0 \\ 0 & -1 & 0 & 0 \end{pmatrix}, \quad \beta = mc\begin{pmatrix} 1 & 0 & 0 & 0 \\ 0 & 1 & 0 & 0 \\ 0 & 0 & -1 & 0 \\ 0 & 0 & 0 & -1 \end{pmatrix}. \end{aligned} \tag{5.88}$$

于是我们得到

$$E = c(\alpha_x p_x + \alpha_y p_y + \alpha_z p_z + \beta), \tag{5.89}$$

量子化后，得到

$$\left(\frac{1}{c}\frac{\partial}{\partial t}+\alpha_x\frac{\partial}{\partial x}+\alpha_y\frac{\partial}{\partial y}+\alpha_z\frac{\partial}{\partial z}+\frac{\mathrm{i}mc}{\hbar}\beta\right)\psi = 0, \tag{5.90}$$

式中的 α_x、α_y、α_z 和 β 是(5.88)式中给出的矩阵，称为狄拉克矩阵。(5.90)式是正确的自由电子相对论性量子力学方程，称为狄拉克方程。在狄拉克方程中波函数 ψ 是具有四个分量的列矩阵：

---

[1] P. A. M. Dirac, *Proc. Roy. Soc.*, **A117**(1928), 610.

$$\psi = \begin{pmatrix} \psi_1 \\ \psi_2 \\ \psi_3 \\ \psi_4 \end{pmatrix}. \qquad (5.91)$$

这四个分量的物理意义何在？

相对论性的能量-动量关系(5.85)式是 E 的二次方程，对于给定的动量平方 $p^2 = p_x^2 + p_y^2 + p_z^2$ 它有正负两个根：

$$E = \pm c\sqrt{p^2 + m^2c^2}, \quad (5.92)$$

这在狄拉克方程中也有反映，正负两根都是能量 E 的本征值。

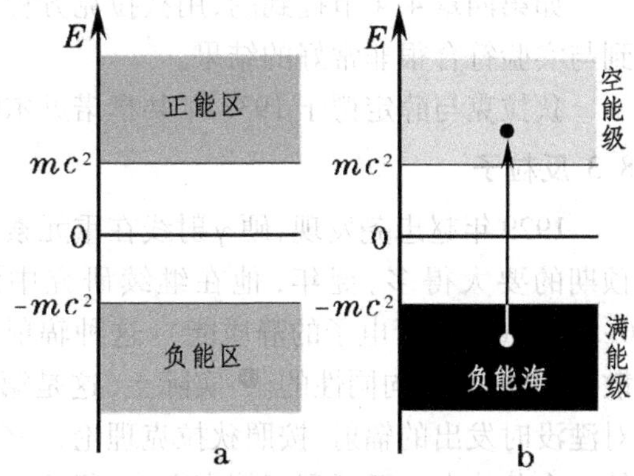

图 5 - 33 狄拉克理论中的正能区和负能区

ψ_1 和 ψ_2 是正能的本征函数，ψ_3 和 ψ_4 是负能的本征函数。此外，ψ_1 和 ψ_2 分别代表自旋 z 分量等于 ±1/2 的本征态，ψ_3 和 ψ_4 亦如此。过去我们说，在经典物理的框架中谈“自旋”的概念是有困难的。不料想它在狄拉克方程中自己涌现出来了，多么妙呀！不过，令人困惑的是负能问题。负能意味着负质量 m，负质量是什么意思呢？

若暂时忘掉量子力学，在相对论中能量 E 只取正根，它有个最低值 mc^2，即所谓“静质能”。对于自由电子来说，能量在 $E \geqslant mc^2$ 以上连续分布，$E < mc^2$ 的状态是不允许的。现在把负根也考虑进去，则能量将如图 5 - 33a 所示，在 $E = 0$ 上下对称地各存在一个连续区，中间隔了一个宽度为 $2mc^2$ 的禁带。在传统的观念中能量是不能突变的，从而正负能区互不往来，负能区的存在与否和现实世界无关，可不予理会。然而在量子力学中，原则上讲，两能区的电子可以通过量子跃迁相互往来。负能区的问题就不能回避了。

两年后，❶ 狄拉克对此问题的解决方案是考虑泡利原理，认为所有负能级都被电子填满，形成所谓“负能海”。一旦负能海中一个电子得到 $2mc^2$ 以上的激发能，它就会跃迁到正能区空着的能级上，在负能海里留下一个“空穴”，如图 5 - 33b 所示。因为，在运动方程里，粒子的电荷 q 与质量 m 是以荷质比 q/m 的形式一起出现的，质量反号与电荷反号相当。所以负能海里空穴的行为，就像一个带 $+e$ 电荷和具有正质量 m 的电子一样。于是狄拉克预言了“正电子”的存在。这又是一着绝妙的好棋！❷

---

❶ P. A. M. Dirac, *Proc. Roy. Soc.*, **A126**(1930), 360.

❷ 杨振宁先生是这样评论狄拉克的特点的：“话不多，而其内含有简单、直接、原始的逻辑性。一旦抓住了他独特的、别人想不到的逻辑，他的文章读起来便很通顺，就像‘秋水文章不染尘’，没有任何渣滓，直达深处，直达宇宙的奥秘。”［见：杨振宁. 美与物理学. 物理通报，1997(12)：1.］

如第四章 4.4 节提到的,用狄拉克方程计算氢原子能级的精细结构,得到与实验符合很非常好的结果。

狄拉克与薛定谔于 1933 年共享诺贝尔物理奖。

8.3 反粒子

1929 年赵忠尧发现,硬 γ 射线在重元素中的吸收,比康普顿效应理论所预期的要大得多。翌年,他在继续研究中测量到一种特征辐射,能量为 0.5 MeV(相当于电子的静质能)。这种辐射的角分布与主要朝前的康普顿散射不同,是各向同性的。[1] 实际上,这是第一次在实验中观察到正负电子对湮没时发出的辐射。按照狄拉克理论,一个能量大于 $2mc^2$ 的 γ 光子可以使一个负能电子跃迁到正能态上去,留下一个空穴,其结果是 γ 光子转化成正负电子对,如图 5 - 34a 所示。不过,一个 γ 光子直接转化成一对电子不可能同时满足动量守恒和能量守恒定律。此过程只有在第三者(通常是一个原子核 X)参与下才能发生:

$$\gamma + X \longrightarrow X + e^- + e^+.$$

表观上看,γ 光子被原子核吸收了。这也是赵忠尧所发现的硬 γ 被重核反常吸收的现象。虽然正电子本身是稳定的,但它在物质中不断进行电离碰撞而损失能量,最后变得几乎静止。这时,它相当于狄拉克"负能海"表面的一个空穴。如果近边有电子,它就会向空穴跃迁,将它填满,多余的能量以 γ 光子的形式释放出来,如图 5 - 34b 所示。通常它们对称地转化为两个方向相反的 γ 光子:

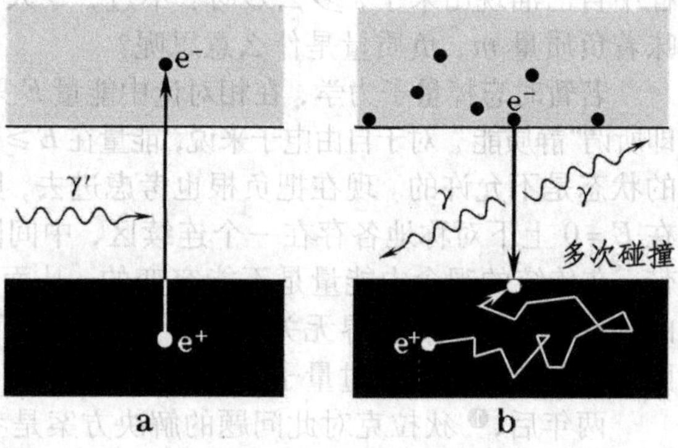

图 5 - 34 赵忠尧特征辐射

$$e^- + e^+ \longrightarrow \gamma + \gamma,$$

能量各为 $mc^2 = 0.5\,\mathrm{MeV}$. 这便是赵忠尧发现的特征辐射。上述过程称为正负电子对湮没。正负电子对湮没时不能只转化为一个光子,因为这不能令动量守恒和能量守恒定律同时得到满足。这个解释是赵忠尧当时不知道的。

在赵忠尧工作的启发下,他的同学安德森(A. D. Anderson)于 1932 年

[1] C. Y. Chao, *Proc. Nat. Acad. Sci. Amer.*, **15**(1929), 558; **16**(1930), 431.

在宇宙线的云雾室照片上，观察到了正电子的径迹（见图 5-35），从而验证了狄拉克的理论。❶ 1936 年安德森获诺贝尔物理奖。❷

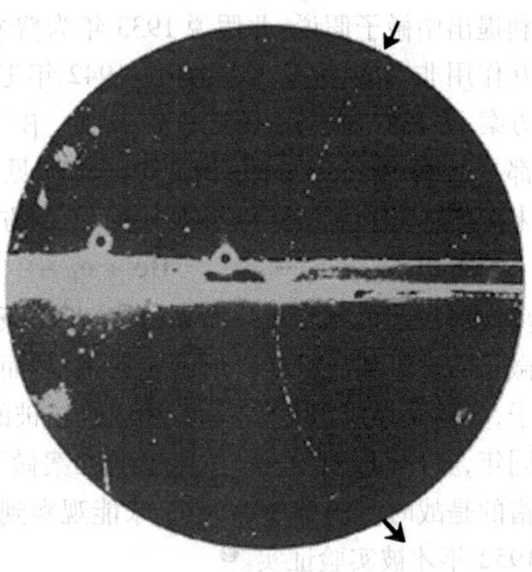

图 5-35 云雾室中正电子的径迹

照片中部横着的是一块铅板，从径迹的曲率下小上大看，粒子是从上到下穿过铅板的，因而径迹沿逆时针方向偏折。根据磁场的方向可以判断，粒子带正电。

狄拉克"负能海"的解释在概念上是有困难的。如果真空态是负能级被电子填满的状态，空间的电荷密度岂不是 $-\infty$？现代量子场论已不需要狄拉克"负能海"的概念。量子场论认为，粒子波函数的模方已不是某个量子态上测到粒子的概率，而是在此态上的粒子数算符。平面波场

$$\psi(\boldsymbol{r},t) = c\,\mathrm{e}^{\mathrm{i}[\boldsymbol{p}\cdot\boldsymbol{r}-Et]/\hbar}$$

中的正频部分（$E>0$）诠释为能量为 E、动量为 $\boldsymbol{p}$ 的粒子波，负频部分（$E<0$）诠释为能量为 $-E$、动量为 $-\boldsymbol{p}$ 的另一种逆着原来时空方向传播的粒子波。两种粒子的能量都是 $|E|$，质量 m 也一样，都是正的。我们若把一种称为粒子，另一种就是反粒子（anti-particle）。通常反粒子用相同的符号加横线来表示。正电子就是电子的反粒子，若用 e 代表电子，则 $\bar{\mathrm{e}}$ 就是正电子。

继安德森发现正电子之后，1955 年发现反质子 $\bar{\mathrm{p}}$，1956 年发现反中子 $\bar{\mathrm{n}}$. 反中子的质量和自旋与中子相同，但磁矩与自旋方向相同，而不是像中子那样，磁矩与自旋方向相反。1960 年代前后又相继发现一系列反超子。所有粒子都有反粒子。一些粒子的反粒子就是它自己，如光子和 π^0 介子，这种粒子称为纯中性粒子或马约拉纳（Majorana）粒子。

8.4 中微子

2.4 节中提到，为了克服 β 衰变中能量和动量不守恒的困难，1930 年泡

---

❶ C. D. Anderson, *Science*, **76**(1932), 238.

❷ 半个世纪后诺贝尔奖评审情况解密，人们了解到，1936 年的那次评审会上曾议论过赵忠尧所做的工作，但因另外两组学者发表不同的实验结果，而对赵的工作的可靠性发生怀疑。事后表明，那两组实验工作是错的，而赵的工作确凿可靠。赵忠尧先生本人对此事始终处之淡然。[见：施宝华．诺贝尔奖的遗憾．科学，1998，50：3.]

利提出中微子假说,此假说 1933 年为费米所完善。中微子不带电,与物质相互作用非常弱,是极难探测的。1942 年王淦昌提出一个检验中微子假说的方案。[1] 我们知道,β 衰变有 β^- 衰变、β^+ 衰变和 K 俘获三种。前两种的末态都是三体,而最后一种的末态是二体[见(5.22a)、(5.22b)和(5.22c)式],末态二体有利于实验结果的分析。王的方案是用铍的 K 俘获:

$$^7\mathrm{Be} + e_K^- \rightarrow {}^7\mathrm{Li} + \nu,$$

反应前的动量和能量是已知的,测量出反冲核 ^{7}Li 的动量和能量,就可将中微子的动量和能量唯一地确定下来,从而知道它的质量。如果只有一种中微子,实验结果应该是单能的。采用轻核铍的好处是反冲较大,便于准确测量。同年,艾伦(J. S. Allen)按照王的方案做了实验,测量到 ^{7}Li 核的反冲。但可惜的是战时实验条件不理想,未能观察到单能的反冲。单能反冲直到战后的 1952 年才被实验证实。[2]

以上实验只证实了中微子的存在,进一步需要通过它们与物质相互作用引起的反应,直接探测到中微子。这项艰巨工作直到 1956 年才由莱因斯

图 5-36 赵忠尧(中)、王淦昌(右)先生 1958 年在莫斯科

谨以多年珍藏的这幅照片缅怀两位崇敬的长辈。当时作者(左)是留苏研究生,有幸为两位先生做俄语翻译。

[1] Kan Chang Wang, *Phys. Rev.* **61**(1942), 97. 王淦昌先生的建议是 1941 年想出来的。在那抗日战争最艰苦的年代,他正随浙江大学迁到贵州遵义。在国内既不可能发表文章,更不可能做实验。他便把想法成文投寄美国,次年刊出。

[2] G. W. Rodeback and J. S. Allen, *Phys. Rev.*, **86**(1952), 446; R. Davis, Jr., *Phys. Rev.*, **86**(1952)976.

(F. Reines)和柯万(C. L. Cowan)领导的实验小组完成(文章发表于1960年)。❶ 实验所用的中微子(实际上是反中微子$\overline{\nu}_e$,见下面8.7节)来自反应堆。我们知道,裂变反应中产生的碎片大多是β放射性的,所以裂变反应堆不仅是强大的中子源,也是强大的中微子源。他们用醋酸镉的水溶液和液体闪烁计数器埋在一个反应堆附近很深的地下。当反中微子射入水中与质子碰撞时,发生下列反应:

$$\overline{\nu}_e + p \to n + e^+,$$

如图5-37所示,正电子经碰撞减速后遇电子而湮没,放出一对方向相反、能量各为0.511 MeV的特征γ光子来。此过程大约经历10^{-9}s. 中子经几毫秒的慢化后被镉核吸收,放出总能量为MeV量级的若干个γ光子来:

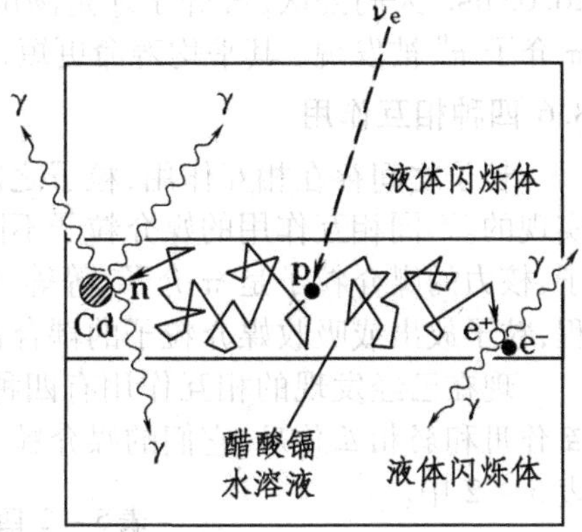

图5-37 中微子探测实验

$$n + {}^{A}\text{Cd} \to {}^{A+1}\text{Cd}^* \to {}^{A+1}\text{Cd} + \gamma + \gamma + \cdots.$$

所有这些γ信号都由液体闪烁计数器来记录。由于它们有很强的特征,较容易将它们与杂散本底区分开来。宇宙射线中的正电子产生假信号,可用反符合电路挑选出来予以剔除。

采取各种严格措施后,莱因斯等探测到了每小时2.88±0.22个真的$\overline{\nu}_e$信号。泡利提出假说26年后,中微子终于被捉拿归案。1956年6月15日莱因斯和柯万致电泡利报告实验结果,泡利闻讯后激动不已。

8.5 μ子与π介子

在6.2节里提到,汤川的介子理论要求一种比电子重二三百倍的"介子"出现。1936年尼德梅耶(S. H. Neddermeyer)和安德森(C. D. Anderson)在宇宙线中发现一种质量约为电子质量207倍的带电粒子,它们的电荷为±e. 起初人们以为,这就是汤川理论所预言的介子,于是称之为"μ介子"。但是以后多年的研究发现,这种粒子与原子核的相互作用很弱,不大可能是汤川预言的那种粒子。"μ介子"的名称是历史的误会,现改称μ子(muon)。

μ子是不稳定的粒子,其寿命为2.197 ms. μ子衰变的反应是

$$\mu^{\pm} \to e^{\pm} + \nu + \overline{\nu}. \tag{5.93}$$

1947年鲍威尔(C. F. Powell)在宇宙线中又发现了一种质量约为电子

---

❶ C. L. Cowan, Jr., F. Reines, *et al.*, *Science*, **124**(1960), 103.

273 倍的带电粒子，电荷也是 ±e. 它们与原子核间有很强的相互作用，被命名为 π 介子（π meson）。π 介子也是不稳定的粒子，平均寿命是 26.03 ns. 人们公认，π 介子才是汤川理论中传递核力的粒子。1950 年中性 π 介子 π^0 被发现，其平均寿命更短，只有 8.4×10^{-16} s.

8.6 四种相互作用

粒子之间存在相互作用，粒子之间的相互作用是通过交换媒介粒子来实现的。不同相互作用的媒介粒子不同，例如电磁相互作用的媒介粒子是光子，核力的媒介粒子是 π 介子，等等。媒介粒子的质量决定了相互作用的力程，粒子放出或吸收媒介粒子的耦合常量决定了相互作用的强弱。

现在已经发现的相互作用有四种：*电磁相互作用*、*引力相互作用*、*强相互作用*和*弱相互作用*。它们的媒介粒子、力程和相互作用强度等情况，列于表 5－2 中。

表 5－2 四种相互作用

		强作用		电磁作用	弱作用		引力作用
媒介粒子	名 称	介子	胶子	光子	W	Z	引力子
	自 旋	0,1	1	1	1	1	2
	质量/GeV	0.1396	0	0	80.2	91.2	0
	力程/fm	1.413		∞	0.00246		∞
宏观表现		无		有	无		有
相互作用相对强度		1		0.0487	4.23×10^{-9}		3.93×10^{-38}

现在对表 5－2 中的一些概念作点解释。

力程（range）L 的具体定义如下：

$$L=\lim_{R\to\infty}\frac{\int_0^R V(r)\,r\,\mathrm{d}r}{\int_0^R V(r)\,\mathrm{d}r},\tag{5.94}$$

式中 $V(r)$ 为相互作用势。例如

$$\text{库仑势}\qquad V(r)\propto\frac{1}{r},\quad L=\infty;\tag{5.95}$$

$$\text{汤川势}\qquad V(r)\propto\frac{\mathrm{e}^{-r/\lambda}}{r},\quad L=\lambda.\tag{5.96}$$

电磁力和万有引力都是长程力，在宏观世界中有明显表现，所以在 20 世纪前就在经典物理中研究得很清楚了。强相互作用的力程是原子核半径的数量级，弱相互作用的力程还要小三个数量级，它们在宏观世界里没有表现。

“相互作用相对强度”是以两个质子相距 2.5 fm 时的耦合常量［即 $V(r)r$］以强相互作用为基准的相对值。

8.7 粒子的分类

现已在实验中发现、可以自由状态存在的粒子，按它们参与相互作用的

性质,可分类如表5－3:

表5－3 粒子的分类

类别		粒子	统计	相互作用
光子(规范玻色子)		γ $(W^{\pm}, Z^0)$	玻色子	电磁(弱)
轻子	带电	$e^{\pm}, \mu^{\pm}, \tau^{\pm}$	费米子	电磁,弱
	中微子	$\nu_e, \bar{\nu}_e;\ \nu_\mu, \bar{\nu}_\mu;\ \nu_\tau, \bar{\nu}_\tau$	费米子	弱
强子	介子	$\pi^{\pm}, \pi^0$ $(K^{\pm}, K^0, \bar{K^0})$	玻色子	强,电磁,弱
	重子	$p, n, \bar{p}, \bar{n}$ (奇异粒子 $\Lambda, \Sigma, \Xi, \Omega$ 等)	费米子	强,电磁,弱

第一大类是规范玻色子,即传播各种相互作用的媒介粒子。首先,光子是电磁相互作用的媒介粒子。其次,这类里还应包括弱相互作用的媒介粒子 $W^{\pm}$ 和 Z^0. 此外,强相互作用的媒介粒子是胶子,迄今为止并没有发现它们在自由状态下存在;引力相互作用的媒介粒子是引力子,它还只是理论上的概念。这两类粒子未列在上表中。

轻子(lepton)是不参与强相互作用的粒子,详见9.1节。1970年代中叶发现的 τ 子按相互作用分应属轻子,但它比质子还重,故称重轻子(heavy lepton)。

强子(hadron)是可直接参与强相互作用的粒子。它们又按统计法可分为两类:① 属玻色子的称为介子(meson),② 属费米子的称为重子(baryon)。1940年代末发现奇异粒子以前,人们知道的介子只有 π 介子和它们的反粒子,知道的重子只有核子p、n和它们的反粒子。后来发现的奇异粒子中属介子的多比 π 介子重,故称重介子(heavy meson);属重子的多比核子重,故称超子(hyperon)。

8.8 守恒量

能量、动量、角动量、电荷等是我们在经典物理中已熟悉的守恒量。在微观物理中,特别是在粒子物理中,除了这些守恒量外,人们在实验中还总结出一些新的守恒量,如宇称、轻子数、重子数、同位旋、奇异数等。除宇称(等于 +1 或 −1)是相乘性的守恒量外,上面列举的其余守恒量都是相加性的。在正反共轭变换(C变换[1])中所有相加性的守恒量都反号。

守恒量的概念总是与守恒律相联系的。有的守恒律是在所有情况下都成立的严格守恒律,有的则只在某些相互作用下成立的部分守恒律。有经典对应的守恒律,如能量、动量、角动量、电荷守恒都是严格的守恒律。重子数、

[1] C源于charge conjugation transform,即电荷共轭变换。但正反粒子反演中并不止于电荷反号,电中性粒子(如中子)也有正反粒子反演的问题。故现在我们不用“电荷共轭变换”的说法。

轻子数也是严格的守恒量，而且 L_e、L_μ、L_τ 三个轻子数分别严格守恒。但是，同位旋只在强相互作用下守恒，奇异数（以及将在 10.3 节和 10.4 节里讲的粲数、底数和顶数）只在强相互作用和电磁相互作用下守恒，在弱相互作用下它们可以不守恒。宇称也在弱相互作用下不守恒。

表 5－4 中给出一些主要粒子的相加性守恒量。宇称的问题比较复杂，这里未列入。

表 5－4 粒子的守恒量

类别	粒子	自旋 J	电荷 Q	轻子数 L_e	轻子数 L_μ	轻子数 L_τ	重子数 B	同位旋 I	同位旋 I_3	奇异数 S	超荷 Y	反粒子
光子	γ	1	0	0	0	0	0	0	0	0	0	γ
轻子	ν_e	1/2	0	+1 −1	0	0	0					$\bar{\nu}_e$
轻子	μ	1/2	0	0	+1 −1	0	0					$\bar{\nu}_\mu$
轻子	ν_τ	1/2	0	0	0	+1 −1	0					$\bar{\nu}_\tau$
轻子	e^-	1/2	−1 +1	+1 −1	0	0	0					e^+
轻子	μ^-	1/2	−1 +1	0	+1 −1	0	0					μ^+
轻子	τ^-	1/2	−1 +1	0	0	+1 −1	0					τ^+
强子·介子	π^+	0	+1 −1	0	0	0	0	1	+1 −1	0	0	π^-
强子·介子	π^0	0	0	0	0	0	0	1	0	0	0	π^0
强子·介子	K^+	0	+1 −1	0	0	0	0	1/2	+1/2 −1/2	+1 −1	+1 −1	K^-
强子·介子	K^0	0	0	0	0	0	0	1/2	−1/2 +1/2	+1 −1	+1 −1	$\bar{K}^0$
强子·重子	p	1/2	+1 −1	0	0	0	+1 −1	1/2	+1/2 −1/2	0	+1 −1	$\bar{p}$
强子·重子	n	1/2	0	0	0	0	+1 −1	1/2	−1/2 +1/2	0	+1 −1	$\bar{n}$
强子·重子	Λ^0	1/2	0	0	0	0	+1 −1	0	0	−1 +1	0	$\bar{\Lambda}^0$
强子·重子	Σ^+	1/2	+1 −1	0	0	0	+1 −1	1	+1 −1	−1 +1	0	$\bar{\Sigma}^+$
强子·重子	Σ^0	1/2	0	0	0	0	+1 −1	1	0	−1 +1	0	$\bar{\Sigma}^0$
强子·重子	Σ^-	1/2	−1 +1	0	0	0	+1 −1	1	−1 +1	−1 +1	0	$\bar{\Sigma}^-$
强子·重子	Ξ^0	1/2	0	0	0	0	+1 −1	1/2	+1/2 −1/2	−2 +2	−1 +1	$\bar{\Xi}^0$
强子·重子	Ξ^-	1/2	−1 +1	0	0	0	+1 −1	1/2	−1/2 +1/2	−2 +2	−1 +1	$\bar{\Xi}^-$
强子·重子	Ω^-	3/2	−1 +1	0	0	0	+1 −1	0	0	−3 +3	−2 +2	$\bar{\Omega}^-$

§9. 轻子与弱相互作用

9.1 三代轻子

我们知道，伴随着 β 衰变（电子）产生中微子，这是第一代轻子。1947 年鲍威尔在宇宙线发现的 π 介子，它衰变为 μ 子时也伴随有中微子。这是第二代轻子。1975–1976 年，在美国斯坦福的正负电子对撞机上，科学家们发现了 τ 子，伴随着它也应有中微子。这是第三代轻子。第二代轻子 μ 的质量比第一代电子 e 大二百多倍,第三代轻子 τ 的质量比第二代大十几倍,比第一代大三千多倍。三代轻子一代比一代重,"轻子"已经不轻了。

一切粒子都有反粒子,中微子也不例外。中微子不带电。我们首先讨论一个问题:中微子和反中微子是否同种粒子,即中微子是否马约拉纳粒子?

习惯上人们把轻子的轻子数 L 定为 1,其反粒子的轻子数定为 -1. β^- 衰变反应(5.22a)式

$${}^A_Z\mathrm{X} \to {}^A_{Z-1}\mathrm{Y} + \mathrm{e}^- + \overline{\nu},$$

等价于核内的中子 n 衰变为质子 p:

$$\mathrm{n} \to \mathrm{p} + \mathrm{e}^- + \overline{\nu}, \tag{5.97a}$$

β^+ 衰变反应(5.22b)式

$${}^A_Z\mathrm{X} \to {}^A_{Z+1}\mathrm{Y} + \mathrm{e}^+ + \nu,$$

等价于核内的质子 p 衰变为中子 n:

$$\mathrm{p} \to \mathrm{n} + \mathrm{e}^+ + \nu, \tag{5.97b}$$

(5.97a)式左端的轻子数为0, 电子 e^- 的轻子数 $L=1$, 若保持右端的轻子数也为 0, 则需假定右端是 $L=-1$ 的反中微子 $\overline{\nu}$. (5.97b)式左端的轻子数为 0,正电子 e^+ 的轻子数 $L=-1$, 若保持右端的轻子数也为0,则需假定右端是 $L=+1$ 的中微子 ν. 如果认为中微子与反中微子是同种粒子, 则它们应该有相同的轻子数,(5.97a)和(5.97b)两个反应式就无法同时保持轻子数守恒了。

如果中微子与反中微子具有不同的轻子数,则下列反应是禁止的:

$$\overline{\nu} + {}^{37}\mathrm{Cl} \to {}^{37}\mathrm{Ar} + \mathrm{e}^-.$$

差不多与莱因斯探测中微子的实验同时,1956 年戴维斯(R. Davis)用4000L 的 $\mathrm{CCl_4}$ 作探测器,用纯氩不断通入,以便把放射性的产物 ${}^{37}\mathrm{Ar}$ 带出来。在实验误差范围内没有测到这种放射性物质。这是一个"中微子不是马约拉纳粒子"和"轻子数守恒"的判定性实验。大量其它实验都证明,轻子数是守恒的,没有例外。

中微子和反中微子除轻子数反号外,还有什么不同? 下面 9.3 节里我们将看到,它们的自旋方向是相反的。

现在我们讨论第二个问题: ν_e 和 ν_μ 是否同一种中微子? 判定实验可以这样做: 用 π 衰变

$$\begin{cases} \pi^+ \to \mu^+ + \nu_\mu, \\ \pi^- \to \mu^- + \overline{\nu_\mu}. \end{cases} \tag{5.98}$$

用产生的 μ 中微子去和物质作用,预期可能发现的反应是

$$\begin{cases} \nu_\mu + \mathrm{n} \to \mathrm{p} + \mu^-, \\ \overline{\nu_\mu} + \mathrm{p} \to \mathrm{n} + \mu^+. \end{cases} \tag{5.99}$$

如果 ν_μ 和 ν_e 是同种粒子,则还可能发生

$$\begin{cases} \nu_\mu + \mathrm{n} = \nu_\mathrm{e} + \mathrm{n} \to \mathrm{p} + \mathrm{e}^-, \\ \overline{\nu_\mu} + \mathrm{p} = \overline{\nu_\mathrm{e}} + \mathrm{p} \to \mathrm{n} + \mathrm{e}^+. \end{cases} \tag{5.100}$$

因此,只要检查产物中有没有高能电子,就可判断 ν_μ 和 ν_e 是否同种粒子。

1962 年莱德曼(L. Lederman)、史瓦茨(M. Schwartz)和斯坦博格(J. Steinberger)在布鲁克海文实验室的 33 GeV 加速器上做实验,经过几百小时的艰苦工作,他们共记录到56 个 μ 子事例,但电子事例一个也没有。他们为此判定性实验于 1988 年获得了诺贝尔物理奖。

既然 ν_μ 和 ν_e 是不同的粒子, L_e 和 L_μ 也就是不同的轻子数,它们应该分别守恒。这一点对后来发现的 τ 中微子和轻子数 L_τ 也是一样。

最后,将该三代轻子的一些数据列于表 5 – 5 内,供读者参考。

表 5 – 5 三代轻子

代	粒子	质量 /MeV	寿命 /s
第一代	电子 e	0.51099906(15)	稳定
	ν_e	0(< 1.8 × 10^{-5})	稳定
第二代	μ 子	105.658389(6)	2.19703(4) × 10^{-6}
	ν_μ	0(< 0.25)	稳定
第三代	τ 子	$1776.9^{+0.4}_{-0.5}$(统计) ±0.2(系统)*	3.04(9) × 10^{-13}
	ν_τ	0(< 35)	稳定

*20 世纪 90 年代初,中美物理学家合作项目在北京正负电子对撞机上测得的最精确结果。

9.2 宇称不守恒

1950 年代中期,摆在粒子物理学家面前一个难题——τ-θ 之谜。τ 和 θ 是当时发现的两种重介子(后来正名为 K^+ 介子),实验测出,它们的质量相等,寿命也一样,但 τ 介子可蜕变为三个 π 介子:

$$\tau^+ \to \pi^+ + \pi^+ + \pi^- \quad 或 \quad \pi^+ + \pi^0 + \pi^0,$$

而 θ 介子却蜕变为两个 π 介子:

$$\theta^+ \to \pi^+ + \pi^0.$$

由于 π 介子的宇称为 –,从而 θ 介子的宇称应为 +,而 τ 介子的宇称则为 –。如果说 τ 和 θ 不是同种粒子,那就很难解释为什么它们的质量和寿命完全相同;如果说它们不是同种粒子,为什么蜕变过程表现的宇称不同?理论家陷入进退两难境地。

1956 年李政道和杨振宁提出弱相互作用中宇称不守恒的设想,❶ 这想法旋即为吴健雄的 ^{60}Co 原子核 β^- 衰变的实验所证实。❷ 该实验的反应为

$$^{60}\mathrm{Co} \to {}^{60}\mathrm{Ni} + e^- + \bar{\nu}_e.$$

实验中 ^{60}Co 样品在 10^{-2} K 的低温下置于磁场中,使其自旋的磁矩排列起来,

---

❶ T. D. Lee and C. N. Yang, *Phys. Rev.*, **1104**(1956), 254.

❷ C. S. Wu, *et al.*, *Phys. Rev.*, **105**(1957) 1413.

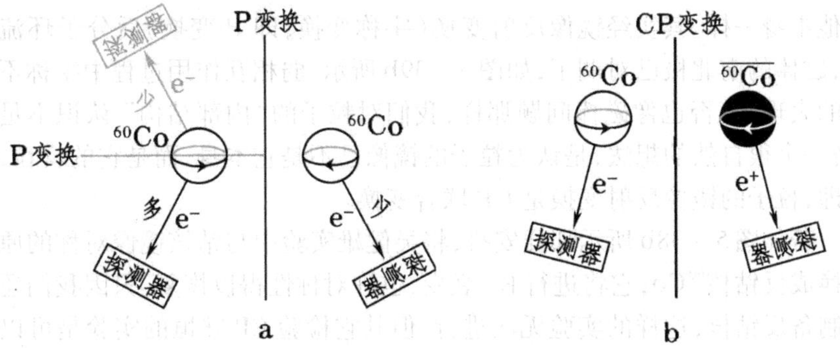

图 5－38 吴健雄实验示意图

用装置探测射出电子的多少。在图 5－38a 中先只看用黑线画出的部分。这里有两套按镜像对称布置的装置。比较两边探测器中记录到的电子数是否相等，即可检验宇称是否守恒。实际的实验装置是以图中左半边水平灰线为镜面布置的，利用共同的钴源，把第二个探测器安放在上方用灰线所画的位置上。这样的安排与前面所述的装置等价。实验结果表明，两探测器的读数相差很大。于是验证了李、杨的假说。1957 年李政道和杨振宁获诺贝尔物理奖。

9.3 CP 守恒与 CP 破坏

在讨论 CP 守恒问题之前，先讲一个历史上的故事。如图 5－39a 所示，无限长直导线沿南北方向放置，上放与之平行地挂一小磁棒。突然将导线中的电流接通，小磁针于是偏转。这就是著名的奥斯特实验，现在大家都习以为常，中学生凡学过物理的都熟悉。但是这实验当年却震惊了一位不寻常的青年，那就是恩斯特·马赫（Ernst Mach）。在他看来，整个系统（载流直导线、磁棒、地磁场）都在同一平面内，亦即，对此平面是镜像对称的，磁针的偏转破坏了这种对称性。马赫觉得这在理智上不可接受。用现在的话说，就是电磁现象宇称不守恒？！现在我们知道，从微观结构看，磁棒内部有分子环流。此系统本来就不存在镜像对称性，所以谈不上因磁棒的偏转破坏了镜像对称性。电磁现象中宇称守恒不存在什么问题。

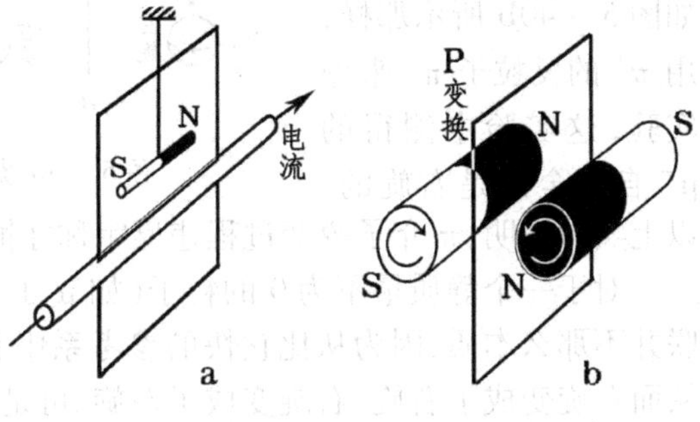

图 5－39 磁棒的镜像反射对称性

上述例子表明，当我们不了解磁棒的内部结构时，会错认为镜子里的像和他本身一样。其实经镜像反射变换（宇称变换，即 P 变换）后分子环流反向，磁棒的南北极已对调了，如图 5 －39b 所示。弱相互作用过程中宇称不守恒的表现，是否也像磁棒问题那样，我们对粒子的“内部结构”认识不足所致？一个很自然的想法，是认为粒子的镜像已不是它本身，而是它的反粒子。亦即，粒子的镜像反射变换是 CP 联合变换。

若如图 5 －38b 所示那样安排，将吴健雄实验中与钴核镜像对称的原子核换成反钴核$\overline{^{60}Co}$，它将进行 β^+ 衰变，也许对称性得以恢复。只因我们还不会制备反钴核，这样的实验无法进行。但其它检验 CP 守恒的实验是可以做的，例如 1957 年伽尔文（R. L. Garwin）等人所做的 π 介子蜕变实验。❶ 如图 5 －40a 所示，一个静止的 π^+ 介子蜕变时放出的 μ^+ 和 ν_μ．由于动量守恒，μ^+ 和 ν_μ 的运动方向相反。由于角动量守恒，它们的自旋方向也相反。然而每个粒子的自旋与其自身动量的方向是否有关联？实验表明，π^+ 介子蜕变放出 μ^+ 的自旋相对于自身动量方向全部是左旋的。这就是说，自然界只存在图 5 －40a 镜面左方的过程，不存在镜面右方的镜像过程。然而，如图 5 －40b 所示那样，用 π^+ 的反粒子 π^- 来做实验，这实验中测得的 μ^- 自旋全部是右旋的。

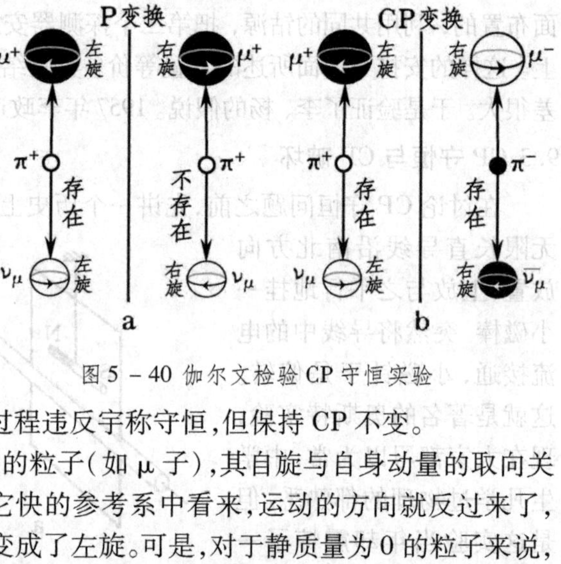

图 5 －40 伽尔文检验 CP 守恒实验

以上实验表明，π 介子蜕变过程违反宇称守恒，但保持 CP 不变。

对于一个静质量不为 0 的粒子（如 μ 子），其自旋与自身动量的取向关联并不那么本质，因为从比它快的参考系中看来，运动的方向就反过来了，从而左旋变成了右旋，右旋变成了左旋。可是，对于静质量为 0 的粒子来说，它们永远以光速运动，不可能有比它们快的参考系。在上述伽尔文实验中，根据角动量守恒原理推断，产生的 ν_μ 都是左旋的，$\overline{\nu_\mu}$ 都是右旋的。如果中微子的静质量真的为 0，则此结论从任何参考系看都成立。事实上，弱相互作用过程中放出的 ν_μ 和 ν_e 都是左旋的，$\overline{\nu_\mu}$ 和 $\overline{\nu_e}$ 都是右旋的，未见例外。中微子自旋的这一性质表明，在弱相互作用过程中宇称 P 不守恒，而 CP 守恒。

❶ R. L. Garwin, L. M. Lederman and M. Weinrich, *Phys. Rev.*, **105**(1957), 1415.

然而CP守恒也不是绝对的，1964年柯罗宁(J. W. Cronin)和菲奇(V. R. Fitch)在实验中发现，K_L^0介子的蜕变过程中有3/1000的概率违反CP不变性。这表明，CP守恒只是近似的定律。CP变换加上T变换(时间反演变换)，称为CPT联合变换。理论上和实验上都表明，CPT联合变换是严格守恒的。所以CP破坏就意味着T守恒的破坏，这一点得到了实验上的单独验证。

9.4 中间玻色子与弱电统一

按照早年的看法，弱相互作用是一种点作用，不涉及任何场。后来发现这种观点有问题。虽然弱相互作用的力程非常短，大约只有10^{-3}fm，它在一些方面与电磁相互作用有相似之处。人们试图用类似于电磁相互作用的方式来解释弱相互作用。β衰变过程是典型的弱相互作用过程，图5－41是描述这种过程的费曼图，在这种图解里，时间发展的顺序从左到右，正粒子沿箭头方向运动，反粒子逆箭头方向运动。图a描述的是点作用过程，但在力程范围内，此过程应像图b所描述的那样，有个场量子W(波纹线)作用在其中。在电磁相互作用中的场量子是光子，光子是矢量玻色子(电磁场是矢量场)，在弱相互作用中的场量子也是矢量玻色子，称为中间玻色子(intermediate bosons)。光子没有静质量，这与电磁相互作用的长程作用相对应。弱相互作用力程非常短，中间玻色子的静质量很大，近10^2GeV数量级。

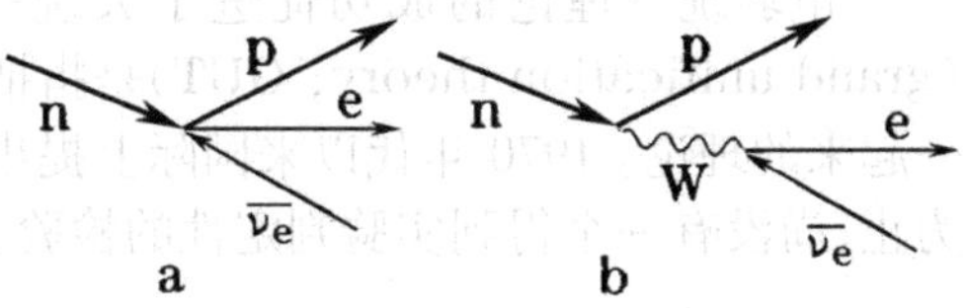

图5－41 描述弱相互作用过程的费曼图

微观粒子的四种相互作用之间有什么联系，一直是粒子物理学家们关心的问题。爱因斯坦在创立广义相对论之后，花了很长时间致力于统一场论，企图把引力相互作用与电磁相互作用统一起来，但是他没有成功，因为当时物理学发展的时机尚未成熟。相互作用统一的理论首先是在电、弱相互作用之间突破的。

尽管弱相互作用和电磁相互作用看起来有很大差异，物理学家对它们的微观机理进行深入研究后，找到了它们之间的联系。弱电统一的基本模型是1961年格拉肖(S. L. Glashow)首先提出的。1967年和1968年温伯格(S. Weinberg)和萨拉姆(A. Salam)独立地对此模型进行了发展和完善。这个理论预言，中间玻色子有三种：$W^{\pm}$和Z^0，它们的质量分别为

$$m_W \sim 80\,\text{GeV}, \quad m_Z \sim 92\,\text{GeV}.$$

此外，Z^0所传递的弱作用称为中性流弱作用(neutral current weak interaction)，是前所未知的，是这个理论另一个重要的预言。

在实验上，1973年以来，已观察到许多中性流弱作用过程。1978年，九个独立的实验结果定出有关中性弱流结构参数的数值非常接近，这对电弱

统一理论是有力的支持。1979 年格拉肖、温伯格和萨拉姆获诺贝尔物理奖。1983 年1月 $W^{\pm}$ 和 Z^0 粒子在欧洲核子研究中心(CERN)被发现,8月两个实验小组报告了他们关于中间玻色子质量和宽度的数据。两组数据非常接近。而且与理论的预言也符合得很好。为此作出重大贡献的鲁比亚(C. Rubbia)和范德米尔(S. Van der Meer)于1984 年获诺贝尔物理奖。现在实验上给出中间玻色子质量的数据为

$$m_W = 80.3(3)\,\text{GeV}, \quad m_Z = 91.25(70)\,\text{GeV}.$$

电弱统一理论的成功促进了大统一理论的探索研究。大统一理论(grand unification theory, GUT)是指把强相互作用和电、弱相互作用统一起来的理论。1970 年代以来国际上提出了许多大统一的理论方案,迄今为止,尚没有一个得到实验判定性的检验。

§10. 强子与强相互作用

10.1 奇异粒子和奇异数

1947 年罗彻斯特(G. D. Rochester)和巴特勒(C. D. Butler)在宇宙线中首先观察到一批后来被称为奇异粒子(strange particle)的粒子。尔后在加速器实验中大量产生奇异粒子后,它们的“奇异”特性才充分地展现出来并得到系统的研究。奇异粒子包含两大类:比 π 介子重的重介子 K^+、K^-、K^0和$\overline{K^0}$,以及比核子更重的重子(超子)Λ、Σ^+、Σ^0、Σ^-、Ξ^0 和 Ξ^-、Ω^-.

奇异粒子的奇异性在于:

(1) 协同产生,独立衰变。

在高能粒子的碰撞过程中多个奇异粒子一起产生,然后每个奇异粒子单独地衰变掉,衰变成过去已知的普通粒子。

(2) 快产生,慢衰变。

在高能碰撞中产生的时间为 10^{-24}s 数量级,而它们衰变的寿命则长得多,10^{-10}s 数量级以上。

表5－6给出奇异粒子的自旋和质量。按自旋相同和质量相近,奇异粒子可分成若干个小家族。K 介子四个粒子中(K^+, K^0)算作一族,仿照为质子、中子定义同位旋那样,我们定义它们的同

表5－6 奇异粒子的自旋和质量

粒子、反粒子		自旋	质量/MeV
K介子	$K^+,\overline{K^-}$	0	493.7
	$K^0,\overline{K^0}$	0	497.7
超子	$\Lambda,\overline{\Lambda}$	1/2	1115.6
	$\Sigma^+,\overline{\Sigma^+}$	1/2	1189.4
	$\Sigma^0,\overline{\Sigma^0}$	1/2	1192.5
	$\Sigma^-,\overline{\Sigma^-}$	1/2	1197.3
	$\Xi^0,\overline{\Xi^0}$	1/2	1314.9
	$\Xi^-,\overline{\Xi^-}$	1/2	1321.3
	$\Omega^-,\overline{\Omega^-}$	3/2	1672.2

位旋 $I=1/2$，其第三方向的分量 $I_3=(+1/2,\ -1/2)$. 它们的反粒子(K^-, $\overline{K^0}$)算作一族，按反粒子 I_3 反号的原则，同位旋 $I=1/2$, $I_3=(-1/2,\ +1/2)$. Λ 自己成为一族，$I=0$, $I_3=0$. 它的反粒子 $\overline{\Lambda}$ 亦然。(Σ^+, Σ^0, Σ^-)算作一族，$I_3=(+1,\ 0,\ -1)$；它们的反粒子($\overline{\Sigma^+}$, $\overline{\Sigma^0}$, $\overline{\Sigma^-}$), $I=1$, $I_3=(-1,\ 0,\ +1)$. (Ξ^0, Ξ^-)算作一族，$I=1/2$, $I_3=(+1/2,\ -1/2)$；它们的反粒子($\overline{\Xi^0}$, $\overline{\Xi^-}$)算作一族，$I=1/2$, $I_3=(-1/2,\ +1/2)$；最后，Ω^- 和 $\overline{\Omega^-}$ 各自成为一族，$I=0$. 上述奇异粒子的同位旋值总结于表 5－7 中。

表 5－7 奇异粒子的同位旋

I	I_3	粒子族	反粒子族
1/2	+1/2	K^+	$\overline{K^0}$
	−1/2	K^0	K^-
0	0	Λ	$\overline{\Lambda}$
1	+1	Σ^+	$\overline{\Sigma^-}$
	0	Σ^0	$\overline{\Sigma^0}$
	−1	Σ^-	$\overline{\Sigma^+}$
1/2	+1/2	Ξ^0	$\overline{\Xi^-}$
	−1/2	Ξ^-	$\overline{\Xi^0}$
0	0	Ω^-	$\overline{\Omega^-}$

回顾一下 6.1 节所讲核子同位旋的情况。(p, n)的 $I=1$, $I_3=(+1/2,\ -1/2)$。电荷与 I_3 的关系为 $Q=I_3+1/2$[见(5.64)式]。按反粒子 I_3 反号的原则，($\overline{\mathrm{p}}$, $\overline{\mathrm{n}}$)的 $I=1$, $I_3=(-1/2,\ +1/2)$. 这时(5.64)式应改为 $Q=I_3-1/2$. 考虑到 p、n 的重子数 $B=1$, $\overline{\mathrm{p}}$、$\overline{\mathrm{n}}$ 的重子数 $B=-1$，电荷的公式可归纳为

$$Q=I_3+\frac{1}{2}B. \qquad (5.101)$$

三个 π 介子的质量相近，(π^+, π^0, π^-)也可算作一族，取其同位旋为 $I=1$, $I_3=(+1,\ 0,\ -1)$. 因介子的重子数 $B=0$，电荷公式(5.101)对 π 介子也适用。读者不难验算，此式对所有奇异粒子都不再适用了。

1953 年美国物理学家盖尔曼(M. Gell-Mann)和日本物理学家中野董夫、西岛和彦独立的提出，奇异粒子的特性可用一个新守恒量来概括。这新守恒量叫做奇异数(strangeness number)，记作 S. 在强相互作用和电磁相互作用中 S 守恒，在弱相互作用中 S 可以不守恒。各种奇异粒子奇异数 S 的值是根据奇异数守恒的要求及实验结果分析来确定的。只从这两方面的要求来看，并不能把奇异数取值完全确定下来。事实上，若把守恒量同乘一常量，仍是守恒量；同加一常量，也是守恒量。为避免这种不确定性带来的任意性，需要用一个把奇异数和其它守恒量联系起来的关系式作为约定，将它限制起来。盖尔曼和西岛在(5.101)式的基础上提出下列公式：

$$Q=I_3+\frac{1}{2}(B+S), \qquad (5.102)$$

上式称为盖尔曼－西岛关系式(Gell-Mann-Nishijima relation)。由此关系

式规定的奇异数S都是整数,且对核子、π介子等非奇异粒子来说,S自然等于0. 计算表明,❶ 对于K介子$S=\pm1$,而Λ、Σ、Ξ诸超子的奇异数S分别为±1、±1、±2,详见表5-8. 人们还常定义一个叫超荷(hypercharge)的量Y来代替S:

$$Y \equiv B + S, \qquad (5.103)$$

于是盖尔曼-西岛关系式改写为

$$Q = I_3 + \frac{1}{2}Y. \qquad (5.102')$$

表 5-8 奇异粒子的奇异数 S

奇异粒子	S
K^+, K^0	+1
K^-, $\overline{K^0}$	−1
Λ	−1
$\overline{\Lambda}$	+1
Σ^+, Σ^0, Σ^-	−1
$\overline{\Sigma^+}$, $\overline{\Sigma^0}$, $\overline{\Sigma^-}$	+1
Ξ^0, Ξ^-	−2
$\overline{\Xi^0}$, $\overline{\Xi^-}$	+2
Ω^-	−3
$\overline{\Omega^-}$	+3

10.2 共振粒子

过去我们讲过粒子的动量和坐标之间有海森伯不确定度关系:

$$\Delta p\,\Delta x \approx \hbar,$$

其实在能量和时间之间也有不确定度关系:

$$\Delta E\,\Delta t = \hbar.$$

在这里ΔE就是能级的宽度,通常记作Γ, Δt是粒子的寿命τ,即

$$\Gamma\tau \approx \hbar. \qquad (5.104)$$

现在发现的几百种粒子中稳定的只有光子、电子、质子、中微子和它们的反粒子,共11种,其余都是不稳定的。各种不稳定粒子的寿命见图5-42,最长的是中子,$\tau=887.0\,s$,比其它不稳定粒子的寿命要长八、九个数量级以上。其次是μ子,$\tau=2.2\times10^{-6}s$. 荷电介子的寿命在$10^{-8}s$的数量级。上述奇异重子(超子)的寿命,除Σ^0外都在$10^{-10}s$的数量级,只有Σ^0的寿命为$5.8\times10^{-20}s$. 下面将要谈的一批粒子——共振粒子,寿命要短得多,只有$10^{-24}s$的数量级。

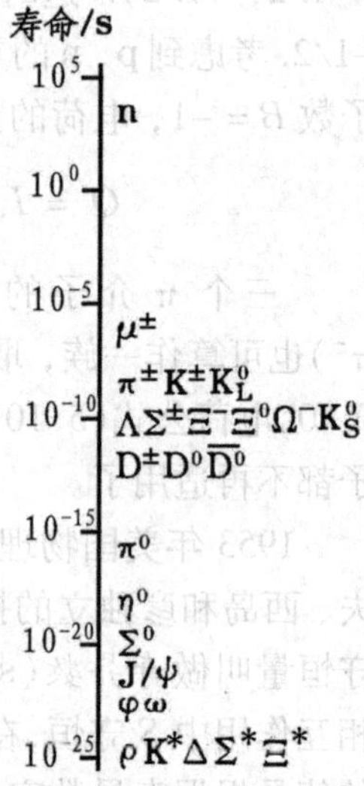

图 5-42
不稳定粒子的寿命

1952年费米小组使用高能π^+介子去轰击氢核,发现当介子能量达到195 MeV附近时,散射截面突然增大,出现一个"共振峰"(见图5-43)。对此现象的解释是碰撞过程产生了中间产物(类似于原子核层次里的复合

❶ 计算时注意,Σ^-和Ξ^-的$Q=+1$, Σ^+的$Q=-1$.

核,见 3.4 节),从电荷守恒看,它应带电 $+2e$,姑且记作 Δ^{++}. 反应过程作

$$\pi^{+}+p\rightarrow\Delta^{++}\rightarrow p+\pi^{+}. \tag{5.105}$$

在质心系看,共振峰处 π^{+} 和 p 的总能量为 1232 MeV,这相当于 Δ^{++} 的静质量。实验测得共振峰的宽度 $\Gamma\approx115$ MeV, 用(5.105)式计算折合寿命 $\tau\approx5.7\times10^{-24}$s. 这就是说, Δ^{++} 是一个质量为 1232 MeV、寿命为 5.7×10^{-24}s 的新型粒子。起初人们还有些犹豫,这样短寿命的现象,能否算做粒子? 所以叫它作"共振态"。后来这类共振现象层出不穷,不断发现了一大批其它共振态, 如 Δ^{+}、Δ^{0}、Δ^{-}、Σ^{*+}、Σ^{*0}、Σ^{*-}、Ξ^{*0}、Ξ^{*-}、ω、φ、η、ρ、K^{*+}、K^{*0}、K^{*-} 等。深入的研究表明,共振态和通常我们称之为"粒子"的东西,除寿命短外,没有本质的不同,不应把它们排除在粒子大家庭之外。于是共振态被正名为共振粒子(resonant particle)。

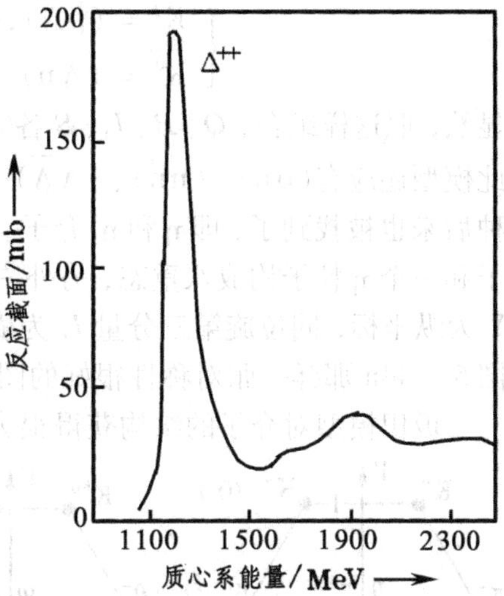

图 5-43 第一个共振态

10.3 强子结构的初探 —— 八重态和十重态

古希腊的哲学家认为万物由土、空气、水、火四种 元素组成,中国古代则有金、木、水、火、土五行之说。近代化学家认识到,物质由原子组成,而原子是不可分割的。到 20 世纪初期,列在周期表里的元素达几十种,同位素达几百种。人们不相信,这么多种类的原子都是最基本的,它们应由更基本的成分组成。1919 年,物理学家知道了两种更"基本" 的粒子 —— 电子和质子。也许还应加上 γ 光子,虽然那时对光的波粒二象性的认识还不算充分。于是物理学家就认为,所有原子都是由电子和质子组成的。到了 1933 年,人们又发现中子、正反中微子三种粒子,"基本粒子" 的数目增加到 7 种。1944 年,在物理学家手中的"基本粒子" 清单中又添了两种 μ 子,三种 π 介子,和反质子、反中子,使总数达到 14 种。随着实验技术、特别是加速器的发展,到了 1960 年代,"基本粒子" 的清单再次扩充到几百种。物理学家开始怀疑了,难道这么多粒子都是基本的?

从实验迹象看,光子和轻子确实像没有内部结构的"点粒子",强子则不然。1950 年代后期霍夫斯塔特(R. Hofstadter)小组用高能电子轰击质子和中子,发现它们在半径为 0.8 fm 范围内电荷有一定的分布,亦即,它们是

有内部结构的。

1956 年坂田昌一为介子提出了一个结构模型，认为 p、n 和 Λ 三个粒子是基本的，K 介子是它们中的一个粒子和一个反粒子组成：

$$\begin{cases} K^+ = (p\bar{\Lambda}), & K^0 = (n\bar{\Lambda}); \\ \overline{K^0} = (\Lambda\bar{n}), & K^- = (\Lambda\bar{p}). \end{cases}$$

显然，照这样组合，Q、B、I_3、S 各守恒量都能得到正确的结果。不过，按此模型还应有$(p\bar{p})$、$(n\bar{n})$、$(\Lambda\bar{\Lambda})$三种组合存在。π^0 是其中一种，另外两种后来也被找到了，即 η 和 η′ 介子。实际上可以说，三个 π 介子、四个 K 介子和一个 η 粒子构成八重态，另外一个 η′ 粒子构成一个单重态。若以超荷 Y 为纵坐标，同位旋第三分量 I_3 为横坐标，把九个粒子标在上面，便成为图 5－44a 那样一张对称性很好的图。

坂田模型对介子的结构获得很大成功，但对重子问题的尝试就不太令

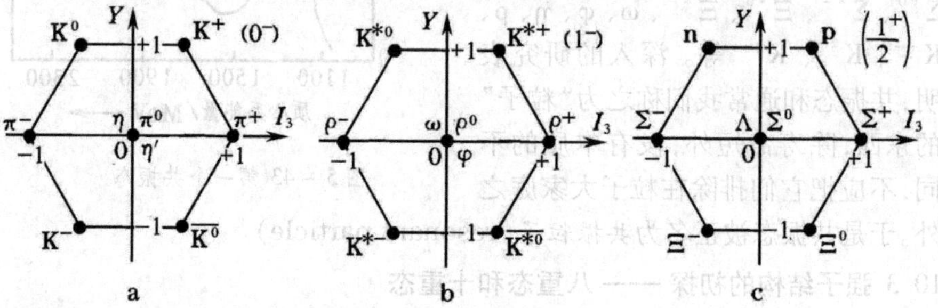

图 5－44 八重态图

人满意了。但是坂田模型的物理思想却为后来建立夸克模型带来很大的启发。

图 5－44a 所示是自旋为 0 的介子的八重态。按照类似办法，人们后来又找出自旋为 1 的共振介子八重态、自旋为 1/2 的重子的八重态和自旋为 3/2 的共振重子十重态，分别如图 5－44b，c 和图 5－45 所示。值得指出的是，在排十重态图 5－45 时，最下面的 Ω^- 粒子尚未发现。1962 年盖尔曼根据对称性看，觉得

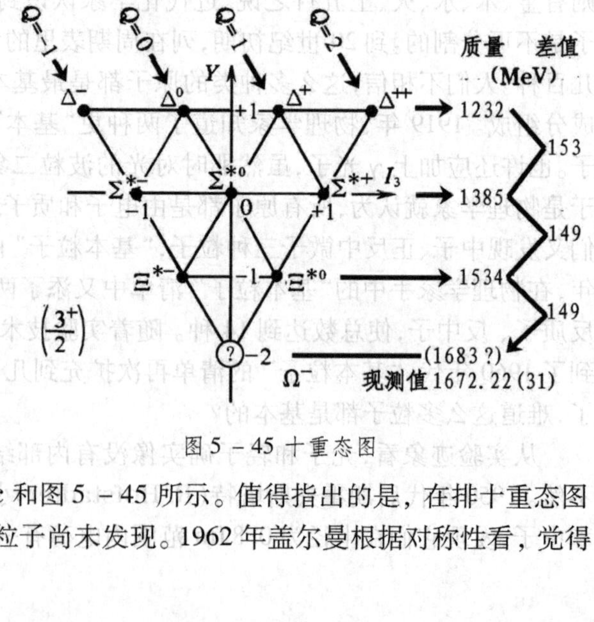

图 5－45 十重态图

缺少一个 $Q=-1$、$I=I_3=0$、$S=-3$(即 $Y=-2$)的粒子。前三个同位旋家族的质量几乎成差额为150 MeV 的等差级数(见图5－45),按此外推,未知粒子的质量应为1680 MeV 左右。1964 年,美国布鲁克海文实验室的物理学家们,在十万张气泡室照片中发现了这个粒子,质量为1672.22 (31) MeV,寿命为0.82 (3) $\times10^{-10}$s,比图5－42 中其余那些共振粒子长寿得多!

八重态和十重态是可以从 SU(3)幺正对称群理论导出的, Ω^- 粒子的发现有力地支持了这个理论。

10.4 夸克模型

坂田模型以 p、n、Λ 为构造强子的基础,组成介子时用一个粒子和一个反粒子,组成重子时就得用三个粒子。按坂田模型,自旋为1/2 的八重态和自旋为3/2 的十重态的重子数 $B=3$,而不是 $B=1$. 因此组成强子的基础,应该是 $B=1/3$ 的粒子。不仅如此,这种粒子的电荷也应该是分数的(1/3 或2/3)!分数电荷的思想听起来令人吃惊。这就是1963－1964 年盖尔曼和茨维格(G. Zweig)独立地在坂田模型基础上提出的夸克模型。为什么把这种粒子叫做夸克(quark)? 盖尔曼借用了长诗《芬尼根的彻夜祭》中的一句:"向麦克老大三呼夸克。" 这里夸克是海鸟的叫声。❶

通常用 q 一般地代表夸克,用 u(up, 指同位旋朝上)、d(down, 指同位旋朝下)、s(strange, 指奇异性)代表上、下、奇异三种夸克,分别与坂田模型中的p、n、Λ粒子对应。三种夸克的各种性质见表5－9,它们是应该符合盖尔曼－西岛关系式的。各强子由夸克怎样组合,请见表5－10,向上向下的箭头代表夸克自旋的方向。

夸克是费米子,从表5－10 看 $\Delta^{++}=(\mathrm{uuu})_{\uparrow\uparrow\uparrow}$、$\Delta^-=(\mathrm{ddd})_{\uparrow\uparrow\uparrow}$、$\Omega^-=(\mathrm{sss})_{\uparrow\uparrow\uparrow}$ 的结构, u、s、d 夸克各需要有三个不同的品种,否则就违反泡利不相容原理。不同在哪里呢? 粒子物理学界把这种区别形象地称作"颜色"。然而人们从来没有在强子中观察到"颜色" 这个新自由度,因而必须假设夸克构成强子后"颜色" 相互抵消了,成为无色(白色)。所以仿照色度学的原

表5－9 三种夸克的性质

夸克	自旋	I	I_3	B	S	Q	Y
u	1/2	1/2	+1/2	1/3	0	2/3	1/3
d	1/2	1/2	－1/2	1/3	0	－1/3	1/3
s	1/2	0	0	1/3	－1	－1/3	－2/3

❶ 茨维格把这种粒子叫做 ace(纸牌或骰子的"幺点"),我国学者称之为"层子(straton)",取这也不过是物质结构的一个层次之意。

表 5－10 强子的夸克组成

自旋为 0 的介子		自旋为 1 的介子		自旋为 1/2 的重子		自旋为 3/2 的重子	
π^+	$(u\bar{d})_{\uparrow\downarrow}$	ρ^+	$(u\bar{d})_{\uparrow\uparrow}$	p	$(uud)_{\uparrow\uparrow\downarrow}$	Δ^{++}	$(uuu)_{\uparrow\uparrow\uparrow}$
π^-	$(d\bar{u})_{\uparrow\downarrow}$	ρ^-	$(d\bar{u})_{\uparrow\uparrow}$	n	$(udd)_{\uparrow\uparrow\downarrow}$	Δ^+	$(uud)_{\uparrow\uparrow\uparrow}$
K^+	$(u\bar{s})_{\uparrow\downarrow}$	K^{*+}	$(u\bar{s})_{\uparrow\uparrow}$	Σ^+	$(uus)_{\uparrow\uparrow\downarrow}$	Δ^0	$(udd)_{\uparrow\uparrow\uparrow}$
K^-	$(s\bar{u})_{\uparrow\downarrow}$	K^{*-}	$(s\bar{u})_{\uparrow\uparrow}$	Σ^-	$(dds)_{\uparrow\uparrow\downarrow}$	Δ^-	$(ddd)_{\uparrow\uparrow\uparrow}$
K^0	$(d\bar{s})_{\uparrow\downarrow}$	K^{*0}	$(d\bar{s})_{\uparrow\uparrow}$	Ξ^0	$(uss)_{\uparrow\uparrow\downarrow}$	Σ^{*+}	$(uus)_{\uparrow\uparrow\uparrow}$
$\overline{K^0}$	$(s\bar{d})_{\uparrow\downarrow}$	$\overline{K^{*0}}$	$(s\bar{d})_{\uparrow\uparrow}$	Ξ^-	$(dss)_{\uparrow\uparrow\downarrow}$	Σ^{*0}	$(uds)_{\uparrow\uparrow\uparrow}$
π^0	$(u\bar{u}-d\bar{d})_{\uparrow\downarrow}$	ρ^0	$(u\bar{u}-d\bar{d})_{\uparrow\uparrow}$	Σ^0	$(uds)_{\uparrow\uparrow\downarrow}$ 的	Σ^{*-}	$(dds)_{\uparrow\uparrow\uparrow}$
η	$(u\bar{u}+d\bar{d}-2s\bar{s})_{\uparrow\downarrow}$	ω	$(u\bar{u}+d\bar{d})_{\uparrow\uparrow}$	Λ	两种不同组合	Ξ^{*0}	$(uss)_{\uparrow\uparrow\uparrow}$
η'	$(u\bar{u}+d\bar{d}+s\bar{s})_{\uparrow\downarrow}$	φ	$(s\bar{s})_{\uparrow\uparrow}$			Ξ^{*-}	$(dss)_{\uparrow\uparrow\uparrow}$
						Ω^-	$(sss)_{\uparrow\uparrow\uparrow}$

理，把夸克的三种“颜色”规定为红(R)、绿(G)、蓝(B)，反夸克是相应的互补色。描述电磁相互作用的理论叫量子电动力学(quantum electrodynamics, QED)，描述强相互作用的理论叫量子色动力学(quantum chromodynamics, QCD)。电动力学中电荷“一分为二”，阴阳激耀；色动力学中色荷(color charge)“鼎足三分”，色彩斑斓。

色↓ \ 味→			
	u_R	d_R	s_R
	u_G	d_G	s_G
	u_B	d_B	s_B

图5－46 夸克的“色”与“味”

物理学家是富于生活情趣的，既然夸克有“颜色”，为什么不能有“味道”？于是就用巧克力、香草、草莓三种冰淇淋的味道来形容 u、d、s 三种夸克。于是我们就有了图 5－46 中的九种夸克。夸克有色(color)又有味(flavor)，成了粒子筵席上色香味俱全的美味佳肴。

1969 年盖尔曼因建立强子的夸克模型而获诺贝尔物理奖。

10.5 粲夸克底夸克和顶夸克

1974 年 11 月，丁肇中小组宣布发现一个新粒子——J 粒子，稍后，里希特(B. Richt)小组也宣布发现一个新粒子——ψ 粒子。事后证明，这是同一种粒子，于是粒子物理学界将它命名为 J/ψ 粒子。

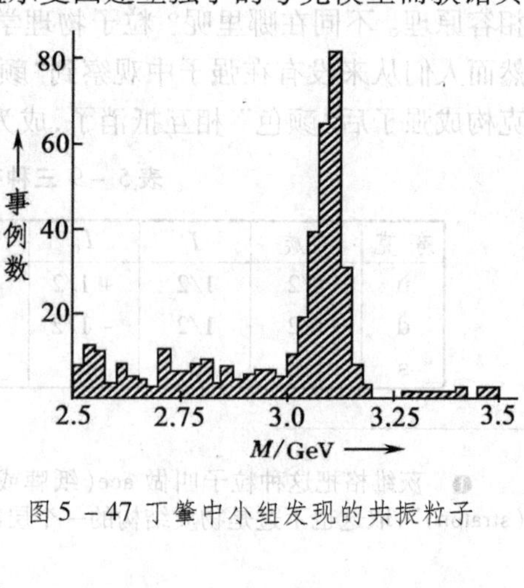

图 5－47 丁肇中小组发现的共振粒子

丁肇中是在两个质子碰撞中发现了一个较窄的共振峰(见图 5

-47)。从质心系不变质量看,此峰对应的J粒子质量为3 096 MeV,宽度小于5 MeV.❶里希特是在正负电子碰撞过程中发现共振粒子ψ的(见图5-48),质心能量为3097 MeV,宽度63 keV,即其寿命长达10^{-20}s的数量级。❷与一般的共振粒子比,寿命长了三个数量级以上。

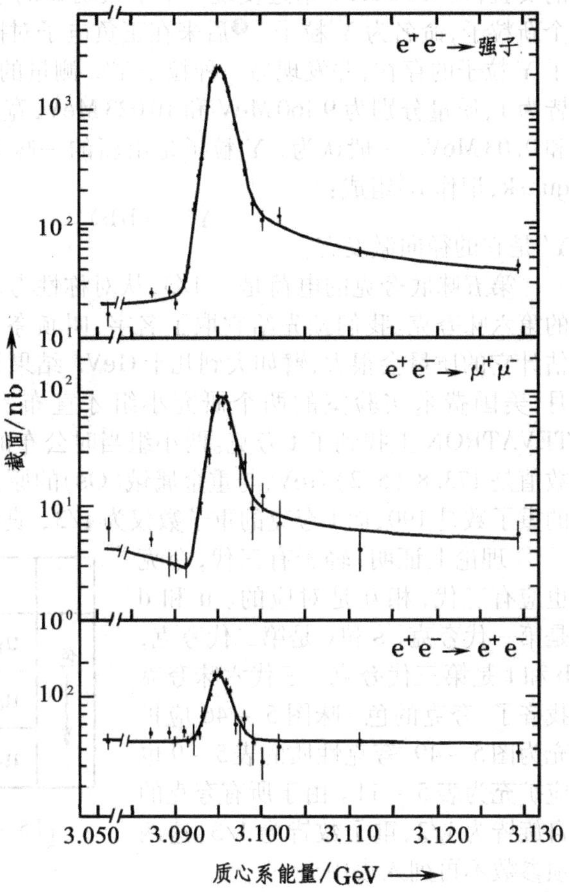

图5-48 里希特小组发现的共振粒子

新粒子年年有,J/ψ却非同凡响。此共振粒子的质量大,寿命长,但它并非通过弱作用或电磁作用衰变的,而是通过一个高度禁戒的强作用衰变。所以这粒子属于强子。人们对它进行了大量实验和理论工作的分析,认识到u、d、s三味夸克的质量太小,不能组成质量这样大的粒子,必须引进第四味夸克,由它们来组成J/ψ粒子。这第四味夸克被命名为粲夸克(charm quark),记作c. 与之相应的量子数叫粲数(charm number),记作C. 实验证明,J/ψ粒子的自旋为1,属介子之类,它的组成为

$$J/\psi = (c\bar{c})_{\uparrow\uparrow}.$$

丁肇中和里希特分享1976年诺贝尔物理奖。

1977年,莱德曼(L. M. Lederman)小组在更高能区做质子与质子碰撞

❶ Samuel C. C. Ting, *Rev. Mod. Phys.*, **49**(1977),235.

❷ Burton Richt, *Rev. Mod. Phys.*, **49**(1977),251.

的实验,在9500 MeV附近发现一个不太明显的小共振丘。他们认为这是一个新粒子,命名为Υ粒子。[1]后来在正负电子对撞机上做实验,进一步证实了Υ粒子的存在,并发现另一种粒子Υ′. 测量的结果表明,Υ和Υ′的自旋皆为1,质量分别为9 460 MeV和10 023 MeV,宽度相当窄,约为0.044 MeV和0.03 MeV. 一般认为,Υ粒子是由新的一味夸克——底夸克(bottom quark,记作b)组成:

$$\Upsilon = (b\bar{b})_{\uparrow\uparrow},$$

Υ′是它的径向激发态。

第五味底夸克的电荷是 -1/3,从对称性考虑,还应存在电荷为 +2/3 的第六味夸克。我们预先给它取了名字,叫顶夸克(top quark),并记作t. 估计它的质量会很大,譬如大到几十GeV. 结果等了十来年,直到1995年3月,美国费米实验室的两个研究小组才宣布,在1.8 TeV的 $p\bar{p}$ 对撞机TEVATRON上找到了t夸克。两小组当时公布的数据有点小分歧,现在的数值是173.8 (5.2) GeV,与重金属锇(Os)的原子核可比拟。可是锇核包含的重子数是190,而t夸克的重子数仅为1/3,真可谓重夸克。

理论上证明,轻子有三代,夸克也应有三代,相互是对应的。u和d是第一代夸克,s和c是第二代夸克,b和t是第三代夸克。三代六味夸克找齐了。夸克的色-味图5-46应扩充为图5-49。夸克性质的表5-9也应扩充为表5-11。由于所有夸克的自旋皆为1/2,重子数皆为1/3,这两项参数不再列入表中。

	味 →					
色 ↓	u_R	d_R	s_R	c_R	b_R	t_R
	u_G	d_G	s_G	c_G	b_G	t_G
	u_B	d_B	s_B	c_B	b_B	t_B

图5-49 完整的夸克色味图

表5-11 三代夸克的性质

代	味	电荷 Q	质量	同位旋 I	I_3	奇异数 S	粲数 C	底数 B	顶数 T
第一代	上u	2/3	5.6 MeV	1/2	+1/2	0	0	0	0
	下d	-1/3	10 MeV	1/2	-1/2	0	0	0	0
第二代	奇异s	-1/3	200 MeV	0	0	-1	0	0	0
	粲c	2/3	1.35 GeV	0	0	0	1	0	0
第三代	底b	-1/3	5.0 GeV	0	0	0	0	-1	0
	顶t	2/3	174 GeV	0	0	0	0	0	1

[1] Υ——希腊字母,读 ˈjuːpsilən(宇普西隆)。

盖尔曼－西岛关系(5.102)式中的奇异数 S 应扩展为 $S+C+B+T$.[1]

10.6 色相互作用的特征

我们已看到，强子由夸克组成，夸克与夸克通过色相互作用结合在一起。电磁相互作用是以光子为媒介的，色相互作用则通过一类名叫胶子(gluon)的玻色子来传递。胶子与光子一样没有静质量，但与光子不带电荷不同，胶子却带色荷－反色荷。夸克在吸收或放出一个胶子时会改变颜色，例如一个R夸克吸收一个$B\overline{R}$胶子时变成B夸克。不带电的光子只有一种，带色的胶子有8种。

迄今为止，实验中没有直接观察到自由的(即单独存在的)夸克或胶子。这是因为色相互作用具有“禁闭”的性质，即色相互作用并不因粒子间距的增大而减弱。所以只有夸克和胶子组成无色的系统时才能独立存在，有色的粒子只能禁锢在系统的内部。图5－50给色禁闭概念一个形象化的注解。强子内部的夸克好像是被一种胶(胶子)连接在一起的小球(图a)。当人们企图把小球拉开时，胶被拉成弦状(图b)。但是无论拉多长，弦的力量没有减弱。当你通过作功输入的能量足够产生夸克－反夸克偶对时，一对夸克－反夸克在胶中产生了(图c)。再拉，弦断了，变成两个强子(图d)，它们都是无色的。亦即，你永远不能成功地解放出带色的夸克，而只能像实验中显示那样，产生出新的无色强子。

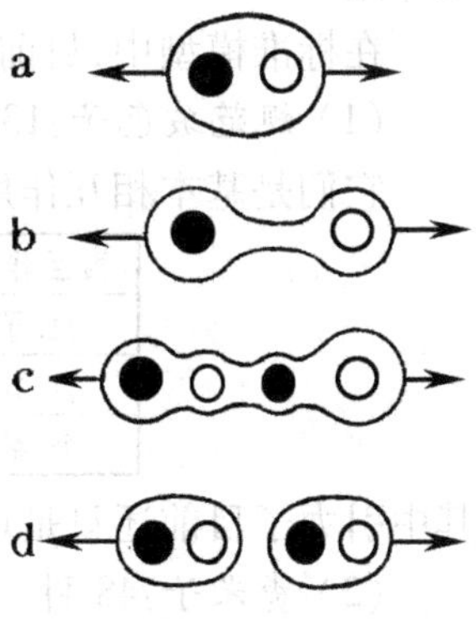

图5－50 色禁闭的图解

虽然夸克和胶子被禁锢在强子内部，但在高能的物理过程中，它们在强子中却可近似地看作无相互作用。这就是所谓色相互作用的“渐近自由”。

在我国哲学上有个说法，叫“物质无限可分”。当然哲学家对什么叫“分”，可以做种种深奥的解释。我们且朴素地(也许可以说是“机械地”)按字面上的理解。即整体在物理上可以分解为若干部分，部分的质量和几何尺寸小于整体。

我们从“几何尺寸”方面入手来探讨物质的可分性。根据海森伯不确定性原理，限制一个粒子的空间线度，它的动量将加大。当动量超过 $p=mc$ 以上时，它的运动就进入相对论性区域。随着物质层次的深化，其组成部分的质量和限制它空间尺度都愈来愈小。若将物质不断“分”下去，我们迟早会发现，其组成部分都是相对论性的。相对论性粒子在相互作用中不断地转化，每个粒子都失去了它的固有“身份”而无法认证。在议

---

[1] 注意：这里的 B 是底数，莫与重子数混淆。

论电子是否可成为原子核的组成部分时,我们已遇到了这样的问题。我们说"核子由三个夸克和若干胶子组成",这话并不确切,而应说核子内有三个价夸克。因为在这里夸克和胶子都是相对论性的,胶子不断地产生正反夸克对,正反夸克对也会湮没为胶子。这些夸克称为海夸克,以区别于那三个价夸克。核子内海夸克的数目是不知道的。此外,我们已谈到,由于色禁闭,我们永远不可能从核子或其它强子中"分"出单独的夸克来研究它的基本性质。可见,"物质的可分性"在这层次上已应受到质疑,遑论"无限可分"?

10.7 夸克层次的粒子分类和粒子物理的标准模型

1960 年代以来,物理学关于粒子世界物质结构和运动基本规律的认识有了重大的突破。形成了粒子物理的标准模型。

标准模型认为,微观物质的基本相互作用有三种:色相互作用,电弱相互作用和引力相互作用。色相互作用在实验中表现为强相互作用。电弱相互作用在能量低于 250 GeV 时对称性自发破缺,分解成电磁相互作用和弱相互作用。

在标准模型中,目前认为是点粒子的同层次粒子分为三大类,计 62 种。

(1) 规范玻色子:13 种

它们是基本相互作用的媒介粒子。

相互作用	强	电磁	弱	引力
粒子	胶子	光子	W、Z 粒子	引力子
自旋	1	1	1	2
个数	8	1	3	1

其中引力子目前还只是理论上的概念。

(2) 费米子:48 种

粒子类型	轻	子	夸	克
电荷	0	-1	2/3	-1/3
第一代	中微子 ν_e	电子 e	上夸克 u	下夸克 d
第二代	中微子 ν_μ	μ 子	粲夸克 c	奇异夸克 s
第三代	中微子 ν_τ	τ 子	顶夸克 t	底夸克 b

轻子中,中微子和反中微子 6 种;电子等荷电轻子及其反粒子 6 种,计 12 种。夸克三色六味,18 种。加上它们的反粒子,共 36 种。

(3) 希格斯粒子:1 种

按照电弱统一理论,电磁相互作用和弱相互作用本来是某种统一的电弱相互作用,具有较高的对称性。电弱相互作用的 4 种媒介粒子都没有静质量,所有的费米子也没有静质量。但在能量较低的范围内,对称性自发破缺了,统一的电弱相互作用分解成性质极不相同的电磁相互作用和弱相互作用。同时,除中微子外,所有其它费米子都获得了质量。电弱相互作用对称性自发破缺的实现，要求自然界存在一种自旋为 0 的特殊粒子，叫希格斯粒子(Higgs particle)。在实现对称性自发破缺后，自然界至少应有一种中性的希格斯粒子存在。理论上对这个粒子许多方面都有预言，但对它的质量没有预言。目前希格斯粒子还没有找到。

总之，在上述标准模型的 62 种粒子中实验上已肯定的有 60 种，只引力子和希格斯粒子还没有找到。这是 20 世纪后半叶粒子物理辉煌成就的总结。

在此世纪之交，谁也不会认为，这是人们对物质基本结构的终极认识。突破这个标准模型的迹象不少。普遍的看法是，占宇宙 99%的暗物质恐怕就难以纳入这标准模型的框架。

本章提要

1. 原子核的组成和基本性质

核半径的经验公式： $R=r_0A^{1/3}\quad(r_0=1.2\,\text{fm})$.

结合能： $B=\Delta Mc^2=[Zm_{\text{p}}+(A-Z)m_{\text{n}}-M_{\text{N}}]c^2$， 比结合能 $\varepsilon=\dfrac{B}{A}$.

比结合能最大是 ^{56}Fe，$\varepsilon\approx 8.8\,\text{MeV}$/ 核子，比轻核和重核都大。

核自旋角动量(角量子数 I) = 核子轨道角动量+核子自旋角动量，

核自旋 I 与电子角动量 J 耦合产生能级的超精细分裂，

原子的总角量子数 $F=I+J, I+J-1, \cdots, |I-J|$.

2. 放射性衰变

衰变规律 $N=N_0\,\text{e}^{-\lambda t}$， 其中 λ 为衰变常量。

半衰期 $T_{1/2}[N(t)/N_0=1/2$ 时的 $t]=\ln 2/\lambda$；

平均寿命 $\tau=\dfrac{1}{N_0}\displaystyle\int t\,|\text{d}N|=\dfrac{1}{\lambda}$.

- α 衰变——α 粒子为 He 核，A 增加 4，Z 减少 2， 能量离散。
- β 衰变（能量连续 ⇒ 中微子假设。）
  - β^- 衰变——释放电子 e^-，Z 增加 1；
  - β^+ 衰变——释放正电子 e^+，Z 减少 1；
  - K 俘获——核俘获 K 层电子，Z 减少 1。
- γ 衰变——发射 γ 光子， $\Delta E=E_\gamma^{\text{吸收}}-E_\gamma^{\text{发射}}=2E_{\text{R}}$， E_{R}——反冲能。
  穆斯堡尔效应——将核置于晶体中以消除反冲。
- 内转换——激发能直接给核外电子或产生正负电子对。

放射系
- 天然放射系
  - $4n$ Th 系；
  - $4n+2$ U 系；
  - $4n+3$ Ar 系.
- 人工放射系：$4n+1$ Np 系，等等。

Z-N 核素分布图 —— 稳定核分布在 $N=Z$ 对角线附近，N 偏大（即中子过剩）。

3. 核反应 $\mathrm{x}+\mathrm{A}\to\mathrm{B}+\mathrm{y}$

反应能 $Q\equiv(E_{\mathrm{kB}}+E_{\mathrm{ky}})-(E_{\mathrm{kx}}+E_{\mathrm{kA}})=[(M_{\mathrm{x}}+M_{\mathrm{A}})-(M_{\mathrm{B}}+M_{\mathrm{y}})]c^2.$

Q 方程： $Q=\left(1+\frac{A_{\mathrm{y}}}{A_{\mathrm{B}}}\right)E_{\mathrm{ky}}-\left(1-\frac{A_{\mathrm{x}}}{A_{\mathrm{B}}}\right)E_{\mathrm{kx}}-\frac{2\sqrt{A_{\mathrm{x}}E_{\mathrm{kx}}A_{\mathrm{y}}E_{\mathrm{ky}}}}{A_{\mathrm{B}}}\cos\theta,$

阈能 $E_{\text{阈}}=-\left(1+\frac{M_{\mathrm{x}}}{M_{\mathrm{A}}}\right)Q\approx-\left(1+\frac{A_{\mathrm{x}}}{A_{\mathrm{A}}}\right)Q.$

反应截面 $\sigma=-\frac{1}{nI}\frac{\mathrm{d}I}{\mathrm{d}x}$， 其中 n 靶核的数密度，I 为入射粒子流强；

σ 描述反应的概率。

微分反应截面 $\sigma(\theta,\varphi)$ —— 出射粒子进入 (θ,φ) 方向的反应截面，

$$\sigma=\int\sigma(\theta,\varphi)\mathrm{d}\Omega.$$

反应机制：

复合核过程： （能量较低时） $\mathrm{a}+\mathrm{A}\to\mathrm{C}^*\to\mathrm{B}+\mathrm{b}$，

用复合核的激发态解释共振现象；

直接反应过程：（能量较高时）

入射粒子与靶核内少数核子直接作用后射出，保留入射粒子的许多“记忆”。

两类重要的核反应：

(1) 核裂变： 被中子撞击的重原子核形成分裂成两个中等的碎片 X 和 Y，

释放出大量能量，如

$$\mathrm{n}+{}^{235}\mathrm{U}\to\mathrm{X}+\mathrm{Y}+200\,\mathrm{MeV},$$

裂变时放出中子，可形成链式反应。

应用：和平应用 —— 核电及其它；

核武器 —— 原子弹。

(2) 核聚变： 轻核素融合，释放出大量能量。如

$$\begin{cases}\mathrm{D}+\mathrm{D}\to\mathrm{T}+\mathrm{p}+4.04\,\mathrm{MeV},\\ \mathrm{D}+\mathrm{D}\to{}^{3}\mathrm{He}+\mathrm{n}+3.27\,\mathrm{MeV},\\ \mathrm{T}+\mathrm{D}\to{}^{4}\mathrm{He}+\mathrm{n}+17.58\,\mathrm{MeV},\\ {}^{3}\mathrm{He}+\mathrm{D}\to{}^{4}\mathrm{He}+\mathrm{p}+18.34\,\mathrm{MeV}.\end{cases}$$

一般在高温下进行，称热核反应。

太阳（或其它恒星）的能源。

热核武器 —— 氢弹。

受控聚变 { 磁约束，惯性约束。

4. 核力

主要特征：

(1) 短程强相互作用 ⇒ 结合能 $B\propto A$（饱和性）；

(2) 电荷无关性 ⇒ p、n 同位旋 $I_3=Q+1/2$， Q 为电荷（以 e 为单位）；

(3) 有非有心力成分。

汤川的介子交换理论：

$$\text{核子间的吸引势} \propto -\frac{e^{-m_\pi cr/\hbar}}{r} = -\frac{e^{-r/\lambda}}{r},$$

$$\pi\text{介子质量}\ m_\pi = 140\,\mathrm{MeV}/c^2, \qquad \text{力程}\ \lambda = \frac{\hbar}{m_\pi c} \approx 1.4\,\mathrm{fm}.$$

5. 核结构模型

(1) 液滴模型： 结合能 B 的魏茨塞克唯象公式

$$B(Z,A) = B_{\text{体积}} + B_{\text{表面}} + B_{\text{库仑}} + B_{\text{对称}} + B_{\text{奇偶}}$$

$$= a_{\text{体积}}A - a_{\text{表面}}A^{2/3} - a_{\text{库仑}}Z^2A^{-1/3} - a_{\text{对称}}\left(\frac{A}{2}-Z\right)^2A^{-1} + a_{\text{奇偶}}\delta A^{-1/2},$$

$$\text{式中}\ \delta = \begin{cases} +1 & \text{偶偶核,} \\ 0 & \text{奇}A\text{核,} \\ -1 & \text{奇奇核。} \end{cases}$$

(2) 费米气体模型： 把 n、p 看成同样势阱里的理想费米气体，

解释了魏茨塞克公式里的对称能项，但系数小了一半。

(3) 壳层模型：

$$\text{幻数}\ \left.\begin{array}{l} N_{\text{幻}} = 2, 8, 20, 28, 50, 82, 126 \\ Z_{\text{幻}} = 2, 8, 20, 28, 50, 82 \end{array}\right\}\text{时原子核特别稳定。}$$

套用原子的壳层理论，把每个核子看成在所有其它核子的球对称的平均势场中独立运动的单个粒子，以解释幻数的存在。

(4) 集体模型：

集体运动(转动、振动)
单体运动(非球对称势场)　}相结合。

6. 粒子的分类

<table>
<tr><td rowspan="2">玻色子</td><td>电磁</td><td colspan="3">弱作用</td><td colspan="6">强作用</td></tr>
<tr><td>γ</td><td colspan="3">$W^\pm, Z^0$</td><td colspan="6">胶子8种</td></tr>
<tr><td rowspan="8"></td><td></td><td colspan="3">轻子</td><td colspan="4">夸克</td><td colspan="2">复合粒子</td></tr>
<tr><td></td><td>代\Q</td><td>1</td><td>0</td><td>味\色</td><td>R</td><td>G</td><td>B</td><td>介子</td><td>强子</td></tr>
<tr><td rowspan="6">费米子</td><td rowspan="2">第一代</td><td rowspan="2">e</td><td rowspan="2">ν_e</td><td>上</td><td>u_R</td><td>u_G</td><td>u_B</td><td rowspan="2">$\pi^\pm, \pi^0, \rho^\pm, \omega$</td><td rowspan="2">$p, n, \Delta^{++}, \Delta^\pm, \Delta^0$</td></tr>
<tr><td>下</td><td>d_R</td><td>d_G</td><td>d_B</td></tr>
<tr><td rowspan="2">第二代</td><td rowspan="2">μ</td><td rowspan="2">ν_μ</td><td>奇</td><td>s_R</td><td>s_G</td><td>s_B</td><td>$K^\pm, K^0, \eta, \varphi$</td><td>$\Lambda, \Sigma^\pm, \Sigma^0, \Xi^\pm, \Xi^0, \Omega^-$</td></tr>
<tr><td>粲</td><td>c_R</td><td>c_G</td><td>c_B</td><td>J/ψ</td><td></td></tr>
<tr><td rowspan="2">第三代</td><td rowspan="2">τ</td><td rowspan="2">ν_τ</td><td>底</td><td>b_R</td><td>b_G</td><td>b_B</td><td>Υ</td><td></td></tr>
<tr><td>顶</td><td>t_R</td><td>t_G</td><td>t_B</td><td></td><td></td></tr>
</table>

7. 粒子的守恒量与守恒律

相互作用	守恒量														
	能量	动量	角动量	电荷 Q	轻子数			重子数 B	同位旋		奇异数 S	宇称 P	正反粒子共轭 C	时间反演 T	CPT 联合变换
					L_e	L_μ	L_τ		I	I_3					
强作用	✓	✓	✓	✓	✓	✓	✓	✓	✓	✓	✓	✓	✓	✓	✓
弱作用	✓	✓	✓	✓	✓	✓	✓	✓	×	×	×	×	×	×	✓
电磁作用	✓	✓	✓	✓	✓	✓	✓	✓	×	✓	✓	✓	✓	✓	✓

思考题

5－1. 利用入射粒子作为探针去研究原子核的结构时，随入射粒子质量的增大，所需能量增大还是减少？试分别估算以电子、μ子、中子为探针所需最少能量的数量级。

5－2. 通常所说的核磁矩指的是什么？核磁矩有正有负，意味着什么？为什么氘核的磁矩不等于一个质子与一个中子磁矩之和？

5－3. 核自旋 I 取半整数或整数（包括0），由质量数的奇偶来定，为什么？

5－4. 为什么α衰变中放出的α粒子能量整齐划一，或取几个离散值，而β衰变放出的β粒子却是连续分布的？

5－5. 为什么核物理学家发现了那么多放射系，而天然放射系只有三个？

5－6. 创生论者宣称世界是上帝在几千年前创造的，而科学家们则认为地球的年龄约46亿年。科学家说话是有根据的，他们的主要证据是什么？

5－7. SU(5)大统一理论曾预言，质子可能会衰变，其平均寿命约为10^{31}年。若要测量到它的放射性（譬如在一年中测量到几次事件），至少要用多少吨水？

5－8. 核素分布图5－14中随着原子质量数 A 的增大，中子过剩现象愈来愈显著，基本原因是什么？

5－9. 试说明阈能公式(5.42)右端第二项 $-(M_x/M_A)Q$ 代表实验室系里质心的动能。

5－10. 快中子在由质量数为 A 的元素所组成的物质中慢化。试证明：在每次碰撞中中子能量损失的最大比率约为 $4A/(A+1)^2$.

5－11. 由液滴模型结合能的唯象公式论证：大多数稳定核的质量数 A 与电荷数 Z 满足如下关系：

$$Z = \frac{A}{2 + 0.015A^{2/3}}.$$

用此公式在 Z-N 图上作一曲线,与图 5 - 14 中实际的核素分布比较。

5 - 12. 传递弱作用的中间玻色子 $W^{\pm}$ 和 Z^0 的质量分别为 80 GeV/c^2 和 91 GeV/c^2,试以此来估计弱作用力程的数量级。

5 - 13. 验算一下,表 5 - 4 里的强子满足盖尔曼 - 西岛关系。

习 题

5 - 1. 计算 ^{4}He、^{65}Cu、^{226}Ra 的核半径。

5 - 2. 质量数 A 为多大的核,其核半径是 ^{232}Th 核半径的一半?

5 - 3. 实验上测得质量差如下:

$$^1H_2 - ^2H = 1.5434 \times 10^{-3}u,$$

$$3\,^2H - \tfrac{1}{2}\,^{12}C = 4.2300 \times 10^{-2}u,$$

$$^{12}C^1H_4 - ^{16}O = 3.6364 \times 10^{-2}u.$$

求 $^1H_1$、^{2}H、^{16}O 的质量。

5 - 4. 计算 ^{23}Mg 和 ^{23}Na 核结合能之差,已知相应原子的质量分别为 22.994124 u 和 22.989769 u.

5 - 5. 计算 ^{56}Fe 的比结合能,已知 ^{56}Fe 原子的质量为 55.934937 u.

5 - 6. 已知 ^{16}O 和 ^{4}He 原子的质量分别是 15.994915 u 和 4.002603 u,试计算将 ^{16}O 分成四个 α 粒子时所需的能量。

5 - 7. 试计算下列核反应的反应能:

(1) $\alpha + ^{14}N \rightarrow ^{17}O + p$,

(2) $p + ^9Be \rightarrow ^6Li + \alpha$.

有关核素的质量,可查阅附录 C.

5 - 8. 已知 Co 原子基态谱项为 $^4F_{9/2}$,又测得 ^{59}Co 原子基态分裂成 8 个超精细能级。试确定 ^{59}Co 核的自旋。

5 - 9. 已知放射性核素 ^{90}Sr 的半衰期为 28.79 yr,经 112 年后该核素还剩初始数量的几分之几?

5 - 10. 动能为 0.025 eV 的中子束,在 2.0 m 的射程中将衰变掉百分之几?某放射性核素在 100 天内减少到原来的 1/1.07,试求它的衰变常量、半衰期和平均寿命。

5 - 11. 静止的 ^{213}Po 放出动能为 8.34 MeV 的 α 粒子,求其衰变能和子核反冲速度。

5 - 12. 试计算 ^{226}Ra 核 α 衰变到 ^{222}Rn 的衰变能和 α 粒子的动能。有关核素的质量请查附录 C.

5 - 13. ^{226}Th 从基态进行 α 衰变,放出能量为 6.33、6.23、6.10 和 6.03 MeV 的四组 α 粒子,试计算子核各激发态的能量。

5 - 14. 计算静止中子发生 β 衰变时所产生粒子的总动能。

5 - 15. 已知 ^{7}Be 和 ^{7}Li 原子的质量分别是 7.016930 u 和 7.016004 u,它们之中哪一个能够通过 β 衰变变成另一个?这将通过何种形式的 β 衰变?衰变能多大?(忽略电子在原子中的结合能。)

5－16. 已知^{39}Ca和^{39}K原子的质量分别为38.970720u和38.963707u，^{39}Ca能否发生β+衰变？若能，β+粒子的最大能量多少？

5－17. ^{69}Zn核处于能量为436keV的激发态可放出K层内转换电子回到基态，求这时核的反冲能。已知K层电子的结合能为9.7keV.

5－18. 测得某古木制品中^{14}C的含量是活树中的3/5，试确定其年龄（^{14}C的半衰期为5.70kyr）。

5－19. 利用核素质量表（见附录C），计算下列核反应的反应能：

(1) $^{3}H(p,\gamma)^{4}He$, (2) $^{12}C(\alpha,D)^{14}N$, (3) $^{14}N(\alpha,D)^{16}O$.

其中D代表氘。

5－20. 已知^{7}Li和^{4}He的平均结合能分别为5.60MeV和7.07MeV，求$^{7}Li(p,\alpha)^{4}He$的反应能。

5－21. 若以α粒子轰击静止靶核^{7}Li，发生$^{7}Li(\alpha,n)^{10}B$反应，求入射粒子的阈能，及以阈能入射时剩余核^{10}B的动能。

5－22. 用动能为50MeV的质子轰击^{9}Be靶，观察到有中子出射。在与入射束流相同的方向上出射中子的最大动能为48.1MeV.

(1) 写出核反应方程式；

(2) 利用Q方程计算在与入射束流成30°角的方向上中子的最大动能。

5－23. 用动能为7.70MeV的α粒子轰击^{14}N，观察到在90°方向上有动能为4.44MeV的质子出射。

(1) 确定该反应的反应能；

(2) 求剩余核原子的质量（用反应中其它成员的质量来表示）。

5－24. 已知$^{10}B(n,\alpha)^{7}Li$反应的截面为$4\times10^{3}b$，用流强为$10^{16}/m^{2}\cdot s$的中子流照射一年，^{10}B的数量减少了百分之几？

5－25. 能量为1MeV的中子引起^{235}U发生裂变的截面约为1b. 当这样的中子通过单位面积上质量为$0.1\,kg/m^{2}$的均匀^{235}U层时，产生裂变的概率多大？

5－26. 用能量为60MeV的质子轰击^{54}Fe靶作非弹性散射实验，测量到在40°方向上微分截面$d\sigma/d\Omega=1.3\times1^{-3}b/sr$，这时$^{54}Fe$被激发到能量为1.42MeV的第一激发态。若探测器窗口面积为$10^{-5}m^{2}$，距靶$10^{-1}m$，Fe靶单位面积的质量为$10^{-1}kg/m^{2}$，入射质子的电流强度为$10^{-7}A$，试计算每秒记录到的事件数。

5－27. 一静止的核^{3}H俘获一个动能为2.0MeV的质子，试计算由此产生的^{4}He核的激发能。

5－28. 在$^{27}Al(n,n)^{27}Al$反应中观察到当中子入射能量为40、155、290和370keV时出现共振。求复合核^{28}Al相应的激发能。（^{28}Al基态的质量=26.981539u.）

5－29. ^{16}O核吸收中子时形成中间核，中间核是^{17}O核的激发态。在入射中子轰击^{16}O核时其能量与激发能匹配时发生共振，相互作用截面出现极大。^{17}O核的几个较低能级有0.87、3.00、3.80、4.54、5.07和5.36MeV，试求与它们共振的中子动能。

5－30. 若知1 g纯^{238}U在1小时内自发裂变的数目为25个，试求其自发裂变的半衰期。

5－31. 在石墨型反应堆中，设中子和^{12}C每次都作弹性正碰，且碰撞前碳核都是静止的。试问：动能为1 MeV的快中子和碳核作多少次碰撞后，才能成为热中子(动能0.025 eV)？

5－32. 计算在下列热核反应中燃烧1 g核燃料时所产生的能量(焦耳)：

DT反应；　DD反应。

5－33. 试用液滴模型结合能的唯象公式计算^{40}Ca的结合能B，所得结果与实际数值差百分之几？

5－34. 1987年2月南天超新星爆发时地面记录到的中微子能量范围为10～40 MeV，时间区间约2s，假设这些中微子是在这颗超新星爆发时同时辐射出来的，运行了大约17万光年后到达地球。试以此估计中微子质量的上限。

5－35. 粒子1与静止靶粒子2作完全非弹性碰撞后，形成一个新粒子3. 试用洛伦兹不变量法［见《新概念物理教程·力学》(第二版)第八章4.5节］证明：

$$M_3 = \sqrt{M_1{}^2 + M_2{}^2 + 2M_2E_1/c^2},$$

式中M代表质量，E代表能量。

10.2节里描述了发现第一个共振粒子Δ^{++}的实验：用3219 MeV能量的π^+介子轰击质子p，在质心系内1232 MeV处获得了一个共振峰。试利用上式证明，这就是在质心系内生成粒子的能量。已知π^+介子和质子的静质量分别为139.6 MeV/c^2和938.3 MeV/c^2。

5－36. 某一D介子由一个c夸克和一个$\bar{\mathrm{u}}$夸克组成，求它的自旋、电荷、重子数、奇异数和粲数。

第六章 量子力学的新进展

§1. 波粒二象性的本质——量子态的交缠

1.1 量子态的直积与交缠

量子态可以用一个波函数[如轨道波函数$\psi(\boldsymbol{r})$]或一个态矢(如自旋态矢$|\uparrow\rangle$)表示。当一个量子系统有多个自由度时,其量子态往往是各自由度波函数或态矢的乘积,或者叫*直积*(direct product)。例如氢原子中电子在三维空间里运动,有三个自由度,它的轨道波函数可以写成

$$\psi(r,\theta,\varphi)=R_{nl}(r)\Theta_{lm}(\theta)\Phi_m(\varphi), \tag{6.1}$$

即它等于r、θ、φ三个自由度波函数的乘积[见第四章2.3节(4.59)式]。其实电子还有一个内禀自由度——自旋,自旋的态矢可表示为矩阵:

$$|\uparrow\rangle \simeq \begin{pmatrix}1\\0\end{pmatrix}, \qquad |\downarrow\rangle \simeq \begin{pmatrix}0\\1\end{pmatrix}. \tag{6.2}$$

完整的电子量子态用轨道态和自旋态的直积表示。譬如电子的轨道量子态为1s态($n=1$, $l=0$, $m=0$),自旋向上,则它的完整量子态为

$$|1\mathrm{s}\uparrow\rangle \equiv |\psi_{1\mathrm{s}}(\boldsymbol{r})\rangle\otimes|\uparrow\rangle \simeq \begin{pmatrix}\psi(\boldsymbol{r})\\0\end{pmatrix}=\begin{pmatrix}R_{10}(r)\Theta_{00}(\theta)\Phi_0(\varphi)\\0\end{pmatrix}, \tag{6.3}$$

式中$\otimes$代表直乘。当然,我们也可以考虑自旋不处在$\hat{s}_z$的一个本征态上,而处在它们的叠加态上:

$$a|\uparrow\rangle+b|\downarrow\rangle \simeq \begin{pmatrix}a\\b\end{pmatrix},$$

式中a与b为任意复数,不过归一化条件要求$a^*a+b^*b=1$. 这时

$$|\psi_{1\mathrm{s}}(\boldsymbol{r})\rangle\otimes\left[a|\uparrow\rangle+b|\downarrow\rangle\right] \simeq \begin{pmatrix}a\psi_{1\mathrm{s}}(\boldsymbol{r})\\b\psi_{1\mathrm{s}}(\boldsymbol{r})\end{pmatrix}. \tag{6.4}$$

现在我们来考虑稍复杂一点的情况——氦原子基态上的两个电子。它们的轨道量子态都是1s态,只有唯一的一种组合方式,即它们的直积:

$$|\psi_{1\mathrm{s}}(\boldsymbol{r}_1)\rangle\otimes|\psi_{1\mathrm{s}}(\boldsymbol{r}_2)\rangle \equiv |1\mathrm{s}(1)1\mathrm{s}(2)\rangle. \tag{6.5}$$

两电子的自旋态各有↑、↓两个,共四种可能性(参见第二章4.1节):

(a) $$|\uparrow(1)\uparrow(2)\rangle \equiv |\uparrow(1)\rangle\otimes|\uparrow(2)\rangle, \tag{6.6a}$$

(b) $$|\uparrow(1)\downarrow(2)\rangle \equiv |\uparrow(1)\rangle\otimes|\downarrow(2)\rangle, \tag{6.6b}$$

(c) $$|\downarrow(1)\uparrow(2)\rangle \equiv |\downarrow(1)\rangle\otimes|\uparrow(2)\rangle, \tag{6.6c}$$

(d) $$|\downarrow(1)\downarrow(2)\rangle \equiv |\downarrow(1)\rangle\otimes|\downarrow(2)\rangle. \tag{6.6d}$$

但是从全同费米子的要求看,这四个态矢都不合格。因为两个电子是全同粒子,绝对不可分辨,它们彼此交换后的量子态是同一量子态,归一化态矢只能差一个相因子$\mathrm{e}^{\mathrm{i}\delta}$. 由于再次交换后一切状态复原,所以$(\mathrm{e}^{\mathrm{i}\delta})^2=1$,故$\mathrm{e}^{\mathrm{i}\delta}=\pm1$,它对于玻色子等于+1,对于费米子等于−1. 轨道波函数(6.5)式对两电子是对称的,相因子等于+1,这就要求自旋部分是反对称的,即相因子等于−1. 然而交换电子时(6.6)式中(a)、(d)不变,(b)变为(c),(c)变为(b),都不符合反对称要求。唯一符合反对称要求的是下列组合:

$$\frac{1}{\sqrt{2}}\left[|\uparrow(1)\downarrow(2)\rangle-|\downarrow(1)\uparrow(2)\rangle\right]=\frac{1}{\sqrt{2}}\left[|\uparrow(1)\rangle\otimes|\downarrow(2)\rangle-|\downarrow(1)\rangle\otimes|\uparrow(2)\rangle\right]. \tag{6.7}$$

不难看出，当电子1、2交换时，此态矢反号，即出现为 –1 的相因子。所以(6.7)式是氦原子基态正确的自旋态矢，它告诉我们：占据同一轨道量子态的两个电子，它们的自旋必须一个向上一个向下，但又不能明确指出哪个向上哪个向下，否则将违反全同粒子的不可分辨性。

到(6.6)式为止，所有的波函数或态矢都以直积的形式出现，但(6.7)式却不能表达为两因子的直积。不能写成量子系统中各子系统或各自由度波函数或态矢直积的状态，称为交缠态(entangled state)。(6.1)–(6.6)式都不是交缠态，(6.7)式所表达的则是一种交缠态。

交缠态的例子很多，还可举出一个过去我们遇到的例子。在第四章8.5节里讨论分子中两个电子1、2的波函数时，曾指出可取两种近似[见(4.167)式和(4.168)式]：

$$\begin{cases} \text{价键法} \quad \psi_{\mathrm{VB}} = \dfrac{1}{\sqrt{2(1+S^2)}}[\psi_{\mathrm{a}}(1)\psi_{\mathrm{b}}(2)+\psi_{\mathrm{b}}(1)\psi_{\mathrm{a}}(2)], \\ \text{分子轨函法} \quad \psi_{\mathrm{MO}} = \dfrac{1}{\sqrt{2(1+S)}}[\psi_{\mathrm{a}}(1)+\psi_{\mathrm{b}}(1)][\psi_{\mathrm{a}}(2)+\psi_{\mathrm{b}}(2)]. \end{cases}$$

显然，这里 ψ_{VB} 是交缠态，ψ_{MO} 是直积态。

量子态的交缠是量子系统内各子系统或各自由度之间关联的反映。经典系统内也有关联，这反映在概率不相乘上，然而量子态的交缠却反映在概率幅不相乘上。概率幅的叠加表现出量子力学特有的干涉现象，我们将会看到，概率幅的交缠将对量子干涉产生重要的影响。

1.2 薛定谔猫态

薛定谔于1935年提出了一个佯谬，❶ 大意如下：设想在一个小房间里关了一只猫、一个氰氢酸小瓶、一个放射性原子，以及盖革计数器和传动装置，如图6–1所示。令放射性原子的半衰期为 $T_{1/2}$，即经过时间 $T_{1/2}$ 后该原子有1/2的概率衰变掉。放射性原子衰变时发出的射线被盖革计数器接收后放大，产生一个脉冲，触发传动装置，把药瓶打破，于是毒气释放出来，把猫毒死。设 $|0\rangle$ 和 $|1\rangle$ 分别代表该原子发生衰变前后的状态，如果只考虑原子本身，则它这时处在 $|\psi\rangle = \frac{1}{\sqrt{2}}\big(|1\rangle+|0\rangle\big)$，那么这时猫是死是活？当然打开房门看看便知分晓。但是不打开房门看，我们只能说这只猫有一半概率死，一半概率活。不过宏观经验告诉我们，这时猫的死活已确定，只不过我们不知道罢了。

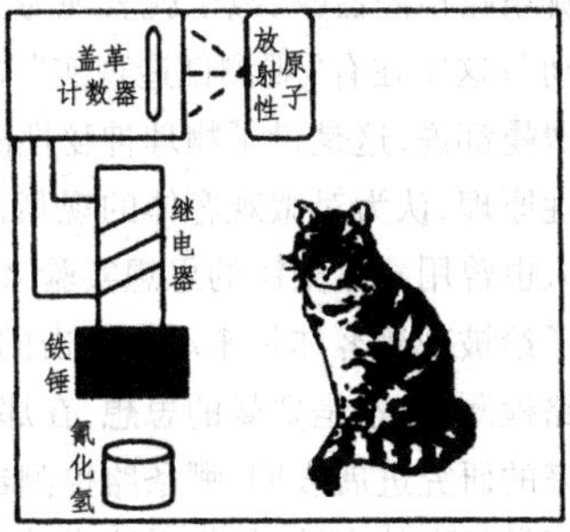

图6–1 薛定谔猫

然而这种理解不符合量子力学精神，量子力学断言，在未打开房门(这相当于进行一次测量)之前，客体(猫)处在死与活的叠加状态上。确切地说，这时猫的死活与原子处在衰

❶ 原载 E. Schrödinger, *Naturwissenschaften*, **23**(1935), 807, 823, 844；英译文见 J. A. Weeler & W. H. Zurek eds., *Quantum Theory and Measurement*, Princeton University Press, 1983, p. 152～167.

变前后的状态交缠在一起,我们可以说,猫和原子处在下列交缠态中:

$$|\Psi\rangle=\frac{1}{\sqrt{2}}\Big(|\text{☺}\rangle\otimes|0\rangle+|\text{☹}\rangle\otimes|1\rangle\Big). \tag{6.8}$$

这结论听起来好像荒诞不经,但若猫也服从量子力学规律的话,别无其它选择。这便是薛定谔猫佯谬。

薛定谔当年提出这个佯谬,原本是向量子力学的诠释提出质疑的。过去为量子力学的辩解,寄托在“量子力学不适用于猫这样的宏观物体”说法上。然而,近来竟有人在介观尺度上实现了类似于(6.8)式的“薛定谔猫态”。[1]

设$|\uparrow\rangle$和$|\downarrow\rangle$是一个粒子上下两个内部状态,此粒子同时陷俘在一个简谐势阱中,$|x\rangle$代表它的波包处于空间x位置的状态。实验的目的是为简谐势阱中的粒子造成一个交缠态:

$$|\Psi\rangle=\frac{1}{\sqrt{2}}\Big(|x_1\rangle\otimes|\downarrow\rangle+|x_2\rangle\otimes|\uparrow\rangle\Big), \tag{6.9}$$

这里x_1、x_2之间的距离远大于波包的线度。$|x_1\rangle$和$|x_2\rangle$虽然没有像死猫、活猫的状态那样反差鲜明,但它们已是在宏观上可以区分的了。一只“猫”同时存在于两个相隔很远的地方,从经典眼光看,同样是不可思议的。所以,也可以说(6.9)式是一种“薛定谔猫态”。

1.3 哪条路检测器退相干作用原理

我们曾在第一章 §3 中仔细讨论了电子在双缝干涉实验中表现出来的“波粒二象性”。N.玻尔是用他的“互补性原理”来解释的。互补性原理可表述为:“量子系统具有同样真实、但相互排斥的性质。”波粒二象性就是著名的例子,在这个问题上互补性原理可表述为:“量子系统的行为既像粒子,又像波动,这取决于实验设置的情况。”你用哪条路检测器嘛,电子就表现为“粒子”;你放弃用哪条路检测器嘛,电子就表现为“波动”。这实在有“观测创造现实”之嫌(在薛定谔猫问题上我们已遇到类似情况),连R.费曼都说,这是量子物理神秘性的核心。玻尔对此所作的物理解释借助了海森伯不确定性原理,认为对微观客体的观测,必然给它带来不可控制的动量、能量干扰。海森伯本人也曾用γ显微镜的思想实验来说明动量-坐标不确性度关系,把不确定性归结为γ光子给被观测客体带来动量冲击的后果。我们在第一章 §3 中援用照明-显微系统作哪条路检测器,本是费曼的思想,在那里也是用光子对电子不可控制的冲击来解释的。近年来的研究进展表明,哪条路检测器的退相干作用,主要来自它与被探测客体与探测器之间量子态的交缠,传统看法中动量-能量的冲击不是必需的。

以双缝衍射或任何双路干涉仪(如迈克耳孙干涉仪、马赫-曾德尔干涉仪)为例,设电子(或光子)通过两条路的分波分别为$|\psi_1\rangle$和$|\psi_2\rangle$,仪器和环境的量子态为$|\mathrm{D}\rangle$。如果没安装或没启动哪条路检测器,实验设置的总量子态为

$$|\Psi_0\rangle=\Big(|\psi_1\rangle+\mathrm{e}^{\mathrm{i}\alpha}|\psi_2\rangle\Big)\otimes|\mathrm{D}\rangle=|\psi_1\rangle\otimes|\mathrm{D}\rangle+\mathrm{e}^{\mathrm{i}\alpha}|\psi_2\rangle\otimes|\mathrm{D}\rangle, \tag{6.10}$$

---

[1] C. Monroe, D, M, Meekhof, B. E. King, D. J. Wineland, *Science*, **272**(1996), 1131.

即仪器和环境对两束粒子(或者说波)一视同仁,总量子态表现为直积形式，没有交缠。当安装并启动了哪条路检测器后,它对粒子通过某条路做出反应,总量子态就变为

$$|\Psi\rangle=|\psi_1\rangle\otimes|D_1\rangle+e^{i\alpha}|\psi_2\rangle\otimes|D_2\rangle, \tag{6.11}$$

$|D_1\rangle$ 和 $|D_2\rangle$ 变得不同了,它们分别与两条路的分波耦合,这样才能分辨。在我们来看粒子的概率分布,它由 $|\Psi\rangle$ 的模方来描述。设 $|D_1\rangle$ 和 $|D_2\rangle$ 都已归一化,则

$$\begin{aligned}\langle\Psi|\Psi\rangle&=\langle\psi_1|\psi_1\rangle+\langle\psi_2|\psi_2\rangle+e^{i\alpha}\langle\psi_1|\psi_2\rangle\langle D_1|D_2\rangle+e^{-i\alpha}\langle\psi_2|\psi_1\rangle\langle D_2|D_1\rangle\\&=\langle\psi_1|\psi_1\rangle+\langle\psi_2|\psi_2\rangle+2\,\mathrm{Re}\left[e^{i\alpha}\langle\psi_1|\psi_2\rangle\langle D_1|D_2\rangle\right],\end{aligned} \tag{6.12}$$

可以看出,上式右端第三项是干涉项。没安装或没启动哪条路检测器时,

$$|D_1\rangle=|D_2\rangle=|D\rangle,\quad\langle D_1|D_2\rangle=\langle D|D\rangle=1,$$

$$\langle\Psi|\Psi\rangle=\langle\psi_1|\psi_1\rangle+\langle\psi_2|\psi_2\rangle+2\,\mathrm{Re}\left[e^{i\alpha}\langle\psi_1|\psi_2\rangle\right], \tag{6.13}$$

干涉项完全保留。“两条路可以完全区分”意味着 $|D_1\rangle$ 与 $|D_2\rangle$ 正交，即 $\langle D_1|D_2\rangle=0$,(6.13)式里的干涉项趋于0,干涉条纹不见了。介于以上两者之间的情况是 $|D_1\rangle$ 与 $|D_2\rangle$ 不完全等同也不完全正交，$0<|\langle D_1|D_2\rangle|<1$，干涉条纹的反衬度下降,这属于部分相干的情况。

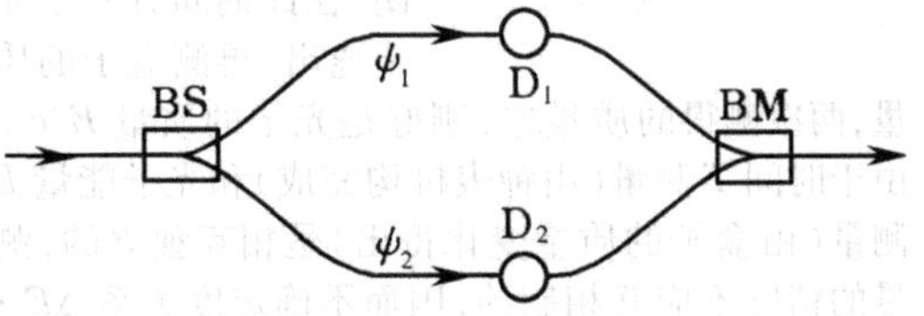

图6-2 双路干涉装置中哪条路检测器状态的正交化

哪条路检测器的两个状态 $|D_1\rangle$ 和 $|D_2\rangle$ 怎样变得正交的?以上的讨论也许有点抽象。我们可以把双路干涉装置概括成图6-2所示的图解。粒子束被分束器BS(beam splitter)分成1、2两束,经不同的路径到达合束器BM(beam merger)后合二为一,发生干涉。在1和2的路径上设置检测器 D_1 和 D_2. 过去人们以为,让检测器对经过的粒子作出反映,总要对它的运动产生不可控制的干扰,其实大可不必。譬如我们可以利用粒子的内部状态来记录它的到来。设想粒子有两个内部状态 $|\uparrow\rangle$ 和 $|\downarrow\rangle$,这可以是电子的上下两个自旋态,也可以是光子的两个偏振态,也可以是原子超精细分裂出来的两个能级。入射到分束器之前粒子全部处于 $|\downarrow\rangle$ 态。分成两束后,检测器 D_1 把1束粒子的内部状态反转,变为 $|\uparrow\rangle$ 态;检测器 D_2 维持2束粒子的内部状态不变,仍为 $|\downarrow\rangle$ 态。两束经合束器合并后,原则上我们可以通过粒子内部状态的检测,得知它来自哪条路。经过上述过程,粒子的内部状态 $|\uparrow\rangle$、$|\downarrow\rangle$ 便与运动状态 $|\psi_1\rangle$、$|\psi_2\rangle$ 交缠在一起了:

$$|\Psi\rangle=|\psi_1\rangle\otimes|\uparrow\rangle+e^{i\alpha}|\psi_2\rangle\otimes|\downarrow\rangle, \tag{6.14}$$

可以看出,(6.11)式里的态矢 $|D_1\rangle$ 和 $|D_2\rangle$ 就是这里的 $|\uparrow\rangle$ 和 $|\downarrow\rangle$。由于 $|\uparrow\rangle$ 与 $|\downarrow\rangle$ 正交:$\langle\uparrow|\downarrow\rangle=0$,干涉条纹就消失了。探测粒子的内部状态,原则上可以不干扰粒子的整体运动。可见,哪条路检测器的退相干作用不一定是对粒子不可控制的冲击造成的。上述利用粒子内部状态来检测它们走哪条路的方案,已被实验所证实。[1] 一切都如量子

[1] S. Dürr, T. Nonn & G. Rempe, *Nature*, **395**(1998), 33.

力学所预言的那样,检测哪条路与干涉条纹是相互排斥的。

由此可见,“哪条路检测器”与干涉条纹是相互排斥量子态交缠的结果,不再像以前表现得那样神秘了。

§2. EPR 佯谬和量子交缠态的非定域性

2.1 爱因斯坦与玻尔之争

1930 年在布鲁塞尔举行的第六届索尔威(Solvay)讨论会上,爱因斯坦提出一个思想实验。在一个密封的盒子内有辐射存在,事先称好盒子的质量。由一个事先设计好的钟表机构开启盒上的快门,经短时间 T 后关闭。在此期间有一个光子逸出。再测盒子的质量,两次测得的质量差,刚好是光子的质量 E/c^2. 由于时间 T 测量(由钟表机构完成)和光子能量 E 测量(由盒子的质量变化得出)是相互独立的,测量的精度不应互相制约,因而不确定度关系 $\Delta E \cdot \Delta T \geqslant h$ 不成立。他的结论是“量子力学不自洽”。对爱因斯坦的这个批评,玻尔一时无言以对。经过一夜冥思苦想,第二天早上玻尔在黑板上画了一张图(见图 6 - 3),他分析道,在光子逸出时,盒子获得一个向上的动量 $p \geqslant T\dfrac{E}{c^2}g$, 从而动量的不确定值为

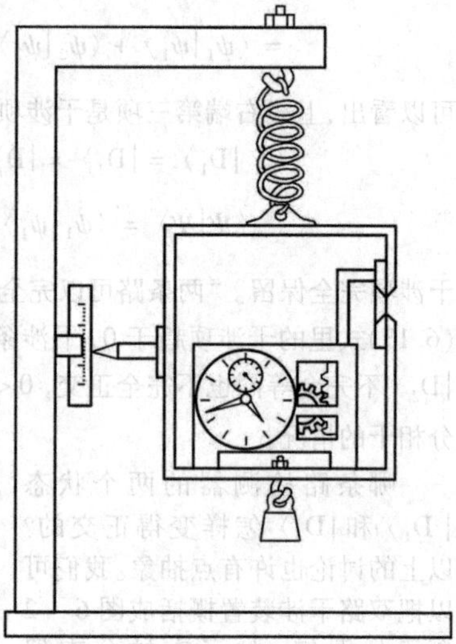

图 6 - 3 爱因斯坦之盒

$$\Delta p \geqslant T\frac{\Delta E}{c^2}g.$$

而盒子两次平衡位置之差 Δx 是与 Δp 有关的:

$$\Delta p \geqslant \frac{h}{\Delta x}. \qquad \text{(a)}$$

另一方面,根据广义相对论的引力红移公式,在地球的引力场中高度不确定度 Δx 引起的时间膨胀的相对不确定度

$$\frac{\Delta T}{T} = \frac{g\Delta x}{c^2}. \qquad \text{(b)}$$

将(b)式代入(a)式,得

$$\Delta E \cdot \Delta T \geqslant h.$$

以子之矛攻子之盾,从此爱因斯坦不再提量子力学不自洽的质问了。

2.2 EPR 佯谬

在爱因斯坦看来,量子力学的疑团并没有消释。他虽已承认量子力学是自洽的,但

却认为它不完备。1935 年他与波多尔斯基(B. Podolsky)、罗森(N. Rosen)联名发表了一篇论文,❶ 对量子力学的完备性提出质疑。

考虑二粒子组成的系统,它们之中每个的位置算符 $\hat{x}_i$ 和动量算符 $\hat{p}_i$ 是不对易的($i=1, 2$),但 $\hat{x}_1-\hat{x}_2$ 和 $\hat{p}_1+\hat{p}_2$ 对易,它们可以有共同的本征态。由此我们可以制备一个量子态:$\hat{x}_1-\hat{x}_2$ 的本征值为 a, $\hat{p}_1+\hat{p}_2$ 的本征值为0。设想距离 a 如此之大,譬如粒子1在欧洲,粒子2在美洲,对粒子1进行的任何物理操作,不会立即对粒子2产生干扰。如果在欧洲测量到粒子1的位置为 x,就意味着测得粒子2的位置为 $x-a$;如果在欧洲测量到粒子1的动量为 p,就意味着测得粒子2的动量为 $-p$. 这也就是说,对粒子1位置或动量进行测量,相当于对粒子2同一物理量的测量。量子力学宣称,我们不能对 $\hat{x}_1$ 和 $\hat{p}_1$ 同时进行精确的测量,这就意味着,在测量 $\hat{x}_1$ 的同时,我们连 $\hat{p}_2$ 也不能精确测量了。因此下列结论二者必居其一:(1) 存在着即时的超距作用,在测量粒子1位置的同时,立即干扰了粒子2的动量。(2) $\hat{x}_1$ 和 $\hat{p}_2$ 本来同时是有精确值的,只是量子力学的描述不完备。

以上对量子力学完备性的诘难,人称 EPR 佯谬。其实这里没有逻辑上的矛盾,并不是什么"佯谬"。

此后,以爱因斯坦为一方的 EPR 派,和以玻尔为一方的哥本哈根派,就量子力学的完备性问题进行了长期的论争,直到二人先后去世。爱因斯坦和玻尔都是时代的科学伟人,他们既是严肃科学论战的对手,又是共同追求科学真理的诤友。争论时不留情面,生活中友谊诚挚,在科学史上传为佳话。

2.3 局域隐变量和贝尔不等式

单纯的争论难得有结果,实质性的进展终于开始了。玻姆(D. Bohm)也是主张量子力学只给微观客体以统计性描述是不完备的。1953 年他提出,有必要引入一些附加变量对微观客体作进一步的描述。这便是隐变量(hidden variable)理论。

1965 年贝尔(J. Bell)在局域隐变量理论的基础上推导出一个不等式,人称贝尔不等式,并发现此式与量子力学的预言是不符的,因而我们有可能通过对此式的实验检验,来判断哥本哈根学派对量子力学的解释是否正确。

贝尔不等式有先后两个版本,前者假设探测器是理想的,不漏掉任何粒子;后者比较现实,承认粒子有可能丢失。只有后一版本才能与实验比较,我们在这里只介绍这个版本。

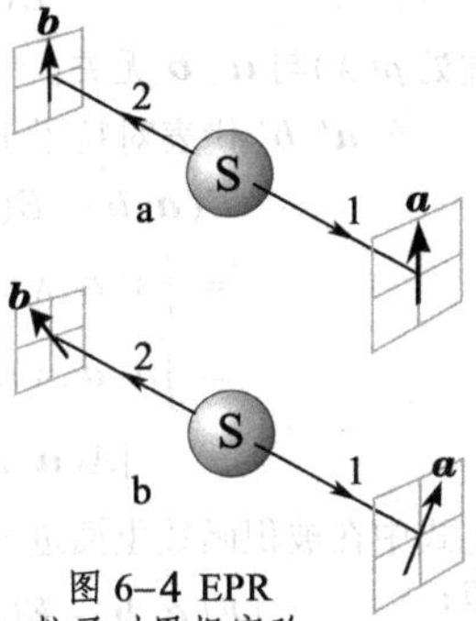

图 6-4 EPR 粒子对思想实验

贝尔把 EPR 粒子对的位置-动量换成了自旋。如图 6-4 所示,从粒子源 S 朝相反方向同时发射一对自旋为1/2 的粒子,两处分别设置沿单位矢量 $\boldsymbol{a}$、$\boldsymbol{b}$ 方向的自旋检测装置(如类似施特恩-格拉赫实验中的那种装置)。最简单的情形是 $\boldsymbol{a}$、$\boldsymbol{b}$ 平行(图 6-4a),粒子对处在自旋相反的交缠态:

$$|\psi\rangle=\frac{1}{\sqrt{2}}[|\uparrow(\boldsymbol{a})\rangle\otimes|\downarrow(\boldsymbol{b})\rangle-|\downarrow(\boldsymbol{a})\rangle\otimes|\uparrow(\boldsymbol{b})\rangle]. \tag{6.15}$$

量子理论认为,测量前两个粒子的自旋并不存在确定的方向,任一端测得的自旋处于什么态是随机的,测得 ↑、↓ 态的概率各半。不过如果在一端测得 ↑ 态,另一端立即

❶ A. Einstein, B. Podolsky and N. Rosen, *Phys. Rev.*, **47**(1935), 777.

确定为 ↓ 态；反之亦然。隐变量理论承认所有量子理论预言的事实，但不承认测量的结果是随机的。他们认为，每次测量前两端的自旋都已有了确定的方向，它们一上一下，只不过谁上谁下我们不测量不知道。决定自旋谁上谁下的是一组至今我们尚不知晓的隐变量。

这样一个简单的情形不足以判别量子理论和隐变量理论谁是谁非，贝尔着手考虑 $\boldsymbol{a}$、$\boldsymbol{b}$ 任意取向的普遍情形（图6－4b）。设 λ 为隐变量，$\rho(\lambda)$ 代表隐变量 λ 的概率分布，它满足归一化条件：

$$\int \rho(\lambda)\,\mathrm{d}\lambda = 1. \tag{6.16}$$

令 $A(\boldsymbol{a},\lambda)$ 和 $B(\boldsymbol{b},\lambda)$ 分别为两侧测得的自旋分量值（以 $\hbar/2$ 为单位），考虑到探测效率不高的可能性，我们有

$$A(\boldsymbol{a},\lambda)=\begin{cases}+1, & \text{若测得粒子 1 的自旋相对于 } \boldsymbol{a} \text{ 取向为 } \uparrow,\\ -1, & \text{若测得粒子 1 的自旋相对于 } \boldsymbol{a} \text{ 取向为 } \downarrow,\\ 0, & \text{若粒子 1 丢失。}\end{cases} \tag{6.17a}$$

$$B(\boldsymbol{b},\lambda)=\begin{cases}+1, & \text{若测得粒子 2 的自旋相对于 } \boldsymbol{b} \text{ 取向为 } \uparrow,\\ -1, & \text{若测得粒子 2 的自旋相对于 } \boldsymbol{b} \text{ 取向为 } \downarrow,\\ 0, & \text{若粒子 2 丢失。}\end{cases} \tag{6.17b}$$

显然

$$|A(\boldsymbol{a},\lambda)| \leqslant 1 \quad \text{和} \quad |B(\boldsymbol{b},\lambda)| \leqslant 1. \tag{6.18}$$

令 $E(\boldsymbol{a},\boldsymbol{b})$ 代表 $A(\boldsymbol{a},\lambda)\cdot B(\boldsymbol{b},\lambda)$ 的期望值。如果假定隐变量是局域的，即认为两侧的测量值之间没有关联，于是应该有

$$E(\boldsymbol{a},\boldsymbol{b}) = \int A(\boldsymbol{a},\lambda)B(\boldsymbol{b},\lambda)\rho(\lambda)\,\mathrm{d}\lambda, \tag{6.19}$$

此处 $\rho(\lambda)$ 与 $\boldsymbol{a}$、$\boldsymbol{b}$ 无关。

令 $\boldsymbol{a}'$、$\boldsymbol{b}'$ 代表对粒子 1、2 自旋测量的另外取向，由(6.19)式可得

$$\begin{aligned}
&E(\boldsymbol{a},\boldsymbol{b})-E(\boldsymbol{a},\boldsymbol{b}')\\
&= \int A(\boldsymbol{a},\lambda)B(\boldsymbol{b},\lambda)\rho(\lambda)\,\mathrm{d}\lambda - \int A(\boldsymbol{a},\lambda)B(\boldsymbol{b}',\lambda)\rho(\lambda)\,\mathrm{d}\lambda\\
&= \int A(\boldsymbol{a},\lambda)B(\boldsymbol{b},\lambda)[1\pm A(\boldsymbol{a}',\lambda)B(\boldsymbol{b}',\lambda)]\rho(\lambda)\,\mathrm{d}\lambda\\
&\quad - \int A(\boldsymbol{a},\lambda)B(\boldsymbol{b}',\lambda)\,[1\pm A(\boldsymbol{a}',\lambda)B(\boldsymbol{b},\lambda)]\rho(\lambda)\,\mathrm{d}\lambda.
\end{aligned}$$

上式中在被积函数里插进的两个方括弧都是大于、等于 0 的，故取绝对值时可以放在外边：

$$\begin{aligned}
&|E(\boldsymbol{a},\boldsymbol{b})-E(\boldsymbol{a},\boldsymbol{b}')|\\
&\leqslant \int |A(\boldsymbol{a},\lambda)B(\boldsymbol{b},\lambda)|\,[1\pm A(\boldsymbol{a}',\lambda)B(\boldsymbol{b}',\lambda)]\rho(\lambda)\,\mathrm{d}\lambda\\
&\quad + \int |A(\boldsymbol{a},\lambda)B(\boldsymbol{b}',\lambda)|\,[1\pm A(\boldsymbol{a}',\lambda)B(\boldsymbol{b},\lambda)]\rho(\lambda)\,\mathrm{d}\lambda\\
&\leqslant \int [1\pm A(\boldsymbol{a}',\lambda)B(\boldsymbol{b}',\lambda)]\rho(\lambda)\,d\lambda + \int [1\pm A(\boldsymbol{a}',\lambda)B(\boldsymbol{b},\lambda)]\rho(\lambda)\,\mathrm{d}\lambda\\
&= 2\pm[E(\boldsymbol{a}',\boldsymbol{b}')+E(\boldsymbol{a}',\boldsymbol{b})],
\end{aligned}$$

导出不等的一步运用了(6.18)式。于是

$$|E(\boldsymbol{a},\boldsymbol{b})-E(\boldsymbol{a},\boldsymbol{b}')| + |E(\boldsymbol{a}',\boldsymbol{b}')-E(\boldsymbol{a}',\boldsymbol{b})| \leqslant 2,$$

$$|E(\boldsymbol{a},\boldsymbol{b})-E(\boldsymbol{a},\boldsymbol{b}')+E(\boldsymbol{a}',\boldsymbol{b}')-E(\boldsymbol{a}',\boldsymbol{b})| \leqslant 2,$$

即

$$-2 \leqslant E(\boldsymbol{a},\boldsymbol{b})-E(\boldsymbol{a},\boldsymbol{b}')+E(\boldsymbol{a}',\boldsymbol{b})+E(\boldsymbol{a}',\boldsymbol{b}') \leqslant 2, \tag{6.20}$$

此式便是贝尔不等式（Bell inequality），它适用于 $\boldsymbol{a}$、$\boldsymbol{b}$、$\boldsymbol{a}'$、$\boldsymbol{b}'$ 的任意取向。

贝尔不等式是从局域隐变量理论导出的，下面我们来看量子力学的结论。

量子力学中与 $A(\boldsymbol{a},\lambda)$、$B(\boldsymbol{b}',\lambda)$ 对应的是下列算符：

$$\begin{cases} \hat{\boldsymbol{\sigma}}\cdot\boldsymbol{a} = \hat{\sigma}_x a_x + \hat{\sigma}_y a_y + \hat{\sigma}_z a_z, \\ \hat{\boldsymbol{\sigma}}\cdot\boldsymbol{b} = \hat{\sigma}_x b_x + \hat{\sigma}_y b_y + \hat{\sigma}_z b_z, \end{cases} \tag{6.21}$$

式中 $\hat{\sigma}_x$、$\hat{\sigma}_y$、$\hat{\sigma}_z$ 的矩阵表示是泡利矩阵[见第一章(1.141)式]：

$$\sigma_x = \begin{pmatrix} 0 & 1 \\ 1 & 0 \end{pmatrix},\quad \sigma_y = \begin{pmatrix} 0 & -\mathrm{i} \\ \mathrm{i} & 0 \end{pmatrix},\quad \sigma_z = \begin{pmatrix} 1 & 0 \\ 0 & -1 \end{pmatrix}.$$

所以

$$\begin{cases} \hat{\boldsymbol{\sigma}}\cdot\boldsymbol{a} \simeq \begin{pmatrix} a_z & a_x-\mathrm{i}a_y \\ a_x+\mathrm{i}a_y & -a_z \end{pmatrix}, \\ \hat{\boldsymbol{\sigma}}\cdot\boldsymbol{b} \simeq \begin{pmatrix} b_z & b_x-\mathrm{i}b_y \\ b_x+\mathrm{i}b_y & -b_z \end{pmatrix}. \end{cases} \tag{6.22}$$

二者的直积为

$$\hat{\boldsymbol{\sigma}}\cdot\boldsymbol{a}\otimes\hat{\boldsymbol{\sigma}}\cdot\boldsymbol{b} \simeq \left(\begin{array}{c:c} a_z\begin{pmatrix} b_z & b_x-\mathrm{i}b_y \\ b_x+\mathrm{i}b_y & -b_z \end{pmatrix} & (a_x-\mathrm{i}a_y)\begin{pmatrix} b_z & b_x-\mathrm{i}b_y \\ b_x+\mathrm{i}b_y & -b_z \end{pmatrix} \\ \hdashline (a_x+\mathrm{i}a_y)\begin{pmatrix} b_z & b_x-\mathrm{i}b_y \\ b_x+\mathrm{i}b_y & -b_z \end{pmatrix} & -a_z\begin{pmatrix} b_z & b_x-\mathrm{i}b_y \\ b_x+\mathrm{i}b_y & -b_z \end{pmatrix} \end{array}\right)$$

$$= \left(\begin{array}{cc:cc} a_z b_z & a_z(b_x-\mathrm{i}b_y) & (a_x-\mathrm{i}a_y)b_z & (a_x-\mathrm{i}a_y)(b_x-\mathrm{i}b_y) \\ a_z(b_x+\mathrm{i}b_y) & -a_z b_z & (a_x-\mathrm{i}a_y)(b_x+\mathrm{i}b_y) & -(a_x-\mathrm{i}a_y)b_z \\ \hdashline (a_x+\mathrm{i}a_y)b_z & (a_x+\mathrm{i}a_y)(b_x-\mathrm{i}b_y) & -a_z b_z & -a_z(b_x-\mathrm{i}b_y) \\ (a_x+\mathrm{i}a_y)(b_x+\mathrm{i}b_y) & -(a_x+\mathrm{i}a_y)b_z & -a_z(b_x+\mathrm{i}b_y) & a_z b_z \end{array}\right), \tag{6.23}$$

波函数(6.15)式的矩阵表示为

$$|\psi\rangle = \frac{1}{\sqrt{2}}[|\uparrow(1)\rangle\otimes|\downarrow(2)\rangle - |\downarrow(1)\rangle\otimes|\uparrow(2)\rangle]$$

$$\simeq \frac{1}{\sqrt{2}}\left[\begin{pmatrix} 1\times\begin{pmatrix} 0 \\ 1 \end{pmatrix} \\ 0\times\begin{pmatrix} 0 \\ 1 \end{pmatrix} \end{pmatrix} - \begin{pmatrix} 0\times\begin{pmatrix} 1 \\ 0 \end{pmatrix} \\ 1\times\begin{pmatrix} 1 \\ 0 \end{pmatrix} \end{pmatrix}\right] = \frac{1}{\sqrt{2}}\begin{pmatrix} 0 \\ 1 \\ -1 \\ 0 \end{pmatrix}. \tag{6.24}$$

故 $E(\boldsymbol{a},\ \boldsymbol{b})$ 的量子力学期望值为

$$\langle E(\boldsymbol{a},\boldsymbol{b})\rangle_\psi = \langle\psi|\hat{\boldsymbol{\sigma}}\cdot\boldsymbol{a}\otimes\hat{\boldsymbol{\sigma}}\cdot\boldsymbol{b}|\psi\rangle = \frac{1}{2}\left[\begin{array}{l} a_z b_z - (a_x-\mathrm{i}a_y)(b_x-\mathrm{i}b_y) \\ -(a_x+\mathrm{i}a_y)(b_x+\mathrm{i}b_y) - a_z b_z \end{array}\right]$$

$$= -(a_x b_x + a_y b_y + a_z b_z) = -\boldsymbol{a}\cdot\boldsymbol{b} = -\cos(\boldsymbol{a},\boldsymbol{b}). \tag{6.25}$$

适当地选择 $\boldsymbol{a}$、$\boldsymbol{b}$、$\boldsymbol{a}'$、$\boldsymbol{b}'$ 四个方向如图 6－5，就可以突破贝尔不等式(6.20)的限制：

$$\langle E(\boldsymbol{a},\boldsymbol{b})\rangle_\psi - \langle E(\boldsymbol{a},\boldsymbol{b}')\rangle_\psi + \langle E(\boldsymbol{a}',\boldsymbol{b})\rangle_\psi + \langle E(\boldsymbol{a}',\boldsymbol{b}')\rangle_\psi$$

$$= -\cos\frac{\pi}{4} + \cos\frac{3\pi}{4} - \cos\frac{\pi}{4} - \cos\frac{\pi}{4} = -2\sqrt{2}. \tag{6.26}$$

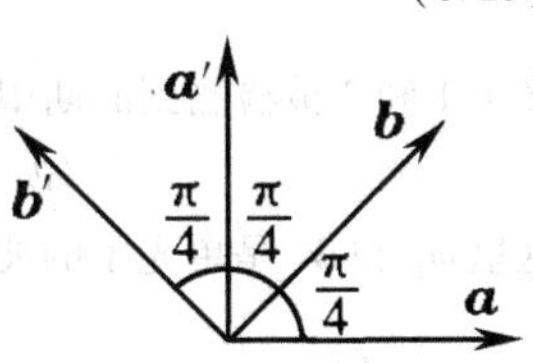

图 6－5 $\boldsymbol{a}$、$\boldsymbol{b}$、$\boldsymbol{a}'$、$\boldsymbol{b}'$ 四矢量的取向选择

局域隐变量和量子力学在理论上的分歧挑明了，等待着实验的判决。

2.4 贝尔不等式的实验检验

用实验来检验贝尔不等式，除了有内部自由度关联的粒子对外，还得有比较好的分析探测设备。处于单重态的粒子对很难在较长距离内保持其量子关联，且分析光子的偏振态比分析粒子的自旋态容易，实验物理学家都倾向于用光子来做EPR实验。起初人们曾考虑过用正电子素湮没产生两个光子的自旋关联，但对能量如此大的γ光子找不到有效的偏振分析器。利用原子级联辐射跃迁，选择光子总角动量为0的情况，可以产生偏振态关联的可见光光子。这类实验始于1960年代末，几经重复与改进，到了1980年代，实验得到相当有说服力的结果。这些实验都表明，贝尔不等式不成立，量子力学的推论是对的。

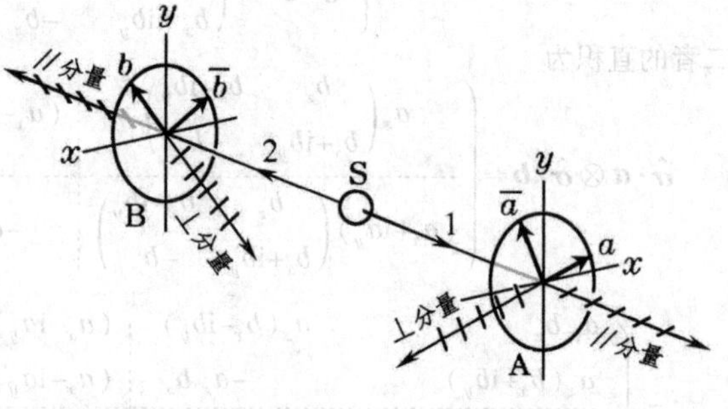

图6－6 用光子检验贝尔不等式实验装置图

实验装置见图6－6，从光源S朝相反方向发出一对同振动方向的线偏振光1和2，分别被检偏器A、B所分析，并为探测器所接收。检偏器采用两分式的(dichotomic)，如玻片堆，它们可以把入射光分解成//和⊥一对相互垂直的偏振分量，对二者同时进行分析。迎波矢方向在波面内取直角坐标架x和y. 设检偏器A和B的//和⊥与x轴的夹角分别为a、$\bar{a}$、b、$\bar{b}$，如图6－7所示，其中$\bar{a}=a+\pi/2$，$\bar{b}=b+\pi/2$.

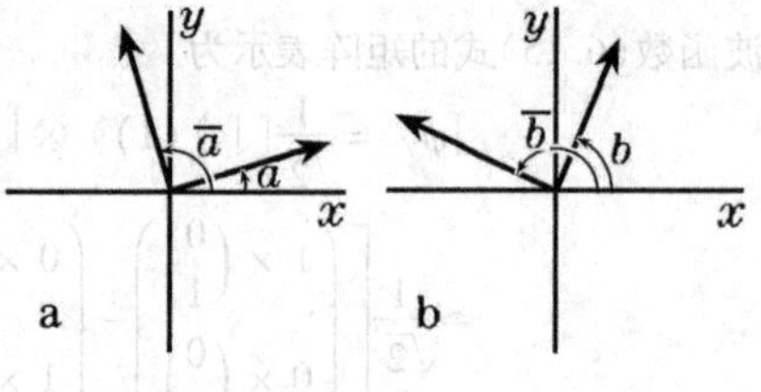

图6－7 检偏器分析的振动方向

下面在介绍一个这类实验之前，我们先得对光子情形计算一下$E(a, b)$的量子力学期望值。先讨论检偏器测得某对偏振方向（譬如两//方向a和b）符合信号的期望值$R(a, b)$. 令$|a\rangle$和$|b\rangle$分别代表沿a、b方向的偏振态，则在上述坐标架中它们的矩阵表示为

$$|a\rangle \doteq \begin{pmatrix}\cos a\\ \sin a\end{pmatrix}, \quad |b\rangle \doteq \begin{pmatrix}\cos b\\ \sin b\end{pmatrix}, \tag{6.27}$$

光子1和2被检测到的期望值为

$$\langle\psi_1|a\rangle\langle a|\psi_1\rangle \quad 和 \quad \langle\psi_2|b\rangle\langle b|\psi_2\rangle.$$

这里ψ_1和ψ_2是单光子的波函数。现在计算有关的两个投影矩阵：

$$\hat{P}(a) \equiv |a\rangle\langle a| \doteq \begin{pmatrix}\cos a\\ \sin a\end{pmatrix}\begin{pmatrix}\cos a & \sin a\end{pmatrix} = \begin{pmatrix}\cos^2 a & \cos a\sin a\\ \sin a\cos a & \sin^2 a\end{pmatrix},$$

和

$$\hat{P}(b)\equiv|b\rangle\langle b|\simeq\begin{pmatrix}\cos a\\ \sin b\end{pmatrix}\begin{pmatrix}\cos b & \sin b\end{pmatrix}=\begin{pmatrix}\cos^2 b & \cos b\sin a\\ \sin b\cos b & \sin^2 b\end{pmatrix},$$

用下列态矢来描述光子原来沿 x 和 y 的线偏振态：

$$|x\rangle\simeq\begin{pmatrix}1\\0\end{pmatrix},\quad |y\rangle\simeq\begin{pmatrix}0\\1\end{pmatrix}.$$

在实验中关联光子对的态矢为

$$|\psi\rangle=\frac{1}{\sqrt{2}}[|x(1)\rangle\otimes|x(2)\rangle+|y(1)\rangle\otimes|(2)\rangle]$$

$$=\frac{1}{\sqrt{2}}\left[\begin{pmatrix}1\\0\end{pmatrix}\otimes\begin{pmatrix}1\\0\end{pmatrix}+\begin{pmatrix}0\\1\end{pmatrix}\otimes\begin{pmatrix}0\\1\end{pmatrix}\right]=\frac{1}{\sqrt{2}}\left[\begin{pmatrix}1\\0\end{pmatrix}\otimes\begin{pmatrix}1\\0\end{pmatrix}+\begin{pmatrix}0\\1\end{pmatrix}\otimes\begin{pmatrix}0\\1\end{pmatrix}\right]=\begin{pmatrix}1\\0\\0\\1\end{pmatrix}.\tag{6.28}$$

于是

$$R(a,b)=\langle\psi|\hat{P}(a)\otimes\hat{P}(b)|\psi\rangle).\tag{6.29}$$

其中

$$\hat{P}(a)\otimes\hat{P}(b)\simeq\begin{pmatrix}\cos^2 a & \cos a\sin a\\ \sin a\cos a & \sin^2 a\end{pmatrix}\otimes\begin{pmatrix}\cos^2 b & \cos b\sin b\\ \sin b\cos b & \sin^2 b\end{pmatrix}$$

$$=\left(\begin{array}{cc|cc}\cos^2 a\cos^2 b & \cos^2 a\cos b\sin b & \cos a\sin a\cos^2 b & \cos a\sin a\cos b\sin b\\ \cos^2 a\sin b\cos b & \cos^2 a\sin^2 b & \cos a\sin a\sin b\cos b & \cos a\sin a\sin^2 b\\ \hline \sin a\cos a\cos^2 b & \sin a\cos a\cos b\sin b & \sin^2 a\cos b & \sin^2 a\cos b\sin b\\ \sin a\cos a\sin b\cos b & \sin a\cos a\sin^2 b & \sin^2 a\sin b\cos b & \sin^2 a\sin^2 b\end{array}\right).\tag{6.30}$$

将(6.28)式和(6.30)式代入(6.29)式，得

$$R(a,b)=\frac{1}{2}\left(\cos a\cos b+\sin a\sin b\right)^2=\frac{\cos 2(a-b)}{2}=\frac{1}{4}[1+\cos 2(a-b)].\tag{6.31}$$

对于光子，(6.17)式应改为

$$A(a,\lambda)=\begin{cases}+1, & \text{若测得光子 1 的偏振沿 } a \text{ 取向},\\ -1, & \text{若测得光子 1 的偏振沿 } \bar{a} \text{ 取向},\\ 0, & \text{若光子 1 丢失。}\end{cases}\tag{6.32a}$$

$$B(b,\lambda)=\begin{cases}+1, & \text{若测得光子 2 的偏振沿 } b \text{ 取向},\\ -1, & \text{若测得光子 2 的偏振沿 } \bar{b} \text{ 取向},\\ 0, & \text{若光子 2 丢失。}\end{cases}\tag{6.32b}$$

与贝尔不等式中局域隐变量理论的

$$E(a,b)=\int A(a,\lambda)B(b,\lambda)\rho(\lambda)\,\mathrm{d}\lambda$$

相对应，量子力学的期望值为

$$\langle E(a,b)\rangle_\psi=\langle\psi|[\hat{P}(a)-\hat{P}(\bar{a})]\otimes[\hat{P}(b)-\hat{P}(\bar{b})]|\psi\rangle$$

$$=R(a,b)+R(\bar{a},\bar{b})-R(a,\bar{b})-R(\bar{a},b),\tag{6.33}$$

将(6.31)式代入，考虑到 $\cos(\bar{a}-\bar{b})=\cos(a-b)$，$\cos(a-\bar{b})=\cos(\bar{a}-b)=-\cos(a-b)$，得

$$\langle E(a,b)\rangle_\psi=\cos 2(a-b).\tag{6.34}$$

如图 6－8 所示，选取 $a=0$，$b=\frac{\pi}{8}$，$a'=\frac{\pi}{4}$，$b'=\frac{3\pi}{8}$，与(6.26)式一样，我们得到突破贝尔不等式的结果：

$$S \equiv \langle E(a,b)\rangle_\psi - \langle E(a,b')\rangle_\psi + \langle E(a',b)\rangle_\psi + \langle E(a',b')\rangle_\psi$$
$$= \cos\frac{\pi}{4} - \cos\frac{3\pi}{4} + \cos\frac{\pi}{4} + \cos\frac{\pi}{4} = 2\sqrt{2} = 2.8284. \qquad (6.35)$$

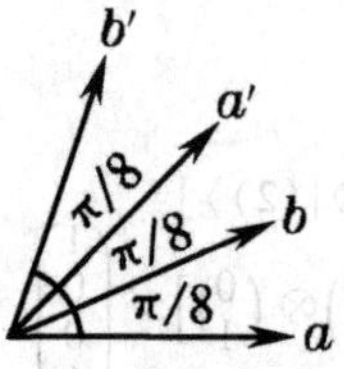

图 6－8
a、b、a'、b' 四
角度的取向选择

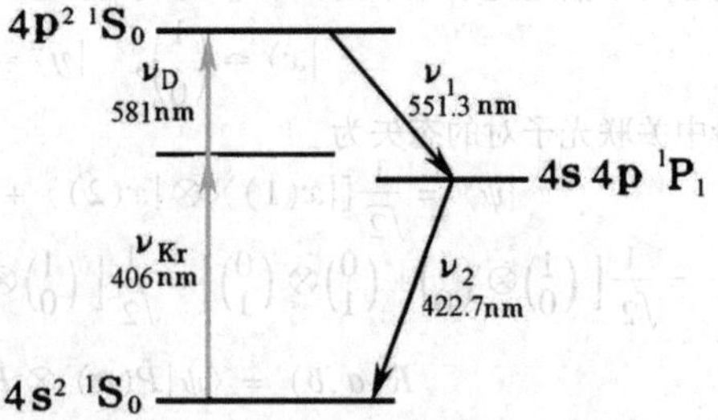

图 6－9 钙原子级联辐射有关的能级

下面介绍的是 A. Aspect 等人 1981 年完成的实验。❶ 实验中采用的光源是钙原子 $4p^2\,{}^1S_0 \to 4s4p\,{}^1P_1 \to 4s^2\,{}^1S_0$ 级联辐射(见图 6－9)，钙原子由两束激光来抽运，第一个是

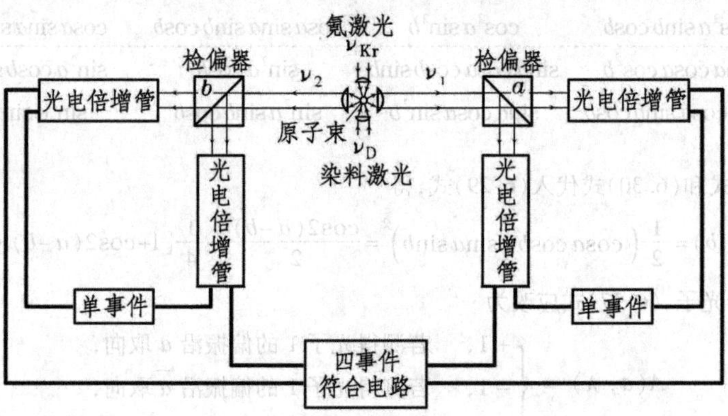

图 6－10 利用钙原子级联辐射检验贝尔不等式的实验装置图

波长 $\lambda_{Kr} = 406.7\text{nm}$ 的单模氪离子激光，第二个是若丹明(Rhodamine) 6G 染料激光，其波长调谐到 $\lambda_D = 581$ nm. 实验装置如图 6－10 所示，两束激光具有同方向的偏振，聚焦于一点，钙原子束从垂直方向通过此点，被辐照后产生偏振关联的两束辐射，分别为两侧大孔径透镜收集，经过准直，送入玻片堆检偏器 A 和 B. 采取 a、$\bar{a}$、b、$\bar{b}$ 四路符合电路，一次完成

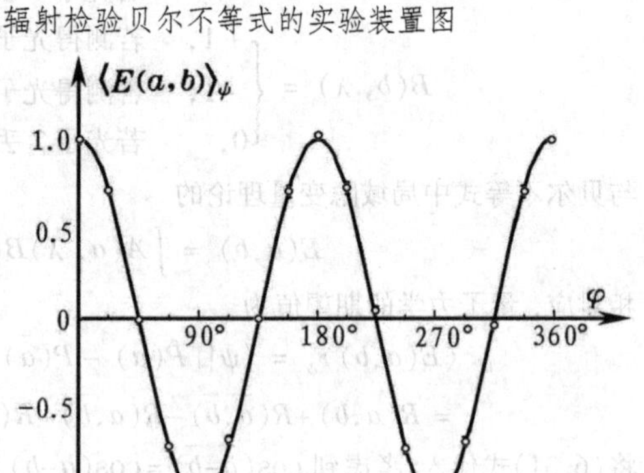

图 6－11 $\langle E(a,\,b)\rangle_\psi$ 的曲线

❶ A. Aspect, P. Grangier, G. Roger, *Phys. Rev. Lett.*, **47**(1981), 460; **49**(1982)91.

$R(a,b)$、$R(\bar{a},\bar{b})$、$R(a,\bar{b})$、$R(\bar{a},b)$四个量的记录。$\langle E(a,b)\rangle_\psi$ 随 $\varphi=a-b$ 变化的曲线如图 6－11 所示，实验数据与量子理论公式(6.34)(图中曲线)符合得很好。(6.35)式中的 S 值是理想情形的数值，若考虑到玻片堆反射、透射都不是 100%，透镜的孔径也是有限的，理论上估计，按量子力学理论和实验实际条件计算，$S_{理论}=2.70\pm0.05$，而实验测得的平均数值为 $S_{实验}=2.697\pm0.015$，与量子理论符合得很好，超出贝尔不等式的限制 $S_{\mathrm{Bell}}=2$ 许多。

总之，实验判决量子力学胜诉，局域隐变量是不存在的。EPR 佯谬争论的结果和贝尔不等式的实验检验，说明了微观客体的关联(或者说，量子态的交缠)的确具有非局域的性质，它可以延伸到很远的距离。这不是超距作用，它可以被利用，但不会破坏因果关系(见 §3)。

2.5 没有不等式的贝尔定理——GHZ 三粒子交缠

围绕 EPR 佯谬争论的实质，是量子客体的属性是否有确定的取值，这取值不依赖人们如何去测量，甚至是否有人对它进行了测量。这是“物理实在论”的主要论点。用爱因斯坦本人的话说：“我们是否真的相信，月亮只有当我们看它时才存在?”贝尔不等式需要用统计平均值去检验。Greenberger，Horne，Zeilinger(GHZ)❶提出，用三个或三个以上粒子的交缠态可以在一次测量中予上述争论以判决。后来人们提出各种多粒子交缠态的方案，都能直截了当地判决上述争论。下面我们介绍其中一种最明快的方案❷。

考虑三个自旋 1/2 的粒子在一次自旋守恒的衰变中产生，并朝三个不同方向(譬如共面 120°)飞出，分别在远处设置仪器用以测量它们自旋的某个分量。三粒子处于交缠的自旋态 Ψ. 下面我们用泡利算符 $\hat{\sigma}_x^{(i)}$、$\hat{\sigma}_y^{(i)}$、$\hat{\sigma}_z^{(i)}$ $(i=1,2,3)$ 代表它们自旋量的直角系分量(三粒子的 x, y, z 坐标取向可分别独立选取)，自旋是它们的 $\hbar/2$ 倍。请注意，泡利算符除了满足第一章里的对易关系(1.138)外，还满足下列反对易关系：

$$\hat{\sigma}_x\hat{\sigma}_y+\hat{\sigma}_y\hat{\sigma}_x=\hat{\sigma}_y\hat{\sigma}_z+\hat{\sigma}_z\hat{\sigma}_y=\hat{\sigma}_z\hat{\sigma}_x+\hat{\sigma}_x\hat{\sigma}_z=0. \tag{6.36}$$

这就是说，若交换同一粒子不同自旋分量的相乘次序时变一次正负号，故交换偶数次时不变号。这是自旋 1/2 算符的独特性质。三粒子的自旋态矢空间需要以三个互易的厄米算符的共同本征矢为基来架构，现在选下列三个厄米算符：

$$(\mathrm{a})\ \hat{\sigma}_x^{(1)}\hat{\sigma}_y^{(2)}\hat{\sigma}_y^{(3)},\quad (\mathrm{b})\ \hat{\sigma}_y^{(1)}\hat{\sigma}_x^{(2)}\hat{\sigma}_y^{(3)},\quad (\mathrm{c})\ \hat{\sigma}_y^{(1)}\hat{\sigma}_y^{(2)}\hat{\sigma}_x^{(3)}. \tag{6.37}$$

泡利算符是厄米的，它们的乘积也是厄米的。这三个算符相互对易性是很容易验证的，因同粒子不对易算符的交换都是偶数次。(6.37)式中 a、b、c 三个算符的平方都是 1，故它们的本征值都是 ±1，三算符的本征值有 $2^3=8$ 种组合，它们的共本征矢有 8 个：

$$\begin{array}{llll}|1,1,1\rangle, & |-1,-1,1\rangle, & |-1,1,-1\rangle, & |1,-1,-1\rangle, \\ |-1,1,1\rangle, & |1,-1,1\rangle, & |1,1,-1\rangle, & |-1,-1,-1\rangle.\end{array} \tag{6.38}$$

设我们的思想实验中三粒子处于下列交缠自旋态中：

---

❶ D. M. Greenberger, M. A. Horne, A. Shimony, A. Zeilinger, *Am. J. Phys.*, **58** (1990), 1131;

D. M. Greenberger, M. A. Horne, A. Zeilinger, *Physics Today*, Aug. 1993, 22.

❷ N. W. Mermin, *Physics Today*, June 1990, 9.

$$|\Psi\rangle=\frac{1}{\sqrt{2}}\left(|1,1,1\rangle-|-1,-1,-1\rangle\right),\tag{6.39}$$

这是(6.37)式中 a、b、c 三算符本征值皆为 +1 的共同本征矢。如果我们测任意两个粒子自旋的 y 分量，则第三个粒子自旋的 x 分量必与前二者的乘积同正负，因三者的乘积必等于 +1 .

按“物理实在论”者的观点，我们假定在进行任何测量前三粒子自旋的 x、y 分量都是确定值的，设它们分别为 $m_x^{(1)}$、$m_x^{(2)}$、$m_x^{(3)}$、$m_y^{(1)}$、$m_y^{(2)}$、$m_y^{(3)}$. “物理实在论”者承认所有量子理论对观测结果的推论，所以应有

$$m_y^{(1)}m_y^{(2)}m_x^{(3)}=1,$$

$$m_y^{(2)}m_y^{(3)}m_x^{(1)}=1,$$

$$m_y^{(3)}m_y^{(1)}m_x^{(2)}=1.$$

将以上三式乘起来，有

$$(m_y^{(1)})^2(m_y^{(2)})^2(m_y^{(3)})^2m_x^{(1)}m_x^{(2)}m_x^{(3)}=m_x^{(1)}m_x^{(2)}m_x^{(3)}=1.$$

这是因为 $(m_y^{(1)})^2=(m_y^{(2)})^2=(m_y^{(3)})^2=1$. 由此可以断言，如果我们先测得任意两个粒子自旋的 x 分量，则第三个粒子自旋的 x 分量值与前二者一起的乘积必为 +1. 然而量子理论对此是如何预言的呢？不难验算，把(6.37)式中 a、b、c 三算符乘起来：

$$\hat{\sigma}_x^{(1)}\hat{\sigma}_y^{(2)}\hat{\sigma}_y^{(3)}\cdot\hat{\sigma}_y^{(1)}\hat{\sigma}_x^{(2)}\hat{\sigma}_y^{(3)}\cdot\hat{\sigma}_y^{(1)}\hat{\sigma}_y^{(2)}\hat{\sigma}_x^{(3)}=-\hat{\sigma}_x^{(1)}\hat{\sigma}_x^{(2)}\hat{\sigma}_x^{(3)}.\tag{6.40}$$

出现负号的原因，是因为把每一粒子的两个 $\hat{\sigma}_y$ 算符倒到一起，交换不对易算符的总次数是奇数，而倒到一起后 $(\hat{\sigma}_y^{(1)})^2=(\hat{\sigma}_y^{(2)})^2=(\hat{\sigma}_y^{(3)})^2=1$. 显然，算符 $\hat{\sigma}_x^{(1)}\hat{\sigma}_x^{(2)}\hat{\sigma}_x^{(3)}$ 与 a、b、c 三算符都对易，$|\Psi\rangle$ 也是它的本征态，但本征值为 −1. 这就是说，如果我们先测得任意两个粒子自旋的 x 分量，则第三个粒子自旋的 x 分量值与前二者一起的乘积必为 −1. 这结论与“物理实在论”的结论截然相反！

以上论述可归结为一个定理——GHZ 定理：

对于三个粒子的 GHZ 态，存在一组相互对易的可观测量，对于这组力学量的测量，量子力学将以确定的、非统计的方式给出与经典定域实在论不相容的结果。

GHZ 定理被潘建伟等人用三光子偏振交缠 GHZ 态所证实。❶

我们不否定物理实在，但不能把“物理实在”理解为每个物理量在测量前都预先有确定的取值。由不对易算符所表征的物理量肯定不可能同时有确定的取值。交缠在一起的粒子，每个粒子属性的测量值与怎样测量有关。前面测量的结果立即决定着后面的测量值，不管两次测量在空间隔了多远，只要粒子处于同一交缠态中。这便是量子态的非定域性。

§3. 量子超空间传态

3.1 贝尔算符与贝尔态基

在量子力学中贝尔不等式(6.18)

---

❶ J. W. Pan *et. al.*, *Nature*, **403**(2000), 515.

$$-2 \leqslant E(\boldsymbol{a},\boldsymbol{b})-E(\boldsymbol{a},\boldsymbol{b}')+E(\boldsymbol{a}',\boldsymbol{b})+E(\boldsymbol{a}',\boldsymbol{b}') \leqslant 2$$

可用某个算符 $\hat{\mathscr{B}}$(称为贝尔算符)在一定量子态上的平均值表示出来：

$$-2 \leqslant \langle\psi|\hat{\mathscr{B}}|\psi\rangle \leqslant 2. \tag{6.41}$$

对于自旋1/2 的粒子,贝尔算符为

$$\hat{\mathscr{B}}=\hat{\sigma}\cdot\boldsymbol{a}\otimes\hat{\sigma}\cdot(\boldsymbol{b}-\boldsymbol{b}')+\hat{\sigma}\cdot\boldsymbol{a}'\otimes\hat{\sigma}\cdot(\boldsymbol{b}+\boldsymbol{b}'). \tag{6.42}$$

$\boldsymbol{a}$、$\boldsymbol{a}'$、$\boldsymbol{b}$、$\boldsymbol{b}'$ 四矢量的取向见图 6－8。对于光子

$$\hat{\mathscr{B}}=\hat{Q}(a)\otimes[Q(b)-Q(b')]+\hat{Q}(a')\otimes[Q(b)+Q(b')], \tag{6.43}$$

式中

$$Q(a)=P(a)-P(\bar{a}).$$

a、a'、b、b' 四偏振方向见图 6－5。

贝尔算符的全套本征态称为贝尔态基。贝尔态基由四个态矢组成,对于自旋1/2 粒子,

$$\begin{cases} |\Psi^{(\pm)}\rangle=\dfrac{1}{\sqrt{2}}\big(|\uparrow\rangle\otimes|\downarrow\rangle\pm|\downarrow\rangle\otimes|\uparrow\rangle\big),\\ |\Phi^{(\pm)}\rangle=\dfrac{1}{\sqrt{2}}\big(|\uparrow\rangle\otimes|\uparrow\rangle\pm|\downarrow\rangle\otimes|\downarrow\rangle\big). \end{cases} \tag{6.44}$$

$|\Psi^{(\pm)}\rangle$的本征值分别为$\pm2\sqrt{2}$，$|\Phi^{(\pm)}\rangle$的本征值皆为 0。

对于光子,

$$\begin{cases} |\Psi^{(\pm)}\rangle=\dfrac{1}{\sqrt{2}}\big(|\leftrightarrow\rangle\otimes|\updownarrow\rangle\pm|\updownarrow\rangle\otimes|\leftrightarrow\rangle\big),\\ |\Phi^{(\pm)}\rangle=\dfrac{1}{\sqrt{2}}\big(|\leftrightarrow\rangle\otimes|\leftrightarrow\rangle\pm|\updownarrow\rangle\otimes|\updownarrow\rangle\big). \end{cases} \tag{6.45}$$

$|\Psi^{(+)}\rangle$和$|\Phi^{(+)}\rangle$的本征值皆为 $2\sqrt{2}$，$|\Psi^{(-)}\rangle$和$|\Phi^{(-)}\rangle$的本征值皆为 0。

3.2 光子贝尔态的实现

原则上两粒子构成的贝尔交缠态可利用粒子的任何自由度来实现，光子的偏振态在实际中最容易操纵和处理。目前报导较成功的方法是利用 βBaB_2O_4 晶体(所谓 BBO 晶体)来产生光子偏振交缠态。BBO 晶体是一种非线性双折射晶体，它可将角频率为 2ω 的泵波转化为两束角频率为 ω 的出射波(所谓下转换)，一束为寻常光(o 光)，另一束为 非常光(e 光)，二者的偏转方向互相垂直。❶ 这这两束出射光都是空心的光锥(见图 6－12)。在一定的条件下两光锥相交于 A、B 两处，从这两处射出的光子处于贝尔交缠态

$$|\Psi^{(\pm)}\rangle_{AB}=\frac{1}{\sqrt{2}}\big(|\leftrightarrow\rangle_A\otimes|\updownarrow\rangle_B\pm|\updownarrow\rangle_A\otimes|\leftrightarrow\rangle_B\big). \tag{6.46}$$

3.3 光子贝尔态的测量

设想我们有一对光子 b_1 和 b_2,它们处于四个贝尔态基$|\Psi^{(\pm)}\rangle$、$|\Phi^{(\pm)}\rangle$ 之一的交缠态中。如何去测量它们处于哪个态?

一种可能的测量装置如图 6－13 所示,D_1 和 D_2 是一对能判断偏振状态的光子检测器,半反射的分束片 BS 严格按 50% 对半分。令光束 b_1 和 b_2 从两侧 45° 入射,从两侧出射的光束 c_1 和 c_2 已重新组合。用它们单光子态的消灭算符来表示：

---

❶ 有关晶体的双折射，参见《新概念物理教程·光学》第六章 §3。

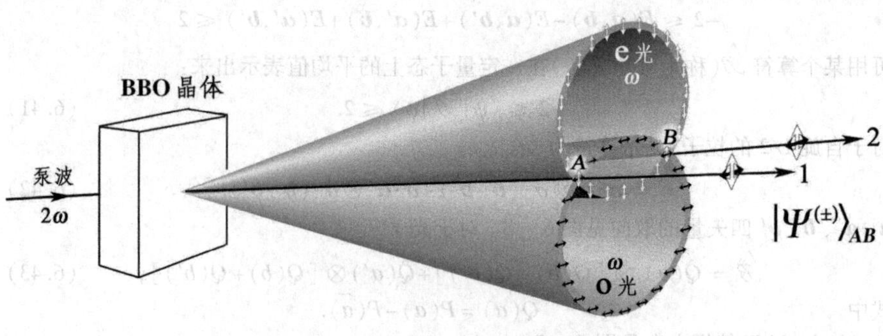

图 6－12 光子贝尔交缠态的产生

$$\begin{cases} \hat{c}_1^j = \dfrac{1}{\sqrt{2}}\left(\hat{b}_1^j + \hat{b}_2^j\right), \\ \hat{c}_2^j = \dfrac{1}{\sqrt{2}}\left(\hat{b}_1^j - \hat{b}_2^j\right). \end{cases} \tag{6.46}$$

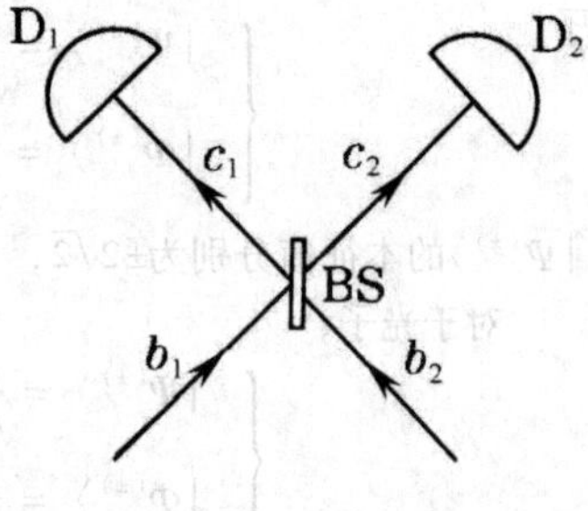

图 6－13 一种测量光子贝尔态的装置

式中 j 代表偏振状态。第二式中 $\hat{b}_2^j$ 项前有负号，是因为该光束在分束器上内反射时有半波损失。下面分别讨论几种不同的测量结果。

(1) 利用符合电路，探测两光子同时分别到达检测器 D_1 和 D_2 的情况。此时两光子的耦合态由下列乘积来描述：

$$\hat{c}_1^j \hat{c}_2^k = \frac{1}{2}\left(\hat{b}_1^j \hat{b}_1^k + \hat{b}_1^j \hat{b}_2^k - \hat{b}_2^j \hat{b}_1^k - \hat{b}_2^j \hat{b}_2^k\right). \tag{6.47}$$

若严格限于一对光子入射情形，则(6.47)式右端第一、四两项可删去。符合测量有效地消灭了这两个光子，使之归于真空态⟨0|：

$$\langle 0|\hat{c}_1^j \hat{c}_2^k = \begin{cases} \pm(1/\sqrt{2})\langle \Psi_{12}^{(-)}|, & j \neq k, \\ 0, & j = k. \end{cases} \tag{6.48}$$

亦即，若测得两光子的偏振态 $j \neq k$，就表明它们原来处于 $|\Psi_{12}^{(-)}\rangle$ 态。$j=k$ 的情况是不会在符合测量中出现的。

(2) 不用符合测量，则有可能两光子都跑到同一检测器(譬如 D_1)中。此时两光子的耦合态由下列乘积来描述：

$$\hat{c}_1^j \hat{c}_1^k = \frac{1}{2}\left(\hat{b}_1^j \hat{b}_1^k + \hat{b}_1^j \hat{b}_2^k + \hat{b}_2^j \hat{b}_1^k + \hat{b}_2^j \hat{b}_2^k\right), \tag{6.49}$$

仍严格限于一对光子入射情形，则(6.49)式右端第一、四两项可删去。在 D_1 中有效地消灭了这两个光子，使之归于真空态⟨0|：

$$\langle 0|\hat{c}_1^j \hat{c}_1^k = \begin{cases} (1/\sqrt{2})\langle \Psi_{12}^{(+)}|, & j \neq k, \\ (1/\sqrt{2})\left(\langle \Phi_{12}^{(+)}| + \Phi_{12}^{(-)}|\right), & j = k = \leftrightarrow, \\ (1/\sqrt{2})\left(\langle \Phi_{12}^{(+)}| - \Phi_{12}^{(-)}|\right), & j = k = \updownarrow. \end{cases} \tag{6.50}$$

亦即，若测得两光子的偏振态$j\neq k$，就表明它们原来处于$|\Psi_{12}^{(+)}\rangle$态。若出现$j=k$的情况，则两光子处于另外两贝尔态基的叠加状态。

上述方法只能完全区分出四个贝尔态中的两个，探测效率为50%。

3.4 量子超空间传态的原理与实现

在科学幻想小说或电影中，有时出现这样的场面：一个神秘人物突然在某个地方消失了，其后又在另一个地方莫名其妙地显现出来。这便是超空间转移的概念，它仅仅是一种幻想。下面要讲的量子超空间传态(quantum teleportation)却是根据量子力学原理真实可行的。

1993年Bennet等来自四个国家的六位科学家联名发表的一篇文章中提出了量子超空间传态的设想，❶其原理是利用EPR粒子对的远程关联。

1997年12月奥地利小组和1998年初意大利小组，都用光子但稍有不同的方法，首次实现了量子超空间传态的构想。❷下面基本上按照奥地利小组工作的方案介绍量子超空间传态的原理和步骤。

设想一个自旋1/2的粒子(或光子)的量子态$|\varphi\rangle$中包含了所要传递的信息，小姑娘艾丽丝(Alice，以下简称A)欲将此信息传给远方的男友鲍伯(Bob，以下简称B)。现以EPR光子对为例，将整个信息的传递的原理和过程叙述如下(参见图6－14)。

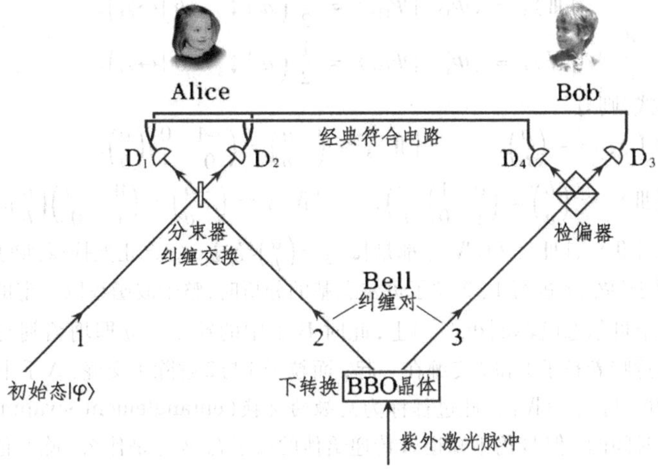

图6－14 量子超空间传态实验装置示意图

❶ C. H. Bennet(美)，G. Brassard(加)，C. Crépeau(法)，R. Jozsa(加)，A. Peres(以)and W. K. Wootter(美)，*Phys. Rev. Lett.*，**70**(1993)，1895.

❷ 奥地利小组：D. Bouwnmeester, Jian-Wei Pan(潘建伟)，K. Mattle, M. Eibl, H. Weinfurter and A. Zeilinger, *Nature*, **390**(1997)，575；

意大利小组：D. Boschi, S. Branca, F. De Martini, L. Hardy and S. Popescu, *Phys. Rev. Lett.*，**80**(1998)，1121.

设待传递的信息包含在光子 1 的量子态$|\varphi\rangle_1$中：

$$|\varphi\rangle_1 = a|\leftrightarrow\rangle_1 + b|\updownarrow\rangle_1, \quad |a|^2+|b|^2=1, \tag{6.51}$$

事先准备好偏振方向垂直的 EPR 光子对 2、3，它们处于下列贝尔交缠态：

$$|\Psi_{23}^{(-)}\rangle = \frac{1}{\sqrt{2}}\left(|\leftrightarrow\rangle_2\otimes|\updownarrow\rangle_3 - |\updownarrow\rangle_2\otimes|\leftrightarrow\rangle_3\right), \tag{6.52}$$

光子 2 和光子 3 分送到 A、B 手中。

在 A 那里将光子 1 和 2 同时送入贝尔态分析器，它们处于下列量子态：

$$\begin{aligned}|\Psi_{123}\rangle = |\varphi_1\rangle\otimes|\Psi_{23}^{(-)}\rangle = &\frac{a}{\sqrt{2}}\left(|\leftrightarrow\rangle_1\otimes|\leftrightarrow\rangle_2\otimes|\updownarrow\rangle_3 - |\leftrightarrow\rangle_1\otimes|\updownarrow\rangle_2\otimes|\leftrightarrow\rangle_3\right)\\ &+\frac{b}{\sqrt{2}}\left(|\updownarrow\rangle_1\otimes|\leftrightarrow\rangle_2\otimes|\updownarrow\rangle_3 - |\updownarrow\rangle_1\otimes|\updownarrow\rangle_2\otimes|\leftrightarrow\rangle_3\right).\end{aligned} \tag{6.53}$$

贝尔态分析器的本征态是贝尔态基。将上述波函数按粒子 1、2 的贝尔态基展开：

$$|\Psi_{123}\rangle = |\mathrm{I}\rangle_3\otimes|\Psi_{12}^{(-)}\rangle + |\mathrm{II}\rangle_3\otimes|\Psi_{12}^{(+)}\rangle + |\mathrm{III}\rangle_3\otimes|\Phi_{12}^{(-)}\rangle + |\mathrm{IV}\rangle_3\otimes|\Phi_{12}^{(+)}\rangle, \tag{6.54}$$

由于贝尔态基是正交归一的，上式里系数不难求得：

$$\begin{cases}|\mathrm{I}\rangle_3 = \langle\Psi_{12}^{(-)}|\Psi_{123}\rangle = -\dfrac{1}{2}\left(a|\leftrightarrow\rangle_3 + b|\updownarrow\rangle_3\right),\\ |\mathrm{II}\rangle_3 = \langle\Psi_{12}^{(+)}|\Psi_{123}\rangle = -\dfrac{1}{2}\left(a|\leftrightarrow\rangle_3 - b|\updownarrow\rangle_3\right),\\ |\mathrm{III}\rangle_3 = \langle\Phi_{12}^{(-)}|\Psi_{123}\rangle = \dfrac{1}{2}\left(a|\updownarrow\rangle_3 + b|\leftrightarrow\rangle_3\right),\\ |\mathrm{IV}\rangle_3 = \langle\Phi_{12}^{(+)}|\Psi_{123}\rangle = \dfrac{1}{2}\left(a|\updownarrow{}_3\rangle - b|\leftrightarrow\rangle_3\right).\end{cases} \tag{6.55}$$

写成矩阵形式，则有

$$\begin{aligned}&|\mathrm{I}\rangle_3 \simeq -\begin{pmatrix}a\\b\end{pmatrix}, &&|\mathrm{II}\rangle_3 \simeq \begin{pmatrix}-a\\b\end{pmatrix} = \begin{pmatrix}-1&0\\0&1\end{pmatrix}\begin{pmatrix}a\\b\end{pmatrix},\\ &|\mathrm{III}\rangle_3 \simeq \begin{pmatrix}b\\a\end{pmatrix} = \begin{pmatrix}0&1\\1&0\end{pmatrix}\begin{pmatrix}a\\b\end{pmatrix}, &&|\mathrm{IV}\rangle_3 \simeq \begin{pmatrix}-b\\a\end{pmatrix} = \begin{pmatrix}0&-1\\1&0\end{pmatrix}\begin{pmatrix}a\\b\end{pmatrix}.\end{aligned} \tag{6.56}$$

亦即，$|\mathrm{I}\rangle_3$、$|\mathrm{II}\rangle_3$、$|\mathrm{III}\rangle_3$ 和$|\mathrm{IV}\rangle_3$ 都是$|\varphi\rangle_3 \simeq \begin{pmatrix}a\\b\end{pmatrix}$经过一定幺正变换得到的量子态。

当 A 对于$|\Psi_{123}\rangle$ 进行 1、2 粒子贝尔态基的分析时，整个波函数以一定的概率随机地坍缩到某个贝尔态（譬如$|\Phi_{12}^{(+)}\rangle$）上，此时 B 手中的粒子 3 立即坍缩到与之对应的$|\mathrm{IV}_3\rangle$上。这意味着粒子 1 和 2 交缠在一起，而粒子 3 与 2 解除了交缠，A 手中的$|\varphi\rangle_1$ 变成了 B 手中的 $|\psi\rangle_3 = |\mathrm{IV}_3\rangle$. 此过程称为**交缠的交换**（entanglement swapping），它是不需要传递时间的。但 B 仍不知道 A 传递给他的量子态$|\psi\rangle_3$ 是什么，除非他知道 A 测得的是 1、2 粒子的哪个贝尔态。这时 A 通过经典的办法（譬如打电报或电话）告诉 B 她测量的结果是$|\mathrm{IV}_3\rangle$，于是 B 就知道他手中的$|\psi\rangle_3 = |\mathrm{IV}_3\rangle$，从而知道用怎样的逆幺正变换把$|\psi\rangle_3$ 变回$|\varphi\rangle_3$，这便是 A 传递给他的量子态信息。

一种简便的做法，A 可以让贝尔态基分析器只对$|\Psi_{12}^{(-)}\rangle$态有反应。贝尔态基分析器的装置如 3.3 所述，由一块半反射的分束片和光子检测器 D_1 和 D_2 组成。如果二者采取符合测量模式，就可以专测$|\Psi_{12}^{(-)}\rangle$ 态，对其余三个贝尔态基不产生反应。每当 A 在符合电路中探测到信号，便及时地通过经典途径报告给 B. 在这样设置下光子3 的偏振态$|\mathrm{I}\rangle_3$ 就是 $-|\varphi_3\rangle$，B 只需用偏振分析器（譬如玻片堆）和两个光子检测器 D_3 和 D_4 来测

量光子 3 的偏振态，不必再通过幺正变换进行“翻译”了。这种信息传递的方式不影响失真度，但效率不太高，只有 25%。

以上是量子超空间传态的全过程，其中信息是分经典和非经典两部分传递的：(1) 非经典信息(B所得到的粒子3的量子态)是通过EPR粒子对的交缠态即时传递的，(2) 经典信息(A所测得1、2粒子的贝尔态)用经典方法传递。所以全过程不可能在类空距离上传递，在这种意义下相对论的因果律并未遭到破坏。此外，在整个过程中第三者绝对不可能“偷听”(甚至连A本人也可以不知道被传递的量子态是什么，且测量后她所掌握此量子态的版本 $|\varphi\rangle_1$ 就破坏掉了)，通讯的保密性是绝对可靠的。

3.5 量子态不可克隆定理

我们知道，单次测量是不能完全得知一个任意量子态的。例如在一次测量自旋量子态 $|\varphi\rangle=a\,|\uparrow\rangle+b\,|\downarrow\rangle$ 的自旋 z 分量中，我们会得到其本征值之一 +1/2 或 −1/2，但不可能得到全部本征值，更不能知道它们的概率幅 a 和 b. 这时此量子态已坍缩了，我们不可能对它进行重复测量。那么，我们能不能将这个量子态复制出大量样本呢？有人证明，任意量子态是不能复制的。❶ 这便是量子态不可克隆(nonclonability of a single quantum)定理。定理的证明如下，道理很简单，就是因为量子力学的理论是线性的。

设A和B是两个量子系统，它们分别处于 $|\varphi_{\rm A}\rangle$ 和 $|0_{\rm B}\rangle$ 状态，后者是系统B在拷贝前所处的空白状态。假设有某种操作能够把系统A的任意量子态拷贝到系统B上，即

$$|\varphi_{\rm A}\rangle\otimes|0_{\rm B}\rangle\xrightarrow{\text{拷贝}}|\varphi_{\rm A}\rangle\otimes|\varphi_{\rm B}\rangle,$$

当然此操作也应该将另一量子态从系统A拷贝到系统B：

$$|\psi_{\rm A}\rangle\otimes|0_{\rm B}\rangle\xrightarrow{\text{拷贝}}|\psi_{\rm A}\rangle\otimes|\psi_{\rm B}\rangle.$$

取叠加态

$$|\Psi\rangle=|\varphi\rangle+|\psi\rangle,$$

按量子态的线性叠加原理，我们有

$$\begin{aligned}|\Psi_{\rm A}\rangle\otimes|0_{\rm B}\rangle&=|\varphi_{\rm A}\rangle\otimes|0_{\rm B}\rangle+|\psi_{\rm A}\rangle\otimes|0_{\rm B}\rangle\\&\xrightarrow{\text{拷贝}}|\varphi_{\rm A}\rangle\otimes|\varphi_{\rm B}\rangle+|\psi_{\rm A}\rangle\otimes|\psi_{\rm B}\rangle\neq|\Psi_{\rm A}\rangle\otimes|\Psi_{\rm B}\rangle,\end{aligned}\qquad(6.57)$$

因为

$$|\Psi_{\rm A}\rangle\otimes|\Psi_{\rm B}\rangle=|\varphi_{\rm A}\rangle\otimes|\varphi_{\rm B}\rangle+|\psi_{\rm A}\rangle\otimes|\psi_{\rm B}\rangle+|\varphi_{\rm A}\rangle\otimes|\psi_{\rm B}\rangle+|\psi_{\rm A}\rangle\otimes|\varphi_{\rm B}\rangle.$$

这矛盾的结果表明，量子态的线性叠加原理排斥了克隆任意量子态的可能性。

1996年7月克隆羊多利诞生以后，人能否被克隆的议论再次喧闹起来。我们且不谈这在生物学上的可能性，即使把一个真实的人(譬如希特勒)克隆出来，他的意识、思想、感情是否能和原来的人一模一样？这显然是不可能的。现在我们尚不能确切地说出，一个人的意识、思想、感情在物理上意味着什么，不过它们非常可能是组成大脑微观粒子量子态的表现。有人设想，对一个人从头到脚细致地扫瞄，将他身体的每一个分子、原子和电子的准确位置和完整的特征全部记录下来，就用其它同类的分子、原子和电子把这个人装配起来。这是用物理方法克隆人的方案。量子态不可克隆定理表明，即使物理地把人克隆出来，也不可能复现这个人的意识、思想、感情。

---

❶ W. K. Wootters and W. H. Zurek, *Nature*, **299**(1982), 802.

人们也曾设想,用上述克隆人的物理方法进行星际旅行,即把旅行者的全部扫瞄记录用电报发到某个星球上,当地人用当地的材料(同类的分子、原子、电子)将这位旅行者复制出来。这是要以原来的人的毁灭为代价的,不是克隆。不过量子测量原理告诉我们,即使以破坏原来的量子态为代价,也不可能获得有关该量子态的全部信息。那么用量子超空间传态方法怎么样? 此法无须对原量子态进行测量,就可将它完整地传递到异地复制出来。

这种奇特的"旅行" 方式真的可能吗?

§4. 量子计算

4.1 量子计算与经典计算的不同

当代计算机以二进位数字 0 和 1 为基础,它们把一个由 0 和 1 组成的数串(如 1001101)映射到另一个数串。现有计算机信息的存储、读写和复制等操作,都是用经典物理过程来实现的,故可称为经典计算机,而设想中的量子计算机将以全新的量子物理过程来运行。量子系统中与信息处理有关的基本性质有:

(1) 量子态的叠加

在量子计算机中将用量子位(quantum bit 或 qubit) $|0\rangle$、$|1\rangle$ 来代替经典的二进位,这里$|0\rangle$、$|1\rangle$ 可以是电子的上下两个自旋态、光子的两个偏振态,或原子的两个超精细分裂能级等。与经典二进位不同的是,量子二进位除了纯粹的$|0\rangle$、$|1\rangle$ 外,还可以有它们任意的线性叠加态

$$|\varphi\rangle = a|0\rangle + b|1\rangle. \tag{6.58}$$

式中 a 和 b 是任何满足归一化条件 $a^*a+b^*b=1$ 的复数。

(2) 量子态的交缠

用量子二进位来表示整数,譬如 10 和 5,则为

$$|10\rangle\!\rangle \equiv |1010\rangle = |1\rangle \otimes |0\rangle \otimes |1\rangle \otimes |0\rangle,$$
$$|5\rangle\!\rangle \equiv |0101\rangle = |0\rangle \otimes |1\rangle \otimes |0\rangle \otimes |1\rangle.$$

如果想用量子算法同时处理 10 和 5,我们也可以取它们的叠加态

$$\begin{aligned}&|10\rangle\!\rangle + |5\rangle\!\rangle = |1010\rangle + |0101\rangle\\ &= |1\rangle \otimes |0\rangle \otimes |1\rangle \otimes |0\rangle + |0\rangle \otimes |1\rangle \otimes |0\rangle \otimes |1\rangle.\end{aligned}$$

这对于各量子二进位来说,就是交缠态。为了同时计算一个函数$f(x)$在 $x = x_1, x_2, \cdots, x_n$ 等一系列位置的取值,我们也可以取更复杂的交缠态。设置 x 和 $y=f(x)$为两个存储器,它们的量子态分别为$|x\rangle\!\rangle$和$|f(x)\rangle\!\rangle$,则下列交缠态包含了该函数整体上的信息:

$$\begin{aligned}&\sum_{i=1}^{n} |x_i\rangle\!\rangle \otimes |f(x_i)\rangle\!\rangle\\ &= |x_1\rangle\!\rangle \otimes |f(x_1)\rangle\!\rangle + |x_2\rangle\!\rangle \otimes |f(x_2)\rangle\!\rangle + \cdots + |x_n\rangle\!\rangle \otimes |f(x_n)\rangle\!\rangle.\end{aligned} \tag{6.59}$$

(3) 量子态的干涉

量子过程是概率性的,经典计算机也可用概率性计算代替确定性计算。与经典概率性计算不同,在量子计算中不是概率叠加,而是概率幅叠加,换句话说,这里存在着量子

态之间的干涉效应。

(4) 量子态的不可完全测量和不可克隆

不属于被测力学量本征态的量子态,在测量时按概率幅的模方随机地坍缩到某个本征态上。所以一般说来,一次测量不可能得到该量子态的全部信息。也不可能重复再测,因为它已经被破坏掉了。此外,量子态的不可克隆定理(见 3.6 节)使我们无法像在经典计算机里那样拷贝信息。所以,在量子计算机里“读”和“写”的问题都得采用特殊的办法来解决。

4.2 Shor 算法

量子计算最重要的优点体现在量子并行运算上,特别突出的是经典计算机只能进行指数算法的问题,量子计算机有可能用多项式算法来完成。

举例来说,我们进行 4 位数乘 4 位数的乘法计算,最多只需二、三十步(即步数是 4 的多项式)就行了,小学生也能在不长的时间里算完。但是倒过来,4 位数与 4 位数的乘积是 8 位数,即几亿的数量级,给你一个上亿的数字 N 让你做因子分解,可就难了。一般除了逐个用小于 $\sqrt{N}$ 的素数试着去除它,别无其它什么妙法。这样的素数有 10^4,即上万个(4 在指数上),一个一个去试,得花相当一段时间。这个问题用现代计算机去算当然不成问题,那么给你一个 60 位的大数做因子分解怎么样?现在世界上最快的计算机每秒作 10^{11} 次运,每天 86400 s,每年约 3×10^7 s,不停地计算,可作 3×10^{18} 次运算。要作 $\sqrt{10^{60}}=10^{30}$ 次运算,约需 3×10^{11} 年,宇宙年龄的20倍!然而量子计算机可望在一段很短的时间,譬如 10^{-8} s 里解决问题。

人们普遍相信,大数的因子分解不存在经典的多项式算法(或者说,有效算法)。这一点在密码学中有着重要的应用。1977 年 Rivest, Shamir 和 Adelman 三人发明的 RSA 公钥系统,就是利用两个大素数的乘积难以分解来加密的。

1994 年 Shor 等人提出了一种大数因子分解的量子多项式算法,引起了轰动。Shor 算法的核心是利用数论中的一些定理,将大数因子分解转化为求某个函数的周期。现将 Shor 算法的梗概作一介绍。设待因数分解的大数为 N,它的平方用二进制来表示有 L 位,即 $N^2<2^L<2N^2$. 选用的周期性函数为余函数:

$$f(x) = a^x \,\mathrm{mod}N, \tag{6.60}$$

这里 $a(<N)$是任选的一个与 N 互素的整数, x 取从 0 到 2^L 的整数值, $\mathrm{mod}N$ 表示取前面的数被 N 除的余数。显然 $f(x)$ 所取的值是小于 N 的正整数,它是一个周期性的函数。举例来说,令 $N=14$,取 $a=3$,则

$$\begin{aligned}
&f(0)=1, && f(6)=1, && f(12)=1,\\
&f(1)=3, && f(7)=3, && f(13)=3,\\
&f(2)=9, && f(8)=9, && \\
&f(3)=13, && f(9)=13, && \\
&f(4)=11, && f(10)=11, && \\
&f(5)=5, && f(11)=5, &&
\end{aligned}$$

它的周期 $T=6$. 一般说来,对于大数 N,选定一个 a,若能求得(6.60)式中余函数的周

期 T，设 T 为偶数(若求得的周期 T 为 奇数，另选一个 a 重来)，则令 $A=a^{T/2}+1$，$B=a^{T/2}-1$，求(A, N)和(B, N)的最大公约数 C 和 D，它们就是 N 的素因子：$N=C\times D$. 例如当 $N=14$ 并选 $a=3$ 时，求得 $T=6$，于是 $A=28$，$B=26$，$C=7$，$D=2$，$N=7\times2$。

虽然用量子计算机计算时，对于一个函数 $f(x)$ 我们可以取有如(6.59)式所描述的那样的交缠态，但在一次测量中我们只能得到非常有限的信息，此后该量子态就坍缩了。在Shor算法中我们只需有关 $f(x)$ 周期的信息，这可通过如下的傅里叶变换来提取。

取两组各有 L 量子比特的存储器，通过幺正变换实现交缠态(6.59)，式中 $f(x)$ 是由(6.60)式定义的余函数，$n=2^L$. 对存储器 x 作离散傅里叶变换：

$$|x\rangle\!\rangle = \frac{1}{\sqrt{2^L}}\sum_{k=0}^{2L-1} \mathrm{e}^{2\pi ikx/2L}|k\rangle\!\rangle. \tag{6.61}$$

于是两存储器里的交缠态化为

$$|\Psi\rangle = \frac{1}{2^L}\sum_{x=0}^{2L-1}\sum_{k=0}^{2L-1} \mathrm{e}^{2\pi ikx/2L}|k\rangle\!\rangle\otimes|f(x)\rangle\!\rangle. \tag{6.62}$$

这时第一个存储器(x 存储器)变为 k 存储器。由于 $f(x)$ 的周期性，上式中许多项可以合并，而且大部分项相消或近似相消。只有 k 取下列各值时系数(概率幅)明显不为 0：

$$k=\left[m\frac{2^L}{T}\right] \quad (m=0,\ 1,\ \cdots,\ T-1). \tag{6.63}$$

式中 T 是 $f(x)$ 的周期，方括号表示取向上靠拢的整数。因此除 $k=0$ 外

$$\frac{2^L}{k}\approx\frac{T}{m} \quad (m=1,\ \cdots,\ T-1). \tag{6.64}$$

以 $N=14$，$T=6$ 的例子来说，$N^2=196$，需要取 $L=8$，$2^L=256$，$2^L/T=42.667$，系数(概率幅)明显不为 0 的 k 值有

$k=0$，　$[42.667]=43$，　$[85.333]=86$，　128，　$[170.667]=171$，　$[213.333]=214$.

这些是对 k 存储器进行测量时，实际上可能测到的 k 的本征值。要想求周期 T，就反过来计算 $2^L/k$，除 $k=0$ 外

$$\frac{2^L}{k}=\frac{256}{43}=5.953\approx6,\quad \frac{256}{86}=2.977\approx\frac{6}{2},\quad \frac{256}{128}=2\approx\frac{6}{3},$$

$$\frac{256}{171}=1.497\approx\frac{6}{4},\quad \frac{256}{214}=1.196\approx\frac{6}{5}.$$

从若干个这样的数值不难推算出 $T=6$ 来。

在量子计算机中Shor算法的每一步骤都是可以通过多项式算法来完成的。所以，在量子计算机中Shor算法是有效的算法。如果量子计算机能够实现，世界上许多保密系统将受到严重的威胁。

近年来，量子计算理论上的研究取得了重大的进展。在实验上，根据目前正在开发的情况看，它现在有三种类型：核磁共振量子计算机、硅基半导体量子计算机和离子阱量子计算机。量子计算机的构建和运行面临的主要困难，是克服退相干和量子纠错码的问题。量子并行计算的基础是量子相干性。系统和外界环境的耦合，会导致量子相干性急剧衰退。相干性的衰退和其它技术原因将导致运算出错，多种量子纠错码的研究

正在进行。总之,实现量子计算已不存在不可跨越的障碍,但离真正在实际中实用还有相当一段距离。2000 年 8 月 15 日 IBM 公司宣布造成由 5 个原子作处理器和存储器的实验性量子计算机。这标志着量子计算机在走向实用化的道路上迈了一大步。

附录A 线性代数

§1. 矢量空间

1.1 n 维矢量

我们对通常平面上的矢量是熟悉的。如图 A－1 所示，在平面上取直角坐标系 x_1Ox_2，沿坐标轴取单位基矢 $\boldsymbol{e}_1$ 和 $\boldsymbol{e}_2$. 在此平面上的任一矢量 $\boldsymbol{a}$ 可沿着坐标架分解：

$$\boldsymbol{a} = a_1\boldsymbol{e}_1 + a_2\boldsymbol{e}_2 = \sum_{i=1}^{2} a_i\,\boldsymbol{e}_i, \quad (\text{A.}1)$$

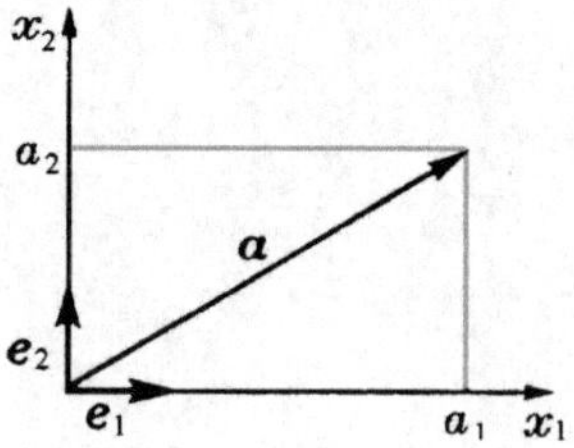

图 A–1 矢量在坐标架上的分解

所以在坐标架给定后，平面矢量完全由两个数组成的有序数组(a_1, a_2)所确定。所谓“有序数”，是指两数的次序不能颠倒，譬如数组(2, 3)和(3, 2)代表不同的矢量。

对于三维空间里的矢量，沿直角坐标架有三个基矢 $\boldsymbol{e}_1$、$\boldsymbol{e}_2$ 和 $\boldsymbol{e}_3$，矢量 $\boldsymbol{a}$ 的分解式作：

$$\boldsymbol{a} = a_1\boldsymbol{e}_1 + a_2\boldsymbol{e}_2 + a_3\boldsymbol{e}_3 = \sum_{i=1}^{3} a_i\,\boldsymbol{e}_i, \qquad (\text{A.}2)$$

所以在坐标架给定后，三维空间矢量完全由三个数组成的有序数组(a_1, a_2, a_3)所确定。

我们生活在三维空间里，对于更高维的空间难于直觉地想象，但在数学里把二维矢量和三维矢量的概念推广到任意多维的矢量，却是轻而易举的事，只要把(A.1)式或(A.2)式写成下面的形式就是了：

$$\boldsymbol{a} = a_1\boldsymbol{e}_1 + a_2\boldsymbol{e}_2 + \cdots + a_n\,\boldsymbol{e}_n = \sum_{i=1}^{n} a_i\,\boldsymbol{e}_i, \qquad (\text{A.}3)$$

这里 n 可以是任何正整数，甚至于无穷。在坐标架给定后，n 维空间矢量完全由 n 个数组成的有序数组$(a_1, a_2, \cdots, a_n)$所确定。所以我们可以用这样的有序数组来描述或者定义一个 n 维的矢量，把它形成如下一行或一列的形式：

$$(a_1, a_2, \cdots, a_n) \quad 或 \quad \begin{pmatrix} a_1 \\ a_2 \\ \vdots \\ a_n \end{pmatrix}, \qquad (\text{A.}4)$$

前者叫做行矢量，后者叫做列矢量，两者一一对应，相互构成对偶矢量

(dual vectors)。数组中的每个元素 $a_i(i=1,2,\cdots,n)$对应矢量的一个分量。

在经典物理学中遇到的矢量都由实数分量 a_i 组成,但在量子力学中 a_i 常为复数。在此情形下对偶矢量相应的分量互为复共轭:

$$(a_1^*, a_2^*, \cdots, a_n^*) \quad \Leftarrow \text{对偶} \Rightarrow \quad \begin{pmatrix} a_1 \\ a_2 \\ \vdots \\ a_n \end{pmatrix}, \tag{A.5}$$

启用量子力学中惯用的符号(称为狄拉克符号),以$\langle a|$(称为左矢)代表行矢量,以$|a\rangle$(称为右矢)代表列矢量,则有

$$\langle a| \simeq (a_1^*, a_2^*, \cdots, a_n^*), \qquad |a\rangle \simeq \begin{pmatrix} a_1 \\ a_2 \\ \vdots \\ a_n \end{pmatrix}, \tag{A.6}$$

在上式中我们使用了符号 $\simeq$ 而不用等号 $=$,是想强调,一个矢量本身与它在一定坐标系里的表示(representation)是有区别的。通常用黑体 $\boldsymbol{a}$(或手写体$\vec{a}$)代表矢量本身,它不依赖于坐标架的选择,然而以它的分量 a_i 组成的表示则与坐标有关。上式中的左矢或者右矢相当于矢量本身,是独立于坐标选择的;而行矢量和列矢量都是矢量的表示,它们依赖于坐标。两者不完全等同,故我们避免使用等号。

1.2 矢量的基本运算

(1) *加 法*

下面我们一般用右矢(或者说列矢量)来讲解,一切公式和说明都不难翻译成它们对偶的语言来描述。

设有两个矢量

$$|a\rangle \simeq \begin{pmatrix} a_1 \\ a_2 \\ \vdots \\ a_n \end{pmatrix} \quad \text{和} \quad |b\rangle \simeq \begin{pmatrix} b_1 \\ b_2 \\ \vdots \\ b_n \end{pmatrix},$$

则它们之间的加法定义为

$$|a\rangle + |b\rangle \equiv |a+b\rangle \simeq \begin{pmatrix} a_1+b_1 \\ a_2+b_2 \\ \vdots \\ a_n+b_n \end{pmatrix}. \tag{A.7}$$

显然,这种加法是通常矢量加法的推广,它也服从交换律和结合律:

$$\begin{cases} \text{交换律} \quad |a\rangle + |b\rangle = |b\rangle + |a\rangle, & \text{(A.8)} \\ \text{结合律} \quad |a\rangle + \big(|b\rangle + |c\rangle\big) = \big(|a\rangle + |b\rangle\big) + |c\rangle. & \text{(A.9)} \end{cases}$$

(2) 数 乘

设 k 是一个数(实数或复数),它与矢量 $|a\rangle$ 的数积定义为

$$k|a\rangle \simeq k\begin{pmatrix} a_1 \\ a_2 \\ \vdots \\ a_n \end{pmatrix} = \begin{pmatrix} ka_1 \\ ka_2 \\ \vdots \\ ka_n \end{pmatrix}. \tag{A.10}$$

显然,它是服从分配律的:

$$\text{分配律} \quad k\big(|a\rangle + |b\rangle\big) = k|a\rangle + k|b\rangle. \tag{A.11}$$

(3) 内 积

行矩阵与列矩阵的*内积*(inner product)定义为

$$(b_1, b_2, \cdots, b_n)\begin{pmatrix} a_1 \\ a_2 \\ \vdots \\ a_n \end{pmatrix} \equiv b_1a_1 + b_2a_2 + \cdots + b_na_n = \sum_{i=1}^{n} b_ia_i,$$

但在量子力学所用的对偶空间中左矢和右矢的内积定义为

$$\langle b|a\rangle = (b_1^*, b_2^*, \cdots, b_n^*)\begin{pmatrix} a_1 \\ a_2 \\ \vdots \\ a_n \end{pmatrix} \equiv b_1^*a_1 + b_2^*a_2 + \cdots + b_n^*a_n = \sum_{i=1}^{n} b_i^*b_i, \tag{A.12}$$

显然

$$\langle a|b\rangle = \langle b|a\rangle^*. \tag{A.13}$$

"内积"是通常矢量标积概念的推广,相乘的结果是个数(实数或复数),即标量。尽管相乘的两个矢量的分量 a_i 和 b_i 等与坐标有关,但可以证明,内积是与坐标选择无关的。如果相乘的是一对对偶矢量,则它们的内积必为非负的实数:

$$\langle a|a\rangle \equiv a_1^*a_1 + a_2^*a_2 + \cdots + a_n^*a_n = \sum_{i=1}^{n} a_i^*a_i \geqslant 0, \tag{A.14}$$

此数称为该矢量的*模方*,开方后得矢量的模(modulus),记作 $|a|$:

$$|a| \equiv \sqrt{\langle a|a\rangle}, \tag{A.15}$$

模相当于通常矢量的大小。(A.14)式中的等号只在所有分量 a_i 都等于0时才成立,这样的矢量叫做*零矢量*,记作:

$$|0\rangle \simeq \begin{pmatrix} 0 \\ 0 \\ \vdots \\ 0 \end{pmatrix}. \tag{A.16}$$

在量子力学中 $|0\rangle$ 往往具有其它含义,通常零矢量就简写成0.

1.3 矢量的线性相关性

对于二维空间和三维空间里通常的矢量，存在许多带有直观几何意义的概念，如几个矢量共线、共面等，现在我们将这些概念推广到实的或复的 n 维矢量上去。

对于二维或三维空间中两个矢量 $\boldsymbol{a}^{(1)}$、$\boldsymbol{a}^{(2)}$，如果存在不为 0 的数 k_1、k_2，使得

$$k_1\boldsymbol{a}^{(1)}+k_2\boldsymbol{a}^{(2)}=0,$$

则称 $\boldsymbol{a}^{(1)}$ 与 $\boldsymbol{a}^{(2)}$ 共线，因为这时

$$\boldsymbol{a}^{(2)}=-\frac{k_1}{k_2}\boldsymbol{a}^{(1)},$$

即两矢量只差一个数值因子，它们在同一直线上。

对于三维空间中三个矢量 $\boldsymbol{a}^{(1)}$、$\boldsymbol{a}^{(2)}$、$\boldsymbol{a}^{(3)}$，如果存在不为 0 的数 k_1、k_2、k_3，使得

$$k_1\boldsymbol{a}^{(1)}+k_2\boldsymbol{a}^{(2)}+k_3\boldsymbol{a}^{(3)}=0,$$

则称 $\boldsymbol{a}^{(1)}$、$\boldsymbol{a}^{(2)}$、$\boldsymbol{a}^{(3)}$ 共面，因为这时

$$\boldsymbol{a}^{(3)}=-\frac{k_1}{k_3}\boldsymbol{a}^{(1)}-\frac{k_2}{k_3}\boldsymbol{a}^{(2)},$$

即矢量 $\boldsymbol{a}^{(3)}$ 在矢量 $-\frac{k_1}{k_3}\boldsymbol{a}^{(1)}$ 和矢量 $-\frac{k_2}{k_3}\boldsymbol{a}^{(2)}$ 为邻边构成的平行四边形的对角线上，必然与它们在同一平面上。

把这类概念推广到 n 维矢量，我们不再采用"共线"、"共面" 等带有几何味道的语言，而说"线性相关性"。设有 m 个 n 维矢量 $|a^{(1)}\rangle$、$|a^{(2)}\rangle$、…、$|a^{(m)}\rangle$，如果存在不全为 0 的一组数 k_1、k_2、…、k_m，使得

$$\sum_{i=1}^{m}k_i|a^{(i)}\rangle=0\quad(\text{零矢量}),\tag{A. 17}$$

则我们说：这 m 个矢量是线性相关的(linearly dependent)。如果不存在这样一组数，也就是说，只有当 $k_1=k_2=\cdots=k_m=0$ 时(A. 17)式才成立，则上述 m 个矢量是线性无关的(linearly independent)。

例 1

$$|a^{(1)}\rangle\doteq\begin{pmatrix}1\\2\\-1\\2\end{pmatrix},\quad|a^{(2)}\rangle\doteq\begin{pmatrix}2\\-3\\1\\3\end{pmatrix},\quad|a^{(3)}\rangle\doteq\begin{pmatrix}4\\1\\-1\\7\end{pmatrix}.$$

三个 4 维矢量是线性相关的，因为

$$2|a^{(1)}\rangle+|a^{(2)}\rangle-|a^{(3)}\rangle=0.$$ ▌

例 2

$$|e^{(1)}\rangle \doteq \begin{pmatrix}1\\0\\0\\0\end{pmatrix},\quad |e^{(2)}\rangle \doteq \begin{pmatrix}0\\1\\0\\0\end{pmatrix},\quad |e^{(3)}\rangle \doteq \begin{pmatrix}0\\0\\1\\0\end{pmatrix},\quad |e^{(4)}\rangle \doteq \begin{pmatrix}0\\0\\0\\1\end{pmatrix}.$$

四个 4 维矢量是线性无关的，因为显然只有当 $k_1=k_2=k_3=k_4=0$ 时下列等式才成立：

$$k_1|e^{(1)}\rangle + k_2|e^{(2)}\rangle + k_3|e^{(3)}\rangle + k_4|e^{(4)}\rangle = 0. \quad ▌$$

在上边的例子中，几个矢量的线性相关性是较为容易判断的，在一般的情况下怎样判断？

把(A. 17)式展成分量形式：

$$k_1\begin{pmatrix}a_1^{(1)}\\a_2^{(1)}\\\vdots\\a_n^{(1)}\end{pmatrix} + k_2\begin{pmatrix}a_1^{(2)}\\a_2^{(2)}\\\vdots\\a_n^{(2)}\end{pmatrix} + \cdots + k_m\begin{pmatrix}a_1^{(m)}\\a_2^{(m)}\\\vdots\\a_n^{(m)}\end{pmatrix} = 0,$$

即

$$\begin{cases} a_1^{(1)}k_1 + a_2^{(1)}k_2 + \cdots + a_m^{(1)}k_m = 0, \\ a_1^{(2)}k_1 + a_2^{(2)}k_2 + \cdots + a_m^{(2)}k_m = 0, \\ \cdots\cdots\cdots\cdots\cdots\cdots\cdots\cdots\cdots\cdots\cdots\cdots, \\ a_1^{(n)}k_1 + a_2^{(n)}k_2 + \cdots + a_m^{(n)}k_m = 0. \end{cases} \tag{A. 18}$$

这是一个含 n 个方程、m 个未知变量(k_1、k_2、…、k_m)的联立线性代数方程组。上述 m 个矢量的线性相关性问题，等价于此方程组有无非零解的问题。下面分三种情况来讨论：

(1) $m=n$ 情形

联立方程组(A. 18)式有 n 个方程、n 个未知量，有无非零解要靠系数组成的行列式来判断。若行列式

$$\begin{vmatrix} a_1^{(1)} & a_1^{(2)} & \cdots & a_1^{(n)} \\ a_2^{(1)} & a_2^{(2)} & \cdots & a_2^{(n)} \\ \cdots & \cdots & \cdots & \cdots \\ a_n^{(1)} & a_n^{(2)} & \cdots & a_n^{(n)} \end{vmatrix} = 0, \tag{A. 19}$$

则方程组(A. 18)无非零解，n 个 n 维矢量线性无关；否则线性相关。

例 3

$$|a^{(1)}\rangle \doteq \begin{pmatrix}1\\1\\1\end{pmatrix},\quad |a^{(2)}\rangle \doteq \begin{pmatrix}1\\2\\3\end{pmatrix},\quad |a^{(3)}\rangle \doteq \begin{pmatrix}1\\3\\6\end{pmatrix}.$$

因行列式

$$\begin{vmatrix} 1 & 1 & 1 \\ 1 & 2 & 3 \\ 1 & 3 & 6 \end{vmatrix} = 1 \neq 0.$$

三个矢量线性无关。 ▌

例 4

$$|b^{(1)}\rangle \doteq \begin{pmatrix}1\\1\\1\end{pmatrix},\quad |b^{(2)}\rangle \doteq \begin{pmatrix}0\\2\\5\end{pmatrix},\quad |b^{(3)}\rangle \doteq \begin{pmatrix}1\\3\\6\end{pmatrix}.$$

因行列式

$$\begin{vmatrix}1 & 0 & 1\\1 & 2 & 3\\1 & 5 & 6\end{vmatrix} = 0.$$

三个矢量线性相关。事实上容易看出

$$|b^{(1)}\rangle + |b^{(2)}\rangle - |b^{(3)}\rangle = 0. \quad ▌$$

(2) $m > n$ 情形

联立方程组(A. 18)式中方程数少于未知量数，它一定有非零解，即 m 个矢量一定线性相关。

(3) $m < n$ 情形

联立方程组(A. 16)式中方程数多于未知量数，一般说来它无非零解，即 m 个矢量线性无关，但不排除线性相关的可能性。这时需要具体问题具体分析。

1.4 n 维矢量空间

平常在我们的概念里，“空间”是指该空间里所有点的集合。在空间里取直角坐标后，便赋予各点一个有序数组$(x,\ y,\ z)$，以表征它的位置。这有序数组也看成是由坐标原点引向该点的矢量(位矢)的分量，或者按本节开头所述那样，是位矢的一种表示。所以，“空间”又可看成是所有这些矢量的集合，故有矢量空间之称。从数学上看，只有矢量，空间还没有结构，我们尚须赋予它们一定的运算法则。于是，人们定义了矢量的“加法”和“数积”的运算法则。这些法则对矢量来说是线性的，这样一来，我们就有了线性矢量空间(或简称线性空间)的概念。把所有这些概念从日常我们熟悉的三维推广到 n 维，这就是 n 维线性空间的概念。在许多场合，只有矢量的线性运算还不够，需要引入“内积”运算。有了这种运算，我们才有矢量的大小(模)和矢量之间夹角的概念。在实矢量空间中，矢量 $|a\rangle$、$|b\rangle$ 之间夹角 θ 的余弦定义为：

$$\cos\theta \equiv \frac{\langle a|b\rangle}{|a|\cdot|b|}, \tag{A. 20}$$

在复矢量空间里上述内积可能是复数，这种几何解释是没有意义的。然而，当两个非零矢量的内积等于 0 时，我们就认为它们互相垂直，或者说它们是正交的(orthogonal)。“正交”的概念也适用于复矢量空间。

赋予“内积”运算的矢量空间，叫做内积空间。

1.5 矢量空间的基

如1.3节所述,在一个n维的矢量空间里,最多能找到n个线性无关的矢量组。选定这样一个矢量组$|b^{(1)}\rangle$、$|b^{(2)}\rangle$、…、$|b^{(n)}\rangle$之后,矢量空间里任何其它矢量$|a\rangle$都是与这矢量组线性相关的,或者说,可写做它们的线性组合:

$$|a\rangle = \sum_{i=1}^{n} k_i |b^{(i)}\rangle. \tag{A.21}$$

这样一组线性无关的矢量$|b^{(i)}\rangle$ $(i=1, 2, \cdots, n)$称为矢量空间的基(base)或基矢(base vector)。显然矢量空间的基不是唯一的。同一矢量$|a\rangle$,按不同的基展开,有不同的系数k_1、k_2、…、k_n.

在各种基矢中使用起来最方便的是正交归一基矢。用$|e^{(i)}\rangle$ $(i=1, 2, \cdots, n)$代表一组正交归一基矢,它们应满足下列条件:

$$\begin{cases} \text{正交性} \quad \langle e^{(i)}|e^{(j)}\rangle = 0 \quad (i \neq j;\ i, j = 1, 2, \cdots, n), & \text{(A.22)} \\ \text{归一性} \quad \langle e^{(i)}|e^{(i)}\rangle = 1 \quad (i = 1, 2, \cdots, n), & \text{(A.23)} \end{cases}$$

或简写作

$$\langle e^{(i)}|e^{(j)}\rangle = \delta_{ij} \quad (i, j = 1, 2, \cdots, n). \tag{A.24}$$

即这些基矢彼此正交,且具有单位模。

将(A.21)式中的基矢$|b^{(i)}\rangle$换为正交归一基矢$|e^{(i)}\rangle$:

$$|a\rangle = \sum_{i=1}^{n} k_i |e^{(i)}\rangle. \tag{A.25}$$

依次乘以左基矢$\langle e^{(j)}|$,得

$$\langle e^{(j)}|a\rangle = \sum_{i=1}^{n} k_i \langle e^{(j)}|e^{(i)}\rangle = \sum_{i=1}^{n} k_i\, \delta_{ij} = k_j,$$

即

$$k_i = \langle e^{(i)}|a\rangle \quad (i = 1, 2, \cdots, n), \tag{A.26}$$

这就是说,一个矢量对于正交归一基矢展开的系数k_i等于相应基矢与它的内积。将此结果代回(A.25)式,得

$$|a\rangle = \sum_{i=1}^{n} |e^{(i)}\rangle\langle e^{(i)}|a\rangle, \tag{A.27}$$

这是矢量在正交归一基上展开的一个很有用的公式。由于此式适用于任何矢量$|a\rangle$,可形式地将它从上式两端消掉,于是有

$$\sum_{i=1}^{n} |e^{(i)}\rangle\langle e^{(i)}| = 1, \tag{A.28}$$

式中右端的1其实不是一个数,而是一个算符,叫做单位算符。把上式右端"乘"到任何矢量上,便执行了将该矢量按某个正交归一基展开的运算。

§2. 矩阵与线性变换

2.1 矩阵及其运算法则

矩阵(matrix)就是将 $n\times m$ 个元素 a_{ij}(实数、复数，$i=1,2,\cdots,m$；$j=1,2,\cdots,n$)排成 m 行 n 列的矩形阵列：

$$A=\begin{pmatrix} A_{11} & A_{12} & \cdots & A_{1n} \\ A_{21} & A_{22} & \cdots & A_{2n} \\ \cdots & \cdots & \cdots & \cdots \\ A_{m1} & A_{m2} & \cdots & A_{mn} \end{pmatrix}.$$

作为一种数学概念或工具，我们当然得为矩阵规定一些运算法则。不难看出，行矢量是 $m=1$ 的矩阵，列矢量是 $n=1$ 的矩阵，它们都是特殊的矩阵。矩阵的运算法则不应与矢量的运算法则抵触。

(1) 加 法

设有两个矩阵

$$A=\begin{pmatrix} A_{11} & A_{12} & \cdots & A_{1n} \\ A_{21} & A_{22} & \cdots & A_{2n} \\ \cdots & \cdots & \cdots & \cdots \\ A_{m1} & A_{m2} & \cdots & A_{mn} \end{pmatrix} \quad 和 \quad B=\begin{pmatrix} B_{11} & B_{12} & \cdots & B_{1n} \\ B_{21} & B_{22} & \cdots & B_{2n} \\ \cdots & \cdots & \cdots & \cdots \\ B_{m1} & B_{m2} & \cdots & B_{mn} \end{pmatrix},$$

它们之间的加法定义为

$$A+B=\begin{pmatrix} A_{11}+B_{11} & A_{12}+B_{12} & \cdots & A_{1n}+B_{1n} \\ A_{21}+B_{21} & A_{22}+B_{22} & \cdots & A_{2n}+B_{2n} \\ \cdots & \cdots & \cdots & \cdots \\ A_{m1}+B_{m1} & A_{m2}+B_{m2} & \cdots & A_{mn}+B_{mn} \end{pmatrix}. \tag{A.29}$$

显然，只有行数 m 和列数 n 都相等的矩阵才能相加。

矩阵的加法服从交换律和结合律：

$$\begin{cases} 交换律 \quad A+B=B+A, & \text{(A.30)} \\ 结合律 \quad A+(B+C)=(A+B)+C. & \text{(A.31)} \end{cases}$$

(2) 数 乘

设 k 是一个数(实数或复数)，它与矩阵 A 的数积定义为

$$kA=k\begin{pmatrix} A_{11} & A_{12} & \cdots & A_{1n} \\ A_{21} & A_{22} & \cdots & A_{2n} \\ \cdots & \cdots & \cdots & \cdots \\ A_{m1} & A_{m2} & \cdots & A_{mn} \end{pmatrix}=\begin{pmatrix} kA_{11} & kA_{12} & \cdots & kA_{1n} \\ kA_{21} & kA_{22} & \cdots & kA_{2n} \\ \cdots & \cdots & \cdots & \cdots \\ kA_{m1} & kA_{m2} & \cdots & kA_{mn} \end{pmatrix}. \tag{A.32}$$

显然，它是服从分配律的：

$$\text{分配律} \quad k(A+B)=kA+kB. \tag{A.33}$$

(3) 矩阵乘矩阵

两矩阵相乘的法则，是矢量内积法则的延伸。令

$$AB=C,$$

即矩阵 A 乘矩阵 B 等于矩阵 C. 在矩阵乘法的规则中要求左边矩阵 A 的列数与右边矩阵 B 的行数相等。譬如 A 是 $l\times m$ 的矩阵，B 是 $m\times n$ 的矩阵，我们就可以将 A 的每行看成一个长度为 m 的行矢量，将 B 的每列看成一个长度为 m 的列矢量。A 的第 i 行与 B 的第 j 列的内积就是乘积 C 的矩阵元 C_{ij}. 因此 C 是一个 $l\times n$ 的矩阵。以上法则可用图解表示如下：

$$A(l\times m) \quad \cdot \quad B(m\times n) \quad = \quad C(l\times n).$$

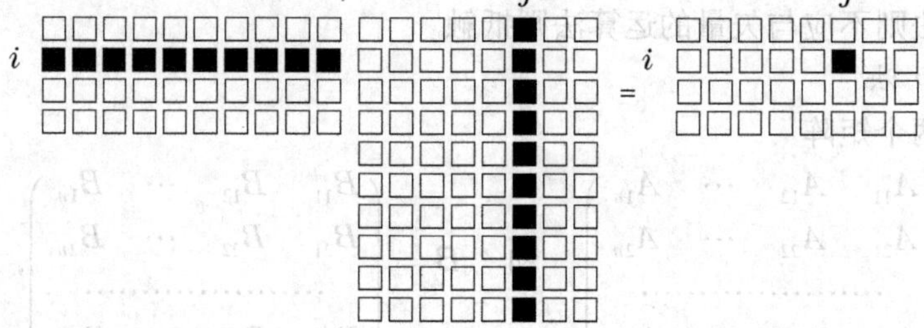

用公式表示，则有

$$C_{ij} = \sum_{k=1}^{m} A_{ik}B_{kj} \quad \begin{pmatrix} i=1,2,\cdots,l \\ j=1,2,\cdots,n \end{pmatrix}. \tag{A.34}$$

例 5

$$\begin{pmatrix} 1 & 2 & -1 \\ 3 & 4 & 0 \end{pmatrix}\begin{pmatrix} 1 & 0 \\ 2 & 1 \\ -1 & 0 \end{pmatrix} = \begin{pmatrix} 1\cdot1+2\cdot2+(-1)\cdot(-1) & 1\cdot0+2\cdot1+(-1)\cdot0 \\ 3\cdot1+4\cdot2+0\cdot(-1) & 3\cdot0+4\cdot1+0\cdot0 \end{pmatrix}$$

$$=\begin{pmatrix} 6 & 2 \\ 11 & 4 \end{pmatrix}. \quad \blacksquare$$

按定义(A.34)，三个矩阵连乘 ABC 时，乘积 $(AB)C$ 的矩阵元作

$$[(AB)C]_{ij} = \sum_k (AB)_{ik}C_{kj} = \sum_k \Big(\sum_l A_{il}B_{lk}\Big)C_{kj} = \sum_{k,l} A_{il}B_{lk}C_{kj},$$

而乘积 $A(BC)$ 的矩阵元作

$$[A(BC)]_{ij} = \sum_k A_{ik}(BC)_{kj} = \sum_k A_{ik}\Big(\sum_l B_{kl}C_{lj}\Big) = \sum_{k,l} A_{ik}B_{lk}C_{kj},$$

二者显然相等。故对于矩阵的乘法，结合律成立：

$$\text{结合律} \quad (AB)C = A(BC), \tag{A.35}$$

当然，相乘各矩阵的行数和列数应符合乘法定义的要求。为了显示矩阵表

示法的优越性,看一组线性代数方程:

$$\begin{cases} a_{11}x_1 + a_{12}x_2 + \cdots + a_{1n}x_n = y_1, \\ a_{21}x_1 + a_{22}x_2 + \cdots + a_{2n}x_n = y_2, \\ \cdots\cdots\cdots\cdots \\ a_{n1}x_1 + a_{n2}x_2 + \cdots + a_{nn}x_n = y_n. \end{cases}$$

若用矩阵来表示,上式可写作

$$\begin{pmatrix} a_{11} & a_{12} & \cdots & a_{1n} \\ a_{21} & a_{22} & \cdots & a_{2n} \\ \vdots & \vdots & & \vdots \\ a_{n1} & a_{n2} & \cdots & a_{nn} \end{pmatrix} \begin{pmatrix} x_1 \\ x_2 \\ \vdots \\ x_n \end{pmatrix} = \begin{pmatrix} y_1 \\ y_2 \\ \vdots \\ y_n \end{pmatrix}, \tag{A.36}$$

形式上看起来简洁得多。

(4) 转置和厄米共轭

矩阵 A 的转置(transpose)记作 $\widetilde{A}$,厄米共轭(Hermitian conjugate)记作 $A^{\dagger}$,它们的矩阵元定义为

$$(\widetilde{A})_{ij} = A_{ji}, \tag{A.37}$$

$$(A^{\dagger})_{ij} = A_{ji}^{*}. \tag{A.38}$$

式中 * 代表复数共轭。在量子力学中多使用厄米共轭矩阵,对于实数矩阵,厄米共轭矩阵就是转置矩阵。下面我们只讨论厄米共轭矩阵。矩阵乘积的厄米共轭有如下性质:

$$(AB)^{\dagger} = B^{\dagger}A^{\dagger}. \tag{A.39}$$

此式请读者自己去证明。

例 6 矩阵 $a = \begin{pmatrix} 0 & 1 \\ 0 & 0 \\ \mathrm{i} & 0 \end{pmatrix}$ 的厄米共轭矩阵为 $a^{\dagger} = \begin{pmatrix} 0 & 0 & -\mathrm{i} \\ 1 & 0 & 0 \end{pmatrix}$. ▌

2.2 方阵的运算

方阵($n \times n$ 的矩阵)是特殊的矩阵,以上各运算法则对它们都适用。例如乘法:

例 7

$$\boldsymbol{\sigma}_x = \begin{pmatrix} 0 & 1 \\ 1 & 0 \end{pmatrix}, \quad \boldsymbol{\sigma}_y = \begin{pmatrix} 0 & -\mathrm{i} \\ \mathrm{i} & 0 \end{pmatrix}, \quad \boldsymbol{\sigma}_z = \begin{pmatrix} 1 & 0 \\ 0 & -1 \end{pmatrix},$$

称为泡利矩阵(Pauli matricesM),它们的乘积:

$$\boldsymbol{\sigma}_x\boldsymbol{\sigma}_y = \begin{pmatrix} 0 & 1 \\ 1 & 0 \end{pmatrix}\begin{pmatrix} 0 & -\mathrm{i} \\ \mathrm{i} & 0 \end{pmatrix} = \begin{pmatrix} \mathrm{i} & 0 \\ 0 & -\mathrm{i} \end{pmatrix}, \quad \boldsymbol{\sigma}_y\boldsymbol{\sigma}_x = \begin{pmatrix} 0 & -\mathrm{i} \\ \mathrm{i} & 0 \end{pmatrix}\begin{pmatrix} 0 & 1 \\ 1 & 0 \end{pmatrix} = \begin{pmatrix} -\mathrm{i} & 0 \\ 0 & \mathrm{i} \end{pmatrix},$$

故 $$\boldsymbol{\sigma}_x\boldsymbol{\sigma}_y - \boldsymbol{\sigma}_y\boldsymbol{\sigma}_x = \begin{pmatrix} 2\mathrm{i} & 0 \\ 0 & -2\mathrm{i} \end{pmatrix} = 2\mathrm{i}\begin{pmatrix} 1 & 0 \\ 0 & -1 \end{pmatrix} = 2\mathrm{i}\boldsymbol{\sigma}_z \neq 0\text{(零矩阵)}.$$

(所有矩阵元皆为 0 的矩阵,叫做零矩阵。) ▌

上面最后一式表明：矩阵的乘法一般不服从交换律。这是矩阵与普通数之间最重要的区别。基于这一点我们有了对易式(commutator)的概念。两矩阵 A、B 的对易式记作 $[A,B]$，定义为

$$[A,B] \equiv AB - BA, \tag{A.40}$$

使用对易式的概念，泡利矩阵服从如下对易关系：

$$\begin{cases} [\boldsymbol{\sigma}_x, \boldsymbol{\sigma}_y] = 2\mathrm{i}\boldsymbol{\sigma}_z, \\ [\boldsymbol{\sigma}_y, \boldsymbol{\sigma}_z] = 2\mathrm{i}\boldsymbol{\sigma}_x, \\ [\boldsymbol{\sigma}_z, \boldsymbol{\sigma}_x] = 2\mathrm{i}\sigma_y. \end{cases} \tag{A.41}$$

上面第一式已在例6中演算过了，其余两式请读者自己演算。

除矩阵的一般运算法则外，方阵还有进一步的运算法则。

方阵中从左上到右下对角线上的元，叫做对角元(diagonal element)。只有对角元不为0的方阵，例如

$$N = \begin{pmatrix} 0 & & & & \\ & 1 & & & \\ & & 2 & & \\ & & & 3 & \\ & & & & \ddots \end{pmatrix} \left(\begin{matrix}\text{未写出的矩}\\\text{阵元皆为0}\end{matrix}\right), \tag{A.42}$$

叫做对角矩阵(diagonal matrix)。所有对角元都等于1的对角矩阵，如

$$I = \begin{pmatrix} 1 & & & & \\ & 1 & & & \\ & & 1 & & \\ & & & 1 & \\ & & & & \ddots \end{pmatrix} \left(\begin{matrix}\text{未写出的矩}\\\text{阵元皆为0}\end{matrix}\right), \tag{A.43}$$

叫做单位矩阵或幺矩阵(unit matrix)。幺矩阵的最主要性质是它与任何方阵 A 的乘积等于该矩阵自身：

$$IA = AI = A. \tag{A.44}$$

下面介绍几个方阵特有的性质和运算：

(1) 方阵的行列式

每个方阵 A 对应着一个行列式(determinant)

$$\det A = \begin{vmatrix} A_{11} & A_{12} & \cdots & A_{1n} \\ A_{21} & A_{22} & \cdots & A_{2n} \\ \vdots & \vdots & & \vdots \\ A_{n1} & A_{n2} & \cdots & A_{nn} \end{vmatrix}, \tag{A.45}$$

可以证明，对于任意两个方阵 A 和 B，有[1]

---

[1] 此处证明从略，读者可查阅有关的数学书。

$$\det AB = \det A \ \det B. \tag{A.46}$$

(2) 方阵的逆

首先证明,对于某个矩阵 A,如果存在矩阵 B 和 B',它们满足下式:

$$BA = AB' = I, \tag{A.47}$$

则 $B = B'$. 此结论可利用矩阵乘法的结合律证明如下:

$$B = BI = B(AB') = (BA)B' = IB' = B'.$$

满足(A.42)式的矩阵 B 或 B' 称为方阵 A 的逆(inverse),记作 A^{-1},即

$$A^{-1}A = AA^{-1} = I. \tag{A.48}$$

给定一个 $n \times n$ 方阵 A:

$$A = \begin{pmatrix} a_{11} & a_{12} & \cdots & a_{1n} \\ a_{21} & a_{22} & \cdots & a_{2n} \\ \vdots & \vdots & & \vdots \\ a_{n1} & a_{n2} & \cdots & a_{nn} \end{pmatrix},$$

如何求其逆 A^{-1}?

借用行列式展开的一个定理:

$$\sum_{k=1}^{n} A_{ij} D_{kj} = D\delta_{ij} \quad (i = 1, 2, \cdots, n),$$

式中

$$D = \det A, \quad D_{kj} = (-1)^{k+j} M_{kj},$$

这里 M_{kj} 是矩阵元 A_{kj} 的余子式,即在原方阵 A 中划掉第 k 行和第 j 列后剩余方阵的行列式。因此我们得到逆矩阵 A^{-1} 中的矩阵元如下:

$$(A^{-1})_{ij} = \frac{D_{ji}}{D}. \tag{A.49}$$

由此可见,逆矩阵 A^{-1} 存在的条件是 $D = \det A \neq 0$.(逆矩阵相当于普通数的倒数,只有不等于 0 的数才存在倒数。其中的道理是一样的。)

例 8 给定方阵

$$A = \begin{pmatrix} -1 & 0 & 1 \\ 2 & 1 & 0 \\ 0 & -3 & 0 \end{pmatrix},$$

求其逆 A^{-1}.

$$D = \begin{vmatrix} -1 & 0 & 1 \\ 2 & 1 & 0 \\ 0 & -3 & 0 \end{vmatrix} = -6 \neq 0;$$

$$(A^{-1})_{11} = \frac{(-1)^{1+1}}{D}\begin{vmatrix} 1 & 0 \\ -3 & 0 \end{vmatrix} = 0, \quad (A^{-1})_{12} = \frac{(-1)^{1+2}}{D}\begin{vmatrix} 0 & 1 \\ -3 & 0 \end{vmatrix} = \frac{1}{2}, \quad (A^{-1})_{13} = \frac{(-1)^{1+3}}{D}\begin{vmatrix} 0 & 1 \\ 1 & 0 \end{vmatrix} = -\frac{1}{6},$$

$$(A^{-1})_{21} = \frac{(-1)^{2+1}}{D}\begin{vmatrix} 2 & 0 \\ 0 & 0 \end{vmatrix} = 0, \quad (A^{-1})_{22} = \frac{(-1)^{2+2}}{D}\begin{vmatrix} -1 & 1 \\ 0 & 0 \end{vmatrix} = 0, \quad (A^{-1})_{23} = \frac{(-1)^{2+3}}{D}\begin{vmatrix} -1 & 1 \\ 2 & 0 \end{vmatrix} = -\frac{1}{3},$$

$$(A^{-1})_{31}=\frac{(-1)^{3+1}}{D}\begin{vmatrix}2 & 1\\ 0 & -3\end{vmatrix}=1,\quad (A^{-1})_{32}=\frac{(-1)^{3+2}}{D}\begin{vmatrix}-1 & 0\\ 0 & -3\end{vmatrix}=\frac{1}{2},\quad (A^{-1})_{33}=\frac{(-1)^{3+3}}{D}\begin{vmatrix}-1 & 0\\ 2 & 1\end{vmatrix}=\frac{1}{6}.$$

即

$$A^{-1}=\frac{1}{6}\begin{vmatrix}0 & 3 & -1\\ 0 & 0 & -2\\ 6 & 3 & 1\end{vmatrix}.$$

不难验算，确有

$$\frac{1}{6}\begin{pmatrix}0 & 3 & -1\\ 0 & 0 & -2\\ 6 & 3 & 1\end{pmatrix}\begin{pmatrix}-1 & 0 & 1\\ 2 & 1 & 0\\ 0 & -3 & 0\end{pmatrix}=\begin{pmatrix}1 & 0 & 0\\ 0 & 1 & 0\\ 0 & 0 & 1\end{pmatrix}.$$ ∎

(3) 厄米矩阵

厄米共轭等于自身的方阵：

$$H^{\dagger}=H \tag{A.50}$$

称为厄米矩阵(Hermitian matrix)。不难看出，例 7 中给出的三个泡利矩阵都是厄米矩阵。厄米共轭等于逆的矩阵：

$$U^{\dagger}=U^{-1} \tag{A.51}$$

称为幺正矩阵(unitary matrix)。可以验证，泡利矩阵也是幺正矩阵。

2.3 线性变换及其矩阵表示

如图 A－2a 所示，在平面上给定一个直角坐标架 xOy. 将坐标架绕原

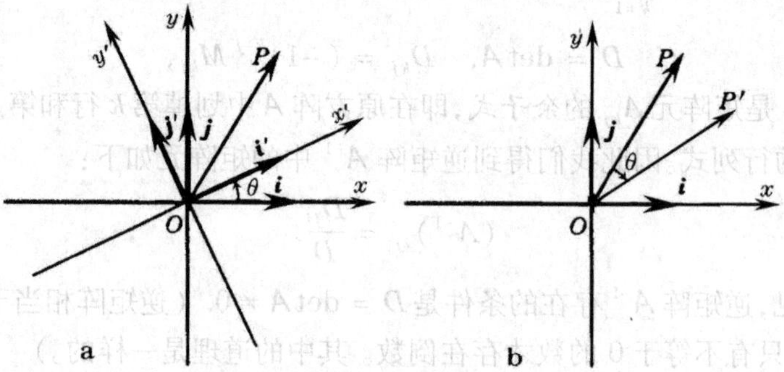

图 A－2 旋转变换

点 O 旋转一个角度 θ，变换到坐标架 $x'Oy'$，坐标基矢 $\boldsymbol{i}$、$\boldsymbol{j}$ 变换到 $\boldsymbol{i}'$、$\boldsymbol{j}'$. 变换公式为

$$\begin{cases}\boldsymbol{i}'=(\boldsymbol{i}'\cdot\boldsymbol{i})\,\boldsymbol{i}+(\boldsymbol{i}'\cdot\boldsymbol{j})\,\boldsymbol{j},\\ \boldsymbol{j}'=(\boldsymbol{j}'\cdot\boldsymbol{i})\,\boldsymbol{i}+(\boldsymbol{j}'\cdot\boldsymbol{j})\,\boldsymbol{j}.\end{cases} \tag{A.52}$$

其中

$$(\boldsymbol{i}'\cdot\boldsymbol{i})=(\boldsymbol{j}'\cdot\boldsymbol{j})=\cos\theta,\quad (\boldsymbol{i}'\cdot\boldsymbol{j})=-(\boldsymbol{j}'\cdot\boldsymbol{i})=\sin\theta.$$

对于平面上任意一点 P，设它在新旧坐标系中的坐标分别为 $(x',\ y')$ 和 $(x,\ y)$，P 点的位矢可写作

$$\overrightarrow{OP} = x\,\boldsymbol{i} + y\,\boldsymbol{j} = x'\,\boldsymbol{i}' + y'\,\boldsymbol{j}', \tag{A. 53}$$

将(A. 52)式代入上式右端,得

$$\begin{aligned} x\,\boldsymbol{i} + y\,\boldsymbol{j} &= x'\left[(\boldsymbol{i}'\cdot\boldsymbol{i})\,\boldsymbol{i} + (\boldsymbol{i}'\cdot\boldsymbol{j})\,\boldsymbol{j}\right] + y'\left[(\boldsymbol{j}'\cdot\boldsymbol{i})\,\boldsymbol{i} + (\boldsymbol{j}'\cdot\boldsymbol{j})\,\boldsymbol{j}\right] \\ &= \left[(\boldsymbol{i}'\cdot\boldsymbol{i})x' + (\boldsymbol{j}'\cdot\boldsymbol{i})y'\right]\boldsymbol{i} + \left[(\boldsymbol{i}'\cdot\boldsymbol{j})x' + (\boldsymbol{j}'\cdot\boldsymbol{j})y'\right]\boldsymbol{j}, \end{aligned}$$

比较两端 $\boldsymbol{i}$、$\boldsymbol{j}$ 的系数,得

$$\begin{cases} x = (\boldsymbol{i}'\cdot\boldsymbol{i})x' + (\boldsymbol{j}'\cdot\boldsymbol{i})y', \\ y = (\boldsymbol{i}'\cdot\boldsymbol{j})x' + (\boldsymbol{j}'\cdot\boldsymbol{j})y'. \end{cases} \tag{A. 54}$$

写成矩阵的形式,则有

$$\begin{pmatrix} x \\ y \end{pmatrix} = R\begin{pmatrix} x' \\ y' \end{pmatrix}, \quad 其中 \quad R = \begin{pmatrix} (\boldsymbol{i}'\cdot\boldsymbol{i}) & (\boldsymbol{j}'\cdot\boldsymbol{i}) \\ (\boldsymbol{i}'\cdot\boldsymbol{j}) & (\boldsymbol{j}'\cdot\boldsymbol{j}) \end{pmatrix}. \tag{A. 55}$$

因为基矢 $\boldsymbol{i}$、$\boldsymbol{j}$ 和 $\boldsymbol{i}'$、$\boldsymbol{j}'$ 都是正交归一的,不难验算, R 的转置就是它的逆: $R^{-1} = \widetilde{R}$. 将(A. 55)式从左边乘以 R^{-1}, 得该式的逆变换:

$$\begin{pmatrix} x' \\ y' \end{pmatrix} = R^{-1}\begin{pmatrix} x \\ y \end{pmatrix}, \quad 其中 \quad R^{-1} = \begin{pmatrix} (\boldsymbol{i}'\cdot\boldsymbol{i}) & (\boldsymbol{i}'\cdot\boldsymbol{j}) \\ (\boldsymbol{j}'\cdot\boldsymbol{i}) & (\boldsymbol{j}'\cdot\boldsymbol{j}) \end{pmatrix}. \tag{A. 56}$$

此式也可作另外的理解,即如图 A – 2b 所示,坐标架不动,而矢量$\overrightarrow{OP}$ 朝反方向转了一个角度 θ, 其端点从 $P(x,y)$移到了 $P'(x',y')$。矢量动而坐标不动的观点是*主动观点*, 坐标动而矢量不动的观点是*被动观点*。两观点的变换矩阵互逆, 在数学上是等价的, 但物理意义不同。

以上我们通过平面上的旋转变换的特例来说明矢量空间的线性变换。在一般情形下,矢量空间的维数 n 任意, 在量子力学里还要把实矢量空间扩展为复数的对偶空间,变换也不局限于旋转变换。设变换可以写成

$$T\begin{pmatrix} x_1{}' \\ \vdots \\ x_n{}' \end{pmatrix} = \begin{pmatrix} x_1 \\ \vdots \\ x_n \end{pmatrix}, \quad 或 \quad \begin{pmatrix} x_1{}' \\ \vdots \\ x_n{}' \end{pmatrix} = T^{-1}\begin{pmatrix} x_1 \\ \vdots \\ x_n \end{pmatrix}. \tag{A. 57}$$

凡满足下列线性关系的变换,都是*线性变换*:

$$T^{-1}k\begin{pmatrix} x_1 \\ \vdots \\ x_n \end{pmatrix} = kT^{-1}\begin{pmatrix} x_1 \\ \vdots \\ x_n \end{pmatrix}, \tag{A. 58}$$

$$T^{-1}\left[\begin{pmatrix} x_1 \\ \vdots \\ x_n \end{pmatrix} + \begin{pmatrix} y_1 \\ \vdots \\ y_n \end{pmatrix}\right] = T^{-1}\begin{pmatrix} x_1 \\ \vdots \\ x_n \end{pmatrix} + T^{-1}\begin{pmatrix} y_1 \\ \vdots \\ y_n \end{pmatrix}. \tag{A. 59}$$

2.4 幺正变换

现在专门考虑量子力学中的复数对偶空间,我们着眼于态矢的表象变换,即上面所说的被动观点。在 n 维矢量空间中选取一套基矢 $|e^{(i)}\rangle$后,每个

矢量$|a\rangle$可按它展开：

$$|a\rangle = \sum_{i=1}^{n} a_i |e^{(i)}\rangle, \tag{A.60}$$

选取另一套基矢$|e'^{(j)}\rangle$，则同一矢量$|a\rangle$又有另一展开式：

$$|a\rangle = \sum_{j=1}^{n} a_j' |e'^{(i)}\rangle, \tag{A.61}$$

已知两套基矢有如下线性变换关系：

$$|e'^{(j)}\rangle = \sum_{i=1}^{n} |e^{(i)}\rangle T_{ij}, \tag{A.62}$$

a_j'与a_i之间的变换关系如何?将(A.62)式代入(A.61)式，得

$$|a\rangle = \sum_{j=1}^{n} a_j' \Big(\sum_{i=1}^{n} |e^{(i)}\rangle T_{ij} \Big)$$

$$= \sum_{i=1}^{n} \Big(\sum_{j=1}^{n} T_{ij}\, a_j' \Big) |e^{(i)}\rangle,$$

与(A.60)式逐项比较系数，得

$$\sum_{j=1}^{n} T_{ij}\, a_j' = a_i, \tag{A.63}$$

写成矩阵形式，则有

$$\begin{pmatrix} T_{11} & T_{12} & \cdots & T_{1n} \\ T_{21} & T_{22} & \cdots & T_{2n} \\ \vdots & \vdots & & \vdots \\ T_{n1} & T_{n2} & \cdots & T_{nn} \end{pmatrix} \begin{pmatrix} a_1' \\ a_2' \\ \vdots \\ a_n' \end{pmatrix} = \begin{pmatrix} a_1 \\ a_2 \\ \vdots \\ a_n \end{pmatrix}, \tag{A.64}$$

两端自左乘以矩阵T之逆T^{-1}，得：

$$\begin{pmatrix} a_1' \\ a_2' \\ \vdots \\ a_n' \end{pmatrix} = \begin{pmatrix} T_{11}^{-1} & T_{12}^{-1} & \cdots & T_{1n}^{-1} \\ T_{21}^{-1} & T_{22}^{-1} & \cdots & T_{2n}^{-1} \\ \vdots & \vdots & & \vdots \\ T_{n1}^{-1} & T_{n2}^{-1} & \cdots & T_{nn}^{-1} \end{pmatrix} \begin{pmatrix} a_1 \\ a_2 \\ \vdots \\ a_n \end{pmatrix}, \tag{A.65}$$

这便是同一矢量在两套基矢上的表示之间的变换关系。

正如在普通空间里使用直角坐标系一样，在n维线性空间里使用正交归一基最方便。我们假定基矢$|e^{(i)}\rangle$是正交归一的。在(A.62)式上乘以左矢$\langle e^{(i)}|$，得

$$T_{ij} = \langle e^{(i)} | e'^{(j)} \rangle. \tag{A.66}$$

这便是从一套正交归一基$|e^{(i)}\rangle$到另一套基矢$|e'^{(j)}\rangle$的变换矩阵元。如果$|e'^{(j)}\rangle$也是正交归一的，则上述变换也适用于其逆变换。于是有

$$T^{-1}_{ji} = \langle e'^{(j)} | e^{(i)} \rangle. \tag{A. 67}$$

我们知道,左右矢互换时内积取复共轭,故由(A. 66)式和(A. 67)式知

$$T^{-1}_{ji} = T^{*}_{ij}, \tag{A. 68}$$

于是按定义,T 的逆矩阵 T^{-1} 等于它的厄米共轭矩阵,即 T 是幺正矩阵。

变换矩阵 T 为幺正矩阵 U 的变换,叫做幺正变换(unitary transformation)。所以,正交归一基的表示之间的变换,是幺正变换。

§3. 本征值问题

3.1 算符及其矩阵表示

上面谈到的变换,是同一矢量在基的不同选取下其表示的变换,这是被动观点的变换。现在我们考虑主动观点的变换,即按一定的规则将矢量空间里的每个矢量 $|x\rangle$ 变为另一个矢量 $|y\rangle$。在数学上,这相当于一种映射(mapping)或操作(operation)。我们引进算符(operator)的概念来描绘这种操作:

$$|y\rangle = \hat{A}|x\rangle, \tag{A. 69}$$

这里 $\hat{A}$ 代表执行上述操作的算符。如果操作满足下列线性关系:

$$\begin{aligned} \hat{A}k|x\rangle &= k\hat{A}|x\rangle, \\ \hat{A}(|x_1\rangle + |x_2\rangle) &= \hat{A}|x_1\rangle + \hat{A}|x_2\rangle. \end{aligned} \tag{A. 70}$$

则称 $\hat{A}$ 为线性算符。

选取了一定的基,线性算符将表示成矩阵。与矢量一样,算符的矩阵表示也与基的选取有关。设我们所选的基 $|e^{(i)}\rangle$ 是正交归一的,先将(A. 69)式里的矢量 $|x\rangle$和 $|y\rangle$展开:

$$\begin{cases} |x\rangle = \sum_{j=1}^{n} x_j |e^{(j)}\rangle, \\ |y\rangle = \sum_{j=1}^{n} y_j |e^{(j)}\rangle, \end{cases}$$

代入(A. 69)式:

$$\sum_{j=1}^{n} y_j |e^{(j)}\rangle = \sum_{j=1}^{n} \hat{A} |e^{(j)}\rangle x_j,$$

两端乘以左矢$\langle e^{(i)}|$,由正交归一条件得

$$\sum_{j=1}^{n} y_j \langle e^{(i)} | e^{(j)}\rangle = \sum_{j=1}^{n} \langle e^{(i)} | \hat{A} | e^{(j)}\rangle x_j,$$

由正交归一条件得

$$y_i = \sum_{j=1}^{n} A_{ij}\, x_j, \tag{A. 71}$$

式中

$$A_{ij} = \langle e^{(i)} | \hat{A} | e^{(j)}\rangle, \tag{A. 72}$$

它是左矢$\langle e^{(i)}|$与右矢$\hat{A}|e^{(i)}\rangle$的内积。将(A.71)式写成矩阵形式：

$$\begin{pmatrix} y_1 \\ y_2 \\ \vdots \\ y_n \end{pmatrix} = \begin{pmatrix} A_{11} & A_{12} & \cdots & A_{1n} \\ A_{21} & A_{22} & \cdots & A_{2n} \\ \vdots & \vdots & & \vdots \\ A_{n1} & A_{n2} & \cdots & A_{nn} \end{pmatrix} \begin{pmatrix} x_1 \\ x_2 \\ \vdots \\ x_n \end{pmatrix}, \tag{A.73}$$

中间的方阵就是算符$\hat{A}$在此基上的表示：

$$\hat{A} \simeq A = \begin{pmatrix} A_{11} & A_{12} & \cdots & A_{1n} \\ A_{21} & A_{22} & \cdots & A_{2n} \\ \vdots & \vdots & & \vdots \\ A_{n1} & A_{n2} & \cdots & A_{nn} \end{pmatrix}. \tag{A.74}$$

(A.72)式即其矩阵元的表达式。

现在我们再回到被动观点，变换一套新的正交归一基矢$|e'^{(i)}\rangle$，看看算符的矩阵表示怎样变换。先将新基矢按旧基矢展开：

$$|e'^{(j)}\rangle = \sum_{k=1}^{n} |e^{(k)}\rangle\langle e^{(k)}|e'^{(j)}\rangle = \sum_{k=1}^{n} |e^{(k)}\rangle U_{kj},$$

与之共轭的表达式为

$$\langle e'^{(i)}| = \sum_{l=1}^{n} \langle e'^{(i)}|e^{(l)}\rangle\langle e^{(l)}| = \sum_{l=1}^{n} U_{il}^{\dagger}\langle e^{(l)}|,$$

式中

$$\begin{cases} U_{kj} = \langle e^{(k)}|e'^{(j)}\rangle, \\ U_{il}^{\dagger} = \langle e'^{(i)}|e^{(l)}\rangle. \end{cases} \tag{A.75}$$

二者互为厄米共轭。如 2.4 节所述，这矩阵是幺正的。

算符$\hat{A}$在新基矢上表示的矩阵元为

$$A_{ij}' = \langle e'^{(i)}|\hat{A}|e'^{(j)}\rangle = \sum_{l,k=1}^{n} U_{il}^{\dagger}\langle e^{(l)}|\hat{A}|e^{(k)}\rangle U_{kj} = \sum_{l,k=1}^{n} U_{il}^{\dagger} A_{lk} U_{kj}, \tag{A.76}$$

写成矩阵形式，则有

$$\begin{pmatrix} A_{11}' & A_{12}' & \cdots & A_{1n}' \\ A_{21}' & A_{22}' & \cdots & A_{2n}' \\ \vdots & \vdots & & \vdots \\ A_{n1}' & A_{n2}' & \cdots & A_{nn}' \end{pmatrix}$$

$$= \begin{pmatrix} U_{11}^{\dagger} & U_{12}^{\dagger} & \cdots & U_{1n}^{\dagger} \\ U_{21}^{\dagger} & U_{22}^{\dagger} & \cdots & U_{2n}^{\dagger} \\ \vdots & \vdots & & \vdots \\ U_{n1}^{\dagger} & U_{n2}^{\dagger} & \cdots & U_{nn}^{\dagger} \end{pmatrix} \begin{pmatrix} A_{11} & A_{12} & \cdots & A_{1n} \\ A_{21} & A_{22} & \cdots & A_{2n} \\ \vdots & \vdots & & \vdots \\ A_{n1} & A_{n2} & \cdots & A_{nn} \end{pmatrix} \begin{pmatrix} U_{11} & U_{12} & \cdots & U_{1n} \\ U_{21} & U_{22} & \cdots & U_{2n} \\ \vdots & \vdots & & \vdots \\ U_{n1} & U_{n2} & \cdots & U_{nn} \end{pmatrix},$$

即

$$A' = U^{\dagger} A U, \tag{A.77}$$

上式体现了算符的矩阵表示是如何在幺正变换下变换的。

取上式的厄米共轭：

$$(A')^{\dagger} = (U^{\dagger}AU)^{\dagger} = U^{\dagger}A^{\dagger}U, \tag{A.78}$$

即厄米共轭矩阵经幺正变换后，等于幺正变换后矩阵的厄米共轭。这表明，厄米共轭的性质不因幺正变换而改变。以此推论，在幺正变换下一个厄米矩阵将保持其厄米性。故可以认为，厄米共轭性不依赖于矩阵表示，是算符本身的性质。所以我们可以把厄米共轭的符号“†”加到某个算符 $\hat{A}$ 上，如 $\hat{A}^{\dagger}$，并说它是算符 $\hat{A}$ 的厄米共轭算符；也可以说，某个算符是厄米的，如果它的厄米共轭等于它自身。

在(A.6)式中给出一对对偶矢量 $\langle a|$、$|a\rangle$ 的矩阵表示，一个是行矢量，一个是列矢量，矩阵元互为复共轭。用这里定义的概念，也可以说它们互为厄米共轭。那么，将一个算符 $\hat{A}$ 作用于其上，得到另一矢量 $|b\rangle=\hat{A}|a\rangle$，仿照取厄米共轭矩阵的办法，则有它的对偶矢量 $\langle b|=\langle a|\hat{A}^{\dagger}$. 因此

$$\langle a|\hat{A}^{\dagger}\hat{A}|a\rangle = \langle b|b\rangle = |b|^2 \geqslant 0. \tag{A.79}$$

3.2 本征值与本征矢

若算符 $\hat{A}$ 作用在某个非零矢量 $|a\rangle$ 上，其结果只是将此矢量乘上一个数值系数 λ：

$$\hat{A}|a\rangle = \lambda|x\rangle, \tag{A.80}$$

则 λ 称为该算符的本征值(eigen value)，相应的矢量 $|x\rangle$ 称为本征矢(eigen vector)。上式可表示为矩阵形式：

$$\begin{pmatrix} A_{11} & A_{12} & \cdots & A_{1n} \\ A_{21} & A_{22} & \cdots & A_{2n} \\ \vdots & \vdots & & \vdots \\ A_{n1} & A_{n2} & \cdots & A_{nn} \end{pmatrix} \begin{pmatrix} x_1 \\ x_2 \\ \vdots \\ x_n \end{pmatrix} = \lambda \begin{pmatrix} x_1 \\ x_2 \\ \vdots \\ x_n \end{pmatrix},$$

或

$$\begin{pmatrix} A_{11}-\lambda & A_{12} & \cdots & A_{1n} \\ A_{21} & A_{22}-\lambda & \cdots & A_{2n} \\ \vdots & \vdots & & \vdots \\ A_{n1} & A_{n2} & \cdots & A_{nn}-\lambda \end{pmatrix} \begin{pmatrix} x_1 \\ x_2 \\ \vdots \\ x_n \end{pmatrix} = 0. \tag{A.81}$$

上式是一组齐次线性代数方程，n 个方程，n 个未知量 x_i，它具有非零解的判据是

$$\begin{vmatrix} A_{11}-\lambda & A_{12} & \cdots & A_{1n} \\ A_{21} & A_{22}-\lambda & \cdots & A_{2n} \\ \vdots & \vdots & & \vdots \\ A_{n1} & A_{n2} & \cdots & A_{nn}-\lambda \end{vmatrix} = 0. \tag{A.82}$$

上式称为矩阵 A 的本征值方程(eigen-value equation)或简称本征方程，由

它可以解出本征值,再用(A.81)式解出本征矢来。对于 $n\times n$ 的矩阵,本征方程是 λ 的 n 次方程,它有 n 个根 λ_1、λ_2、…、λ_n,亦即矩阵 A 有 n 个本征值,每个本征值 λ_i 对应一个本征矢.

下面我们讨论几点性质:

(1) 在幺正变换下本征值是不变的。

本征方程(A.81)可写作

$$\det(A-\lambda I)=0. \tag{A.83}$$

进行幺正变换:$A'=U^{\dagger}AU$,而 $U^{\dagger}U=I$,故 A' 的本征方程可写作

$$\det(A'-\lambda I)=\det[U^{\dagger}(A-\lambda I)U]=\det U^{\dagger}\det(A-\lambda I)\det U=0. \tag{A.84}$$

因 $|\det U^{\dagger}|=|\det U|=1$,本征方程(A.84)和(A.83)是一样的。亦即,本征值与正交归一基的选择无关,是算符 $\hat{A}$ 本身的性质。

(2) 厄米矩阵的所有本征值都是实数。

这是因为全部矩阵元取复数共轭时,其本征值也取复数共轭,而转置操作不影响本征值。故厄米共轭矩阵的本征值取复数共轭。厄米矩阵是自身的厄米共轭,故其本征值的复数共轭等于自身,即它们都是实数。

(3) 对于厄米算符,对应不同本征值的本征矢正交。

设 λ_1、λ_2 是 $\hat{A}$ 的两个不同的本征值($\lambda_1\neq\lambda_2$),$|a_1\rangle$ 和 $|a_2\rangle$ 是对应的本征矢,即

$$\hat{A}|a_1\rangle=\lambda_1|a_1\rangle,$$
$$\hat{A}|a_2\rangle=\lambda_2|a_2\rangle.$$

取后式的共轭:

$$\langle a_2|\hat{A}^{\dagger}=\langle a_2|\lambda_2^{*},$$

对于厄米算符,$\hat{A}^{\dagger}=\hat{A}$,$\lambda_2^{*}=\lambda_2$,上式化为

$$\langle a_2|\hat{A}=\langle a_2|\lambda_2,\quad 或\quad \langle a_2|(\hat{A}-\lambda_2\hat{I})=0.$$

乘以右矢 $|a_1\rangle$:

$$\langle a_2|(\hat{A}-\lambda_2\hat{I})|a_1\rangle=\langle a_2|(\lambda_1-\lambda_2)\hat{I}|a_1\rangle=(\lambda_1-\lambda_2)\langle a_2|a_1\rangle=0.$$

因 $\lambda_1-\lambda_2\neq0$,故 $\langle a_2|a_1\rangle=0$,即 $|a_1\rangle$、$|a_2\rangle$ 两本征矢正交。

于是,每个算符的本征矢构成一套正交基。[1] 任何非零矢量除以自身的模,就可归一化了。所以每个算符的本征矢构成一套正交归一基。

(4) 以算符自身的正交本征矢为基来表示,矩阵是对角化的,对角矩阵元是它的全部本征值。

---

[1] 上面假定本征值不相同。在本征方程有重根的情况下,我们仍能找到一套正交基。但手续较复杂,此处从略。

设 $|e^{(i)}\rangle$ 是算符 $\hat{A}$ 全套正交归一本征矢,相应的本征值为 λ_i,($i=1$, 2, …, n)。以它们为基,矩阵的对角元

$$A_{ii}=\langle e^{(i)}|\hat{A}|e^{(i)}\rangle=\lambda_i\langle e^{(i)}|e^{(i)}\rangle=\lambda_i,$$

非对角元

$$A_{ij}=\langle e^{(i)}|\hat{A}|e^{(j)}\rangle=\lambda_j\langle e^{(i)}|e^{(j)}\rangle=0,$$

即矩阵是对角化的:

$$\mathsf{A}=\begin{pmatrix}\lambda_1 & 0 & \cdots & 0\\ 0 & \lambda_2 & \cdots & 0\\ \vdots & \vdots & & \vdots\\ 0 & 0 & \cdots & \lambda_n\end{pmatrix},\tag{A.85}$$

对角线上排列了全部本征值。

例9 泡利矩阵 $\boldsymbol{\sigma}_z=\begin{pmatrix}1 & 0\\ 0 & -1\end{pmatrix}$已经对角化了,它的本征值显然是 +1 和 −1。其余两个的本征方程为

$$\det(\boldsymbol{\sigma}_x-\lambda\,\mathsf{I})=\begin{vmatrix}-\lambda & 1\\ 1 & -\lambda\end{vmatrix}=\lambda^2-1=0,$$

$$\det(\boldsymbol{\sigma}_y-\lambda\,\mathsf{I})=\begin{vmatrix}-\lambda & -\mathrm{i}\\ \mathrm{i} & -\lambda\end{vmatrix}=\lambda^2-1=0,$$

它们的两个根,即本征值,也都是 $\lambda^{(+)}=1$, $\lambda^{(-)}=-1$.

$\boldsymbol{\sigma}_z$ 的本征矢显然是$\begin{pmatrix}1\\0\end{pmatrix}$和$\begin{pmatrix}0\\1\end{pmatrix}$, 为了求另外两个泡利矩阵的本征矢,解下列方程:

$$\begin{cases}\begin{pmatrix}-1 & 1\\ 1 & -1\end{pmatrix}\begin{pmatrix}(x+)_+\\ (x+)_-\end{pmatrix}=0,\\ \begin{pmatrix}1 & 1\\ 1 & 1\end{pmatrix}\begin{pmatrix}(x-)_+\\ (x-)_-\end{pmatrix}=0.\end{cases}\quad \text{和}\quad \begin{cases}\begin{pmatrix}-1 & -\mathrm{i}\\ \mathrm{i} & -1\end{pmatrix}\begin{pmatrix}(y+)_+\\ (y+)_-\end{pmatrix}=0,\\ \begin{pmatrix}1 & -\mathrm{i}\\ \mathrm{i} & 1\end{pmatrix}\begin{pmatrix}(y-)_+\\ (y-)_-\end{pmatrix}=0.\end{cases}$$

由此得

$$(x+)_+=(x+)_-,\quad (x-)_+=-(x-)_-,$$

$$(y+)_+=-\mathrm{i}(y+)_-,\quad (y-)_+=\mathrm{i}(y-)_-.$$

即以 $|z+\rangle$和 $|z-\rangle$为基, $\hat{\sigma}_x$ 的本征矢可选为

$$\begin{cases}|x+\rangle\simeq\begin{pmatrix}(x+)_+\\ (x+)_-\end{pmatrix}\propto\begin{pmatrix}1\\1\end{pmatrix},\\ |x-\rangle\simeq\begin{pmatrix}(x-)_+\\ (x-)_-\end{pmatrix}\propto\begin{pmatrix}1\\-1\end{pmatrix}.\end{cases}$$

取归一化系数为 $1/\sqrt{2}$,有

$$\begin{cases}\begin{pmatrix}(x+)_+\\ (x+)_-\end{pmatrix}=\dfrac{1}{\sqrt{2}}\begin{pmatrix}1\\1\end{pmatrix},\\ \begin{pmatrix}(x-)_+\\ (x-)_-\end{pmatrix}=\dfrac{1}{\sqrt{2}}\begin{pmatrix}1\\-1\end{pmatrix}.\end{cases}\quad \text{和}\quad \begin{cases}\begin{pmatrix}(y+)_+\\ (y+)_-\end{pmatrix}=\dfrac{1}{\sqrt{2}}\begin{pmatrix}1\\ \mathrm{i}\end{pmatrix},\\ \begin{pmatrix}(y-)_+\\ (y-)_-\end{pmatrix}=\dfrac{1}{\sqrt{2}}\begin{pmatrix}1\\ -\mathrm{i}\end{pmatrix}.\end{cases}$$

不难验证,两组本征矢都是正交的。▌

泡利矩阵是自旋算符 $2\hat{s}_x/\hbar$、$2\hat{s}_y/\hbar$、$2\hat{s}_z/\hbar$ 的一种表示,这种表示是以 $\hat{s}_z$ 的本征矢
$$|z+\rangle \simeq \begin{pmatrix}1\\0\end{pmatrix} \quad 和 \quad |z-\rangle \simeq \begin{pmatrix}0\\1\end{pmatrix}$$
为基的。上述本征矢也是在同一表象中的表示。

例10 求将泡利矩阵 $\boldsymbol{\sigma}_x$ 和 $\boldsymbol{\sigma}_y$ 对角化的幺正变换矩阵。

在例9中已得到 $\boldsymbol{\sigma}_x$ 和 $\boldsymbol{\sigma}_y$ 的本征矢在 $\hat{s}_z$ 表象中的表示:
$$\begin{cases}|x+\rangle \simeq \dfrac{1}{\sqrt{2}}\begin{pmatrix}1\\1\end{pmatrix},\\ |x-\rangle \simeq \dfrac{1}{\sqrt{2}}\begin{pmatrix}1\\-1\end{pmatrix}.\end{cases} \qquad \begin{cases}|y+\rangle \simeq \dfrac{1}{\sqrt{2}}\begin{pmatrix}1\\\mathrm{i}\end{pmatrix},\\ |y-\rangle \simeq \dfrac{1}{\sqrt{2}}\begin{pmatrix}1\\-\mathrm{i}\end{pmatrix}.\end{cases}$$
按(A.75)式,将 $\boldsymbol{\sigma}_x$ 对角化的幺正矩阵为
$$U(x) = \begin{pmatrix}\langle z+|x+\rangle & \langle z+|x-\rangle\\ \langle z-|x+\rangle & \langle z-|x-\rangle\end{pmatrix} = \frac{1}{\sqrt{2}}\begin{pmatrix}1 & 1\\ 1 & -1\end{pmatrix} = U^\dagger(x),$$
将 $\boldsymbol{\sigma}_y$ 对角化的幺正矩阵为
$$\begin{cases}U(y) = \begin{pmatrix}\langle z+|y+\rangle & \langle z+|y-\rangle\\ \langle z-|y+\rangle & \langle z-|y-\rangle\end{pmatrix} = \dfrac{1}{\sqrt{2}}\begin{pmatrix}1 & 1\\ \mathrm{i} & -\mathrm{i}\end{pmatrix},\\ U^\dagger(y) = \dfrac{1}{\sqrt{2}}\begin{pmatrix}1 & -\mathrm{i}\\ 1 & \mathrm{i}\end{pmatrix}.\end{cases}$$
▌

3.3 对易算符的共同本征矢

下面我们来论证,对易算符有共同的本征矢。

设算符 $\hat{A}$、$\hat{B}$ 对易:$[\hat{A}, \hat{B}] = 0$,令 $|\alpha\rangle$ 为算符 $\hat{A}$ 的本征值为 α 的本征矢,则
$$\hat{A}\hat{B}|\alpha\rangle = \hat{B}\hat{A}|\alpha\rangle = \hat{B}\alpha|\alpha\rangle = \alpha\hat{B}|\alpha\rangle, \tag{A.86}$$
即 $\hat{B}|\alpha\rangle$ 也是算符 $\hat{A}$ 的本征值为 α 的本征矢。下面分两个情形讨论:

(1) 非简并情况

若算符 $\hat{A}$ 的本征值为 α 的本征态非简并,则 $\hat{B}|\alpha\rangle$ 和 $|\alpha\rangle$ 只差某个常数因子 β:
$$\hat{B}|\alpha\rangle = \beta|\alpha\rangle,$$
即 $|\alpha\rangle$ 也是算符 $\hat{B}$ 的本征态,β 为其本征值。

(2) 简并情况

设算符 $\hat{A}$ 本征值为 α 的本征矢有 n 个(设它们是正交归一的):$|\alpha_1\rangle$、$|\alpha_2\rangle$、…、$|\alpha_n\rangle$,则 $\hat{B}|\alpha_i\rangle$ $(i = 1, 2, \cdots, n)$ 仍是算符 $\hat{A}$ 的本征矢,然而未必是算符 $\hat{B}$ 的本征矢,但可设它们的线性组合 $|\beta\rangle = \sum_j x_j|\alpha_j\rangle$ 是 $\hat{B}$ 的本征矢,只要我们能找到下列方程的解:
$$(\hat{B} - \beta\hat{I})|\beta\rangle = \sum_j x_j(\hat{B} - \beta\hat{I})|\alpha_j\rangle. \tag{A.87}$$

上式乘以左矢$\langle \alpha_i|$,有

$$\sum_j (\langle \alpha_i|\hat{B}|\alpha_j\rangle - \beta\langle \alpha_i|\alpha_j\rangle)x_j = \sum_{j=1}^{n}(B_{ij} - \beta\delta_{ij})x_j = 0, \quad (A.88)$$

式中

$$B_{ij} = \langle \alpha_i|\hat{B}|\alpha_j\rangle.$$

上列线性齐次方程组的可解条件为

$$\det\left(B_{ij} - \beta\delta_{ij}\right) = 0. \quad (A.89)$$

由本征方程(A.89)式解出β的n个根β_1、β_2、…、β_n来，对于每个β_k得到一套解$x_i^{(k)}(i, k = 1, 2, \cdots, n)$，于是我们就得到算符$\hat{B}$的$n$个本征矢：

$$|\beta_k\rangle = \sum_{i=1}^{n} x_i^{(k)}|\alpha_i\rangle. \quad (A.90)$$

显然它们都是算符$\hat{A}$的本征值为α的本征矢,因为将$\hat{A}$作用于其上,我们有：

$$\hat{A}|\beta_k\rangle = \sum_{i=1}^{n} x_i^{(k)}\hat{A}|\alpha_i\rangle = \sum_{i=1}^{n} x_i^{(k)}\alpha|\alpha_i\rangle = \alpha\sum_{i=1}^{n} x_i^{(k)}|\alpha_i\rangle$$

$$= \alpha|\beta_k\rangle \quad (i, k = 1, 2, \cdots, n).$$

亦即，$|\beta_1\rangle$、$|\beta_2\rangle$、…、$|\beta_n\rangle$是算符$\hat{A}$和$\hat{B}$的n个共同本征矢。

§4. 升降算符

4.1 升降算符的基本性质

求本征值的正规方法是解本征方程,但有时知道了算符之间的对易关系,也可求得本征值。在本征值等间隔的情况下,我们往往可以找到一对升降算符,通过它们来找本征值是很方便的。

给定一个算符$\hat{A}$,如果能够找到一对厄米共轭算符$\hat{\eta}$和$\hat{\eta}^\dagger$，它们与$\hat{A}$满足下列对易式：

$$\begin{cases} [\hat{A}, \hat{\eta}^\dagger] = \lambda\hat{\eta}^\dagger, & (A.91) \\ [\hat{A}, \hat{\eta}] = -\lambda\hat{\eta}. & (A.92) \end{cases}$$

则它们将有下列的性质:对于算符$\hat{A}$的任何一个本征值为a的本征矢$|a\rangle$,

(1) 只要$\hat{\eta}^\dagger|a\rangle \neq 0$,它就是$\hat{A}$的另一个本征值为$a+\lambda$的本征矢;

(2) 只要$\hat{\eta}|a\rangle \neq 0$,它就是$\hat{A}$的另一个本征值为$a-\lambda$的本征矢。

$\hat{\eta}^\dagger$和$\hat{\eta}$分别称为升算符和降算符。

上述结论证明如下：

将(A.91)式中的算符作用在本征矢$|a\rangle$上：

左端：$[\hat{A}, \hat{\eta}^\dagger]|a\rangle = \hat{A}\hat{\eta}^\dagger|a\rangle - \hat{\eta}^\dagger\hat{A}|a\rangle$

$= \hat{A}\hat{\eta}^\dagger|a\rangle - \hat{\eta}^\dagger a|a\rangle = \hat{A}\hat{\eta}^\dagger|a\rangle - a\hat{\eta}^\dagger|a\rangle,$

右端：$\lambda\hat{\eta}^\dagger|a\rangle,$

于是 $$\hat{A}\hat{\eta}^{\dagger}|a\rangle - a\hat{\eta}^{\dagger}|a\rangle = \lambda\hat{\eta}^{\dagger}|a\rangle,$$

即 $$\hat{A}\hat{\eta}^{\dagger}|a\rangle = (a+\lambda)\hat{\eta}^{\dagger}|a\rangle. \tag{A.93}$$

由(A.92)式同理可得 $$\hat{A}\hat{\eta}|a\rangle = (a-\lambda)\hat{\eta}|a\rangle. \tag{A.94}$$

按当初假设，$\hat{\eta}^{\dagger}|a\rangle$、$\hat{\eta}|a\rangle$ 皆为非零矢量,上两式说明,它们是本征值分别为$(a\pm\lambda)$的本征矢。

4.2 产生算符和消灭算符

已知厄米共轭算符 $\hat{a}$、$\hat{a}^{\dagger}$ 满足下列对易式:

$$[\hat{a},\hat{a}^{\dagger}] = \hat{I}, \tag{A.95}$$

则算符 $\hat{N}\equiv\hat{a}^{\dagger}\hat{a}$ 与它们的对易关系是

$$\begin{cases}[\hat{N},\hat{a}] = -\hat{a},\\ [\hat{N},\hat{a}^{\dagger}] = \hat{a}^{\dagger}.\end{cases} \tag{A.96}$$

这是符合(A.91)、(A.92)式要求的($\lambda=1$)。设算符 $\hat{N}$ 有个本征值为 n,相应的本征矢为 $|n\rangle$,则按(A.94)、(A.95)式,有

$$\begin{cases}\hat{N}\hat{a}|n\rangle = (n-1)\hat{a}|n\rangle,\\ \hat{N}\hat{a}^{\dagger}|n\rangle = (n+1)\hat{a}^{\dagger}|n\rangle.\end{cases}$$

即

$$\begin{cases}\hat{a}|n\rangle \propto |n-1\rangle,\\ \hat{a}^{\dagger}|n\rangle \propto |n+1\rangle.\end{cases}$$

即 $\hat{N}$ 的本征值构成以 1 为间隔的等间隔序列。由于 $\hat{N}$ 是一对厄米共轭算符的乘积,其本征值$n=\langle n|\hat{a}^{\dagger}\hat{a}|n\rangle\geqslant 0$[见(A.79)式],在它的本征值序列中必有一个非负的最小值 $n_{\min}$，且 $\hat{a}|n_{\min}\rangle=0$.

在物理中通常遇到的情况是$n_{\min}=0$,这时$\hat{N}$的本征值n是所有非负的整数 $$0,\quad 1,\quad 2,\quad 3,\quad \cdots,$$
相应的右本征矢为

$$|0\rangle,\ \|1\rangle\!\rangle=\hat{a}^{\dagger}|0\rangle,\ \|2\rangle\!\rangle=\hat{a}^{\dagger}\|1\rangle\!\rangle,\ \|3\rangle\!\rangle=\hat{a}^{\dagger}\|2\rangle\!\rangle,\ \cdots;$$

与它们对偶的左矢为

$$\langle 0|,\ \langle\!\langle 1\|=\langle 0|\hat{a},\ \langle\!\langle 2\|=\langle\!\langle 1\|\hat{a},\ \langle\!\langle 3\|=\langle\!\langle 1\|\hat{a},\ \cdots.$$

我们只假定$n=0$的本征矢是归一化的(注意:不要与零矢量混淆),双线的狄拉克符号表示该矢量尚未归一化。上述各本征矢的模为

$$\langle 0|0\rangle = 1,$$

$$\langle\!\langle 1\|1\rangle\!\rangle=\langle 0|\hat{a}\hat{a}^{\dagger}|0\rangle=\langle 0|(\hat{a}^{\dagger}\hat{a}+\hat{I})|0\rangle=\langle 0|(\hat{N}+\hat{I})|0\rangle=1,$$

$$\langle\!\langle 2\|2\rangle\!\rangle=\langle\!\langle 1\|\hat{a}\hat{a}^{\dagger}\|1\rangle\!\rangle=\langle\!\langle 1\|(\hat{N}+\hat{I})\|1\rangle\!\rangle=2\langle\!\langle 1\|1\rangle\!\rangle=2\cdot 1,$$

$$\langle\!\langle 3\|3\rangle\!\rangle=\langle\!\langle 2\|\hat{a}\hat{a}^{\dagger}\|2\rangle\!\rangle=\langle\!\langle 2\|(\hat{N}+\hat{I})\|2\rangle\!\rangle=3\langle\!\langle 2\|2\rangle\!\rangle=3\cdot 2\cdot 1,$$

$$\cdots\cdots\cdots\cdots$$

一般的表达式是

$$\langle\!\langle n \parallel n \rangle\!\rangle = \langle 0|\hat{a}^n \hat{a}^{\dagger n}|0\rangle = n!.$$

所以归一化的本征矢为

$$\begin{cases} |n\rangle = \dfrac{1}{\sqrt{n!}}\parallel n\rangle\!\rangle = \dfrac{\hat{a}^{\dagger n}}{\sqrt{n!}}|0\rangle, \\ \langle n| = \dfrac{1}{\sqrt{n!}}\langle\!\langle n \parallel = \langle 0|\dfrac{\hat{a}^n}{\sqrt{n!}}. \end{cases} \tag{A. 97}$$

算符 $\hat{N}$ 的本征值经常代表一个量子态上某种玻色子的数目，这时升算符 $\hat{a}^\dagger$ 的作用是使量子态上的粒子数增加 1，故称为粒子的产生算符(creation operator)；降算符 $\hat{a}$ 的作用是使量子态上的粒子数减少 1，故称为粒子的消灭算符(destruction operator)。

§5. 角动量算符

5.1 对易关系

以 $\hbar$ 为单位，角动量的三个分量是服从如下对易关系的一组厄米算符(见第一章 §5)$\hat{\kappa}_x$、$\hat{\kappa}_y$、$\hat{\kappa}_z$：

$$\begin{cases} [\hat{\kappa}_x,\hat{\kappa}_y] = \mathrm{i}\hat{\kappa}_z, \\ [\hat{\kappa}_y,\hat{\kappa}_z] = \mathrm{i}\hat{\kappa}_x, \\ [\hat{\kappa}_z,\hat{\kappa}_x] = \mathrm{i}\hat{\kappa}_y. \end{cases} \tag{A. 98}$$

上式可缩写为矢量算符形式：

$$\hat{\boldsymbol{\kappa}} \times \hat{\boldsymbol{\kappa}} = \mathrm{i}\hat{\boldsymbol{\kappa}}, \tag{A. 98$'$}$$

可以看出，前面例 1 中引进的泡利矩阵之半$\frac{1}{2}\boldsymbol{\sigma}_i$($i = x,y,z$)所表示的算符属于此列。

角动量的平方定义为

$$\hat{\boldsymbol{\kappa}}^2 \equiv \hat{\kappa}_x^{\ 2} + \hat{\kappa}_y^{\ 2} + \hat{\kappa}_z^{\ 2}, \tag{A. 99}$$

不难根据(A. 98)式验算，此算符与所有三个分量都是对易的：

$$[\hat{\boldsymbol{\kappa}}^2, \hat{\kappa}_x] = [\hat{\boldsymbol{\kappa}}^2, \hat{\kappa}_y] = [\hat{\boldsymbol{\kappa}}^2, \hat{\kappa}_z] = 0. \tag{A. 100}$$

5.2 角动量分量的本征值

另定义一对厄米共轭算符

$$\hat{\kappa}_\pm = \hat{\kappa}_x \pm \mathrm{i}\hat{\kappa}_y. \tag{A. 101}$$

直接运算可得如下对易关系：

$$[\hat{\kappa}_z, \hat{\kappa}_\pm] = \pm\hat{\kappa}_\pm. \tag{A. 102}$$

与(A.91)、(A.92)式比较可知，$\hat{\kappa}_+$ 和 $\hat{\kappa}_-$ 分别是 $\hat{\kappa}_z$ 本征态 $|m\rangle$ 的升算符和降算符：

$$\hat{\kappa}_\pm|m\rangle = \| m\pm 1\rangle\!\rangle, \tag{A.103}$$

其厄米共轭式为

$$\langle m|\hat{\kappa}_\mp = \langle\!\langle m\pm 1\|. \tag{A.103'}$$

式中狄拉克符号内的符号 m、$m\pm 1$ 代表该本征矢的本征值，双线狄拉克符号表示该本征矢尚未归一化。以上两式相乘，得

$$\langle\!\langle m\pm 1\| m\pm 1\rangle\!\rangle = \langle m|\hat{\kappa}_\mp\,\hat{\kappa}_\pm|m\rangle, \tag{A.104}$$

可见归一化的本征矢为

$$|m\pm 1\rangle = \frac{\hat{\kappa}_\pm|m\rangle}{\sqrt{\langle m|\hat{\kappa}_\mp\,\hat{\kappa}_\pm|m\rangle}}. \tag{A.105}$$

上面的讨论告诉我们，$\hat{\kappa}_z$ 的本征值构成差值为1的等间隔序列。

5.3 角动量平方的本征值

因 $\hat{\boldsymbol{\kappa}}^2$ 与 $\hat{\kappa}_z$ 对易，它们有共同的本征矢。令 $\hat{\boldsymbol{\kappa}}^2$ 的本征值为 K，$\hat{\kappa}_z$ 的本征值为 m. 如前所述，m 构成差值为1的序列。给定 K 值，可能有一系列 m 值与之对应，构成一套共同态的本征矢；也可以反过来，给定 m 值，有一系列 K 值与之对应，构成一套共同态的本征矢。通常采取前一作法，考虑所有与给定 K 值对应的共同本征矢 $|m\rangle$ 和对应的本征值 m，这样的本征矢应该写成 $|Km\rangle$，即

$$\begin{cases} \hat{\boldsymbol{\kappa}}^2|Km\rangle = K|Km\rangle, \\ \hat{\kappa}_z|Km\rangle = m|Km\rangle. \end{cases}$$

下面研究 K 与 m 取值的关系。因 $\hat{\kappa}_\pm$ 互为厄米共轭，故对角矩阵元

$$\begin{cases} \langle Km|\hat{\kappa}_-\,\hat{\kappa}_+|Km\rangle \geqslant 0, \\ \langle Km|\hat{\kappa}_+\,\hat{\kappa}_-|Km\rangle \geqslant 0. \end{cases}$$

按照 $\hat{\kappa}_\pm$ 的定义和对易关系(A.98)式，我们有

$$\hat{\kappa}_-\,\hat{\kappa}_+ = (\hat{\kappa}_x - \mathrm{i}\hat{\kappa}_y)(\hat{\kappa}_x + \mathrm{i}\hat{\kappa}_y) = \hat{\kappa}_x{}^2 + \hat{\kappa}_y{}^2 + \mathrm{i}(\hat{\kappa}_x\,\hat{\kappa}_y - \hat{\kappa}_y\,\hat{\kappa}_x) = \hat{\boldsymbol{\kappa}}^2 - \hat{\kappa}_z{}^2 - \hat{\kappa}_z.$$

即

$$\hat{\kappa}_-\,\hat{\kappa}_+ = \hat{\boldsymbol{\kappa}}^2 - \hat{\kappa}_z{}^2 - \hat{\kappa}_z, \tag{A.108}$$

同理

$$\hat{\kappa}_+\,\hat{\kappa}_- = \hat{\boldsymbol{\kappa}}^2 - \hat{\kappa}_z{}^2 + \hat{\kappa}_z. \tag{A.109}$$

故上述对角矩阵元为

$$\begin{cases} \langle Km|\hat{\kappa}_-\,\hat{\kappa}_+|Km\rangle = K - m^2 - m \geqslant 0, \\ \langle Km|\hat{\kappa}_+\,\hat{\kappa}_-|Km\rangle = K - m^2 + m \geqslant 0. \end{cases}$$

即

$$K - m^2 \mp m \geqslant 0, \quad 或 \quad K \geqslant m^2 \pm m. \tag{A.110}$$

将上列不等式两端各加1/4，将右端配成完全平方：

$$K + \frac{1}{4} \geqslant m^2 \pm m + \frac{1}{4} = \left(m \pm \frac{1}{2}\right)^2 \geqslant 0,$$

则
$$\sqrt{K+\frac{1}{4}} \geqslant \left|m \pm \frac{1}{2}\right|,$$

即
$$\sqrt{K+\frac{1}{4}} \mp \frac{1}{2} \geqslant m \geqslant -\left(\sqrt{K+\frac{1}{4}} \pm \frac{1}{2}\right). \tag{A.111}$$

令
$$\sqrt{K+\frac{1}{4}} - \frac{1}{2} \equiv k,$$

则
$$\sqrt{K+\frac{1}{4}} + \frac{1}{2} \equiv k+1.$$

两式相乘
$$K = k(k+1). \tag{A.112}$$

于是(A.111)式写成
$$\begin{cases} k+1 \geqslant m \geqslant -k, \\ k \geqslant m \geqslant -(k+1). \end{cases} \tag{A.113}$$

两不等式同时成立的条件是$k \geqslant 0$. 上式表明,对于给定的K或k值,m存在极大值$m_{\max}$和极小值$m_{\min}$,即本征矢序列$|m\rangle$有起止点。因$\hat{\kappa}_-$是降算符,对于起点必须有
$$\hat{\kappa}_- |K m_{\min}\rangle = 0.$$
同理,因$\hat{\kappa}_+$是升算符,对于止点必须有
$$\hat{\kappa}_+ |K m_{\max}\rangle = 0.$$
亦即,在起止点不等式(A.113)取等号:
$$m_{\min} = -(k+1) \text{或} -k, \quad m_{\max} = k \text{或} k+1.$$
显然合理的选择是
$$m_{\min} = -k, \quad m_{\max} = k.$$
因本征值m是差值为1的序列,对于给定的k,它所取的数值应为
$$m = -k, -k+1, \cdots, k-1, k.$$
今后称k为角量子数,m为磁量子数,并用$|km\rangle$代替$|Km\rangle$来代表$\hat{\boldsymbol{\kappa}}^2$和$\hat{\kappa}_z$的共同本征矢。因$k$和$-k$之间差一个整数,$k$只能是整数或半整数。

综上所述,我们得到的结论是:

(1)$\hat{\boldsymbol{\kappa}}^2$和$\hat{\kappa}_z$有一组共同本征态$|km\rangle$;

(2)在此组本征态$|km\rangle$中$\hat{\boldsymbol{\kappa}}^2$的本征值皆为$k(k+1)$,$k$为整数或半整数,$\hat{\kappa}_z$的本征值$m$取下列$2k+1$个数值:
$$m = -k, -k+1, \cdots, k-1, k.$$

(3)正交归一的$2k+1$个本征矢$|km\rangle$架起一个$2k+1$维的态矢空间。

例 11

(1)角量子数$k=5$时,磁量子数为
$$m = -5, -4, -3, -2, -1, 0, 1, 2, 3, 4, 5,$$

共 $2k+1=11$ 个本征态。$\hat{\boldsymbol{\kappa}}^2$ 的本征值为 $k(k+1)=30$.

(2) 角量子数 $k=3/2$ 时,磁量子数为

$$m=-3/2,\ -1/2,\ 1/2,\ 3/2,$$

共 $2k+1=4$ 个本征态。$\hat{\boldsymbol{\kappa}}^2$ 的本征值为 $k(k+1)=15/4$. ▌

5.4 角动量的合成

令 $\hat{\boldsymbol{\kappa}}_1=(\hat{\kappa}_{1x},\hat{\kappa}_{1y},\hat{\kappa}_{1z})$和$\hat{\boldsymbol{\kappa}}_2=(\hat{\kappa}_{2x},\hat{\kappa}_{2y},\hat{\kappa}_{2z})$为两个角动量算符,它们分别满足 4.1 节中给出的所有对易关系(A.98)式、(A.100)式。此外,我们假定,不同矢量的各分量都是对易的。不难验证,合成矢量

$$\hat{\boldsymbol{\kappa}}=\hat{\boldsymbol{\kappa}}_1+\hat{\boldsymbol{\kappa}}_2 \tag{A.114}$$

及其诸分量

$$\left.\begin{aligned}\hat{\kappa}_x&=\hat{\kappa}_{1x}+\hat{\kappa}_{2x},\\ \hat{\kappa}_y&=\hat{\kappa}_{1y}+\hat{\kappa}_{2y},\\ \hat{\kappa}_z&=\hat{\kappa}_{1z}+\hat{\kappa}_{2z},\end{aligned}\right\} \tag{A.115}$$

也满足同样的对易关系(A.98)式和(A.100)式。此外,各角动量平方算符是对易的:

$$[\hat{\boldsymbol{\kappa}}^2,\hat{\boldsymbol{\kappa}}_1{}^2]=[\hat{\boldsymbol{\kappa}}^2,\hat{\boldsymbol{\kappa}}_2{}^2]=0. \tag{A.116}$$

已知 $\hat{\kappa}_{1z}$ 的本征值为

$$m_1=-k_1,\ -k_1+1,\ \cdots,\ k_1-1,\ k_1\quad(2k_1+1\ 个态)$$

$\hat{\kappa}_{2z}$ 的本征值为

$$m_2=-k_2,\ -k_2+1,\ \cdots,\ k_2-1,\ k_2\quad(2k_2+1\ 个态)$$

则显然合成角动量磁量子数的最大值为 $m=m_{\max}=k_1+k_2$,最小值为 $m=m_{\min}=-(k_1+k_2)$. 那么,合成角动量的角量子数 k 应取什么值?显然它有个最大值 $k=k_{\max}=k_1+k_2$,还有其它值吗?

这里一共有$(2k_1+1)(2k_2+1)$个量子态,我们将 $m=m_1+m_2$ 取值按下列方式将它们排成表格:

$k=k_{\max}$	$-k_1-k_2$	$-k_1+(-k_2+1)$	$-k_1+(-k_2+2)$	…	$k_1+(k_2-2)$	$k_1+(k_2-1)$	k_1+k_2
	$k_{\max}-1$	$(-k_1+1)+(-k_2)$	$(-k_1+1)+(-k_2+1)$	…	$(k_1-1)+(k_2-1)$	$(k_1-1)+k_2$	
		$k_{\max}-2$	$(-k_1+2)+(-k_2)$	…	$(k_1-2)+k_2$		
			…	…			

我们看到,角量子数 k 可以取多个值(这对应于经典物理中两个矢量可以有不同的相对取向),从 $k_{\max}$ 开始逐次减 1,减到什么时候为止?设 k 的最小值为 $k_{\min}$,从 $k=k_{\min}$ 到 $k_{\max}$ 的量子态数目加起来应等于总量子态数 $(2k_1+1)(2k_2+1)$:

$$\sum_{k=k_{\min}}^{k_1+k_2}(2k+1)=(2k_1+1)(2k_2+1), \tag{A.117}$$

利用等差级数求和的公式,(A. 117)式左端等于

$$\frac{1}{2}\left\{[2(k_1+k_2)+1]+(2k_{\min}+1)\right\}[(k_1+k_2)-k_{\min}+1]$$

$$=(k_1+k_2+k_{\min}+1)(k_1+k_2-k_{\min}+1),$$

与(A. 117)式右端比较可知,

$$\begin{cases}\text{如果 } k_1\geqslant k_2,\text{ 则 } k_{\min}=k_1-k_2,\\ \text{如果 } k_1\leqslant k_2,\text{ 则 } k_{\min}=k_2-k_1.\end{cases}$$

归纳起来有

$$k_{\min}=|k_1-k_2|. \tag{A.118}$$

概括起来,k 的取值有

$$k=k_1+k_2,\ k_1+k_2-1,\ \cdots,\ |k_1-k_2|. \tag{A.119}$$

按经典物理图像，若把角量子数 k 理解为角动量矢量的大小，则上述结果可理解为：$k=k_1+k_2$ 相当于两矢量平行的情况，$k=|k_1-k_2|$ 相当于两矢量反平行的情况。然而在量子力学中角动量矢量的大小是$\sqrt{k(k+1)}$ 而不是 k，这就是经典物理所不能理解的了。

例 12 (1)$k_1=2$ 和 $k_2=4$ 的两个角动量合成时,

$$k=6,5,4,3,2$$

简并态的数目依次为 13、11、9、7、5，共计 45 个，与$(2k_1+1)(2k_2+1)=5\times 9$ 相符。总角量子数 k 和磁量子数 m 的情况列表如下：

$k=6$	$m=-6$	-5	-4	-3	-2	-1	0	1	2	3	4	5	6
$k=5$		-5	-4	-3	-2	-1	0	1	2	3	4	5	
$k=4$			-4	-3	-2	-1	0	1	2	3	4		
$k=3$				-3	-2	-1	0	1	2	3			
$k=2$					-2	-1	0	1	2				

(2)$k_1=0$ 和 $k_2=1/2$ 的两个角动量合成时,k 只有 1/2 一个值,简并态的数目为 2(对应于 $m=\pm 1/2$)，与$(2k_1+1)(2k_2+1)=1\times 2$ 相符。

习　题

A - **1**. 试证明:任意一组正交归一矢量是线性无关的。

A - **2**. 验算泡利矩阵的对易关系(A. 41)式。

A - **3**. A、B 是两个矩阵,试证明[见(A. 39)式]:

$$(AB)^{\dagger}=B^{\dagger}A^{\dagger}.$$

† 代表厄米共轭。

A－**4**. 求下列矩阵之逆：

(1) $R(\theta)=\begin{pmatrix}\cos\theta & \sin\theta\\ -\sin\theta & \cos\theta\end{pmatrix}$；

(2) $\frac{1}{2}\begin{pmatrix}1 & \sqrt{2} & 1\\ \sqrt{2} & 0 & -\sqrt{2}\\ 1 & -\sqrt{2} & 1\end{pmatrix}$；　(3) $\frac{1}{2}\begin{pmatrix}1 & -\mathrm{i}\sqrt{2} & -1\\ \mathrm{i}\sqrt{2} & 0 & \mathrm{i}\sqrt{2}\\ -1 & -\mathrm{i}\sqrt{2} & -1\end{pmatrix}$.

A－**5**. 求泡利矩阵之逆,并验证它们是幺正的。

A－**6**. 转动矩阵 $R(\theta)$ 如 A－4 题所定义,试证明

$$R(\theta_1)R(\theta_2)=R(\theta_1+\theta_2).$$

A－**7**. 求下列矩阵的本征值和本征矢：

$$J_x=\frac{1}{\sqrt{2}}\begin{pmatrix}0 & 1 & 0\\ 1 & 0 & 1\\ 0 & 1 & 0\end{pmatrix},\quad J_y=\frac{1}{\sqrt{2}}\begin{pmatrix}0 & -\mathrm{i} & 0\\ \mathrm{i} & 0 & -\mathrm{i}\\ 0 & \mathrm{i} & 0\end{pmatrix},\quad J_z=\begin{pmatrix}1 & 0 & 0\\ 0 & 0 & 0\\ 0 & 0 & -1\end{pmatrix}.$$

A－**8**. 接上题,求将矩阵 J_x 和 J_y 对角化的幺正变换矩阵。

A－**9**. 接 A－**7** 题，试计算矩阵 $J_{\pm}=J_x\pm\mathrm{i}J_y$. 它们是 J_z 本征矢的升降算符吗?

A－**10**. 接 A－7 题,求对易式$[J_x, J_y]$,$[J_y, J_z]$ 和$[J_z, J_x]$.

A－**11**. 接 A－7 题,计算矩阵 $J^2=J_x^2+J_y^2+J_z^2$. 它的本征值为多少？如果把它的本征值写成 $J(J+1)$的形式，$J=$?

A－**12**. 接上题,求对易式 $[J^2, J_x]$, $[J^2, J_y]$和 $[J^2, J_z]$.

A－**13**. 分别列出轨道角量子数 $l=0, 1, 2, 3$ 时磁量子数 m 的取值，并计算简并本征态总数。

A－**14**. 轨道角量子数 $l=2$,自旋角量子数 $s=1/2$，像例 12 中那样,列表说明二者合成后总角量子数 j 和磁量子数 m_j 的取值情况,以及本征态的数目。

附录 B　高斯函数与高斯积分

1. 高斯函数

下列形式的函数称为高斯函数：

$$f(x)=A\mathrm{e}^{-ax^2},\tag{B.1}$$

其图形如图B－1所示。在热学和统计物理中，麦克斯韦速率分布是高斯函数，热平衡涨落呈正态分布，即高斯分布；在光学中，激光束光强在横截面上按高斯函数分布，称为高斯光束；在量子力学中，谐振子各能级波函数都包含一个高斯函数做为重要因子。故而高斯函数在物理学许多领域中有着广泛的应用。

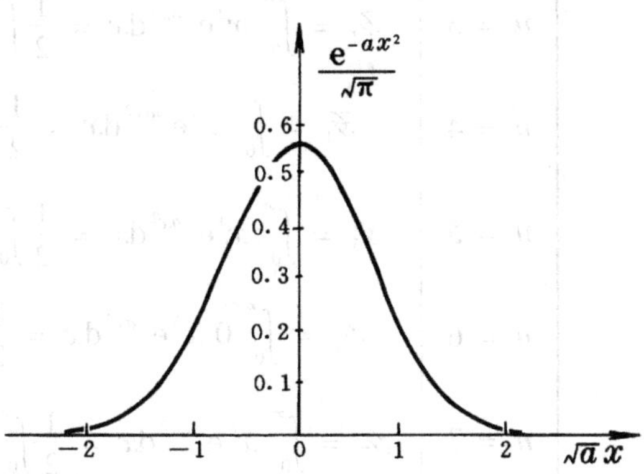

图 B－1 高斯函数

2. 高斯积分

包含高斯函数的定积分称为高斯积分：

$$\mathscr{G}_n=\int_0^{\infty}x^{n-1}\mathrm{e}^{-a\,x^2}\mathrm{d}x\quad(a>0,\ n=1,\ 2,\ 3,\ \cdots),\tag{B.2}$$

这是统计物理学中经常用到的一类积分。作 $z=x^2$ 的变量变换，则 $x=z^{1/2}$，$\mathrm{d}x=\dfrac{1}{2}z^{-1/2}\mathrm{d}z$，可将高斯积分写成另一种形式：

$$\mathscr{G}_n=\frac{1}{2}\int_0^{\infty}z^{n/2-1}\mathrm{e}^{-az}\mathrm{d}z\quad(n=1,\ 2,\ 3,\ \cdots),\tag{B.3}$$

现将它们的表达式列于表 B－1，供读者参考。

下面我们简单地讲一讲，这些积分是怎样得到的。将 a 看作变量求导：

$$\frac{\partial}{\partial a}\int x^n\mathrm{e}^{-ax^2}\mathrm{d}x=-\int x^{n+2}\mathrm{e}^{-ax^2}\mathrm{d}x,$$

即

$$\mathscr{G}_n=-\frac{\partial}{\partial a}\mathscr{G}_{n-2}.$$

表 B – 1 高斯积分

$n=1$	$\mathscr{G}_1=\int_0^\infty \mathrm{e}^{-ax^2}\mathrm{d}x=\frac{1}{2}\int_0^\infty z^{-1/2}\mathrm{e}^{-az}\mathrm{d}z=\frac{\sqrt{\pi}}{2\,a^{1/2}}$
$n=2$	$\mathscr{G}_2=\int_0^\infty x\mathrm{e}^{-ax^2}\mathrm{d}x=\frac{1}{2}\int_0^\infty \mathrm{e}^{-az}\mathrm{d}z=\frac{1}{2\,a}$
$n=3$	$\mathscr{G}_3=\int_0^\infty x^2\mathrm{e}^{-ax^2}\mathrm{d}x=\frac{1}{2}\int_0^\infty z^{1/2}\mathrm{e}^{-az}\mathrm{d}z=\frac{\sqrt{\pi}}{4\,a^{3/2}}$
$n=4$	$\mathscr{G}_4=\int_0^\infty x^3\mathrm{e}^{-ax^2}\mathrm{d}x=\frac{1}{2}\int_0^\infty z\mathrm{e}^{-az}\mathrm{d}z=\frac{1}{2\,a^2}$
$n=5$	$\mathscr{G}_5=\int_0^\infty x^4\mathrm{e}^{-ax^2}\mathrm{d}x=\frac{1}{2}\int_0^\infty z^{3/2}\mathrm{e}^{-az}\mathrm{d}z=\frac{3\sqrt{\pi}}{8\,a^{5/2}}$
$n=6$	$\mathscr{G}_6=\int_0^\infty 0\,x^5\mathrm{e}^{-ax^2}\mathrm{d}x=\frac{1}{2}\int_0^\infty z^2\mathrm{e}^{-az}\mathrm{d}z=\frac{1}{a^3}$
$n=7$	$\mathscr{G}_7=\int_0^\infty x^6\mathrm{e}^{-ax^2}\mathrm{d}x=\frac{1}{2}\int_0^\infty z^{5/2}\mathrm{e}^{-az}\mathrm{d}z=\frac{15\sqrt{\pi}}{16\,a^{7/2}}$
…	…………

这样一来，就把高斯积分 $\mathscr{G}_n$ 用 $\mathscr{G}_{n-2}$ 表示出来，将 n 降了两级。连续使用这种方法，就可把求所有奇数的 $\mathscr{G}_n$ 问题归结为求 $\mathscr{G}_1$，把求所有偶数的 $\mathscr{G}_n$ 问题归结为求 $\mathscr{G}_2$. $\mathscr{G}_2$ 是很容易求出的，因为将不定积分

$$\int x\mathrm{e}^{-ax^2}\mathrm{d}x=-\frac{1}{2\,a}\mathrm{e}^{-ax^2}+\text{常数},$$

代入积分的上下限，即可得到上表中 $\mathscr{G}_2$ 的表达式。

$\mathscr{G}_1$ 就不那么好求了，需要用一种特殊的技巧来解决。考虑一个二维无限大平面上的积分，积分的变量可以采用直角坐标$(x,\ y)$，这时面元为 $\mathrm{d}x\,\mathrm{d}y$；也可以采用极坐标$(r,\ \theta)$，这时面元为 $r\mathrm{d}r\,\mathrm{d}\theta$. 两种作法应是等价的。被积函数为 $\mathrm{e}^{-ar^2}=\mathrm{e}^{-a(x^2+y^2)}$，用极坐标来作，我们有

$$\mathscr{I}=\int_0^\infty r\mathrm{d}r\int_0^{2\pi}\mathrm{d}\theta\,\mathrm{e}^{-ar^2}=2\,\pi\,\mathscr{G}_2.$$

用直角坐标来作，我们有

$$\mathscr{I}=\int_{-\infty}^\infty \mathrm{d}x\int_{-\infty}^\infty \mathrm{d}y\,\mathrm{e}^{-a(x^2+y^2)}=4\int_0^\infty \mathrm{e}^{-ax^2}\mathrm{d}x\cdot\int_0^\infty \mathrm{e}^{-ay^2}\mathrm{d}y=4\mathscr{G}_1^{\,2}.$$

比较以上两式，得

$$\mathscr{G}_1 = \sqrt{\frac{\pi}{2}\mathscr{G}_2}.$$

于是,由 $\mathscr{G}_2$ 的表达式即可得到上表中 $\mathscr{G}_1$ 的表达式。

3. **傅里叶变换**

周期函数可展成傅里叶级数,作频谱分解;对非周期函数作频谱分解则需进行傅里叶积分变换:

$$\begin{cases} \text{正变换 } f(x) = \int_{-\infty}^{\infty} F(k)\,\mathrm{e}^{\mathrm{i}kx}\dfrac{\mathrm{d}k}{\sqrt{2\pi}}, & \text{(B.4)} \\ \text{逆变换 } F(k) = \int_{-\infty}^{\infty} f(x)\,\mathrm{e}^{-\mathrm{i}kx}\dfrac{\mathrm{d}x}{\sqrt{2\pi}}. & \text{(B.5)} \end{cases}$$

我们说,$F(k)$是$f(x)$的频谱。

单一波数 k 的波列应该是无穷长的,任何有限长的波列经傅里叶分解,都包含一定范围 Δk 内的波数,或者说,它的空间频谱有一定的宽度。一般说来,频谱宽度与波列长度是成反比的。看几个包络形式不同的波列。

(1) 方垒型波列(图 B – 2a 左)

$$f(x) = \begin{cases} A\,\mathrm{e}^{\mathrm{i}k_0x}, & |x| \leqslant a, \\ 0, & |x| > a. \end{cases} \tag{B.6}$$

它的傅里叶变换为(图 B – 2b 右)

$$F(k) = \int_{-a/2}^{a/2} \mathrm{e}^{-\mathrm{i}(k-k_0)x}\frac{\mathrm{d}x}{\sqrt{2\pi}} = \frac{Aa}{\sqrt{2\pi}}\frac{\sin\beta}{\beta} \quad [\beta = (k-k_0)a/2]. \tag{B.7}$$

在 $\beta = \pm\pi$ 处(即 $k-k_0 = \pm 2\pi/a$ 处)$F(k) = 0$, 此范围内是频谱函数的"主极强", 外边它的数值就很小了。从而我们定义频谱的宽度为 $\Delta k = 4\pi/a$. 另一方面,波列的长度 $\Delta x = a$, 故频谱宽度与波列长度成反比:

$$\Delta k \cdot \Delta x = 4\pi. \tag{B.8}$$

(2) 指数型波列(图 B – 2b 左)

$$f(x) = A\,\mathrm{e}^{-a|x|}\mathrm{e}^{\mathrm{i}k_0x}. \tag{B.9}$$

它的傅里叶变换为(图 B – 2b 右)

$$\begin{aligned} F(k) &= A\left[\int_0^{\infty} \mathrm{e}^{-ax}\mathrm{e}^{-\mathrm{i}(k-k_0)x}\frac{\mathrm{d}x}{\sqrt{2\pi}} + \int_{-\infty}^{0} \mathrm{e}^{ax}\mathrm{e}^{-\mathrm{i}(k-k_0)x}\frac{\mathrm{d}x}{\sqrt{2\pi}}\right] \\ &= \frac{A}{\sqrt{2\pi}}\left[\frac{-1}{-a-\mathrm{i}(k-k_0)} + \frac{1}{a-\mathrm{i}(k-k_0)}\right] = \frac{2aA}{\sqrt{2\pi}}\frac{1}{(k-k_0)^2+a^2}. \end{aligned} \tag{B.10}$$

频谱是以 $k = k_0$ 为中心的洛伦兹型谱线,在 $k-k_0 = \pm a$ 处其数值减到峰值的一半。我们可以定义谱宽 $\Delta k = 2a$. 至于波列长度, 因 $x = \pm 1/a$ 时, 波幅降

到峰值的 $1/\mathrm{e}\approx 36\%$，我们可以定义波列长度为 $\Delta x=2/a$. 故频谱宽度也与波列长度成反比：

$$\Delta k\Delta x=2. \qquad (\text{B.11})$$

（3）高斯型波列（图 B－2c 左）

$$f(x)=A\mathrm{e}^{-ax^2}\mathrm{e}^{\mathrm{i}k_0x}. \qquad (\text{B.12})$$

它的傅里叶变换为（图 B－2c 右）

$$\begin{aligned}F(k)&=A\int_{-\infty}^{\infty}\mathrm{e}^{-ax^2}\mathrm{e}^{-\mathrm{i}(k-k_0)x}\frac{\mathrm{d}x}{\sqrt{2\pi}}\\&=A\exp\left[-(k-k_0)^2/4a\right]\\&\quad\times\int_{-\infty}^{\infty}\exp\left[\begin{matrix}-ax^2-\mathrm{i}(k-k_0)x\\+(k-k_0)^2/4a\end{matrix}\right]\frac{\mathrm{d}x}{\sqrt{2\pi}}\\&=A\exp\left[-(k-k_0)^2/4a\right]\int_{-\infty}^{\infty}\mathrm{e}^{-ay^2}\frac{\mathrm{d}y}{\sqrt{2\pi}}\qquad[y=x+\mathrm{i}(k-k_0)/2a]\\&=\frac{A}{\sqrt{2a}}\exp\left[-(k-k_0)^2/4a\right].\end{aligned}\qquad (\text{B.13})$$

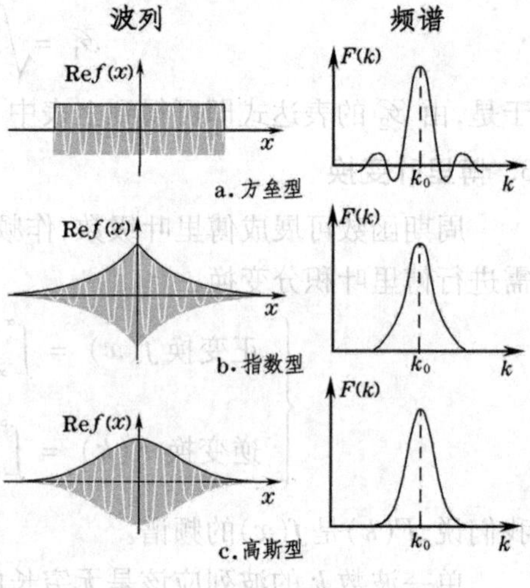

图 B－2 波列及其频谱

频谱是以 $k=k_0$ 为中心的高斯型谱线。高斯型谱线的宽度可用波数的方差来定义：

$$\Delta x=\sqrt{\overline{x^2}}=\frac{1}{\sqrt{2a}},\qquad \Delta k=\sqrt{\overline{(k-k_0)^2}}=\sqrt{2a},$$

故频谱宽度也与波列长度成反比：

$$\Delta k\Delta x=1. \qquad (\text{B.14})$$

从以上几个例子可以看出，无论波列的包络形式如何，频谱宽度总是与波列长度成反比的，二者的乘积是个数量级为 1 的常数。高斯波包独特之处，就是它的频谱也是高斯型的函数。

附录 C　物理常量 单位换算与数据

1. 基本物理常量[❶]

量	符号	数值	单位	相对标准不确定度
光速	c	299 792 458	m/s	定义值
真空磁导率	μ_0	$4\pi\times10^{-7}$ $=12.566\,370\,614\cdots\times10^{-7}$	N/A^2	定义值
真空介电常量 $1/\mu_0 c^2$	ε_0	$8.854\,187\,817\cdots\times10^{-12}$	F/m	定义值
万有引力常量	G	$6.6742(10)\times10^{-11}$	$\frac{m^3}{kg\cdot s^2}$	1.5×10^{-4}
普朗克常量	h	$6.626\,069\,83(11)\times10^{-34}$	J·s	1.7×10^{-7}
约化普朗克常量	$\hbar$	$1.054\,571\,68(18)\times10^{-34}$	J·s	1.7×10^{-7}
基本电荷	e	$1.602\,176\,53(14)\times10^{-19}$	C	8.5×10^{-8}
磁通量子 $h/2e$	Φ_0	$2.067\,833\,72(18)\times10^{-15}$	Wb	8.5×10^{-8}
电导量子 $2e^2/h$	G_0	$7.748\,091\,733(26)\times10^{-5}$	S	3.3×10^{-9}
电子质量	m_e	$9.109\,382\,6(16)\times10^{-31}$	kg	1.7×10^{-7}
质子质量	m_p	$1.672\,621\,71(29)\times10^{-27}$	kg	1.7×10^{-7}
质子-电子质量比	$\frac{m_p}{m_e}$	$1836.152\,672\,61(85)$		4.6×10^{-10}
精细结构常量	α	$7.297\,352\,568(24)\times10^{-3}$		3.3×10^{-9}
精细结构常量的倒数	α^{-1}	$137.035\,999\,11(46)$		3.3×10^{-9}
里德伯常量	R_∞	$10\,973\,731.568\,525(73)$	m^{-1}	6.6×10^{-12}
阿伏伽德罗常量	N_A	$6.022\,141\,5(10)\times10^{23}$	mol^{-1}	1.7×10^{-7}
法拉第常量	F	$96\,485.338\,3(83)$	C/mol	8.6×10^{-8}
摩尔气体常量	R	$8.314\,472(15)$	$\frac{J}{mol\cdot K}$	1.7×10^{-6}
玻耳兹曼常量	k_B	$1.380\,650\,5(24)\times10^{-23}$	J/K	1.8×10^{-6}
斯特藩-玻耳兹曼常量	σ	$5.670\,400(40)\times10^{-8}$	$\frac{W}{m^2\cdot K^4}$	7.0×10^{-6}
电子伏	eV	$1.602\,176\,53(14)\times10^{-19}$	J	8.5×10^{-8}
原子质量单位	u	$1.660\,538\,86(28)\times10^{-27}$	kg	1.7×10^{-7}

❶ 根据国际科技数据委员会(CODATA)2002 年的推荐值，发表于 *Rev. Mod. Phys.*,**77** (2005),1.

2. 能量单位换算

	eV	K	aJ❶	$\frac{kJ}{mol}$	$\frac{kcal}{mol}$	PHz❷	μm^{-1}	R_∞	u
eV	1	1.160 $\times10^{4}$	1.602 $\times10^{-1}$	9.647 $\times10$	2.305 $\times10$	2.417 $\times10^{-1}$	8.062 $\times10^{-1}$	7.348 $\times10^{-2}$	1.074 $\times10^{-9}$
K	8.621 $\times10^{-5}$	1	1.381 $\times10^{-5}$	8.316 $\times10^{-3}$	1.988 $\times10^{-3}$	2.084 $\times10^{-5}$	6.950 $\times10^{-5}$	6.369 $\times10^{-6}$	9.258 $\times10^{-14}$
aJ	6.242	7.241 $\times10^{4}$	1	6.022 $\times10^{2}$	1.439 $\times10^{2}$	1.509	5.035	4.587 $\times10^{-1}$	6.702 $\times10^{-9}$
$\frac{kJ}{mol}$	1.037 $\times10^{-2}$	1.199 $\times10^{2}$	1.650 $\times10^{-3}$	1	2.384 $\times10^{-1}$	2.499 $\times10^{-3}$	8.336 $\times10^{-3}$	7.616 $\times10^{-1}$	1.113 $\times10^{-11}$
$\frac{kcal}{mol}$	4.337 $\times10^{-2}$	5.031 $\times10^{2}$	6.948 $\times10^{-3}$	4.184	1	1.048 $\times10^{-2}$	3.496 $\times10^{-2}$	3.186 $\times10^{-3}$	4.657 $\times10^{-11}$
PHz	4.136	4.798 $\times10^{4}$	6.626 $\times10^{-1}$	3.990 $\times10^{2}$	9.538 $\times10$	1	3.334	3.040 $\times10^{-1}$	4.443 $\times10^{-9}$
μm^{-1}	1.240	1.439 $\times10^{4}$	1.986 $\times10^{-1}$	1.196 $\times10^{2}$	2.859 $\times10$	2.997 $\times10^{-1}$	1	9.113 $\times10^{-2}$	1.000
R_∞	13.61	1.579 $\times10^{5}$	2.180	1.313 $\times10^{3}$	3.138 $\times10^{2}$	3.290	10.973	1	1.332 $\times10^{-9}$
u	9.312 $\times10^{8}$	1.080 $\times10^{13}$	1.492 $\times10^{8}$	8.983 $\times10^{10}$	2.417 $\times10^{10}$	2.251 $\times10^{8}$	1.000	7.507 $\times10^{8}$	1

❶ 1 aJ = 10^{-18} J. ❷ 1 PHz = 10^{15} Hz.

3. 同位素数据选表❸

核素	Z	A	原子质量/u	丰度/%	半衰期	核素	Z	A	原子质量/u	丰度/%	半衰期
n	0	1	1.008665		10.23 min	Be	4	9	9.012182	100	
H	1	1	1.007825	99.985		B	5	10	10.012937	19.8	
		2	2.014102	0.015				11	11.009305	80.2	
		3	3.016049		12.32 yr❹			12	12.014384		20.2 ms
He	2	3	3.016029	0.00014		C	6	12	12.000000	98.89	
		4	4.002603	99.99986				13	13.003355	1.11	
Li	3	6	6.015123	7.5				14	14.003242		5700 yr
		7	7.016004	92.5		N	7	14	14.003074	99.63	

❸ 根据 G. Audi, *et. al. Nuclear Physics*, **A729** (2003), 27~128 中数据表换算。

❹ yr 代表年。

核素	Z	A	原子质量/u	丰度/%	半衰期	核素	Z	A	原子质量/u	丰度/%	半衰期
		15	15.000109	0.366				49	48.947870	5.4	
O	8	16	15.994915	99.76				50	49.944791	5.2	
		17	16.999132	0.038		V	23	50	49.947158	0.250	
		18	17.999161	0.204				51	50.943959	99.750	
F	9	19	18.998403	100		Cr	24	50	49.946044	4.35	
Ne	10	20	19.992440	90.51				52	51.940508	83.79	
		21	20.993847	0.27				53	52.940649	9.50	
		22	21.991385	9.22				54	53.938880	2.36	
Na	11	23	22.989769	100		Mn	25	55	54.938045	100	
Mg	12	24	23.985042	78.99		Fe	26	54	53.939610	5.8	
		25	24.985837	10.00				56	55.934937	91.8	
		26	25.982593	11.01				57	56.935394	2.15	
Al	13	27	26.981539	100				58	57.933276	0.29	
Si	14	28	27.976927	92.23		Co	27	59	58.933195	100	
		29	28.976495	4.67		Ni	28	58	57.935343	68.3	
		30	29.973770	3.10				60	59.930786	26.1	
P	15	31	30.973762	100				61	60.931056	1.13	
S	16	32	31.972071	95.02				62	61.928345	3.59	
		33	32.971459	0.75				64	63.927966	0.91	
		34	33.967867	4.21		Cu	29	63	62.929598	69.2	
		36	35.967081	0.017				65	64.927789	30.8	
Cl	17	35	34.968853	75.77		Zn	30	64	63.929142	48.6	
		37	36.965903	24.23				66	65.926033	27.9	
Ar	18	36	35.967545	0.337				67	66.927127	4.10	
		38	37.962732	0.063				68	67.924844	18.8	
		40	39.962383	99.60				70	69.925319	0.62	
K	19	39	38.963707	93.26		Ga	31	69	68.925574	60.1	
		40	39.963998		1.251 Gyr			71	70.924701	39.9	
		41	40.961826	6.73		Ge	32	70	69.924247	20.5	
Ca	20	40	39.962591	96.94				72	71.922078	27.4	
		42	41.958518	0.647				73	72.923459	7.8	
		43	42.958767	0.135				74	73.921178	36.5	
		44	43.955482	2.09				76	75.921403	7.8	
		46	45.953693	0.0035		As	33	75	74.921596	100	
		48	47.952534	0.187		Se	34	74	73.922476	0.87	
Sc	21	45	44.955912	100				76	75.919214	9.0	
Ti	22	46	45.952632	8.2				77	76.919914	7.6	
		47	46.951763	7.4				78	77.917309	23.5	
		48	47.947946	73.7				80	79.916521	49.8	

核素	Z	A	原子质量/u	丰度/%	半衰期
		82	81.916699	9.2	
Br	35	79	78.918337	50.69	
		81	80.916291	49.31	
Kr	36	78	77.920365	0.356	
		80	79.916379	2.27	
		82	81.913484	11.6	
		83	82.914136	11.5	
		84	83.911507	57.0	
		86	85.910611	17.3	
Rb	37	85	84.911790	72.17	
		87	86.909181	27.83	
Sr	38	84	83.913425	0.56	
		86	85.909260	9.8	
		87	86.908877	7.0	
		88	87.905612	82.6	
Y	39	89	88.905848	100	
Zr	40	90	89.904704	51.5	
		91	90.905646	11.2	
		92	91.905041	17.1	
		94	93.906315	17.4	
		96	95.908273	2.80	
Nb	41	93	92.906378	100	
Mo	42	92	91.906811	14.8	
		94	93.905088	9.3	
		95	94.905842	15.9	
		96	95.904679	16.7	
		97	96.906022	9.6	
		98	97.905408	24.1	
		100	99.907478	9.6	
Tc	43	97	96.906365		2.6 Myr
Ru	44	96	95.907598	5.5	
		98	94.905288	1.86	
		99	98.905939	12.7	
		100	99.904219	12.6	
		101	100.905582	17.0	
		102	101.904349	31.6	
		104	103.905433	18.7	
Rh	45	103	102.905504	100	
Pd	46	102	101.905609	1.0	
		104	103.904036	11.0	
		105	104.905085	22.2	
		106	105.903486	27.3	
		108	107.903892	26.7	
		110	109.905153	11.8	
Ag	47	107	106.905097	51.83	
		109	108.904752	48.17	
Cd	48	106	105.906460	1.25	
		108	107.904184	0.89	
		110	109.903002	12.5	
		111	110.904178	12.8	
		112	111.902758	24.1	
		113	112.904402	12.2	
		114	113.903359	28.7	
		116	115.904756	7.5	
In	49	113	112.904057	4.3	
		115	114.903878	95.7	
Sn	50	112	111.904818	1.01	
		114	113.902779	0.67	
		115	114.903342	0.38	
		116	115.901741	14.6	
		117	116.902952	7.75	
		118	117.901603	24.3	
		119	118.903308	8.6	
		120	119.902195	32.4	
		122	121.903439	4.56	
		124	123.905274	5.64	
Sb	51	121	120.903816	57.3	
		123	122.904214	42.7	
Te	52	120	119.904020	0.091	
		122	121.903044	2.5	
		123	122.904270	0.89	
		124	123.902818	4.6	
		125	124.904431	7.0	
		126	125.903312	18.7	
		128	127.904463	31.7	
		130	129.906224	34.5	
I	53	127	126.904473	100	
Xe	54	124	123.905893	0.096	

核素	Z	A	原子质量/u	丰度/%	半衰期
		126	125.904273	0.090	
		128	127.903531	1.92	
		129	128.904779	26.4	
		130	129.903508	4.1	
		132	131.904153	26.9	
		134	133.905394	10.4	
		136	135.907219	8.9	
Cs	55	133	132.905452	100	
Ba	56	130	129.906321	0.106	
		132	131.905061	0.101	
		134	133.904508	2.42	
		135	134.905689	6.95	
		136	135.904576	7.85	
		137	136.905827	11.2	
		138	137.905247	71.7	
La	57	138	137.907112	0.089	
		139	138.906353	99.911	
Ce	58	136	135.907173	0.190	
		138	137.905991	0.254	
		140	139.905439	88.5	
		142	141.909244	11.1	
Pr	59	141	140.907653	100	
Nd	60	142	141.907723	27.2	
		143	142.909814	12.2	
		144	143.910087	23.8	
		145	144.912574	8.3	
		146	145.913117	17.22	
		148	147.916893	5.7	
		150	149.920891	5.6	
Pm	61	145	144.912749		17.7 yr
Sm	62	144	143.911999	3.1	
		147	146.914898	15.1	
		148	147.914823	11.3	
		149	148.917185	13.9	
		150	149.917276	7.4	
		152	151.919732	26.6	
		154	152.922209	22.6	
Eu	63	151	150.919850	47.9	
		153	152.921230	52.1	
Gd	64	154	153.920866	2.1	
		155	154.922622	14.8	
		156	155.922123	20.6	
		157	156.923960	15.7	
		158	157.924104	24.8	
		160	159.927054	21.8	
Tb	65	159	158.925347	100	
Dy	66	156	155.924283	0.057	
		158	157.924410	0.100	
		160	159.925197	2.3	
		161	160.926933	19.90	
		162	161.926798	25.5	
		163	162.928731	24.9	
		164	163.929175	28.1	
Ho	67	165	164.930322	100	
Er	68	162	161.928778	0.14	
		164	163.929200	1.56	
		166	165.930293	33.4	
		167	166.932048	22.9	
		168	167.932370	27.1	
		170	169.935464	14.9	
Tm	69	169	168.934213	100	
Yb	70	168	167.933897	0.135	
		170	169.934762	3.1	
		171	170.936326	14.4	
		172	171.936381	21.9	
		173	172.938211	16.2	
		174	173.938862	31.6	
		176	175.942572	12.6	
Lu	71	175	174.940772	97.39	
		176	175.942686	2.61	
Hf	72	174	173.940046	0.16	
		176	175.941409	5.2	
		177	176.943221	18.6	
		178	177.943699	27.1	
		179	178.945816	13.7	
		180	179.946550	35.2	

核素	Z	A	原子质量/u	丰度/%	半衰期	核素	Z	A	原子质量/u	丰度/%	半衰期
Ta	73	180	179.947465	0.0123		Bi	83	209	208.980399	100	
		181	180.947996	99.9877		Po	84	209	208.982430		102 yr
W	74	180	179.946705	0.13				210	209.982874		138.376 d
		182	181.948204	26.3		At	85	210	209.987148		8.1 h
		183	182.950223	14.3				211	210.987496		7.214 h
		184	183.950931	30.7		Rn	86	222	222.017578		3.8235 d
		186	185.954364	28.6		Fr	87	223	223.019736		22.00 min
Re	75	185	186.952955	37.40		Ra	88	226	226.025410		1600 yr
		187	187.955753	62.60		Ac	89	227	227.027752		21.772 yr
Os	76	184	183.952489	0.018		Th	90	230	230.033134		75.38 kyr
		186	185.953838	1.6				232	232.038055	100	14.05 Gyr
		187	186.955750	1.6		Pa	91	231	231.035884		32.76 kyr
		188	187.955838	13.3		U	92	234	234.040952		245.5 kyr
		189	188.958147	16.1				235	235.043930	0.720	704 Myr
		190	189.958447	26.4				238	238.050788	99.275	4.468 Gyr
		192	191.961481	41.0		Np	93	236	236.046570		154 kyr
Ir	77	191	190.960594	37.3				237	237.048173		2.144 Myr
		193	192.962926	62.7		Pu	94	238	238.049560		87.7 yr
Pt	78	190	189.959932	0.013				239	239.052163		24.11 kyr
		192	191.961038	0.78				240	240.053814		6.564 kyr
		194	193.962680	32.9				241	241.056851		14.35 yr
		195	194.964791	33.8				242	242.058743		375 kyr
		196	195.964952	25.3		Am	95	241	241.056829		432.2 yr
		198	197.967892	7.2				243	243.061381		7.37 kyr
Au	79	197	196.966569	100		Cm	96	246	246.067224		4.76 kyr
Hg	80	196	195.965833	0.15				247	247.070354		15.6 Myr
		198	197.966769	10.0				248	248.072348		348 kyr
		199	198.968280	16.8		Bk	97	247	247.070307		1.38 kyr
		200	199.968326	23.1		Cf	98	251	251.079587		900 yr
		201	200.970302	13.2		Es	99	252	252.082974		471.7 d
		202	201.970643	29.8		Fm	100	257	257.095104		100.5 d
		204	203.973494	6.9		Md	101	258	258.098431		51.5 d
Tl	81	203	202.972344	29.5		No	102	259	259.101031		58 min
		205	204.974428	70.5		Lr	103	260	260.105508		3.0 min
Pb	82	204	203.973044	1.42		Rf	104	261	261.108766		5.5 s
		206	205.974465	24.1		Db	105	262	262.114086		35 s
		207	206.975897	22.1		Sg	106	263	263.118326		1.0 s
		208	207.976652	52.3		Bh	107	262	262.122889		290 ms

习题答案

第一章

1－1. 从略。

1－2. 5.76×10^3 K.

1－3. 546.6 nm.

1－4. (1) 0.288 nm，(2) 6.90×10^{-16} J.

1－5 到 **1－6**，从略。

1－7. (1) 是，(2) 540 nm.

1－8. (1) 2.01 eV，(2) 2.01 V，(3) 296 nm，(4) $2.01\times10^{18}\,(\mathrm{m^2\cdot s})^{-1}$.

1－9. 382.2 nm.

1－10. 1.988 μm.

1－11. $2.08\times10^{15}\,\mathrm{s^{-1}}$.

1－12. $3.71\times10^{21}\,(\mathrm{m^2\cdot s})^{-1}$.

1－13. 3.62×10^{-17} W.

1－14. $p=\dfrac{2Nh\nu}{c}$.

1－15 到 **1－16**，从略。

1－17. (1) 0.00241 nm.

(2) X 射线：4.67×10^{-17} J；

γ 射线：1.20×10^{-15} J.

(3) X 射线 2.35%，γ 射线 11.36%.

1－18 到 **1－23**，从略。

1－24. $[\hat{r},\hat{p}^2]=2\mathrm{i}\hbar\boldsymbol{p}$.

1－25 到 **1－32**，从略。

1－33. ① 归一化因子：$A_0=\left(\dfrac{m\omega_0}{\pi\hbar}\right)^{1/4}$，

$$A_1=\left(\frac{m\omega_0}{4\pi\hbar}\right)^{1/4},\quad A_2=\left(\frac{m\omega_0}{64\pi\hbar}\right)^{1/4};$$

② 能量的平均值：

$$\overline{E_0}=\frac{\hbar\omega_0}{2},\ \overline{E_1}=\frac{3\hbar\omega_0}{2},\ \overline{E_2}=\frac{5\hbar\omega_0}{2}.$$

1－34. 平均动能与平均势能各占一半。

1－35. $|\nearrow\rangle=\dfrac{1}{\sqrt{2}}\big(|x\rangle+|y\rangle\big)$，

$|\nwarrow\rangle=\dfrac{1}{\sqrt{2}}\big(|x\rangle-|y\rangle\big)$.

1－36. $|x\rangle=\dfrac{1}{\sqrt{2}}\big(|\nearrow\rangle+|\nwarrow\rangle\big)$，

$|y\rangle=\dfrac{1}{\sqrt{2}}\big(|\nearrow\rangle-|\nwarrow\rangle\big)$.

1－37.

$$|R\rangle=\frac{1}{2}\big[(1+\mathrm{i})\,|\nearrow\rangle+(1-\mathrm{i})\,|\nwarrow\rangle\big],$$

$$|L\rangle=\frac{1}{2}\big[(1-\mathrm{i})\,|\nearrow\rangle+(1+\mathrm{i})\,|\nwarrow\rangle\big].$$

1－38. 在 $|x\pm\rangle$ 态中测 $\hat{s}_y$ 的平均值为 0，测得 $\pm\dfrac{\hbar}{2}$ 的概率各 1/2。

1－39. 在 $|y\pm\rangle$ 中测得 $\hat{J}_x$ 分量的值为 $\pm\hbar$ 的概率各1/4，得0 的概率为1/2，平均值为0。

在 $|y0\rangle$ 中测得 $\hat{J}_x$ 分量的值为 $\pm\hbar$ 的概率各 1/2，得 0 的概率为 0，平均值为0。

1－40. 本征值为 α.

1－41. 本征值为 $\left(n+\dfrac{1}{2}\right)\hbar\omega_0$.

1－42. 平均值为 $\left(\alpha^*\alpha+\dfrac{1}{2}\right)\hbar\omega_0$.

第二章

2－1. 本征值 $\lambda=E_0\mp A$. 本征矢 $\dfrac{1}{\sqrt{2}}\begin{pmatrix}1\\ \pm1\end{pmatrix}$.

幺正变换矩阵 $U^\dagger=U=\dfrac{1}{\sqrt{2}}\begin{pmatrix}1 & 1\\ 1 & -1\end{pmatrix}$.

2－2. 两定态能级间隔比原来加大了。

$$|\pm\rangle=\frac{\sqrt{2\mp\sqrt{3}}}{2}|1\rangle\pm\frac{\sqrt{2\pm\sqrt{3}}}{2}|2\rangle,$$

$$C_\pm=\frac{\sqrt{2\mp\sqrt{3}}}{2}C_1\pm\frac{\sqrt{2\pm\sqrt{3}}}{2}C_2.$$

2－3. (1) $\left|\dfrac{\langle1|\mathrm{II}\rangle}{\langle2|\mathrm{II}\rangle}\right|^2\to\begin{cases}0 & (\mu_{\mathrm{E}}\mathscr{E}/A\to\infty),\\ 1 & (\mu_{\mathrm{E}}\mathscr{E}/A\to0).\end{cases}$

(2) $\left|\begin{matrix}\langle +|\text{II}\rangle \\ \langle -|\text{II}\rangle\end{matrix}\right|^2 \to \begin{cases}1 & (\mu_E\mathscr{E}/A\to\infty), \\ 0 & (\mu_E\mathscr{E}/A\to 0).\end{cases}$

从该选态装置的静电场中飞出来的$|\text{II}\rangle$分支氨分子处在$|-\rangle$态，即它以能量较高的量子态进入谐振腔，实现了粒子数反转。

2－4. (1)(2) 从略。

(3) 正(负)粒子与右(左)旋场共振，场与粒子拉莫进动的方向一致。

2－5. $\begin{pmatrix} a_1a_2 & a_1b_2 & b_1a_2 & b_1b_2 \\ a_1c_2 & a_1d_2 & b_1c_2 & b_1d_2 \\ c_1a_2 & c_1b_2 & d_1a_2 & d_1b_2 \\ c_1c_2 & c_1d_2 & d_1c_2 & d_1d_2 \end{pmatrix}$.

2－6 与 **2－7**，从略。

第三章

3－1. (1) $a=0$ 时 $R=0$, $T=1$.

(2) $E<V_0$ 而 $a\to\infty$ 时，$T=0$, $R=1$.

3－2. $R=\dfrac{p-p'}{p+p'}$, $T=\dfrac{2p}{p+p'}$.

3－3 到 **3－5**，从略。

3－6. 经典理论与量子理论一致：

$$\overline{x^2}=\frac{A_n^2}{2},\qquad A_n^2=\frac{(2n+1)\hbar}{m\omega_0}.$$

3－7. 从略。

3－8. (1) 带宽$=\dfrac{2\hbar^2}{ma^2}$

(2) 有效质量 $m^*=\begin{cases}-\dfrac{2m}{3} & \text{—— 带顶；}\\ 2m & \text{—— 带底。}\end{cases}$

3－9. 周期 $T=\dfrac{h}{ae\mathscr{E}}$.

3－10. 1.73 μm.

3－11. 吸收波长 468.8 nm，即吸收蓝紫色，在白光照射下呈现其补色——草绿色。

3－12. 从略。

3－13. 数密度 $8.50\times10^{28}\,\text{m}^{-3}$.

弛豫时间 $2.48\times10^{-14}\,\text{s}$.

3－14. (1) $\overline{\lambda}_{\text{cl}}=57.9\,\text{Å}$. (2) $\overline{\lambda}_{\text{q}}=389\,\text{Å}$.

(3) $\dfrac{\lambda_{\text{cl}}}{a}=16.0$, $\dfrac{\lambda_{\text{q}}}{a}=108$.

经典理论不合理，量子理论可以接受。

3－15. (1) $\Delta p=3.97\times10^{-30}\,\text{kg}\cdot\text{m/s}$.

(2) $p_F=1.43\times10^{-24}\,\text{kg}\cdot\text{m/s}$.

(3) $\dfrac{\Delta p}{p_F}=2.78\times10^{-6}\ll1$.

3－16. (1) 能隙 $\Delta=6.38\times10^{-4}\,\text{eV}$.

(2) 频率红限 $\nu=3.08\times10^{11}\,\text{Hz}$.

3－17. $T_c^{铊204}=7.258\,\text{K}$.

3－18. $T_c=0.473\,\text{MeV}/k_B$.

3－19. 从略。

第四章

4－1. $\lambda_{2\to1}=121.6\,\text{nm}$; $\lambda_{3\to1}=102.6\,\text{nm}$; $\lambda_{3\to2}==656.5\,\text{nm}$.

4－2. (1) 里德伯常量 $R_\mu=2.53\times10^3\,\text{eV}$.

(2) 玻尔轨道半径 $a_B^\mu=2.80\times10^{-3}\,\text{Å}$.

(3) 基态能量 $E_1=-2.53\times10^3\,\text{eV}$.

(4) 莱曼系中最短波长 $\lambda_{\min}=4.904\,\text{Å}$.

4－3. $n=5$ 轨道 $r_5=26\,\text{Å}$，电离能 0.272 eV.

4－4. 2.004，同位素是氘。

4－5. $v/c=0.168$.

4－6. 从略。

4－7. $\overline{V(r)}=-e^2/a_B$.

4－8. 径向概率密度最大位于 $r=4a_B$ 处。

径向坐标平均值 $\bar{r}=5a_B$.

4－9. 从略。

4－10. 七条谱线(图从略)。

$\tilde{\nu}_{\max}=\tilde{R}_{\text{Li}}\left[\dfrac{5}{4}+5\left(\dfrac{9}{8}\right)^2\alpha^2-\dfrac{3}{4}\alpha^2\right]$;

$\tilde{\nu}_{\min}=\tilde{R}_{\text{Li}}\left[\dfrac{5}{4}+\left(\dfrac{9}{8}\right)^2\alpha^2-\dfrac{9}{4}\alpha^2\right]$.

$\Delta\tilde{\nu}=3837\,\text{m}^{-1}$, $\Delta\tilde{\nu}/\tilde{\nu}\sim\alpha^2\sim10^{-4}$

4－11. 12 个态。

4－12. $\Delta(4,0)=2.229$. $\Delta(4,1)=1.764$.

4－13. $Z=26$，铁。

4－14. $\sigma_K=0.91$.

4－15. $Z\approx48$. 阳极由镉制成。

4－16. 四条谱线，间隔

$$\begin{cases}\Delta\nu_{-2}=-3.733\times10^9\,\text{Hz},\\ \Delta\nu_{-1}=-1.866\times10^9\,\text{Hz},\\ \Delta\nu_1=1.866\times10^9\,\text{Hz},\\ \Delta\nu_2=3.733\times10^9\,\text{Hz}.\end{cases}$$

4－17. 分裂成等间隔的三条，波长差为

$$\Delta\lambda=\begin{cases}0,\\ \mp1.867\times10^{-4}\,\text{nm}.\end{cases}$$

4－18. 1 kg 释放 10^4 kcal，大体上符合事实。

4－19. 氨分子 107.2°，水分子 104.5°.

4－20. 碳同位素 ^xC 质量数 $x=13.000$.

4－21. 劲度系数 $\kappa=483.15$ N/m.

键长 $r_0=1.28$ Å.

第五章

5－1. ^4He：1.90 fm，^{65}Cu：4.82 fm，^{226}Ra：7.31 fm.

5－2. $A=29$.

5－3. ^1H：1.0078 u，^2H：2.0141 u，^{16}O：15.9949 u.

5－4. －4.84 MeV.

5－5. 8.79 MeV/A.

5－6. 14.44 MeV.

5－7. （1）－1.192 MeV.（2）2.125 MeV.

5－8. 7/2.

5－9. 6.75%.

5－10. 衰变常量 $6.766\times10^{-4}\,\text{d}^{-1}$.

半衰期 1024 d. 平均寿命 1478 d.

5－11. 衰变能 8.50 MeV，

反冲速度 3.84×10^5 m/s.

5－12. 衰变能 4.87 MeV，

α 粒子动能 4.78 MeV.

5－13. 0.102 MeV, 0.234 MeV, 0.305 MeV.

5－14. 782 keV.

5－15. K 俘获，0.863 MeV.

5－16. 可能 β^+ 衰变，最大能量 5.50 MeV.

5－17. 4.80 eV.

5－18. 4202 yr.

5－19. （1）19.81 MeV，（2）－13.57 MeV，（3）－3.11 MeV.

5－20. 17.36 MeV.

5－21. 入射粒子阈能 4.384 MeV.

剩余核动能 1.449 MeV.

5－22. （1）$^9Be+p\rightarrow n+{}^9B$.

（2）中子最大动能 46.7 MeV.

5－23. （1）－1.187 MeV，（2）16.999126u.

5－24. 11.84%.

5－25. 2.56×10^{-5}.

5－26. $90.5\,\text{s}^{-1}$.

5－27. 21.314 MeV.

5－28. 46.30 keV，157.19 keV，287.37 keV，373.51 keV.

5－29. 与前三个不共振，与后三个共振的能量：0.39 MeV，0.96 MeV，1.27 MeV.

5－30. 8.01×10^{15} yr.

5－31. 53 次。

5－32. DD 反应：

$D+D\rightarrow{}^3He+n+3.27\,\text{MeV}$，$7.82\times10^{10}$ J/g.

DT 反应：

$T+D\rightarrow{}^4He+n+17.58\,\text{MeV}$，$3.37\times10^{11}$ J/g.

5－33. 342.05 MeV，相差约 1.4%.

5－34. 上限 8.93 eV.

5－35. 从略。

5－36.

	自旋	电荷	重子数	奇异数	粲数
D 介子	0 或 1	0	0	0	1

附录A

A－1 到 **A－3**,从略。

A－4. (1) $R^{-1}(\theta)=\begin{pmatrix}\cos\theta & -\sin\theta\\ \sin\theta & \cos\theta\end{pmatrix}$, (2) $\frac{1}{2}\begin{pmatrix}1 & \sqrt{2} & 1\\ \sqrt{2} & 0 & -\sqrt{2}\\ 1 & -\sqrt{2} & 1\end{pmatrix}$, (3) $\begin{pmatrix}-1 & 0 & -1\\ 0 & -1 & \mathrm{i}\sqrt{2}\\ -1 & -\mathrm{i}\sqrt{2} & 1\end{pmatrix}$.

A－5 到 **A－6**, 从略。

A－7.

	J_x			J_y			J_z		
本征值	1	0	−1	1	0	−1	1	0	−1
归一化本征矢	$\frac{1}{2}\begin{pmatrix}1\\ \sqrt{2}\\ 1\end{pmatrix}$	$\frac{1}{\sqrt{2}}\begin{pmatrix}1\\ 0\\ -1\end{pmatrix}$	$\frac{1}{2}\begin{pmatrix}1\\ -\sqrt{2}\\ 1\end{pmatrix}$	$\frac{1}{2}\begin{pmatrix}1\\ -\sqrt{2}\mathrm{i}\\ -1\end{pmatrix}$	$\frac{1}{\sqrt{2}}\begin{pmatrix}1\\ 0\\ 1\end{pmatrix}$	$\frac{1}{2}\begin{pmatrix}1\\ \sqrt{2}\mathrm{i}\\ -1\end{pmatrix}$	$\begin{pmatrix}1\\ 0\\ 0\end{pmatrix}$	$\begin{pmatrix}0\\ 1\\ 0\end{pmatrix}$	$\begin{pmatrix}0\\ 0\\ 1\end{pmatrix}$

A－8. 对 J_x 来说

$$U_x=\frac{1}{2}\begin{pmatrix}1 & \sqrt{2} & 1\\ \sqrt{2} & 0 & -\sqrt{2}\\ 1 & -\sqrt{2} & 1\end{pmatrix},\quad U_x^{\dagger}=\frac{1}{2}\begin{pmatrix}1 & \sqrt{2} & 1\\ \sqrt{2} & 0 & -\sqrt{2}\\ 1 & -\sqrt{2} & 1\end{pmatrix}$$

对 J_y 来说

$$U_y=\frac{1}{2}\begin{pmatrix}1 & \sqrt{2} & 1\\ \sqrt{2}\mathrm{i} & 0 & -\sqrt{2}\mathrm{i}\\ -1 & \sqrt{2} & -1\end{pmatrix},\quad U_y^{\dagger}=\frac{1}{2}\begin{pmatrix}1 & -\sqrt{2}\mathrm{i} & -1\\ \sqrt{2} & 0 & \sqrt{2}\\ 1 & \sqrt{2}\mathrm{i} & -1\end{pmatrix}.$$

对 J_z 来说, $U_z=U_z^{\dagger}=$ 单位矩阵 I.

A－9. $\hat{J}_+$ 是 $\hat{J}_z$ 本征矢的升算符。

$\hat{J}_-$ 是 $\hat{J}_z$ 本征矢的降算符。

A－10. $[J_x, J_y]=\mathrm{i}J_z$, $[J_y, J_z]=\mathrm{i}J_x$, $[J_z, J_x]=\mathrm{i}J_y$.

A－11. 本征值为 2, $J=1$.

A－12. $[J^2, J_x]=[J^2, J_y]=[J^2, J_z]=0$.

A－13.

l	m	简并度
0	0	1
1	0, ±1	3
2	0, ±1, ±2	5
3	0, ±1, ±2, ±3	7

A－14. 按 m_j 取值的所有本征态:

$j=5/2$	−5/2	−3/2	−1/2	1/2	3/2	5/2	6
$j=3/2$		−3/2	−1/2	1/2	3/2		4

本征态数目 6 + 4 = 10.

索引

A

B

C

D

E

F

G

H

J

Y

Z

作者简介

赵凯华　北京大学物理系教授，曾任北京大学物理系主任，国家教委高等学校理科物理学与天文学教学指导委员会委员、基础物理教学指导组组长，中国物理学会副理事长、教学委员会主任。科研方向为等离子体理论和非线性物理。主要著作有《电磁学》(与陈熙谋合编，高等教育出版社出版，1987 年获全国第一届优秀教材优秀奖)，《光学》(与钟锡华合编，北京大学出版社出版，1987 年获全国第一届优秀教材优秀奖)，《定性与半定量物理学》(高等教育出版社出版，1995 年获国家教委第三届优秀教材一等奖)，等。

罗蔚茵　中山大学物理系教授，曾任中山大学物理系副主任，中山大学高等继续教育学院院长，国家教委高等学校理科物理学与天文学教学指导委员会委员、基础物理教学指导组成员，中国物理学会教学委员会副主任。主要著作有《力学简明教程》(中山大学出版社出版，1992 年获国家教委第二届优秀教材二等奖)，《热学基础》(与许煜寰合编，中山大学出版社出版)，等。

合作项目：

"《新概念力学》面向 21 世纪教学内容和课程体系改革"

1997 年获国家级教学成果奖一等奖

"新概念物理"

1998 年获国家教育委员会科学技术进步奖一等奖

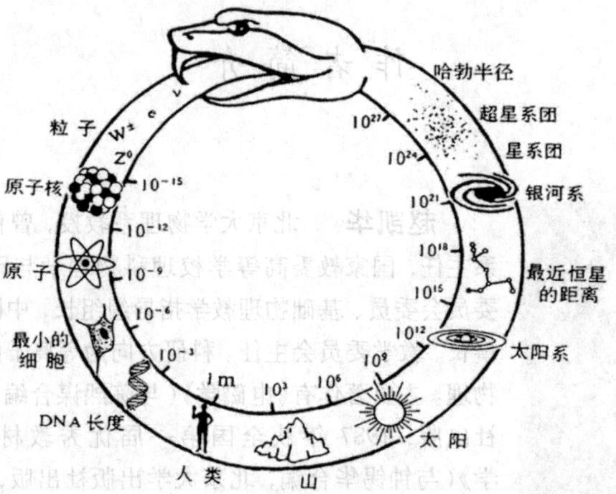

物理学是探讨物质基本结构和运动基本规律的学科。从研究对象的空间尺度来看，大小至少跨越了42个数量级。

人类是认识自然界的主体，我们以自身的大小为尺度规定了长度的基本单位——米(meter)。与此尺度相当的研究对象为宏观物体，以伽利略为标志，物理学的研究是从这个层次上开始的，即所谓宏观物理学。上次世纪之交物理学家开始深入到物质的分子、原子层次(10^{-9} ~10^{-10} m)，在这个尺度上物质运动服从的规律与宏观物体有本质的区别，物理学家把分子、原子，以及后来发现更深层次的物质客体(各种粒子，如原子核、质子、中子、电子、中微子、夸克)称为微观物体。微观物理学的前沿是高能或粒子物理学，研究对象的尺度在10^{-15} m以下，是物理学里的带头学科。本世纪在这学科里的辉煌成就，是20世纪60年代以来逐步形成了粒子物理的标准模型。

近年来，由于材料科学的进步，在介于宏观和微观的尺度之间发展出研究宏观量子现象的一门新兴的学科——介观物理学。此外，生命的物质基础是生物大分子，如蛋白质、DNA，其中包含的原子数达10^4 ~10^5之多，如果把缠绕盘旋的分子链拉直，长度可达10^{-4} m的数量级。细胞是生命的基本单位，直径一般在10^{-5} ~10^{-6} m之间，最小的也至少有10^{-7} m的数量级。从物理学的角度看，这是目前最活跃的交叉学科——生物物理学的研究领域。

现在把目光转向大尺度。离我们最近的研究对象是山川地壳、大气海洋，尺度的数量级在10^3~10^7 m范围内，从物理学的角度看，属地球物理学的领域。扩大到日月星辰，属天文学和天体物理学的范围，从个别天体到太阳系、银河系，从星系团到超星系团，尺度横跨了十几个数量级。物理学最大的研究对象是整个宇宙，最远观察极限是哈勃半径，尺度达10^{26} ~10^{27} m的数量级。宇宙学实际上是物理学的一个分支，当代宇宙学的前沿课题是宇宙的起源和演化，20世纪后半叶这方面的巨大成就是建立了大爆炸准宇宙模型。这模型宣称，宇宙是在一百多亿年前的一次大爆炸中诞生的，开初物质的密度和温度都极高，那时既没有原子和分子，更谈不到恒星与星系，有的只是极高温的热辐射在其中隐现的高能粒子。于是，早期的宇宙成了粒子物理学研究的对象。粒子物理学的重要实验手段是加速器，但加速器能量的提高受到财力、物力和社会等因素的限制。粒子物理学家也希望从宇宙早期演化的观测中获得一些信息和证据来检验极高能量下的粒子理论。就这样，物理学中研究最大对象和最小对象的两个分支——宇宙学和粒子物理学，竟奇妙地衔接在一起，结成为密不可分的姊妹学科，犹如一条怪蟒咬住自己的尾巴。

《新概念物理教程·量子物理》封面插图说明

秋来鼠辈欺猫死，窥瓮翻盘搅夜眠。
闻道狸奴将数子，买鱼穿柳聘衔蝉。❶
——宋 黄庭坚《乞猫》

“薛定谔猫态”原本是薛定谔于1935年提出了一个佯谬，为了向量子力学的铨释提出质疑。“薛定谔猫态”大意如下：设想在一个小房间里关了一只猫、一个氰氢酸小瓶、一个放射原子，以及盖革计数器和传动装置。经过放射原子的半衰期后该原子有1/2的概率衰变掉。放射原子衰变时发出的射线被盖革计数器接收后放大，产生一个脉冲，触发传动装置，把药瓶打破，于是毒气释放出来，把猫毒死。于是猫的死活与原子是否衰变纠缠在一 起，处于一半概率死、一半概率活的状态。

猫是无辜的，然而作为“量子交缠态”的一种谑称，现在“薛定谔猫态”这一名词已频繁地出现在物理期刊和文献中，它在量子通讯和量子计算中都起着关键的作用。

---

❶ 狸奴、衔蝉，猫的别名。数子，犹产仔。

郑 重 声 明